服务与资源调度

Service and Resource Scheduling

李小平　陈　龙　著

科学出版社

北　京

内 容 简 介

本书以服务与资源调度为主线，从任务、资源、约束条件和目标函数等不同角度分析了调度问题的本质。本书包括作者及其研究团队近年来在机器调度、云计算资源调度、服务调度、大数据计算任务调度等方面的重要研究成果。全书共 8 章，首先分析调度概念、要素与架构，然后从事前、事中、事后三个角度分别考虑单资源和多资源场景下的任务调度，MapReduce 大数据计算模型下的任务调度，云服务系统调度性能分析，线性、非线性约束云服务调度以及云服务系统容错调度。

本书提出“算法+知识+数据+算力”的新型调度框架，可以作为服务与资源调度领域的参考指南，适合从事调度研究的学者、初入调度领域的研究生以及云计算、大数据相关行业的从业者阅读。

图书在版编目(CIP)数据

服务与资源调度/李小平，陈龙著. —北京：科学出版社，2022.2

ISBN 978-7-03-069145-3

Ⅰ.①服… Ⅱ.①李… ②陈… Ⅲ.①云计算-资源管理-研究
Ⅳ.①TP393.027

中国版本图书馆 CIP 数据核字(2021) 第 111131 号

责任编辑：李涪汁 曾佳佳／责任校对：任苗苗
责任印制：师艳茹／封面设计：许 瑞

科学出版社 出版
北京东黄城根北街 16 号
邮政编码：100717
http://www.sciencep.com
保定市中画美凯印刷有限公司 印刷
科学出版社发行 各地新华书店经销
*
2022 年 2 月第 一 版 开本：720×1000 1/16
2022 年 2 月第一次印刷 印张：28 1/4
字数：570 000

定价：199.00 元

(如有印装质量问题，我社负责调换)

前　言

现代服务是对传统服务业中服务的极大拓展，不仅从服务业到工业、农业，更广泛延伸到多门类学科内部和多个学科之间。例如，云计算结构中 IaaS、PaaS、SaaS 等三层共同的“S”，就是资源提供方为用户需求提供的不同“Services”；制造系统中生产者 (如生产设备等物理资源、技术专家和工人等人力资源) 为消费者 (被生产零部件、用户需求等) 提供服务；智能制造系统更是计算资源和非计算资源同时为各类用户需求提供服务。从本质上讲，所有“供 → 需”关系都可称为服务，或者服务可简单刻画为“(供, 需)”二元组，即所有候选服务就是服务者集 (“供”集) 到被服务者集 (“需”集) 的笛卡儿积 (供需关系集)。服务也是一个时序过程，包括明确用户需求 (计划阶段)、确定候选供需关系集 (解空间)、选定优化目标最佳的供需关系 (调度)、执行服务与重匹配 (执行)。因服务执行后通常是有偿的，一个实际应用中并非所有候选供需关系都需要发生，且由于各种个性化用户需求的约束，如何从可行供需关系集合中选择最佳服务者是服务的灵魂，即供需如何匹配是服务之魂。

供需匹配本质上就是调度，即用户需求到服务资源上的映射，满足一定约束条件，实现用户关注的目标最优。任务、资源、约束条件和目标函数是调度的 4 个要素，实际中每个要素有多种可能性，如不同用户需求在计划阶段可细分成多个任务，任务间的关系可能为独立、线性约束或者非线性约束。不同要素的各种可能性构成难以数计的复杂调度问题，通常这些问题都是 NP 难的。求解复杂问题通常有设计新算法、复杂问题简单化 (分解) 和增加计算能力等策略，但对复杂调度问题仅凭其中任何一种都很难取得好的效果，本书提出“算法 + 知识 + 数据 + 算力”的新型调度框架以实现“快、优、稳”的调度之道。

本书以作者研究团队自 1997 年以来在机器调度、云计算资源调度、服务调度、大数据计算任务调度等方面的研究成果作为主要内容，介绍资源和服务 (需求) 两个角度下的调度问题。第 1 章介绍调度概念、要素与架构，作者对调度概念从新的角度进行分类，构建出基于人工智能、大数据、云计算的问题求解框架；第 2、第 3 章分别介绍单资源和多资源场景下的任务调度问题、性质、模型和方法；第 4 章介绍 MapReduce 大数据计算模型下的任务调度问题、模型、方法和结果；第 5~8 章主要介绍服务调度前、调度中和调度后 (执行阶段) 方面的内容，第 5 章探讨云服务系统调度性能，根据随机达到任务的分布，从理论上分析需要

的服务器 (资源) 数量；第 6 章线性约束云服务调度、第 7 章非线性约束云服务调度分别探讨云计算环境下不同任务类型、约束条件、目标函数的任务调度问题、模型、方法和结果；第 8 章云服务系统容错调度考虑调度执行的鲁棒性，分析相应的性质，提出相应的方法并进行评价。

由于元启发式 (meta-heuristic) 仿生算法 (如 GA、PSO、ACO、SA 等) 计算时间通常较长，难以满足实际调度应用要求，因此本书所讨论的调度基本采用规则或启发式 (heuristic) 算法。所提出算法大部分为所解决问题的算法框架 (algorithmic framework)，严格讲也是元启发式，但每个算法组件都有多个候选算子或者参数，为保证算法的通用性 (不仅仅对个别实例有效) 和公平性，采用方差分析法从统计意义上说明所选算子或参数的理由。每章后面的小结部分都给出与该章主要内容相关的我们所发表的论文，便于对相关内容感兴趣的读者进一步深入了解。

本书得到国家重点研发计划项目 (编号：2017YFB1400800)、国家自然科学基金重点项目 (编号：61832004)、国家自然科学基金面上项目 (编号：61872077) 等的资助。朱洁博士、徐海燕博士、王爽博士、王亚敏博士、王佳博士、姚光顺博士后及博士生张金泉、赵力、李文政、陈仲一、朱海红、王名镜等在书稿编辑、排版、绘图中做了大量工作，在此一并感谢！

调度问题万万千，调度方法千千万，尽管本书著者李小平等在调度方面做了 20 多年的研究，但所做工作实在微不足道，期望本书能给初入调度领域的研究生或者学者有个浅显易懂的引领。撰写过程中力求语言通俗易懂、文字简洁明了，尽量反映调度领域的最新研究成果。由于作者学识和水平有限，成书仓促，疏漏和不足之处在所难免，谨请读者和同行专家批评指正。

作 者

2021 年 1 月于金陵九龙湖畔

目　录

前言
第 1 章　调度概念、要素与架构 …… 1
1.1　引言 …… 1
1.2　什么是调度 …… 5
1.3　任务 …… 7
1.3.1　独立任务 …… 8
1.3.2　线性约束任务 …… 12
1.3.3　非线性约束任务 …… 15
1.4　资源 …… 17
1.4.1　物理资源 …… 19
1.4.2　资金资源 …… 19
1.4.3　人力资源 …… 20
1.4.4　信息资源 …… 20
1.5　约束 …… 20
1.5.1　任务约束 …… 21
1.5.2　任务-任务约束 …… 22
1.5.3　任务-资源约束 …… 22
1.5.4　资源约束 …… 24
1.6　优化目标 …… 24
1.6.1　单目标 …… 24
1.6.2　多目标 …… 26
1.6.3　超多目标 …… 27
1.7　问题难度和未来调度框架 …… 27
1.7.1　问题难度 …… 27
1.7.2　未来调度框架 …… 28
1.8　本章小结 …… 29
第 2 章　单资源独立任务调度 …… 30
2.1　学习效应和遗忘效应 …… 31
2.2　基于先验知识学习效应的单机调度 …… 34

2.2.1 基于先验知识的通用学习效应模型 ······ 34
2.2.2 基于先验知识学习效应模型的单机调度 ······ 34
2.3 通用效应函数下的单机任务调度 ······ 42
2.4 带退化效应单机成组任务调度 ······ 50
2.4.1 问题描述 ······ 51
2.4.2 单机成组任务调度退化效应模型 ······ 52
2.4.3 启发式求解算法 ······ 54
2.4.4 迭代贪心算法 ······ 64
2.4.5 实验分析与对比 ······ 67
2.5 本章小结 ······ 68
第 3 章 多资源线性约束任务调度 ······ 69
3.1 总完工时间最小化的无等待流水作业调度 ······ 69
3.1.1 无等待流水作业调度 ······ 69
3.1.2 最大左移长度 ······ 70
3.1.3 机器 m 上的完工时间及性质 ······ 72
3.1.4 基于作业尾台机器距离的调度算法 ······ 76
3.1.5 通用完工时间距离及性质 ······ 82
3.1.6 基于总完工时间距离的调度算法 ······ 88
3.1.7 通用开工时间距离及性质 ······ 94
3.2 最大完工时间无等待流水作业调度 ······ 99
3.2.1 基本性质 ······ 102
3.2.2 渐近启发式算法 ······ 106
3.3 混合等待流水车间调度 ······ 110
3.3.1 问题描述和数学模型 ······ 111
3.3.2 加速方法 ······ 112
3.3.3 MWFSP 的迭代贪心算法 ······ 118
3.4 具有先验知识学习和遗忘效应的两机流水作业调度 ······ 125
3.4.1 具有先验知识学习效应和遗忘效应模型 ······ 125
3.4.2 带学习和遗忘效应的两机流水作业调度优化目标 ······ 126
3.4.3 启发式算法 ······ 126
3.4.4 分支限界算法 ······ 128
3.5 带学习效应的流水作业调度 ······ 134
3.5.1 有支配关系的流水车间作业任务调度 ······ 135
3.5.2 支配流水车间作业调度最优解规则 ······ 135

3.5.3 实例分析 ······ 142
3.6 本章小结 ······ 143
第 4 章 大数据计算任务云资源调度 ······ 145
4.1 大数据计算框架 ······ 145
4.1.1 MapReduce 计算框架 ······ 145
4.1.2 大数据计算任务 ······ 145
4.1.3 大数据计算任务云资源调度现状 ······ 149
4.2 周期性 MapReduce 批处理作业调度 ······ 151
4.2.1 问题描述与建模 ······ 151
4.2.2 批处理作业调度方法 ······ 154
4.3 能耗感知 MapReduce 作业调度 ······ 164
4.3.1 系统状态划分 ······ 165
4.3.2 问题描述与数学模型 ······ 167
4.3.3 能耗感知 MapReduce 作业调度方法 ······ 169
4.4 本章小结 ······ 179
第 5 章 云服务系统调度性能分析 ······ 181
5.1 性能分析问题 ······ 181
5.1.1 问题分类 ······ 182
5.1.2 研究现状 ······ 183
5.2 性能分析方法 ······ 186
5.2.1 确定处理器 ······ 186
5.2.2 $M/B/N/N+R/\mathrm{FCFS}$ 概率分析 ······ 187
5.2.3 $G/G/N/\infty/\mathrm{FCFS}$ 概率分析 ······ 188
5.2.4 $M/M[d]/N/\infty/\mathrm{FCFS}+D$ 概率分析 ······ 189
5.2.5 $M/G/1/\infty/\mathrm{FCFS}$ 概率分析 ······ 190
5.3 云服务随机请求的单队列性能分析与调度 ······ 191
5.3.1 系统模型和问题描述 ······ 191
5.3.2 平衡响应时间和功耗算法 ······ 195
5.3.3 平衡响应时间和功耗实验评估 ······ 207
5.4 截止期约束的云服务随机请求弹性单队列性能分析与调度 ······ 212
5.4.1 云系统模型和问题描述 ······ 213
5.4.2 能耗最小化算法 ······ 217
5.4.3 能耗最小化实验评估 ······ 218
5.5 本章小结 ······ 224

第 6 章 线性约束云服务调度 ········ 226
6.1 弹性混合云资源下随机多阶段作业调度 ········ 226
6.1.1 问题描述与数学模型 ········ 227
6.1.2 动态事件调度算法 ········ 232
6.1.3 实验分析与算法比较 ········ 241
6.2 弹性云资源下具有模糊性的周期性多阶段作业调度 ········ 248
6.2.1 问题描述与数学模型 ········ 249
6.2.2 模糊动态事件调度算法 ········ 254
6.2.3 实验分析和比较 ········ 263
6.3 本章小结 ········ 271
第 7 章 非线性约束云服务调度 ········ 272
7.1 基于非共享服务的工作流资源供应 ········ 275
7.1.1 基于关键路径的迭代启发式算法 ········ 277
7.1.2 实验结果 ········ 284
7.2 基于共享服务的工作流资源供应 ········ 288
7.2.1 问题描述 ········ 288
7.2.2 多规则启发式算法 ········ 291
7.2.3 实验结果 ········ 303
7.3 截止期和服务区间约束的云工作流调度 ········ 313
7.3.1 问题描述与建模 ········ 315
7.3.2 基本性质 ········ 317
7.3.3 迭代分解启发式算法 ········ 319
7.3.4 实验与分析 ········ 326
7.4 资源预留模式下的周期性工作流调度 ········ 335
7.4.1 周期性工作流资源调度问题描述 ········ 336
7.4.2 相关研究 ········ 339
7.4.3 基于优先级树的启发式方法 ········ 340
7.4.4 实验与分析 ········ 353
7.5 本章小结 ········ 359
第 8 章 云服务系统容错调度 ········ 361
8.1 云系统中受截止期约束任务的混合容错调度 ········ 362
8.1.1 问题模型 ········ 362
8.1.2 混合容错调度算法 ········ 365
8.1.3 实验分析 ········ 375
8.2 云系统中故障感知的弹性云工作流调度 ········ 384

第 1 章　调度概念、要素与架构

调度 (scheduling) 是实际生产系统的核心，与计划 (planning) 和执行等环节紧密相关。调度已被不同学科 (如机械、交通、计算机、管理等) 学者从不同角度进行了广泛研究，通过不同视角认识调度的本质，可充分利用不同研究观点各自的优势取长补短。由于调度是包含四类组件 (任务 (task)、资源、约束和目标) 的组合优化问题，可将其定义为一组任务到一组资源上的映射，满足约束条件下实现一个或一组目标的优化。调度问题非常广泛，可根据如下四类组件划分角度对其进行刻画。任务间的关系可分为三种类型：独立、线性约束和非线性约束。资源可分为四类：物理设备、人力、资金和信息。约束也可分为四类：任务约束、资源约束、任务-任务约束和任务-资源约束。优化目标可简单地划分为三类：单目标、多目标和超多目标。由于绝大部分调度问题是 NP 难的，基于人工智能、大数据和云计算，提出“算法 + 知识 + 数据 + 算力”的新型智能复杂调度框架。

1.1　引　　言

数十年来调度一直是制造、交通运输、计算机 (包括云计算、服务计算)、管理和自动化等多学科的热门话题，不同学科的调度问题具有不同特征。

调度最早受到制造业关注 [1]，即如何合理地为一组给定任务分配加工机器和必要工具，以最小化一个或多个目标 (如最大完成时间或 makespan、预算、成本等)，或最大化一个或多个目标 (如资源利用率、能源消耗等)。实际制造系统中存在许多调度优化问题 (如组件生产调度、零部件生产调度、工人工班安排、组装任务调度)。生产企业处于不同岗位的角色关注不同目标，如企业领导关注如何最小化工期、最小化零配件生产成本、最小化能源消耗、最大化资源利用率，而生产工人则期望收入最大化。调度通常受到各种用户需求或条件约束，如产品需按时交付、工人技能水平参差不齐、预算受限等，实际应用中各种复杂约束使得调度问题异常复杂。如何为这类问题找到最优解甚至可行解非常难，因此，通常需要对一些约束进行简化甚至完全不考虑，常见的经典生产调度包括单机器调度、作业车间 (job shop) 调度、流水车间调度、开放车间调度和项目调度等。因此，实际工程应用调度和调度理论研究间存在一定差距。技术变革推动着制造业等行业快速发展，调度问题越来越接近实际，待研究的调度问题也越来越复杂。除核心制造企业外，包括各级供应商、客户等在内的整个供应链全局优化等越来越受到重视，实际制造过程在横向和纵向上的调度优化问题及其相互关系如图 1.1所示。另外，智慧制造、网络化制造和云制造等造成资源地理分布、产品回收、可持续制造和客户需求反馈等各类新型复杂约束条件，使相应的调度问题变得更加复杂。过去几十年中，有大量关于制造调度的研究，仅综述文章就超过 70 篇，主要包括工业 4.0、流水车间 (flow shop)、作业车间 (job shop)、钢铁生产、网络化制造、可持续制造、工艺规划和调度集成与单机系统等。

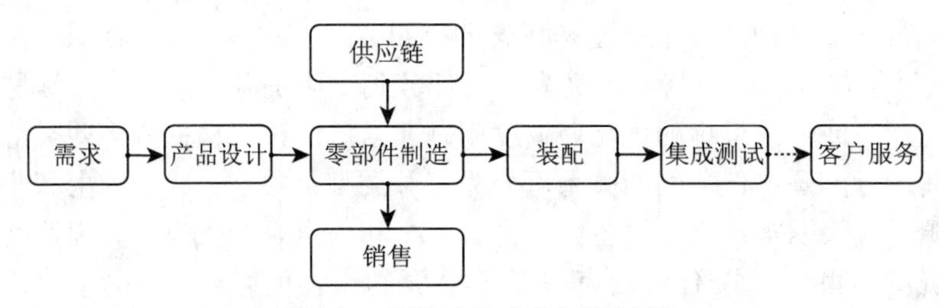

图 1.1　制造系统中的调度问题

交通运输行业有许多调度问题，即在不同约束下如何通过运输工具 (如船舶、飞机、卡车、火车、管道等) 运输物品，典型的约束条件包括有限空间、装载能力、等待时间、周转时间、能源消耗等，常见的运输方式有海运、陆运和空运。海运优化问题包括集装箱调度、邮轮航线规划、船舶路线选择、货物路线选择、船队调度/分配和海上石油运输等；空运优化问题包括直升机路线规划、空勤人员安排等。陆运优化是交通运输调度中研究最多的问题，包括车辆路线规划、旅行计划、车辆出发时间优化、公交车调度、列车编组、机车路径规划和列车调度等。这些调度问题中大多数都是经典 TSP(旅行商问题) 的变体。

手术室是大部分医院的关键资源，如何为多位不同紧急程度的患者同时合理安排多类资源 (如手术台、特种医疗设备、床位、手术医生、护士、麻醉师等) 是很难的问题。典型优化目标通常考虑最大化外科手术资源、最小化医疗费用、最小化等待时间、最小化完成时间或完工时间等，或者同时考虑多个目标。考虑这些目标的角色也不同，医院管理者希望最大限度地利用有限医疗设备和人力资源，而患者希望最大化自己的满意度并最小化费用。目前对外科规划、手术台调度、主刀医生调度等主流调度问题都有不同程度的研究。实际手术室调度问题的许多不确定因素 (特别是许多人为操作通常都是不确定的)，已有研究基本都不加考虑或者假定为确定的；外科技术的发展推动着更多调度问题的出现，如基于互联网的远程专家、远程医疗设备综合外科手术调度等。过去几十年中已有大量外科手术调度文献，部分研究将相应问题归结为车间作业调度、机器调度、工作流和智能外科手术调度等。

自动化行业的调度问题更侧重于实际应用，如自动化制造系统 (AMS)、自动导引车 (AGV) 调度、建筑自动化调度、智能家居电力调度等。AMS 中企业领导关注各种约束 (如预算和截止日期) 条件下的制造过程如何合理调度以减少能源消耗或提高资源利用率；在弹性制造系统或自动化仓储中，AGV 广泛用于不同地点间的物料运送，AGV 调度很重要，路径容量、网络布局和任务优先级等约束提高了该类问题的难度；建筑行业的一个重要问题是如何满足时间和成本要求的项目施工，其中任务间具有复杂的偏序约束关系；智能家居系统中对家电进行合理调度可以在满足硬约束和 (或) 软约束下降低功耗。与其他领域类似，实际应用的自动化调度问题与相应的调度研究间也存在一定差距。自动化技术的发展也将带来越来越多、更为复杂的调度问题。

管理科学中有许多与其他领域类似的调度问题，如能源管理、运营管理、供应链、物流、医疗保健管理、库存管理、项目管理和生产管理，其中项目调度是项目管理的关键，也是管理科学最受关注的问题之一。项目调度中的任务是包含在项目中的活动 (activity)，通常不同活动对不同类型资源 (如资金、人员、设备) 的需求不同，不同用户关心的优化目标也不同，常见的目标有最小化项目工期、最小化项目成本、最大化项目收益、满足截止日期的性能优化等。项目调度问题在实际应用中广泛存在，已有研究可从不同角度进行分类，如单项目/多项目调度、单模式/多模式/无限模式项目调度。在过去几十年中，研究最多的是资源受限项目调度问题 (RCPSP)，并由此产生很多变体问题，如资源受限抢占式项目调度问题 (PRCPSP)、资源受限多模式项目调度问题 (MRCPSP)、资源受限多项目调度问题 (RCMPSP)、多目标资源受限项目调度问题 (MORCPSP) 和不确定资源受限项目调度问题等。

计算机系统中存在大量的调度问题，最基本的就是操作系统中的进程 (process) 或线程 (thread) 调度，即如何合理地将用户程序创建的进程或线程调度到计算机系统中的 CPU 等资源上以优化某个或某些指标 (如 CPU 利用率、吞吐量、等待时间、响应时间等)，由于进程或线程通常彼此相互独立，采用的主要调度规则有先来先服务 (FCFS)、最短作业优先 (SJF)、轮询调度 (RR) 和优先权调度 (PS) 等。但这些简单规则并不一定适用于地理分布计算资源 (如服务器) 间有通信开销的分布式计算场景，通信开销会推迟任务的完成时间，甚至使其超过截止期；分布计算资源可能同构，也可能异构 (一般指具有不同处理速度)，故考虑计算和通信开销的调度将不再简单。由于有限的本地计算资源难以满足云计算中任务的巨大资源需求，假定具有无限云资源的云计算就成为任务分配理想模型，云计算架构主要包括三个层次：基础设施即服务（infrastructure as a service，IaaS)、平台即服务 (platform as a service，PaaS) 和软件即服务 (software as a service，SaaS)，不同资源租用方式 (预留、按需和竞价计价) 等新属性和约束为该类系统带来许多调度难题。后来出现的边缘计算技术在一定程度上可降低任务的通信开销，但边缘计算资源的计算能力远不如云计算资源，如何在通信开销和边缘计算能力之间进行平衡又产生另一大类调度问题；云计算和边缘计算调度的资源基本单位是虚拟机 (virtual machine，VM) 而非 CPU。单机系统中的程序由操作系统创建的进程或线程执行，随着实际程序功能的迅速扩大，一台计算机往往难以单独执行，面对这样的需求，面向服务架构 (SOA) 框架提供了一种解决方案，SOA 是一种组件与服务紧耦合的一体化 (monolithic) 框架，服务及服务间的切换需要大量资源，导致巨大资源浪费；后来出现的微服务为松耦合框架，每个微服务都仅需要一个容器，一个 VM 里可配置多个容器；与 SOA 应用 (application) 相比，微服务具有更多偏序约束关系。尽管两类应用都可刻画为工作流调度，但微服务调度比 SOA 应用调度困难得多；如何将容器配置到 VM 和服务器也存在许多优化问题。大数据中采用 MapReduce、Spark 等模型在云计算环境下进行数据块处理时，如何合理地将这些任务 (Map 任务、Reduce 任务、Spark 作业、Spark 级段或 Spark 任务) 调度到云资源，对大数据计算性能至关重要。在过去几十年中，有大量关于计算机系统中的调度问题的研究，关注对象包括软件定义系统、大数据、云计算 [2]、网格计算和多处理器系统等的任务调度。

此外，调度还存在于其他一些学科和实际应用中，相应的示意图如图 1.2 所示。

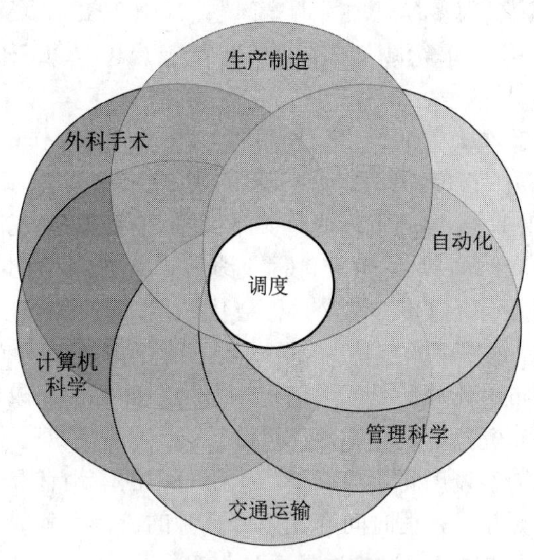

图 1.2　不同学科和应用中的调度问题

1.2 什么是调度

定义 1.1 调度是一个映射过程，即如何将一组任务或活动在满足一组约束的条件下映射到一组资源上，以最优化 (最大化或最小化) 给定目标 (或目标向量)。

调度确定出任务的执行顺序及它在资源上的开始和结束时间，包含任务、资源、约束和目标四要素，如图 1.3 所示。

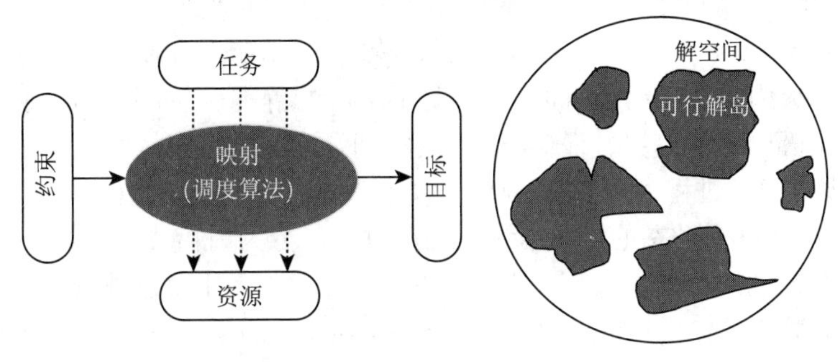

图 1.3 调度的组件

- 任务：所有要处理的事项、要执行的动作或要执行的程序都可视为任务，任务的所有属性 (如处理时间、优先级等) 在调度前定义 (定义于计划阶段，下面将详细叙述)，任务也可视为被服务对象或服务消费者。极端情况下上述学科应用涉及的调度算法，其执行过程本质上也可视为计算任务，即操作系统为这些调度算法的实现程序创建进程或线程，并将进程或线程调度到处理器上执行。为简化起见，下面涉及的被安排事项 (作业、任务、活动、操作、进程、线程、零件、物品、容器等) 通称为任务。
- 资源：服务提供者提供的服务，通常调度所考虑的资源是有限的 (如果资源足够丰富，则不需要调度)，常见的资源有机床、CPU、服务器、虚拟机、内存、I/O 设备、登机口、公共汽车、乘务员、外科医生、护士、病床、节点、插槽、教室、工人等。
- 约束：通常调度问题的解空间很大，但由于各种约束条件的限制，并非所有解都可行，这些约束将整个解空间的可行解分割为多个孤岛 (实际上对于调度问题，这类离散优化解之间都不是连续的，这里仅将相对集中的一些解当成一个孤岛)，常见的约束条件有交货期 (due date)、截止时间、优先级、安全性、隐私、预算、可用性、可靠性、到达时间等。
- 目标：调度的目的是通过构造或设计出算法，从所有孤岛中找到最优解 (调度或时间表)，常见的优化目标有完成时间、总执行时间、迟延、响应时间、吞吐量、等待时间、租赁成本、能源、利用率、资源均衡、服务质量 (QoS) 等，有时同时考虑多目标 (两个或三个目标) 或超多目标 (至少四个目标) 的优化。

调度的组合优化特性使得多项式时间复杂度内在孤立的多个可行解孤岛上找到最优解几乎不可能，搜索是目前解决这类离散优化问题的唯一方法。绝大多数调度问题都是 NP 难的，在用户可接受的有限计算时间内找到最优值几乎不可能，实际可接受的方案是找到近似最优或甚至可行解即可。此外，搜索算法的鲁棒性也很重要，即所设计算法不仅对某些特定问题有效，而且对所有该类问题都可获得不错的解。因此，评价所设计的调度算法优劣包括解的质量、搜索时间及搜索过程的稳定性 (即有效性 (effectiveness)、效率 (efficiency) 和鲁棒性 (robustness)) 三个指标。

调度可分为静态和动态两种，大多数研究考虑静态调度，即调度前假设任务、资源和约束都固定不变；若任务随机到达 (即调度前任务到达时间和达到数量不确定) 或调度执行过程中发生意外事件 (如材料未按时到达、机器故障、工人生病等)，则相应调度为动态的。动态调度还可进一步分为前摄式调度和反应式调度，前摄式是在调度执行前生成一个鲁棒的调度，尽量不受主要意外事件的影响，避免调度的频繁更改，常用的前摄式通过多副本 (replication) 冗余或鲁棒调度策略实现；而反应式调度是调度执行过程中发生意外事件时，立即部分修正或重调度，常通过重提交 (resubmission) 实现。此外，根据任务到达方式，调度问题可以分为离线调度和在线 (或实时) 调度。

调度与计划两个环节密切相关，Noronha 和 Sarma[3] 对二者进行了定义，计划是“创建、设计或系统地阐述所需要做事情的过程，如安排要做的事情、行为或待执行过程”，包含“做什么”和“怎么做”；“调度是为特定目标创建或设计过程的进程，明确该过程事项的顺序和每个事项的时间参数”，不同于计划，调度仅包含“怎么做”，上述定义将调度包含于计划中。为明确区分不同环节，我们仅将计划定义为“做什么”的过程，即设置任务持续时间 (duration)、优先关系和其他相关属性。由于实际系统中资源的有限性，并非所有到达任务都能在调度过程中满足其约束条件，系统仅选择可满足的任务进行调度和执行，即不可接受的任务会被拒绝。分布式系统 (如移动边缘计算系统) 中所有任务不可能仅由一个资源完成，将选择并分卸 (offloading) 部分任务到其他资源。被接受或允许任务的不同处理顺序产生不同目标函数值，任务排序 (sequencing) 过程对调度结果有很大影响。时间表安排 (timetabling)/任务分配 (allocating) 过程将排序好的任务依次分配给合适的可用资源 (机器、工人、工具等)，确定任务的开始和完成时间。因此，调度通常包含三个阶段：任务选择或分卸 (确定可调度任务)、任务排序 (确定任务调度次序)、时间表安排或任务分配 (确定任务的执行资源和开完工时间)。正常情况下所有已调度任务都按照调度结果执行，但实际中各种不确定因素随时可能会破坏调度结果，尚未完成的任务需要重新调度 (rescheduling)，即需要采用重调度策略重新确定未完成任务的开完工时间。图 1.4 给出计划、调度和执行三阶段的基本关系。

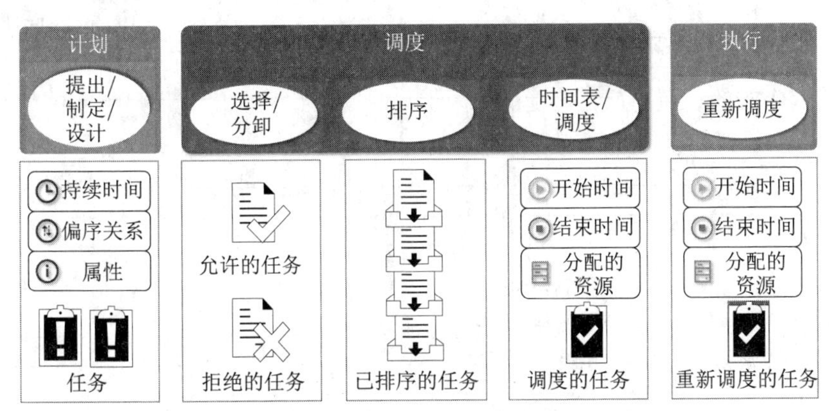

图 1.4　计划、调度和执行阶段

1.3 任　务

到达系统的请求 (request) 通常包含多个任务，每个任务所有必要属性的值在调度前的计划阶段都应确定，常规属性包括到达模式 (如周期性到达、随机到达、批量式到达)、到达时间 (如固定时间到达、服从泊松分布、服从指数分布、服从随机分布)、处理时间 (如固定常数、具有学习/退化效应、模糊和随机值)、交货期、截止期、单位延迟惩罚、隐私性、安全性、可抢占性和可伸缩性 (malleability)。此外，还需确定任务-任务关系 (如任务优先级、任务间偏序关系、任务-任务亲和性) 和任务-资源关系 (如任务-资源亲和性、单位价格/成本、单位能量消耗)，这些属性对调度性能有很大影响。任务属性的分类如表 1.1所示。

表 1.1　任务属性分类

	属性	值	参考文献
任务	到达模式	周期性的	[4]～[9]
		非周期性的	[10]～[15]
		混合的	[16]～[18]
	到达时间	泊松分布	[4]、[19]～[22]
		指数分布	[5]、[12]、[21]～[23]
		随机分布	[16]、[22]、[24]
	处理时间	固定的	[4]～[6]、[11]、[12]、[14]～[19]、[21]、[23]～[68]
		随机的	[13]、[20]、[69]～[72]
		模糊的	[7]、[22]、[73]
		学习/退化	[8]、[74]
		强制的 + 可选的	[9]、[10]

续表

	属性	值	参考文献
任务	截止期	软截止期	[11]、[15]、[16]、[22]、[34]
		硬截止期	[12]、[13]、[16]、[21]、[33]、[51]、[65]～[67]、[75]
	安全性	安全性	[57]
	可靠性	可靠性	[20]、[56]
	可抢占性	抢占的	[10]、[18]、[26]、[40]、[76]
		非抢占的	[25]
		不可分的	[12]、[35]
	可伸缩性	可伸缩性	[61]、[62]、[75]、[76]
	可用性	可用性	[19]
任务-任务	偏序关系	独立的	[4]～[20]、[23]～[35]、[69]～[71]
		线性约束的	[21]、[22]、[36]～[52]、[73]、[74]
		非线性约束的	[53]～[68]、[72]
	互斥	互斥	[53]
	优先级	优先级	[23]、[28]、[34]、[64]、[66]
任务-资源	亲和性	亲和性	[64]、[65]

偏序关系属性几乎是考虑得最多的属性，一个偏序关系 $<T_i,T_j>$ 表示在直接前驱任务 T_i 完成前，其直接后继任务 T_j 不能开始。任务 T_i 的直接后继任务可能有 0 个、1 个或多个，相应地形成三种任务关系结构：独立型、线性约束型、非线性约束型。线性或非线性约束型任务间具有依赖关系，而独立任务应用中的所有任务彼此相互独立。线性约束应用中，除第一个任务没有直接前驱和最后一个任务没有直接后继外，其他所有任务都有且仅有一个直接前驱和一个直接后继；如果某个任务的直接前驱或直接后继任务数多于 1 个，则该任务是非线性约束的。三种类型的结构示意图如图 1.5 所示。

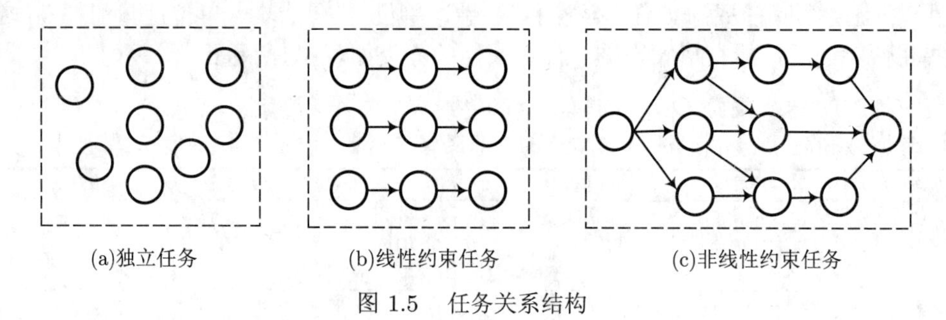

(a)独立任务　　(b)线性约束任务　　(c)非线性约束任务

图 1.5　任务关系结构

1.3.1　独立任务

独立任务调度的场景有很多，如操作系统中的进程或线程调度、货场中集装箱调度。独立任务调度问题也有很多分类方式，如简单地将其分为静态和动态两类。静态独立任务调度假定所有时间参数都预先给定，且在任务执行期间不变；动态调度是指因不确定因素 (随机、模糊或信息不完全) 的存在，一些时间参数在调度生成或执行过程中不确定或会发生变化。独立任务调度分类如图 1.6 所示。

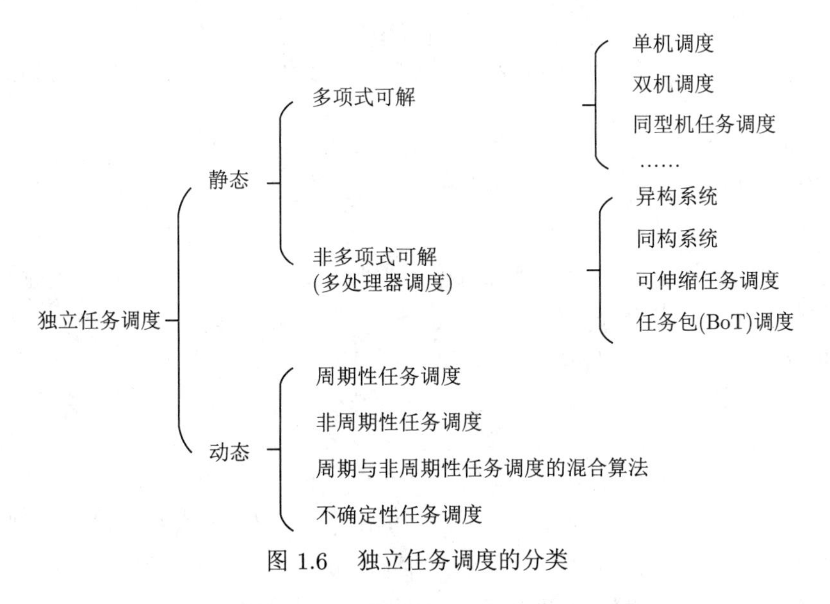

图 1.6　独立任务调度的分类

1. 静态独立任务调度

根据问题的难易程度，静态独立任务调度可进一步分为多项式可解和非多项式可解问题。

大多数单机、某些双机或统一处理时间静态独立任务调度问题是多项式可解的。Blazewicz 等 [25] 研究一种非抢占式任务调度，其中某些任务可能需多个处理器，证明了如果任务具有相同处理时间和所需处理器数量，则该问题可解，并提出两种时间复杂度为 $O(n)$ 的算法。Cai 等 [26] 考虑一个抢占式的两并行处理机任务调度问题，以最小化任务最大延迟为优化目标，一个任务一次可需要多个处理器，提出了一种伪多项式时间复杂度的两阶段最优解生成方法，且表明该方法可扩展到以总完工时间最小的非抢占式调度问题。

绝大多数静态任务调度问题都是 NP 难非多项式可解的，已有研究基本通过提出启发式算法以获得近似最优解。不同资源和任务类型可组合出大量 NP 难静态任务调度问题，即便在计算机系统中，也存在大量多处理器调度场景，如单台物理机的多核调度、单台服务器的多 VM 调度、单数据中心多服务器的多 VM 调度或多数据中心的多 VM 调度。因服务器可同构也可异构，故常见研究问题有四类：同构系统、异构系统、可伸缩任务调度和任务包调度。

- 同构系统中任务处理时间与机器无关，Lilja 和 Hamidzadeh[23] 提出多处理器系统的任务调度算法；Radulescu 和 van Gemund [28] 考虑分布式内存系统编译时的任务调度，通过引入动态优先级策略改进经典的列表调度算法；Yao 等 [30] 将强力网络处理器上的流量包分级并行处理操作建模为计算密集型任务，基于轮转法提出一个调度算法；Yang 等 [32] 研究同构雾网络中的任务协作分卸问题，提出一个考虑电路、计算和分卸能耗等因素的综合分析模型以准确评估同构雾网络的总体能效，并提出一个最大能效任务调度算法。

- 异构系统任务调度比同构系统的更加复杂，因不同处理速度会导致不同任务处理时间。Lee 和 Zomaya[29] 提出一种异构计算环境任务调度方法，可极大地提高一些经典元启发式算法 (如 GA、SA) 的性能；Qin 和 Xie[19] 提出一种具有可用性约束的异构系统运行多类应用程序的调度算法，根据任务的执行时间和可用性需求等特征将它们分为多类；Yuan 等 [33] 研究分布式绿色数据中心的海量任务调度，构建基于利润敏感的空间调度方法以最大化总利润。

- 可伸缩任务调度是多处理器系统的特殊 NP 难问题，由于各种所需资源可变因素的影响，任务处理时间很难估计，如任务处理时间取决于所分配处理器的数量，且与分配的处理器数量呈现非线性关系。Blazewicz 等 [76] 研究了可伸缩独立任务调度问题，任务可抢占且分配给任务的处理器数量在执行过程中可以动态改变，提出一种矩形背包算法，在 $O(n)$ 时间复杂度内将最优解转换为一个松弛问题；Li[76] 提出算法解决电压和速度动态变化的多处理机任务调度。

- 任务包调度是近年云计算研究的热点之一，该问题源于网格计算。任务包应用包含多个独立任务，它们可并行处理而无须同步或通信，分为静态和动态两种任务包调度，任务处理时间由所分配处理器和给定概率分布确定。Rosenberg[70] 通过周期窃取方式精炼任务包调度模型，提出一种凹概率分布的任务持续时间计算方法。

2. 动态独立任务调度

动态独立任务调度通常比同为 NP 难问题的静态问题还要难，虽然个别非常特殊的多处理器调度多项式可解，但相应的假设在实际中很少发生。Dertouzos 和 Mok [27] 考虑多处理器环境下的硬实时任务调度，将一组令牌作为任务，并提出基于笛卡儿博弈的调度方法，证明了在没有启动时间先验知识的情况下，该问题在多处理器环境中为 NP 难的，并讨论了执行过程中最优调度的充分条件。根据任务到达时间 (可预测或随机)，动态调度通常可分为四种类型：周期性、非周期性、周期和非周期混合、不确定性，前三种可预测，即它们的到达时间预先给定但并非同时到达，最后一类任务随机到达。

周期性任务因其到达时间固定，对应调度相对简单。Baruah 和 Lin[4] 研究了一种广义轮转任务调度，其与公平周期任务调度密切相关，采用比例进度和公平性来衡量调度的公平性，并提出 Pinfair 算法；Buttazzo 和 Sensini[5] 考虑实时环境中的硬周期任务调度，其中硬周期任务采用最早截止时间优先 (earliest deadline first,EDF) 规则调度；Baruah[6] 探讨相同多处理器的周期性任务调度，提出一种固定优先级调度算法；Mir 和 Abdelaziz [7] 研究多功能雷达中的循环任务调度，与一般任务调度问题不同，采用模糊集建模任务驻留时间，以提高雷达调度的灵活性，并提出一种启发式方法；后来 Mir 和 Guitouni[8] 还为柔性雷达任务调度构建一个通用框架。Mashayekhy 等 [9] 考虑基于奖励的竞争环境周期性任务调度，如果每个任务的必要部分被调度将被奖励，那么它的可选部分被成功执行则将获得额外奖励。

非周期性任务尽管到达时间不规则，但通常于固定时间点到达。Zhu 等 [14] 提出一种滚动时间窗调度架构，针对云环境下实时、非周期、独立任务动态调度提出一种能量感知调度算法；Yuan 等 [15] 研究云数据中心的大规模非周期性任务调度，最大化混合云中私有云的利润，并保证延迟容错任务的服务延迟界；他们还考虑类似的任务调度以最小化混合云中私有云数据中心的成本 [77]，提出一种时间任务调度算法，将所有到达任务有效地调度到私有云数据中心和公共云中。

有些调度问题同时包含周期性和非周期性任务。Ripoll 等 [16] 考虑具有硬实时和软实时约束的任务调度，构建基于 EDF 的优先级抢占式调度器来动态地分配任务优先级，提出一种非周期工作负载在线算法；Li 和 Cheng[17] 探讨实时嵌入式系统的层次式动态任务调度，基于粒度资源划分模型，提出一个资源划分机制；Saha 等 [18] 提出一个执行周期性和非周期性实时任务的协同调度框架，最小化被拒绝任务数量并最大化资源利用率。

随机到达任务在实际应用中最为常见，相应的调度问题也比前三种要困难得多。Wang 等 [11] 构建分布式成像卫星应急任务的多目标动态调度模型，基于团划分方法，综合考虑任务合并、后移和重置提出了一种任务合并与动态调度算法；Hu 和 Veeravalli[12] 考虑集群上具有截止期约束的动态任务调度，任务要么可分要么不可分，不可分任务完全分配在单个处理器上处理，通过利用底层的数据并行机制将可分任务分散到多个处理节点，针对可分和不可分实时任务提出一种动态 (在线) 实时调度算法；Li 等 [13] 考虑实时应用异构多处理器系统中的能量感知异构数据分配和任务调度问题，提出一个整数线性规划方法和两个启发式算法在多项式时间内生成实时应用的近似最优解。

不确定因素的任务调度也颇受关注。Wei 等 [20] 考虑可靠性驱动的多处理器实时嵌入式系统任务调度，在具有随机故障时优化系统能耗；Zhang 等 [34] 研究节点任务包含于一个无存储和无转换器供电体系结构的大规模太阳能传感器的任务调度，节点对太阳变化异常敏感，任务截止期错过率很高；Wu 等 [78] 研究一个类似的太阳能传感器节点任务调度；Deng 等 [69] 考虑数据中继卫星系统任务调度，空间环境各种不确定因素导致任务不断变化，提出一个包含初始调度和动态调度的两阶段任务调度算法；Li 等 [35] 研究非易失性处理器 (NVP) 上的任务调度，其对电源故障和高功率切换开销敏感，考虑能量收集 NVPs 的功率切换开销，提出一种新的性能感知任务调度方法，并构建具有任务划分的离线和在线性能感知的启发式调度算法。

1.3.2 线性约束任务

最常见的线性约束调度包括流水车间、作业车间和开放式车间等经典调度问题。如图 1.7 所示，流水车间调度的线性约束很直观，因为所有作业的工艺路线相同，且每个工序 (operation) 最多具有一个直接前驱和直接后继；作业车间也是线性约束的，因每个作业除第一个和最后一个工序外，其他工序只有一个直接前驱和直接后继，第一个工序无直接前驱且只有一个直接后继，而最后一个工序无直接后继且只有一个直接前驱。如作业 1 的加工机器顺序为 $(1, 4, 3, 2)$，工序 O_{11}、O_{12}、O_{13} 和 O_{14} 分别在机器 1、4、3、2 上加工，每个工序都只有一个直接前驱和直接后继 (O_{11} 没有直接前驱和 O_{14} 没有直接后继)。

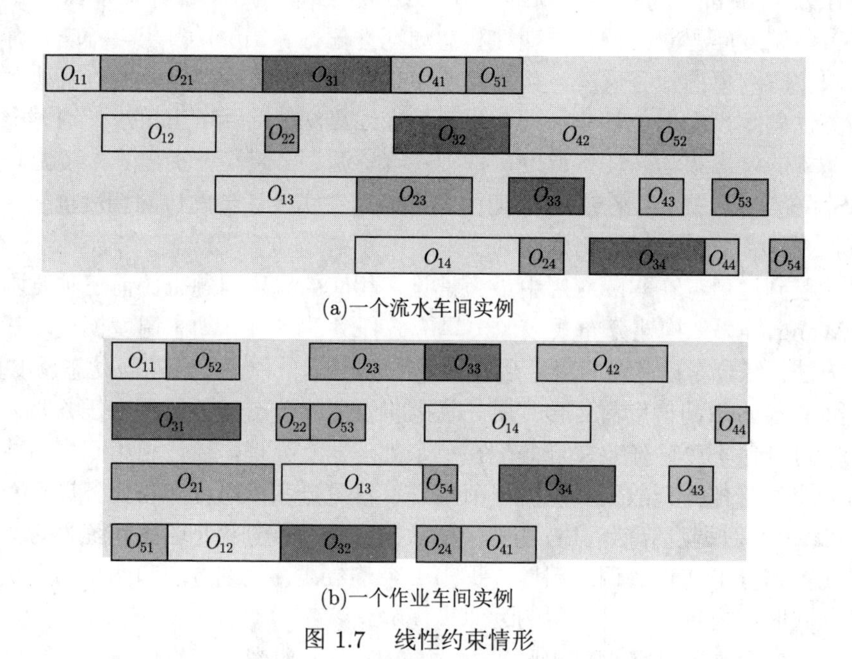

(a)一个流水车间实例

(b)一个作业车间实例

图 1.7 线性约束情形

线性约束任务调度可分为相同工艺路线和不同工艺路线两类，如图 1.8 所示。

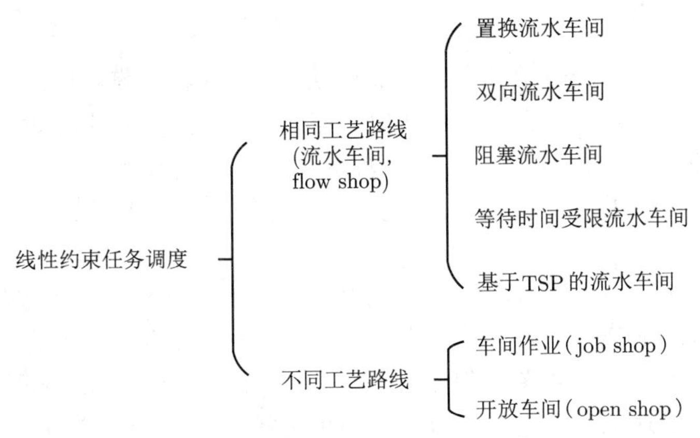

图 1.8　线性约束任务调度的分类

1. 相同工艺路线

所有作业都遵循相同的工艺路线，每个作业的所有工序都以相同顺序加工，这类调度问题通常称为流水车间。当机器数 $m = 2$ 时，流水作业调度多项式可解；但当机器数 $m > 2$ 时，流水作业调度基本为 NP 难问题；一些小规模流水车间调度多项式或伪多项式可解。

置换流水车间调度是研究最为广泛的问题。Ceberio 等 [39] 基于分布估计算法和可变邻域搜索提出一种置换流水车间调度混合方法；Liu 等 [40] 考虑随机中断和动态事件构建一种主动-反应方法，求解总流程时间最优化的置换流水车间调度；Santucci 等 [41] 将本原代数方法应用于差分进化算法，求解总流程时间最优化的置换流水车间调度；Li 等 [74] 引入学习效应（learning effect) 模型，针对最大完成时间最小化的双机置换流水车间调度，构建学习遗忘模型，提出了分支限界法和启发式算法，以寻找最优解和近似解。

置换流水车间调度有许多变种，如双向流水车间、混合流水车间、阻塞流水车间和等待时间受限流水车间等。

- 双向流水车间有两个方向的操作流：正向流和反向流。Zhao 等 [42] 提出一种资源分配与作业调度相结合的双向流水车间整数规划模型，采用线性规划松弛方法实现全局资源分配，采用快速启发式方法解决各子调度问题。
- 混合流水车间的每个阶段有多台并行机可用。Tang 和 Wang[43] 提出混合流水车间调度的一种改进粒子群优化算法；Marichelvam 等 [44] 考虑一种混合流水车间调度，将流水车间的某些阶段推广到并行机，提出一种离散萤火虫算法同时优化最大完工时间和平均流程时间；Li 等 [45] 考虑具有动态工序跳跃的熔钢系统混合柔性流水车间调度，提出改进的离散人工蜂群算法；他们还提出解决混合流水车间重调度的混合果蝇优化算法 [46]，重调度中同时考虑机器故障和处理变化中断。

• 阻塞流水车间允许在当前机器上阻塞作业的工序，直到该作业下个工序所需的机器可用。Pan 等 [47] 提出一种阻塞流水车间的最大完成时间最小化算法框架，提出一种构造启发式和文化基因算法；他们还为炼钢过程的实际混合流水车间调度构造混合整数数学模型 [48]，考虑具体问题特点，提出启发式方法和两种改进策略。

• 等待时间受限流水车间意味着两个连续工序间的等待时间受限，如无等待流水车间表示任何连续工序不允许有任何等待时间。Yu 等 [49] 考虑一个等待时间受限的流水车间，其为半导体制造的特例；Wang 等 [50] 研究了具有等待和不等待约束的混合无等待流水车间调度，其为传统置换流水作业和无等待流水作业的扩展；Zhu 等 [21] 考虑基于混合云的特殊工作流调度，任务具有线性相关、计算密集、随机到达、截止时间受限等特点，且在弹性分布式云资源上执行；他们 [22] 又在随机任务到达时间、模糊任务加工时间和截止日期等方面对该问题进行扩展，任务具有固定的工序数并线性相关，提出迭代启发式框架以周期性调度任务。

还有来源于具体场景的研究，如 Zheng 等 [51] 研究灾难救援行动任务调度，所考虑的紧急调度问题类似于 TSP 和流水车间的结合。

2. 不同工艺路线

开放车间和作业车间是典型的不同工艺路线任务调度问题。

开放车间的每个作业具有不固定的工艺路线，即作业的每个工序可在任何可用机器上加工。Granz 和 Gao[52] 考虑星间互连的通用卫星交换时分多址卫星群的时隙分配，该问题被建模为开放车间调度；Chernykh 等 [79] 研究路由开放车间调度问题，其包括两个子问题：开放车间调度和度量 TSP 问题，作业位于某个运输网络节点上，机器游走于该开放环境网络并执行作业；Koulamas 和 Kyparisis[80] 考虑开放车间调度，证明其在 $O(n \log n)$ 内可解；Bai 等 [81] 研究静态和动态弹性开放车间调度，通过有界假设证明一般通用密集调度算法的渐近最优性；Pempera 等 [82] 提出面向生产系统循环开放车间调度的禁忌搜索方法；Mejia 等 [83] 研究开放车间调度的机器间的行程时间和 (或) 顺序相关时间设置；Abreu 等 [84] 提出遗传算法求解序列依赖启动时间的开放车间调度问题。

作业车间调度中不同作业的工艺路线不同，且预先给定，作业车间调度有多个变种，如不精确任务处理时间、无等待约束、双向流、弹性机器、顺序依赖启动时间或交货期。Fortemps[73] 提出具有不精确任务处理时间作业车间调度的元启发式算法，基于 Dempster-Shafer 理论框架提出一种模糊方法，在模型中引入模糊数；Zhu 等 [85] 考虑最小化最大完成时间的无等待作业车间调度，提出了具有有限存储的完全局部搜索；Abdeljaouad 等 [86] 研究覆盖相同机器的两个相反方向作业流作业车间调度；Birgin 等 [87] 扩展柔性作业车间调度，允许工序间的偏序关系由有向无环图 (directed acyclic graph，DAG) 而不是线性顺序来确定；Koulamas 和 Panwalkar[88] 考虑每个作业具有长度相等工序的双机无等待作业车间调度，证明该问题在 $O(n\log n)$ 时间内可解；Knopp 等 [89] 研究具有批处理机、可重入流、顺序相关启动时间和释放时间的弹性作业车间调度；Shen 等 [90] 考虑具有顺序相关启动时间的弹性作业车间问题；Bürgy 等 [91] 关注非常规目标函数车间作业调度；Zhang 等 [92] 研究弹性制造系统中的车间调度，将顺序依赖工序启动时间和机器间的作业转换时间与加工时间分开考虑；Ahmadian 等 [93] 研究准时车间调度，每个工序交货期不同，违反工序交货期都将受到提前或延迟惩罚。

1.3.3 非线性约束任务

应用中任务是非线性约束的，其中至少存在一个任务或活动具有两个或以上的直接后继或直接前驱，独立任务和线性约束任务是非线性约束的特例。非线性约束应用通常可用有向无环图描述，该类应用的典型是工作流实例 (如分布式计算环境) 和管理科学的项目调度。非线性约束任务调度可从不同角度进行分类，图 1.9给出关于不同调度时机 (调度执行前或执行中) 的非线性约束任务调度分类方式。

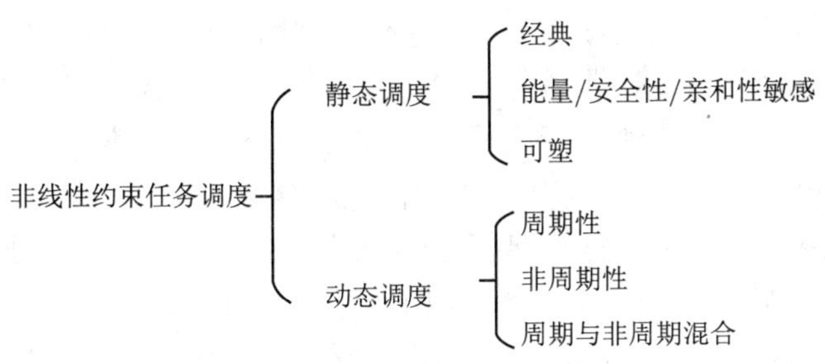

图 1.9　非线性约束任务调度的分类

少数特殊小规模工作流调度可在合理时间内优化求解。例如，Abdelzaher 和 Shin[53] 考虑分布式硬实时系统中具有偏序和排他约束的离线通信任务调度，提出小规模问题的分支限界法以最小化任务最大延迟。一般来说，工作流调度问题是强 NP 难问题。

1. 静态非线性约束任务调度

静态工作流调度及其变种在过去几十年里得到广泛研究。Li 和 Pan[54] 研究多处理器上偏序约束任务调度，提出一种最大任务优先策略逐级调度任务的近似算法；Vydyanathan 等 [55] 将具有依赖关系的粗粒度应用任务通过 DAG 建模为复杂并行应用，提出一种局部性意识算法来计算任务和数据的合理混合；Girault

和 Kalla[56] 研究多处理器系统中任务间存在数据依赖的静态任务调度，提出一种双准则调度算法同时优化最大化完工时间和可靠性；Tang 等 [57] 考虑安全敏感应用任务调度，设计一个安全驱动的调度体系结构，可动态测量系统各节点的信任水平，引入任务优先等级以估计安全关键任务的安全开销，提出安全驱动的调度算法以最小化最大完工时间、风险概率和加速；Venugopalan 和 Sinnen[58] 采用混合整数线性规划技术对带通信延迟的、基于 DAG 的任务进行建模；Sheikh 等 [59] 考虑一个具有动态电压频率调节 (dynamic voltage and frequency scaling, DVFS) 能力多核系统的基于图的任务调度，提出优化性能、能量和温度的多目标进化算法，求解三目标权衡的帕累托前沿面；Kanemitsu 等 [60] 研究如何在大量异构处理器上调度 DAG 应用任务调度以最小化最大完工时间，通过同时考虑系统和应用特征获取每个处理器总执行时间的下界，提出一种最小化最差调度长度的处理器数量调整方法。

静态工作流调度中的伸缩性任务调度因其复杂时变模型而变得很难。Marchal 等 [61] 考虑稀疏矩阵的多正面分解，研究科学高性能计算应用的可伸缩任务调度；Chen [62] 考虑具有偏序约束的可伸缩任务，提出迭代求解方法。

2. 动态非线性约束任务调度

动态非线性约束任务调度通常比静态任务调度更难，动态非线性约束工作流调度可细分为周期性调度、非周期性调度和混合调度三类。

周期性调度的任务有规律到达，在某些情况下可被简化为静态调度。Peng 等 [63] 考虑分布式实时系统的一个周期性任务调度，以最小化最大归一化任务响应时间为优化目标，将该问题建模为一个任务图，包含计算和通信模块、通信延迟和任务间偏序约束，提出一个分支限界算法，遍历叶子为可能解的搜索树。

非周期性工作流调度因其任务到达时间不确定而成为最难的调度问题之一，它们面向实时需求的特性使得有效但耗时的元启发式 (如遗传算法和粒子群算法) 不适合于它们。Kao[64] 面向并行可重构计算体系结构考虑其动态可重构计算任务调度，为保证将环路划分为子环路时能正确执行所有任务，引入两个约束条件；Lin 等 [65] 考虑移动云计算的一个任务调度，运行于移动设备的应用表示为任务图，所考虑问题涉及几个子问题：如何将任务分卸到云资源或移动设备、如何确定执行本地任务的设备频率、如何将任务调度到无线通信通道 (分卸任务)，使得任务偏序优先级要求和应用完成时间约束得以满足；Hu 等 [72] 探讨非专用网络计算平台任务调度，其中计算平台的计算能力和通信能力可能动态波动；Pathan 等 [66] 考虑多核平台上的实时并行和并发任务调度，每个任务都可表示为一个由一组子任务组成的 DAG，具有偏序关系和截止日期约束，每个任务都分配一个优先级。

还有一些研究同时考虑周期性和非周期性实时工作流调度，如 Bertogna 等 [67] 研究允许任务迁移且有截止期约束的周期和非周期性动态任务调度。

1.4 资　源

调度领域，资源是为处理需求 (或任务) 而提供的服务，典型资源包括机器、人力、服务器、CPU、虚拟机、能量、数据和信息等。不同应用场景 (制造、运输、外科手术、自动化、管理科学、计算机科学等) 所需资源类型不同，如计算机科学中常用资源有 CPU、服务器、虚拟机、容器、内存和 I/O 设备等；交通领域的常见资源有船舶、飞机、公共汽车和船员等。一般来说，资源可划分为四类：物理资源、资金资源、人力资源和信息资源 (即物、财、人、信息)。物理资源指物理设备，如机器、工具、计算资源等；资金资源是指支持生产过程所需的资金，如预算、现金流等；人力资源是完成任务的一组具有劳动能力的人，如专家、设计师、操作员、经理、工人等；信息资源是指调度过程中涉及的文档、软件、平台、数据和其他信息等。图 1.10 归纳了不同场景的资源类别。

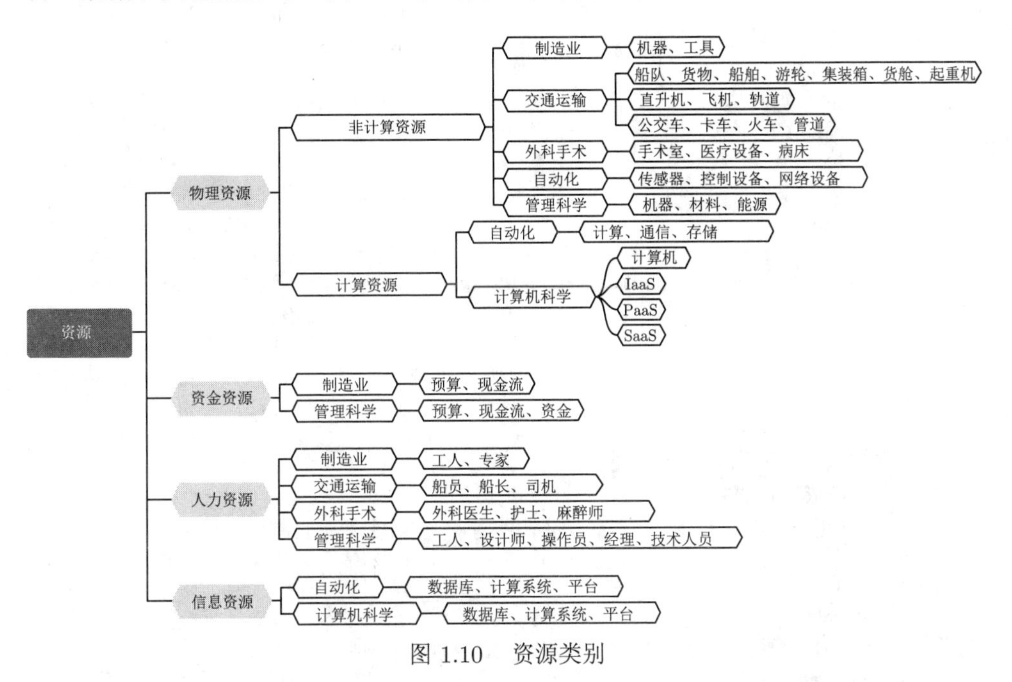

图 1.10　资源类别

从资源约束角度，资源也可以分为两类：可再生资源和不可再生资源。如果可用资源量在计划期的每个时刻都恒定，则该资源为可再生资源，通常任务所使用的资源在其完成后立即释放，且可在随后时间段内被其他任务重新使用；如果资源的总量在整个项目 (或给定的时间间隔) 内受到限制，则该资源为不可再生资源，一旦不可再生资源被任务消耗，就不能分配给其他任何任务。可再生资源的典型例子是可重用对象 (如工具、设备)、人力资源和信息资源等；不可再生资源的例子包括消耗类资源 (如金钱、原材料和电力) 或使用过的资源 (如刀片和墨盒)。表 1.2 表示资源的一种分类。

表 1.2 资源类别

作者	问题	场景	资源	类别	约束
Maxwell [94]	单机调度	制造业	机器	物体	可再生的
Abdullah 和 Abdolrazzagh-nezhad [95]	加工车间	制造业	机器	物体	可再生的
Tomazella 和 Nagano [96]	流水车间	制造业	机器	物体	可再生的
Anand 和 Panneerselvam [97]	开放车间	制造业	机器	物体	可再生的
Pellerin 等 [98]	项目调度	制造业	机器	物体	可再生的
Fagerholt [99]	船队调度	交通运输	船只	物体	可再生的
dos Santos 等 [100]	货物运输路线	交通运输	货物	物体	可再生的
Christiansen 等 [101]	船舶路线	交通运输	船舶	物体	可再生的
Wang 等 [102]	邮轮路径规划	交通运输	邮轮	物体	可再生的
Notteboom [103]	集装箱运输	交通运输	集装箱	物体	可再生的
Bierwirth 和 Meisel [104]	堆场起重机调度	交通运输	堆场起重机	物体	可再生的
Fiala Timlin 和 Pulleyblank [105]	直升机路径问题	交通运输	直升机	物体	可再生的
Xu [106]	飞机调度	交通运输	飞机	物体	可再生的
Avella 等 [107]	跑道调度	交通运输	跑道	物体	可再生的
Park and Kim [108]	公交车调度	交通运输	公交车	物体	可再生的
Cordeau 等 [109]	列车编组	交通运输	列车	物体	可再生的
Wang 等 [110]	管道调度	交通运输	管道	物体	可再生的
Jebali 等 [111]	手术室调度	外科手术	手术室	物体	可再生的
Joseph 和 Madhukumar [112]	手术室调度	外科手术	设备、床位	物体	可再生的
Singh 等 [113]	自动化调度	自动化	传感器	物体	可再生的
Toschi 等 [114]	自动化调度	自动化	网络设备	物体	可再生的
Asadullah 和 Raza [115]	自动化调度	自动化	控制装置	物体	可再生的
Merigó 和 Yang [116]	项目管理	管理科学	机器	物体	可再生的
			能源	物体	可再生的
			资金	物体	可再生的
Lago 等 [117]	物理机调度	计算机科学	处理器	物体	可再生的
Chen 和 Li [118]	IaaS 调度	计算机科学	虚拟机	物体	可再生的
Medel 等 [119]	PaaS 调度	计算机科学	容器	物体	可再生的
Li 等 [120]	PaaS 调度	计算机科学	边缘设备	物体	可再生的
Aleem 等 [121]	SaaS 调度	计算机科学	多租户	物体	可再生的
Wang 和 Song [122]	预算约束调度	制造业	资金	财产	不可再生的
Arabnejad 等 [123]	预算约束调度	计算机科学	资金	财产	不可再生的
Leyman 等 [124]	项目调度	制造业	现金流	财产	不可再生的
Liu 和 Wang [125]	线性调度	制造业	现金流	财产	不可再生的
Laszczyk 和 Myszkowski [126]	项目调度	制造业	多技能工人	人	可再生的
Arabeyre 等 [127]	机组调度	交通运输	机组	人	可再生的
Marynissen 和 Demeulemeester [128]	医生排班	外科手术	医生	人	可再生的

续表

作者	问题	场景	资源	类别	约束
Legrain 等 [129]	护士排班	外科手术	护士	人	可再生的
Tiwari 等 [130]	批量数据调度	计算机科学	数据	信息	可再生的
Peng 等 [131]	流数据调度	计算机科学	数据	信息	可再生的
Cheng 等 [132]	混合数据调度	计算机科学	数据	信息	可再生的
Cheng 等 [133]	混合数据调度	计算机科学	数据	信息	可再生的

1.4.1 物理资源

物理资源可分为计算类和非计算类两大类型。

计算类资源常用于自动化和计算机科学等领域。自动化学科的计算资源通常指物理机的集合，每个物理机由一个或多个处理器、内存、网络接口和本地 I/O 组成，分析、传输和存储从自动化系统收集的数据。除操作系统中典型的进程或线程调度外，网络资源调度在计算机科学与工程中也很重要，网络资源连接数据中心内不同物理机的网络拓扑结构对网络性能和容错能力有很大影响，经典拓扑结构有胖树、超立方体或随机小世界拓扑等；此外，需存储的数据通常被调度到存储资源，如根据不同级别的数据一致性保证和可靠性将不同类型数据进行不同存储服务 (虚拟磁盘、数据库服务、对象存储) 调度，Robinson 等 [134] 对此进行了综述。

如何将任务分配到假定资源无限的云环境中也受到关注，通常考虑三层云计算资源：IaaS、PaaS 和 SaaS。虚拟机资源调度是近年来的一个热门话题 [135]；基于容器的平台为执行微服务任务提供轻量级环境，由于容器是独立、自包含单元，用户能够以 Docker[136] 或 Kubernetes[119] 映像 (而不是虚拟机实例) 的形式处理定制执行环境；Pahl 等 [137] 给出云容器的最新研究进展，对云计算中容器及其编排等现有研究进行了区别、分类和系统比较。为克服集中式云环境的缺陷，提出边缘计算平台 [120] 将进程推送到边缘设备。需要指出的是，SaaS[121] 资源调度通常基于多租户体系结构。

设备和工具工装等非计算资源是其他调度 [138–142] 考虑的重点。经典的制造调度问题包括单机调度 [94]、job shop[143]、flow shop[144]、open shop[145] 和项目调度 [98]。交通运输调度中，典型问题包括海运 [146]、空运 [147] 和陆运 [139]。船队调度 [99]、货物路径问题 [100]、船舶路径问题 [101]、邮轮航线规划 [102]、集装箱运输 [103]、堆场起重机调度 [104] 等是典型的海运资源优化；空运资源包括直升机 [105]、飞机 [106]；陆路交通资源包括卡车 [148]、公交车 [108]、火车 [109] 和管道 [110]。外科手术调度资源主要包括手术室 [111]、医疗设备 [112] 和床位 [149] 等。

1.4.2 资金资源

资金资源在制造和管理科学中占有重要地位，它们是累积的、不可再生的资源。给定时间段内累积资源的可用性取决于其在前个时间段内的利用率。涉及资金资源的调度问题通常有预算约束和现金流两类。预算约束调度中的整个项目预算受限，成本按所使用资源的单位累计，考虑预算约束的问题包括工作流调度 [123]、项目调度 [150]、任务包调度 [151] 和并行应用程序调度 [152]。从承包商角度来看，负现金流 (现金流出) 通常是活动执行期间各种资源使用的支出，正现金流 (现金流入) 表示在某些活动完成时或在项目规划期内规定时间发生的项目付款。大多数情况下，资金价值通过现金流衡量，考虑现金流的典型调度包括项目调度 [124]、石油基础设施调度 [153]、线性调度 [125] 和传输调度 [154] 等。

1.4.3 人力资源

人力资源通常包含于制造、交通运输、外科手术和管理科学 [155] 等领域。制造和管理科学中，人力资源常指在多技能项目调度 [126]、人力资源分配 [156] 和员工分配 [157] 等问题中的可用人力 [158]。多技能资源的主要特点是其柔性，即一个多技能资源可分配给不同类型的资源需求，换句话说，一个多技能资源包含多个可再生资源，尽管每个多技能资源有多个技能，但一次只分配给一个任务。交通运输和外科手术调度中的人力资源包括船员 [159]、司机 [160]、医生 [128]、护士 [129] 和麻醉师调度 [161] 等。

1.4.4 信息资源

信息资源包括数据、软件、平台等，通常考虑于自动化和计算机科学等领域。大数据通常借助于云计算通过 MapReduce 计算模型进行数据分块处理、Storm 分析流式数据、Spark 分析混合数据，MapReduce 设计用于云环境中静态数据的离线批处理。如何合理调度数据块对大数据分析的性能至关重要。Tiwari 等 [130] 与 Doulkeridis 和 Nørvåg[162] 综述 MapReduce 调度框架及相应算法，对比分析各种 MapReduce 调度算法的优点和缺点；Tiwari 等 [130] 还根据质量要求、实体和环境等对 MapReduce 调度算法进行分类；Hashem 等 [163] 全面综述最新算法及其局限性；Peng 等 [131] 研究表明 Apache Storm 这一免费、开源分布式实时计算系统对处理无限数据流 (如 Twitter) 可靠。Spark 的提出主要是为解决分布式程序的线性数据流调度 [164]，但 Spark 资源调度尚未得到太多关注；Cheng 等 [132] 开发跨平台资源调度中间件，旨在提高多租户 Spark-on-YARN 集群的资源利用率和应用性能；后来，他们提出一个自适应调度方法，在 Spark 流中动态调度并行微批量作业并自动调整调度参数以提高性能 [133]。

1.5 约　　束

基于约束的调度普遍存在于很多学科中。不同场景下，约束条件定义特定问题的边界，约束限制解空间范围。调度优化中存在许多约束，分别可能属于任务、任务-任务，任务-资源或资源，如图 1.11所示。

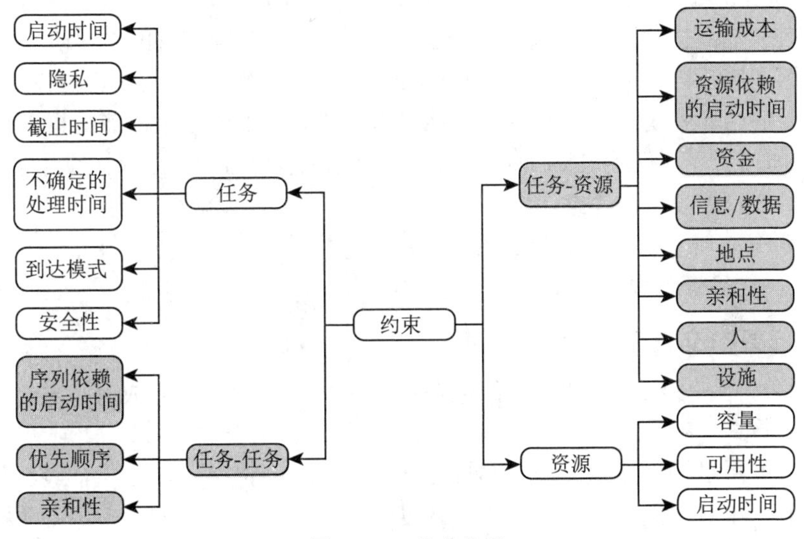

图 1.11　约束分类

1.5.1　任务约束

任务约束通常由用户提出，常关注的任务约束有隐私、截止时间、学习/退化效应、处理时间、到达模式、准备时间和安全性等。

隐私意味着未经所有者同意，某些数据和信息不能泄露给其他人，隐私使个人数据更安全。隐私约束是一组为数据分配隐私级别的规则，包括完整性规则、派生规则和模式规则 (如数据依赖) 等；差异隐私被视为精确数学约束，以确保数据库中的个人隐私；Newton 等 [165] 提出一种算法，通过识别人脸来保护视频监控数据的个人隐私，尽管保留许多人脸特征，但无法可靠地识别人脸；许多研究主题都与隐私有关。

截止时间是调度中最常见的约束之一，给出请求的完成时间界。Meena 等 [166] 提出一个云计算环境元启发式算法以最小化工作流执行成本，满足截止时间；Verma 和 Kaushal[167] 考虑最小化工作流执行成本并减少能耗，提出满足截止时间的成本和能源优化调度算法；Xu 等 [168] 提出一种改进的分配约束调度，充分利用资源并在截止时间前最大化已完成任务数量；Hou 等 [169] 构建严格的成本模型以度量用户满意度，针对多个受截止时间限制的数据传输请求所产生的一般性问题，提出最大化请求调度成功率并最小化数据传输完成时间的方法，截止时间约束与成本、已完成任务和请求成功率等相关。

尽管绝大多数调度都假定每个任务的处理时间提前预先，但实际中往往因模糊、随机、信息缺失等因素变得不确定。Balin[170] 考虑具有模糊处理时间的并行机调度；Juan 等 [171] 考虑随机处理时间的置换流水车间调度；Rudek [172] 考虑具有学习效应的双机流水车间调度；Xu 等 [173] 研究具有非定期维护和退化效应的单机成组调度；Wang 等 [174] 研究将学习效应引入最短路径问题。

不同应用场景请求到达模式各不相同，可为独立、固定批次或随机到达。Xu 等 [175] 面向云基础架构中具有隐私保护的工作流管理，提出一个多目标数据放置方法，旨在平衡多个性能指标，同时避免信息重叠数据集的隐私冲突；Wang 等 [176] 研究如何为云中心随机到达请求选择合适异构服务器，以在预期响应时间和功耗间获得最佳权衡。

1.5.2　任务-任务约束

任务间有许多约束，如偏序约束意味着在直接前驱任务完成前，直接后继任务不能开始。

偏序关系是调度中最常见的约束之一。Ansari 等 [177] 针对一个最小化问题构造一个存在性结果，在一个关于完备度量空间上定义关于两个偏序的不等式约束；Codish 等 [178] 将偏序约束编码为命题逻辑，采用当时的布尔满意度求解器求解；He 等 [179] 使用偏序理论推导对三元可寻址存储器上任何规则排序的基本约束；文献 [178] 和 [179] 在不同场景中考虑优先约束；Norkin [180] 针对全局、离散和向量编程提出一个分支限界方法，以发现部分有序集中的非支配点。

亲和性约束指任务与任务间具有紧密关系，以期将它们分配给相同或更接近的资源。Frey 和 Dueck[181] 考虑成对数据点间的亲和性传播，对于亲和传播关系很难得到一个最优的聚类解，振荡不能自动消除；为解决这些局限，Wang 等 [182] 提出一种自适应亲和传播方法以自适应扫描偏好来获得最优集群解决方案，自适应调整阻尼因子，消除振荡或从振荡中逃逸。由于亲和传播很难对多类任务分类，为弥补这一缺陷，可将单示例模型扩展为多示例模型，Wang 等 [183] 提出一种推理算法，以解决生物、传感器网络和决策等运筹学层次聚类问题。

启动时间是制造系统（如商业印刷、塑料制造和金属加工) 的重要因素，但它们可能随不同序列而变化。Kim 和 Bobrowski [184] 研究具有序列依赖性启动时间的作业车间调度；Naderi 等 [185] 考虑具有顺序依赖启动时间和预防性维护策略的车间调度；Yaurima 等 [186] 探索同时具有不相关机器、顺序依赖启动时间、可用性约束和有限缓冲区等约束的混合流水车间调度。

1.5.3　任务-资源约束

调度过程是将任务映射到资源，尽管每个任务都有一组候选资源，但并非所有资源都符合任务要求。调度中任务和资源间通常存在很多约束。

某些任务需要从一种资源传输到另一种资源，尤其在制造系统中。成本取决于所运输距离，有时运输成本通过传输时间来衡量，如大数据系统中任务间的传输时间 [187]。

启动时间依赖于所分配的资源。Janiak 等 [188] 考虑一个具有资源依赖启动时间和处理时间的单机组调度，所有启动时间和所有作业资源等级相同。

任务-资源亲和性意味着某个任务可由特殊偏好资源处理，该偏好反映为任务选择资源的优先级。Al-Qawasmeh 等 [189] 阐述不同类型任务更适合在具有任务-资源亲和力的资源上处理。

任务-资源本地化意味着最好将任务安排在本地资源上执行。由于任务常常与数据相关，因此，数据本地化广泛应用于大数据任务调度。Tao 等 [190] 构造一个本地感知任务调度器，提出一种实用策略来提高 MapReduce 的性能；为提高数据本地化率，Jin 等 [191] 提出一种具有调整初始任务分配方案的启发式算法；Zhang 等 [192] 研究基于缓存和数据本地化的改进任务调度算法。

信息/数据约束也广泛存在于优化问题中。Hsu 等 [193] 为应满足的模糊约束条件定义模糊集，为供应链计划和调度建立一个基于代理的模糊约束指导谈判模型，该模型被建模为一组具有代理间约束的模糊约束满足问题；Li 等 [194] 针对云计算的服务水平协商 (SLA) 提出一个基于代理的新型模糊约束定向协商模型；Ma 等 [195] 提出一个混合框架来提高可靠性，同时满足运行于 CPU 和 GPU 集成平台的软实时系统的全生命周期可靠性约束。

人是调度中的重要约束，很多任务由人完成，如工厂的工人、软件开发的程序员、推荐系统的专家。Gong 等 [196] 考虑具有工人灵活性的节能柔性流水车间调度，同时考虑机器柔性、工人柔性、处理时间、能耗和工人成本等相关因素；不同工人通常具有不同技能水平，Lian 等 [197] 考虑工人的异质性，提出针对生产系统的多技能工人分配方法；Xu 和 He[198] 结合从问题描述和历史解中所获取的专业知识和社会概况，构建专家协作网络模型。

某些任务需要特殊的物理设备，如特种服务器、机器或工具工装。Shikata 和 Hanayama[199] 构建了一个具有优先级、有限多服务器的处理器共享系统，每个服务器具有各自容量；Fatemi 等 [200] 提出一个大规模基于有限元模型的设计优化算法，以提高具有工作范围的永磁同步电机的驱动循环效率。在某些实际情况下，机器并非总可用，Tamssaouet 等 [201] 研究一个某个计划周期内机器不可用的车间作业调度；Nattaf 等 [202] 考虑并行计算机上不同作业的调度，其中并非所有机器都具有加工所有作业的资格，探讨一个具有重叠等待时间约束的三机流水车间调度。

资金限制包括任务调度的预算和成本要求，预算描述预期支出，而成本指实际场景中已有支出。使用有限成本提供高的性能非常重要，Liakopoulos

等 [203] 研究一类具有长期预算约束的在线凸优化问题，该问题具有可靠性保证或总消耗约束；Go 等 [204] 提出一个无缝高质量 HTTP 自适应流算法，探讨异构网络的无线网络条件和具有网络成本约束的移动设备能耗；Li 等 [205] 提出一个安全和成本感知的云科学工作流调度算法；Chaisiri 等 [206] 使用随机规划模型提出一个云资源供应优化算法；Tang 等 [207] 提出一个用于时间和成本优化的多目标随机任务调度遗传算法，为随机云任务搜索满足预算约束的帕累托最优调度。

1.5.4　资源约束

资源约束在调度问题中很常见，可能会受到容量、可用性、位置甚至安全性等因素限制。Chen 等 [208] 提出一个综合框架，为用户构造一个资源高效计算分卸机制，并为网络运营商构建通信和计算资源联合分配机制；Jiang 等 [209] 面向多个拓扑共享的异构流大数据分析集群，提出一个有效的资源分配方案，实现所有拓扑吞吐量效用的最大最小公平。

资源并非总是可用，如机器可能会发生故障或定期维护，可用性约束广泛存在于制造业中。Kacem 等 [210] 研究具有不可用周期的单机调度，以最小化完成时间加权总和为优化目标；Wang 和 Liang [211] 研究具有退化作业和资源可用性约束的单机成组调度，最小化最大完成时间。

容量限制意味着每种资源能力有限。Ouyang 等 [212] 构建一个具有容量约束和允许延迟付款期限的集成库存模型；为克服运输能力的限制，Huang 等 [213] 允许交错交付策略的扩展。

资源启动时间对调度性能也有很大影响，Wang 等 [176] 研究随机到达云中心的请求，提出选择合适启动时间异构服务器的方法，以取得预期响应时间和功耗间的最佳平衡。

1.6　优 化 目 标

调度是一类优化问题，应事先明确到底要优化什么，即优化目标。大多数调度问题仅考虑一个目标 (单目标)；有时同时优化两个或三个目标 (多目标)；当优化目标为四个或更多时，称为超多目标优化。

1.6.1　单目标

不同角色 (用户、服务提供商等) 关注不同优化目标，常见目标包括：时间、成本、能耗、资源利用和服务质量等，每类目标还可进一步细分为更多指标，如图 1.12所示。

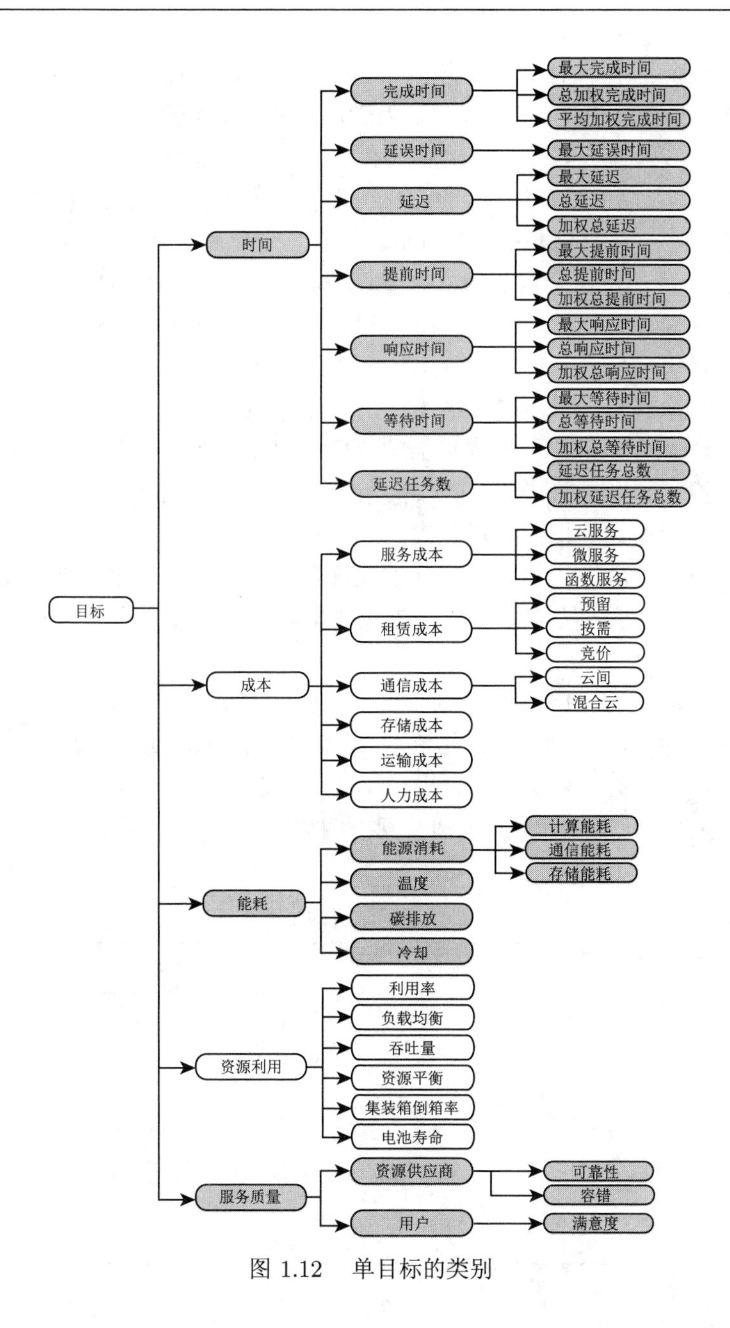

图 1.12 单目标的类别

时间是大部分调度考虑的重要指标，主要包括完成时间 (如最大完成时间、总完成时间或总流转时间、总加权完成时间、平均加权完成时间)、延误时间、延迟 (如最大延迟、总延迟、加权总延迟)、提前时间 (如最大提前时间、总提前时间、加权总提前时间)、响应时间 (如最大响应时间、总响应时间、加权总响应时间)、

等待时间 (如最大等待时间、总等待时间、加权总等待时间) 和延迟任务数 (如延迟任务总数、加权延迟任务总数) 等。为满足对系统效率要求，有许多与时间相关的优化目标，涉及完成时间、到达时间和截止时间，更多细节见文献 [214]。

成本 (特别是资金) 方面，优化目标为服务成本 (服务付款)、租赁成本、运输成本、通信成本、人力成本和存储成本。当前关注最多的是云计算相关成本，Wu 等 [215] 提出一种基于信息包的随机调度算法，实现服务水平调度。

能耗已逐渐成为计算、通信、存储等过程中的主要问题之一。Rani 和 Garg[216] 考虑异构云计算环境中并行应用程序调度，任务间具有偏序约束的依赖关系，基于动态电压频率调节技术，提出最小化执行任务能耗算法，同时满足截止期限约束；Wadhwa 和 Verma[217] 考虑基于虚拟机分配和迁移，提出一个最小化分布式云数据中心能耗和碳排放算法。

与资源利用相关的指标包括负载均衡、资源平衡、资源闲置、吞吐量、集装箱倒箱率和电池寿命等。Li 等 [218] 基于蚁群算法提出一种平衡系统负载的云任务调度策略；Chen 等 [219] 提出一种改进负载平衡算法以减少完工时间并提高资源利用率。

还有一些其他的优化目标 (如用户满意度)。Frincu 和 Craciun[220] 提出一种多云环境下优化应用成本并最大化资源负载的算法；Faragardi 等 [221] 构建系统可靠性、能耗和服务质量指标的分析模型。

表 1.3总结出了不同学科或行业主要关注的目标。

表 1.3 不同学科的主要目标

学科	时间	成本	能耗	资源利用	服务质量
制造业	✓	✓	✓	✓	
交通运输	✓	✓			✓
外科手术	✓	✓		✓	
人工智能	✓			✓	
服务计算	✓	✓	✓	✓	✓
管理科学	✓	✓	✓		✓
自动化	✓	✓	✓	✓	

1.6.2 多目标

不同角色关注不同目标，目标间可能一致也可能不一致 (甚至冲突)，如一个数据中心的温度和碳排放两个目标是一致的，一个目标最优则另一个也最优；但时间和成本通常不一致，即一个目标值下降总会导致另一个目标值上升，且不呈反比关系。多目标和超多目标优化考虑多个不一致目标的同时优化，这也是应用系统的核心问题之一，如何在冲突目标间平衡以使得不同角色都满意是关键。

多个不一致目标的处理方式通常有两种：加权求和 (将问题转化为单目标优化) 和帕累托集 (提供一组帕累托最优解)。Sofia 和 Ganeshkumar[222] 结合 NSGA-Ⅱ 与 DVFS 技术，提出云服务环境完工时间和能耗的优化算法；Lakra 和 Yadav[223] 提出一个任务映射到虚拟机的多目标任务调度算法，以提高数据中心的吞吐量并降低成本但不违背 SLA；Gao 等 [224] 提出一个虚拟机放置的多目标蚁群算法，最大程度地减少总资源浪费和功耗； Tong 等 [225] 基于强化学习提出一个多目标工作流调度算法，并使用信息熵动态平衡多个目标。

1.6.3 超多目标

超多目标优化问题定义为具有四个或更多优化目标，随着非支配解的增加、多样性 (diversification) 度量计算量的提高及重组操作效率的降低，超多目标优化比多目标优化更难。解决此类问题的常用方法是基于支配、评价指标或分解法 [226]。目前大多数研究都集中在多目标连续优化问题 [227]，而实际应用中超多目标离散优化也很普遍 [228]。针对服务组合和选择问题，Zhou 等 [229] 提出一个优化大量服务质量指标的算法；Zhao 等 [230] 提出一个基于分解的改进多目标蚁群优化算法，并应用于旅行商问题进行评估。目前只有少数工作关注多目标调度问题。Hou 等 [231] 考虑基于 NSGA-Ⅲ 算法的原油作业调度；Masood 等 [232] 考虑多目标作业车间调度，结合遗传规划和 NSGA-Ⅲ 提出一种混合算法；Ye 等 [233] 同时考虑四个目标：最大完工时间、平均执行时间、可靠性和成本，提出了一个云工作流调度模型。

1.7 问题难度和未来调度框架

1.7.1 问题难度

调度的难度与任务、资源、约束和目标这四个要素密切相关。约束越多则调度问题就越难，某些约束也隐式地包含在其他三种类型组件中 (如工艺路线约束包含于任务中)。为此，我们主要从任务、资源和目标三个维度来讨论问题难度，相应的示意如图 1.13所示。单机单目标独立任务调度大多为多项式可解的 (P 问题)，但有些为 NP 难问题；少数线性约束任务调度 (如最大完工时间最小化的双机 flow-shop 调度) 也是多项式可解的。绝大多数调度都是 NP 难的。需要指出的是，图 1.13 所示的所有维度组合出的调度问题并非在实际场景中都存在。

调度难度通常沿轴箭头方向增加。如在相同资源类型、目标类型和其他约束条件下，线性约束任务调度比独立任务调度更难，且一般来讲比非线性约束任务调度更易，即工作流或项目调度通常比 job-shop 或 flow-shop 调度更加难，当然比独立任务调度难得多。

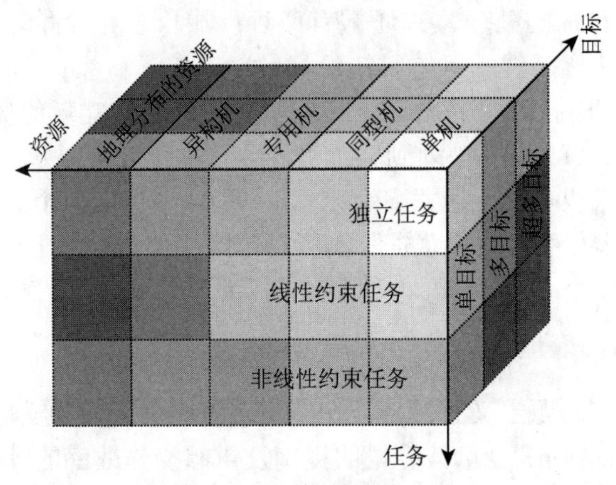

图 1.13 调度问题的难度

尽管传统调度主要研究集中式 (如同一工作中心、同一系统、同一数据中心、同一工厂) 资源，但越来越多的实际应用系统的调度资源在地理上是分布式的，特别是在云计算、云制造或服务系统等领域。由于分布式系统需要传输或通信代价，故相应的任务调度比集中式资源的任务调度更为困难。不同资源类型对调度难度的影响也不同，专用资源 (flow-shop、job-shop 和 open-shop) 调度通常比通用资源 (同型机、同类机和不相关多处理机) 调度更为困难。资源数量也会影响调度难度，如将多个任务调度到多个资源比调度到单个资源更困难。

从目标维度上看，单目标优化研究最多，因为其比其他两类目标更易于研究。随着目标数的增加，涉及的权衡限制更多，导致问题难度大大增加，故超多目标调度虽然广泛存在于实际应用中，但研究还不多。

1.7.2 未来调度框架

现代应用集成越来越多的系统，调度也变得越来越复杂，主要体现为大规模、复杂约束、强不确定性、多目标等方面。任务和资源规模越来越大，即越来越多的任务被调度到更多集中式或分布式资源上，任务和资源数越多意味着约束也越多、问题越复杂。调度会涉及更多角色 (用户、代理和服务提供商)，意味着会有更多或更强的不确定性，如随机事件使得原材料无法按时到达、加工时间只能模糊估计、参数由于信息缺失而无法给定。此外，不同角色关注重心不同，如何在不同角色目标间取得平衡很是必要。

解决复杂调度问题的传统策略主要有三种：设计新的算法、复杂问题简单化、提高计算能力。但仅靠其中任何一个并不能有效解决越来越复杂的分布式调度问题。为有效、高效、鲁棒地解决复杂调度问题，有效结合三种方法很重要。

现有调度算法数量众多，很少适用于新的复杂调度问题。从这些算法中挖掘调度规则或知识，有助于提高新设计调度算法的效率和鲁棒性。研究和实际应用领域存在大量调度数据 (调度大数据)，如何发现需求模式 (调度任务间的固定搭配关系，即需求知识) 和服务模式 (资源或服务间的固定搭配关系，即服务知识) 非常有用，通过它们可以将复杂问题简单化，降低问题规模，从而有效且高效地解决复杂调度问题。虽然分解或降维缩减了问题规模，但通常得到的问题仍然非常复杂，如何借助于云计算、边缘计算、移动计算或雾计算来提高计算能力至关重要。因此，未来的调度应该基于人工智能、大数据和云计算，采用“算法 + 知识 + 数据 + 算力”的调度框架，如图 1.14 所示。

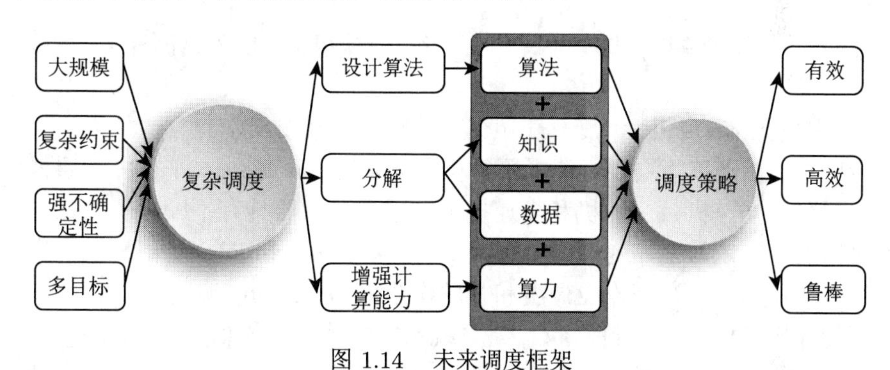

图 1.14 未来调度框架

1.8 本 章 小 结

本章综述了制造、交通运输、计算机系统、外科手术、自动化、管理等学科中的调度优化。基于任务、资源、约束和目标四种类型的调度组件，调度定义为一组任务映射到一组资源的过程，满足所有约束条件，实现一个或一组目标的优化。从任务、资源、约束和目标角度等方面对调度问题进行了分类：任务分为独立任务、线性约束任务和非线性约束任务，资源按物、财、人和信息分类。基于复杂调度难度的定性分析，提出基于人工智能、大数据和云计算的“算法 + 知识 + 数据 + 算力”的未来调度框架。

尽管上述四类组件都是离散的，但有些应用同时具有连续和离散任务，这比上述问题更为复杂，如卷烟生产中有些工序是连续的，而其他工序是离散的；一个复杂系统中可能有多个调度器，即任务将由地理上分布的多个调度器进行分组和调度，分布式调度器间可能互相协同也可能互相对抗。虽然目前已有研究考虑协同调度，但很少有人关注的对抗性调度也非常值得重视。

第 2 章　单资源独立任务调度

生产对象通常是用户请求、作业、应用等，它们可根据调度资源粒度被进一步分解为一组任务、活动、工序、进程、线程等具体调度对象，这些对象统称为任务。任务与任务之间的关系可以是独立的、线性约束的或非线性约束的。通常独立任务调度相对简单。根据调度资源 (制造系统中常称为机器) 数量的不同，调度可分为两类 [234]：

(1) 单资源 (或单机) 调度：只有一个资源 (或机器)，每个任务必须在该资源上执行完成。

(2) 多资源 (或多机) 调度：一组任务分配到多台机器上执行。如果所有机器具有相同功能，则称为同类机或者平行机 (parallel machine)，平行机按照处理速度不同又分为同速机、恒速机和变速机；如果多台机器具有不同功能，任务需在不同机器上执行或加工，则称为专用机 (dedicated machine)；专用机又可进一步分为流水作业调度、车间作业调度和开放作业 (open-shop) 调度。

调度评价指标 (优化目标函数) 是系统不同角色关注的重点。常见的目标函数包括：最大完工时间、加权总完工时间 (total weighted completion time)、最大延误、加权总延迟 (total weighted tardiness) 等，通常最大完工时间越小意味着资源利用率越高，加权总完工时间减小可减少作业周转时间，延迟越小更容易满足用户交货期需求。

由于调度主要由机器、任务、约束和目标函数等要素组成，不同要素变化繁复，因而形成了种类繁多的调度类型。为简化调度问题的表示，通常采用 Graham 等 [235] 的三元组 $\alpha|\beta|\gamma$ 描述调度类型，其中 α 表示机器数量、类型和环境，如 1 表示单个机器，F_m 表示 m 台机器的流水作业等；β 表示任务性质和约束，包括优先级顺序、缓冲区大小、有无等待时间、有无准备时间等，如 prmu 表示排列流水车间作业、nwt 表示无等待时间等；γ 表示要优化的目标函数，如 $C_{\max}$ 表示最小化最大完工时间、$\sum_{j=1}^{n}\omega_j C_j$ 表示最小化加权总完工时间等。

到目前为止，有大量独立任务调度的研究，本章将不重复介绍，重点关注单资源环境下任务处理时间随时间变化的情形，即单资源独立任务调度问题。

2.1 学习效应和遗忘效应

经典调度通常假设任务的加工时间在整个加工过程中为一已知常数，但许多实际问题，特别是有人参与的生产活动中，任务加工时间常常变化，生产资源 (工人或者智能机器) 因为反复加工相似任务而获得知识或经验，使其生产效率提高的现象，被称为“学习效应”[236]，即一个任务被调度在一个序列越靠后的位置，其实际加工时间越短。与“学习效应”相对的是“遗忘效应”(forgetting effect)，工人可能会因各种原因 (如工人生病、请假、罢工、机器维修、空闲等) 中断原有任务加工，带来原有任务技能提高的停滞甚至退化，原有任务加工时间在继续处理时会因中断而增加。

学习效应、遗忘效应和具有学习能力的资源紧密相关，在各种涉及人类活动的调度中，如操纵机器、加工任务、清理机器、检修机器、阅读并理解处理机数据、容错等，学习效应和遗忘效应都很可能出现。因此，设计出更符合实际情况的调度序列，对提高资源利用率、降低生产成本非常重要。

Wright [237] 首次发现学习效应对航空工业的影响，Wright 学习效应曲线如图 2.1 所示，可以看出任务加工时间随着学习经验的增加呈现指数减少的趋势。后来，Teyarachakul 等 [238] 又发现学习效应对许多其他生产制造和服务领域都有影响。

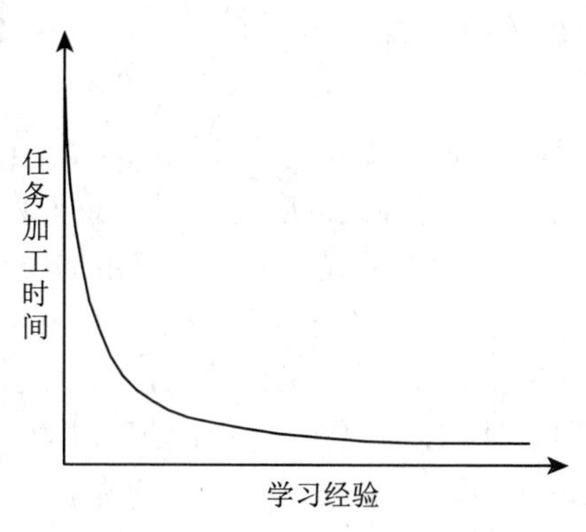

图 2.1 Wright 学习效应曲线

尽管学习效应在工业应用中早已得到关注，但其被引入调度研究的时间却不久。Biskup [239]、Cheng 和 Wang [240] 首先把学习效应引入调度研究，Biskup [241] 对学习效应进行了综述，把学习效应模型大致分为两类：基于位置的学习效应模型和基于加工时间和的学习效应模型，指出基于位置的学习效应通常发生在加工时间独立的操作上，如装备机器、读取数据等，基于加工时间和的学习效应主要考虑工人从生产大量相似产品中获得经验，如平版印刷中操作印刷本身是一个高度复杂且容易出错的过程，随着操作时间的增长，工人的技能越来越熟练，完成操作的时间也逐渐缩短。

一个典型基于位置的学习效应模型是 Biskup [239] 提出的 $p_{jr}=p_j r^a$，其中 p_{jr} 表示任务 j 调度在位置 r 的实际加工时间，而 p_j 表示 j 的正常加工时间，$a<0$ 表示学习因子。Biskup [239] 和 Mosheiov [242] 利用相邻任务交换技术分别证明最小化总完工时间、最小化最大完工时间单机调度问题采用最短加工时间 (shortest processing time，SPT) 规则可获得最优解。Mosheiov [242] 展示加权最短加工时间 (weighted shortest processing time，WSPT) 规则和最早完工时间 (earliest due date，EDD) 规则对于带学习效应的单机调度中加权总完工时间最小化问题和最大延迟最小化问题不再适用。Zhao 等 [243] 采用相邻任务交换技术证明最小化带权重的总完工时间单机问题，如果满足可协商权重，即 $p_j \leqslant p_k \Rightarrow \omega_j \geqslant \omega_k$，则采用 WSPT 规则可获得最优解；还证明最小化最大延迟单机问题，如果满足可协商的截止日期，即 $d_j \leqslant d_k \Rightarrow p_j \leqslant p_k$，则采用 EDD 规则可获得最优解。Mosheiov [244] 研究同型平行机 (identical parallel machines) 的最小化总完工时间问题，对于给定的机器数，可把该问题建模成指派问题。Wu 和 Lee [245] 考虑占优 (dominance) 性质和下界，提出一种分支限界算法最小化总完工时间的两机流水车间问题。假设每台机器上的学习都是独立的，这个假设对于具有学习效应的多机调度问题很普遍。Wang 和 Xia [246] 发现考虑学习效应的完工时间两机流水作业调度，采用著名的 Johnson 规则已经不能求出最优排列。其他基于位置的学习效应模型可参考文献 [247]、[248]。

基于加工时间和学习效应的典型模型是 Kuo 和 Yang [249] 提出的 $p_{jr}=p_j\times\left(1+\sum_{k=1}^{r-1}p_{[k]}\right)^a$，其中 p_{jr} 表示任务 j 调度在位置 r 的实际加工时间，p_j 表示任务 j 的正常加工时间，$p_{[k]}$ 表示调度在位置 k 的任务正常加工时间，$a<0$ 表示学习因子，他们证明最小化总完工时间问题在该模型下是多项式可解的。该模型的缺点是假设任务的实际加工时间依赖于已经加工任务的正常处理时间，但实际上除第一个任务外，后续任务的加工时间会少于它的正常处理时间。为此，Yang 和 Kuo[250] 改进该模型，提出一个基于实际加工时间和的学习模型 $p_{jr}=p_j\left(1+\sum_{k=1}^{r-1}p_{[k]}^A\right)^a$。其他形式的关于加工时间和学习效应模型可参考文献 [251]。

许多实际应用中，机器和人的学习效应可能同时存在，如 Wu 和 Lee [252] 指出在 Vista 系统中启动时间随着机器的学习而缩短，而 Word 的处理速度也随着人的学习而加快。为此，最近几年提出较多同时考虑机器和人学习效应的模型。Cheng 等 [253] 结合 Biskup [239] 及 Koulamas 和 Kyparisis [251] 模型，提出一种基于位置以及加工时间总和的学习效应模型 $p_{jr}=p_j\left(1-\dfrac{\sum_{k=1}^{r-1}p_{[k]}}{\sum_{k=1}^{n}p_k}\right)^{\alpha_1} r^{\alpha_2}$，其中 $\alpha_1\geqslant 1$，$\alpha_2<0$，表示学习因子，该模型中任务的实际加工时间是一个关于已经加工任务的

正常加工时间总和及任务位置的一个函数。Wu 和 Lee [252] 及 Yin 等 [254] 进一步扩展 Cheng 等 [253] 的学习模型。Zhang 和 Yan [255] 修改 Cheng 等 [253] 及 Wu 和 Lee [252] 的模型，为一些单机和流水作业调度问题提供最优解决方案。

除上述模型，近年来出现了许多新模型。Janiak 和 Rudek [256] 引入一个新的学习效应模型，以两种方式扩展现存方法：① 放宽约束条件，每个任务可为处理机提供不同经验；② 把机器的加工时间建模成一个非增的 k 段分段函数，一般情况下该函数对某个具体学习曲线不是很严格，因此它可准确地满足每种可能的学习函数形状。Janiak 和 Rudek [257] 提出并分析了一种基于经验的学习效应模型，其学习曲线为 S 形。Janiak 和 Rudek [258] 扩展现存模型，提出一个更符合实际的多能力学习模型，并针对最小化最大完工时间问题提出一些特殊情况下的最优多项式时间算法。Kuo 和 Yang [259] 研究同时考虑学习效应和退化效应的单机调度。Wang 等 [260] 研究一些具有学习效应的准备时间顺序依赖的单机调度。Lee 等 [261] 关注具有学习效应和启动时间的单机调度，最小化最大完工时间。Yang 等 [262] 考虑一个任务复杂度相关的学习效应模型。Wu 等 [263] 和 Cheng 等 [264] 基于截断的学习函数分别研究了目标函数是总完工时间和最大完工时间的两机流水作业调度问题，即带有限学习效应的模型。

大多数已有模型的学习效应函数都具有某种特殊形式，而 Lai 和 Lee [265] 提出一种通用的基于位置和加工时间和的学习效应模型 $p_{j[r]}^{A}=p_{j}f(\sum_{k=1}^{r-1}\beta_{k}p_{[k]},r)$，可容易地构造出各种不同的学习曲线。许多现存的模型 [241,249,251–254] 其实都可看成该模型的特殊情况。Wang 等 [266] 在文献 [254] 模型的基础上提出一个类似于文献 [265] 的通用模型：$p_{j[r]}^{A}=p_{j}f(\sum_{k=1}^{r-1}\beta_{k}p_{[k]})g(r)$。Lai 和 Lee [267] 首次把遗忘效应考虑在学习的通用模型中，提出一个通用的学习-遗忘效应模型：$p_{j[r]}^{A}=p_{j}f(\sum_{k=1}^{r-1}\beta_{k}p_{[k]},r)g(r)$，若 $r>m$，其中 $g(r)$ 不再表示关于位置的学习函数而是表示遗忘函数。

与学习效应相比，对调度问题中遗忘效应的研究相对较少。Yang 和 Chand [268] 研究具有学习效应和遗忘效应的成组调度，考虑组内任务的学习效应和组间任务的遗忘效应。退化效应也常被当作遗忘效应，即任务在等待加工的过程中会逐渐退化，其实际加工时间变得比正常加工时间长，相关内容可参考文献 [269]。

从认知心理学的角度来说，先验知识对人的学习有很大的影响 [270–272]。实际生产系统中，学习者的先验知识也是影响学习效应的重要因素。如工厂招聘的工人通常都具备一定的先验知识，甚至可根据先验知识的多少把工人分级 (初级、中级和高级)。因此，可设计符合实际的通用学习效应模型，不仅与处理时间和调度位置相关，还依赖于工人的先验知识，同时考虑学习的有限性。

综合上述背景需求，下面介绍几个带学习效应的单机调度模型和方法。

2.2　基于先验知识学习效应的单机调度

基于现有的通用学习效应模型，同时考虑先验知识和学习效果阈值设计一个通用学习效应模型；基于此模型，证明几个常见单机调度性质和多项式时间算法。

2.2.1　基于先验知识的通用学习效应模型

实际生产中，工厂招聘时通常要求工人具有一定的先验知识，有时甚至根据工人的先验知识对工人评级，先验知识越多，级别越高，待遇也越高。为符合上述实际生产情况，在学习效应模型中加入先验知识，具备以下 3 个特点：

(1) 相同工人或机器，具有先验知识时加工某个任务的时间应该比没有先验知识时的执行时间短。假设一个新手执行某个任务的时间为 10 小时，那么当他具有一定先验知识时，执行相同任务的时间可能就仅为 8 小时。

(2) 相同时刻，先验知识越多，学习效果越明显。如同一个任务，先验经验为 0.1 的工人需执行 8 小时，而先验经验为 0.2 的工人可能只需执行 6 小时。

(3) 当先验知识为 0 时，具有先验知识的学习效应模型等同于没有先验知识的学习效应模型。

此外，已有许多学习效应模型中 [215]，任务的实际加工时间随着任务数的增大而减少，当任务数非常大时，理论上需要的实际加工时间趋近于 0，这不符合学习的实际情况。学习可提高生产效率，减少任务的处理时间，但学习的效果有限，不可能无止境。当学习效果达到某个特定值时，它就会趋于稳定。通常把该学习极限值称为学习阈值。

结合上述 3 个特点，基于文献 [266] 的学习效应模型，设计出一个具有先验知识且考虑学习效应有限性的通用学习效应模型。具体模型如下：

$$p_{jr} = p_j \max\left\{(1-\omega) f\left(\sum_{k=1}^{r-1} \beta_k p_{[k]}\right) g(r), \theta\right\} \tag{2.1}$$

其中，p_{jr} 表示任务 j 调度在位置 r 的实际加工时间；p_j 表示 j 的正常加工时间；$\omega(0 \leqslant \omega < 1)$ 表示先验知识；$f:[0,+\infty) \to (0,1]$ 是一个可微的非增函数，f' 在 $[0,+\infty)$ 是非减函数且 $f(0)=1$；$g:[1,+\infty) \to (0,1]$ 是非增函数且 $g(1)=1$；β_k 表示位置 k 的权重，且假定 $0 \leqslant \beta_1 \leqslant \beta_2 \leqslant \cdots \leqslant \beta_n$；$\theta(0 \leqslant \theta < 1)$ 是一个学习效应的阈值，表示任务的学习趋于停滞。特别地，当 $\omega=0$，$\theta=0$ 时，该模型等价于文献 [259] 的模型。

2.2.2　基于先验知识学习效应模型的单机调度

最小化最大完工时间 ($C_{\max}$)、最小化总完工时间 ($\sum C_j$)、最小化加权总完工时间 ($\sum \omega_j C_j$)、最小化最大延迟 ($L_{\max}$) 和最小化总延迟 ($\sum T_j$) 是常见的求解目标。假设 LE 代表带先验知识的通用学习效应模型，下面研究几个常见的基于 LE 的单机调度。

1. $1 \mid \text{LE} \mid C_{\max}$ 问题

定理 2.1 单机调度 $1 \mid p_{jr} = p_j \max\{(1-\omega) f(\sum_{k=1}^{r-1} \beta_k p_{[k]}) g(r), \theta\} \mid C_{\max}$ 可采用 SPT 规则获得最优解。

证明 设序列 π 和 π' 是两个任务调度序列，$\pi = [S_1, J_j,\ J_k,\ S_2]$，$\pi' = [S_1, J_k, J_j, S_2]$，其中 S_1，S_2 是部分序列且 $p_j \leqslant p_k$，序列 π 和 π' 如图 2.2所示。我们进一步假设有 $r-1$ 个任务在序列 S_1 中，因此 J_j 和 J_k 分别是序列 π 中第 r 和 $r+1$ 个任务。同理，J_k 和 J_j 在序列 π' 中的调度位置分别是 r 和 $r+1$。为进一步简化符号，用 B 表示序列 S_1 中最后一个任务的完工时间，用 A 表示 $\sum_{k=1}^{r-1} \beta_k p_{[k]}$，用 J_h 表示序列 S_2 中的第一个元素，$C_i(\pi)$ 表示序列 π 中任务 i 的完工时间。为证明 π 优于 π'，须满足条件 $C_k(\pi) \leqslant C_j(\pi')$，且对于序列 S_2 中的任意任务 J_u 均满足 $C_u(\pi) \leqslant C_u(\pi')$。

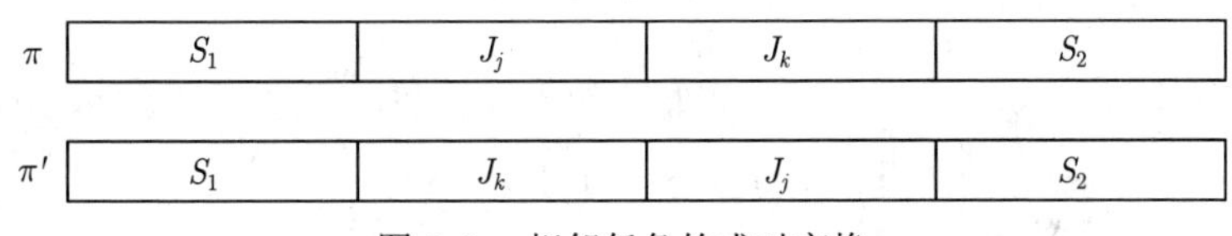

图 2.2 相邻任务的成对交换

序列 π 中任务 J_j 和 J_k 的完工时间为

$$C_j(\pi) = B + p_j \max\{(1-\omega) f(A) g(r), \theta\} \tag{2.2}$$

$$\begin{aligned} C_k(\pi) =& B + p_j \max\{(1-\omega) f(A) g(r), \theta\} \\ &+ p_k \max\{(1-\omega) f(A + \beta_r p_j) g(r+1), \theta\} \end{aligned} \tag{2.3}$$

序列 π' 中任务 J_k 和 J_j 的完工时间为

$$C_k(\pi') = B + p_k \max\{(1-\omega) f(A) g(r), \theta\} \tag{2.4}$$

$$\begin{aligned} C_j(\pi') =& B + p_k \max\{(1-\omega) f(A) g(r), \theta\} \\ &+ p_j \max\{(1-\omega) f(A + \beta_r p_k) g(r+1), \theta\} \end{aligned} \tag{2.5}$$

基于式 (2.3) 和式 (2.5)，可得

$$\begin{aligned} C_j(\pi') - C_k(\pi) =& (p_k - p_j) \max\{(1-\omega) f(A) g(r), \theta\} + p_j \max\{(1-\omega) f(A + \beta_r p_k) \\ &\cdot g(r+1), \theta\} - p_k \max\{(1-\omega) f(A + \beta_r p_j) g(r+1), \theta\} \end{aligned} \tag{2.6}$$

由于函数 f 和 g 非增，所以:

$$(1-\omega)f(A+\beta_r p_k)g(r+1) \leqslant (1-\omega)f(A+\beta_r p_j)g(r+1) \leqslant (1-\omega)f(A)g(r)$$

此时 θ 的位置只有 4 种情况，具体的讨论如下：

(1) $(1-\omega)f(A+\beta_r p_k)g(r+1) \leqslant (1-\omega)f(A+\beta_r p_j)g(r+1) \leqslant (1-\omega)f(A)g(r) \leqslant \theta$

$$C_j(\pi') - C_k(\pi) = (p_k - p_j)\theta + p_j\theta - p_k\theta = 0$$

(2) $(1-\omega)f(A+\beta_r p_k)g(r+1) \leqslant (1-\omega)f(A+\beta_r p_j)g(r+1) \leqslant \theta \leqslant (1-\omega)f(A)g(r)$

$$\begin{aligned}C_j(\pi') - C_k(\pi) &= (p_k - p_j)(1-\omega)f(A)g(r) + p_j\theta - p_k\theta \\ &= (p_k - p_j)[(1-\omega)f(A)g(r) - \theta] \geqslant 0\end{aligned}$$

(3) $\theta \leqslant (1-\omega)f(A+\beta_r p_k)g(r+1) \leqslant (1-\omega)f(A+\beta_r p_j)g(r+1) \leqslant (1-\omega)f(A)g(r)$

$$\begin{aligned}C_j(\pi') - C_k(\pi) =& (p_k - p_j)(1-\omega)f(A)g(r) + p_j(1-\omega)f(A+\beta_r p_k)g(r+1) \\ & - p_k(1-\omega)f(A+\beta_r p_j)g(r+1) \\ =& (1-\omega)[(p_k - p_j)f(A)g(r) + p_j f(A+\beta_r p_k)g(r+1) \\ & - p_k f(A+\beta_r p_j)g(r+1)]\end{aligned}$$

由文献 [266] 的定理可得

$$(p_k - p_j)f(A)g(r) + p_j f(A+\beta_r p_k)g(r+1) - p_k f(A+\beta_r p_j)g(r+1) \geqslant 0$$

而 $0 \leqslant \omega < 1$，所以 $C_j(\pi') - C_k(\pi) \geqslant 0$。

(4) $(1-\omega)f(A+\beta_r p_k)g(r+1) \leqslant \theta \leqslant (1-\omega)f(A+\beta_r p_j)g(r+1) \leqslant (1-\omega)f(A)g(r)$

$$\begin{aligned}C_j(\pi') - C_k(\pi) =& (p_k - p_j)(1-\omega)f(A)g(r) \\ & + p_j\theta - p_k(1-\omega)f(A+\beta_r p_j)g(r+1)\end{aligned}$$

因为 $\theta \geqslant (1-\omega)f(A+\beta_r p_k)g(r+1)$，所以

$$\begin{aligned}C_j(\pi') - C_k(\pi) \geqslant& (p_k - p_j)(1-\omega)f(A)g(r) + p_j(1-\omega)f(A+\beta_r p_k)g(r+1) \\ & - p_k(1-\omega)f(A+\beta_r p_j)g(r+1)\end{aligned}$$

类似第 3 种情况，可以得到 $C_j(\pi') - C_k(\pi) \geqslant 0$。

综合上述 4 种情况，可得 $C_j(\pi') - C_k(\pi) \geqslant 0$。

另外

$$C_h(\pi') = C_j(\pi') + p_h \max\{(1-\omega)f(A + \beta_r p_k + \beta_{r+1} p_j)g(r+2), \theta\} \tag{2.7}$$

$$C_h(\pi) = C_k(\pi) + p_h \max\{(1-\omega)f(A + \beta_r p_j + \beta_{r+1} p_k)g(r+2), \theta\} \tag{2.8}$$

由于 $p_j \leqslant p_k$，$\beta_r \leqslant \beta_{r+1}$，可得

$$\beta_r p_j + \beta_{r+1} p_k - \beta_r p_k - \beta_{r+1} p_j = (p_k - p_j)(\beta_{r+1} - \beta_r) \geqslant 0$$

而函数 f 和 g 非增，所以

$$(1-\omega)f(A + \beta_r p_j + \beta_{r+1} p_k)g(r+2) \leqslant (1-\omega)f(A + \beta_r p_k + \beta_{r+1} p_j)g(r+2) \tag{2.9}$$

采用之前 θ 的讨论方式，此时 θ 的位置有 3 种，具体讨论如下：

(1) 当 $(1-\omega)f(A+\beta_r p_j+\beta_{r+1}p_k)g(r+2) \leqslant (1-\omega)f(A+\beta_r p_k+\beta_{r+1}p_j)g(r+2) \leqslant \theta$ 时，$C_h(\pi') = C_j(\pi') + p_h\theta$，$C_h(\pi) = C_k(\pi) + p_h\theta$，因为 $C_k(\pi) \leqslant C_j(\pi')$，所以 $C_h(\pi) \leqslant C_h(\pi')$。

(2) 当 $(1-\omega)f(A + \beta_r p_j + \beta_{r+1}p_k)g(r+2) \leqslant \theta \leqslant (1-\omega)f(A + \beta_r p_k + \beta_{r+1}p_j)g(r+2)$ 时，$C_h(\pi') = C_j(\pi')+p_h(1-\omega)f(A+\beta_r p_k+\beta_{r+1}p_j)g(r+2)$，$C_h(\pi) = C_k(\pi) + p_h\theta$，因为 $C_k(\pi) \leqslant C_j(\pi')$，且 $\theta \leqslant (1-\omega)f(A+\beta_r p_k+\beta_{r+1}p_j)g(r+2)$，所以 $C_h(\pi) \leqslant C_h(\pi')$。

(3) 当 $\theta \leqslant (1-\omega)f(A + \beta_r p_j + \beta_{r+1}p_k)g(r+2) \leqslant (1-\omega)f(A + \beta_r p_k + \beta_{r+1}p_j)g(r+2)$ 时，$C_h(\pi') = C_j(\pi') + p_h(1-\omega)f(A + \beta_r p_k + \beta_{r+1}p_j)g(r+2)$，$C_h(\pi) = C_k(\pi) + p_h(1-\omega)f(A + \beta_r p_j + \beta_{r+1}p_k)g(r+2)$，因为 $C_k(\pi) \leqslant C_j(\pi')$，而且 $(1-\omega)f(A+\beta_r p_j+\beta_{r+1}p_k)g(r+2) \leqslant (1-\omega)f(A+\beta_r p_k+\beta_{r+1}p_j)g(r+2)$，所以 $C_h(\pi) \leqslant C_h(\pi')$。

综上所述，$C_h(\pi) \leqslant C_h(\pi')$。同理，对于序列 S_2 中的任务 J_u，可以证明 $C_u(\pi) \leqslant C_u(\pi')$。重复上述过程，可通过 SPT 规则求出该问题的最优解。

2. $1 \mid \mathrm{LE} \mid \sum \omega_j C_j$ 问题

定理 2.2 如果单机调度 $1 \mid p_{jr} = p_j \max\{(1-\omega)f(\sum_{k=1}^{r-1} \beta_k p_{[k]})g(r), \theta\} \mid \sum \omega_j C_j$ 的任务间具有可协商权重，即对所有任务 J_j 和 J_k 满足 $p_j \leqslant p_k \Rightarrow \omega_j \geqslant \omega_k$，则采用 WSPT$\left(\dfrac{p_j}{\omega_j}\right)$ 规则可获得最优解。

证明 序列 π 和 π' 的设置如图 2.2 所示，假设 $p_j \leqslant p_k$，从定理 2.1可得 $C_k(\pi) \leqslant C_j(\pi')$。为证明 π 优于 π'，须证明 $\sum_{j=1}^{n} \omega_j C_j(\pi) \leqslant \sum_{j=1}^{n} \omega_j C_j(\pi')$。

很明显，如果任务 J_i 调度在序列 S_1 中，则该任务在序列 π 和 π' 的完工时间相等，因为两个序列在这些位置拥有相同任务，进一步可得 $\sum_{i=1}^{r}\omega_{[i]}C_{[i]}(\pi)=\sum_{i=1}^{r}\omega_{[i]}C_{[i]}(\pi')(i=1,2,\cdots,r-1)$。

基于式 (2.2)~ 式 (2.5)，可得

$$\begin{aligned}\omega_k C_k(\pi')+\omega_j C_j(\pi')-\omega_j C_j(\pi)-\omega_k C_k(\pi)=&(\omega_j+\omega_k)(p_k-p_j)\\ &\times\max\{(1-\omega)f(A)g(r),\theta\}+\omega_j p_j\max\{(1-\omega)f(A+\beta_r p_k)g(r+1),\theta\}\\ &-\omega_k p_k\max\{(1-\omega)f(A+\beta_r p_j)g(r+1),\theta\}\end{aligned}$$

由于函数 f 和 g 是非增的，所以：

$$(1-\omega)f(A+\beta_r p_k)g(r+1)\leqslant(1-\omega)f(A+\beta_r p_j)g(r+1)\leqslant(1-\omega)f(A)g(r)$$

θ 的位置只有 4 种情况，具体的讨论如下：

(1) $(1-\omega)f(A+\beta_r p_k)g(r+1)\leqslant(1-\omega)f(A+\beta_r p_j)g(r+1)\leqslant(1-\omega)f(A)g(r)\leqslant\theta$

$$\begin{aligned}&\omega_k C_k(\pi')+\omega_j C_j(\pi')-\omega_j C_j(\pi)-\omega_k C_k(\pi)\\ =&(\omega_j+\omega_k)(p_k-p_j)\theta+\omega_j p_j\theta-\omega_k p_k\theta\\ =&(\omega_j p_k-\omega_k p_j)\theta\end{aligned}$$

因为 $p_j\leqslant p_k,\omega_j\geqslant\omega_k$，所以 $(\omega_j p_k-\omega_k p_j)\theta\geqslant 0$。于是可得 $\omega_k C_k(\pi')+\omega_j C_j(\pi')\geqslant\omega_j C_j(\pi)+\omega_k C_k(\pi)$。

(2) $(1-\omega)f(A+\beta_r p_k)g(r+1)\leqslant(1-\omega)f(A+\beta_r p_j)g(r+1)\leqslant\theta\leqslant(1-\omega)f(A)g(r)$

$$\begin{aligned}&\omega_k C_k(\pi')+\omega_j C_j(\pi')-\omega_j C_j(\pi)-\omega_k C_k(\pi)\\ =&(\omega_j+\omega_k)(p_k-p_j)(1-\omega)f(A)g(r)\\ &+\omega_j p_j\theta-\omega_k p_k\theta\end{aligned}$$

因为 $(1-\omega)f(A)g(r)\geqslant\theta$，可得

$$\begin{aligned}&\omega_k C_k(\pi')+\omega_j C_j(\pi')-\omega_j C_j(\pi)-\omega_k C_k(\pi)\\ \geqslant&(\omega_j+\omega_k)(p_k-p_j)\theta+\omega_j p_j\theta-\omega_k p_k\theta\\ =&(\omega_j p_k-\omega_k p_j)\theta\end{aligned}$$

类似情况 (1)，可得 $(\omega_j p_k-\omega_k p_j)\theta\geqslant 0$。所以 $\omega_k C_k(\pi')+\omega_j C_j(\pi')>\omega_j C_j(\pi)+\omega_k C_k(\pi)$。

(3) $\theta \leqslant (1-\omega)f(A+\beta_r p_k)g(r+1) \leqslant (1-\omega)f(A+\beta_r p_j)g(r+1) \leqslant (1-\omega)f(A)g(r)$

$$
\begin{aligned}
&\omega_k C_k(\pi') + \omega_j C_j(\pi') - \omega_j C_j(\pi) - \omega_k C_k(\pi) \\
\doteq&(\omega_j+\omega_k)(p_k-p_j)(1-\omega)f(A)g(r) + \omega_j p_j(1-\omega)f(A+\beta_r p_k)g(r+1) \\
&-\omega_k p_k(1-\omega)f(A+\beta_r p_j)g(r+1) \\
=&(1-\omega)(\omega_j+\omega_k)p_j g(r)\left[\left(\frac{p_k}{p_j}-1\right)f(A) + \frac{\omega_j}{\omega_j+\omega_k}f(A+\beta_r p_k)\frac{g(r+1)}{g(r)}\right. \\
&\left.-\frac{\omega_k}{\omega_j+\omega_k}\frac{p_k}{p_j}f(A+\beta_r p_j)\frac{g(r+1)}{g(r)}\right]
\end{aligned}
$$

令$\delta_1 = \dfrac{\omega_k}{\omega_j+\omega_k} \times \dfrac{g(r+1)}{g(r)}$，$\delta_2 = \dfrac{\omega_j}{\omega_j+\omega_k} \times \dfrac{g(r+1)}{g(r)}$，$\chi = \beta_r p_j, \lambda = \dfrac{p_k}{p_j}$。又因为 $\omega_j \geqslant \omega_k$，所以 $\delta_2 \geqslant \delta_1$，上述等式可重写为

$$
\begin{aligned}
&\frac{\omega_k C_k(\pi') + \omega_j C_j(\pi') - \omega_j C_j(\pi) - \omega_k C_k(\pi)}{(1-\omega)(\omega_j+\omega_k)p_j g(r)} \\
=&(\lambda-1)f(A) + \delta_2 f(A+\lambda\chi) - \delta_1 f(A+\chi) \\
\geqslant&(\lambda-1)f(A) + \delta_1 f(A+\lambda\chi) - \delta_1 f(A+\chi)
\end{aligned}
$$

由文献 [266] 的引理 1 可得 $(\lambda-1)f(A) + \delta_1 f(A+\lambda\chi) - \delta_1 f(A+\chi) \geqslant 0$。所以 $\omega_k C_k(\pi') + \omega_j C_j(\pi') \geqslant \omega_j C_j(\pi) + \omega_k C_k(\pi)$。

(4) $(1-\omega)f(A+\beta_r p_k)g(r+1) \leqslant \theta \leqslant (1-\omega)f(A+\beta_r p_j)g(r+1) \leqslant (1-\omega)f(A)g(r)$

$$
\begin{aligned}
&\omega_k C_k(\pi') + \omega_j C_j(\pi') - \omega_j C_j(\pi) - \omega_k C_k(\pi) \\
=&(\omega_j+\omega_k)(p_k-p_j)(1-\omega)f(A)g(r) \\
&+\omega_j p_j\theta - \omega_k p_k(1-\omega)f(A+\beta_r p_j)g(r+1)
\end{aligned}
$$

因为 $\theta \geqslant (1-\omega)f(A+\beta_r p_k)g(r+1)$，所以

$$
\begin{aligned}
&\omega_k C_k(\pi') + \omega_j C_j(\pi') - \omega_j C_j(\pi) - \omega_k C_k(\pi) \\
\geqslant&(\omega_j+\omega_k)(p_k-p_j)(1-\omega)f(A)g(r) \\
&+\omega_j p_j(1-\omega)f(A+\beta_r p_k)g(r+1) \\
&-\omega_k p_k(1-\omega)f(A+\beta_r p_j)g(r+1)
\end{aligned}
$$

类似第 3 种情况，可得 $\omega_k C_k(\pi') + \omega_j C_j(\pi') \geqslant \omega_j C_j(\pi) + \omega_k C_k(\pi)$。

综合上述 4 种情况，可得 $\omega_k C_k(\pi') + \omega_j C_j(\pi') \geqslant \omega_j C_j(\pi) + \omega_k C_k(\pi)$。

由定理 2.1的证明可知：对于 S_2 中任意任务 J_u 均满足 $C_u(\pi) \leqslant C_u(\pi')$，由此可得 $\sum_{j=1}^{n} \omega_j C_j(\pi) \leqslant \sum_{j=1}^{n} \omega_j C_j(\pi')$。重复上述任务交换过程，可通过 WSPT 规则求出该问题的最优解。

3. $1 \mid \mathrm{LE} \mid \sum C_j$ 问题

推论 2.1　单机调度 $1 \mid p_{jr} = p_j \max\{(1-\omega) f(\sum_{k=1}^{r-1} \beta_k p_{[k]}) g(r), \theta\} \mid \sum C_j$ 可采用 SPT 规则获得最优解。

证明　该问题为当所有任务权重都为 1 时的 $1 \mid \mathrm{LE} \mid \sum \omega_j C_j$ 问题，即定理 2.2 的特殊情况，定理 2.2 中的单机调度 $1 \mid \mathrm{LE}, p_j \leqslant p_k \Rightarrow \omega_j \geqslant \omega_k \mid \sum \omega_j C_j$ 转化为 $1 \mid \mathrm{LE} \mid \sum C_j$，证明过程略。

4. $1 \mid \mathrm{LE} \mid L_{\max}$ 问题

定理 2.3　单机调度 $1 \mid p_{jr} = p_j \max\{(1-\omega) f(\sum_{k=1}^{r-1} \beta_k p_{[k]}) g(r), \theta\} \mid L_{\max}$ 中，如果任务间具有可协商条件 $d_j \leqslant d_k \Rightarrow p_j \leqslant p_k$，则采用 EDD 规则可获得最优解。

证明　序列 π 和 π' 的设置如图 2.2 所示，假设 $d_j \leqslant d_k$，且 $p_j \leqslant p_k$。π 和 π' 的前 $r-1$ 个任务中最大延迟是一样的，因为它们的处理顺序相同。为证明 π 中的最大延迟不大于 π' 总的最大延迟，须证明 $\max\{L_j(\pi), L_k(\pi)\} < \max\{L_j(\pi'), L_k(\pi')\}$。

根据延迟的定义可知：

$$L_j(\pi) = C_j(\pi) - d_j \tag{2.10}$$

$$L_k(\pi) = C_k(\pi) - d_k \tag{2.11}$$

$$L_k(\pi') = C_k(\pi') - d_k \tag{2.12}$$

$$L_j(\pi') = C_j(\pi') - d_j \tag{2.13}$$

因为序列 π' 中任务 k 在任务 j 之前，所以 $C_k(\pi') < C_j(\pi')$；又因为 $d_j \leqslant d_k$，所以 $C_k(\pi') - d_k < C_j(\pi') - d_j$，即 $\max\{L_j(\pi'), L_k(\pi')\} = L_j(\pi')$。

(1) 如果 $\max\{L_j(\pi), L_k(\pi)\} = L_j(\pi)$，因为 $p_j \leqslant p_k$，由定理 2.1可得 $C_j(\pi) < C_k(\pi')$；又因为 $C_k(\pi') < C_j(\pi')$，所以 $C_j(\pi) < C_j(\pi')$ 。于是得到 $C_j(\pi) - d_j < C_j(\pi') - d_j$，即 $L_j(\pi) < L_j(\pi')$。

(2) 如果 $\max\{L_j(\pi), L_k(\pi)\} = L_k(\pi)$，因为 $p_j \leqslant p_k$，由定理 2.1可得 $C_k(\pi) < C_j(\pi')$；又因为 $d_j \leqslant d_k$，所以 $C_k(\pi) - d_k < C_j(\pi') - d_j$，即 $L_k(\pi) < L_j(\pi')$。

综上可知，$\max\{L_j(\pi), L_k(\pi)\} < \max\{L_j(\pi'), L_k(\pi')\}$。重复上述任务交换过程，可通过 EDD 规则求出该问题的最优解。

5. $1 \mid \mathrm{LE} \mid \sum T_j$ 问题

定理 2.4 单机调度 $1 \mid p_{jr} = p_j \max\{(1-\omega) f(\sum_{k=1}^{r-1} \beta_k p_{[k]}) g(r), \theta\} \mid \sum T_j$ 中，如果任务间具有可协商条件 $d_j \leqslant d_k \Rightarrow p_j \leqslant p_k$，则采用 EDD 规则可获得最优解。

证明 序列 π 和 π' 的设置如图 2.2 所示，假设 $d_j \leqslant d_k$，可知 $p_j \leqslant p_k$。π 和 π' 前 $r-1$ 个任务的总延迟时间相同，因为其处理顺序相同。根据定理 2.1，最大完工时间可采用 SPT 规则最小化，故序列 π 中的部分序列 S_2 的总延迟时间不会比序列 π' 中的部分序列 S_2 的总延迟时间大。为证明 π 中的总延迟时间不大于 π' 中的总延迟时间，须证明 $T_j(\pi) + T_k(\pi) \leqslant T_k(\pi') + T_j(\pi')$。

根据总延迟时间的定义可知：

$$T_j(\pi) = \max\{C_j(\pi) - d_j, 0\} \tag{2.14}$$

$$T_k(\pi) = \max\{C_k(\pi) - d_k, 0\} \tag{2.15}$$

$$T_k(\pi') = \max\{C_k(\pi') - d_k, 0\} \tag{2.16}$$

$$T_j(\pi') = \max\{C_j(\pi') - d_j, 0\} \tag{2.17}$$

为比较序列 π 和 π' 中任务 i 和 j 的总延迟时间，分两种情况讨论。

(1) 若 $C_k(\pi') \leqslant d_k$，序列 π 中任务 i 和 j 的总延迟时间为 $T_j(\pi) + T_k(\pi) = \max\{C_j(\pi) - d_j, 0\} + \max\{C_k(\pi) - d_k, 0\}$，序列 π' 中任务 i 和 j 的总延迟时间为 $T_k(\pi') + T_j(\pi') = \max\{C_j(\pi') - d_j, 0\}$。

假设 $T_j(\pi)$ 和 $T_k(\pi)$ 都不为 0，这是最严格约束，因为它包含 $T_j(\pi)$ 和 $T_k(\pi)$ 二者之一为 0 和两者都为 0 的情况。

$$\begin{aligned}
&\{T_k(\pi') + T_j(\pi')\} - \{T_j(\pi) + T_k(\pi)\} \\
\geqslant& C_j(\pi') - d_j - \{C_j(\pi) - d_j + C_k(\pi) - d_k\} \\
\geqslant& C_j(\pi') + d_k - C_j(\pi) - C_k(\pi)
\end{aligned}$$

因为 $d_k \geqslant C_k(\pi')$，所以 $\{T_k(\pi') + T_j(\pi')\} - \{T_j(\pi) + T_k(\pi)\} \geqslant C_j(\pi') + C_k(\pi') - C_j(\pi) - C_k(\pi)$。由推论 2.1可知，$C_j(\pi') + C_k(\pi') - C_j(\pi) - C_k(\pi) \geqslant 0$，所以 $\{T_k(\pi') + T_j(\pi')\} - \{T_j(\pi) + T_k(\pi)\} \geqslant 0$。

(2) 若 $C_k(\pi') > d_k$，序列 π 中任务 i 和 j 的总延迟时间为 $T_j(\pi) + T_k(\pi) = \max\{C_j(\pi) - d_j, 0\} + \max\{C_k(\pi) - d_k, 0\}$，因为 $C_k(\pi') > d_k$, $d_k \geqslant d_j$，则 $C_k(\pi') > d_j$。因此，序列 π' 中任务 i 和 j 的总延迟时间为 $T_k(\pi') + T_j(\pi') = C_k(\pi') + C_j(\pi') - d_k - d_j$。同情况 (1)，假设 $T_j(\pi)$ 和 $T_k(\pi)$ 都不为 0，$\{T_k(\pi') + T_j(\pi')\} - \{T_j(\pi) + T_k(\pi)\} = C_k(\pi') + C_j(\pi') - C_j(\pi) - C_k(\pi)$，由推论 2.1可知，$C_j(\pi') + C_k(\pi') - C_j(\pi) - C_k(\pi) \geqslant 0$，所以 $\{T_k(\pi') + T_j(\pi')\} - \{T_j(\pi) + T_k(\pi)\} \geqslant 0$。

综上所述，可知 $T_j(\pi)+T_k(\pi)\leqslant T_k(\pi')+T_j(\pi')$。重复上述任务交换过程，可通过 EDD 规则求出该问题的最优解。

2.3 通用效应函数下的单机任务调度

实际应用中任务的加工时间不都是常数，且可能随着开始加工时间以及加工位置等的不同而不同 [273,274]，其中受生产因素影响 (如工人反复加工同种材料使得操作技能提高、加工速度增大等)，安排在后面的任务加工时间会缩短，这种现象称为“学习效应”；同理，机器设备等由于长时间使用导致生产能力下降，排在后面的任务加工时间会增加，这种现象称为“退化效应”。工序相同或者相似的零件被安排在同一台机床或设备上加工，考虑到加工过程中学习效应和退化效应相互掺杂，对于某个目标函数使得原本简单的调度变得复杂，这就是同时具有学习效应和退化效应的单机任务调度。该类问题的应用场景有很多，下面给出 3 个例子：

(1) 云平台的信息甄别。安全部门数据中心拥有海量车辆轨迹数据，正常出行车辆的轨迹具有一定规律性，如每天上下班，其车辆会在相对固定时间段出现在往返家与单位的路上。警察在对某些嫌疑人进行跟踪排查时，考虑到驾车盗窃等出行行为，其车辆轨迹会表现出一定程度异常，警察需要对这些信息进行甄别，其间工作人员对信息采集由生疏到熟悉会产生学习效应；随着时间的推移，数据量越来越大，相似的干扰信息增多使得甄别工作越来越困难，从而会产生退化效应。

(2) 充气站对气罐进行充气。氧气罐、煤气罐 (主要用于野营或者移动设备的供气) 在充气过程中，需要工作人员和充气设备的配合，工作人员有学习和疲劳，充气设备使用时间长了会压力不够，但可对它进行检修，使之回到完美状态。其间工作人员对信息采集由生疏到熟悉产生了学习效应；而随着时间的推移，充气设备使用时间长后会压力不够，从而产生了退化效应。

(3) 高精尖部件的生产。一些高精尖部件具有昂贵、坚硬、形状复杂以及需要精细加工的特点，生产过程需要放置在特制的机床上进行加工，机床上的主要部件是固定装置和砂轮，砂轮对元部件进行打磨，使元部件形成被要求的曲面。其间工作人员对信息采集由生疏到熟悉产生学习效应；随着时间的推移，操作台上的砂轮磨损，会产生退化效应。

由于任务的实际加工时间与基本加工时间的具体关系函数不易得到，任务 $J_j(j=1,2,\cdots,n)$ 被调度到序列 π 中位置 r 时，J_j 的实际加工时间可被定义为通用函数：

$$p_{j,r}(t)=p_j\alpha(t)\left(\beta\prod_{l=0}^{r-1}a_l+\gamma\right) \tag{2.18}$$

其中，a_l 代表任务被调度到 l 位置对应的学习因子，$a_0 = 1, 0 < a_l \leqslant 1, l = 1, \cdots, n$；每个位置的权重都为 $\beta > 0$；$\gamma \geqslant 0$；$\alpha(t) > 0$ 代表随时间 t 正比例增长的退化效应函数；$\beta \prod_{l=0}^{r-1} a_l + \gamma$ $(\beta > 0$，$\gamma \geqslant 0, 0 \leqslant \beta + \gamma \leqslant 1)$ 表示任务被调度到 r 位置时所累积到的学习效应，该效应函数是常用的两种效应函数泛化。当效应函数中 $\beta = 0.6, a_0 = 1, a_l = 0.9 + 0.1(1/l), l = 1, \cdots, 100, \gamma = 0.4$ 时即图 2.3。当效应函数中 $\beta = 0.6, a_0 = 1, a_l = 0.9999 - 0.0005(0.1 \times l - 1)^2$，$l = 1, \cdots, 100$，$\gamma = 0.4$ 时即图 2.4。

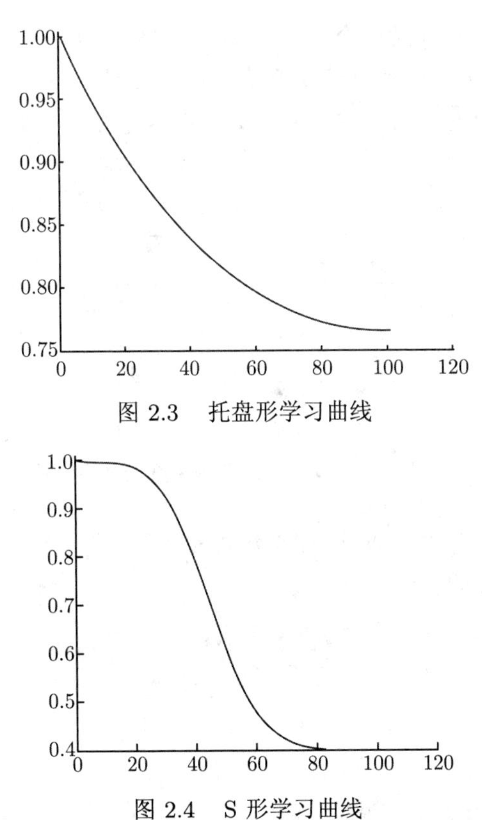

图 2.3　托盘形学习曲线

图 2.4　S 形学习曲线

设 C_j 和 $C_{[j]}$ 分别表示调度序列 $\pi = (J_1, J_2, \cdots, J_n) = (J_{[1]}, J_{[2]}, \cdots, J_{[n]})$ 中任务 J_j 和 $J_{[j]}$ 的完工时间。$C_{\max} = \max\limits_{j=1,2,\cdots,n}\{C_j\}$，$\sum C_j$，$\sum C_j^2$，$\sum \omega_j C_j$，$L_{\max} = \max\limits_{j=1,2,\cdots,n}\{C_j - d_j\}$，$T_{\max} = \max\limits_{j=1,2,\cdots,n}\{0, L_j\}$ 和 $\sum T_j$ 分别表示序列 π 的最大完工时间、完工时间和、完工时间平方和、加权完工时间、最大延迟时间、最大滞后时间和滞后时间和。

类似上节相邻两个任务的交换假设，设 t_0 表示序列 π 中任务 J_i 和 π' 中任务 J_j 的开工时间，则 π 和 π' 的任务 J_i 和 J_j 的完工时间分别是：$C_i(\pi) =$

$t_0 + p_i\alpha(t_0)(\beta\prod_{l=0}^{r-1} a_l + \gamma)$，$C_j(\pi) = t_0 + p_i\alpha(t_0)(\beta\prod_{l=0}^{r-1} a_l + \gamma) + p_j\alpha[t_0 + p_i\alpha(t_0)(\beta\prod_{l=0}^{r-1} a_l+\gamma)](\beta\prod_{l=0}^{r} a_l+\gamma)$,$C_j(\pi') = t_0+p_j\alpha(t_0)(\beta\prod_{l=0}^{r-1} a_l+\gamma)$,$C_i(\pi') = t_0 + p_j\alpha(t_0)(\beta\prod_{l=0}^{r-1} a_l + \gamma) + p_i\alpha[t_0 + p_j\alpha(t_0)(\beta\prod_{l=0}^{r-1} a_l + \gamma)](\beta\prod_{l=0}^{r} a_l + \gamma)$。

引理 2.1　设 $\alpha(x)$ 是一个凸可微函数，且 $0 \leqslant x_1 \leqslant x_2 \leqslant x_3$，则：

(1) $\alpha(x_2) = \alpha(x_1) + \alpha'(\xi_1)(x_2 - x_1)(x_1 \leqslant \xi_1 \leqslant x_2)$；

(2) $\alpha(x_3) = \alpha(x_1) + \alpha'(\xi_2)(x_3 - x_1)(x_1 \leqslant \xi_2 \leqslant x_3)$；

(3) $\alpha'(\xi_1) \leqslant \alpha'(\xi_2)$。

定理 2.5　如果 $\alpha(x)$ 是一个凸可微函数，单机调度 $1|p_{j,r}(t) = p_j\alpha(t)(\beta\prod_{l=0}^{r-1} a_l+\gamma)|C_{\max}$ 的最优解序列可通过任务基本加工时间 p_j 非降序的 SPT 规则求得。

证明　假设 $p_i \leqslant p_j$，序列 π 和 π' 表示如图 2.5所示。

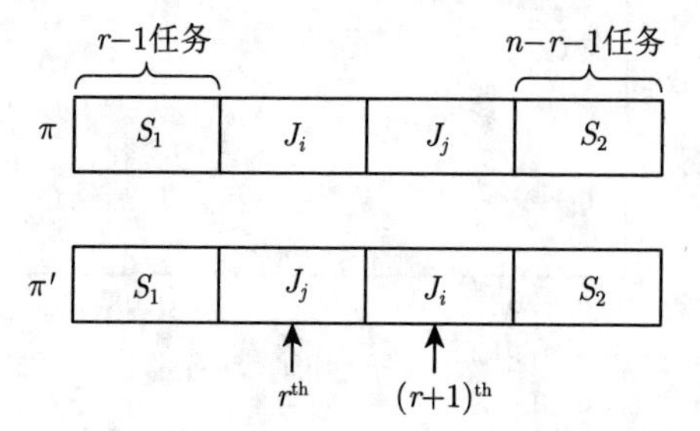

图 2.5　单个虚拟机上交换相邻的两个任务

为说明序列 π 的解比序列 π' 的解要更接近最优解，只需 $C_j(\pi) \leqslant C_i(\pi')$。对于任意 $l \in \{1, 2, \cdots, n\}$，

(1) 如果 $J_l \in S_1$，那么 $C_l(\pi) \equiv C_l(\pi')$。

(2) 如果任务 J_i 和 J_j 不在 S_1 和 S_2 中，有

$$
\begin{aligned}
&C_j(\pi') - C_i(\pi)\\
=&t_0 + p_j\alpha(t_0)(\beta\prod_{l=0}^{r-1} a_l + \gamma) - [t_0 + p_i\alpha(t_0)(\beta\prod_{l=0}^{r-1} a_l + \gamma)]\\
=&(p_j - p_i)\alpha(t_0)(\beta\prod_{l=0}^{r-1} a_l + \gamma)\\
\geqslant&0
\end{aligned}
$$

$$
\begin{aligned}
&C_i(\pi') - C_j(\pi)\\
=&t_0 + p_j\alpha(t_0)(\beta\prod_{l=0}^{r-1} a_l + \gamma) + p_i\alpha[t_0 + p_j\alpha(t_0)(\beta\prod_{l=0}^{r-1} a_l + \gamma)](\beta\prod_{l=0}^{r} a_l + \gamma)
\end{aligned}
$$

$$- t_0 - p_i\alpha(t_0)(\beta\prod_{l=0}^{r-1}a_l+\gamma) - p_j\alpha[t_0+p_i\alpha(t_0)(\beta\prod_{l=0}^{r-1}a_l+\gamma)](\beta\prod_{l=0}^{r}a_l+\gamma)$$

$$=(p_j-p_i)\alpha(t_0)(\beta\prod_{l=0}^{r-1}a_l+\gamma)+p_i\alpha[t_0+p_j\alpha(t_0)$$

$$(\beta\prod_{l=0}^{r-1}a_l+\gamma)](\beta\prod_{l=0}^{r}a_l+\gamma)$$

$$-p_j\alpha[t_0+p_i\alpha(t_0)(\beta\prod_{l=0}^{r-1}a_l+\gamma)](\beta\prod_{l=0}^{r}a_l+\gamma)$$

$$\overset{\text{引理 2.1}}{=\!=\!=}(p_j-p_i)\alpha(t_0)(\beta\prod_{l=0}^{r-1}a_l+\gamma)$$

$$+p_i(\beta\prod_{l=0}^{r}a_l+\gamma)[\alpha(t_0)+\alpha'(\xi_2)p_j\alpha(t_0)(\beta\prod_{l=0}^{r-1}a_l+\gamma)]$$

$$-p_j(\beta\prod_{l=0}^{r}a_l+\gamma)[\alpha(t_0)+\alpha'(\xi_1)p_i\alpha(t_0)(\beta\prod_{l=0}^{r-1}a_l+\gamma)]$$

$$=(p_j-p_i)\alpha(t_0)(\beta\prod_{l=0}^{r-1}a_l-\beta\prod_{l=0}^{r}a_l)$$

$$+p_ip_j\alpha(t_0)(\beta\prod_{l=0}^{r-1}a_l+\gamma)(\beta\prod_{l=0}^{r}a_l+\gamma)[\alpha'(\xi_2)-\alpha'(\xi_1)]$$

因为 $p_i\leqslant p_j$，$a_0=1,0<a_l\leqslant 1\ (l=1,\cdots,n)$，$\beta>0$，$\gamma\geqslant 0$，$\alpha(t)>0$，那么 $C_i(\pi')-C_j(\pi)\geqslant 0$，即 $C_j(\pi)\leqslant C_i(\pi')$。

(3) 如果 $J_l\in S_2$，那么

$$C_{r+2}(\pi)=C_{[r+1]}(\pi)+p_{r+2}\alpha[C_{[r+1]}(\pi)](\beta\prod_{l=0}^{r+1}a_l+\gamma)$$

$$=C_j(\pi)+p_{r+2}\alpha[C_j(\pi)](\beta\prod_{l=0}^{r+1}a_l+\gamma)$$

$$C_{r+2}(\pi')=C_{[r+1]}(\pi')+p_{r+2}\alpha[C_{[r+1]}(\pi)](\beta\prod_{l=0}^{r+1}a_l+\gamma)$$

$$=C_i(\pi')+p_{r+2}\alpha[C_i(\pi)](\beta\prod_{l=0}^{r+1}a_l+\gamma)$$

当 $C_j(\pi)\leqslant C_i(\pi')$ 和 $\alpha[C_j(\pi)]\leqslant\alpha[C_i(\pi')]$ 同时成立时，那么 $C_{r+2}(\pi)\leqslant C_{r+2}(\pi')$。

同样地，可以得到 $C_l(\pi) \leqslant C_l(\pi')$ $(l = r+2, \cdots, n+1)$。

因此，序列 π 对应的解比序列 π' 对应的解要更接近最优解。依次做交换，最优解最多在交换 $n(n-1)/2$ 次后出现。

定理 2.6　如果 $\alpha(x)$ 是一个凸可微函数，单机调度 $1|p_{j,r}(t) = p_j\alpha(t)(\beta\prod_{l=0}^{r-1} a_l + \gamma)|\sum C_j$ 的最优解序列可通过任务基本加工时间 p_j 非降序的 SPT 规则求得。

证明　设 $p_i \leqslant p_j$。为了说明序列 π 对应的解比序列 π' 对应的解要更接近最优解，只需 $\sum C_j(\pi) \leqslant \sum C_i(\pi')$。

根据定理 2.6，$C_j(\pi) \leqslant C_i(\pi')$，$C_i(\pi) \leqslant C_j(\pi')$，$\forall l \in S_1$，$C_l(\pi) \equiv C_l(\pi')$，$\forall l \in S_2$，$C_l(\pi) \leqslant C_l(\pi')$，那么，$\sum C_j(\pi) \leqslant \sum C_j(\pi')$。

换句话说，序列 π 对应的解比序列 π' 对应的解要更接近最优解。依次做交换，最优解最多在交换 $n(n-1)/2$ 次后出现。

定理 2.7　如果 $\alpha(x)$ 是一个凸可微函数，单机调度 $1|p_{j,r}(t) = p_j\alpha(t)(\beta\prod_{l=0}^{r-1} a_l + \gamma)|\sum C_j^2$ 的最优解可通过任务基本加工时间 p_j 非降序的 SPT 规则求得。

证明　设 $p_i \leqslant p_j$。为说明序列 π 对应的解比序列 π' 对应的解要更接近最优解，只需 $\sum C_j^2(\pi) \leqslant \sum C_i^2(\pi')$。

根据定理 2.5，$C_j(\pi) \leqslant C_i(\pi')$，$C_i(\pi) \leqslant C_j(\pi')$，$\forall l \in S_1$，$C_l(\pi) \equiv C_l(\pi')$，$\forall l \in S_2$，$C_l(\pi) \leqslant C_l(\pi')$，那么，$\sum C_j^2(\pi) \leqslant \sum C_j^2(\pi')$。

换句话说，序列 π 对应的解比序列 π' 对应的解要更接近最优解。依次做交换，最优解最多在交换 $n(n-1)/2$ 次后出现。

定理 2.8　如果 $\alpha(x)$ 是一个凸可微函数，单机调度 $1|p_{j,r}(t) = p_j\alpha(t)(\beta\prod_{l=0}^{r-1} a_l + \gamma)|\sum \omega_j C_j$ 的最优解可通过任务 p_j/ω_j 非降序的 WSPT 规则求得。

证明　设 $p_j/p_i \geqslant \omega_j/\omega_i \geqslant 1$。

$$
\begin{aligned}
&\sum \omega_j C_j(\pi') - \sum \omega_j C_j(\pi) \\
=&\omega_1 C_1(\pi') + \cdots + \omega_j C_j(\pi') + \omega_i C_i(\pi') + \cdots + \omega_n C_n(\pi') \\
&- [\omega_1 C_1(\pi) + \cdots + \omega_i C_i(\pi) + \omega_j C_j(\pi) + \cdots + \omega_n C_n(\pi)]
\end{aligned}
$$

因为 $\forall l \in S_1$，$C_l(\pi) \equiv C_l(\pi')$，$\forall l \in S_2$，$C_l(\pi) \leqslant C_l(\pi')$，那么

$$
\begin{aligned}
&\sum \omega_j C_j(\pi') - \sum \omega_j C_j(\pi) \\
\geqslant&\omega_j C_j(\pi') + \omega_i C_i(\pi') - \omega_j C_j(\pi) - \omega_i C_i(\pi) \\
=&\omega_j[t_0 + p_j\alpha(t_0)(\beta\prod_{l=0}^{r-1} a_l + \gamma)] + \omega_i\{t_0 + p_j\alpha(t_0)(\beta\prod_{l=0}^{r-1} a_l + \gamma)
\end{aligned}
$$

$$+ p_i\alpha[t_0 + p_j\alpha(t_0)(\beta\prod_{l=0}^{r-1} a_l + \gamma)](\beta\prod_{l=0}^{r} a_l + \gamma)\} - \omega_j\{t_0 + p_i\alpha(t_0)(\beta\prod_{l=0}^{r-1} a_l + \gamma)$$

$$+ p_j\alpha(t_0 + p_i\alpha(t_0)(\beta\prod_{l=0}^{r-1} a_l + \gamma))(\beta\prod_{l=0}^{r} a_l + \gamma)\} - \omega_i[t_0 + p_i\alpha(t_0)(\beta\prod_{l=0}^{r-1} a_l + \gamma)]$$

$$=\omega_j(p_j - p_i)\alpha(t_0)(\beta\prod_{l=0}^{r-1} a_l + \gamma) - \omega_j p_j\alpha[t_0 + p_i\alpha(t_0)(\beta\prod_{l=0}^{r-1} a_l + \gamma)](\beta\prod_{l=0}^{r} a_l + \gamma)$$

$$+ \omega_i(p_j - p_i)\alpha(t_0)(\beta\prod_{l=0}^{r-1} a_l + \gamma) + \omega_i p_i\alpha[t_0 + p_j\alpha(t_0)(\beta\prod_{l=0}^{r-1} a_l + \gamma)](\beta\prod_{l=0}^{r} a_l + \gamma)$$

$$\overset{\text{引理 2.1}}{=\!=\!=}(\omega_i + \omega_j)(p_j - p_i)\alpha(t_0)(\beta\prod_{l=0}^{r-1} a_l + \gamma)$$

$$- \omega_j p_j(\beta\prod_{l=0}^{r} a_l + \gamma)[\alpha(t_0) + \alpha'(\xi_1)p_i\alpha(t_0)(\beta\prod_{l=0}^{r-1} a_l + \gamma)]$$

$$+ \omega_i p_i(\beta\prod_{l=0}^{r} a_l + \gamma)[\alpha(t_0) + \alpha'(\xi_2)p_j\alpha(t_0)(\beta\prod_{l=0}^{r-1} a_l + \gamma)]$$

$$=(\beta\prod_{l=0}^{r} a_l + \gamma)p_i p_j(\beta\prod_{l=0}^{r-1} a_l + \gamma)\alpha(t_0)[\omega_i\alpha'(\xi_2) - \omega_j\alpha'(\xi_1)]$$

$$+ (\omega_i + \omega_j)(p_j - p_i)\alpha(t_0)(\beta\prod_{l=0}^{r-1} a_l + \gamma)$$

$$+ \alpha(t_0)(\beta\prod_{l=0}^{r} a_l + \gamma)(\omega_i p_i - \omega_j p_j)$$

$$=(\beta\prod_{l=0}^{r} a_l + \gamma)p_i p_j(\beta\prod_{l=0}^{r-1} a_l + \gamma)\alpha(t_0)[\omega_i\alpha'(\xi_2) - w_j\alpha'(\xi_1)]$$

$$+ \alpha(t_0)\beta\prod_{l=0}^{r-1} a_l\omega_j p_i\left[\frac{\frac{p_j}{\omega_j}}{\frac{p_i}{\omega_i}} - 1 + (1 - a_r)\frac{\frac{\frac{p_j}{\omega_j}}{\frac{p_i}{\omega_i}}\left(\frac{\omega_j}{\omega_i}\right)^2 - 1}{\frac{\omega_j}{\omega_i}}\right] + \alpha(t_0)\gamma\omega_j p_i\left(\frac{\frac{p_j}{\omega_j}}{\frac{p_i}{\omega_i}} - 1\right)$$

因为 $p_i \leqslant p_j$，$\omega_i \geqslant \omega_j$，$p_i/\omega_i \leqslant p_j/\omega_j$，$a_0 = 1$，对于 $l = 1, \cdots, n$, $0 < a_l \leqslant 1$ $\beta > 0$，$\gamma \geqslant 0$，$\alpha(t) > 0$，那么，$\sum \omega_j C_j(\pi') - \sum \omega_j C_j(\pi) \geqslant 0$。

换句话说，序列 π 的加权完工时间和对应的解比序列 π' 对应的解要更接近最优解，即根据 WSPT 规则可得到最优解。

定理 2.9 如果 $\alpha(x)$ 是一个凸可微函数，若单机调度 $1|p_{j,r}(t) = p_j\alpha(t)(\beta\prod_{l=0}^{r-1} a_l + \gamma)|L_{\max}$ 存在最优解，则可通过任务的 d_j 非降序 EDD 规则求得，且任意任务 J_i 和 J_j 满足 $d_i \leqslant d_j$，$p_i \leqslant p_j$。

证明 因为 $L_i(\pi) = C_i(\pi) - d_i$，$L_j(\pi) = C_j(\pi) - d_j$，$L_i(\pi') = C_i(\pi') - d_i$，$L_j(\pi') = C_j(\pi') - d_j$，$\max\{L_i(\pi'), L_j(\pi')\} = \max\{C_j(\pi') - d_j, C_i(\pi') - d_i\}$。根据定理 2.5，$C_i(\pi') \geqslant C_j(\pi) \geqslant C_i(\pi)$。

因为 $d_i \leqslant d_j$, $C_i(\pi') - d_i \geqslant C_i(\pi) - d_i$, $C_i(\pi') - d_i \geqslant C_j(\pi) - d_i \geqslant C_j(\pi) - d_j$，即 $L_i(\pi') \geqslant L_i(\pi)$ ，$L_i(\pi') \geqslant L_j(\pi)$。

所以 $L_i(\pi') \geqslant \max\{L_i(\pi), L_j(\pi)\}$。

另外 $\max\{L_i(\pi'), L_j(\pi')\} \geqslant L_i(\pi')$，有 $p_i \leqslant p_j$，$\forall l \in S_1$，$C_l(\pi) \equiv C_l(\pi')$；$\forall l \in S_2$，$C_l(\pi) \leqslant C_l(\pi')$，那么，$L_l(\pi') \leqslant L_l(\pi), l \neq i, j$,

$$
\begin{aligned}
L_{\max}(\pi') &= \max\{L_1(\pi'), \cdots, L_i(\pi'), L_j(\pi'), \cdots, L_n(\pi')\} \\
&= \max\{L_1(\pi'), \cdots, \max\{L_i(\pi'), L_j(\pi')\}, \cdots, L_n(\pi')\} \\
&\geqslant \max\{L_1(\pi), \cdots, \max\{L_i(\pi), L_j(\pi)\}, \cdots, L_n(\pi)\} \\
&= L_{\max}(\pi)
\end{aligned}
$$

定理 2.10 如果 $\alpha(x)$ 是一个凸可微函数，若单机调度 $1|p_{j,r}(t) = p_j\alpha(t)(\beta\prod_{l=0}^{r-1} a_l + \gamma)|T_{\max}$ 存在最优解，则可通过任务的 d_j 非降序 EDD 规则求得，且任意任务 J_i 和 J_j 同时满足 $d_i \leqslant d_j$，$p_i \leqslant p_j$。

证明 因为 $T_j = \max\{0, L_j\}$，那么

$$
\begin{aligned}
T_{\max}(\pi') &= \max\{0, L_j(\pi') | j = 1, 2, \cdots, n\} \\
&= \max\{0, L_{\max}(\pi')\} \\
&\geqslant \max\{0, L_{\max}(\pi)\} \\
&= T_{\max}(\pi)
\end{aligned}
$$

定理 2.11 如果 $\alpha(x)$ 是一个凸可微函数，若单机调度 $1|p_{j,r}(t) = p_j\alpha(t)(\beta\prod_{l=0}^{r-1} a_l + \gamma)|\sum T_i$ 存在最优解，则可通过任务 d_j 非降序 EDD 规则求得，且任意任务 J_i 和 J_j 满足 $d_i \leqslant d_j$，$p_i \leqslant p_j$。

证明 假设在序列 π 和 π' 中的两个任务同时满足 $p_i \leqslant p_j$ 和 $d_i \leqslant d_j$，如图2.5所示。

序列 π 和 π' 中的任务 J_i 和 J_j 的滞后时间分别如下：

$$T_i(\pi) + T_j(\pi) = \max\{C_i(\pi) - d_i, 0\} + \max\{C_j(\pi) - d_j, 0\} \geqslant 0$$
$$T_i(\pi') + T_j(\pi') = \max\{C_i(\pi') - d_i, 0\} + \max\{C_j(\pi') - d_j, 0\} \geqslant 0$$

考虑 $C_i(\pi) - d_i$ 和 $C_j(\pi) - d_j$ 与 0 的关系，从以下四个方面来分析：

(1) $C_i(\pi) - d_i \leqslant 0$, $C_j(\pi) - d_j \leqslant 0$。那么 $T_i(\pi) + T_j(\pi) = 0$ 且 $[T_i(\pi') + T_j(\pi')] - [T_i(\pi) + T_j(\pi)] \geqslant 0$。

(2) $C_i(\pi) - d_i \geqslant 0$, $C_j(\pi) - d_j \leqslant 0$。那么 $T_j(\pi) = 0$ 且 $C_i(\pi') - d_i \geqslant C_j(\pi') - d_i \geqslant C_i(\pi) - d_i \geqslant 0$。$[T_i(\pi') + T_j(\pi')] - [T_i(\pi) + T_j(\pi)] \geqslant T_i(\pi') - T_i(\pi) \geqslant C_i(\pi') - d_i - [C_i(\pi) - d_i] \geqslant 0$。

(3) $C_i(\pi) - d_i \leqslant 0$, $C_j(\pi) - d_j \geqslant 0$。$T_i(\pi) = 0$。又因为 $d_i \leqslant d_j$, $C_i(\pi') - d_i \geqslant C_j(\pi) - d_j \geqslant 0$。那么 $[T_i(\pi') + T_j(\pi')] - [T_i(\pi) + T_j(\pi)] \geqslant T_i(\pi') - T_j(\pi) \geqslant C_i(\pi') - d_i - [C_j(\pi) - d_j] \geqslant 0$。

(4) $C_i(\pi) - d_i \geqslant 0$, $C_j(\pi) - d_j \geqslant 0$，从而 $C_i(\pi') - d_i \geqslant C_i(\pi) - d_i \geqslant 0$。

• 如果 $C_j(\pi') - d_j < 0$, 那么根据定理 2.5, $[T_i(\pi') + T_j(\pi')] - [T_i(\pi) + T_j(\pi)] = C_i(\pi') - d_i - [C_j(\pi) - d_j] - [C_i(\pi) - d_i] = C_i(\pi') + C_j(\pi') - [C_i(\pi) + C_j(\pi)] - [C_j(\pi') - d_j] > 0$。

• 如果 $C_j(\pi') - d_j \geqslant 0$, 那么根据定理 2.5, $[T_i(\pi') + T_j(\pi')] - [T_i(\pi) + T_j(\pi)] = C_i(\pi') + C_j(\pi') - [C_i(\pi) + C_j(\pi)] \geqslant 0$。

因此，$T_i(\pi') + T_j(\pi') \geqslant T_i(\pi) + T_j(\pi)$。

又因 $p_i \leqslant p_j$，对于 $\forall J_l \in S_1$，有 $C_l(\pi) \equiv C_l(\pi')$。同时，对于 $\forall J_l \in S_2$，有 $C_l(\pi) \leqslant C_l(\pi')$。

则 $\forall J_l \in S_1$, 有 $T_l(\pi) \equiv T_l(\pi')$, $\forall J_l \in S_2$, 有 $T_l(\pi) \leqslant T_l(\pi')$, 因此, $\sum T_j(\pi) \leqslant \sum T_j(\pi')$。

所以，序列 π 比序列 π' 更接近最优解，即最优解序列是将任务按照 d_j 非降排序后得到，同时任意任务 J_i 和 J_j 满足 $d_i \leqslant d_j$，$p_i \leqslant p_j$ 同时成立。

上述几个单机任务调度问题是多项式时间可解的或者在某种情况下是多项式时间可解的，总结如表 2.1 所示。从表中可看到：所提出模型对 3 个目标函数 (最小化最大完工时间、最小化完工时间和及最小化完工平方和) 采用 SPT 规则可多项式时间最优求解；最小化加权完工时间和问题采用 WSPT 规则可多项式时间最优求解；最小化最大延迟时间、最小化最大滞后时间和最小化滞后时间和等目标函数问题采用 EDD 规则可多项式时间最优求解。

表 2.1　通用效应函数下的单机任务调度问题的最优解规则

问题	求解算法
$1\|p_{j,r}(t)=p_j\alpha(t)(\beta\prod_{l=0}^{r-1}a_l+\gamma)\|C_{\max}$	SPT
$1\|p_{j,r}(t)=p_j\alpha(t)(\beta\prod_{l=0}^{r-1}a_l+\gamma)\|\sum C_j$	SPT
$1\|p_{j,r}(t)=p_j\alpha(t)(\beta\prod_{l=0}^{r-1}a_l+\gamma)\|\sum C_j^2$	SPT
$1\|p_{j,r}(t)=p_j\alpha(t)(\beta\prod_{l=0}^{r-1}a_l+\gamma)\|\sum \omega_j C_j$	WSPT
$1\|p_{j,r}(t)=p_j\alpha(t)(\beta\prod_{l=0}^{r-1}a_l+\gamma)\|L_{\max}$	EDD
$1\|p_{j,r}(t)=p_j\alpha(t)(\beta\prod_{l=0}^{r-1}a_l+\gamma)\|T_{\max}$	EDD
$1\|p_{j,r}(t)=p_j\alpha(t)(\beta\prod_{l=0}^{r-1}a_l+\gamma)\|\sum T_i$	EDD

为更直观说明，给出如下例子：$n=3,\ p_1=10,\ p_2=4,\ p_3=6,\ \omega_1=1,\ \omega_2=4,\ \omega_3=3,\ d_1=12,\ d_2=6,\ d_3=8,\ a_0=1,\ a_1=0.9,\ a_2=0.88,\ \beta=0.5,\ \gamma=0.5,\alpha(t)=(1+t)^{1.0001}$。根据定理 2.5～ 定理 2.11，可知对于目标函数 $C_{\max}$，$\sum C_{[j]}$，$\sum C_{[j]}^2$，$\sum\omega_{[j]}C_{[j]}$，$L_{\max}$，$T_{\max}$ 和 $\sum T_{[j]}$ 的最优序列为 $[J_{[2]},J_{[3]},J_{[1]}]$。最小化 $C_{\max}$ 问题的最优解为 332.81，最小化 $\sum C_{[j]}$ 问题的最优解为 369.32，最小化 $\sum C_{[j]}^2$ 问题的最优解为 1.12×10^5，最小化 $\sum\omega_{[j]}C_{[j]}$ 问题的最优解为 446.33，最小化 $L_{\max}$ 问题的最优解为 320.81，最小化 $T_{\max}$ 问题的最优解为 320.81，最小化 $\sum T_{[j]}$ 问题的最优解为 345.32。结果如表 2.2 所示。

表 2.2　通用效应函数下的单机任务调度问题的最优解

任务调度序列	$C_{\max}$	$\sum C_{[j]}$	$\sum C_{[j]}^2$	$\sum\omega_{[j]}C_{[j]}$	$L_{\max}$	$T_{\max}$	$\sum T_{[j]}$
$[J_{[1]},J_{[2]},J_{[3]}]$	335.83	397.64	1.16×10^5	1.22×10^3	327.83	327.83	373.64
$[J_{[1]},J_{[3]},J_{[2]}]$	337.02	419.73	1.19×10^5	1.58×10^3	331.02	331.02	395.74
$[J_{[2]},J_{[1]},J_{[3]}]$	333.90	389.41	1.14×10^5	1.06×10^3	325.90	325.90	365.41
$[J_{[2]},J_{[3]},J_{[1]}]$	**332.81**	**369.32**	$\mathbf{1.12\times10^5}$	**446.33**	**320.81**	**320.81**	**345.32**
$[J_{[3]},J_{[1]},J_{[2]}]$	336.10	404.61	1.18×10^5	1.44×10^3	330.10	330.10	390.61
$[J_{[3]},J_{[2]},J_{[1]}]$	333.81	372.42	1.13×10^5	482.23	321.81	321.81	348.42

2.4　带退化效应单机成组任务调度

机床或设备并非连续不断地工作，而是分成多段时间，每个任务可选择一台机床或设备的多个工作时间段之一，其实际加工时间依赖于被加工的位置和加工机器或设备，加工中断使得每个任务加工过程出现退化效应，形成具有退化效应的单机成组任务调度。当一个任务有多个工序，需要在多台不同的机器上加工，且每个任务在各个机器上加工的顺序相同，同时在各台机器上都会出现学习效应时，对应问题为具有学习效应的流水任务调度。

Lee 和 Wu [275] 研究单机的成组任务调度，其目标函数分别是最小化最大完工时间和最小化完工时间和，并证明任务在给定变化函数下对应问题是多项式时间可解的，给出了相应算法。Pan 等 [276] 提出每个任务的实际加工时间是基于被调度的组内位置和开工时间的连续函数，同时每个任务都具有准备时间，准备时间也是连续函数，提出任务实际加工时间的定积分表达式，先计算出每组完工时间以降低计算量，并提出一个搜索算法进行求解。Zhu 等 [277] 提出一个单机成组任务调度模型，任务实际加工时间基于它在被调度组内的位置，同时考虑资源分配对任务实际加工时间的影响，考虑的目标函数是最小化加权完工时间和和资源分配数，所提出的问题被证明是多项式时间可解的，并给出求解算法。Rustogi 和 Strusevich[278] 提出多个启发式算法求解单机成组任务调度，且在问题中考虑所分组数和组内任务的不确定性，同时考虑组间的维护时间对目标函数 (makespan) 的影响。Liu 等 [279] 和 Zhang [280] 提出两个单机成组任务调度问题，任务实际加工时间基于开工时间，证明问题的多项式时间可解性。Yan 等 [281] 基于这两个模型，考虑资源分配对任务加工时间的影响，证明是多项式时间可解的。Yang 等 [282–285] 分别研究不同的单机成组调度，任务实际加工时间都基于开工时间和组内被调度位置，考虑的目标函数为最小化最大完工时间。不同于上述模型，Bai 等 [286] 提出任务实际加工时间变化基于被调度位置和开工时间的通用函数，考虑目标函数为最小化最大完工时间和完工时间和，证明该问题多项式时间可解。Rustogi 和 Strusevich[287] 提出任务实际加工时间为基于被调度位置和开工时间的通用函数，且组间存在可变维护时间，考虑目标函数为最小化最大完工时间和完工时间和，提出启发式算法进行求解。

2.4.1 问题描述

有 n 个任务 $\mathbb{J}=\{J_1,J_2,\cdots,J_n\}$ 需在一台机器上加工，可分批次进行分组加工，组与组间需要一定的维护时间，任务 J_j 的基本加工时间为 p_j、实际加工时间为 p_j^k，二者的关系由 $f(t,r)$ 决定，函数 $f(t,r)$ 是基于开工时间 t 和被调度到某一组位置 r 的变化函数，且满足如下约束条件：

(1) 每个任务都可以被调度到任意一组的任一位置；

(2) 任务基本加工时间和实际加工时间函数预先给定；

(3) 每个任务在加工过程中不能被其他任务中断；

(4) 每个组在加工过程中不能被中断；

(5) 所有零件在零时刻准备就绪。

考虑最小化最大完工时间为优化目标，最优可行调度 π 就是如何对任务分组，即确定分组数、每组里有哪些任务及组内任务顺序，使得 π 的最大完工时间最小。相关符号如表 2.3所示。

表 2.3　带退化效应单机成组任务调度

符号	含义
G_i	第 i 组，$i=1,2,\cdots,m$
n_i	G_i 组的任务数，即 $\sum_{i=1}^{m} n_i = n$
J_j	任务 j
$J_{i,[j]}$	G_i 组中第 j 个任务
s_i	G_i 组和 G_{i+1} 组之间的维护时间 $(i=1,2,\cdots,m-1)$
p_i^k	G_i 组中第 k 个任务的实际加工时间，$k=1,2,\cdots,n_i$
$p_{i,j}^r$	任务 J_j 被调度到 G_i 组中第 r 个任务的实际加工时间
q_j	任务 J_j 的基本加工时间
q_i^k	G_i 组中第 k 个任务的基本加工时间
$f_{i,[j]}$	任务 $J_{i,[j]}$ 的完工时间
C_i	G_i 组的完工时间，即 $C_i = f_{i,[n_i]}$
$C_{\max}$	一个调度序列的最大完工时间，即 $C_{\max} = C_m$
b_i	G_i 组的退化因子

2.4.2　单机成组任务调度退化效应模型

Liu 等 [288] 采用具有模糊变量的连续隶属函数和有限期望值来估算任务实际加工时间。Kuo 和 Yang [249] 首次研究基于时间退化效应的单机成组任务调度，任务实际加工时间和基本加工时间关系为 $p_{j,r} = q_j(1+\sum_{k=1}^{r-1} p_{[k]})^a$ $(j=1,2,\cdots,n)$，其中 q_j 表示任务 J_j 的基本加工时间，$p_{j,r}$ 表示 J_j 被调度到序列位置 r 的实际加工时间，$p_{[k]}$ 表示任务被调度到位置 k 的实际加工时间，a 表示一个学习因子常数。该模型及其变形都考虑退化函数与任务被加工前的任务有关。

任务实际加工时间和基本加工时间函数也可基于历史数据采用时间序列分析法来构造。通过时间序列分析可得函数的趋势项、周期项和随机项。时间序列分析方法可采用常用软件包 (如 Minitab) 拟合出任务的实际加工时间和基本时间函数关系式。

基于时间序列，可构造出当任务 J_j $(j=1,2,\cdots,n)$ 被调度到第 $i(i=1,2,\cdots,m)$ 组第 r $(r=1,2,\cdots,n_i)$ 个位置时的实际加工时间为

$$p_{i,j}^r = q_j(1 + b_i \sum_{k=1}^{r-1} p_i^k)$$

其中 $b_i \geqslant 0$ 是组 G_i(假设当 $r=1$ 时，$\sum_{k=1}^{r-1} p_i^k = 0$) 的退化因子。显然，当组 $G_i(i=1,2,\cdots,m)$ 的退化因子为 $b_i=0$ 时，对应问题是多项式时间可解的。下面仅考虑 $b_i>0$ 的情形。

设 T^M 为维护时间，G 代表成组任务调度，根据 Graham 规则 [235]，该任务调度可表示为 $1|p_{i,j}^r = q_j(1+b_i\sum_{k=1}^{r-1} p_i^k), T^M, G|C_{\max}$。

定理 2.12　令 t_i 是组 G_i 中第一个任务的开始加工时间，单机成组调度 $1|p_{i,j}^r = q_j(1+b_i\sum_{k=1}^{r-1} p_i^k), T^M, G|C_{\max}$ 中，组 G_i 的完工时间是 $C_i = t_i + \dfrac{1}{b_i}\prod_{j=1}^{n_i}(1+b_i q_i^j) - \dfrac{1}{b_i}$，其中 $b_i > 0$。

证明 采用数学归纳法证明。

(1) 因组 G_i 的第一个任务开始时间为 t_i，则其完工时间为 $f_{i,[1]} = t_i + q_i^1$；

(2) 假设结论对于第 k 个任务成立，即 G_i 组中第 k 个任务的完工时间为 $\forall k \in \{1, \cdots, n_i\}$, $f_{i,[k]} = t_i + \dfrac{1}{b_i}\prod_{j=1}^{k}(1 + b_i q_i^j) - \dfrac{1}{b_i}$，则 G_i 组中第 $k+1$ 个任务的完工时间为

$$\begin{aligned}
f_{i,[k+1]} &= f_{i,[k]} + q_i^{k+1}[1 + b_i(f_{i,[k]} - t_i)] \\
&= f_{i,[k]}(1 + q_i^{k+1} b_i) + q_i^{k+1} - q_i^{k+1} b_i t_i \\
&= \left[t_i + \frac{1}{b_i}\prod_{j=1}^{k}(1 + b_i q_i^j) - \frac{1}{b_i}\right](1 + q_i^{k+1} b_i) + q_i^{k+1} - q_i^{k+1} b_i t_i \\
&= t_i + \frac{1}{b_i}\prod_{j=1}^{k+1}(1 + b_i q_i^j) - \frac{1}{b_i}
\end{aligned}$$

即结论对于 G_i 组中第 $k+1$ 个任务也成立。故组 G_i 中最后任务 (即第 n_i 个任务) 的完工时间是 $C_i = t_i + \frac{1}{b_i}\prod_{j=1}^{n_i}(1 + b_i q_i^j) - \dfrac{1}{b_i}$。

定理 2.12表明调度序列的最大完工时间可用定理 2.13来计算。

定理 2.13 单机成组调度 $1|p_{i,j}^r = q_j(1 + b_i \sum_{k=1}^{r-1} p_i^k), T^M, G|C_{\max}$ 的最大完工时间为

$$C_{\max} = \sum_{i=1}^{m}\frac{1}{b_i}\prod_{j=1}^{n_i}(1 + b_i q_i^j) - \sum_{i=1}^{m}\frac{1}{b_i} + \sum_{i=1}^{m-1} s_i \tag{2.19}$$

证明 由定理 2.12，组 G_i 中最后任务 (即第 n_i 个任务) 的完工时间为 $C_i = t_i + \dfrac{1}{b_i}\prod_{j=1}^{n_i}(1 + b_i q_i^j) - \dfrac{1}{b_i}$，即

$$\begin{aligned}
&C_1 = 0 + \frac{1}{b_1}\prod_{j=1}^{n_1}(1 + b_1 q_1^j) - \frac{1}{b_1} \\
&C_2 = C_1 + s_1 + \frac{1}{b_2}\prod_{j=1}^{n_2}(1 + b_2 q_2^j) - \frac{1}{b_2} \\
&\cdots \\
&C_m = C_{m-1} + s_{m-1} + \frac{1}{b_m}\prod_{j=1}^{n_m}(1 + b_m q_m^j) - \frac{1}{b_m}
\end{aligned}$$

那么，

$$\sum_{i=1}^{m} C_i = \sum_{i=1}^{m-1} C_i + \sum_{i=1}^{m-1} s_i + \sum_{i=1}^{m}\frac{1}{b_i}\prod_{j=1}^{n_i}(1 + b_i q_i^j) - \sum_{i=1}^{m}\frac{1}{b_i}$$

即 $C_{\max}=C_m=\sum_{i=1}^{m}\dfrac{1}{b_i}\prod_{j=1}^{n_i}(1+b_iq_i^j)-\sum_{i=1}^{m}\dfrac{1}{b_i}+\sum_{i=1}^{m-1}s_i$。

简单起见，记 $\xi_i=\dfrac{1}{b_i}\prod_{j=1}^{n_i}(1+b_iq_i^j)$，$\psi(m)=\sum_{i=1}^{m}\xi_i=\sum_{i=1}^{m}\dfrac{1}{b_i}\prod_{j=1}^{n_i}(1+b_iq_i^j)$，$s_0=0$。

定理 2.13说明一个调度序列的最大完工时间依赖于分组数和每组中的任务。因此该问题可转化为如下模型。

$$
\begin{aligned}
&\min\sum_{i=1}^{m}\frac{1}{b_i}\prod_{j=1}^{n}(1+b_iq_jx_{i,j})+\sum_{i=1}^{m}\left(s_{i-1}-\frac{1}{b_i}\right)\\
&\qquad\text{s.t.}\\
&\qquad\sum_{i=1}^{m}x_{i,j}=1\\
&\qquad\sum_{j=1}^{n}x_{i,j}\geqslant 1\\
&\qquad x_{i,j}\in\{0,1\},\quad i=1,2,\cdots,m,\quad j=1,2,\cdots,n
\end{aligned}
$$

决策变量 $x_{i,j}=1$ 表示任务 j 被分配到组 G_i。特殊地，当组数固定时，$\sum_{i=1}^{m}\left(s_{i-1}-\dfrac{1}{b_i}\right)$ 是一个常数 [282, 283, 285, 289–294]。

最小化最大完工时间 $C_{\max}$ 等价于最小化 $\psi(m)$，即组的完工时间仅依赖于组中任务的基本加工时间，与任务在组内的相对位置无关。由于当组数确定时，原问题可转化为 0-1 指派问题，故该问题是 NP 难的。问题中分组数不确定，其取值范围为 $[1,n]$，比确定分组数情形更加复杂，应用范围也更广，故所考虑问题为 NP 难问题。

下面提出解决该问题的启发式和元启发式算法。

2.4.3 启发式求解算法

根据定理 2.13，单机成组调度 $1|p_{i,j}^r=q_j(1+b_i\sum_{k=1}^{r-1}p_i^k),T^M,G|C_{\max}$ 可转化为如下问题：将任务集 $\pi=(J_1,J_2,\cdots,J_n)$ 分成 m $(1\leqslant m\leqslant n)$ 组，求 $C_{\max}=\psi(m)+\sum_{i=1}^{m}\left(s_{i-1}-\dfrac{1}{b_i}\right)$ 的最小值。组 G_i 任务 J_j 的基本加工时间为 q_i^j，b_i 和 n_i 分别是 G_i 组的退化因子和组内任务数。可以看出，$C_{\max}$ 与 b_i、基本加工时间 q_i^j、维护时间 s_i 和分组数 m 有关。

由定理 2.13知，该问题调度序列的最大完工时间跟任务的分组数和组内的任务有关。组数 m 既与维护次数相关也与退化效应相关。m 越大，意味着更多维护、需更多维护时间，退化效应更小、实际加工时间更短。因此，如何找到合适的 m 值对于平衡维护时间增加和退化效应时间减少很重要。另外，对于给定 m，

$\sum_{i=1}^{m}\left(s_{i-1}-\dfrac{1}{b_i}\right)$ 是常数。所考虑问题可转化为最优化 $\psi(m)(m=1,2,\cdots,n)$。

基于 Hardy 引理 [295] 的变形定理 2.14可找 $\psi(m)$ 的较优解。

定理 2.14 若将集合 $\{x_1,x_2,\cdots,x_n\}$ 中元素按照 x_i 值非降排列，而将集合 $\{y_1,y_2,\cdots,y_n\}$ 中元素按照 y_i 值非升排列，从两个集合中任意选取元素两两相乘后再相加，可得到 $\sum_{i=1}^{n}x_i\times y_i$ 的最小值。

证明 假设 $x_1\leqslant x_2\leqslant\cdots\leqslant x_n$ 和 $y_1\geqslant y_2\geqslant\cdots\geqslant y_n$。设 $z_1=x_1\times y_1+\cdots+x_i\times y_i+x_{i+1}\times y_{i+1}+\cdots+x_n\times y_n$ 和 $z_2=x_1\times y_1+\cdots+x_i\times y_{i+1}+x_{i+1}\times y_i+\cdots+x_n\times y_n$。那么 $z_1-z_2=(x_i-x_{i+1})\times(y_i-y_{i+1})\leqslant 0$，即 z_1 是最小值。

$\psi(m)$ 中 $\xi_i\ (i=1,2,\cdots,m)$ 是由 $n_i+1\geqslant 2$ 个数相乘的积，因既然被分成 m 组，每组至少有一个任务。可根据定理 2.14一步步计算出乘积：如果将 n 个任务平均分成两组，两组均使用一次定理 2.14 求出最优解 $\psi(m)$，若两组不是均分，就不能用定理 2.14；如果平均或者非平均分成 3 组以上，也不能用定理 2.14。由于所考虑问题是 NP 难问题，很难找到最优解 $\psi(m)$。为此，提出两个启发式算法：近平均分配 (near-balanced batch allocation, NBA) 策略和非平均分配 (unbalanced batch allocation, UBA) 策略。

设任务集$\mathbb{J}=\{J_1,J_2,\cdots,J_n\}$ 按照任务基本加工时间非降顺序排列成 $\pi=(J_{[1]},J_{[2]},\cdots,J_{[n]})$。$n$ 个任务按照以下方式随机分成 $\left\lceil\dfrac{n}{m}\right\rceil$ 组；序列 π 中前 m 个任务为第 1 组，即 $B_1=(J_{[1]},J_{[2]},\cdots,J_{[m]})$；序列 π 中最后 m 个任务为第 2 组，即 $B_2=(J_{[n-m+1]},\cdots,J_{[n]})$；序列 π 中紧跟 B_1 后的 m 个任务为第 3 组，即 $B_3=(J_{[m+1]},\cdots,J_{[2m]})$；序列 π 中紧跟 B_2 后的 m 个任务为第 4 组，即 $B_4=(J_{[n-2m+1]},\cdots,J_{[n-m]})$；序列$\pi$ 中的其他任务按照此种方法分配到各组，最后一组任务数是 $n-m\times\left\lfloor\dfrac{n}{m}\right\rfloor$。为简单起见，增加 $\left\lceil\dfrac{n}{m}\right\rceil\times m-n$ 个基本加工时间为 0 的空任务，被加入到第 $B_{\lceil\frac{n}{m}\rceil}$ 组，使得最后一批中恰好也有 m 个任务，对最后解 $\psi(m)$ 没有任何影响。

1. 近平均分配策略

NBA方法把每一个任务分配到一个确定的组中，任意两组中的任务数之差不超过 1。所有 $m\ (m=1,2,\cdots,n)$ 的取值都按以下方式测试：设$\xi_i^{(1)}=\dfrac{1}{b_{[i]}}$ $(i=1,2,\cdots,m)$ 并且 $\mathbb{G}^{(k)}=(G_{[1]}^{(k)},G_{[2]}^{(k)},\cdots,G_{[m]}^{(k)})$。首先，退化因子按照非升排序，由此得到一个非降序列 $\left(\dfrac{1}{b_{[1]}},\dfrac{1}{b_{[2]}},\cdots,\dfrac{1}{b_{[m]}}\right)$，同时得到一个有序组序列 $\mathbb{G}^{(1)}$。B_1 中的 m 个任务依次被分配到组序列 $\mathbb{G}^{(1)}$ 的各个组中。根据定理 2.14可知，$\psi(m)=\sum_{i=1}^{m}\xi_i^{(2)}=\sum_{i=1}^{m}\xi_i^{(1)}(1+b_{[i]}q_{[i]}^{1})$。$m$ 个组根据 $\xi_i^{(2)}\ (i=1,2,\cdots,m)$

值按非降顺序排列，得到新组序列 $\mathbb{G}^{(2)}$，B_2 中 m 个任务依次分配到组序列 $\mathbb{G}^{(2)}$ 的各组中。$\psi(m)$ 的当前解按$\psi(m)=\sum_{i=1}^{m}\xi_i^{(3)}=\sum_{i=1}^{m}\xi_i^{(2)}(1+b_{[i]}q_{[i]}^2)$ 计算得出。一般地，B_k 中的 m 个组根据 $\xi_i^{(k)}$ $\left(i=1,2,\cdots,m;\ k=2,3,\cdots,\left\lceil\frac{n}{m}\right\rceil\right)$ 值按非降顺序排列，得到一个新组序列 $\mathbb{G}^{(k)}$。B_k 中 m 个任务依次被分配到组序列 $\mathbb{G}^{(k)}$，通过公式 $\psi(m)=\sum_{i=1}^{m}\xi_i^{(k+1)}=\sum_{i=1}^{m}\xi_i^{(k)}(1+b_{[i]}q_{[i]}^k)$ 计算 $\psi(m)$。$\min\limits_{m=1,2,\cdots,n}\psi(m)$ 值转化为最终完工时间 $C_{\max}$。

NBA 算法描述如算法 1，其中步骤 3的时间复杂度为 $O(n\log n)$，步骤 7 和步骤 14 的时间复杂度是 $O(m\log m)$，另外步骤 10 的时间复杂度是 $O(n\log m)$。因此 NBA 算法的时间复杂度是 $O(n^2\log m)$。

算法 1: NBA(近平均分配策略)

1 **begin**
2   $C_{\max}\leftarrow\infty$;
3   $\{J_1,J_2,\cdots,J_n\}$ 通过任务的基本加工时间的非升来排序;
4   **for** $m=1$ **to** n **do**
5     $x\leftarrow 0$;
6   将排序过的 n 个任务划分为 B_1，B_2，$\cdots$，$B_{\lceil\frac{n}{m}\rceil}$ 批次;
7   通过退化因子 b_1，b_2，$\cdots$，b_m 非升的顺序排列，这时得到了组序列 $\mathbb{G}^{(1)}$;
8   **for** $i=1$ **to** m **do**
9       $\xi_i^{(1)}\leftarrow\frac{1}{b_{[i]}}$;
10   **for** $k=1$ **to** $\left\lceil\frac{n}{m}\right\rceil$ **do**
11   依次将 B_k 中的 m 个任务分配到 $\mathbb{G}^{(k)}$ 的各组中;
12   **for** $i=1$ **to** m **do**
13         $\xi_i^{(k+1)}\leftarrow\xi_i^{(k)}(1+b_{[i]}q_{[i]}^k)$;
14   按照 $\xi_1^{(k+1)}$，$\xi_2^{(k+1)}$，$\cdots$，$\xi_m^{(k+1)}$ 非降排序，从而得到 $\mathbb{G}^{(k+1)}$;
15   **for** $i=1$ **to** m **do**
16       $x\leftarrow x+\xi_i^{\lceil\frac{n}{m}\rceil}+s_{i-1}-\frac{1}{b_i}$;
17   **if** $x<C_{\max}$ **then**
18       $C_{\max}\leftarrow x$;
19   **return** $C_{\max}$.

NBA 算法的执行过程示意见图 2.6。

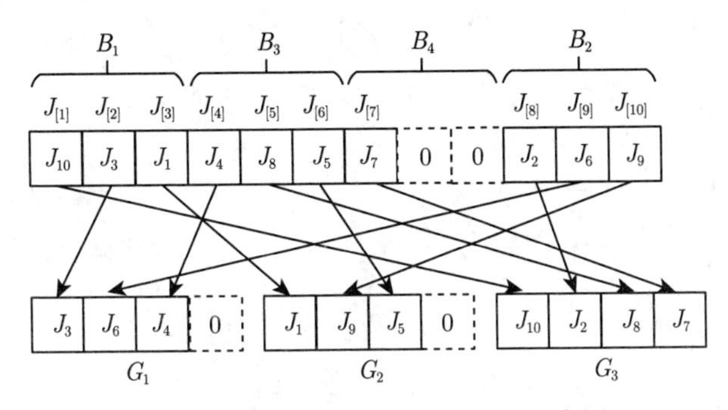

图 2.6 NBA 启发式算法的执行示意图

下面给出上述步骤的一个具体例子：设 $m=3$，$n=10$，$q_1=72$，$q_2=40$，$q_3=76$，$q_4=71$，$q_5=42$，$q_6=7$，$q_7=41$，$q_8=61$，$q_9=6$，$q_{10}=87$，$b_1=0.0005$，$b_2=0.00049$，$b_3=0.00051$，$s_0=0$，$s_1=12$，$s_2=40$。根据 NBA 算法，10 个任务依照基本加工时间非升排序，得到序列 $(J_{[1]},J_{[2]},\cdots,J_{[10]})=(J_{10},J_3,J_1,J_4,J_8,J_5,J_7,J_2,J_6,J_9)$；任务被分割成 4 批：$B_1=(J_{10},J_3,J_1)$，$B_2=(J_2,J_6,J_9)$，$B_3=(J_4,J_8,J_5)$，$B_4=(J_7)$。两个基本加工时间为 0 的空任务被添加到 B_4 组，即 $B_4=(J_7,0,0)$。依据退化因子 b_1，b_2，b_3 非升顺序排列得到组序列 $\mathbb{G}^{(1)}=(G_3,G_1,G_2)$。

为更加直观地描述任务如何被分配到各组，相应情况由表 2.4给出。最终各组任务分别是 $G_1=(J_3,J_6,J_4)$，$G_2=(J_1,J_9,J_5)$，$G_3=(J_{10},J_2,J_8,J_7)$，相应的最大完工时间为 569.877。

表 2.4 NBA 算法的任务分组优化过程

批次	组	任务分配	ξ 值
$B_1=(J_{10},J_3,J_1)$	$\mathbb{G}^{(1)}=(G_3,G_1,G_2)$	$G_1=(J_3)$	2076
		$G_2=(J_1)$	2112.816
		$G_3=(J_{10})$	2047.784
$B_2=(J_2,J_6,J_9)$	$\mathbb{G}^{(2)}=(G_3,G_1,G_2)$	$G_1=(J_3,J_6)$	2083.266
		$G_2=(J_1,J_9)$	2119.028
		$G_3=(J_{10},J_2)$	2089.559
$B_3=(J_4,J_8,J_5)$	$\mathbb{G}^{(3)}=(G_1,G_3,G_2)$	$G_1=(J_3,J_6,J_4)$	2157.222
		$G_2=(J_1,J_9,J_5)$	2162.638
		$G_3=(J_{10},J_2,J_8)$	2154.565
$B_4=(J_7,0,0)$	$\mathbb{G}^{(4)}=(G_3,G_1,G_2)$	$G_1=(J_3,J_6,J_4,0)$	2157.222
		$G_2=(J_1,J_9,J_5,0)$	2162.638
		$G_3=(J_{10},J_2,J_8,J_7)$	2199.617

2. 非平均分配策略

不同于 NBA 方法，UBA 方法将上述的每个批次的每个任务逐个分配到当前实际加工时间和最小的组。首先，退化因子按照非升排序，得到非降序列 $\left(\dfrac{1}{b_{[1]}}, \dfrac{1}{b_{[2]}}, \cdots, \dfrac{1}{b_{[m]}}\right)$ 和组序列 $\mathbb{G} = (G_{[1]}, G_{[2]}, \cdots, G_{[m]})$。设 $\xi_i = \dfrac{1}{b_{[i]}}$ 以及 $n_i = 1$ $(i = 1, 2, \cdots, m)$。B_1 中 m 个任务被依次分配到组序列 $\mathbb{G}$ 的各组中。根据定理 2.14可知，$\psi(m) = \sum_{i=1}^{m} \xi_i^{(2)} = \sum_{i=1}^{m} \xi_i^{(1)}(1 + b_{[i]} q_{[i]}^1)$。$B_k \left(k = 2, 3, \cdots, \left\lceil \dfrac{n}{m} \right\rceil\right)$ 中 m 个任务依次分配到 $j = \arg \min\limits_{i=1,2,\cdots,m} \{\xi_i\}$ 的组 $G_{[j]}$，$n_{[j]} = n_{[j]} + 1$ 和 ξ_j 更新为 $\xi_j(1 + b_{[j]} q_{[j]}^{n_{[j]}})$。所有任务分配完后，$\psi(m)$ 值通过公式 $\psi(m) = \sum_{i=1}^{m} \xi_i$ 计算得到。$\min\limits_{m=1,2,\cdots,n} \left(\psi(m) + s_{i-1} - \dfrac{1}{b_i}\right)$ 值转化为最终完工时间 $C_{\max}$。

UBA 算法由算法 2描述，其中步骤 3 的时间复杂度是 $O(n \log n)$，步骤 7 的时间复杂度是 $O(m \log m)$，步骤 8、步骤 12 和步骤 23 的时间复杂度都是 $O(m)$，步骤 16 的时间复杂度是 $O(mn)$。因为 $n \geqslant m$，所以 UBA 算法的时间复杂度为 $O(mn^2)$。

UBA 算法的执行过程示意如图 2.7所示。

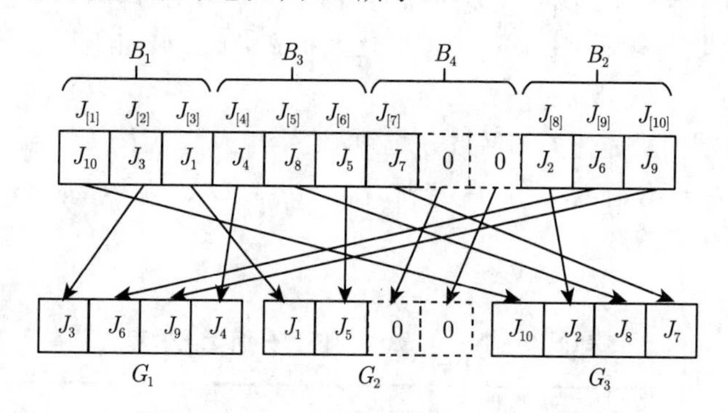

图 2.7 UBA 启发式算法的执行示意图

下面给出例子说明该过程：根据 UBA 算法，10 个任务依照基本加工时间非升排序，得到新的任务序列 $(J_{[1]}, J_{[2]}, \cdots, J_{[10]}) = (J_{10}, J_3, J_1, J_4, J_8, J_5, J_7, J_2, J_6, J_9)$。使用上述批次分配方法，任务被分割成 4 批：$B_1 = (J_{10}, J_3, J_1)$，$B_2 = (J_2, J_6, J_9)$，$B_3 = (J_4, J_8, J_5)$，$B_4 = (J_7, 0, 0)$。依据退化因子 b_1，b_2，b_3 非升顺序排列得到对应的组序列 $\mathbb{G} = (G_3, G_1, G_2)$。$J_{10}$，$J_3$，$J_1$ 分别被分配到 G_3,G_1,G_2。

算法 2: UBA(非平均分配策略)

```
1  begin
2      C_max ← ∞;
3      {J_1, J_2, ···, J_n} 通过任务的基本加工时间的非升来排序;
4      for m = 1 to n do
5          x ← 0;
6          将排序过的 n 个任务划分为 B_1, B_2, ···, B_⌈n/m⌉ 批次;
7          通过退化因子 b_1,b_2,···,b_m 非升的顺序排列，这时得到了组序列
           𝔾;
8          for i = 1 to m do
9              ξ_i ← 1/b_[i]; n_i ← 1;
10         依次将 B_1 中的 m 个任务分配到组序列 𝔾 中的各组中;
11         ξ* ← ∞;
12         for i = 1 to m do
13             ξ_i ← ξ_i(1 + b_[i] q_[i]^1);
14             if ξ* > ξ_i then
15                 ξ* ← ξ_i; j ← i;
16         for k = 2 to ⌈n/m⌉ do
17             for i = 1 to m do
18                 将 B_k 中的当前任务分配到 G_[j] 组中;
19                 n_[j] ← n_[j] + 1; ξ_j ← ξ_j(1 + b_[j] q_[j]^{n_[j]}); ξ* ← ∞;
20                 for l = 1 to m do
21                     if ξ* > ξ_l then
22                         ξ* ← ξ_l; j ← l;
23         for i = 1 to m do
24             x ← x + ξ_i + s_{i-1} - 1/b_i;
25         if C_max > x then
26             C_max ← x;
27     return C_max.
```

为更加直观地描述任务如何被分配到各组，表 2.5给出相应过程结果。最终各

组内的任务分别是 $G_1=(J_3,J_6,J_9,J_4)$，$G_2=(J_1,J_5)$，$G_3=(J_{10},J_2,J_8,J_7)$，相应的最大完工时间为 570.009。

表 2.5 UBA 算法的任务分配过程

批次	当前任务	任务分配	ξ 值
$B_1=(J_{10},J_3,J_1)$		$G_1=(J_3)$	2076
		$G_2=(J_1)$	2112.816
		$G_3=(J_{10})$	**2047.784**
$B_2=(J_2,J_6,J_9)$	J_2	$G_1=(J_3)$	**2076**
		$G_2=(J_1)$	2112.816
		$G_3=(J_{10},J_2)$	2089.559
	J_6	$G_1=(J_3,J_6)$	**2083.266**
		$G_2=(J_1)$	2112.816
		$G_3=(J_{10},J_2)$	2089.559
	J_9	$G_1=(J_3,J_6,J_9)$	**2089.516**
		$G_2=(J_1)$	2112.816
		$G_3=(J_{10},J_2)$	2089.559
$B_3=(J_4,J_8,J_5)$	J_4	$G_1=(J_3,J_6,J_9,J_4)$	2163.694
		$G_2=(J_1)$	2112.816
		$G_3=(J_{10},J_2)$	**2089.559**
	J_8	$G_1=(J_3,J_6,J_9,J_4)$	2163.694
		$G_2=(J_1)$	**2112.816**
		$G_3=(J_{10},J_2,J_8)$	2154.565
	J_5	$G_1=(J_3,J_6,J_9,J_4)$	2163.694
		$G_2=(J_1,J_5)$	2156.298
		$G_3=(J_{10},J_2,J_8)$	**2154.565**
$B_4=(J_7,0,0)$	J_7	$G_1=(J_3,J_6,J_9,J_4)$	2163.694
		$G_2=(J_1,J_5)$	**2156.298**
		$G_3=(J_{10},J_2,J_8,J_7)$	2199.617

3. 穷举算法

为说明 NBA 和 UBA 求得的解与最优解的接近程度，提出小规模问题的一个穷举算法。

定理 2.15 单机成组调度 $1|p_{i,j}^r=q_j(1+b_i\sum_{k=1}^{r-1}p_i^k),T^M,G|C_{\max}$ 的可能解有 $(n!)2^{n-1}$ 个。

证明 任务集合 $\mathbb{J}=\{J_1,J_2,\cdots,J_n\}$ 有 $n!$ 种排序。设任意一含有 n 个任务的排序可表示为 $\pi=(J_{[1]},J_{[2]},\cdots,J_{[n]})$。为方便起见，假设任务序列的集合为 Ω。对于任何一个序列 $\pi\in\Omega$，将其 n 个任务分配到 m $(m=1,2,\cdots,n)$ 组。设 G_i $(1\leqslant i\leqslant m)$ 组内的任务数是 n_i $(n_i>0)$。这时 $\pi=(J_{[1]},J_{[2]},\cdots,J_{[n]})$ 分成 m 组，记为 $(J_{[1]},J_{[2]},\cdots,J_{[n_1]})$，$(J_{[n_1+1]},J_{[n_1+2]},\cdots,J_{[n_1+n_2]}),\cdots,(J_{[n_{m-1}+1]},J_{[n_{m-1}+2]},\cdots,J_{[n_{m-1}+n_m]})$，如图 2.8 所示。该过程可看成 n 个任务间有 $n-1$ 个空档，在其中选择 $m-1$ 个点，用这些点来隔断出 m 个组。对于每个 m，从 $n-1$ 个空档中选择 $m-1$ 个点的方法有 C_{n-1}^{m-1}

种。对于所有的 $m=1,2,\cdots,n$，这时一共有 $\sum_{m=1}^{n} C_{n-1}^{m-1}=2^{n-1}$ 种方案。因此，问题 $1|p_{i,j}^r=q_j(1+b_i\sum_{k=1}^{r-1}p_i^k),T^M,G|C_{\max}$ 的可能解有 $(n!)2^{n-1}$ 个。

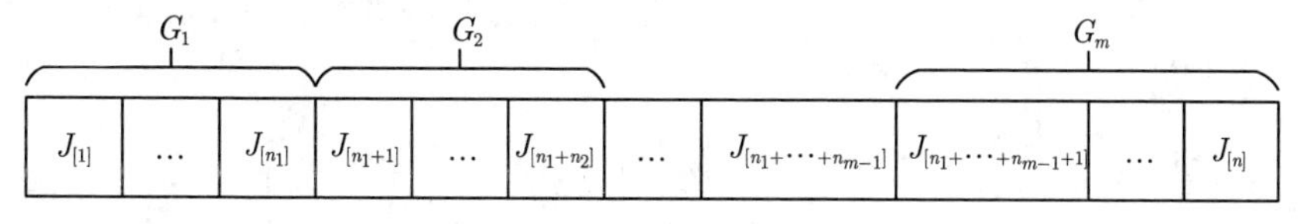

图 2.8 将 n 个任务隔断出 m 个组

显然，上述方法是对 $1|p_{i,j}^r=q_j(1+b_i\sum_{k=1}^{r-1}p_i^k),T^M,G|C_{\max}$ 问题的穷举，该方法记为直观枚举法 (intuitive enumeration method，IEM)，算法描述如算法 5所示 (其中算法 5 需要调用算法 3 进行排序，调用算法 4 进行组合)。事实上，根据定理 2.15可知，IEM 仅仅适合处理小规模的问题实例，因为当 $n>10$ 时，时间消耗就非常大了。

算法 3: Permutate(π, s, n)(排列)

---

1 **begin**
2 　**for** $j=s$ **to** n **do**
3 　　π 是由交换 $J_{[j]}$ 和 $J_{[s]}$ 所得;
4 　　$A \longleftarrow A\bigcup\{\pi\}$;
5 　　Permutate($\pi, s+1, n$);
6 **End.**

算法 4: Combine($\boldsymbol{a}, n, m$)

---

1 **begin**
2 　count$\leftarrow 0$, $k\leftarrow 1$;
3 　**for** $j=1$ **to** $n-1$ **do**
4 　　**if** ($a_{[j]}=1$ AND $a_{[j+1]}=0$) **then**
5 　　　count $\leftarrow$ count $+1$, $b_k\leftarrow j$, $k\leftarrow k+1$;
6 　**while** (count >0) **do**
7 　　**for** $j=1$ **to** count **do**
8 　　　$a_{[b_j]}\leftarrow 0$, $a_{[b_j+1]}\leftarrow 1$;
　　　　/* 将所有的 10 转化为 01.
9 　　　$B\leftarrow B\bigcup\{\boldsymbol{a}\}$;
10 　　　Combine($\boldsymbol{a}, n, m$);
11 **End.**

算法 5: IEM

1. **begin**
2. $C_{\max} \leftarrow \infty$, $A \leftarrow \varnothing$;
3. $\pi \leftarrow (J_1, J_2, \cdots, J_n)$;
4. 利用算法 Permutate$(\pi, 1, n)$ 构造集合 A 中元素的全排列 π;
5. **for** $m = 1$ **to** n **do**
6. $\boldsymbol{a} \leftarrow (a_{[1]}, a_{[2]}, \cdots, a_{[n-1]}) = (0, 0, \cdots, 0)$;
7. **for** $i = 1$ **to** m **do**
8. $a_{[i]} \leftarrow 1$;
9. $B \leftarrow \{\boldsymbol{a}\}$;
10. 利用算法 Combine$(\boldsymbol{a}, n, m)$ 构造集合 B 中元素的所有 C_{n-1}^{m-1} 个组合;
11. **foreach** $(J_{[1]}, J_{[2]}, \cdots, J_{[n]}) \in A$ **do**
12. **foreach** $(a_{[1]}, a_{[2]}, \cdots, a_{[n-1]}) \in B$ **do**
13. $\psi(m) \leftarrow 0$;
14. **for** $i = 1$ **to** m **do**
15. $G_i \leftarrow \varnothing$, $\xi_i \leftarrow \dfrac{1}{b_i}$;
16. $j \leftarrow 1$;
17. **for** $i = 1$ **to** $n - 1$ **do**
18. $G_j \leftarrow G_j \bigcup \{J_{[i]}\}$, $\xi_j \leftarrow \xi_j(1 + b_j q_{[i]})$;
19. **if** $a_{[i]} = 1$ **then**
20. $j \leftarrow j + 1$;
21. $G_m \leftarrow G_m \bigcup \{J_{[n]}\}$;
22. $\xi_m \leftarrow \xi_m(1 + b_m q_{[n]})$;
23. **for** $i = 1$ **to** m **do**
24. $\psi(m) \leftarrow \psi(m) + \xi_i + s_{i-1} - \dfrac{1}{b_i}$;
25. **if** $C_{\max} > \psi(m)$ **then**
26. $C_{\max} \leftarrow \psi(m)$;
27. **return** $C_{\max}$.

4. 算法评估

算法比较实例随机生成，考虑 IEM 算法对 CPU 时间的要求，$n \in\{3, 4, 5, 6, 7, 8, 9, 10\}$。参数 b_i 随机选取于 $[0, U]$，其中 $U \in\{0.005, 0.006, 0.007, 0.008, 0.009, 0.01, 0.02, 0.03, 0.04, 0.05, 0.06\}$。每个任务基本加工时间服从 [1, 99] 上的均匀分布；维护时间服从 $[1, Q](Q \in \{99, 199\})$ 上的均匀分布，即维护时间分别随机从 [1, 99] 和 [1, 199] 中选取整数。每个 n、U 和 Q 组合都随机生成。另外，考虑到所提出的三个算法 NBA、UBA 和 IEM 都是精确性算法，不需要重复同一个组合。因此，小规模情形总共有 $8 \times 11 \times 2 = 176$ 个实例。

采用相对百分比偏差 (relative percent deviation, RPD) 来度量三个算法 NBA、UBA 和 IEM 的性能。设 $C_{\max}(H)$ 表示启发式算法 H 的最大完工时间，C^* 表示该实例的最大完工时间的最优解。RPD 定义如下：

$$\mathrm{RPD}(H) = \frac{C_{\max}(H) - C^*}{C^*} \times 100\% \tag{2.20}$$

我们仅仅给出 Q 对算法的影响，采用方差分析法，对正态分布性、方差齐次性和残差的独立性三个前提进行了验证。实验中使用显著性检验方法所得到的 P 值小于相应的显著性水平，即对应决策变量对结果的影响是显著的。Q 对于三个提出算法 95% 置信度 Tukey HSD 置信区间上的 RPD 值见图 2.9。从图 2.9中可看出，Q 对算法 NBA 和 UBA 的影响非常明显，但差异不明显。当 Q 从 99 增加到 199，算法 NBA 和 UBA 对应的 RPD 下降非常明显。

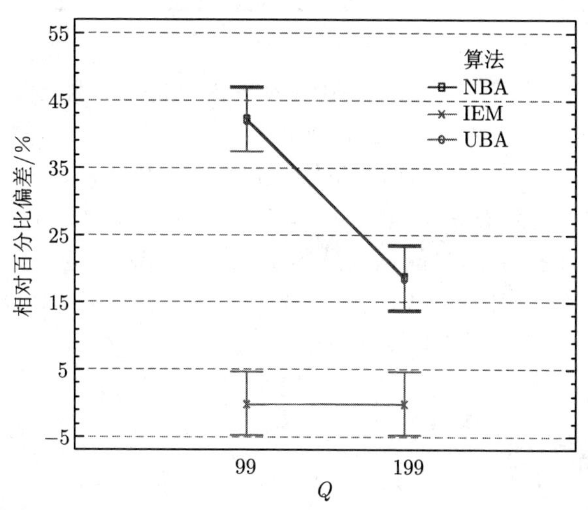

图 2.9 三个算法取不同 Q 值时，在 95% Tukey HSD 置信区间上的 RPD 值

算法 NBA、UBA 和 IEM 的效率和性能通过 CPU 时间 (ms) 和平均相对百

分比偏差 (average relative percent deviation, ARPD) [296] 进行比较，结果见表 2.6。其中 ARPD 的定义如下：

$$\text{ARPD} = \sum_{i=1}^{N}[C_i(H)/C^* - 1]/N \times 100\% \tag{2.21}$$

其中，N 是具有相同规模的实例个数；$C_i(H)$ 表示启发式算法 H 的最大完工时间；C^* 表示该实例的最大完工时间的最优解。显然 ARPD 值越大，算法平均性能越差。

表 2.6　算法 NBA、UBA 和 IEM 的性能比较

n	IEM		NBA		UBA	
	ARPD/%	CPU 时间/ms	ARPD/%	CPU 时间/ms	ARPD/%	CPU 时间/ms
3	0	<1	0.60	<1	0.60	<1
4	0	<1	7.89	<1	6.90	<1
5	0	<1	16.07	<1	16.19	<1
6	0	6.41	28.00	<1	28.17	<1
7	0	87.16	37.57	<1	36.93	<1
8	0	1200.95	43.80	<1	43.86	<1
9	0	24133.15	53.14	<1	53.07	<1
10	0	505300.47	56.18	<1	55.87	<1
平均值	0		30.40		30.20	

通过表 2.6可看出算法 IEM 的 APRD 在各种规模实例上都是 0。算法 NBA 和 UBA 的 ARPD 随着数据规模 n 的增加而增加，平均上讲，算法 NBA 和 UBA 的 ARPD 分别是 30.4% 和 30.2%。虽然看起来差异很大，但绝对差不太明显，如同一实例在参数分别为 $U = 0.008$、$Q = 199$ 和 $n = 6$ 时使用算法 NBA、UBA 和 IEM 计算出的最大完工时间分别是 561.23、562.82 和 540.61。它们的差距只有约 21。然而，算法 IEM 非常费时，随着任务规模 n 的增加呈现指数级增长。比如，当任务规模 $n = 10$ 时，算法 IEM 需要 505300.47ms，然而算法 NBA 和 UBA 即使在规模 $n \leqslant 10$ 时也可以非常快速地计算出结果。

2.4.4　迭代贪心算法

当问题规模较大时，可采用迭代贪心 (iterated greedy，IG) 算法求解。IG 由三部分组成：初始解构造 (ISC)、破坏和重构解 (DR) 及局部搜索 (LS)，相应的算法框架如算法 6 所示。

算法 6: 迭代贪心算法

```
1 begin
2     π ← ISC;
3     while (停止准则不满足) do
4         π′ ← DR(π, d);
5         π″ ← S(π′);
6         调用接受准则比较 π 和 π″，更新 π;
7     return π.
```

1. 初始解构造

好的初始解通常会得到好的结果 [297]，ISC 采用 NBA 和 UBA 构造 n 个任务分为 m 组的初始解；还采用随机序列构造 (random sequence, RS) 法产生初始解，m 是介于 1 和 n 的随机数，所有任务随机地分配成 m 组。

2. 破坏和重构解

为增强所设计算法的多样性，不断对当前解进行破坏和重构，从序列 π 中随机选择并移走 d 个不同的任务，$\pi^R=(\pi^R_{[1]},\cdots,\pi^R_{[d]})$ 和 π^D 分别表示移走的 d 个任务序列和被移走之后留下的 $n-d$ 个任务序列，保持这两个子序列中任务相对顺序与 π 中一致。破坏解部分的思想与 Ruiz 和 Stützle[298, 299] 的思想一致；用 π' 表示重构的解，序列 π^R 中所有任务按照原来顺序以如下步骤插回 π^D 进行重构：将序列 $\pi^R_{[i]}$ $(i=1,2,\cdots,d)$ 中所有的任务重新插回到序列 π^D 中每个组，从而产生 m 个子序列，m 个子序列的最大完工时间可以通过公式(2.19) 计算，具有最小最大完工时间的子序列为 π'; 当 d 次迭代或者 $\pi^R_{[d]}$ 都尝试过，重构结束。虽然步骤 8计算最大完工时间时基于 π^D 的初始解只需要时间复杂度为 $O(1)$，但是序列 π^D 计算最大完工时间的时间复杂度是 $O(n-d)$。容易分析出 DR 的时间复杂度为 $O(mnd)$。破坏和重构描述如算法 7所示。

3. 局部搜索

为提高 IG 算法搜索的聚集性 (intensification)，提出局部搜索策略：从 π 中选择出任务 $J_{[j]}$，并从序列 π 中删除 J_j 构造 π'，尝试将 J_j 插入每个组以构造序列 π''。当 $C_{\max}(\pi'')\leqslant C_{\max}(\pi)$ 时，序列 π 被替换成序列 π''。局部搜索的时间复杂度为 $O(mn)$。局部搜索描述如算法 8 所示。

算法 7: DR(π, d)(破坏和重构解)

```
1  begin
2      从序列 π 中随机选择并移走 d 个不同的任务从而得到子序列 π^R;
3      从序列 π 中移走 d 个任务之后留下的 n − d 个任务的序列记为序列
       π^D;
4      for i = 1 to d do
5          Temp ← ∞, ϖ^(0) ← π^D;
6          for k = 1 to m do
7              通过插入任务 π^R_[i] 到序列 π^D 对应的组 G_k 来构造 ϖ^(k);
8              通过公式(2.19)来计算 C_max(ϖ^(k)) ;
9              if C_max(ϖ^(k)) < Temp then
10                 ϖ^(0) ← ϖ^(k), Temp ← C_max(ϖ^(k));
11         π^D ← ϖ^(0);
12     π ← π^D;
13     return π.
```

算法 8: 局部搜索

```
1  begin
2      for j = 1 to n do
3          if (任务J_j 所在组的任务数不等于1) then
4              通过从序列 π 中删除任务 J_j 来构造序列 π′;
5              for i = 1 to m do
6                  通过从序列 π′ 中将任务 J_j 插入组 G_i 来构造序列 π″;
7                  使用公式(2.19)来计算 C_max(π″);
8                  if C_max(π″) < C_max(π) then
9                      π ← π″;
10                 return π.
```

4. 接受准则

完成上述操作后，基于初始序列 π 得到一个新解序列 π'。如果解序列 π' 比当前最优解序列更优，序列 π^* 和序列 π 都被替换成序列 π'。如果序列 π' 对应的解不比 π^* 更优而比序列 π 更优，则 π 被替换成序列 π'。否则类似于模拟退火算法接受准则，序列 π 以 $\mathrm{e}^{-\frac{C_{\max}(\pi')-C_{\max}(\pi)}{\mathrm{Temp}}}$ 的可能性被替换成序列 π'。重复以上过程，直到满足终止准则为止。该接受准则描述如算法 9所示。

算法 9: 接受准则

Input: 当前解序列 π，当前最优解序列 π^*，最近更新的序列 π'

```
1  begin
2      if C_max(π') < C_max(π) then
3          π ← π';
4          if C_max(π') < C_max(π*) then
5              π* ← π';
6      else
7          产生一个随机数 λ ∈ [0,1];
8          if λ < e^{-(C_max(π')-C_max(π))/Temp} then
9              π ← π';
10     return π, π*.
```

2.4.5　实验分析与对比

采用前述方差分析法在大量随机实例上校验相应参数，IG 算法初始解采用随机算法 RSC、$d=8$、$\eta=0.4$、$\theta=30$(算法最大的运行时间为 $15n$ ms)。算法实例采用上节实例参数 n、Q 和 U 的各种组合实例。每个组合实例运行 5 次。用 ARPD 作为衡量算法的效果，用 CPU 时间作为衡量算法的效率，从效果和效率两方面对上述算法进行比较，结果如表 2.7 所示。

表 2.7　算法 NBA、UBA 和提出的 IG 算法的性能评估

n	提出的 IG		NBA		UBA	
	ARPD/%	CPU 时间/ms	ARPD/%	CPU 时间/ms	ARPD/%	CPU 时间/ms
10	0.15	150	1.46	<1	1.30	<1
50	0.08	750	1.60	<1	1.54	<1
100	0.10	1500	1.29	<1	1.15	<1
150	0.09	2250	0.76	<1	0.80	<1
200	0.11	3000	0.81	<1	0.74	<1
300	0.08	4500	0.65	<1	0.73	<1
平均值	0.10		1.09		1.04	

表 2.7表明 IG 算法在所有实例上的 ARPD 平均值是 0.10%，算法 NBA 和

UBA 的 ARPD 的平均值分别是 1.09% 和 1.04%，差异显著；但 IG 算法比另外两个算法更费时。算法 NBA 和 UBA 的 ARPD 值随着任务规模增加而降低，但使用的 CPU 时间极少。

2.5 本章小结

本章讨论单资源独立任务调度问题，考虑贴近实际应用的学习效应、退化效应模型，构建基于先验知识学习效应模型，并证明了多个相应单机调度问题的最优解求解规则；考虑同时具有学习效应和退化效应的场景，构造通用效应函数并分析相应的单机任务调度的最优解求解规则；考虑基于时间的退化效应单机成组任务调度，启发式算法和元启发式算法求解并进行实验分析和比较。

本章内容详见

[1] XU H Y, LI X P, RUIZ R, et al. Group scheduling with nonperiodical maintenance and deteriorating effects[J]. IEEE Transactions on Systems, Man, and Cybernetics: Systems, 2021, 51(5): 2860-2872. (2.4 带退化效应单机成组任务调度)

第 3 章　多资源线性约束任务调度

服务、制造、云计算、大数据等系统中存在大量线性约束任务，在集中式或分布式多资源场景下的大量调度值得深入研究，常见的有 job shop、flow shop 和 open shop，本章将介绍几类经典 flow shop 调度问题及其解决方法。

Flow shop 调度通常称为流水作业调度，每个作业在各机器上的加工顺序相同，但对同一台机器，各作业在其上的加工顺序不同，这类特殊问题，被称为排列流水作业调度 (permutation flow shop problem，PFSP)。PFSP 广泛地存在于冶金、塑料、化工、食品加工、批量生产企业的流水线车间、多处理机等系统中，也是柔性流水作业等其他重要调度问题的基础 [234, 300]。PFSP 具有如下特点：① n 个作业在 m 台机器上加工；② 每个作业都有 m 道工序且以相同的顺序在 m 台机器上处理；③ 每道工序都有确定的处理时间；④ 每台机器在同一时间只能处理一道工序；⑤ 禁止抢占。图 3.1是一个包含 3 个作业在 2 台机器上加工的 PFSP 的甘特图，横轴表示时间，纵轴表示机器。图中矩形框标注的数字表示作业的加工时间。

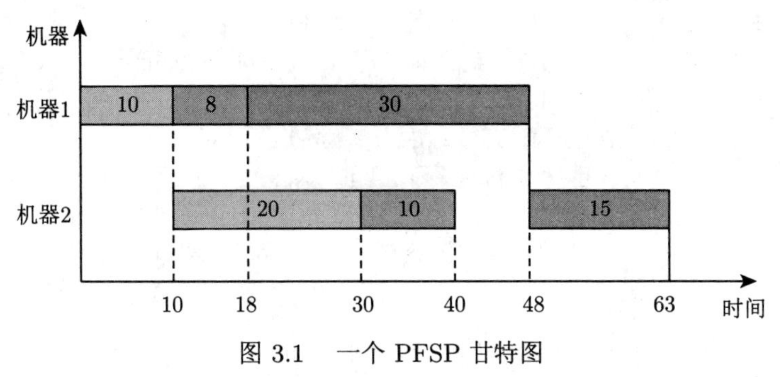

图 3.1　一个 PFSP 甘特图

不同约束条件产生不同 PFSP 的变种，如无等待流水作业调度 (no-wait flow shop problem，NWFSP)、具有学习效应和遗忘效应的流水作业调度等问题。

3.1　总完工时间最小化的无等待流水作业调度

3.1.1　无等待流水作业调度

产生无等待的最主要原因主要有两方面：① 生产工艺本身的要求，如材料的温度或者其他特性 (如黏度) 需每一步操作立即接着其上一步操作过程加工。钢铁生产中就有这种情况，熔融的钢经过一系列加工，如进锭、出锭、再加热、浸泡、预轧等；类似地，塑料制造和银制品生产工业中，一系列处理过程须紧密相连以防止衰变；更深层例子出现在化学和药学中。由于类似原因，铝产品的阳极氧化处理如管子、卡车格栅也必须无等待处理；食品加工中，罐头加工必须紧跟烹饪以确保新鲜；现代化的生产环境 (例 Just-in-time)、柔性制造系统以及机器人间高度协作，这些通常都可模型化为无等待调度。② 机器间或工作站间缺少存储设施 (或缓冲空间)。无等待调度中，一个任务在一台机器上加工完成后须立即离开。放宽其限制条件就是阻塞调度，一个任务在完成加工后，如果下台机器正被使用，那么它可继续停留在原机器上，但当此情况发生时，此机器就无法再处理其他任务。在线机器人车间中，机器人被定位在传送装置或其他传输系统中，用于点焊和装配小汽车主体的各个部分，都可将其抽象为无等待调度。

无等待流水作业调度可描述为：n 个作业 $\{J_1, J_2, \cdots, J_n\}$ 在 m 台机器 $\{M_1, M_2, \cdots, M_m\}$ 上加工，任何一个任务一旦开始加工就不能在机器之间有任何等待，即任务只能在第 1 台机器上有等待，图 3.2 描述一个无等待流水作业调度实例的甘特图。

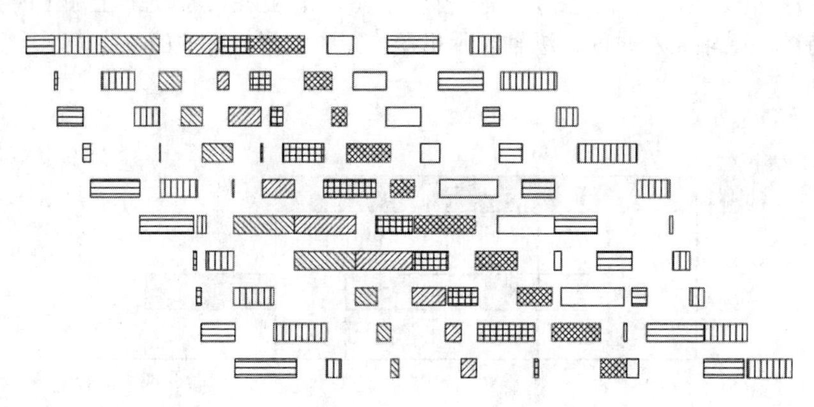

图 3.2 一个无等待流水作业调度实例甘特图

3.1.2 最大左移长度

任务的无等待特性使得一个调度中相邻任务 J_i 和 J_j 之间的完工时间在加工时间确定的前提下是确定的，因此可以在计算完紧前任务 J_i 的完工时间后，采用左移法计算紧后任务 J_j 完工时间的增加量，具体方法如下：假设 J_j 的第一道工序从 J_i 的最后一道工序完工时开始，然后向左平移 J_j 直到 J_i 在某台 (或者多台) 机器上的完工时间正好是 J_j 在这 (这些) 台机器上的开工时间为止，称该距离为最大左移长度 (记为 $L_{i,j}$)。图 3.3 为一个调度中相邻两个任务之间的最大左移长度和不同的距离表示。

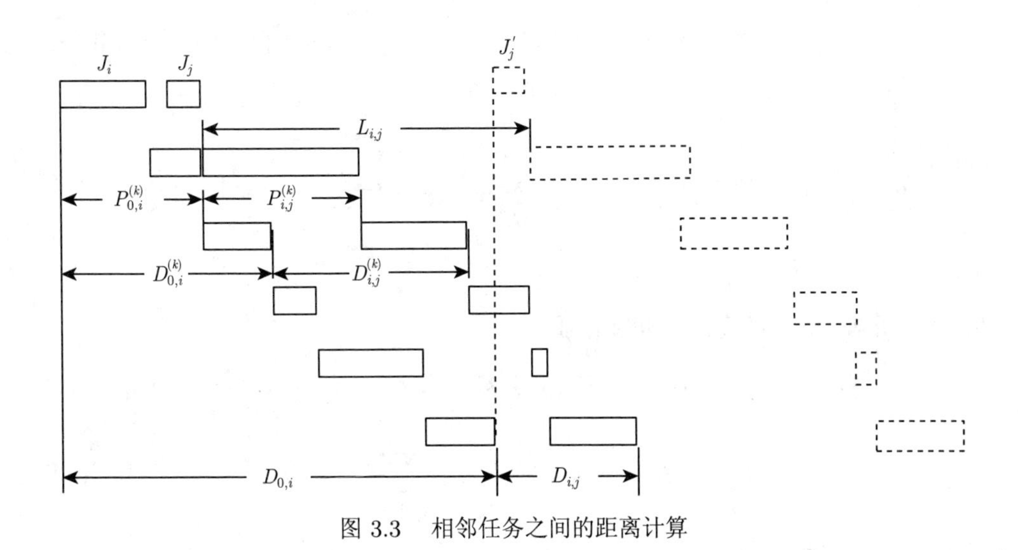

图 3.3 相邻任务之间的距离计算

为便于描述，引入在各台机器上加工时间都为 0 的虚任务 J_0 作为任何一个调度的初始任务，而一个调度就是任务集 $\{J_1, J_2, \cdots, J_n\}$ 的一个全排列，故将一个调度序列记为 $\pi = (\pi(0), \pi(1), \cdots, \pi(n))$。

设任务 J_1 $(i = 0, 1, \cdots, n)$ 在机器 k $(1, 2, \cdots, m)$ 上的开始时间、加工时间和完工时间分别为 $B_{k,j}$、$t_{k,i}$ 和 $E_{k,i}$ (显然对于任意的 $k = 1, 2, \cdots, m$，都有 $B_{k,0} = t_{k,0} = E_{k,0} = 0$)，则由无等待流水作业调度的特点可知

$$B_{k,i} = B_{l,i} + \sum_{p=1}^{k} t_{p,i} - t_{k,i} \tag{3.1}$$

$$E_{k,i} = B_{k,i} + t_{k,i} = B_{l,i} + \sum_{p=1}^{k} t_{p,i} \tag{3.2}$$

任务集中任何两个任务 J_i 和 J_j 相邻时 (假设 J_i 是 J_j 的直接前驱)，假定 J_i 在所有机器上都加工完时 J_j 才开始 (对应的开工时间和完工时间分别为 $B'_{k,j}$ 和 $E'_{k,j}$)，即 $B'_{1,j} = E_{m,i}$，则由式 (3.1) 和式 (3.2) 可知

$$B'_{k,j} = E_{m,i} + \sum_{p=1}^{k} t_{p,j} - t_{k,j} \tag{3.3}$$

$$E'_{k,j}=E_{m,i}+\sum_{p=1}^{k}t_{p,j}\tag{3.4}$$

当 J_j 逐渐左移到在某台机器上的开工时间等于 J_i 在该机上的完工时间为止时，所左移的距离为

$$L_{i,j}=\min_{h=1,2,\cdots,m}\left\{B'_{h,j}-E_{h,i}\right\}=E_{m,i}+\min_{h=1,2,\cdots,m}\left\{\sum_{p=h}^{m}t_{p,i}+\sum_{p=1}^{h}t_{p,j}-(t_{h,i}+t_{h,j})\right\}\tag{3.5}$$

显然，$L_{i,j}\geqslant 0$ 且 $L_{0,j}=0(j=1,2,\cdots,n)$。

3.1.3 机器 m 上的完工时间及性质

当作业 J_j 从 $E'_{i,j}$ 左移后，由式(3.4)知在第 m 台机器上的完工时间为

$$E_{m,j}=E'_{m,j}-L_{i,j}=E_{m,i}+\sum_{p=1}^{m}t_{p,j}-L_{i,j}\tag{3.6}$$

设 J_i 与 J_j 在第 m 台机器上的完工时间距离为 $D_{i,j}$，即

$$D_{i,j}=E_{m,j}-E_{m,i}=\sum_{p=1}^{m}t_{p,j}-L_{i,j}=\max_{k=1,2,\cdots,m}\left\{t_{k,i}+\sum_{p=k}^{m}(t_{p,j}-t_{p,i})\right\}\tag{3.7}$$

因为

$$\begin{aligned}\sum_{p=1}^{m}t_{p,j}&>\sum_{p=1}^{m}t_{p,j}-t_{m,j}=\sum_{p=m}^{m}t_{p,i}+\sum_{p=1}^{m}t_{p,j}-(t_{m,i}+t_{m,j})\\&\geqslant\max_{k=1,2,\cdots,m}\left\{\sum_{p=h}^{m}t_{p,i}+\sum_{p=1}^{h}t_{p,j}-(t_{h,i}+t_{h,j})\right\}=L_{i,j}\end{aligned}$$

即 $\sum_{p=1}^{m}t_{p,j}>L_{i,j}$，所以 $D_{i,j}>0$。

另外，显然有 $D_{0,j}=\sum_{p=1}^{m}t_{p,j}$ $(j=1,2,\cdots,n)$，定义 $D_{i,0}=\infty$ $(i=0,1,\cdots,n)$。由式(3.7)可知，$E_{m,j}=E_{m,i}+D_{i,j}$。若记 $d_{\pi,i}=D_{\pi(i),\pi(i+1)}$，由此可得调度 $(\pi(0),\pi(1),\pi(2),\cdots,\pi(n))$ 的总完工时间 (total flowtime) 为

$$\begin{aligned}F_n&=\sum_{i=0}^{n}E_{m,\pi(i)}=(n+1)E_{m,0}+\sum_{i=0}^{n-1}(n-i)D_{\pi(i),\pi(i+1)}\\&=\sum_{i=0}^{n-1}(n-i)D_{\pi(i),\pi(i+1)}=\sum_{i=0}^{n-1}(n-i)d_{\pi(i),i}\end{aligned}\tag{3.8}$$

其中 $D_{\pi(0),\pi(1)}=D_{0,\pi(1)}$。由于任何两个任务之间的距离不随调度的变化而变化，即任务 J_i 与 J_j 的完工时间距离 $D_{i,j}$ 是确定的，可用如下矩阵 $\boldsymbol{D}$ 表示任务集合 $\{J_1,J_2,\cdots,J_n\}$ 中任务之间的距离：

$$\boldsymbol{D}=\begin{bmatrix}\infty & D_{0,1} & D_{0,2} & \cdots & D_{0,n}\\ \infty & D_{1,1} & D_{1,2} & \cdots & D_{1,n}\\ \infty & D_{2,1} & D_{2,2} & \cdots & D_{2,n}\\ \vdots & \vdots & \vdots & & \vdots\\ \infty & D_{n,1} & D_{n,2} & \cdots & D_{n,n}\end{bmatrix} \tag{3.9}$$

另外，设

$$x_{i,j}(\pi)=\begin{cases}0, & i=n\\ (n-i)[D_{\pi(i),\pi(j)}-d_{\pi,j}], & \text{其他}\end{cases}$$

$$s(k)=\begin{cases}0, & k<0\\ \sum\limits_{i=0}^{k}d_{\pi,i}, & k\geqslant 0\end{cases}$$

$$y_{i,j}(\pi)=\begin{cases}0, & j=n\\ (n-j)[D_{i,\pi(j+1)}-d_{\pi,j}], & \text{其他}\end{cases}$$

同样采用 $f(\pi)=f(\pi_0)+\Delta(\pi)$ 计算调度 π 的 total flowtime 的变化。

对于一个无等待流水作业调度而言，调度的变化基本上是由任务的增加、删除、位置变化或任务位置对换等操作引起的，相应 total flowtime 的变化 (即 $\Delta(\pi)$) 具有如下性质。

定理 3.1 若将任务 J_q 插入一个 $F_m|\text{nwt}|\sum C_{\max}$ 序列 $(\pi(0),\pi(1),\pi(2),\cdots,\pi(n))$ 中任务 $\pi(k)(k=0,1,\cdots,n)$ 之后，则 total flowtime 将增加 $\Delta_1(n,k)=s(k-1)+(n-k+1)D_{\pi(k),q}+y_{q,k}(\pi)$。

证明 (1) 当 $k=0$ 时，形成的新序列为 $(\pi(0),J_q,\pi(1),\pi(2),\cdots,\pi(n))$，由式(3.8) 可知其 total flowtime 为

$$\begin{aligned}f_{n+1}^{I}(k)&=\sum_{i=0}^{n}E_{m,\pi(i)}+E_{m,k}\\&=(n+1)D_{\pi(0),q}+nD_{q,\pi(1)}+\sum_{i=1}^{n-1}d_{\pi,i}\\&=F_n+(n+1)D_{0,q}+nD_{q,\pi(1)}-nd_{\pi,0}\end{aligned}$$

$$
\begin{aligned}
&= F_n + (n+1)D_{0,q} + y_{q,0}(\pi) \\
&= F_n + s(-1) + (n+1)D_{0,q} + y_{q,0}(\pi) \\
&= F_n + \varDelta_1(n,0)
\end{aligned}
$$

(2) 当 $k=1,2,\cdots,n-1$ 时，形成的新序列为 $(\pi(0),\cdots,\pi(k),J_q,\pi(k+1),\cdots,\pi(n))$，由式(3.8) 可知其 total flowtime 为

$$
\begin{aligned}
f_{n+1}^{I}(k) &= \sum_{i=0}^{k-1}(n+1-i)d_{\pi,i} + (n-k+1)D_{\pi(k),q} + (n-k)D_{q,\pi(k+1)} + \sum_{i=k+1}^{n-1} d_{\pi,i} \\
&= F_n + \sum_{i=0}^{k-1} d_{\pi,i} + (n-k+1)D_{\pi(k),q} + (n-k)D_{q,\pi(k+1)} - (n-k)d_{\pi,k} \\
&= F_n + s(k-1) + (n-k+1)D_{\pi(k),q} + y_{q,k}(\pi) = F_n + \varDelta_1(n,k)
\end{aligned}
$$

(3) 当 $k=n$ 时，形成的新序列为 $(\pi(0),\cdots,\pi(n),J_q)$，由 $y_{i,j}(\pi)$ 的定义知 $y_{q,n}(\pi)=0$，所以根据式(3.8)可知其 total flowtime 为

$$
\begin{aligned}
f_{n+1}^{I}(k) &= \sum_{i=0}^{n-1}(n+1-i)d_{\pi,i} + D_{\pi(n),q} = F_n + \sum_{i=0}^{n-1} d_{\pi,i} + D_{\pi(n),q} + y_{q,n}(\pi) \\
&= F_n + \varDelta_1(n,n)
\end{aligned}
$$

定理 3.2 若去掉 $F_m|\text{nwt}|\sum C_{\max}$ 序列 $(\pi(0),\pi(1),\pi(2),\cdots,\pi(n))$ 中的任务 $\pi(k)(k=1,2,\cdots,n)$，则 total flowtime 将减少 $\delta_1(n,k)=s(k-1)+(n-k)d_{\pi,k-1}-y_{\pi(k-1),k}(\pi)$。

证明 (1) 当 $k=1$ 时，形成的新序列为 $(\pi(0),\pi(2),\cdots,\pi(n))$，由式(3.8) 可知其 total flowtime 为

$$
\begin{aligned}
f_{n-1}^{D}(1) &= (n-1)D_{0,\pi(2)} + \sum_{i=2}^{n-1}(n-i)d_{\pi,i} \\
&= (n-1)D_{0,\pi(2)} + F_n - nd_{\pi,0} - (n-1)d_{\pi,1} \\
&= F_n - nd_{\pi,0} + (n-1)[D_{0,\pi(2)} - d_{\pi,1}] \\
&= F_n + s(0) - d_{\pi,0} - nd_{\pi,0} + y_{0,1}(\pi) = F_n - \delta_1(n,1)
\end{aligned}
$$

(2) 当 $k=2,3,\cdots,n-1$ 时，形成的新序列为 $(\pi(0),\pi(1),\cdots,\pi(k-1),\pi(k+1),\cdots,\pi(n))$，由式(3.8) 可知其 total flowtime 为

$$
f_{n-1}^{D}(k) = \sum_{i=0}^{k-1} E_{m,\pi(i)} + \sum_{j=k+1}^{n} E_{m,\pi(j)}
$$

$$= \sum_{i=0}^{k-2}(n-i-1)d_{\pi,i} + (n-k)D_{\pi(k-1),\pi(k+1)} + \sum_{i=k+1}^{n-1}(n-i)d_{\pi,i}$$

而

$$F_n = \sum_{i=0}^{k-2}(n-i)d_{\pi,i} + (n-k+1)d_{\pi,k-1} + (n-k)d_{\pi,k} + \sum_{i=k+1}^{n-1}(n-i)d_{\pi,i}$$

所以

$$\begin{aligned} F_n - f_{n-1}^D(k) &= \sum_{i=0}^{k-2} d_{\pi,i} + (n-k+1)d_{\pi,k-1} - (n-k)[D_{\pi(k-1),\pi(k+1)} - d_{\pi,k}] \\ &= s(k-1) + (n-k)d_{\pi,k-1} - y_{\pi(k-1),k}(\pi) = \delta_1(n,k) \end{aligned}$$

(3) 当 $k = n$ 时，形成的新序列为 $(\pi(0), \pi(1), \pi(2), \cdots, \pi(n-1))$，由 $y_{i,j}(\pi)$ 的定义知 $y_{i,n}(\pi) = 0$，根据式(3.8) 可知其 total flowtime 为

$$\begin{aligned} f_{n-1}^D(k) &= \sum_{i=1}^{n-1} E_{m,\pi(i)} = F_n - E_{m,\pi(n)} = F_n - \sum_{j=0}^{n-1} d_{\pi,j} \\ &= s(n-1) + (n-n)d_{\pi,n-1} - y_{\pi(n-1),n}(\pi) = F_n - \delta_1(n,n) \end{aligned}$$

推论 3.1 若将 $F_m|\text{nwt}|\sum C_{\max}$ 序列 $(\pi(0), \pi(1), \pi(2), \cdots, \pi(n))$ 中位置 k_1 上的任务换位到位置 k_2 $(k_1, k_2 = 1, 2, \cdots, n)$，则 total flowtime 将增加 $\Delta_1(n-1, k_2-1) - \delta_1(n, k_1)$。

证明 序列 $(\pi(0), \pi(1), \pi(2), \cdots, \pi(n))$ 中位置 k_1 上的任务 $\pi(k_1)$ 换位到位置 k_2 实质上相当于将 $\pi(k_1)$ 从 $(\pi(0), \pi(1), \pi(2), \cdots, \pi(n))$ 中去掉，然后插入位置 k_2-1。由定理 3.2 得到调度 $(\pi(0), \pi(1), \cdots, \pi(k_1-1), \pi(k_1+1), \cdots, \pi(n))$ 的 total flowtime 为 $f_{n-1}^D(k_1) = F_n - \delta_1(n, k_1)$；再由定理 3.1 可知，当 $\pi(k_1)$ 插入位置 k_2-1 后得到调度的 total flowtime 为 $f_{n-1}^D(k_1) + \Delta_1(n-1, k_2-1) = F_n - \delta_1(n, k_1) + \Delta_1(n-1, k_2-1)$，所以 total flowtime 的增加量为 $\Delta_1(n-1, k_2-1) - \delta_1(n, k_1)$。

定理 3.3 若将 $F_m|\text{nwt}|\sum C_{\max}$ 序列 $(\pi(0), \pi(1), \pi(2), \cdots, \pi(n))$ 中的任务 $\pi(i)$ 与 $\pi(j)$ 位置 $(0 < i < j \leqslant n)$ 对换，则 total flowtime 将增加：

$$\omega_1(i,j) = \begin{cases} x_{i-1,j}(\pi) + y_{\pi(i),j}(\pi) + (n-i)[D_{\pi(j),\pi(i)} - d_{\pi,i}], & j = i+1 \\ x_{i-1,j}(\pi) + y_{\pi(j),i}(\pi) + x_{j-1,i}(\pi) + y_{\pi(i),j}(\pi), & \text{其他} \end{cases}$$

证明 (1) 当 $j = i+1$ 时，产生的序列为 $(\pi(0), \cdots, \pi(i-1), \pi(j), \pi(i), \pi(j+1), \cdots, \pi(n))$，由式(3.8) 知其 total flowtime 为

$$f_n = \sum_{k=0}^{i-2}(n-k)d_{\pi,k} + (n-i+1)D_{\pi(i-1),\pi(j)} + (n-i)D_{\pi(j),\pi(i)}$$

$$+ (n-j)D_{\pi(i),\pi(j+1)} + \sum_{k=j+1}^{n-1}(n-k)d_{\pi,k}$$

$$F_n = \sum_{k=0}^{i-2}(n-k)d_{\pi,k} + (n-i+1)d_{\pi,j-1} + (n-i)D_{\pi(i),\pi(j)} + (n-j)d_{\pi,j}$$

$$+ \sum_{k=j+1}^{n-k} d_{\pi,k}$$

所以，$f_n - F_n = x_{i-1,j}(\pi) + y_{\pi(i),j}(\pi) + (n-i)[D_{\pi(j),\pi(i)} - d_{\pi,i}] = \omega_1(i,j)$。

(2) 当 $i+1 < j \leqslant n$ 时，所产生的序列为 $(\pi(0),\cdots,\pi(i-1),\pi(j),\pi(i+1),\cdots,\pi(j-1),\pi(i),\pi(j+1),\cdots,\pi(n))$，由式(3.8)知其 total flowtime 为

$$f_n = \sum_{k=0}^{i-2}(n-k)d_{\pi,k} + (n-i+1)D_{\pi(i-1),\pi(j)} + (n-i)D_{\pi(j),\pi(i+1)}$$

$$+ \sum_{k=i+1}^{j-2}(n-k)d_{\pi,k} + (n-j+1)D_{\pi(j-1),\pi(i)} + (n-j)D_{\pi(i),\pi(j+1)}$$

$$+ \sum_{k=i+1}^{n-2}(n-k)d_{\pi,k}$$

$$F_n = \sum_{k=0}^{i-2}(n-k)d_{\pi,k} + (n-i+1)d_{\pi,j-1} + (n-i)d_{\pi,i} + \sum_{k=i+1}^{j-2}(n-k)d_{\pi,k}$$

$$+ (n-j+1)d_{\pi,j-1} + (n-j)d_{\pi,j} + \sum_{k=j+1}^{n-2}(n-k)d_{\pi,k}$$

所以

$$\begin{aligned}\omega_1(i,j) =& f_n - F_n = (n-i+1)[D_{\pi(i-1),\pi(j)} - d_{\pi,i-1}] + (n-i)[D_{\pi(j),\pi(i+1)} - d_{\pi,i}] \\ &+ (n-j+1)[D_{\pi(j-1),\pi(i)} - d_{\pi,j-1}] + (n-j)[D_{\pi(i),\pi(j+1)} - d_{\pi,j}] \\ =& x_{i-1,j}(\pi) + y_{\pi(j),i}(\pi) + x_{j-1,i}(\pi) + y_{\pi(i),j}(\pi)\end{aligned}$$

3.1.4 基于作业尾台机器距离的调度算法

无等待流水作业调度问题实际上可以看成一个非对称 TSP 问题，城市之间的距离由式 (3.7) 决定，城市对之间形成式 (3.9) 所示的距离矩阵 $\boldsymbol{D}$。距离矩阵 $\boldsymbol{D}$ 是所提出新算法的重要组成部分，它将用来产生初始解，其元素将用于计算算法中插入、变换、对换等操作引起的 total flowtime 的变化，所以首先用式 (3.7)

计算任务对之间的距离并产生矩阵 $\boldsymbol{D}$，其中 $D_{i,0} \leftarrow \infty (i=0,1,\cdots,n)$，其计算复杂度为 $O(mn^2)$。

1. *初始解产生算法* (ISG)

为保证距离矩阵 $\boldsymbol{D}$ 不被破坏，将距离矩阵 $\boldsymbol{D}$ 保存在 $\boldsymbol{D}'$ 中，即 $\boldsymbol{D} \leftarrow \boldsymbol{D}'$。由式(3.7) 可以看出，$F_n$ 是由调度序列 $(\pi(0),\pi(1),\pi(2),\cdots,\pi(n))$ 中任务之间的距离 $d_{\pi,i}$ 的加权和决定的，因为越靠近调度序列前面，其权越大，为保证 total flowtime 越小，应选择越小的 $d_{\pi,i}$，其实质就是确定一条从虚任务 $\pi(0)$ 出发的 Hamilton 路，方法如下：设 $\mu_1=\varnothing$，$\mu_2=\{\text{all jobs}\}$，$i=1$；为防止产生环路，$D_{j,\pi(i-1)} \leftarrow \infty (j=0,1,\cdots,n)$，在矩阵 $\boldsymbol{D}$ 中第 $\pi(i-1)$ 行寻找 $\min\limits_{j=1,2,\cdots,n}\{D_{\pi(i-1),j}\}$ 对应的任务作为 $\pi(i)$，$\mu_1 \leftarrow \mu_1+\{\pi(i)\}$，$\mu_2 \leftarrow \mu_2-\{\pi(i)\}$，$i \leftarrow i+1$，重复上述过程直到 $\mu_1=\{\text{all jobs}\}$ 或者 $\mu_2=\varnothing$ 或者 $i=n+1$ 为止。确定一条路径 $(\pi(0),\pi(1),\pi(2),\cdots,\pi(n))$ 作为初始解 π_0。恢复 $\boldsymbol{D}$ 的值即 $\boldsymbol{D} \leftarrow \boldsymbol{D}'$，ISG 具体描述见算法 10。

算法 10: 初始解产生算法 (ISG)

```
1  begin
2      D' ← D;
3      μ1 = ∅, μ2 = {all jobs}, i ← 1;
4      如果 μ1 = {all jobs} 或者 μ2 = ∅ 或者 i = n + 1，则算法停止;
5      for j = 0 to n do
6          D_{j,π(i−1)} ← ∞;
7      D^π_{i−1,i} ← min_{j=1,2,···,n} {D_{π(i−1),j}};
8      μ1 ← μ1 + {π(i)}，μ2 ← μ2 − {π(i)}，i ← i + 1;
9      转 4;
10     D ← D'，π ← (π(0), π(1), π(2), ···, π(n)), F_{π0} ← Σ_{i=0}^{n−1} (n − i) d_{π,i};
11     End.
```

由上述算法可知，ISG 的时间复杂度为 $O(n)$。

2. *三个基本操作*

启发式算法的基本思想是从初始点出发，按照某种搜索规则找到其邻域中的最佳点作为新的出发点，新的出发点比初始出发点具有更优的目标函数值，对于本章的 NWFSP 问题就是寻找 total flowtime 更小的序列，引起初始序列 total flowtime 变化的操作不外乎其中的任务位置的变化：一个任务位置的变化 (等价于先从序列中删除该任务，再插入删除后的序列中) 和两个任务位置的对换，所以任务插入、任务换位和任务对换是无等待流水作业排序的基本操作。

3. 基本任务最佳插入法 (BBI)

确定任务 q 插入具有 n 个实任务的序列 $\pi^{(n)} \leftarrow (\pi(0), \pi(1), \pi(2), \cdots, \pi(n))$ 中的最佳位置，使得所增加的目标函数最小，根据定理 3.1可直接计算出任务插入所有位置时的 total flowtime 增加量，将任务插入增加量最小的位置。它和基于 NEH 插入算法 (称为 NEH 类算法) 的最大区别是：BBI 是直接计算 total flowtime 的增加量，然后寻找最佳的插入位置并将任务 J_q 插入该位置，而 NEH 类算法是计算任务 J_q 插入所有位置，并计算相应的 total flowtime，保留 total flowtime 最小的序列。前者的计算复杂度是 $O(n)$，后者的计算复杂度是 $O(n^2)$。BBI 具体描述见算法 11。

算法 11: BBI($\pi^{(n)}, J_q$)

1 **begin**
2 　$s(-1) \leftarrow 0$;
3 　**for** $k = 0$ **to** n **do**
4 　　如果 $k = n$，则 $\Delta(n, n) \leftarrow s(n-1) + D_{\pi(n),q}$;
5 　　$s(k) \leftarrow s(k-1) + d_{\pi,k}$;
6 　　$\Delta(n, k) \leftarrow s(k) + (n-k+1)D_{\pi(k),q} + y_{q,k}(\pi) - d_{\pi,k}$;
7 　$\Delta(n, p) \leftarrow \min\limits_{k=0,1,\cdots,n} \{\Delta(n, k)\}$;
8 　将 J_q 插入 $\pi^{(n)}$ 中第 p 个任务之后产生新序列 $\pi^{(n+1)}$，
　　$F_{n+1} \leftarrow F_n + \Delta(n, p)$;
9 　**return**.

4. 基本最佳任务对换法 (BBS)

具有 n 个实任务的序列 $\pi^{(n)} = (\pi(0), \pi(1), \pi(2), \cdots, \pi(n))$ 中不同位置上两个任务的对换将引起 total flowtime 的变化量不同，根据定理 3.3 计算所有 $n(n-1)/2$ 个任务对换时引起的变化量，如果最小变化量小于 0，表明这两个任务的对换为 π 的邻域中的最佳值。该过程类似于传统的任务成对交换，二者的区别在于前者只计算变化量而后者是计算整个目标函数值，前者的计算复杂度为 $O(n^2)$，后者的计算复杂度为 $O(n^3)$。BBS 具体描述见算法 12。

算法 12: BBS(π, n)

```
1 begin
2     for j = 1 to n − 1 do
3         k ← j + 1,
            ω(j, k) = x_{j−1,k}(π) + y_{π(j),k}(π) + (n − j)[D_{π(k),π(j)} − d_{π,j}];
4         for k = j + 2 to n do
5             ω(j, k) = x_{j−1,k}(π) + y_{π(k),j}(π) + x_{k−1,j}(π) + y_{π(j),k}(π);
6     ω(p_1, p_2) ← min{ω(j, k)};
7     如果 ω(p_1, p_2) < 0，则交换 π 中位置 p_1 和 p_2 上的任务，
8     F_n ← F_n + ω(p_1, p_2);
9     return.
```

5. 基本任务最佳换位法 (BBT)

序列 $\pi^{(n)} = (\pi(0), \pi(1), \pi(2), \cdots, \pi(n))$ 中的任务 $\pi(i)$ 从位置 i 换位到另一个位置 j 等价于将 $\pi(i)$ 从序列 π 中删除，然后插入位置 j (即任务 $\pi(j-1)$) 之后，最佳位置为目标函数值最小的那个点，寻找该点的时间复杂度为 $O(n)$；寻找序列中所有任务的最佳换位，其时间复杂度为 $O(n^2)$。BBT 的具体描述如算法 13 所示。

算法 13: BBT(π, n)

```
1  begin
2      for j = 1 to n do
3          δ(i) ← s(i − 1) + (n − i)d_{π(i−1),i}(π);
4          任务 π(i) 从 π 中去掉形成任务序列 τ^{(i)};
5          for k = 0 to n − 2 do
6              Δ(k) = s(k) + (n − k)D_{τ^{(i)}(k),π(i)} + y_{π(i),k}(τ^{(i)}) − d_{τ^{(i)},k};
7          Δ(n − 1) = s(n − 2) + D_{τ^{(i)}(n−1),π(i)};
8          μ(p_i) ← min_{k=0,1,…,n−1} {Δ(k) − δ(i)};
9      v(q_j) ← min_{i=1,2,…,n} {μ(p_i)};
10     如果 v(q_j) < 0，则从 π 中去掉任务 π(j) 并将其插入任务 τ^{(i)}(q_j) 之
         后形成序列 π^{(n)}，F_n ← F_n + v(q_i);
11     return.
```

6. LDH 算法

LDH 算法 (基于最后一台机器上完工时间距离的启发式算法) 采用启发式的思想，从初始解出发，找到初始解的某个邻域，以邻域中的最优值作为新的初始解继续启发式搜索。对于无等待流水作业问题，提出一个复合启发式算法，该算法分为三步：① 以 ISG 产生的解 $\pi_0=(\pi_0(0),\pi_0(1),\pi_0(2),\cdots,\pi_0(n))$ 为种子序列，将 $(\pi_0(0),\pi_0(1))$ 作为当前子序列 $\pi^{(1)}$；对于 π_0 中的任务 $\pi_0(i)(i=2,3,\cdots,n)$，调用 BBI 算法将其插入 $\pi^{(i-1)}$ 中形成序列 $\pi^{(i)}$；当 $i>2$ 时，调用 BBS 算法对换 $\pi^{(i)}$ 中的任务，寻求更优的序列 (该过程类似于求解总完工时间最小的流水作业问题的 FL 算法)。② 以 $\pi^{(n)}$ 为新种子序列 π_1，循环调用 BBT 算法进行启发式搜索直到邻域中不存在比初始点更好的解为止。③ 调用 BBS 算法对②的结果进行进一步寻优。设任务数为 n、机器数为 m，求解无等待流水作业问题的复合启发式算法的具体描述见算法 14。

算法 14: LDH 算法

```
1  begin
2      D_{i,0} ← ∞(i = 0,1,···,n); 由式(3.7)计算任务之间的距离，产生距离
         矩阵 D;
3      调用 ISG 算法得到初始解 π_0 = (π_0(0), π_0(1), π_0(2), ···, π_0(n));
4      π^(1) ← (π_0(0), π_0(1)), F_1 ← D_{0,π_0(1)};
5      for i = 1  to  n − 1 do
6          调用 BBI(π^(i), π_0(i+1)) 将任务 π_0(i+1) 插入 π^(i) 中;
7          如果 i = 1，则转 5;
8          调用 BBS(π^(i+1), i+1);
9      π_1 ← π^(n), F_{π_1} ← F_n;
10     调用 BBT(π_1, n)，如果 F_{π_1} > F_n，则转 9;
11     调用 BBS(π_1, n);
12     算法停止.
```

7. 实例说明

例 3.1 一个 5 个任务在 4 台机器上的无等待流水作业加工，其加工时间矩阵如下：

$$\begin{bmatrix} & J_1 & J_2 & J_3 & J_4 & J_5 \\ M_1 & 19 & 48 & 85 & 43 & 30 \\ M_2 & 81 & 8 & 32 & 14 & 98 \\ M_3 & 75 & 90 & 81 & 92 & 20 \\ M_4 & 3 & 31 & 9 & 12 & 40 \end{bmatrix}$$

问题的目标是求 total flowtime。

按照所提出的 LDH 算法，首先计算距离矩阵，由式(3.7)计算出结果如下：

$$\boldsymbol{D} = \begin{bmatrix} \infty & 178 & 177 & 207 & 161 & 188 \\ \infty & \infty & 118 & 87 & 101 & 80 \\ \infty & 49 & \infty & 78 & 73 & 59 \\ \infty & 69 & 112 & \infty & 95 & 68 \\ \infty & 66 & 109 & 89 & \infty & 70 \\ \infty & 99 & 81 & 62 & 64 & \infty \end{bmatrix}$$

初始序列的产生就是按照 ISG 算法产生一条路径，对上述实例而言，具体步骤如下：

(1) 在第 0 行找到最小值为 $D_{0,4} = 161$，将 J_4 加入初始路径后 $J_0 \to J_4$；

(2) 将第 4 列的全部元素置为 ∞，在第 4 行中找到最小值为 $D_{4,1} = 66$，将 J_1 加入初始路径后得到 $J_0 \to J_4 \to J_1$；

(3) 将第 1 列的全部元素置为 ∞，在第 1 行中找到最小值为 $D_{1,5} = 80$，将 J_5 加入初始路径后得到 $J_0 \to J_4 \to J_1 \to J_5$；

(4) 将第 5 列的全部元素置为 ∞，在第 5 行中找到最小值为 $D_{5,3} = 62$，将 J_3 加入初始路径后得到 $J_0 \to J_4 \to J_1 \to J_5 \to J_3$；

(5) 将第 3 列的全部元素置为 ∞，在第 3 行中找到最小值为 $D_{3,2} = 112$，将 J_2 加入初始路径后得到 $J_0 \to J_4 \to J_1 \to J_5 \to J_3 \to J_2$。

即得到 total flowtime 为 1545 的初始序列 $(J_0, J_4, J_1, J_5, J_3, J_2)$，相应距离矩阵的变化如下：

$$
\left[\begin{array}{c|ccccc}
\infty & 178 & 177 & 207 & (161) & 188 \\ \hline
\infty & \infty & 118 & 87 & 101 & 80 \\
\infty & 49 & \infty & 78 & 73 & 59 \\
\infty & 69 & 112 & \infty & 95 & 68 \\
\infty & 66 & 109 & 89 & \infty & 70 \\
\infty & 99 & 81 & 62 & 64 & \infty
\end{array}\right]
\rightarrow
\left[\begin{array}{c|ccccc}
\infty & 178 & 177 & 207 & \underset{(0,4)}{\infty} & 188 \\ \hline
\infty & \infty & 118 & 87 & \infty & 80 \\
\infty & 49 & \infty & 78 & \infty & 59 \\
\infty & 69 & 112 & \infty & \infty & 68 \\
\infty & (66) & 109 & 89 & \infty & 70 \\
\infty & 99 & 81 & 62 & \infty & \infty
\end{array}\right]
$$

$$
\rightarrow
\left[\begin{array}{c|ccccc}
\infty & \infty & 177 & 207 & \underset{(0,4)}{\infty} & 188 \\ \hline
\infty & \infty & 118 & 87 & \infty & (80) \\
\infty & \infty & \infty & 78 & \infty & 59 \\
\infty & \infty & 112 & \infty & \infty & 68 \\
\infty & \underset{(4,1)}{\infty} & 109 & 89 & \infty & 70 \\
\infty & \infty & 81 & 62 & \infty & \infty
\end{array}\right]
\rightarrow
\left[\begin{array}{c|ccccc}
\infty & \infty & 177 & 207 & \underset{(0,4)}{\infty} & \infty \\ \hline
\infty & \infty & 118 & 87 & \infty & \underset{(1,5)}{\infty} \\
\infty & \infty & \infty & 78 & \infty & \infty \\
\infty & \infty & 112 & \infty & \infty & \infty \\
\infty & \underset{(4,1)}{\infty} & 109 & 89 & \infty & \infty \\
\infty & \infty & 81 & (62) & \infty & \infty
\end{array}\right]
$$

$$
\rightarrow
\left[\begin{array}{c|ccccc}
\infty & \infty & 177 & \infty & \underset{(0,4)}{\infty} & \infty \\ \hline
\infty & \infty & 118 & \infty & \infty & \underset{(1,5)}{\infty} \\
\infty & \infty & \infty & \infty & \infty & \infty \\
\infty & \infty & (112) & \infty & \infty & \infty \\
\infty & \underset{(4,1)}{\infty} & 109 & \infty & \infty & \infty \\
\infty & \infty & 81 & \underset{(5,3)}{\infty} & \infty & \infty
\end{array}\right]
\rightarrow
\left[\begin{array}{c|ccccc}
\infty & \infty & \infty & \infty & \underset{(0,4)}{\infty} & \infty \\ \hline
\infty & \infty & \infty & \infty & \infty & \underset{(1,5)}{\infty} \\
\infty & \infty & \infty & \infty & \infty & \infty \\
\infty & \infty & \underset{(3,2)}{\infty} & \infty & \infty & \infty \\
\infty & \underset{(4,1)}{\infty} & \infty & \infty & \infty & \infty \\
\infty & \infty & \infty & \underset{(5,3)}{\infty} & \infty & \infty
\end{array}\right]
$$

算法 14 第 5 步得到的序列为 $(J_0, J_2, J_1, J_5, J_3, J_4)$，其 total flowtime 为 1540；执行算法第 10 步得到的序列为 $(J_0, J_2, J_1, J_5, J_4, J_3)$，其 total flowtime 为 1538，小于 1540，返回算法第 9 步；重新执行算法第 10 步得到的序列为 $(J_0, J_2, J_5, J_4, J_1, J_3)$，其 total flowtime 为 1532，小于 1538，返回算法第 9 步；重新执行算法第 10 步得到的序列为 $(J_0, J_2, J_5, J_4, J_1, J_3)$，其 total flowtime 为 1532，没有改进，跳出循环；执行步骤 11 得到的序列为 $(J_0\ J_4, J_5, J_2, J_1, J_3)$，其 total flowtime 为 1513。

3.1.5 通用完工时间距离及性质

因为 3.1.3 节中机器上的完工时间距离仅考虑任务的局部完工时间性质，而且式(3.8) 及相关性质都基于该完工时间距离，得到的 total flowtime 也仅仅基于机器上的完工时间距离的局部最优解，为保证得到更好的解，可以将完工时间距

离推广到所有 m 台机器。

如图 3.3 所示，当作业 J_i 从 $E'_{k,j}$ 左移 $L_{i,j}$ 后，由式(3.4)和式(3.2)知在第 k 台机器上的完工时间为

$$E_{k,j}=E'_{k,j}-L_{i,j}=E_{m,i}+\sum_{p=1}^{k}t_{p,j}-L_{i,j}=B_{1,i}+\sum_{p=1}^{m}t_{p,i}+\sum_{p=1}^{k}t_{p,j}-L_{i,j} \quad (3.10)$$

设 J_i 与 J_j 在第 k 台机器上的完工时间距离为 $D_{i,j}^{(k)}$，则

$$\begin{aligned}D_{i,j}^{(k)}&=E_{k,j}-E_{k,i}=B_{1,i}+\sum_{p=1}^{m}t_{p,i}+\sum_{p=1}^{k}t_{p,j}-L_{i,j}-(B_{1,i}+\sum_{p=1}^{k}t_{p,i})\\&=\sum_{p=k}^{m}t_{p,i}+\sum_{p=1}^{k}t_{p,j}-L_{i,j}-t_{k,i}\end{aligned} \quad (3.11)$$

因为

$$\begin{aligned}\sum_{p=k}^{m}t_{p,i}+\sum_{p=1}^{k}t_{p,j}-t_{k,i}&=\sum_{p=k}^{m}t_{p,i}+\sum_{p=1}^{k}t_{p,j}-t_{k,i}-t_{k,j}+t_{k,j}\\&\geqslant\min_{h=1,2,\cdots,m}\left\{\sum_{p=h}^{m}t_{p,i}+\sum_{p=1}^{h}t_{p,j}-(t_{h,i}+t_{h,j})\right\}+t_{k,j}\\&=L_{i,j}+t_{k,j}\end{aligned}$$

即 $\sum_{p=k}^{m}t_{p,i}+\sum_{p=1}^{k}t_{p,j}-L_{i,j}-t_{k,i}\geqslant t_{k,j}$，所以 $D_{i,j}^{(k)}\geqslant t_{k,j}\geqslant 0$。

又因为 $L_{0,j}=0\ (j=1,2,\cdots,n)$，所以 $(D_{0,j}^{(k)}=\sum_{p=1}^{k}t_{p,j})$；就是式(3.7)中的 $D_{i,j}$，所以 $D_{i,j}^{(k)}$ 就是 $D_{i,j}$ 在各台机器上的推广。定义 $D_{i,0}^{(k)}=\infty\ (i=1,2,\cdots,n)$。由式(3.11)可知 $E_{k,j}=E_{k,i}+D_{i,j}^{(k)}$，所以调度 $(\pi(0),\pi(1),\pi(2),\cdots,\pi(n))$ 中任务 $\pi(i)$ 的完工时间为

$$E_{m,\pi(i)}=E_{k,\pi(i)}+\sum_{p=k}^{m}t_{p,\pi(i)}-t_{k,\pi(i)} \quad (3.12)$$

令 $C(k)=\sum_{i=1}^{n}\sum_{p=k}^{m}t_{p,\pi(i)},T_j^{(k)}=\sum_{p=k}^{m}t_{p,\pi(j)}-t_{k,\pi(j)}$ (显然,$C(m)=0,T_j^{(m)}=0$)；因为 $E_{k,\pi(0)}=0$，所以调度 $(\pi(0),\pi(1),\pi(2),\cdots,\pi(n))$ 的 total flowtime 为

$$\begin{aligned}F_n&=\sum_{i=1}^{n}E_{m,\pi(i)}=\sum_{i=1}^{n}E_{k,\pi(i)}+\sum_{i=1}^{n}\sum_{p=k}^{m}t_{p,\pi(i)}-\sum_{i=1}^{n}t_{k,\pi(i)}\\&=\sum_{i=0}^{n-1}(n-i)D_{\pi(i),\pi(i+1)}^{(k)}+C(k)\end{aligned} \quad (3.13)$$

由于任何两个任务之间的距离不随调度的变化而变化，即任务 J_i 与在第 k 台机器上 J_j 的完工时间距离 $D_{i,j}^{(k)}$ 是确定的，可用如下矩阵 $\boldsymbol{D}^{(k)}$ 表示任务集合 $\{J_1, J_2, \cdots, J_n\}$ 中任务之间的距离：

$$\boldsymbol{D}^{(k)} = \begin{bmatrix} \infty & D_{0,1}^{(k)} & D_{0,2}^{(k)} & \cdots & D_{0,n}^{(k)} \\ \infty & D_{1,1}^{(k)} & D_{1,2}^{(k)} & \cdots & D_{1,n}^{(k)} \\ \infty & D_{2,1}^{(k)} & D_{2,2}^{(k)} & \cdots & D_{2,n}^{(k)} \\ \vdots & \vdots & \vdots & & \vdots \\ \infty & D_{n,1}^{(k)} & D_{n,2}^{(k)} & \cdots & D_{n,n}^{(k)} \end{bmatrix} \tag{3.14}$$

在序列 $(\pi(0), \pi(1), \pi(2), \cdots, \pi(n))$ 中，记 $d_{\pi,i}^{(k)} = D_{\pi(i),\pi(i+1)}^{(k)} (i=0,1,\cdots,n-1)$；设

$$x_{i,j}^{(k)}(\pi) = \begin{cases} 0, & i = n \\ (n-i)[D_{\pi(i),\pi(j)}^{(k)} - d_{\pi,i}^{(k)}], & \text{其他} \end{cases}$$

$$S^{(k)}(h) = \begin{cases} 0, & h < 0 \\ \sum_{i=0}^{h} d_{\pi,i}^{(k)}, & h \geqslant 0 \end{cases}$$

$$y_{i,j}^{(k)}(\pi) = \begin{cases} 0, & j = n \\ (n-j)[D_{i,\pi(j+1)}^{(k)} - d_{\pi,j}^{(k)}], & \text{其他} \end{cases}$$

当调度中的任务发生变化 (增加、删除、位置变换或任务位置对换) 时，相应 total flowtime 的变化具有如下性质。

定理 3.4　若将任务 q 插入序列 $(\pi(0), \pi(1), \pi(2), \cdots, \pi(n))$ 中任务 $\pi(j)$ $(j = 0, 1, \cdots, n)$ 之后，则 total flowtime 将增加 $\Delta_2(i,j) = S^{(k)}(j-1) + T_q^{(k)} + (n-j+1)D_{\pi(j),q}^{(k)} + y_{q,i}^{(k)}(\pi)$。

证明　(1) 当 $j = 0$ 时，形成的新序列为 $(\pi(0), q, \pi(1), \pi(2), \cdots, \pi(n))$，由式(3.13) 可知其 total flowtime 为

$$\begin{aligned} f_{n+1}^{I}(j) &= E_{m,q} + \sum_{i=1}^{n} E_{m,\pi(i)} \\ &= (n+1)D_{0,q}^{(k)} + \sum_{p=k}^{m} t_{p,q} - t_{k,q} + nD_{q,\pi(1)}^{(k)} + \sum_{i=1}^{n-1}(n-i)d_{\pi,i}^{(k)} + C(k) \\ &= F_n + S^{(k)}(j-1) + T_q^{(k)} + (n+1)D_{0,q}^{(k)} + n[D_{q,\pi(1)}^{(k)} - d_{\pi,0}^{(k)}] \\ &= F_n + \Delta_2(n,0) \end{aligned}$$

(2) 当 $j=1,2,\cdots,n-1$ 时，形成的新序列为 $(\pi(0),\cdots,\pi(j),q,\pi(j+1),\cdots,\pi(n))$，由式(3.13) 可知其 total flowtime 为

$$
\begin{aligned}
f_{n+1}^I(j)=&\sum_{i=0}^{j-1}(n+1-i)d_{\pi,i}^{(k)}+(n-j+1)D_{\pi(j),q}^{(k)}+(n-j)D_{q,\pi(j+1)}^{(k)}\\
&+\sum_{i=j+1}^{n-1}(n-i)d_{\pi,i}^{(k)}+\sum_{p=k}^{m}t_{p,q}-t_{k,q}+C(k)\\
=&F_n+\sum_{i=0}^{j-1}d_{\pi,i}^{(k)}+(n-j+1)D_{\pi(j),q}^{(k)}+(n-j)[D_{q,\pi(j+1)}^{(k)}-d_{\pi,j}^{(k)}]+T_q^{(k)}\\
=&F_n+S^{(k)}(j-1)+T_q^{(k)}+(n-j+1)D_{\pi(j),q}^{(k)}+(n-j)[D_{q,\pi(j+1)}^{(k)}-d_{\pi,j}^{(k)}]\\
=&F_n+\Delta_2(n,j)
\end{aligned}
$$

(3) 当 $j=n$ 时，形成的新序列为 $(\pi(0),\cdots,\pi(n),q)$，由 $y_{i,j}^{(k)}$ 的定义知 $y_{q,n}^{(k)}=0$，根据式(3.13) 可知其 total flowtime 为

$$
\begin{aligned}
f_{n+1}^I(j)&=\sum_{i=0}^{n-1}(n+1-i)d_{\pi,i}^{(k)}+D_{\pi(n),q}^{(k)}+C(k)+\sum_{p=k}^{m}t_{p,q}-t_{k,q}\\
&=F_n+\sum_{i=0}^{n-1}d_{\pi,i}^{(k)}+D_{\pi(n),q}^{(k)}+T_q^{(k)}\\
&=F_n+S^{(k)}(j-1)+T_q^{(k)}+D_{\pi(n),q}^{(k)}+y_{q,n}^{(k)}\\
&=F_n+\Delta_2(n,n)
\end{aligned}
$$

定理 3.5 若去掉序列 $(\pi(0),\pi(1),\cdots,\pi(n))$ 中的任务 $\pi(j)$ $(j=1,2,\cdots,n)$，则 total flowtime 将减少 $\delta_2(n,j)=S^{(k)}(j-1)+(n-j)d_{\pi,j-1}^{(k)}-y_{\pi(j-1),j}^{(k)}(\pi)+T_{\pi(j)}^{(k)}$。

证明 (1) 当 $j=1$ 时，形成的新序列为 $(\pi(0),\pi(2),\cdots,\pi(n))$，由式(3.13) 可知其 total flowtime 为

$$
\begin{aligned}
f_{n-1}^D(j)&=\sum_{i=2}^{n}E_{m,i}=(n-1)D_{0,\pi(2)}^{(k)}+\sum_{i=2}^{n-1}(n-i)d_{\pi,i}^{(k)}+C(k)-T_{\pi(j)}^{(k)}\\
&=(n-1)D_{0,\pi(2)}^{(k)}+F_n-nd_{\pi,0}^{(k)}-(n-1)d_{\pi,1}^{(k)}-T_{\pi(j)}^{(k)}\\
&=F_n+(n-1)(D_{0,\pi(2)}^{(k)}-d_{\pi,1}^{(k)})-nd_{\pi,0}^{(k)}-T_{\pi(j)}^{(k)}
\end{aligned}
$$

所以

$$
F_n-f_{n-1}^D(1)=S^{(k)}(0)+(n-1)d_{\pi,0}^{(k)}-(n-1)(D_{0,\pi(2)}^{(k)}-d_{\pi,1}^{(k)})+T_{\pi(1)}^{(k)}
$$

$$= S^{(k)}(0) + (n-1)d_{\pi,0}^{(k)} - y_{\pi(0),1}^{(k)}(\pi) + T_{\pi(1)}^{(k)} = \delta_2(n,1)$$

(2) 当 $j=1,2,\cdots,n-1$ 时，形成的新序列为 $(\pi(0),\pi(1),\cdots,\pi(j-1),\pi(j+1),\cdots,\pi(n))$，由式(3.13)可知其 total flowtime 为

$$f_{n-1}^{D}(j) = \sum_{i=0}^{j-1} E_{m,i} + \sum_{i=j+1}^{n} E_{m,j} = \sum_{i=0}^{j-2}(n-i-1)d_{\pi,i}^{(k)} + (n-j)D_{\pi(j-1),\pi(j+1)}^{(k)} + \sum_{i=j+1}^{n-1}(n-i)d_{\pi,i}^{(k)} + C(k) - T_{\pi(j)}^{(k)}$$

而

$$F_n = \sum_{i=0}^{j-2}(n-i)d_{\pi,i}^{(k)} + (n-j+1)d_{\pi,j-1}^{(k)} + (n-j)d_{\pi,j}^{(k)} + \sum_{i=j+1}^{n-1}(n-i)d_{\pi,i}^{(k)} + C(k)$$

所以

$$\begin{aligned} F_n - f_{n-1}^{D}(j) &= \sum_{i=0}^{j-2} d_{\pi,i}^{(k)} + (n-j)d_{\pi,j-1}^{(k)} + (n-j)[D_{\pi(j-1),\pi(j+1)}^{(k)} - d_{\pi,j}^{(k)}] + T_{\pi(j)}^{(k)} \\ &= S^{(k)}(j-1) + (n-j+1)d_{\pi,j-1}^{(k)} - y_{\pi(j-1),j}^{(k)}(\pi) + T_{\pi(j)}^{(k)} = \delta_2(n,j) \end{aligned}$$

(3) 当 $j=n$ 时，形成的新序列为 $(\pi(0),\pi(1),\pi(2),\cdots,\pi(n-1))$，由 $y_{i,j}^{(k)}(\pi)$ 的定义知 $y_{i,n}^{(k)}(\pi)$，根据式 (3.13) 可知其 total flowtime 为

$$\begin{aligned} f_{n-1}^{D}(j) &= \sum_{i=1}^{n-1} E_{m,i} = F_n - E_{m,n} = F_n - \sum_{j=0}^{n-1} d_{\pi,j}^{(k)} - T_{\pi(n)}^{(k)} \\ &= F_n - S^{(k)}(n-1) - (n-n)d_{\pi,n-1}^{(k)} + y_{\pi(n-1),n}^{(k)}(\pi) - T_{\pi(n)}^{(k)} \\ &= F_n - \delta_2(n,n) \end{aligned}$$

推论 3.2 若将序列 $(\pi(0),\pi(1),\pi(2),\cdots,\pi(n))$ 中位置 k_1 上的任务 $\pi(k_1)$ 换位到位置 k_2 $(k_1,k_2=1,2,\cdots,n)$，则 total flowtime 将增加 $\Delta_2(n-1,k_2-1)-\delta(n,k_1)$。

证明 序列 $(\pi(0),\pi(1),\pi(2),\cdots,\pi(n))$ 中位置 k_1 上的任务 $\pi(k_1)$ 换位到位置 k_2 实质上相当于将 $\pi(k_1)$ 从 $(\pi(0),\pi(1),\pi(2),\cdots,\pi(n))$ 中去掉，然后插入位置 k_2-1。由定理 3.5 得到调度 $(\pi(0),\pi(1),\cdots,\pi(k_1-1),\pi(k_1+1),\cdots,\pi(n))$ 的 total flowtime 为 $f_{n-1}^{D}(k_1)=F_n-\delta_2(n,k_1)$；再由定理 3.4 可知，当 $\pi(k_1)$ 插入位置 k_2-1 后得到调度的 total flowtime 为 $f_{n-1}^{D}(k_1)+\Delta_2(n-1,k_2-1)=F_n-\delta_2(n,k_1)+\Delta_2(n-1,k_2-1)$，所以 total flowtime 的增加量为 $\Delta_2(n-1,k_2-1)-\delta_2(n,k_1)$。

定理 3.6 若将序列 $(\pi(0),\pi(1),\cdots,\pi(n))$ 中的任务 $\pi(i)$ 与 $\pi(j)$ 位置 $(0<i<j\leqslant n)$ 对换，则 total flowtime 将增加：

$$\omega_2(i,j)=\begin{cases}x_{i-1,j}^{(k)}(\pi)+y_{\pi(i),j}^{(k)}(\pi)+(n-i)[D_{\pi(j),\pi(i)}^{(k)}-d_{\pi,i}^{(k)}], & j=i+1\\ x_{i-1,j}^{(k)}(\pi)+y_{\pi(j),i}^{(k)}(\pi)+x_{\pi(j-1),i}^{(k)}(\pi)+y_{\pi(i),j}^{(k)}(\pi), & 其他\end{cases}$$

证明 (1) 当 $j=i+1$ 时，所产生序列 $(\pi(0),\cdots,\pi(i-1),\pi(j),\pi(i),\pi(j+1),\cdots,\pi(n))$ 的 total flowtime 由式 (3.13) 知为

$$\begin{aligned}f_n=&\sum_{p=0}^{i-2}(n-p)d_{\pi,p}^{(k)}+(n-i+1)D_{\pi(i-1),\pi(j)}^{(k)}\\&+(n-i)D_{\pi(j),\pi(i)}^{(k)}+(n-j)D_{\pi(i),\pi(j+1)}^{(k)}+\sum_{p=j+1}^{n-1}(n-p)d_{\pi,p}^{(k)}+C(k)\end{aligned}$$

而

$$F_n=\sum_{p=0}^{i-2}(n-p)d_{\pi,p}^{(k)}+(n-i+1)d_{\pi,i-1}^{(k)}+(n-i)d_{\pi,i}^{(k)}+(n-j)d_{\pi,j}^{(k)}+\sum_{p=0}^{j+1}(n-1)d_{\pi,p}^{(k)}+C(k)$$

所以，$f_n-F_n=x_{i-1,j}^{(k)}(\pi)+y_{\pi(j),i}^{(k)}(\pi)+(n-i)[D_{\pi(j),\pi(i)}^{(k)}-d_{\pi,i}^{(k)}]=\omega_2(i,j)$。

(2) 当 $i+1<j\leqslant n$ 时，所产生的新序列为 $(\pi(0),\cdots,\pi(i-1),\pi(j),\pi(i+1),\cdots,\pi(j-1),\pi(i),\pi(j+1),\cdots,\pi(n))$。由式(3.13)知其 total flowtime 为

$$\begin{aligned}f_n=&\sum_{p=0}^{i-2}(n-p)d_{\pi,p}^{(k)}+(n-i+1)D_{\pi(i-1),\pi(j)}^{(k)}+(n-i)D_{\pi(j),\pi(i+1)}^{(k)}\\&+\sum_{p=i+1}^{j-2}(n-p)d_{\pi,p}^{(k)}+(n-j+1)D_{\pi(j-1),\pi(i)}^{(k)}\\&+(n-j)D_{\pi(i),\pi(j+1)}^{(k)}+\sum_{p=j+1}^{n-2}(n-p)d_{\pi,p}^{(k)}+C(k)\end{aligned}$$

而

$$\begin{aligned}F_n=&\sum_{p=0}^{i-2}(n-p)d_{\pi,p}^{(k)}+(n-i+1)d_{\pi,i-1}^{(k)}+(n-i)d_{\pi,i}^{(k)}\\&+\sum_{p=i+1}^{j-2}(n-p)d_{\pi,p}^{(k)}+(n-j+1)d_{\pi,j-1}^{(k)}+(n-j)d_{\pi,j}^{(k)}\\&+\sum_{p=j+1}^{n-2}(n-p)d_{\pi,p}^{(k)}+C(k)\end{aligned}$$

所以

$$
\begin{aligned}
f_n - F_n &= (n-i+1)[D^{(k)}_{\pi(i-1),\pi(j)} - d^{(k)}_{\pi,j-1}] + (n-i)[D^{(k)}_{\pi(j),\pi(i+1)} - d^{(k)}_{\pi,i}] \\
&\quad + (n-j+1)[D^{(k)}_{\pi(j-1),\pi(i)} - d^{(k)}_{\pi,j-1}] + (n-j)[D^{(k)}_{\pi(i),\pi(j+1)} - d^{(k)}_{\pi,j}] \\
&= x^{(k)}_{i-1,j}(\pi) + y^{(k)}_{\pi(j),i}(\pi) + x^{(k)}_{j-1,i}(\pi) + y^{(k)}_{\pi(i),j}(\pi) \\
&= \omega_2(i,j)
\end{aligned}
$$

3.1.6　基于总完工时间距离的调度算法

类似于 LDH 算法，对于 NWFSP 这个非对称 TSP 问题，城市之间的距离由式(3.11) 决定，城市对之间形成式(3.14)所示的距离矩阵，本节提出一个基于所有完工时间距离的启发式算法 ADH 来求解 NWFSP 问题，其初始解的产生类似于 LDH 算法的 ISG 算法，但所依据的距离矩阵有所变化；另外，根据定理 3.4~定理 3.6 及推论 3.2 可知，其他的基本操作与 LDH 算法不同。

1. 两个基本函数

对于 $x^{(k)}_{i,j}(\pi)$ 和 $y^{(k)}_{i,j}(\pi)$ 是两个基本函数，首先给出算法描述。

算法 15: $X(\pi, n, i, j, k)$

```
1 begin
2 |  如果 i = n，则 X ← 0 ;
3 |  X ← (n − i)[D^(k)_{π(i),π(j)} − d^(k)_{π,i}];
4 |  return.
```

算法 16: $Y(\pi, n, i, j, k)$

```
1 begin
2 |  如果 j = n，则 Y ← 0 ;
3 |  X ← (n − j)[D^(k)_{π(i),π(j+1)} − d^(k)_{π,j}];
4 |  return.
```

2. 通用初始解产生算法 (GS)

类似于 ISG 算法，为保证距离矩阵 $\boldsymbol{D}^{(k)}$ 不被破坏，将距离矩阵 $\boldsymbol{D}^{(k)}$ 保存在 $\boldsymbol{D}'$ 中，即 $\boldsymbol{D}' \leftarrow \boldsymbol{D}^{(k)}$。初始解的确定实质就是确定一条从虚任务 $\pi(0)$ 出发的 Hamilton 路，具体方法如下：设 $\mu_1 = \varnothing$，$\mu_2 = \{\text{all jobs}\}$，$i = 1$；为防止产生环路，$D^{(k)}_{j,\pi(i-1)} \leftarrow \infty$ $(j = 0, 1, \cdots, n)$，在矩阵 $\boldsymbol{D}^{(k)}$ 中第 $\pi(i-1)$ 行寻找

$\min\limits_{j=1,2,\cdots,n}\left\{D^{(k)}_{\pi(i-1),j}\right\}$ 对应的任务作为 $\pi(i)$，$\mu_1 \leftarrow \mu_1+\{\pi(i)\}$，$\mu_2 \leftarrow \mu_2-\{\pi(i)\}$，$i \leftarrow i+1$，重复上述过程直到 $\mu_1=\{\text{all jobs}\}$ 或者 $\mu_2=\varnothing$ 或者 $i=n+1$ 为止。确定一条路径 $(\pi(0),\pi(1),\pi(2),\cdots,\pi(n))$ 作为初始解 π_0。恢复 $\boldsymbol{D}^{(k)}$ 的值即 $\boldsymbol{D}^{(k)} \leftarrow \boldsymbol{D}'$，算法具体描述如下。

算法 17: GS(n,k)

```
1  begin
2      D' ← D^(k);
3      μ1 = ∅, μ2 = {all jobs}, i = 1;
4      如果 μ1 = {all jobs} 或者 μ2 = ∅ 或者 i = n + 1，则算法停止;
5      for j = 0 to n do
6          D^(k)_{j,π(i−1)} ← ∞
7      A ← D^(k)_{π(i−1),1}; p ← 1;
8      for j = 2 to n do
9          如果 A > D^(k)_{π(i−1),j}，则 A ← D^(k)_{π(i−1),j}, p ← j;
10     π(i) ← p;
11     μ1 ← μ1 + {π(i)}，μ2 ← μ2 − {π(i)}，i ← i + 1，转 3;
12     D^(k) ← D', π ← (π(0), π(1), π(2), ··· , π(n)), F_n ← 0;
13     for j = 0 to n − 1 do
14         F_n ← F_n + (n − j)D^(k)_{π(j),π(j+1)}
15     算法停止.
```

由上述算法可知，GS 的时间复杂度为 $O(n)$。

3. 三个基本操作

在基于通用完工时间距离的 NWFSP 中，任务插入、任务换位和任务对换等基本操作如下。

4. 通用任务最佳插入法 (GBI)

确定任务 q 插入具有 n 个实任务的序列 $\pi^{(n)}=(\pi(0),\pi(1),\pi(2),\cdots,\pi(n))$ 中的最佳位置，使得所增加的目标函数最小，根据定理 3.4 可直接计算出任务插入所有位置时的 total flowtime 增加量，将任务插入增加量最小的位置。它和基于 NEH 插入算法 (称为 NEH 类算法) 的最大区别是：GBI 是直接计算 total flowtime 的增加量，然后寻找最佳的插入位置并将任务 q 插入该位置，而 NEH 类算法是计算任务 q 插入所有位置，并计算相应的 total flowtime，保留 total flowtime 最小的序列。前者的计算复杂度是 $O(n)$，后者的计算复杂度是 $O(n^2)$。GBI 具体描述如下。

算法 18: GBI(π, n, k, q)

1 **begin**
2 $S(-1) \leftarrow 0$; $\Delta_0 \leftarrow \infty$; $T \leftarrow 0$;
3 **for** $p = k+1$ **to** m **do**
4 $T \leftarrow T + t_{p,q}$;
5 **for** $h = 0$ **to** n **do**
6 $S(h) \leftarrow S(h-1) + d^{(k)}_{\pi,h}$;
7 $\Delta \leftarrow S(h) + T + (n-h+1)D^{(k)}_{\pi(h),q} + Y(\pi, n, q, h, k)$;
8 如果 $\Delta_0 > \Delta$，则 $\Delta_0 \leftarrow \Delta$，$p \leftarrow h$;
9 将 q 插入 π^n 中第 p 个任务之后产生新序列 $\pi^{(n+1)}$，$F_{n+1} \leftarrow F_n + \Delta_0$;
10 **return**.

算法 19: GBS(π, n, k)

1 **begin**
2 $\omega_0 \leftarrow 0$;
3 **for** $i = 1$ **to** $n-1$ **do**
4 $j \leftarrow i+1$;
5 $\omega \leftarrow X(\pi, n, i-1, j, k) + Y(\pi, n, \pi(i), j, k) + (n-i)[D^{(k)}_{\pi(j),\pi(i)} - d^{(k)}_{\pi,i}]$;
6 如果 $\omega_0 > \omega$, 则 $\omega_0 \leftarrow \omega$, $p_1 \leftarrow i$, $p_2 \leftarrow j$;
7 **for** $j = i+2$ **to** n **do**
8 $\omega \leftarrow X(\pi, n, i-1, j, k) + Y(\pi, n, \pi(j), i, k)$;
9 $\omega \leftarrow \omega + X(\pi, n, j-1, i, k) + Y(\pi, n, \pi(i), j, k)$;
10 如果 $\omega_0 > \omega$, 则 $\omega_0 \leftarrow \omega$, $p_1 \leftarrow i$, $p_2 \leftarrow j$;
11 如果 $\omega_0 < 0$, 则交换 π 中位置 p_1 和 p_2 上的任务，$F_n \leftarrow F_n + \omega_0$;
12 **return**.

5. 通用最佳任务对换法 (GBS)

具有 n 个实任务的序列 $\pi^{(n)} = (\pi(0), \pi(1), \pi(2), \cdots, \pi(n))$ 中不同位置上两个任务的对换将引起 total flowtime 的变化量不同，根据定理 3.5 计算所有 $n(n-1)/2$ 个任务对换时引起的变化量，如果最小变化量小于 0，表明这两个任

务的对换为 π 的邻域中的最佳值。该过程类似于传统的任务成对交换，二者的区别在于前者只计算变化量而后者是计算整个目标函数值，前者的计算复杂度为 $O(n^2)$，后者的计算复杂度为 $O(n^3)$。GBS 具体描述如下。

6. 通用任务最佳换位法 (GBT)

序列 $\pi^{(n)} = (\pi(0), \pi(1), \pi(2), \cdots, \pi(n))$ 中的任务 $\pi(i)$ 从位置 i 换位到另一个位置 j 等价于将 $\pi(i)$ 从序列 π 中删除，然后插入位置 j (即任务 $\pi(j-1)$) 之后，最佳位置为目标函数值最小的那个点，寻找该点的时间复杂度为 $O(n)$；寻找序列 π 中所有任务的最佳换位，其时间复杂度为 $O(n^2)$。GBT 定义为一个函数，其具体描述见算法 20。

算法 20: GBT(π, n, k)

```
1  begin
2      S(0) ← 0; T ← 0; μ ← 0;
3      for i = 1 to n do
4          for p = k+1 to m do
5              T ← T + t_{p,π(i)};
6          for j = 1 to i−1 do
7              S(j) ← S(j−1) + d^{(k)}_{π,k};
8          δ ← S(i−1) + T + (n−i)d^{(k)}_{π,j−1} − Y(π, n, π(i−1), i, k);
9          任务 π(i) 从 π 中去掉形成任务序列 τ;
10         S(−1) ← 0; Δ_0 ← ∞;
11         for j = 0 to n−1 do
12             S(j) ← S(j−1) + d^{(k)}_{τ,j};
13             Δ ← S(j) + T + (n−j+1)D^{(k)}_{τ(j),π(i)} + Y(τ, n−1, π(i), j, k);
14             如果 Δ_0 > Δ，则 Δ_0 ← Δ，p ← j;
15         如果 Δ_0 − δ < 0，则从 π 中去掉任务 π(i) 并将其插入剩余序列
             中第 p 个任务之后，将任务 μ ← μ + Δ_0 − δ;
16     GBT ← μ;
17     return.
```

7. ADH 算法

ADH 算法 (基于每台机器上完工时间距离的启发式算法) 以 LDH 算法为基础，计算出每台机器上完工时间距离矩阵 $\boldsymbol{D}^{(k)}$ $(k = 1, 2, \cdots, m)$。对每个完工时

间矩阵采用 LDH 算法的思想，从初始解出发，找到初始解的某个邻域，以邻域中的最优值作为新的初始解继续启发式搜索，即算法分为三步：① 以 GS 算法产生的初始解 $\pi_0=(\pi_0(0),\pi_0(1),\pi_0(2),\cdots,\pi_0(n))$ 为种子序列，将 $(\pi_0(0),\pi_0(1))$ 作为当前子序列 $\pi^{(1)}$；对于 π_0 中的任务 $\pi_0(i)$ $(i=2,3,\cdots,n)$，调用 GBI 算法将其插入 $\pi^{(i-1)}$ 中形成序列 $\pi^{(i)}$；当 $i>2$ 时，调用 GBS 算法对换 $\pi^{(i)}$ 中的任务，寻求更优的序列。② 以 $\pi^{(n)}$ 为新种子序列 π_1，循环调用 GBT 算法进行启发式搜索直到邻域中不存在比初始点更好的解为止。③ 调用 GBS 算法对 GBT 的结果进行进一步寻优。将所有 m 个解中最优的解作为 ADH 算法的解，其具体描述如下。

算法 21: ADH 算法

1 **begin**
2 　$k\leftarrow 1;\ f\leftarrow\infty;$
3 　$D_{i,0}^{(k)}\leftarrow\infty$ $(i=0,1,\cdots,n)$；由式(3.11) 计算任务之间的距离，产生距离矩阵 $\boldsymbol{D}^{(k)}$；
4 　调用 GS 算法得到初始解 $\pi_0=(\pi_0(0),\pi_0(1),\pi_0(2),\cdots,\pi_0(n))$；
5 　$\pi^1\leftarrow(\pi_0(0),\pi_0(1))$, $F_1\leftarrow D_{0\ \pi_0(1)}^{(k)}$;
6 　**for** $i=1$ **to** $n-1$ **do**
7 　　调用 GBI$(\pi,i,k,\pi_0(i+1))$ 将任务 $\pi_0(i+1)$ 插入 $\pi^{(i)}$ 中；
8 　　如果 $i=1$，则转 6;
9 　　调用 GBS$(\pi,i+1,k)$;
10 　$\mu\leftarrow$ GBT(π,n,k);
11 　如果 $\mu<0$，则 $F_n\leftarrow F_n+\mu$，转 10;
12 　调用 GBS(π,n,k);
13 　如果 $f>F_n$，则 $f\leftarrow F_n$;
14 　$k\leftarrow k+1$, 如果 $k\leqslant m$，则转 3；否则算法停止.

8. 实例说明

例 3.2　一个 5 个任务在 4 台机器上的无等待流水作业加工，其加工时间矩阵如下：

$$\begin{bmatrix} & J_1 & J_2 & J_3 & J_4 & J_5 \\ M_1 & 48 & 15 & 19 & 42 & 31 \\ M_2 & 80 & 6 & 46 & 48 & 64 \\ M_3 & 65 & 62 & 43 & 76 & 70 \\ M_4 & 51 & 92 & 12 & 40 & 34 \end{bmatrix}$$

求 total flowtime。

对于该实例，算法 ADH 的执行过程如下。

(1) 当 $k=1$ 时，由式(3.11)计算出结果如下：

$$\boldsymbol{D}^{(1)}=\begin{bmatrix}\infty & 48 & 15 & 19 & 42 & 31\\ \infty & \infty & 139 & 107 & 97 & 81\\ \infty & 48 & \infty & 71 & 42 & 31\\ \infty & 48 & 83 & \infty & 46 & 46\\ \infty & 48 & 118 & 78 & \infty & 60\\ \infty & 64 & 128 & 88 & 86 & \infty\end{bmatrix}$$

算法第 4 步调用 GS 算法得到 total flowtime 为 1452 的初始解 $(J_0,J_2,J_5,J_1,J_4,J_3)$；算法第 6 步得到 total flowtime 为 1422 的解 $(J_0,J_2,J_4,J_3,J_5,J_1)$；算法第 10 步仍然得到 total flowtime 为 1422 的解 $(J_0,J_2,J_4,J_3,J_5,J_1)$；算法第 12 步得到 total flowtime 为 1392 的解 $(J_0,J_2,J_5,J_3,J_4,J_1)$；所以当前最好解为 $(J_0,J_2,J_5,J_3,J_4,J_1)$，其值 $f=1392$。

(2) 当 $k=2$ 时，由式(3.11)计算出结果如下：

$$\boldsymbol{D}^{(2)}=\begin{bmatrix}\infty & 128 & 21 & 65 & 90 & 95\\ \infty & \infty & 65 & 73 & 65 & 65\\ \infty & 122 & \infty & 111 & 84 & 89\\ \infty & 82 & 43 & \infty & 48 & 64\\ \infty & 80 & 76 & 76 & \infty & 76\\ \infty & 80 & 70 & 70 & 86 & \infty\end{bmatrix}$$

算法第 4 步调用 GS 算法得到 total flowtime 为 1422 的初始解 $(J_0,J_2,J_4,J_3,J_5,J_1)$；算法第 6 步得到 total flowtime 为 1392 的解 $(J_0,J_2,J_5,J_3,J_4,J_1)$；算法第 10 步仍然得到 total flowtime 为 1392 的解 $(J_0,J_2,J_5,J_3,J_4,J_1)$；算法第 12 步得到 total flowtime 为 1392 的解 $(J_0,J_2,J_5,J_3,J_4,J_1)$；所以当前最好解仍然为 $(J_0,J_2,J_5,J_3,J_4,J_1)$，其值 $f=1392$。

(3) 当 $k=3$ 时，由式(3.11)计算出结果如下：

$$\boldsymbol{D}^{(3)}=\begin{bmatrix}\infty & 193 & 83 & 108 & 166 & 165\\ \infty & \infty & 65 & 51 & 76 & 70\\ \infty & 125 & \infty & 92 & 98 & 97\\ \infty & 104 & 62 & \infty & 81 & 91\\ \infty & 69 & 62 & 43 & \infty & 70\\ \infty & 75 & 62 & 43 & 76 & \infty\end{bmatrix}$$

算法第 4 步调用 GS 算法得到 total flowtime 为 1463 的初始解 $(J_0,J_2,J_3,J_4,J_1,J_5)$；算法第 6 步得到 total flowtime 为 1422 的解 $(J_0,J_2,J_4,J_3,J_5,J_1)$；算法

第 10 步仍然得到 total flowtime 为 1422 的解 $(J_0, J_2, J_4, J_3, J_5, J_1)$；算法第 12 步得到 total flowtime 为 1392 的解 $(J_0, J_2, J_5, J_3, J_4, J_1)$；所以当前最好解为 $(J_0, J_2, J_5, J_3, J_4, J_1)$，其值 $f = 1392$。

(4) 当 $k = 4$ 时，由式(3.11)计算出结果如下：

$$
\boldsymbol{D}^{(4)} = \begin{bmatrix} \infty & 244 & 175 & 120 & 206 & 199 \\ \infty & \infty & 103 & 12 & 65 & 53 \\ \infty & 84 & \infty & 12 & 46 & 39 \\ \infty & 48 & 83 & \infty & 46 & 46 \\ \infty & 80 & 114 & 15 & \infty & 64 \\ \infty & 92 & 120 & 21 & 82 & \infty \end{bmatrix}
$$

算法第 4 步调用 GS 算法得到 total flowtime 为 1515 的初始解 $(J_0, J_3, J_4, J_5, J_1, J_2)$；算法第 6 步得到 total flowtime 为 1443 的解 $(J_0, J_2, J_4, J_3, J_1, J_5)$；算法第 10 步得到 total flowtime 为 1426 的解 $(J_0, J_2, J_4, J_1, J_5, J_3)$；算法第 12 步得到 total flowtime 为 1422 的解 $(J_0, J_2, J_4, J_3, J_5, J_1)$；所以当前最好解为 $(J_0, J_2, J_5, J_3, J_4, J_1)$，其值 $f = 1392$。所以该例的最终解为 total flowtime 为 1392 的序列 $(J_0, J_2, J_5, J_3, J_4, J_1)$。

3.1.7 通用开工时间距离及性质

类似于 3.1.5 节，可将任务在第 1 台机器上的开工时间距离推广到任意一台机器，本节讨论通用开工时间距离及相关性质。

在图 3.3 中，当作业 J_j 从 $B'_{k,j}$ 左移 $L_{i,j}$ 后，由式(3.3) 知在第 k 台机器上的开工时间为

$$
\begin{aligned} B_{k,j} &= B'_{k,j} - L_{i,j} = E_{m,i} + \sum_{p=1}^{k} t_{p,j} - L_{i,j} - t_{k,j} \\ &= B_{1,i} + \sum_{p=1}^{m} t_{p,i} + \left(\sum_{p=1}^{k} t_{p,j} - t_{k,j}\right) - L_{i,j} \end{aligned} \tag{3.15}
$$

设 J_i 与 J_j 在第 k 台机器上的开工时间距离为 $P_{i,j}^{(k)}$，则由式(3.1) 和式(3.15) 知

$$
P_{i,j}^{(k)} = B_{k,j} - B_{k,i} = \sum_{p=k}^{m} t_{p,i} + \left(\sum_{p=1}^{k} t_{p,j} - t_{k,j}\right) - L_{i,j} \tag{3.16}
$$

可以推出 $P_{i,j}^{(k)} \geqslant 0$; 又因为 $L_{0,j} = 0\ (j = 1, 2, \cdots, n)$, 所以 $P_{0,j}^{(k)} = \sum_{p=1}^{k} t_{p,j} - t_{k,j}$ $(j = 1, 2, \cdots, n)$；当 $k = 1$ 时，$P_{i,j}^{(1)} = \max\limits_{h=1,2,\cdots,m} \left\{ \sum_{p=1}^{h} t_{p,i} - \sum_{p=1}^{h} t_{p,j} + t_{h,j} \right\} =$

$\max\limits_{h=1,2,\cdots,m}\left\{\sum_{p=1}^{h}(t_{p,i}-t_{p,j})+t_{h,j}\right\}$，此时 $P_{i,j}^{(1)}$ 就是 EB 算法中的 $d_{[i][j]}$。定义 $P_{i,0}^{(k)}=\infty\ (i=0,1,\cdots,n)$。由式(3.15) 可知 $B_{k,j}=B_{k,i}+P_{i,j}^{(k)}$，所以调度 $(\pi(0),\pi(1),\pi(2),\cdots,\pi(n))$ 中任务 $\pi(i)$ 的完工时间为

$$E_{m,\pi(i)}=B_{k,\pi(i)}+\sum_{p=k}^{m}t_{p,\pi(i)} \tag{3.17}$$

令 $H(k)=\sum_{i=1}^{n}\sum_{p=k}^{m}t_{p,\pi(i)}$,$T_q^{(k)}=\sum_{p=k}^{m}t_{p,q}$,则调度 $(\pi(0),\pi(1),\pi(2),\cdots,\pi(n))$ 的 total flowtime 为

$$\begin{aligned}F_n&=\sum_{i=1}^{n}E_{m,\pi(i)}=\sum_{i=1}^{n}B_{k,\pi(i)}+\sum_{i=1}^{n}\sum_{p=k}^{m}t_{p,\pi(i)}\\&=nB_{k,\pi(0)}+\sum_{i=0}^{n-1}(n-i)P_{\pi(i),\pi(i+1)}^{(k)}+H(k)=\sum_{i=0}^{n-1}(n-i)P_{\pi(i),\pi(i+1)}^{(k)}+H(k)\end{aligned} \tag{3.18}$$

由于任何两个任务之间的距离不随调度的变化而变化，即任务 J_i 与在第 k 台机器上 J_j 的完工时间距离 $P_{i,j}^{(k)}$ 是确定的，可用如下矩阵 $\boldsymbol{P}^{(k)}$ 表示任务集合 $\{J_1,J_2,\cdots,J_n\}$ 中任务之间的距离：

$$\boldsymbol{P}^{(k)}=\begin{bmatrix}\infty & P_{0,1}^{(k)} & P_{0,2}^{(k)} & \cdots & P_{0,n}^{(k)}\\ \infty & P_{1,1}^{(k)} & P_{1,2}^{(k)} & \cdots & P_{1,n}^{(k)}\\ \infty & P_{2,1}^{(k)} & P_{2,2}^{(k)} & \cdots & P_{2,n}^{(k)}\\ \vdots & \vdots & \vdots & & \vdots\\ \infty & P_{n,1}^{(k)} & P_{n,2}^{(k)} & \cdots & P_{n,n}^{(k)}\end{bmatrix} \tag{3.19}$$

在序列 $(\pi(0),\pi(1),\pi(2),\cdots,\pi(n))$ 中，记 $b_{\pi,i}^{(k)}=P_{\pi(i),\pi(i+1)}^{(k)}\ (i=0,1,\cdots,n-1)$；设

$$X_{i,j}^{(k)}(\pi)=\begin{cases}0, & i=n\\(n-i)[P_{\pi(i),\pi(j)}^{(k)}-b_{\pi,i}^{(k)}], & \text{其他}\end{cases}$$

$$G^{(k)}(h)=\begin{cases}0, & h<0\\\sum_{i=0}^{h}b_{\pi,i}^{(k)}, & h\geqslant 0\end{cases}$$

$$Y_{i,j}^{(k)}(\pi)=\begin{cases}0, & j=n\\(n-j)[P_{i,\pi(j+1)}^{(k)}-b_{\pi,j}^{(k)}], & \text{其他}\end{cases}$$

当调度中的任务发生变化 (增加、删除、位置变化或任务位置对换) 时，相应 total flowtime 的变化具有如下性质。

定理 3.7 若将任务 J_q 插入序列 $(\pi(0),\pi(1),\pi(2),\cdots,\pi(n))$ 中任务 $\pi(j)$ $(j=0,1,\cdots,n)$ 之后，则 total flowtime 将增加 $\Delta_3(n,j)=G^{(k)}(j-1)+T_q^{(k)}+(n-j+1)P_{\pi(j),q}^{(k)}+Y_{q,j}^{(k)}(\pi)$。

证明 (1) 当 $j=0$ 时，形成的新序列为 $(\pi(0),J_q,\pi(1),\pi(2),\cdots,\pi(n))$，由式(3.18)可知其 total flowtime 为

$$\begin{aligned}
f_{n+1}^I(j) &= E_{m,q}+\sum_{i=1}^{n}E_{m,\pi(i)}\\
&=(n+1)P_{0,q}^{(k)}+\sum_{p=k}^{m}t_{p,q}+nP_{q,\pi(1)}^{(k)}+\sum_{i=1}^{n-1}(n-i)b_{\pi,i}^{(k)}+H(k)\\
&=F_n+G^{(k)}(j-1)+T_q^{(k)}+(n+1)P_{0,q}^{(k)}+n[P_{q,\pi(1)}^{(k)}-b_{\pi,0}^{(k)}]\\
&=F_n+\Delta_3(n,0)
\end{aligned}$$

(2) 当 $j=1,2,\cdots,n-1$ 时，形成的新序列为 $(\pi(0),\cdots,\pi(j),J_q,\pi(j+1),\cdots,\pi(n))$，由式(3.18) 可知其 total flowtime 为

$$\begin{aligned}
f_{n+1}^I(j)=&\sum_{i=0}^{j-1}(n+1-i)b_{\pi,i}^{(k)}+(n-j+1)P_{\pi(j),q}^{(k)}+(n-j)P_{q,\pi(j+1)}^{(k)}\\
&+\sum_{i=j+1}^{n-1}(n-i)b_{\pi,i}^{(k)}+\sum_{p=k}^{m}t_{p,q}+H(k)\\
=&F_n+\sum_{i=0}^{j-1}b_{\pi,i}^{(k)}+(n-j+1)P_{\pi(j),q}^{(k)}+(n-j)[P_{q,\pi(j+1)}^{(k)}-b_{\pi,j}^{(k)}]+T_q^{(k)}\\
=&F_n+G^{(k)}(j-1)+T_q^{(k)}+(n-j+1)P_{\pi(j),q}^{(k)}+(n-j)[P_{q,\pi(j+1)}^{(k)}-b_{\pi,j}^{(k)}]\\
=&F_n+\Delta_3(n,j)
\end{aligned}$$

(3) 当 $j=n$ 时，形成的新序列为 $(\pi(0),\cdots,\pi(n),J_q)$，由 $Y_{i,j}^{(k)}(\pi)$ 的定义知 $Y_{i,n}^{(k)}(\pi)=0$，由式(3.18)可知其 total flowtime 为

$$\begin{aligned}
f_{n+1}^I(j)&=\sum_{i=0}^{n-1}(n+1-i)b_{\pi,i}^{(k)}+P_{\pi(n),q}^{(k)}+H(k)+\sum_{p=k}^{m}t_{p,q}\\
&=F_n+\sum_{i=0}^{n-1}b_{\pi,i}^{(k)}+P_{\pi(n),q}^{(k)}+T_q^{(k)}
\end{aligned}$$

$$
\begin{aligned}
&= F_n + G^{(k)}(j-1) + T_q^{(k)} + P_{\pi(n),q}^{(k)} + Y_{q,n}^{(k)}(\pi) \\
&= F_n + \varDelta_3(n,n)
\end{aligned}
$$

定理 3.8 若去掉序列 $(\pi(0),\pi(1),\pi(2),\cdots,\pi(n))$ 中的任务 $\pi(j)$ $(j=1,2,\cdots,n)$，则 total flowtime 将减少 $\delta_3(n,j)=G^{(k)}(j-1)+(n-j)b_{\pi,j-1}^{(k)}-Y_{\pi(j-1),j}^{(k)}(\pi)+T_{\pi(j)}^{(k)}$。

证明 (1) 当 $j=1$ 时，形成的新序列为 $(\pi(0),\pi(2),\cdots,\pi(n))$，由式(3.18)可知其 total flowtime 为

$$
\begin{aligned}
f_{n-1}^D(1) &= \sum_{i=2}^{n} E_{m,i} = (n-1)P_{0,\pi(2)}^{(k)} + \sum_{i=2}^{n-1}(n-i)b_{\pi,i}^{(k)} + H(k) - T_{\pi(1)}^{(k)} \\
&= (n-1)P_{0,\pi(2)}^{(k)} + F_n - nb_{\pi,0}^{(k)} - (n-1)b_{\pi,1}^{(k)} - T_{\pi(1)}^{(k)} \\
&= F_n + (n-1)[P_{0,\pi(2)}^{(k)} - b_{\pi,1}^{(k)}] - nb_{\pi,0}^{(k)} - T_{\pi(1)}^{(k)}
\end{aligned}
$$

所以

$$
\begin{aligned}
F_n - f_{n-1}^D(1) &= G^{(k)}(0) - (n-1)[P_{0,\pi(2)}^{(k)} - b_{\pi,1}^{(k)}] + (n-1)b_{\pi,0}^{(k)} + T_{\pi(1)}^{(k)} \\
&= G^{(k)}(0) + (n-1)b_{\pi,0}^{(k)} - Y_{\pi(0),1}^{(k)}(\pi) + T_{\pi(1)}^{(k)} = \delta_3(n,1)
\end{aligned}
$$

(2) 当 $j=2,3,\cdots,n-1$ 时，形成的新序列为 $(\pi(0),\pi(1),\cdots,\pi(j-1),\pi(j+1),\cdots,\pi(n))$，由式(3.18) 可知其 total flowtime 为

$$
\begin{aligned}
f_{n-1}^D(j) =& \sum_{i=0}^{j-1} E_{m,i} + \sum_{j=j+1}^{n} E_{m,j} = \sum_{i=0}^{j-2}(n-i-1)b_{\pi,i}^{(k)} + (n-j)P_{\pi(j-1),\pi(j+1)}^{(k)} \\
&+ \sum_{i=j+1}^{n-1}(n-i)b_{\pi,i}^{(k)} + H(k) - T_{\pi(j)}^{(k)}
\end{aligned}
$$

而

$$
F_n = \sum_{i=0}^{j-2}(n-i)b_{\pi,i}^{(k)} + (n-j+1)b_{\pi,j-1}^{(k)} + (n-j)b_{\pi,j}^{(k)} + \sum_{i=j+1}^{n-1}(n-i)b_{\pi,i}^{(k)} + H(k)
$$

所以

$$
\begin{aligned}
F_n - f_{n-1}^D(j) &= \sum_{i=0}^{j-2} b_{\pi,i}^{(k)} + (n-j+1)b_{\pi,j-1}^{(k)} - (n-j)[P_{\pi(j-1),\pi(j+1)}^{(k)} - d_{\pi,j}^{(k)}] + T_{\pi(j)}^{(k)} \\
&= G^{(k)}(j-1) + (n-j)b_{\pi,j-1}^{(k)} - Y_{\pi(j-1),j}^{(k)}(\pi) + T_{\pi(j)}^{(k)} = \delta_3(n,j)
\end{aligned}
$$

(3) 当 $j=n$ 时，形成的新序列为 $(\pi(0),\pi(1),\pi(2),\cdots,\pi(n-1))$，由 $Y_{i,j}^{(k)}(\pi)$ 的定义知 $Y_{i,n}^{(k)}(\pi)=0$，根据式(3.18) 可知其 total flowtime 为

$$\begin{aligned}f_{n-1}^{D}(j)&=\sum_{i=1}^{n-1}E_{m,i}=F_n-E_{m,\pi(n)}=F_n-\sum_{j=0}^{n-1}b_{\pi,j}^{(k)}-T_{\pi(n)}^{(k)}\\&=F_n-G^{(k)}(n-1)-(n-n)b_{\pi,n-1}^{(k)}+Y_{\pi(n-1),n}^{(k)}(\pi)-T_{\pi(n)}^{(k)}\\&=F_n-\delta_3(n,n)\end{aligned}$$

推论 3.3　若将序列 $(\pi(0),\pi(1),\pi(2),\cdots,\pi(n))$ 中位置 k_1 上的任务 $\pi(k_1)$ 换位到位置 k_2 $(k_1,k_2=1,2,\cdots,n)$，则 total flowtime 将增加 $\varDelta_3(n-1,k_2-1)-\delta_3(n,k_1)$。

证明　序列 $(\pi(0),\pi(1),\pi(2),\cdots,\pi(n))$ 中位置 k_1 上的任务 $\pi(k_1)$ 换位到位置 k_2 实质上相当于将 $\pi(k_1)$ 从 $(\pi(0),\pi(1),\pi(2),\cdots,\pi(n))$ 中去掉，然后插入位置 k_2-1。由定理 3.8 得到调度 $(\pi(0),\pi(1),\cdots,\pi(k_1-1),\pi(k_1+1),\cdots,\pi(n))$ 的 total flowtime 为 $f_{n-1}^{D}(k_1)=F_n-\delta_3(n,k_1)$；再由定理 3.7 可知，当 $\pi(k_1)$ 插入位置 k_2-1 后得到调度的 total flowtime 为 $f_{n-1}^{D}(k_1)+\varDelta_3(n-1,k_2-1)=F_n-\delta_3(n,k_1)+\varDelta_3(n-1,k_2-1)$，所以 total flowtime 的增加量为 $\varDelta_3(n-1,k_2-1)-\delta_3(n,k_1)$。

定理 3.9　若将序列 $(\pi(0),\pi(1),\pi(2),\cdots,\pi(n))$ 中的任务 $\pi(i)$ 与 $\pi(j)$ 位置 $(0<i<j\leqslant n)$ 对换，则 total flowtime 将增加：

$$\omega_3(i,j)=\begin{cases}X_{i-1,j}^{(k)}(\pi)+Y_{\pi(i),j}^{(k)}(\pi)+(n-i)[P_{\pi(j),\pi(i)}^{(k)}-b_{\pi,i}^{(k)}], & j=i+1\\X_{i-1,j}^{(k)}(\pi)+Y_{\pi(j),i}^{(k)}(\pi)+X_{j-1,i}^{(k)}(\pi)+Y_{\pi(i),j}^{(k)}(\pi), & \text{其他}\end{cases}$$

证明　(1) 当 $j=i+1$ 时，所产生序列 $(\pi(0),\cdots,\pi(i-1),\pi(i),\pi(j),\pi(j+1),\cdots,\pi(n))$ 的 total flowtime 由式(3.18)知为

$$\begin{aligned}f_n=&\sum_{p=0}^{i-2}(n-p)b_{\pi,p}^{(k)}+(n-i+1)P_{\pi(i-1),\pi(j)}^{(k)}+(n-i)P_{\pi(j),\pi(i)}^{(k)}\\&+(n-j)P_{\pi(i),\pi(j+1)}^{(k)}+\sum_{p=j+1}^{n-1}(n-p)b_{\pi,p}^{(k)}+H(k)\end{aligned}$$

$$\begin{aligned}F_n=&\sum_{p=0}^{i-2}(n-p)b_{\pi,p}^{(k)}+(n-i+1)b_{\pi,i-1}^{(k)}+(n-i)b_{\pi,i}^{(k)}+(n-j)b_{\pi,j}^{(k)}\\&+\sum_{p=j+1}^{n-1}(n-p)b_{\pi,p}^{(k)}+H(k)\end{aligned}$$

所以，$f_n - F_n = X_{i-1,j}^{(k)}(\pi) + Y_{\pi(i),j}^{(k)}(\pi) + (n-i)[P_{\pi(j),\pi(i)}^{(k)} - b_{\pi,i}^{(k)}] = \omega_3(i,j)$

(2) 当 $i+1 < j \leqslant n$ 时，所产生的新序列为 $(\pi(0),\cdots,\pi(i-1),\pi(j),\pi(i+1),\cdots,\pi(j-1),\pi(i),\pi(j+1),\cdots,\pi(n))$，由式(3.13)知其 total flowtime 为

$$
\begin{aligned}
f_n =& \sum_{p=0}^{i-2}(n-p)b_{\pi,p}^{(k)} + (n-i+1)P_{\pi(i-1),\pi(j)}^{(k)} + (n-i)P_{\pi(j),\pi(i+1)}^{(k)} + \sum_{p=i+1}^{j-2}(n-p)b_{\pi,p}^{(k)} \\
&+ (n-j+1)P_{\pi(j-1),\pi(i)}^{(k)} + (n-j)P_{\pi(i),\pi(j+1)}^{(k)} + \sum_{p=j+1}^{n-2}(n-p)b_{\pi,p}^{(k)} + H(k)
\end{aligned}
$$

$$
\begin{aligned}
F_n =& \sum_{p=0}^{i-2}(n-p)b_{\pi,p}^{(k)} + (n-i+1)b_{\pi,i-1}^{(k)} + (n-i)b_{\pi,i}^{(k)} + \sum_{p=i+1}^{j-2}(n-p)b_{\pi,p}^{(k)} \\
&+ (n-j+1)b_{\pi,j-1}^{(k)} + (n-j)b_{\pi,j}^{(k)} + \sum_{p=j+1}^{n-2}(n-p)b_{\pi,p}^{(k)} + H(k)
\end{aligned}
$$

所以

$$
\begin{aligned}
f_n - F_n =& (n-i+1)[P_{\pi(i-1),\pi(j)}^{(k)} - b_{\pi,i-1}^{(k)}] + (n-i)[P_{\pi(j),\pi(i+1)}^{(k)} - b_{\pi,i}^{(k)}] \\
&+ (n-j+1)[P_{\pi(j-1),\pi(i)}^{(k)} - b_{\pi,j-1}^{(k)}] + (n-j)[P_{\pi(i),\pi(j+1)}^{(k)} - b_{\pi,j}^{(k)}] \\
=& X_{i-1,j}^{(k)}(\pi) + Y_{\pi(j),i}^{(k)}(\pi) + Y_{j-1,i}^{(k)}(\pi) + Y_{\pi(i),j}^{(k)}(\pi) = \omega_3(i,j)
\end{aligned}
$$

3.2 最大完工时间无等待流水作业调度

最小化最大完工时间 (makespan) 的无等待调度问题是另一个重要问题，它和 3.1 节中的无等待调度问题的优化目标不同。由图 3.2 可知，无等待流水作业调度中最大完工时间如果最小，则这些作业与 x 轴和 y 轴围成的面积也最小，而面积等于所有作业的加工时间和加上所有机器上的空闲时间和，所有作业加工时间和为一个常数，所以最小化 makespan 的问题等价于所有机器上空闲时间和最小的问题。

由式(3.11)知，$D_{i,j}^{(k)} = \sum_{p=k}^{m} t_{p,i} + \sum_{p=1}^{k} t_{p,j} - L_{i,j} - t_{k,i}$。设在第 k 台机器上相邻任务 J_i 与 J_j 之间的空闲时间为 $I_{i,j}^{(k)}$，则

$$
I_{i,j}^{(k)} = D_{i,j}^{(k)} - t_{k,j} = \sum_{p=k}^{m} t_{p,i} + \sum_{p=1}^{k} t_{p,j} - L_{i,j} - t_{k,i} - t_{k,j} \tag{3.20}
$$

所以相邻任务 J_i 与 J_j 之间的空闲时间和为

$$
I_{i,j} = \sum_{k=1}^{m} I_{i,j}^{(k)} = \sum_{k=1}^{m}\sum_{p=k}^{m} t_{p,i} + \sum_{k=1}^{m}\sum_{p=1}^{k} t_{p,j} - mL_{i,j} - \sum_{k=1}^{m} t_{k,i} - \sum_{k=1}^{m} t_{k,j}
$$

$$
\begin{aligned}
&= \sum_{k=1}^{m}\left(\sum_{p=1}^{m} t_{p,i} - \sum_{p=1}^{k} t_{p,i}\right) + \sum_{k=1}^{m}\sum_{p=1}^{k} t_{p,j} - mL_{i,j} - \sum_{k=1}^{m} t_{k,j} \\
&= m\sum_{p=1}^{m} t_{p,i} - \sum_{k=1}^{m}\sum_{p=1}^{k} t_{p,i} + \sum_{k=1}^{m}\sum_{p=1}^{k} t_{p,j} - mL_{i,j} - \sum_{k=1}^{m} t_{k,j}
\end{aligned} \tag{3.21}
$$

其中，常数 $L_{i,j} = \min\limits_{h=1,2,\cdots,m}\left\{\sum_{p=h}^{m} t_{p,i} + \sum_{p=1}^{h} t_{p,j} - (t_{h,i} + t_{h,j})\right\}$，其他部分都为常数，所以任何两个任务如果相邻，则它们在 m 台机器上的空闲时间和为常数。类似于 3.1 节引入在各台机器上加工时间都为 0 的虚任务 J_0 和 J_{n+1} 分别作为任何一个调度的开始任务和结束任务。如果将所研究的问题看成一个非对称 TSP 问题，则 J_0 只能作为出发点，J_{n+1} 只能作为终止点，不能作为中间节点；其他节点不能作为出发点和终止点，只能作为中间节点，其示意图如图 3.4 所示。

令 $R_j = \sum_{k=1}^{m}\sum_{p=1}^{k} t_{p,j}$，$S_j = \sum_{k=1}^{m} t_{k,j}$，则由式(3.21)可以得到

$$
I_{i,j} = mS_i - R_i + R_j - S_j - mL_{i,j} \tag{3.22}
$$

因为 $L_{0,j} = 0$，$S_0 = 0$ 且 $R_0 = 0$，所以

$$
I_{0,j} = R_j - S_j = \sum_{k=1}^{m} (m-k) t_{k,j} \tag{3.23}
$$

又因为 $L_{i,n+1} = 0$ 且 $R_{n+1} = 0\ (i = 0, 1, \cdots, n)$，所以

$$
I_{i,n+1} = mS_i - R_i = \sum_{k=1}^{m} (k-1) t_{k,i} \tag{3.24}
$$

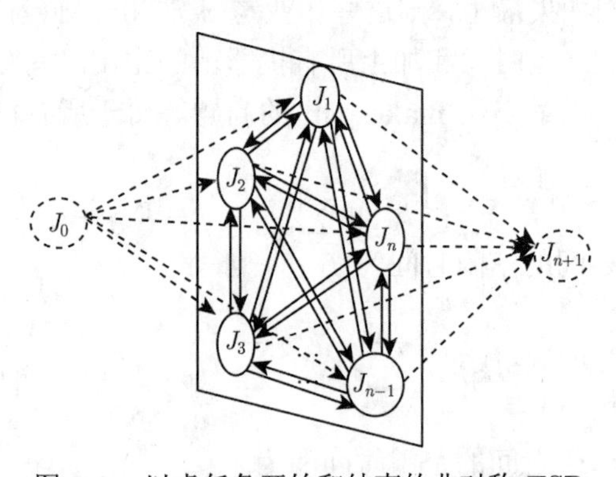

图 3.4 以虚任务开始和结束的非对称 TSP

令 $l_{i,j}^{(k)} = \sum_{p=k}^{m} t_{p,i} + \sum_{p=1}^{k} t_{p,j} - (t_{k,i} + t_{k,j})$，则 $L_{i,j} = \min\limits_{k=1,2,\cdots,m}\left\{l_{i,j}^{(k)}\right\}$，所

以式 (3.21) 的另一种形式为

$$I_{i,j}=\sum_{k=1}^{m}\sum_{p=k}^{m}t_{p,i}+\sum_{k=1}^{m}\sum_{p=1}^{k}t_{p,j}-mL_{i,j}-\sum_{k=1}^{m}t_{k,i}-\sum_{k=1}^{m}t_{k,j}=\sum_{k=1}^{m}(l_{i,j}^{(k)}-L_{i,j}) \tag{3.25}$$

类似于 3.1节，采用 $(n+1)\times(n+1)$ 的矩阵 $\boldsymbol{I}$ 表示任务集合 $\{J_0,J_1,J_2,\cdots,J_n,J_{n+1}\}$ 中任务之间空闲时间和。

$$\boldsymbol{I}=\begin{bmatrix} I_{0,1} & I_{0,2} & \cdots & I_{0,n} & 0\\ I_{1,1} & I_{1,2} & \cdots & I_{1,n} & I_{1,n+1}\\ I_{2,1} & I_{2,2} & \cdots & I_{2,n} & I_{2,n+1}\\ \vdots & \vdots & & \vdots & \vdots\\ I_{n,1} & I_{n,2} & \cdots & I_{n,n} & I_{n,n+1}\end{bmatrix} \tag{3.26}$$

一个调度 π 就是虚任务 J_0 后连接一个任务集 $\{J_1,J_2,\cdots,J_n\}$ 中的排列，再连接上 J_{n+1}，记 π 中处于位置 j $(j=0,1,\cdots,n+1)$ 的任务在机器 i $(i=1,2,\cdots,m)$ 的加工时间为 $t_{[i,j]}$，π 中处于位置 i $(i=0,1,\cdots,n)$ 和位置 $i+1$ 的任务之间的空闲时间和为 $I_{[i],[i+1]}$。

设 $E_{[m,i]}$ 为调度 π 中位置 i 上的任务在机器 m 上的完工时间，则由 3.1 节可知，位置 i 上的任务与其直接后继任务在机器 m 上的完工时间距离 $D_{[i],[i+1]}^{(m)}$ 为 $D_{[i],[i+1]}^{(m)}=E_{[m,i+1]}-E_{[m,i]}$，即 $E_{[m,i+1]}=E_{[m,i]}+D_{[i],[i+1]}^{(m)}$。由此可以调度 π 的最后完工时间 $C_{\max}=E_{[m,n]}=E_{[m,0]}+\sum_{i=0}^{n-1}D_{[i],[i+1]}^{(m)}$，因为 $E_{[m,0]}=0$，所以最小化 makespan 的无等待流水作业问题的优化目标为 $\min\left\{C_{\max}\right\}$，其中 $C_{\max}=\sum_{i=0}^{n-1}D_{[i],[i+1]}^{(m)}=\sum_{i=1}^{n}\sum_{p=1}^{m}t_{p,i}-\sum_{i=0}^{n-1}L_{[i],[i+1]}$。

由图 3.5 可知，$C_{\max}$ 最优时，矩形框的面积最小，而矩形框面积等于所有任务的完工时间和加上 $\sum_{i=0}^{n}I_{[i],[i+1]}$，所有任务完工时间和为一个常数，所以 $C_{\max}$ 最优等价于 $\min\left\{\sum_{i=0}^{n}I_{[i],[i+1]}\right\}$，即找到一个 $\sum_{i=0}^{n}I_{[i],[i+1]}$ 最小的调度 π。

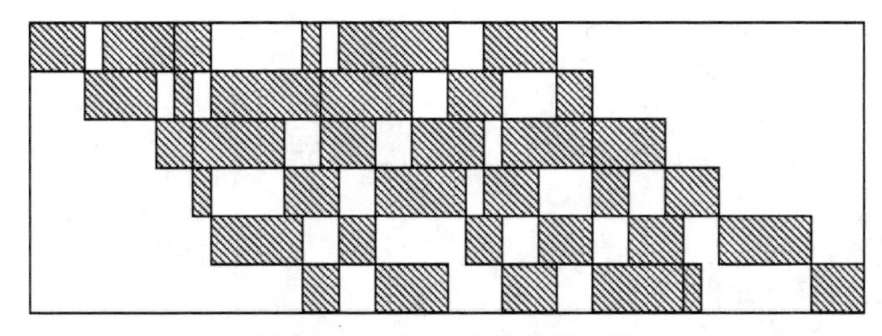

图 3.5 目标函数的等价变换

更进一步，将式(3.22)代入 $\sum_{i=0}^{n} I_{[i],[i+1]}$ 可得

$$\begin{aligned}\sum_{i=0}^{n} I_{[i],[i+1]} &= \sum_{i=0}^{n} (mS_{[i]} - R_{[i]} + R_{[i+1]} - S_{[i+1]} - mL_{[i],[i+1]}) \\ &= m\sum_{i=0}^{n}\sum_{k=1}^{m} t_{k,[i]} - \sum_{i=0}^{n} R_{[i]} + \sum_{i=0}^{n} R_{[i+1]} - \sum_{i=0}^{n}\sum_{k=1}^{m} t_{k,[i+1]} - m\sum_{i=0}^{n} L_{[i],[i+1]} \\ &= m\sum_{i=1}^{n}\sum_{k=1}^{m} t_{k,[i]} - \sum_{i=1}^{n} R_{[i]} + \sum_{i=1}^{n} R_{[i]} - \sum_{i=1}^{n}\sum_{k=1}^{m} t_{k,[i]} - m\sum_{i=0}^{n} L_{[i],[i+1]} \\ &= (m-1)\sum_{i=1}^{n}\sum_{k=1}^{m} t_{k,[i]} - m\sum_{i=0}^{n} L_{[i],[i+1]}\end{aligned}$$

由于 $(m-1)\sum_{i=1}^{n}\sum_{k=1}^{m} t_{k,[i]}$ 为常数，所以 $\min\left\{\sum_{i=0}^{n} I_{[i][i+1]}\right\}$ 等价于 $\max\left\{\sum_{i=0}^{n} L_{[i],[i+1]}\right\}$，即 $C_{\max}$ 最优也等价于 $\max\left\{\sum_{i=0}^{n} L_{[i],[i+1]}\right\}$，本书暂不作进一步讨论。

3.2.1 基本性质

由式(3.22)可以看出，调度 π 中 $I_{[i],[i+1]}$ 只与任务 $\pi(i)$ 和 $\pi(i+1)$ 的加工时间和机器数 m 有关 (因为 $L_{i,j}$ 也只与任务 $\pi(i)$ 和 $\pi(i+1)$ 的加工时间有关)，所以当调度中的任务发生变化 (增加、删除、位置变化或任务位置对换) 时，总空闲时间和 $\sum_{i=0}^{n} I_{[i],[i+1]}$ 的变化只与变化点相关任务的加工时间和机器数 m 有关，与任务数 n 无关。

若记 $T_{k_1,k_2,k_3} = (m-1)S_{k_2} + m(L_{k_1,k_3} - L_{k_1,k_2} - L_{k_2,k_3})$，因为 $L_{0,j} = 0$，$L_{i,n+1} = 0$，所以 $T_{0,k_2,k_3} = (m-1)S_{k_2} - mL_{k_2,k_3}$，$T_{k_1,k_2,n+1} = (m-1)S_{k_2} - mL_{k_1,k_2}$。对于调度 $\pi = (\pi(0), \pi(1), \pi(2), \cdots, \pi(n), \pi(n+1))$，有如下结论。

定理 3.10 若将任务 q 插入 π 中任务 $\pi(j)$ $(j = 0, 1, \cdots, n)$ 之后，则总空闲时间和将增加 $\Delta_I(q,j) = T_{[j],q,[j+1]}$。

证明 若将任务 q 插入 π 中任务 $\pi(j)$ $(j = 0, 1, \cdots, n)$ 之后，则总空闲时间和将增加 $\Delta_I(q,j) = I_{[j],q} + I_{q,[j+1]} - I_{[j],[j+1]}$，由式(3.22)知

$$I_{[j],q} = mS_{[j]} - R_{[j]} + R_q - S_q - mL_{[j],q}$$

$$I_{q,[j+1]} = mS_q - R_q + R_{[j+1]} - S_{[j+1]} - mL_{q,[j+1]}$$

$$I_{[j],[j+1]} = mS_{[j]} - R_{[j]} + R_{[j+1]} - S_{[j+1]} - mL_{[j],[j+1]}$$

所以

$$\begin{aligned}\Delta_I(q,j) &= I_{[j],q} + I_{q,[j+1]} - I_{[j],[j+1]} \\ &= (m-1)S_q + m(L_{[j],[j+1]} - L_{[j],q} - L_{q,[j+1]}) = T_{[j],q,[j+1]}\end{aligned}$$

推论 3.4 若将任务 q 插入 π 中任务 $\pi(n)$ 之后，则总空闲时间和将增加 $T_\pi^R(q)=m\cdot\max\limits_{h=1,2,\cdots,m}\{\sum_{p=h}^{m}(t_{p,q}-t_{p,[n]})+t_{h,[n]}\}-S_q$。

证明

$$\begin{aligned}L_{n,q}&=\min_{h=1,2,\cdots,m}\left\{\sum_{p=h}^{m}t_{p,n}+\sum_{p=1}^{h}t_{p,q}-(t_{h,n}+t_{h,q})\right\}\\&=\min_{h=1,2,\cdots,m}\left\{\sum_{p=h}^{m}t_{p,n}+\sum_{p=1}^{m}t_{p,q}-\sum_{p=h}^{m}t_{p,q}-t_{h,n}\right\}\\&=S_q+\min_{h=1,2,\cdots,m}\left\{\sum_{p=h}^{m}t_{p,n}-\sum_{p=h}^{m}t_{p,q}-t_{h,n}\right\}\end{aligned}$$

所以，若将任务 q 插入 π 中任务 $\pi(n)$ 之后，则总空闲时间和将增加 $T_\pi^R(q)$，而

$$\begin{aligned}T_\pi^R(q)&=(m-1)S_q-mL_{[n],q}=-S_q-m\cdot\min_{h=1,2,\cdots,m}\left\{\sum_{p=h}^{m}t_{p,[n]}-\sum_{p=h}^{m}t_{p,q}-t_{h,[n]}\right\}\\&=m\cdot\max_{h=1,2,\cdots,m}\left\{\sum_{p=h}^{m}(t_{p,q}-t_{p,[n]})+t_{h,[n]}\right\}-S_q\end{aligned}$$

推论 3.5 若将任务 q 插入 π 中任务 $\pi(1)$ 之前，则总空闲时间和将增加 $T_\pi^L(q)=m\cdot\max\limits_{h=1,2,\cdots,m}\{\sum_{p=1}^{h}(t_{p,q}-t_{p,[1]})+t_{h,[1]}\}-S_q$。

证明

$$\begin{aligned}L_{q,[1]}&=\min_{h=1,2,\cdots,m}\left\{\sum_{p=h}^{m}t_{p,q}+\sum_{p=1}^{h}t_{p,[1]}-(t_{h,[1]}+t_{h,q})\right\}\\&=\min_{h=1,2,\cdots,m}\left\{\sum_{p=1}^{m}t_{p,q}-\sum_{p=1}^{h}t_{p,q}+\sum_{p=1}^{h}t_{p,[1]}-t_{h,[1]}\right\}\\&=S_q+\min_{h=1,2,\cdots,m}\left\{\sum_{p=1}^{h}t_{p,[1]}-\sum_{p=1}^{h}t_{p,q}-t_{h,[1]}\right\}\end{aligned}$$

所以，若将任务 q 插入 π 中任务 $\pi(n)$ 之后，则总空闲时间和将增加 $T_\pi^L(q)$，而

$$\begin{aligned}T_\pi^L(q)&=(m-1)S_q-mL_{q,[1]}=-S_q-m\cdot\min_{h=1,2,\cdots,m}\left\{\sum_{p=1}^{h}t_{p,[1]}-\sum_{p=1}^{h}t_{p,q}-t_{h,[1]}\right\}\\&=m\cdot\max_{h=1,2,\cdots,m}\left\{\sum_{p=1}^{h}(t_{p,q}-t_{p,[1]})+t_{h,[1]}\right\}-S_q\end{aligned}$$

类似于定理 3.10，当从一个序列中删除一个任务时，有如下结论。

命题 3.1　若去掉 π 中的任务 $\pi(j)$ $(j=1,2,\cdots,n)$，则总空闲时间和将减少 $\Delta_D(j)=T_{[j-1],[j],[j+1]}$。

定理 3.11　若将 π 中位置 k_1 上的任务 $\pi(k_1)$ 换位到位置 k_2 $(k_1,k_2=1,2,\cdots,n)$，则总空闲时间和将增加 $T_{[k_2-1],[k_1],[k_2+1]}-T_{[k_1-1],[k_1],[k_1+1]}$。

证明　π 中位置 k_1 上的任务 $\pi(k_1)$ 换位到位置 k_2 $(k_1,k_2=1,2,\cdots,n)$ 实质上相当于将 $\pi(k_1)$ 从 π 中删除，然后插入位置 k_2-1 之后。由命题 3.1 知，当 $\pi(k_1)$ 从 π 中删除时，总空闲时间和将减少 $\Delta_D(k_1)=(m-1)S_{[k_1]}+m(L_{[k_1-1],[k_1+1]}-L_{[k_1-1],[k_1]}-L_{[k_1],[k_1+1]})$；当 $\pi(k_1)$ 重新插入位置 k_2 时，即插入到位置 k_2-1 之后时，由定理 3.10 可知，总空闲时间和将增加 $\Delta_I(\pi(k_1),k_2-1)=(m-1)S_{[k_1]}+m(L_{[k_2-1],[k_2]}-L_{[k_2-1],[k_1]}-L_{[k_1],[k_2]})$，所以总空闲时间和的增加量为 $\Delta_I(\pi(k_1),k_2-1)-\Delta_D(k_1)=T_{[k_2-1],[k_1],[k_2+1]}-T_{[k_1-1],[k_1],[k_1+1]}$。

定理 3.12　若将 π 中的任务 $\pi(j)$ $(j=1,2,\cdots,n)$ 替换为任务 q 时，则总空闲时间和将增加 $T_{[j-1],q,[j+1]}-T_{[j-1],[j],[j+1]}$。

证明　将任务 $\pi(j)$ $(j=1,2,\cdots,n)$ 用任务 q 替换时，相当于从调度 π 中删除任务 $\pi(j)$，再在同一位置插入任务 q。由命题 3.1 知，删除任务 $\pi(j)$ 将使得总空闲时间和减少 $T_{[j-1],[j],[j+1]}$；而将任务 q 插入位置 $j-1$ 之后，将使得总空闲时间和增加 $T_{[j-1],q,[j+1]}$，所以总空闲时间和的增加总量为 $T_{[j-1],q,[j+1]}-T_{[j-1],[j],[j+1]}$。

定理 3.13　(1) 若将 π 中不相邻位置 i 与 j 上的任务对换 $(0<i<n-1,i+1<j\leqslant n)$，则总空闲时间和的增加量 $\Delta_S(i,j)$ 为 $m\lfloor(L_{[i-1],[i]}+L_{[i],[i+1]}+L_{[j-1],[j]}+L_{[j],[j+1]})-(L_{[i-1],[j]}+L_{[j],[i+1]}+L_{[j-1],[i]}+L_{[i],[j+1]})\rfloor$。

(2) 若将 π 中相邻位置 i 与位置 j $(i=1,2,\cdots,n-1,\ j=i+1)$ 上的任务对换，则总空闲时间和将增加 $\Delta_S(i,j)=m\lfloor(L_{[i-1],[i]}+L_{[i],[j]}+L_{[j],[j+1]})-(L_{[i-1],[j]}+L_{[j],[i]}+L_{[i],[j+1]})\rfloor$。

证明　(1) π 中不相邻位置 i 与 j 上的任务对换 $(0<i<n-1,i+1<j\leqslant n)$，相当于将 π 中的任务 $\pi(j)$ 替换为任务 $\pi(i)$、任务 $\pi(i)$ 替换为任务 $\pi(j)$。由定理 3.12 知，任务 $\pi(j)$ 替换为任务 $\pi(i)$ 时，总空闲时间和的增加总量为 $T_{[j-1],[i],[j+1]}-T_{[j-1],[j],[j+1]}$；而任务 $\pi(i)$ 替换为任务 $\pi(j)$ 时，总空闲时间和的增加总量为 $T_{[i-1],[j],[i+1]}-T_{[i-1],[i],[i+1]}$。所以 $\pi(i)$ 和 $\pi(j)$ 对换时总空闲时间和的增加总量 $\Delta_S(i,j)$ 为

$$
\begin{aligned}
&T_{[j-1],[i],[j+1]}-T_{[j-1],[j],[j+1]}+T_{[i-1],[j],[i+1]}-T_{[i-1],[i],[i+1]}\\
&=m\lfloor(L_{[j-1],[j]}+L_{[j],[j+1]}-L_{[j-1],[i]}-L_{[i],[j+1]})\\
&\quad+(L_{[i-1],[i]}+L_{[i],[i+1]}-L_{[i-1],[j]}-L_{[j],[i+1]})\rfloor\\
&=m\lfloor(L_{[j-1],[j]}+L_{[j],[j+1]}+L_{[i-1],[i]}+L_{[i],[i+1]})
\end{aligned}
$$

$$-\left(L_{[j-1],[i]}+L_{[i],[j+1]}+L_{[i-1],[j]}+L_{[j],[i+1]}\right)\rfloor$$

(2) 若将 π 中相邻位置 i 与位置 j $(i=1,2,\cdots,n-1, j=i+1)$ 上的任务对换，总空闲时间和的增加总量为 $(I_{[i-1],[j]}+I_{[j],[i]}+I_{[i],[j+1]})-(I_{[i-1],[i]}+I_{[i],[j]}+I_{[j],[j+1]})$，代入式 (3.22) 可得 $\Delta_S(i,j)=m\lfloor(L_{[i-1],[i]}+L_{[i],[j]}+L_{[j],[j+1]})-(L_{[i-1],[j]}+L_{[j],[i]}+L_{[i],[j+1]})\rfloor$。

定理 3.14 在最优解 π^* 中，当 $i<j$ 时，任何两个不相邻任务 $\pi(i)$ 和 $\pi(j)$ 一定满足 $\Delta_S(i,j)\geqslant 0$。

证明 在最优解 π^* 中，当 $i<j-1$ 时，如果两个不相邻任务 $\pi(i)$ 和 $\pi(j)$ 不满足 $L_{[j-1],[j]}+L_{[j],[j+1]}+L_{[i-1],[i]}+L_{[i],[i+1]}\geqslant L_{[j-1],[i]}+L_{[i],[j+1]}+L_{[i-1],[j]}+L_{[j],[i+1]}$，则由定理 3.13 可知，如果将 $\pi(i)$ 和 $\pi(j)$ 对换，则总空闲时间和的增加量小于 0，即最大完工时间 $C_{\max}$ 小于最优解 π^* 的 $C^*_{\max}$，与 π^* 为最优解矛盾，所以不等式一定成立。当 $i=j-1$ 时，同理可证。

推论 3.6 对于两台机器的无等待流水作业调度问题，任何两个相邻任务 J_i 与 J_j 如果满足：① $t_{1,i}\leqslant t_{1,j}$；② $t_{2,i}\leqslant t_{2,j}$；③ $\min\{0,t_{2,j}-t_{1,i}\}\leqslant\min\{0,t_{2,i}-t_{1,j}\}$，则在最优调度 π^* 中 J_i 处于 J_j 之前。

证明 因为 $L_{i,j}=\min\limits_{h=1,2,\cdots,m}\{\sum_{p=h}^{m}t_{p,i}+\sum_{p=1}^{h}t_{p,j}-(t_{h,i}+t_{h,j})\}$，所以当 $m=2$ 时

$$\begin{aligned}L_{i,j}&=\min_{h=1,2}\left\{\sum_{p=h}^{2}t_{p,i}+\sum_{p=1}^{h}t_{p,j}-(t_{h,i}+t_{h,j})\right\}\\&=\min\left\{t_{1,i}+t_{2,i}+t_{1,j}-(t_{1,i}+t_{1,j}),t_{2,i}+t_{1,j}+t_{2,j}-(t_{2,i}+t_{2,j})\right\}\\&=\min\left\{t_{2,i},t_{1,j}\right\}\end{aligned}$$

若不然，即将最优调度 π^* 中的相邻 J_i 和 J_j 对换，使 J_j 处于 J_i 之前，则由定理 3.13 可知，对换后总空闲时间和的增加量为 Δ 的 m 倍。

$$\begin{aligned}\Delta=&(L_{[i-1],[i]}+L_{[i],[j]}+L_{[j],[j+1]})-(L_{[i-1],[j]}+L_{[j],[i]}+L_{[i],[j+1]})\\=&\left(\min\left\{t_{2,[i-1]},t_{1,i}\right\}+\min\left\{t_{2,i},t_{1,j}\right\}+\min\left\{t_{2,j},t_{1,[j+1]}\right\}\right)\\&-\left(\min\left\{t_{2,[i-1]},t_{1,j}\right\}+\min\left\{t_{2,j},t_{1,i}\right\}+\min\left\{t_{2,i},t_{1,[j+1]}\right\}\right)\\=&t_{2,[i-1]}+\min\left\{0,t_{1,i}-t_{2,[i-1]}\right\}-t_{2,[i-1]}-\min\left\{0,t_{1,j}-t_{2,[i-1]}\right\}\\&+t_{1,j}+\min\left\{0,t_{2,i}-t_{1,j}\right\}-t_{1,i}-\min\left\{0,t_{2,j}-t_{1,i}\right\}\\&+t_{1,[j+1]}+\min\left\{0,t_{2,j}-t_{1,[j+1]}\right\}-t_{1,[j+1]}-\min\left\{0,t_{2,i}-t_{1,[j+1]}\right\}\end{aligned}$$

$$
\begin{aligned}
&= \min\left\{-t_{1,i}, -t_{2,[i-1]}\right\} - \min\left\{-t_{1,j}, -t_{2,[i-1]}\right\} + \min\left\{0, t_{2,i} - t_{1,j}\right\} \\
&\quad - \min\left\{0, t_{2,j} - t_{1,i}\right\} + \min\left\{0, t_{2,j} - t_{1,[j+1]}\right\} - \min\left\{0, t_{2,i} - t_{1,[j+1]}\right\} \\
&= \max\left\{t_{1,j}, t_{2,[i-1]}\right\} - \max\left\{t_{1,i}, t_{2,[i-1]}\right\} + \min\left\{0, t_{2,i} - t_{1,j}\right\} - \min\left\{0, t_{2,j} \right. \\
&\quad \left. - t_{1,i}\right\} + \min\left\{0, t_{2,j} - t_{1,[j+1]}\right\} - \min\left\{0, t_{2,i} - t_{1,[j+1]}\right\}
\end{aligned}
$$

代入已知条件可以得到 $\Delta \geqslant 0$，即如果对换 J_i 和 J_j 使得 J_j 处于 J_i 之前，则总空闲时间将增加，所得到的调度不是最优调度。

3.2.2 渐近启发式算法

本节提出渐近启发式 (looped improving heuristic，LIH) 算法求解 $F_m|\text{nwt}|C_{\max}$ 问题。该算法首先确定一个初始解，对初始解进行类似于 NEH 方式插入，根据定理 3.10 计算每个子序列的最佳插入位置并进行插入；然后根据定理 3.14 可知，如果该解最优一定满足定理 3.14 的条件，所以对初始解中从左到右的所有位置上的任务逐个与其右的所有任务进行比较，将最不满足定理 3.14 条件的任务换位到被测试位置，即任务逐个从左到右定位；当初始解的所有位置测试完后得到的解优于初始解，则将新解置为新的初始解重复上述过程；直到初始解不能再提高为止。在本节设 M_0 为一个很大的整数。

1. 基本计算过程

矩阵 $\boldsymbol{L}$、$\Delta_S(i,j)$、$T_\pi^R(q)$ 和 $T_\pi^L(q)$ 都是 LIH 算法的基本计算过程，下面首先给出相关计算方法。

算法 22: COMPUTING_L

```
1  begin
2      for i = 0 to n do
3          for j = 1 to n + 1 do
4              L(i, j) ← 0，PS ← 0，S ← 0，MinP ← M_0;
5              for h = 1 to m do
6                  PS ← PS + t_{h,j} − t_{h,i};
7                  if MinP > PS − t_{h,j} then
8                      MinP ← PS − t_{h,j};
9                  S ← S + t_{h,i};
10             L(i, j) ← PS + S;
```

显然，上述计算过程的时间复杂度为 $O(mn^2)$。

算法 23: TR$(\pi(n), q)$

```
1 begin
2     PS ← 0，S ← 0，MaxP ← 0;
3     for h = m to 1 step −1 do
4         PS ← PS + t_{h,q} − t_{h,π(n)};
5         if MaxP < PS + t_{h,π(n)} then
6             MaxP ← PS + t_{h,π(n)};
7         S ← S + t_{h,q};
8     TR ← m · MaxP − S;
9     return.
```

算法 24: TL$(\pi(1), q)$

```
1 begin
2     PS ← 0，S ← 0，MaxP ← 0;
3     for h = 1 to m do
4         PS ← PS + t_{h,q} − t_{h,π(1)};
5         if MaxP < PS + t_{h,π(1)} then
6             MaxP ← PS + t_{h,π(1)};
7         S ← S + t_{h,q};
8     TL ← m · MaxP − S;
9     return.
```

显然，两个过程的时间复杂度都为 $O(m)$。

2. 初始解产生算法 (SG)

令任务集为 $J \leftarrow \{J_1, \cdots, J_n\}$，由图 3.5 可以看出，序列的第一个任务和最后一个任务对矩形框内空闲时间和的影响比较大，所以确定第一个任务和最后一个任务比较重要，由式(3.23)可知，虚任务 J_0 和第一个任务之间的空闲时间和 $I_{0,[1]}$ 为 $\sum_{k=1}^{m}(m-k)t_{k,[1]}$，所以首先对所有任务 J_i $(i=1,2,\cdots,n)$ 计算 $I_{0,i}=\sum_{k=1}^{m}(m-k)t_{k,i}$；同理，由式(3.24)可知，第 n 个任务和虚任务 J_{n+1} 之间的空闲时间和 $I_{[n],n+1}$ 为 $\sum_{k=1}^{m}(k-1)t_{k,[n]}$，所以对所有任务 J_i $(i=1,2,\cdots,n)$ 计算

$I_{i,n+1}=\sum_{k=1}^{m}(k-1)t_{k,i}$。为便于描述，引入两个初始为空的子序列：左子序列 δ_L 和右子序列 δ_R。如果 $\min\limits_{i=1,2,\cdots,n}\{\sum_{k=1}^{m}(m-k)t_{k,i}\}$ 和 $\min\limits_{i=1,2,\cdots,n}\{\sum_{k=1}^{m}(k-1)t_{k,i}\}$ 对应同一个任务，则若 $\min\limits_{i=1,2,\cdots,n}\{\sum_{k=1}^{m}(m-k)t_{k,i}\}\leqslant\min\limits_{i=1,2,\cdots,n}\{\sum_{k=1}^{m}(k-1)t_{k,i}\}$，则将该任务作为初始解的第一个实任务 $\pi_{[1]}^0$，即 $\delta_L\leftarrow\pi_{[1]}^0$，$J\leftarrow J-\left\{\pi_{[1]}^0\right\}$；否则将该任务作为初始解的第 n 个实任务 $\pi_{[n]}^0$，即 $\delta_R\leftarrow\pi_{[n]}^0$，$J\leftarrow J-\left\{\pi_{[n]}^0\right\}$。如果 $\delta_L=\varnothing$，则将 $\min\limits_{J_i\in J}\{\sum_{k=1}^{m}(m-k)t_{k,i}\}$ 对应的任务作为初始解的第一个实任务 $\pi_{[1]}^0$，$\delta_L\leftarrow\pi_{[1]}^0$，$J\leftarrow J-\left\{\pi_{[1]}^0\right\}$；否则将 $\min\limits_{J_i\in J}\left\{\sum_{k=1}^{m}(k-1)t_{k,i}\right\}$ 对应的任务作为初始解的第 n 个实任务 $\pi_{[n]}^0$，$\delta_R\leftarrow\pi_{[n]}^0$，$J\leftarrow J-\left\{\pi_{[n]}^0\right\}$。

根据推论 3.4 和推论 3.5，对于其他 $n-2$ 个任务的安排采用如下方法：$k_1\leftarrow 2$，$k_2\leftarrow n-1$，计算 $J_i\in J$ 中所有任务的 $T_{\delta_L}^R(i)$ 和 $T_{\delta_R}^L(i)$。如果 $\min\left\{T_{\delta_L}^R(i)\right\}\leqslant\min\left\{T_{\delta_R}^L(i)\right\}$，则将 $\min\left\{T_{\delta_L}^R(i)\right\}$ 对应的任务作为 $\pi_{[k_1]}^0$，$\delta_L\leftarrow\delta_L\pi_{[k_1]}^0$，$J\leftarrow J-\left\{\pi_{[k_1]}^0\right\}$，$k_1\leftarrow k_1+1$，如果 $J\neq\varnothing$，则计算 $J_i\in J$ 中所有任务的 $T_{\delta_L}^R(i)$，返回重新比较，否则将 $\delta_L\delta_R$ 作为初始解且算法停止；否则将 $\min\left\{T_{\delta_R}^L(i)\right\}$ 对应的任务作为 $\pi_{[k_2]}^0$，$\delta_R\leftarrow\pi_{[k_2]}^0\delta_R$，$J\leftarrow J-\left\{\pi_{[k_2]}^0\right\}$，$k_2\leftarrow k_2-1$，如果 $J\neq\varnothing$，计算 $J_i\in J$ 中所有任务的 $T_{\delta_L}^R(i)$，返回重新比较，否则将 $\delta_L\delta_R$ 作为初始解且算法停止。算法 SG 的时间复杂度为 $O(mn^2)$。

3. LIH 算法

SG 算法所产生的初始解 π^0 在局部上比较优，但是子序列 δ_L 和最后一个任务 J_1 之间的空闲时间和加上 J_1 与 δ_R 之间的时间和却最大，使得最终的优化目标 $\sum_{i=0}^{n}I_{[i],[i+1]}$ 不一定最小，所以提出一个循环改进算法 LIH 对 π^0 进行调节。由定理 3.14 可知，对于 π^0 中的任何一个任务 $\pi_{[i]}^0$ $(i=1,2,\cdots,n-1)$ 和任务 $\pi_{[j]}^0$ $(j=i+1,\cdots,n)$ 之间如果不满足 $\varDelta_S(i,j)\geqslant 0$，则 π^0 一定不是最优解。由于逐步插入法是一个有效方法，所以首先进行逐步插入，然后检查保序性 $\varDelta_S(i,j)\geqslant 0$ 是否成立，如果不成立，则对换。检查插入和对换过程是否对初始解有所提高，如果有提高，则继续循环，否则结束。

设调度 π 的总空闲时间和为 $I(\pi)$，即 $I(\pi)=\sum_{i=0}^{n}I_{[i],[i+1]}$。LIH 算法的基本思想是：调用 SG 算法产生初始解 π^0。① 令 $\pi\leftarrow\left(\pi_0^0,\pi_{[1]}^0,\pi_{n+1}^0\right)$，对于 $i=2,3,\cdots,n$，将 $\pi_{[i]}^0$ 插入 π 中位置 $\min\limits_{j=0,\cdots,i-1}\left\{\varDelta_I(\pi_{[i]}^0,j)\right\}$ 之后，并将新的序列作为 π。② 对于 $j=1,2,\cdots,i-1$，计算 $\varDelta_S(j,k)$ $(k=j+1,\cdots,i)$，如果 $\varDelta_S(j,h)=\min\limits_{k=j+1,\cdots,i}\{\varDelta_S(i,k)\}<0$，则对换 $\pi_{[j]}$ 和 $\pi_{[h]}$；如果 $I(\pi)<I(\pi^0)$，则 $\pi^0\leftarrow\pi$，循环上述过程直到 $I(\pi)\geqslant I(\pi^0)$，即总空闲时间和不能再减少为止。大

量试验表明，上述循环次数不超过 4，而且超过 4 时所产生的效果并不明显，所以结束条件可改为 $I(\pi) \geqslant I(\pi^0)$ 或循环次数超过 4。

算法 COMPUTING_L 和 SG 的时间复杂度都为 $O(mn^2)$，算法第 4 步的时间复杂度为 $O(n^3)$，所以 LIH 算法的时间复杂度为 $\max\{O(n^3), O(mn^2)\}$。

算法 25: LIH 算法

```
1  begin
2     调用 COMPUTING_L 计算 L 矩阵;
3     调用 SG 算法产生初始解 π^0，L_Times ← 1;
4     π ← (π^0_0, π^0_[1], π^0_{n+1});
5     for i = 2 to n do
6        C_1 ← M_0， k ← 0;
7        for j = 0 to i − 1 do
8           if C_1 > Δ_I(π^0_[i], j) then
9              C_1 ← Δ_I(π^0_[i], j)， k ← j;
10       将 π^0_[i] 插入 π 中第 k 个任务之后，并将新的序列置为 π;
11       for j = 1 to i − 1 do
12          C_1 ← M_0， h ← j;
13          for k = j + 1 to i do
14             C_2 ← DS(π(j), π(k));
15             if C_1 > C_2 then
16                C_1 ← C_2， h ← j;
17          if C_1 < 0 then
18             对换 π(j) 和 π(h);
19    L_Times ← L_Times + 1;
20    if I(π) < I(π^0) 且 L_Times < 4 then
21       π^0 ← π, 转 4;
22    return C_max.
```

4. 实例说明

例 3.3 一个 6 个任务在 5 台机器上的无等待流水作业加工，其加工时间矩阵如下：

$$\begin{bmatrix} & J_1 & J_2 & J_3 & J_4 & J_5 & J_6 \\ M_1 & 62 & 97 & 4 & 46 & 59 & 42 \\ M_2 & 92 & 36 & 42 & 55 & 90 & 56 \\ M_3 & 65 & 57 & 92 & 50 & 4 & 7 \\ M_4 & 79 & 12 & 83 & 3 & 8 & 95 \\ M_5 & 43 & 13 & 37 & 60 & 16 & 20 \end{bmatrix}$$

对于该实例，算法 LIH 的执行过程如下：

(1) 调用 COMPUTING_L 计算得到的 $\boldsymbol{L}$ 矩阵为

$$\begin{bmatrix} 0 & 0 & 0 & 0 & 0 & 0 & 0 \\ 249 & 202 & 168 & 154 & 161 & 148 & 0 \\ 118 & 118 & 71 & 118 & 118 & 118 & 0 \\ 254 & 202 & 166 & 154 & 161 & 142 & 0 \\ 168 & 168 & 109 & 154 & 161 & 155 & 0 \\ 90 & 118 & 32 & 74 & 87 & 70 & 0 \\ 178 & 178 & 126 & 154 & 161 & 125 & 0 \end{bmatrix}$$

(2) 调用 SG 算法得到 $\pi^0_{[1]}$ 为任务 3，而 $\pi^0_{[6]}$ 为任务 5；SG 算法的第 6 步得到 $p_1 = 2$，$p_2 = 4$，而 $C_1 = -150$，$C_2 = 51$，所以置任务 2 为 $\pi^0_{[2]}$；重新计算得到 $p_1 = 4$，$p_2 = 4$，而 $C_1 = 266$，$C_2 = 51$，所以置任务 4 为 $\pi^0_{[5]}$；重新计算得到 $p_1 = 6$，$p_2 = 6$，而 $C_1 = 290$，$C_2 = 110$，所以置任务 6 为 $\pi^0_{[4]}$；最后剩下的任务 1 为 $\pi^0_{[3]}$。因此，得到的初始解 π^0 的序列为 $(3,2,1,6,4,5)$，其总空闲时间和为 1785。

(3) 第 1 次循环得到的新序列为 $(4,6,3,1,2,5)$，其总空闲时间和为 1425，小于 1785，所以返回继续循环。

(4) 第 2 次循环得到的新序列为 $(3,1,2,4,6,5)$，其总空闲时间和为 1250，小于 1425，所以返回继续循环。

(5) 第 3 次循环得到的新序列为 $(3,1,2,4,6,5)$，其总空闲时间和为 1250，等于 1250，所以退出循环。

(6) 计算得到 $C_{\max}$ 为 535，算法停止。

3.3 混合等待流水车间调度

实际生产中存在一类应用广泛的问题，同时具有经典的排列流水作业调度 (PFSP) 和无等待流水作业调度的特点，该问题称为混合等待流水调度。

3.3.1 问题描述和数学模型

混合等待流水调度问题 (MNWFS) 描述如下：在零时刻 n 个工件 $\mathbb{J}=\{J_i|i=1, 2, \cdots, n\}$ 需要在 m 台机器 $\mathbb{M}=\{M_j|j=1,2,\cdots,m\}$ 上流水加工，每台机器按照相同顺序加工每个工件，在某一时刻一台机器上只能加工一个工件，并且不允许抢占，每个操作的准备时间包含在工件加工时间内。$O_{i,j}$ 表示工件 J_i 在机器 M_j $(i=1, 2,\cdots, n, j=1, 2,\cdots, m)$ 上的加工操作，操作 $O_{i,j}$ 的时间为 $p_{i,j}$ $(p_{i,j}\geqslant 0)$。无等待流水作业调度问题中每个工件在所有机器都有无等待约束，与之不同的是，混合等待流水作业调度问题可能是部分机器有无等待约束，而其余机器等同于 PFSP 中的机器。也就是说，无等待机器与普通机器 (没有无等待约束) 混合。书中用 $\mathbb{M}^w$ 表示普通机器集合，其中包含机器数量 $\xi=|\mathbb{M}^w|$。$\bigcup_{i=1}^{q}\mathbb{M}^i$ 表示无等待机器组，$\mathbb{M}^i$ 表示第 i 个无等待机器组，一共有 q 个无等待机器组。显而易见，$\mathbb{M}^i\bigcap\mathbb{M}^j=\varnothing$ $(i\neq j)$。任何工件在 $\mathbb{M}^i$ $(i=1,2,\cdots,q)$ 中相邻机器上的操作之间不允许等待。而在 $\mathbb{M}^w$ 中的机器没有此约束。比如，假设在一个有 10 台机器的 MNWFS 问题中 M_3、M_4、M_5、M_8 和 M_9 是无等待机器，那么，存在两组无等待机器组 $\mathbb{M}^1=\{M_3, M_4, M_5\}$ 和 $\mathbb{M}^2=\{M_8, M_9\}$，则普通机器组 $\mathbb{M}^w=\{M_1, M_2, M_6, M_7, M_{10}\}$。优化目标是找到一个最小化最大完工时间 $C_{\max}$ 的 n 个工件序列。表 3.1 是书中所用符号含义列表。

表 3.1 符号含义

符号	含义
n	工件数量
m	机器数量
$\mathbb{J}$	工件集合
J_i	集合 $\mathbb{J}$ 中第 i 个工件，$i=0,1,2,\cdots,n$
M_j	集合 $\mathbb{M}$ 中第 j 台机器，$j=0,1,2,\cdots,m$
$O_{i,j}$	工件 J_i 在机器 M_j 上的操作
$p_{i,j}$	操作 $O_{i,j}$ 的执行时间
$\mathbb{M}^w$	普通机器集合
ξ	普通机器数量，即 $\xi=|\mathbb{M}^w|$
M^i	第 i 组无等待机器组
q	无等待机器组数量
$C_{\max}$	最大完工时间或者 makespan
$S_{k,j}$	序列 π 中第 k 个位置的工件在机器 M_j 上的开工时间
$C_{k,j}$	序列 π 中第 k 个位置的工件在机器 M_j 上的完工时间
$d_{i,j,r}^1$	在无等待机器组 $\mathbb{M}^r$ $(r=1,2,\cdots,q)$ 的第一台机器上工件 J_i 的完工时间和工件 J_j 的开工时间最小延迟，其中 J_i 位于 J_j 之前
$d_{i,j,r}^2$	在无等待机器组 $\mathbb{M}^r$ $(r=1,2,\cdots,q)$ 的最后一台机器上工件 J_i 和工件 J_j 的最小完工时间差

为方便描述，在开始调度之前引入虚工件 J_0，另外，每个工件开始加工之前先经过虚机器 M_0 加工。工件 J_0 在所有机器上的加工时间都为 0，所有工件在虚机器 M_0 上的加工时间都为 0，即 $p_{0,j}=0$ $(j=0,1,\cdots,m)$，并且 $p_{i,0}=0$ $(i=0,1,\cdots,n)$。$x_{i,k}$ $(i,\ k\in\{1,2,\cdots,n\})$ 为决策变量。当工件 J_i 位于序列中第 k 个位置时，$x_{i,k}=1$，否则 $x_{i,k}=0$。假设无等待机器组 $\mathbb{M}^i$ 中有 l_i 台机器，即 $\sum_{i=1}^{q} l_i=m-\xi$。那么，$\mathbb{M}^i$ 可以表示为 $\{\mathbb{M}^i_{[1]},\cdots,\mathbb{M}^i_{[l_i]}\}$ $(i=1,2,\cdots,q)$，普通机器集合表示为 $\mathbb{M}^a=\{\mathbb{M}^1_{[1]},\mathbb{M}^2_{[1]},\cdots,\mathbb{M}^q_{[1]}\}$。用 π 表示 n 个工件的序列，即 $\pi=(\pi_{[0]},\pi_{[1]},\pi_{[2]},\cdots,\pi_{[n]})$。

$S_{k,j}$ 表示序列 π 中第 k 个工件在机器 M_j 上的开工时间。$C_{k,j}$ 表示序列 π 中第 k 个工件在机器 M_j 上的完工时间。显然，$S_{0,j}=C_{0,j}=0$ $(j=0,1,\cdots,m)$。该问题的数学模型如下：

$$\min C_{\max}=C_{n,m} \tag{3.27}$$

$$\text{s.t.} \sum_{k=1}^{n} x_{i,k}=1,\quad i=1,2,\cdots,n \tag{3.28}$$

$$\sum_{i=1}^{n} x_{i,k}=1,\quad k=1,2,\cdots,n \tag{3.29}$$

$$C_{k,j}\geqslant C_{k-1,j}+\sum_{i=1}^{n} x_{i,k}p_{i,j},\quad j=1,2,\cdots,m,\quad k=1,2,\cdots,n \tag{3.30}$$

$$C_{k,j}\geqslant C_{k,j-1}+\sum_{i=1}^{n} x_{i,k}p_{i,j},\quad \forall M_j\in\mathbb{M}^w\bigcup\mathbb{M}^a \tag{3.31}$$

$$C_{k,j}=C_{k,j-1}+\sum_{i=1}^{n} x_{i,k}p_{i,j},\quad \forall M_j\in\mathbb{M}-\mathbb{M}^w-\mathbb{M}^a \tag{3.32}$$

$$x_{i,k}\in\Big\{0,\ 1\Big\},\quad i=1,\ 2,\cdots,n,\quad k=1,\ 2,\cdots,n \tag{3.33}$$

公式(3.28)确保每个工件在序列中只出现一次；公式(3.29)保证序列中每个位置只出现一个工件；公式(3.30)表示每台机器上只有加工完前一个工件才能开始加工后一个工件；公式(3.31)表示每个工件只有结束在前面机器上的操作才能开始后面机器上的操作；公式(3.32)表示两个相邻的无等待机器之间的操作必须是连续的；公式(3.33)定义了决策变量。

3.3.2 加速方法

高效的 makespan 计算方法对于求解流水调度问题是至关重要的，对于混合等待流水调度问题也一样。算法 26描述了混合等待流水调度问题中计算 makespan 的传统方法：首先，用 PFSP 问题中计算 makespan 的方法依次计算每个工件的完工时间；然后，通过后移操作进行调整，使其满足无等待约束。计算、调整每个工件完工时间的时间复杂度为 $O(m)$，那么算法 26 的时间复杂度为 $O(mn)$。

既然存在一些无等待机器组，那么有可能利用 Li 等 [301] 提出的快速计算方法提高 makespan 的计算效率。在一个无等待机器组上任何两个相邻工件的距离 (完工时间差) 是固定的，也就是说，该距离与位置无关。本书依然通过依次计算每个工件的完工时间以计算 makespan。不同之处在于，将每个无等待机器组看成一个整体，从而整体机器数量可以看成减少了。

算法 26: GMC (general makespan calculation) 法

```
1  begin
2      for j = 0 to n do
3          C_{0,j} = 0;
4      for k = 1 to n do
5          C_{k,0} ← 0;
6          for j = 1 to m do
7              S_{k,j} ← max{C_{k,j-1}, C_{k-1,j}}, C_{k,j} ← S_{k,j} + p_{π[k],j} ;
8          for u = q to 1 do
9              for j = M^u_{[l_u-1]} to M^u_{[1]} do
10                 C_{k,j} ← S_{k,j+1}, S_{k,j} ← C_{k,j} - p_{π[k],j};
11     return C_{n,m}.
```

首先，计算任意两个工件在任意无等待机器组上的距离 (完工时间差)，并将其记录在矩阵 $\boldsymbol{D}$ 中。对于任意一对工件 J_i 和 J_j $(i \neq j)$，需要计算两个值 $d^1_{i,j,r}$ 和 $d^2_{i,j,r}$。如图 3.6 所示，$d^1_{i,j,r}$ 表示在无等待机器组 $\mathbb{M}^r(r=1,2,\cdots,q)$ 的第一台机器上工件 J_i 的完工时间和工件 J_j 的开工时间的最小延迟。$d^2_{i,j,r}$ 表示在无等待机器组 $\mathbb{M}^r(r=1,2,\cdots,q)$ 的最后一台机器上工件 J_i 和工件 J_j 的最小完工时间差，其中 J_i 位于 J_j 之前。式(3.34) 和式(3.35) 显示 $d^1_{i,j,r}$ 和 $d^2_{i,j,r}$ 的计算方法。

$$d^1_{i,j,r} = d^2_{i,j,r} + \sum_{h=\mathbb{M}^r_{[2]}}^{\mathbb{M}^r_{[l_r]}} p_{i,h} - \sum_{h=\mathbb{M}^r_{[1]}}^{\mathbb{M}^r_{[l_r]}} p_{j,h} \tag{3.34}$$

$$d^2_{i,j,r} = \max_{h \in M^r} \left\{ \sum_{t=h}^{\mathbb{M}^r_{[l_r]}} (p_{j,t} - p_{i,t}) + p_{i,h} \right\} \tag{3.35}$$

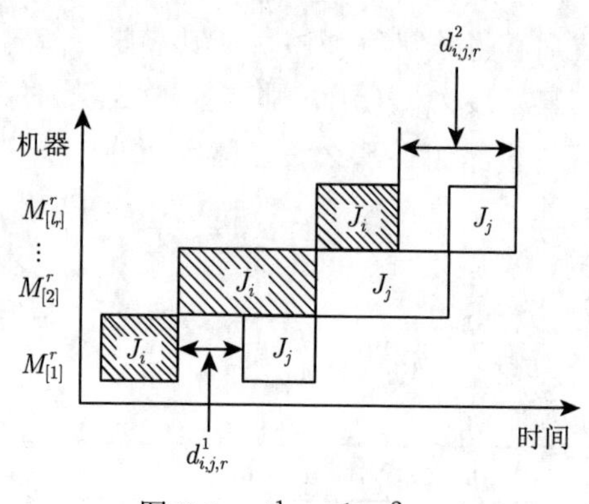

图 3.6　$d_{i,j,r}^1$ 和 $d_{i,j,r}^2$

计算矩阵 $\boldsymbol{D}$ 的时间复杂度是 $O(n^2(m-\xi))$。虽然该时间复杂度大于算法 GMC 的时间复杂度 ($O(mn)$), 但是在整个求解过程矩阵 $\boldsymbol{D}$ 只需要计算一次，并且可以极大地减少整个算法的计算时间。两种 makespan 计算方法对最终搜索效率的影响在后面实验部分对比分析。

通过矩阵 $\boldsymbol{D}$，MWFSP 问题可以转化为含有 $\xi+q$ 台机器的伪 PFSP 问题，也就是说，q 组无等待机器可以看成 q 个人工机器。总之，既然工件在每个无等待机器组中的操作不能等待，那么，可以将工件在一个无等待机器组的所有操作看成一个操作。通过逐渐添加工件到已有序列的方法计算 makespan：假设当前已有序列的最后一个工件为 J_i，添加工件 J_j 到该序列。当将工件 J_j 添加到无等待机器组 $\mathbb{M}^r=\{\mathbb{M}_{[1]}^r,\mathbb{M}_{[2]}^r,\cdots,\mathbb{M}_{[l_r]}^r\}$ (其中，$\mathbb{M}_{[1]}^r=M_k$) 时，为满足 $S_{j,k}\geqslant C_{j,k-1}$，需要将工件 J_j 在 $\mathbb{M}^r$ 上的操作移动距离 $a=\max\{0,\ C_{k,j-1}-C_{k-1,j}-d_{\pi_{[k-1]},x,i}^1\}$，这是与传统 PFSP 问题中计算 makespan 的方法的不同之处。当 $a>0$ 时，工件 J_j 在无等待机器组 $\mathbb{M}^r$ 上的操作需要右移。图 3.7 和图 3.8 分别显示了 $a=0$

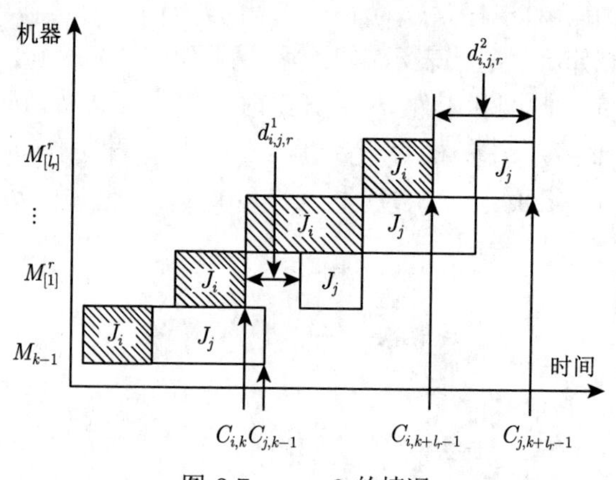

图 3.7　$a=0$ 的情况

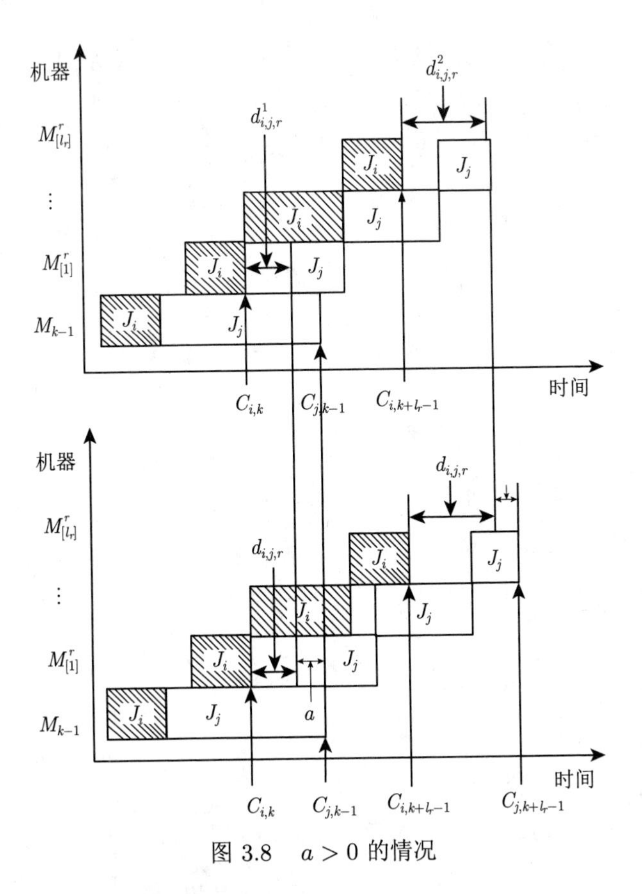

图 3.8　$a > 0$ 的情况

和 $a > 0$ 的情况。本书中将该方法称为 makespan 快速计算 (speed-up makespan calculation，SMC) 方法，具体描述在算法 27 中。既然添加一个新工件到已有部分序列的时间复杂度为 $O(\xi + q)$，显然算法 SMC 的时间复杂度为 $O((\xi + q)n)$。如果 $\xi + q$ 明显小于 m，那么算法 SMC 比算法 GMC 高效很多。

下面给出一个 SMC 计算过程的例子，设有 3 个工件 $\mathbb{J} = \{J_1, J_2, J_3\}$ 和 4 台机器 $\mathbb{M} = \{M_1, M_2, M_3, M_4\}$，其中 M_2、M_3 和 M_4 是无等待机器，形成一个无等待机器组 $\mathbb{M}^1 = \{M_1, M_2, M_3, M_4\}$。各个工件在每个机器上的加工时间如下：

$$[p_{i,j}]_{4\times 3} = \begin{bmatrix} 3 & 5 & 6 \\ 6 & 3 & 2 \\ 1 & 3 & 3 \\ 4 & 2 & 4 \end{bmatrix}$$

工件序列 $\pi = (J_0, J_1, J_2, J_3)$ 的 makespan 计算方法如下：① 通过公式(3.35) 和式(3.34)计算矩阵 $\boldsymbol{D}$，其中，$d^1_{0,1,1} = 0$, $d^2_{0,1,1} = 11$, $d^1_{1,2,1} = 0$, $d^2_{1,2,1} = 3$, $d^1_{2,3,1} = 1$,

$d^2_{2,3,1}=5$。② 通过算法 SMC 计算 π 的 makespan，结果如图 3.9 所示。

算法 27: 快速计算法 SMC

```
1  begin
2      for j = 0 to m do
3          C_{0,j} ← 0;
4      for k = 1 to n do
5          C_{k,0} = 0, v = 1, j = 1;
6          while j ⩽ m do
7              if M_j ∈ 𝕄^w then
8                  S_{k,j} ← max{C_{k,j-1}, C_{k-1,j}};
9                  C_{k,j} ← S_{k,j} + p_{π[k],j};
10                 j ← j + 1;
11             if M_j = 𝕄^v_{[1]} then
12                 if (C_{k,j-1} − C_{k-1,j} ⩽ d^1_{π[k-1],π[k],v}) then
13                     a ← 0;
14                 else
15                     a ← C_{k,j-1} − C_{k-1,j} − d^1_{π[k-1],π[k],v};
16                 C_{k,j} ← C_{k-1,j} + d^1_{π[k-1],π[k],v} + p_{π[k],j} + a;
17                 C_{k,j+l_v-1} ← C_{k-1,j+l_v-1} + d^2_{π[k-1],π[k],v} + a; // l_v 是机器
                       组 𝕄^v 中的机器数量
18                 j ← j + l_v, v ← v + 1;
19     return C_{n,m}.
```

• 最初 π 只包含工件 J_0，虚工件 J_0 在各台机器上的完工时间 $C_{0,j}(j=0,1,\cdots,4)$ 为 0。

• 添加工件 J_1 到序列 π，即 $\pi=(J_0,J_1)$。工件 J_0 在虚机器 M_0 上的完工时间 $C_{1,0}=0$。那么，$S_{1,1}=\max\left\{C_{1,0},C_{0,1}\right\}=\max\left\{0,0\right\}=0$，$C_{1,1}=S_{1,1}+p_{1,1}=0+3=3$。$M_2$ 是无等待机器组 $\mathbb{M}^1$ 的第一台机器。$C_{1,1}-C_{0,2}=3-0>d^1_{0,1,1}=0$，$a=C_{1,1}-C_{0,2}-d^1_{0,1,1}=3-0-0=3>0$。$C_{1,2}=C_{0,2}+d^1_{0,1,1}+p_{1,2}+a=0+0+6+3=9$，$C_{1,4}=C_{0,4}+d^2_{0,1,1}+a=0+11+3=14$。

• 添加工件 J_2 到序列 π，那么工件序列 π 变为 $(J_0,\ J_1,\ J_2)$。计算工件 J_2 在机器 M_1 上的完工时间 $C_{2,1}=C_{1,1}+p_{2,1}=3+5=8$。计算 a 得到 $a=\max\Big\{0,8-$

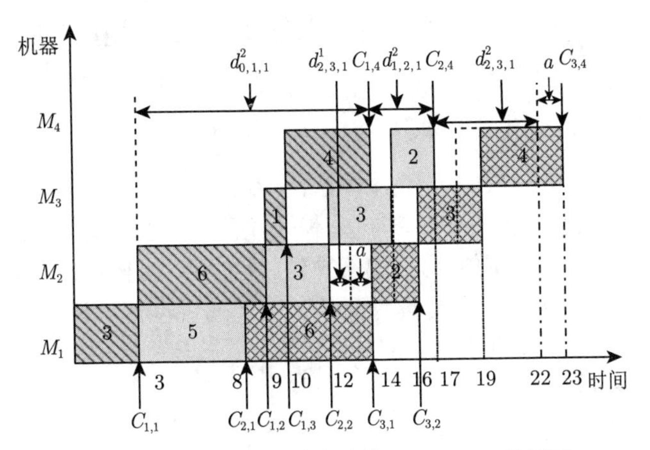

图 3.9 通过 SMC 算法计算 makespan 的例子

$9-0\Big\}=0$，所以工件 J_2 在无等待机器组 $\mathbb{M}^1$ 上的操作不需要右移。工件 J_2 在机器 $\mathbb{M}^1_{[1]}$ (或 M_2) 上操作的完工时间为 $C_{2,2}=C_{1,2}+d^1_{1,2,1}+p_{2,2}+a=9+0+3+0=12$，在机器 $\mathbb{M}^1_{[3]}$ (或 M_4) 上操作的完工时间为 $C_{2,4}=C_{1,4}+d^2_{1,2,1}+a=14+3+0=17$。

• 将工件 J_3 添加到序列 π 之后，工件 J_3 在机器 M_1 上的完工时间 $C_{3,1}=C_{2,1}+p_{3,1}=8+6=14$。因为 $C_{3,1}-C_{2,2}=14-12=2>d^1_{2,3,1}=1$，所以 $a=C_{3,1}-C_{2,2}-d^1_{2,3,1}=2-1=1$，进而可得 $C_{3,2}=C_{2,2}+d^1_{2,3,1}+p_{3,2}+a=12+1+2+1=16$，$C_{3,4}=C_{2,4}+d^2_{2,3,1}+a=17+5+1=23$。由此，最终形成工件序列 π 的 makespan 是 $C_{\max}(\pi)=23$。

此外，在很多算法组件 (如初始化、重构和局部搜索) 中插入和交换操作是两个常用操作。类似于 Li 等 [302] 提出的 PFSP 问题的 makespan 快速计算方法，本书提出伪 PFSP 问题 (即混合等待流水调度) 的 makespan 快速计算方法。给定解的一个邻居解包含两部分：变化部分 (即该邻居不同于给定解的部分序列) 和没有改变的部分。所以，只需要重新计算改变部分的完工时间就可以得到邻居解的 makespan。将这种快速计算策略用于插入邻域搜索 (或交换邻域搜索) 的方法称为快速插入 (快速交换) 搜索。尽管最坏情况下，相比较一般的插入 (交换) 搜索，快速插入 (快速交换) 搜索的时间复杂度并没有降低，但是通常情况下快速方法的计算时间极大地减少了。比如，为求解一个随机产生的包含 500 个工件 20 台机器的实例，分别使用加速操作和一般操作执行算法 MIG (该算法将在算法 31 中详细描述) 的一次迭代过程，比较执行时间。当不使用加速插入 (交换) 操作时，使用 GMC 或 SMC 方法执行算法 MIG 一次迭代过程的时间分别是 387.447s 或 267.331s (除去矩阵 $\boldsymbol{D}$ 的计算时间)。然而，当采用加速插入 (交换) 操作时，使用 GMC 或 SMC 方法执行算法 MIG 一次迭代过程的时间分别是 353.343s 或

211.905s。由此可见，同时使用加速插入 (交换) 和算法 MIG 时，一次迭代的计算时间减少了大约 175s，即节省了 45% 的 CPU 时间。

3.3.3 MWFSP 的迭代贪心算法

迭代贪心 (iterated greedy，IG) 算法由 Ruiz 和 Stützle [298] 首次提出，并被广泛用于求解调度优化问题 [303–305]。基本 IG 算法包含两部分：破坏部分和重构部分，也可以在重构之后增加局部搜索操作。这几部分迭代重复执行。该算法参数少、易于实现。因为 IG 算法具有简单、高效的特性，本章考虑用该算法求解所提问题。书中 IG 算法包含以下部分：初始化、破坏、重构、局部搜索和接受准则。下面对算法进行详细描述。

1. *初始化*

NEH [306] 算法几乎是目前处理流水调度问题最好的启发式算法，甚至优于很多新的启发式算法 [307–311]。Laha 和 Sarin [312] 提出了求解置换流水调度问题的一种基于 NEH 算法的构造式启发算法 (Dipak 算法)。Dipak 算法的主要思想如下：首先，从种子中取出一个工件，将其依次插入已有部分工件序列的各个位置，找到最优位置 x，将该工件插入位置 x，得到新的部分工件序列 π。然后将 π 中的各个工件依次从后向前插入各个位置，找到最好的部分工件序列，更新 π。重复上述过程，直到所有工件都插入 π。相比较基本的 NEH 算法，该算法能搜索得到较好的解，不过时间复杂度比较高。FRB4_k [313] 是基本 NEH 算法和 Dipak 算法的一种折中算法，基于离位置 x 越远对结果影响越小的想法，Dipak 算法与普通 NEH 算法的不同之处在于：类似于 NEH 算法，将某一工件插入以后序列中最好的位置 x 之后，该位置前后各 k 个工件 (即共 $2k$ 个工件) 从后向前分别依次插入 π 的其他各个位置，用搜索得到的最好解更新 π。综合考虑算法的效率和解质量，书中采用 FRB4_k 算法进行初始化，算法 28 对初始化方法进行了详细描述。其中，第 2~5 步的时间复杂度为 $O(mn)$，第 6 步的时间复杂度为 $O(n\log n)$。如果采用快速计算方法，第 8~12 步的时间复杂度为 $O(kn^3(\xi+q))$。所以，算法28的时间复杂度为 $O(kn^3(\xi+q))$。

2. *改进的破坏和重构方法*

本书提出一种改进的破坏和重构 (modified destruction and reconstruction，MDR) 方法，提高搜索的深度和广度。具体过程在算法 29 中详细描述。传统破坏和重构 (traditional destruction and reconstruction，TDR) 操作和 MDR 操作都采用随机破坏操作，但是二者在重构阶段不相同。类似于上面的初始化方法，MDR 中的重构操作采用 FRB4_k 算法 [313] 中的插入方法。换句话说，MDR 操作比 TDR 操作搜索的范围更大。

算法 28: MNEH(k)

```
1  begin
2      for j = 1 to n do
3          P_j ← 0;
4          for i = 1 to m do
5              P_j ← P_j + p_{i,j};
6      根据 P_j 的降序排列，产生初始序列 λ = {λ_[1], λ_[2], ···, λ_[n]};
7      π ← (J_0, λ_[1]);
8      for i = 2 to n do
9          π ← 将 λ_[i] 插入 π 中得到最小 makespan 的位置 x;
10         for x' = max{1, x − k} to min{x + k, i} do
11             π ← 将 π_[x'] 插入 π 中得到最小 makespan 的位置;
12     return π.
```

算法 29: MDR(π, r, k) /* 改进的破坏和重构方法 */

```
1  begin
       // 破坏阶段
2      B = ∅;
3      for i = 0 to r − 1 do
4          从工件序列 π 中随机抽取出工件 B_i;
5          B ← B ∪ {B_i};
       // 重构阶段
6      for i = 0 to r − 1 do
7          π ← 将工件 B_[i] 重新插入 π 中得到最优 C_max 的位置 x;
8          for x' = max{1, x − k} to min{x + k, i} do
9              π ← 将工件 B_[x'] 插入 π 中得到最优 C_max 的位置;
10     return π.
```

3. *局部搜索方法*

使用局部搜索来提高算法 MIG 的搜索深度。在求解调度问题，尤其是流水调度问题时，插入邻域搜索 [298,307,314,315]、交换邻域搜索和可变邻域搜索 (variable neighborhood searches，VNS) [316] 是常用的、有效的局部搜索方法。另外，VND (variable neighborhood descent) 算法 [317] 是 VNS 邻域搜索算法的一个变种。本书中采用 VND 算法进行邻域搜索，该算法包含 $k_{\max}$ 个邻域结构，具体描述在算法 30 中。按照顺序依次搜索每个邻域结构，这里将第 i $(i=1,\cdots,k_{\max})$ 个邻域结构记为 N_i。VND 算法从初始解 π^* 开始搜索。首先，搜索第一个邻域结构得到局部最优解 π^t。如果 π^t 优于 π^*，用 π^t 更新 π^*，重新搜索 π^* 的第一个邻域结构。否则，继续搜索 π^* 的下一个邻域结构。如果搜索过程中找到一个更好的解，那么就更新 π^*，然后从第一个邻域开始搜索。当且仅当搜索完所有邻域结构还找不到更好解的时候，算法停止。求解无等待流水调度问题时，VND 算法可以有效地提高搜索深度。

算法 30: VND(π)

```
1  begin
2      π* ← π; flag ← true;
3      while (flag = true) do
4          flag ← false;
5          i ← 1;
6          while i ⩽ k_max do
7              找到邻域 N_k(π*) 中最好的解放入 π^t;
8              if C_max(π^t) < C_max(π*) then
9                  π* ← π^t;
10                 i ← 1;
11             else
12                 i ← i + 1;
13         if C_max(π^t) < C_max(π*) then
14             flag ← false;
15     return π*.
```

假设 π 是当前解，π^* 为当前最好解，π^s 为种子，π^t 为新构造的解。VND 算法使用的邻域结构如下，其中包含 4 个已经存在的邻域结构和 2 个新提出的邻域结构。

(1) 完全插入邻域结构 (complete insert neighborhood structure，CINS) ：将 π^s 赋值给 π。对每一个工件 $\pi^s_{[i]}$ $(i=1,2,\cdots,n)$ 执行以下操作：① 将 π 赋值给 π^t；② 从序列 π^t 中抽取出工件 $\pi^s_{[i]}$，并将其插入剩余工序 π' 的各个位置；③ 用

新构造的 n 个工件序列中最好的一个更新 π^t；④ 如果 π^t 优于 π^*，用 π^t 更新 π^*。重复上述过程直到 π^s 中的 n 个工件都进行一遍，找到其中最优的解放入序列 π^*。

(2) 贪心插入邻域结构 (greedy insert neighborhood structure，GINS) 是由 Ruiz 等 [298,303] 提出。用 π 初始化 π^*。随机生成工件序列 π^s。对每个工件 $\pi^s_{[i]}$ $(i=1,2,\cdots,n)$ 执行如下操作：① 将 π^* 赋值给 π；② 从序列 π^t 中抽取出工件 $\pi^s_{[i]}$，并将其插入剩余工序 π' 的各个位置；③ 用新构造的 n 个工件序列中最好的一个更新 π^t；④ 如果 π^t 优于 π^*，用 π^t 更新 π^*。重复上述过程，直到 π^s 中的 n 个工件都进行一遍，找到其中最优的解放入序列 π^*。GINS 和 CINS 之间的区别在于：① GINS 中 π^s 随机产生，而在 CINS 中 π^s 被初始化为 π；② GINS 用每一次迭代过程产生的较好解更新 π，而在 CINS 中 π 保持不变。

(3) 完全成对插入邻域结构 (complete pair insert neighborhood structure，CPINS) 类似于 CINS。二者不同之处在于 CPINS 每次抽取和插入一对相邻工件，而不是每次一个工件。该邻域结构由 Ding 等 [304] 提出。

(4) 完全交换邻域结构 (complete swap neighborhood structure，CSNS) 依次交换工件序列 π 中的两个工件，返回最优解。

(5) 贪心成对插入邻域结构 (greedy pair insert neighborhood structure，GPINS) 结合了 CPINS 和 GINS 两种邻域结构。对于每个工件 $\pi^s_{[i]}$ $(i=1,2,\cdots,n)$，从工件序列 π 中抽取出 $\pi^s_{[i]}$ 开始的相邻两个工件，将其依次放入剩余工件序列 π' 的各个位置，其余操作与 GINS 相同。

(6) 完全成对交换邻域结构 (complete pair swap neighborhood structure，CPSNS) 依次交换工件序列 π 中两个相邻工件对，返回最优解。

计算以上 6 个邻域结构的时间复杂度都是 $O(n^2)$。根据 VND 框架和上述不同邻域结构，书中提出 7 个 VND 策略，如表 3.2 所示。

表 3.2 基于不同邻域结构的局部搜索

局部搜索	邻域结构			
	N_1	N_2	N_3	N_4
VND_0	CINS	—	—	—
VND_1	GINS	—	—	—
VND_2	CSNS	CINS	—	—
VND_3	CINS	CSNS	—	—
VND_4	CSNS	CINS	CPINS	—
VND_5	CSNS	GINS	GPINS	CPSNS
VND_6	CSNS	GINS	CPSNS	GPINS

4. 接受准则

在初始解 π 上经过上述操作，产生一个新的解 π''。如果 π'' 优于当前解 π 和当前最优解 π^*，同时用 π'' 替换 π^* 和 π。如果 π'' 优于当前解 π，但是不优于 π^*，用 π'' 替换 π，否则，以一定概率替换 π。本书采用 Hatami 等 [318] 提出的基于相对百分比偏差 (relative percentage deviation，RPD) 的公式 $\mathrm{e}^{-\frac{C_{\max}(\pi'')-C_{\max}(\pi)}{C_{\max}(\pi)}\times 100}$，该方法与一般的迭代贪心算法 [298] 中的接受准则计算方法不同。也就是说，如果 π'' 不优于 π，那么 π 以概率 $\mathrm{e}^{-\frac{C_{\max}(\pi'')-C_{\max}(\pi)}{C_{\max}(\pi)}\times 100}$ 被 π'' 替换。该接受准则不需要计算一般迭代贪心算法中的温度参数，更加简单，同时效果更好。

5. 改进的迭代贪心算法

算法 31 详细描述了求解 MWFSPs 的改进迭代贪心 (modified iterated greedy, MIG) 算法。初始解通过 MNEH 算法构造。MDR 操作和局部搜索迭代执行。与一般的 TDR 操作不同，每次迭代过程中 MDR 操作抽取出的工件数量是变化的。MDR 操作抽取工件数量 r 的初始值为 r_0，即从当前序列 π 中随机抽取出 r_0 个工件，通过 NEH 插入方法将其依次插入剩余工件序列中。然后进行邻域搜索，如果新产生的序列 π'' 优于 π，将 r 重新置为 r_0，否则，r 保持不变。如果经过连续十次迭代依然没有产生更好的解 (通过实验观察发现十代之后解质量几乎不可能再提高了)，r 增加 1。r 的增值不大于 Δr，也就是说，MDR 操作抽取工件数量的范围为 $[r_0, r_0+\Delta r]$。

6. 应用举例

下面考虑一个水果罐头加工过程的应用实例，在该过程中有 10 个主要过程：① 在自动分拣机 M_1 上对水果进行分类和剪枝；② 在机器 M_2 上清洗水果；③ 在自动去皮机 M_3 上去皮、去核；④ 在预煮机 M_4 上预煮水果；⑤ 在机器 M_5 上装罐和注糖；⑥ 在排气机 M_6 上排气；⑦ 在封口机 M_7 上密封罐头；⑧ 在机器 M_8 上消毒和冷却；⑨ 在机器 M_9 上对罐头贴标签；⑩ 在自动装箱机 M_{10} 上装箱。其中，机器 $M_4 \sim M_8$ 需要满足无等待约束。其余的机器是可以等待的。假设有 15 批水果罐头任务 J_1, $J_2, \cdots, J_{15}$ 需要依次在 10 台机器上执行。表 3.3 显示了相应的加工时间。图 3.10 详细描述了通过 MIG 算法求解该实例的主要过程。首先，通过 MNEH 算法产生初始解 π，π 的 makespan 为 6120；接着通过局部搜索方法 VND_5 提高解 π 的性能，此时 π 的 makespan 为 6087，将 π 赋值给当前最优解 π^*；然后从工件序列 π 中取出 4 个工件 (J_{13}, J_{12}, J_1, J_6)，将其依次插入剩余工件序列，得到最好工件序列 π'，其 makespan 为 6176；最后通过在 π' 上执行局部搜索算法 VND_5，搜索得到的最好解放入 π''，其 makespan 依然是 6176，解质量没有提高。因为 π'' 不优于 π，那么以一定概率将 π'' 替换 π。假设

产生随机数 α 的值为 0.21，那么 $\mathrm{e}^{-\{[C_{\max}(\pi'')-C_{\max}(\pi)]/C_{\max}(\pi)\}\times 100}$ 为 0.232，其值大于 α，所以用 π'' 替换 π。然后，再次执行破坏、重构和局部搜索操作，得到一个 makespan 为 6075 的较好解。上述过程 (破坏、重构和局部搜索) 重复迭代执行直到满足停止准则 ($n\times m/2\times t=15\times 10/2\times 30=2250\mathrm{ms}$)。最终获得较优解 $\pi^*=(J_0,J_2,J_4,J_{11},J_{15},J_3,J_{13},J_{14},J_7,J_8,J_{12},\ J_1,J_6,J_9,\ J_{10},\ J_5)$，其 makespan 为 6034。

算法 31: 改进的迭代贪心算法

Input: 参数 r_0, Δr, k

1 **begin**
2 $r\leftarrow r_0,\ x\leftarrow 0$; // x 表示迭代次数
3 通过 MNEH(k) 构造 π，并通过局部搜索算法 LS 提高解质量;
// 7 个局部搜索算法 $\mathrm{VND}_0\sim\mathrm{VND}_6$ 中的一个
4 $\pi^*\leftarrow\pi$;
5 **while** (算法停止准则不满足) **do**
6 $\pi'\leftarrow$ MDR (π,r,k);
7 $\pi''\leftarrow$ 通过 LS 提高 π' 的解质量;
8 **if** $C_{\max}(\pi'')<C_{\max}(\pi)$ **then**
9 $\pi\leftarrow\pi''$; $x\leftarrow 0$; $r\leftarrow r_0$;
10 **if** $C_{\max}(\pi'')<C_{\max}(\pi^*)$ **then**
11 $\pi^*\leftarrow\pi''$;
12 **else**
13 产生 $[0,1]$ 范围内的随机数 α;
14 **if** $\alpha\leqslant\mathrm{e}^{-\{[C_{\max}(\pi'')-C_{\max}(\pi)]/C_{\max}(\pi)\}\times 100}$ **then**
15 $\pi\leftarrow\pi''$;
16 $x\leftarrow x+1$;
17 **if** $x>10$ **then**
18 $r\leftarrow\min\{r+1,\ r_0+\triangle r\}$;
19 **return** $C_{\max}(\pi^*)$.

表 3.3　10 台机器上加工水果罐头的处理时间

	M_1	M_2	M_3	M_4	M_5	M_6	M_7	M_8	M_9	M_{10}
J_1	63	540	420	216	963	144	143	30	196	38
J_2	28	80	360	112	428	52	55	50	784	31
J_3	84	420	480	133	294	112	205	55	785	130
J_4	60	20	0	3	60	12	10	23	83	11
J_5	60	90	180	78	105	27	15	59	57	29
J_6	240	80	420	40	96	88	26	24	97	84
J_7	60	80	180	100	132	68	44	27	136	136
J_8	30	90	120	87	57	66	200	34	123	31
J_9	105	420	480	49	98	119	110	46	80	42
J_{10}	32	120	300	48	244	32	96	14	84	37
J_{11}	120	120	60	14	98	52	13	19	130	21
J_{12}	200	300	480	60	220	90	144	27	427	323
J_{13}	90	270	660	180	954	90	363	54	850	38
J_{14}	105	420	480	91	434	84	128	23	62	95
J_{15}	60	120	540	48	600	120	315	24	424	20

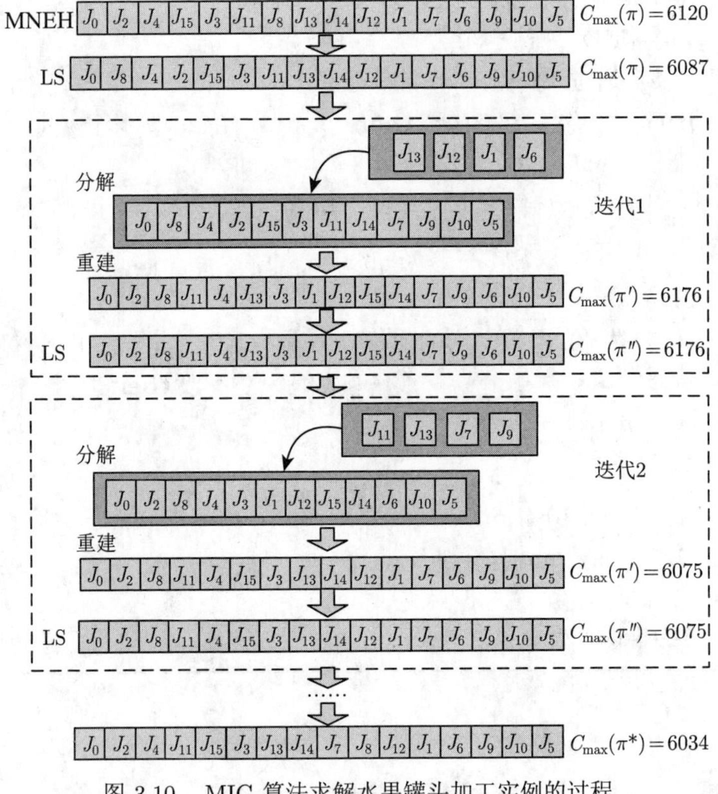

图 3.10　MIG 算法求解水果罐头加工实例的过程

3.4 具有先验知识学习和遗忘效应的两机流水作业调度

首先建立一个带先验知识学习和遗忘效应的学习遗忘效应模型，基于该模型给出两机流水作业调度优化目标 makespan 的求解方式，然后提出 4 个两阶段启发式算法和一个包含 6 个下界的分支限界算法，其中启发式算法得到的最好解作为分支限界算法的初始解。

3.4.1 具有先验知识学习效应和遗忘效应模型

通用学习效应模型可定义为 $f(\sum_{k=1}^{r-1}\beta_k p_{[k]}) = \left(1-\frac{\sum_{k=1}^{r-1}p_{[k]}}{\sum_{k=1}^{n}p_k}\right)^{a_1}$，$g(r) = r^{a_2}$，$a_1 \geqslant 1$，$a_2 < 0$。考虑学习效应后，作业 j 在第一台机器位置 r 上的实际加工时间为

$$a_{jr} = a_j \max\left\{(1-\omega)f\left(\sum_{k=1}^{r-1}\beta_k a_{[k]}\right)g(r), \theta\right\} \tag{3.36}$$

由于第二台机器上常有空闲，空闲会产生遗忘，因此第二台机器同时考虑学习和遗忘效应，并且学习效应占主导地位，遗忘的作用在于削减学习效应。影响遗忘的两个主要因素：中断前已经获得的学习量及中断的长度。因此，我们可以设计具有先验知识学习效应和遗忘效应的学习遗忘效应模型如下 (作业 j 在第二台机器位置 r 上的实际加工时间)：

$$\begin{aligned} b_{jr} = {} & b_j \max\left\{(1-\omega)f\left(\sum_{k=1}^{r-1}\beta_k b_{[k]}\right)g(r), \theta\right\} \\ & + \left[b_j - b_j \max\left\{(1-\omega)f\left(\sum_{k=1}^{r-1}\beta_k b_{[k]}\right)g(r), \theta\right\}\right](1-\mathrm{e}^{-\sigma\sum\limits_{k=1}^{r}I_{[k]}}) \end{aligned} \tag{3.37}$$

其中，$I_{[k]}$ 表示位置 k 上作业的空闲时间；$\sigma < 0$ 表示遗忘因子。设 L 表示学习效果，即 $L = b_j \max\{(1-\omega)f(\sum_{k=1}^{r-1}\beta_k b_{[k]})g(r), \theta\}$，$b_j - L$ 表示已经获得的学习量；M_{jr} 是作业 j 在位置 r 上时，关于该作业与已完成作业的空闲时间和的函数，即 $M_{jr} = 1-\mathrm{e}^{-\sigma\sum_{k=1}^{r}I_{[k]}}$，实质上 M_{jr} 是关于中断的一个函数。此时学习遗忘效应模型可以简化为

$$b_{jr} = L + (b_j - L)M_{jr} \tag{3.38}$$

特别地，当 $M_{jr} = 0$ 时，就与第一台机器上考虑的学习效应模型一致。

3.4.2 带学习和遗忘效应的两机流水作业调度优化目标

本章的优化目标是最小化最大完工时间 (makespan)，即 $C_{\max}$。排列流水作业问题 (PFSP) 的解 φ 是所有 n 个作业的序列，可表示为 $\varphi=\{\varphi_{[1]},\varphi_{[2]},\cdots,\varphi_{[n]}\}$，$\varphi_{[k]}(k\in\{1,2,\cdots,n\})$ 表示 φ 的第 k 个作业。设 C_{ij} 表示作业 j 在机器 $i(i=1,2)$ 上的完工时间，给定一个序列 φ，假定在序列的第 0 个位置有一个虚作业 $\varphi_{[0]}$，且 $C_{2\varphi_{[0]}}=0$。

作业 $\varphi_{[k]}$ 在第一台机器上的完工时间计算公式如下：

$$C_{1\varphi[k]}=\sum_{i=1}^{k}a_{\varphi[i]}\max\left\{(1-\omega)f\left(\sum_{l=1}^{k-1}\beta_l a_{\varphi[l]}\right)g(k),\theta\right\}$$

作业 $\varphi_{[k]}$ 在第二台机器上的空闲时间计算公式如下：

$$I_{\varphi[k]}=\begin{cases}0, & k=1\\ \max\left\{C_{1\varphi[k]}-C_{2\varphi[k-1]},0\right\}, & k>1\end{cases}$$

作业 $\varphi_{[k]}$ 在第二台机器上的完工时间计算公式如下：

$$L=b_{\varphi[k]}\max\left\{(1-\omega)f\left(\sum_{l=1}^{k-1}\beta_l b_{\varphi[l]}\right)g(k),\theta\right\}$$

$$C_{2\varphi[k]}=\max\left\{C_{2\varphi[k-1]},C_{1,\varphi[k]}\right\}+L+(b_{\varphi[k]}-L)\left(1-\mathrm{e}^{-\sigma\sum\limits_{l=1}^{k}I_{\varphi[l]}}\right)$$

序列 φ 中最后一个作业的完工时间 (最大完工时间)：

$$C_{\max}(\varphi)=C_{2\varphi[n]}$$

因此，优化目标可表示为 $C_{\max}(\varphi)$。

3.4.3 启发式算法

经典的优化目标为最小化最大完工时间的两机排列流水作业调度问题可以用 Johnson 规则 [319] 求出最优排列。但是对于具有学习效应的两机排列流水作业调度问题，Johnson 规则不再适用 [264]。为此，提出两阶段算法框架：构造解阶段和提高解阶段。构造解阶段采用 Johnson 规则或贪心规则，其中贪心规则主要避免或者减少第二台机器上的空闲时间；提高解阶段主要采取插入策略或交换策略来提高解质量。基于两阶段算法框架，提出四个启发式算法：JIH (Johnson and insert heuristic)、JSH (Johnson and swap heuristic)、GIH (greedy and insert heuristic) 和 GSH (greedy and swap heuristic)。具体的算法描述如下。

第一阶段：

(1) Johnson 规则

Step1. 构造一个作业的集合 $J_1 = \{J_j \in J | a_j \leqslant b_j\}$；
Step2. 把集合 J_1 上的作业按照 a_j 非减的顺序调度；
Step3. 把集合 $J - J_1$ 上的作业按照 b_j 非增的顺序调度。

(2) 贪心规则

Step1. 构造一个空作业集合 S，$k \leftarrow 0$；
Step2. 构造一个作业的集合 $J_1 = \{J_j \in J | a_j \leqslant b_j\}$，$k \leftarrow 1$；

Step2.1. 如果 J_1 不为空，就从中选择 b_j 最小的作业作为 S 的第一个元素；
Step2.2. 如果 J_1 为空，就从 $J - J_1$ 中选择 a_j 最小的作业作为 S 的第一个元素；
Step2.3. 从集合 J 中删除选择的作业；

Step3. 从集合 J 中选择 $a_j - b_{[k]}$ 最小的作业 J_j 作为 S 的第 $k+1$ 个元素，并把这个作业从集合 J 中删除，$k \leftarrow k+1$。
Step4. 如果 J 不为空，重复 Step3，否则停止。

贪心规则 Step3 中选择 $a_j - b_{[k]}$ 最小的任务，不仅减少了空闲时间，而且对于固定的 $b_{[k]}$，就等同于从剩下的集合中选择 a_j 最小的任务。这相当于在机器 1 运用了 SPT 规则。加工时间越长的任务将被安排在序列越靠后的位置，这就意味着更充分地利用了学习效应。

第二阶段 (改进)：

(1) 插入策略

Step1. 假设 S_0 表示从第一阶段得到的初始解；
Step2. 设 $k \leftarrow 1$，$i \leftarrow k+1$；
Step3. 通过把 S_0 中的作业 $J_{[i]}$ 插入位置 k 上来构造一个新的序列 S_1，如果序列 S_1 的 makespan 比 S_0 的小，就用 S_1 替代 S_0；
Step4. 如果 $i < n$，则 $i \leftarrow i+1$，然后转向 Step3；
Step5. 如果 $k < n-1$，则 $k \leftarrow k+1$，然后转向 Step2，反之停止。

(2) 交换策略

Step1. 假设 S_0 表示从第一阶段得到的初始解；
Step2. 设 $k \leftarrow 1$，$i \leftarrow k+1$；
Step3. 通过把 S_0 中的作业 $J_{[i]}$ 和位置 k 上的作业 $J_{[k]}$ 交换来构造一个新的序列 S_1，如果序列 S_1 的 makespan 比 S_0 的小，就用 S_1 替代 S_0；

Step4. 如果 $i < n$，则 $i \leftarrow i+1$，然后转向 Step3；

Step5. 如果 $k < n-1$，则 $k \leftarrow k+1$，然后转向 Step2，反之停止。

四个算法的第一阶段都涉及排序，所以第一阶段的时间复杂度为 $O(n\log n)$，而第二阶段是一个全序的插入或交换，时间复杂度为 $O(n^2)$。总的来说，四个算法的时间复杂度均为 $O(n^2)$。

3.4.4 分支限界算法

采用分支限界算法来求解小实例问题的最优解，为进行有效搜索，提出 6 个下界并描述整个分支限界算法过程。

1. 下界

此部分我们将针对该问题提出 6 个下界。首先假设 PS 是一个部分调度，其中前 k 个作业的顺序已经确定，并且假设 S 是从 PS 中得到的完整序列。另外用 A 和 B 分别表示序列 PS 中最后一个作业在机器 1 和机器 2 的完工时间，$C_{1[r]}$ 和 $C_{2[r]}$ 分别表示位置 $r(r \in \{1,2,\cdots,n\})$ 上的作业在第一台机器和第二台机器上的完工时间，$a_{[r]}$ 和 $b_{[r]}$ 分别表示位置 r 上的作业在第一台机器和第二台机器上的正常加工时间，$M_{[r]}$ 是关于位置 r 上的作业以及位置 r 之前已完成作业的空闲时间和的函数，具体形式参照 3.4.1 节。根据定义，第 $k+1$ 个作业在机器 1 和机器 2 的完工时间分别为

$$
\begin{aligned}
C_{1[k+1]} &= A + a_{[k+1]} \max\left\{(1-\omega)\left(1-\frac{\sum\limits_{l=1}^{k} a_{[l]}}{\sum\limits_{l=1}^{n} a_{[l]}}\right)^{a_1}(k+1)^{a_2}, \theta\right\} \\
&\geqslant A + a_{[k+1]}(1-\omega)\left(1-\frac{\sum\limits_{l=1}^{k} a_{[l]}}{\sum\limits_{l=1}^{n} a_{[l]}}\right)^{a_1}(k+1)^{a_2}
\end{aligned}
$$

和

$$
\begin{aligned}
C_{2[k+1]} = &\max\left\{C_{1[k+1]}, B\right\} + b_{[k+1]} \max\left\{(1-\omega)\left(1-\frac{\sum\limits_{l=1}^{k} b_{[l]}}{\sum\limits_{l=1}^{n} b_{[l]}}\right)^{a_1}(k+1)^{a_2}, \theta\right\} \\
&+ \left[b_{[k+1]} - b_{[k+1]} \max\left\{(1-\omega)\left(1-\frac{\sum\limits_{l=1}^{k} b_{[l]}}{\sum\limits_{l=1}^{n} b_{[l]}}\right)^{a_1}(k+1)^{a_2}, \theta\right\}\right] M_{[k+1]}
\end{aligned}
$$

$$
\begin{aligned}
&\geqslant C_{1[k+1]} + b_{[k+1]}(1-\omega)\left(1-\frac{\sum\limits_{l=1}^{k} b_{[l]}}{\sum\limits_{l=1}^{n} b_{[l]}}\right)^{a_1}(k+1)^{a_2}\\
&\quad + \left[b_{[k+1]} - b_{[k+1]}(1-\omega)\left(1-\frac{\sum\limits_{l=1}^{k} b_{[l]}}{\sum\limits_{l=1}^{n} b_{[l]}}\right)^{a_1}(k+1)^{a_2}\right]M_{[k+1]}\\
&\geqslant A + a_{[k+1]}(1-\omega)\left(1-\frac{\sum\limits_{l=1}^{k} a_{[l]}}{\sum\limits_{l=1}^{n} a_{[l]}}\right)^{a_1}(k+1)^{a_2}\\
&\quad + b_{[k+1]}(1-\omega)\left(1-\frac{\sum\limits_{l=1}^{k} b_{[l]}}{\sum\limits_{l=1}^{n} b_{[l]}}\right)^{a_1}(k+1)^{a_2}\\
&\quad + \left[b_{[k+1]} - b_{[k+1]}(1-\omega)\left(1-\frac{\sum\limits_{l=1}^{k} b_{[l]}}{\sum\limits_{l=1}^{n} b_{[l]}}\right)^{a_1}(k+1)^{a_2}\right]M_{[k+1]}
\end{aligned}
$$

类似地，最后一个作业在机器 M_1 和 M_2 的完工时间分别为

$$
C_{1[n]} \geqslant A + \sum_{i=1}^{n-k} a_{[k+i]}(1-\omega)\left(1-\frac{\sum\limits_{l=1}^{k} a_{[l]} + \sum\limits_{l=1}^{i-1} a_{[k+l]}}{\sum\limits_{l=1}^{n} a_{[l]}}\right)^{a_1}(k+i)^{a_2} \tag{3.39}
$$

和

$$
\begin{aligned}
C_{2[n]} \geqslant & A + \sum_{i=1}^{n-k} a_{[k+i]}(1-\omega)\left(1-\frac{\sum\limits_{l=1}^{k} a_{[l]} + \sum\limits_{l=1}^{i-1} a_{[k+l]}}{\sum\limits_{l=1}^{n} a_{[l]}}\right)^{a_1}(k+i)^{a_2}\\
& + b_{[n]}(1-\omega)\left(1-\frac{\sum\limits_{l=1}^{k} b_{[l]} + \sum\limits_{l=1}^{n-k-1} b_{[k+l]}}{\sum\limits_{l=1}^{n} b_{[l]}}\right)^{a_1} n^{a_2}
\end{aligned}
$$

$$
\begin{aligned}
&+\left[b_{[n]}-b_{[n]}(1-\omega)\left(1-\frac{\sum\limits_{l=1}^{k} b_{[l]}+\sum\limits_{l=1}^{n-k-1} b_{[k+l]}}{\sum\limits_{l=1}^{n} b_{[l]}}\right)^{a_1} n^{a_2}\right] M_{[n]} \\
&=A+\sum_{i=1}^{n-k} a_{[k+i]}(1-\omega)\left(1-\frac{\sum\limits_{l=1}^{k} a_{[l]}+\sum\limits_{l=1}^{i-1} a_{[k+l]}}{\sum\limits_{l=1}^{n} a_{[l]}}\right)^{a_1}(k+i)^{a_2} \\
&+b_{[n]}\left[(1-\omega)\left(1-\frac{\sum\limits_{l=1}^{k} b_{[l]}+\sum\limits_{l=1}^{n-k-1} b_{[k+l]}}{\sum\limits_{l=1}^{n} b_{[l]}}\right)^{a_1} n^{a_2}(1-M_{[n]})+M_{[n]}\right] \\
&\geqslant A+\sum_{i=1}^{n-k} a_{[k+i]}(1-\omega)\left(1-\frac{\sum\limits_{l=1}^{k} a_{[l]}+\sum\limits_{l=1}^{i-1} a_{[k+l]}}{\sum\limits_{l=1}^{n} a_{[l]}}\right)^{a_1}(k+i)^{a_2} \\
&+b_{[n]}\left[(1-\omega)\left(1-\frac{\sum\limits_{l=1}^{k} b_{[l]}+\sum\limits_{l=1}^{n-k-1} b_{[k+l]}}{\sum\limits_{l=1}^{n} b_{[l]}}\right)^{a_1} n^{a_2}(1-M_{n1})+M_{n2}\right]
\end{aligned}
\tag{3.40}
$$

其中，$M_{[n]}=1-\mathrm{e}^{-\sigma \sum_{l=1}^{n} I_{[l]}}$，$M_{n1}=1-\mathrm{e}^{-\sigma\left(\sum_{l=1}^{n} I_{[l]}+\sum_{l=1}^{n-k} a_{[k+l]}\right)}$，$M_{n2}=1-\mathrm{e}^{-\sigma \sum_{l=1}^{k} I_{[l]}}$。$M_{n1}$ 和 M_{n2} 是对 $M_{[n]}$ 进行数学缩放所得，M_{n1} 表示除了部分序列的空闲时间和，剩下未调度序列按照最大空闲时间计算，M_{n2} 表示只计算目前部分序列的空闲时间和。

式 (3.40) 右边的第一个分量是已知的，部分序列 PS 的完工时间的下界可以通过第二个和第三个分量来获得。因为 $(1-\omega)\left(1-\frac{\sum_{l=1}^{k} a_{[l]}+\sum_{l=1}^{i-1} a_{[k+l]}}{\sum_{l=1}^{n} a_{[l]}}\right)^{a_1}$ $(k+i)^{a_2}$ 的值是一个关于 i 的递减函数，所以在机器 1 上按照未调度作业的最短加工时间 (SPT) 规则可以得到第二个分量的最小值。同时，由于 $(1-\omega)\left(1-\frac{\sum_{l=1}^{k} b_{[l]}+\sum_{l=1}^{i-1} b_{[k+l]}}{\sum_{l=1}^{n} b_{[l]}}\right)^{a_1}$ $(k+i)^{a_2}$ 的值是一个关于 i 的递减函数，所以在机器 2 上按照未调度作业的最长加工时间 (LPT) 规则可以得到第三个分

量的最小值。结果第一个下界为

$$
\begin{aligned}
\mathrm{LB}_1 =& A+\sum_{i=1}^{n-k} a_{(k+i)}(1-\omega)\left(1-\frac{\sum\limits_{l=1}^{k} a_{[l]}+\sum\limits_{l=1}^{i-1} a_{(k+l)}}{\sum\limits_{l=1}^{n} a_{[l]}}\right)^{a_1}(k+i)^{a_2} \\
&+b_{(n)}\left[(1-\omega)\left(1-\frac{\sum\limits_{l=1}^{k} b_{[l]}+\sum\limits_{l=1}^{n-k-1} b_{(k+l)}}{\sum\limits_{l=1}^{n} b_{[l]}}\right)^{a_1} n^{a_2}(1-M_{n1})+M_{n2}\right]
\end{aligned} \tag{3.41}
$$

其中，$a_{(k+1)} \leqslant a_{(k+2)} \leqslant \cdots \leqslant a_{(n)}$ 和 $b_{(k+1)} \geqslant b_{(k+2)} \geqslant \cdots \geqslant b_{(n)}$ 表示在机器 1 上采用未调度作业处理时间非减的顺序，在机器 2 上采用未调度作业处理时间非增的顺序。另外，如果学习效应比阈值 θ 小或者机器 2 上没有空闲或者不考虑第二台机器上空闲产生的遗忘，这个下界可能不紧。为了克服这些情况，建立以下 5 个下界：

$$
\mathrm{LB}_2 = A+\theta\sum_{i=1}^{n-k} a_{(k+i)}+b_{(n)}[\theta(1-M_{n1})+M_{n2}] \tag{3.42}
$$

$$
\begin{aligned}
\mathrm{LB}_3 =& A+\sum_{i=1}^{n-k} a_{(k+i)}(1-\omega)\left(1-\frac{\sum\limits_{l=1}^{k} a_{[l]}+\sum\limits_{l=1}^{i-1} a_{(k+l)}}{\sum\limits_{l=1}^{n} a_{[l]}}\right)^{a_1}(k+i)^{a_2} \\
&+b_{(n)}(1-\omega)\left(1-\frac{\sum\limits_{l=1}^{k} b_{[l]}+\sum\limits_{l=1}^{n-k-1} b_{(k+l)}}{\sum\limits_{l=1}^{n} b_{[l]}}\right)^{a_1} n^{a_2}
\end{aligned} \tag{3.43}
$$

$$
\mathrm{LB}_4 = A+\theta\sum_{i=1}^{n-k} a_{(k+i)}+b_{(n)}\theta \tag{3.44}
$$

$$
\begin{aligned}
\mathrm{LB}_5 =& B+\sum_{i=1}^{n-k} b_{[k+i]}\left[(1-\omega)\left(1-\frac{\sum\limits_{l=1}^{k} b_{[l]}+\sum\limits_{l=1}^{i-1} b_{[k+l]}}{\sum\limits_{l=1}^{n} b_{l}}\right)^{a_1}\right. \\
&\left.(k+i)^{a_2}(1-M_{[k]})+M_{[k]}\right]
\end{aligned} \tag{3.45}
$$

$$\mathrm{LB}_6 = B + \sum_{i=1}^{n-k} b_{(k+i)}[(1 - M_{[k]})\theta + M_{[k]}] \tag{3.46}$$

其中，式 (3.45) 中 $b_{(k+1)} \leqslant b_{(k+2)} \leqslant \cdots \leqslant b_{(n)}$ 表示在机器 2 上采用未调度作业处理时间非减的顺序。为了使下界更紧，从式 (3.41)~ 式 (3.46) 中选择最大的值作为 PS 的下界，换言之，$\mathrm{LB} = \max\{\mathrm{LB}_1, \mathrm{LB}_2, \mathrm{LB}_3, \mathrm{LB}_4, \mathrm{LB}_5, \mathrm{LB}_6\}$。

2. 算法描述

该问题的分支限界算法采用深度优先的策略。首先应用启发式算法构造一个初始解，然后以一种向前的方式从第一个位置开始指派作业。在搜索树中，选择一个分支一直指派下去，直到根据下界剪掉这个分支或者到达这个分支的叶子节点。对叶子节点计算目标函数的值，如果比初始解更好则替换初始解，否则剪掉。具体算法描述如下：

Step1. 应用启发式算法 JIH、JSH、GIH 和 GSH 中最好的作为初始解。

Step2. 从序列的起点开始指派作业，依次向前移动一步。

Step3. 第 k 层节点的前 k 个位置已经被 k 个特别的作业占据了，只要从剩下的 $n-k$ 个作业中选择一个作为 $k+1$ 层的节点即可。

Step4. 计算这个节点的下界，如果对于未解决的部分序列的下界比初始解的值大，则剪掉这个节点以及属于这个分支的所有节点。计算完整调度的最大完工时间，如果这个值比初始解的值小，就用这个新解替代初始解，反之则把它剪掉。

Step5. 继续搜索所有的节点，最后剩下来的解就是最优的。

3. 实验与分析

分支限界算法和启发式算法 Johnson、贪心、JIH、JSH、GIH 和 GSH 都用 Java 语言实现，运行在 Intel(R) Core(TM) i5-3470 CPU @ 3.20GHz、1GB 内存、操作系统为 Win7 的 PC 机上。作业在机器 M_1 和 M_2 上的加工时间均产生自 [1, 100] 的均匀分布。

本书仅给出小实例下分支限界算法和 4 个启发式算法的性能对比结果。考虑 5 种不同作业规模，$n = 8, 9, 10, 11, 12$，每种规模随机产生 20 个实例，一共 100 个实例用于实验。对于所有的实例，可设置先验知识 ω 的取值为 0.1、0.15 和 0.2，阈值 θ 取值为 0.25、0.5 和 0.75 [263]，学习因子 α_1 的取值为 1.001、1.01 和 1.1 [263]，学习因子 α_2 的取值为 −0.152、−0.322 和 −0.515 [320]，遗忘因子 σ 的取值为 0.01、0.015 和 0.02。一共 243 种实验参数组合。对于分支限界算法，记录平均节点数、最大节点数、平均执行时间和最大执行时间 (单位：s)；对于启发式算法，记录平均错误率 (error percentage，ERP) 和最大错误率。启发式算法的错误率

表 3.4 分支限界算法和启发式算法的效果

参数	数值	分支限界				误差百分比/%											
		CPU 时间		节点数量		Johnson		贪心		JIH		JSH		GIH		GSH	
		均值	最大值	均值	最大值	均值	最大值	均值	最大值	均值	最大值	均值	最大值	均值	最大值	均值	最大值
n	8	0.019	0.172	1,826	13,714	2.764	25.190	10.472	41.110	**0.328**	6.040	0.531	9.950	3.080	20.000	2.370	19.920
	9	0.126	1.748	10,807	107,003	3.383	41.270	11.887	78.580	**0.369**	7.280	0.397	15.750	3.797	25.980	2.576	25.980
	10	0.743	10.494	57,920	758,082	2.333	22.030	8.371	56.570	0.662	8.180	**0.639**	9.600	4.196	34.140	3.117	29.350
	11	14.431	143.950	1,019,567	9,757,849	2.766	31.240	6.685	38.420	0.382	4.040	**0.299**	4.080	1.933	21.750	1.317	26.040
	12	129.546	1780.594	7,961,833	108,070,665	2.526	21.440	6.551	29.910	0.465	5.310	**0.290**	9.240	2.320	18.500	1.725	21.310
θ	0.25	0.246	17.593	17,496	1,246,404	6.611	41.270	11.472	78.580	1.130	8.180	**1.017**	15.750	2.906	34.140	2.214	29.350
	0.5	4.007	1743.674	260,095	108,070,665	1.495	20.480	8.335	48.080	**0.187**	3.100	0.262	6.530	3.433	21.560	2.377	21.290
	0.75	82.666	1780.594	5,153,581	104,476,074	0.157	7.670	6.573	28.180	**0.006**	0.490	0.015	1.680	2.856	15.690	2.073	15.690
ω	0.1	27.899	1780.594	1,731,177	104,476,074	2.989	39.860	8.812	74.440	0.481	8.180	**0.464**	15.750	3.027	27.040	2.126	29.350
	0.15	29.464	1722.219	1,844,283	101,153,008	2.755	40.920	8.785	76.560	0.448	7.880	**0.435**	15.250	3.073	34.140	2.235	27.570
	0.2	29.556	1743.674	1,855,711	108,070,665	2.519	41.270	8.783	78.580	**0.395**	7.000	0.395	14.230	3.095	32.490	2.303	26.940
α_1	1.001	29.448	1779.125	1,803,031	104,476,074	2.771	40.520	8.793	77.610	0.448	7.880	**0.434**	15.260	3.059	34.140	2.218	28.820
	1.01	28.639	1699.345	1,797,965	104,476,074	2.767	40.590	8.793	77.700	0.446	7.850	**0.432**	15.280	3.062	34.090	2.218	28.870
	1.1	28.833	1780.594	1,830,175	108,070,665	2.726	41.270	8.794	78.580	0.429	8.180	**0.428**	15.750	3.075	33.600	2.227	29.350
α_2	−0.152	24.803	1710.687	1,572,148	102,478,930	2.197	37.600	8.620	78.580	**0.326**	4.400	0.337	7.040	2.830	18.850	2.123	18.410
	−0.322	29.643	1778.953	1,839,400	104,476,074	2.912	41.270	8.854	76.140	0.504	6.970	**0.451**	15.750	3.145	21.900	2.272	22.730
	−0.515	32.474	1780.594	2,019,623	108,070,665	3.154	38.480	8.906	68.050	**0.493**	8.180	0.506	13.600	3.221	34.140	2.268	29.350
σ	0.01	29.069	1780.187	1,817,436	108,070,665	2.576	31.240	8.149	53.700	0.421	6.610	**0.398**	9.600	2.877	26.980	1.991	21.290
	0.015	29.072	1780.594	1,815,791	108,070,665	2.746	31.500	8.833	66.790	0.441	7.880	**0.435**	9.950	3.111	28.610	2.247	29.350
	0.02	28.778	1778.953	1,797,944	108,070,665	2.942	41.270	9.399	78.580	0.461	8.180	**0.461**	15.750	3.208	34.140	2.426	28.660

计算方式如下：

$$\mathrm{ERP} = \frac{V - V^*}{V^*} \times 100\%$$

其中，V 表示 4 个启发式算法之一求得的 makespan；V^* 表示分支限界算法求得的 makespan。启发式算法的执行时间没有给出，因为大多数实例的解决不花费时间 (CPU 时间为 0)，其他的最多在 1s 内完成。下界的作用主要体现在分支限界算法效率上，表现为已经搜索的节点个数。结果如表 3.4 所示。

从表 3.4 中可以发现：分支限界算法在合理的时间内最多可以解决作业规模为 12 的实例，但是随着实例规模增大，它的平均执行时间和平均节点数急剧增大；此外随着阈值 θ 增大，分支限界算法的执行时间和节点数也是急剧增大。从平均错误率和最大错误率的角度看，JIH 和 JSH 算法都很好，但 JSH 算法好的情况更多一些，对于所有的实例和参数组合，它的错误率通常不超过 1%；另外在小实例情况下贪心算法不如 Johnson 规则，采取改进策略后依然不如采用同样改进策略的 Johnson 规则。

3.5　带学习效应的流水作业调度

设 n 个任务 $J_1, J_2, \cdots, J_n$ 需要在 m 台机器 $M_1, M_2, \cdots, M_m$ 上加工。对于任务 J_j 需要在 m 台虚拟机上处理，记为 $O_{1,j}, O_{2,j}, \cdots, O_{m,j}$ 共 m 个操作。规定操作 $O_{i,j}$ 结束之后 $O_{(i+1),j}$ 操作就开始，并且不允许有抢占。每一台虚拟机每一个时刻只可以处理一个任务，一个任务同一时刻也会在一台虚拟机上处理。设 $p_{i,j}$ 表示操作 $O_{i,j}$ 的实际加工时间，$p_i^{[k]}$ 表示任务被调度到机器 M_i $(i = 1, 2, \cdots, m)$ 上的第 k 位置的基本加工时间。$p_{i,j,r}$ 表示一个序列中的 r 位置上的任务 J_j $(j = 1, 2, \cdots, n)$ 在机器 M_i $(i = 1, 2, \cdots, m)$ 上的实际加工时间，ω_j 表示权重，d_j 表示截止期。类似于第 2 章讨论的单机任务调度问题，将第 2 章构造的基于位置和开工时间的学习效应模型扩展到流水车间作业调度：

$$p_{i,j,r} = p_{i,j} \left(1 - \sum_{k=1}^{r-1} \beta_k \ln p_i^{[k]} \Big/ \sum_{k=1}^{n} p_{m,k}\right)^{a_1} r^{a_2} \tag{3.47}$$

其中，$i = 1, 2, \cdots, m; j, r = 1, 2, \cdots, n$；$a_1 \geqslant 1$，$a_2 < 0$，是基于学习效应因子；$\beta_k > 0$，是位置 k 对应的权重，并且 $0 < \beta_1 \leqslant \beta_2 \leqslant \cdots \leqslant \beta_n \leqslant 1$。设 $\pi = (S_1, J_h, J_g, S_2)$ 是一个由 n 个任务组成的序列，在这个序列中添加两个虚拟任务 $J_{[0]}$ 和 $J_{[n+1]}$，这两个任务的执行时间为 0，它们分别被添加在序列 π 的第一个任务之前和最后一个任务之后。序列 π' 是将序列 π 中相邻的两个任务 J_g 和 J_h 交换位置，即 $\pi' = (S_1, J_g, J_h, S_2)$。$S_1$ 和 S_2 分别表示两个没有变化的部分，即两个序列共同的部分。S_1 包含除了任务 $J_{[0]}$ 之外的 $r-1$ 个任务，它的开始时

间为 0 时刻，S_2 包含除了任务 $J_{[n+1]}$ 之外的 $n-r-1$ 个任务。$J_{[l]}$ 表示序列 π 中第 l 个任务。序列 π 和 π' 的相互关系图见图 2.5。$C_{i,j}=C_{i,j}(\pi)$ 表示一个调度序列 $\pi=(J_1,J_2,\cdots,J_n)$ 中任务 J_j 的操作 $O_{i,j}$ 的完工时间，$C_j=C_{m,j}(\pi)$ 表示一个给定调度序列 $\pi=(J_1,J_2,\cdots,J_n)=(J_{[1]},J_{[2]},\cdots,J_{[n]})$ 中任务 J_j 的完工时间。

3.5.1　有支配关系的流水车间作业任务调度

机器 M_l 被机器 M_k 支配 (记为：$M_l \prec M_k$) 是指 $\max\limits_{j=1,2,\cdots,n}\{p_{l,j}\}\leqslant \min\limits_{j=1,2,\cdots,n}\{p_{k,j}\}$。在一个由 m 个机器组成的流水任务调度问题中，当 $M_1\prec M_2\prec\cdots\prec M_m$ 时，机器叫作具有递增支配特性的机器 (简记为：idm)。对于一个给定的调度序列 $\pi=(J_1,\cdots,J_{r-1},J_h,J_g,\cdots,J_n)$ (此时 $\pi=(J_{[1]},\cdots,J_{[r-1]},J_h,J_g,\cdots,J_{[n]})$)，这也可以表示为 (S_1,J_h,J_g,S_2)，其中，对于每一个 i $(i=1,2,\cdots,m)$ 和 j $(j=1,2,\cdots,n)$，由于 $M_1\prec M_2\prec\cdots\prec M_m$，操作 $O_{i,j}$ 执行结束而操作 $O_{i,(j+1)}$ 立刻执行。那么有

$$
\begin{aligned}
&C_1=\sum_{i=1}^{m}p_{i,1}\\
&C_2=C_1+p_{m,2}\left(1-\beta_1\ln p_m^{[1]}\Big/\sum_{k=1}^{n}p_{m,k}\right)^{a_1}2^{a_2}\\
&\cdots\cdots\\
&C_h=C_1+\sum_{j=2}^{r}p_{m,j}\left(1-\sum_{k=1}^{j-1}\beta_k\ln p_m^{[k]}\Big/\sum_{k=1}^{n}p_{m,k}\right)^{a_1}j^{a_2}\\
&C_g=C_1+\sum_{j=2}^{r+1}p_{m,j}\left(1-\sum_{k=1}^{j-1}\beta_k\ln p_m^{[k]}\Big/\sum_{k=1}^{n}p_{m,k}\right)^{a_1}j^{a_2}\\
&\cdots\cdots\\
&C_n=C_1+\sum_{j=2}^{n}p_{m,j}\left(1-\sum_{k=1}^{j-1}\beta_k\ln p_m^{[k]}\Big/\sum_{k=1}^{n}p_{m,k}\right)^{a_1}j^{a_2}
\end{aligned}
$$

3.5.2　支配流水车间作业调度最优解规则

定理 3.15　问题 $F_m|p_{i,j,r}=p_{i,j}(1-\sum_{k=1}^{r-1}\beta_k\ln p_i^{[k]}/\sum_{k=1}^{n}p_{m,k})^{a_1}r^{a_2},idm|C_{\max}$ 的最优解序列是将任务按照它的基本加工时间 $p_{m,g}$ 非降排序后的序列 (SPT 规则)。

证明　假设 $p_{m,h} \leqslant p_{m,g}$，序列 π 和 π' 表示见图 3.11。

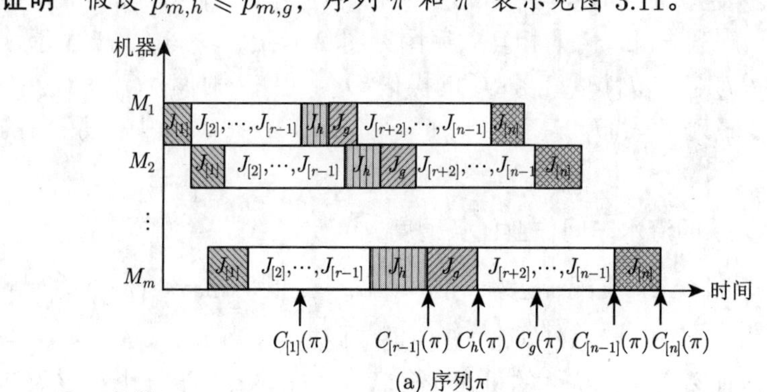

(a) 序列π

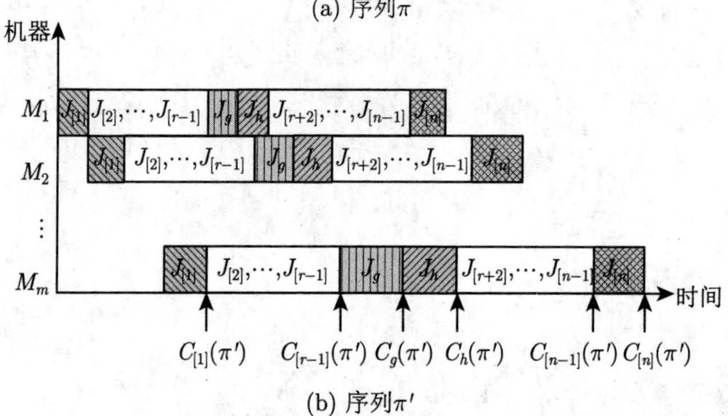

(b) 序列π'

图 3.11　具有支配特性的排列流水车间任务调度问题中交换相邻的两个任务

(1) 如果 $J_l \in S_1$，那么 $C_l(\pi) \equiv C_l(\pi')$。

(2) 对于任务 J_h 和 J_g，有

$$
\begin{aligned}
& C_g(\pi') - C_h(\pi) \\
=& C_1 + \sum_{j=2}^{r} p_{m,j}(\pi')\left(1 - \sum_{k=1}^{j-1} \beta_k \ln p_m^{[k]}(\pi') \Big/ \sum_{k=1}^{n} p_{m,k}\right)^{a_1} j^{a_2} \\
& - \left\{C_1 + \sum_{j=2}^{r} p_{m,j}(\pi)\left(1 - \sum_{k=1}^{j-1} \beta_k \ln p_m^{[k]}(\pi) \Big/ \sum_{k=1}^{n} p_{m,k}\right)^{a_1} j^{a_2}\right\} \\
=& (p_{m,g} - p_{m,h})\left(1 - \sum_{k=1}^{r-1} \beta_k \ln p_m^{[k]}(\pi) \Big/ \sum_{k=1}^{n} p_{m,k}\right)^{a_1} r^{a_2} \geqslant 0
\end{aligned}
$$

$$
\begin{aligned}
& C_h(\pi') - C_g(\pi) \\
=& p_{m,h}\left(1 - \sum_{k=1}^{r} \beta_k \ln p_m^{[k]}(\pi') \Big/ \sum_{k=1}^{n} p_{m,k}\right)^{a_1} (r+1)^{a_2}
\end{aligned}
$$

$$+p_{m,g}\left(1-\sum_{k=1}^{r-1}\beta_k\ln p_m^{[k]}(\pi')\Big/\sum_{k=1}^{n}p_{m,k}\right)^{a_1}r^{a_2}$$

$$-p_{m,g}\left(1-\sum_{k=1}^{r}\beta_k\ln p_m^{[k]}(\pi)\Big/\sum_{k=1}^{n}p_{m,k}\right)^{a_1}(r+1)^{a_2}$$

$$-p_{m,h}\left(1-\sum_{k=1}^{r-1}\beta_k\ln p_m^{[k]}(\pi)\Big/\sum_{k=1}^{n}p_{m,k}\right)^{a_1}r^{a_2}$$

设 $\lambda=p_{m,g}/p_{m,h}$，$d=\sum_{k=1}^{n}p_{m,k}$，$c=\ln p_{m,h}>a_1$，$\sum_{k=1}^{r-1}\beta_k\ln p_m^{[k]}(\pi')=\sum_{k=1}^{r-1}\beta_k\ln p_m^{[k]}(\pi)=x>0$，$l=1+1/r>1$，那么

$$\begin{aligned}&C_h(\pi')-C_g(\pi)\\=&p_{m,h}d^{-a_1}r^{a_2}\left[\left(d-\sum_{k=1}^{r}\beta_k\ln p_m^{[k]}(\pi')\right)^{a_1}(1+1/r)^{a_2}\right.\\&\left.-\left(d-\sum_{k=1}^{r-1}\beta_k\ln p_m^{[k]}(\pi)\right)^{a_1}\right]\\&-\lambda p_{m,h}d^{-a_1}r^{a_2}\left[\left(d-\sum_{k=1}^{r}\beta_k\ln p_m^{[k]}(\pi)\right)^{a_1}(1+1/r)^{a_2}\right.\\&\left.-\left(d-\sum_{k=1}^{r-1}\beta_k\ln p_m^{[k]}(\pi')\right)^{a_1}\right]\\=&p_{m,h}d^{-a_1}r^{a_2}[(d-x-\beta_r\ln p_{m,g})^{a_1}(1+1/r)^{a_2}-(d-x)^{a_1}]\\&-\lambda p_{m,h}d^{-a_1}r^{a_2}[(d-x-\beta_r\ln p_{m,h})^{a_1}(1+1/r)^{a_2}-(d-x)^{a_1}]\\=&p_{m,h}d^{-a_1}r^{a_2}(d-x)^{a_1}(\{[1-\beta_r(c+\ln\lambda)/(d-x)]^{a_1}l^{a_2}-1\}\\&+\lambda\{1-[1-\beta_rc/(d-x)]^{a_1}l^{a_2}\})\overset{\text{定理 3.14}}{\geqslant}0\end{aligned}$$

那么 $C_h(\pi')\geqslant C_g(\pi)$。

(3) 如果 $l=r+2$，即 $J_l\in S_2$，那么

$$\begin{aligned}C_l(\pi)=&C_{[r+1]}(\pi)+p_m^{[r+2]}\left[1-\sum_{k=1}^{r+1}\beta_k\ln p_m^{[k]}(\pi)\Big/\sum_{k=1}^{n}p_{m,k}\right]^{a_1}(r+2)^{a_2}\\=&C_g(\pi)+p_m^{[r+2]}\left\{1-\left[\sum_{k=1}^{r-1}\beta_k\ln p_m^{[k]}(\pi)+\beta_r\ln p_{m,h}\right.\right.\\&\left.\left.+\beta_{r+1}\ln p_{m,g}\right]\Big/\sum_{k=1}^{n}p_{m,k}\right\}^{a_1}(r+2)^{a_2}\end{aligned}$$

$$C_l(\pi')=C_{[r+1]}(\pi')+p_m^{[r+2]}\left[1-\sum_{k=1}^{r+1}\beta_k\ln p_m^{[k]}(\pi')\Big/\sum_{k=1}^{n}p_{m,k}\right]^{a_1}(r+2)^{a_2}$$

$$=C_h(\pi')+p_m^{[r+2]}\left\{1-\left[\sum_{k=1}^{r-1}\beta_k\ln p_m^{[k]}(\pi')+\beta_r\ln p_{m,g}\right.\right.$$
$$\left.\left.+\beta_{r+1}\ln p_{m,h}\right]\Big/\sum_{k=1}^{n}p_{m,k}\right\}^{a_1}(r+2)^{a_2}$$

当 $C_g(\pi)\leqslant C_h(\pi')$ 和 $\beta_r\ln p_{m,h}+\beta_{r+1}\ln p_{m,g}\geqslant\beta_r\ln p_{m,g}+\beta_{r+1}\ln p_{m,h}$ 同时成立时，$C_{r+2}(\pi)\leqslant C_{r+2}(\pi')$；同样地，可以得到 $C_l(\pi)\leqslant C_l(\pi')$ $(l=r+2,\cdots,n+1)$。因此，序列 π 对应的解比序列 π' 对应的解要更接近最优解，依次作交换，最优解最多在交换 $n(n-1)/2$ 次后出现。

类似地，得到如下定理。

定理 3.16 问题 $F_m|p_{i,j,r}=p_{i,j}(1-\sum_{k=1}^{r-1}\beta_k\ln p_i^{[k]}/\sum_{k=1}^{n}p_{m,k})^{a_1}r^{a_2},idm|\sum C_g$ 的最优解序列是将任务按照它的基本加工时间 $p_{m,g}$ 非降排序后的序列(SPT 规则)。

证明 假设在序列 π 和 π' 中的两个任务满足 $p_{m,h}\leqslant p_{m,g}$，如图 3.11 所示。

为说明序列 π 对应的解比序列 π' 对应的解要更接近最优解，只要得到 $\sum C_g(\pi)\leqslant\sum C_g(\pi')$。

由定理 3.15 可以知道：

(1) $C_g(\pi)\leqslant C_h(\pi')$ 并且 $C_h(\pi)\leqslant C_g(\pi')$；

(2) $\forall J_l\in S_1, C_l(\pi)\equiv C_l(\pi')$；

(3) $\forall J_l\in S_2, C_l(\pi)\leqslant C_l(\pi')$。

因此，$\sum C_g(\pi)\leqslant\sum C_g(\pi')$。

即序列 π 对应的解比序列 π' 对应的解要更接近最优解，依次作交换，最优解最多在交换 $n(n-1)/2$ 次后出现。

定理 3.17 问题 $F_m|p_{i,j,r}=p_{i,j}(1-\sum_{k=1}^{r-1}\beta_k\ln p_i^{[k]}/\sum_{k=1}^{n}p_{m,k})^{a_1}r^{a_2},idm|\sum C_g^2$ 的最优解序列是将任务按照它的基本加工时间 $p_{m,g}$ 非降排序后的序列(SPT 规则)。

证明 假设在序列 π 和 π' 中的两个任务满足 $p_{m,h}\leqslant p_{m,g}$，如图 3.11 所示。

为了说明序列 π 对应的解比序列 π' 对应的解要更接近最优解，只要得到 $\sum C_g(\pi)\leqslant\sum C_g(\pi')$。

由定理 3.15可以知道：

(1) $C_g(\pi)\leqslant C_h(\pi')$ 并且 $C_h(\pi)\leqslant C_g(\pi')$；

(2) $\forall J_l\in S_1, C_l(\pi)\equiv C_l(\pi')$；

(3) $\forall J_l\in S_2, C_l(\pi)\leqslant C_l(\pi')$。

因此，$\sum C_g^2(\pi)\leqslant\sum C_g^2(\pi')$。

即序列 π 对应的解比序列 π' 对应的解要更接近最优解，依次作交换，最优解最多在交换 $n(n-1)/2$ 次后出现。

定理 3.18 如果对于任何两个任务 J_h 和 J_g，有 $p_{m,h} \leqslant p_{m,g}$，$\omega_h \geqslant \omega_g$ 同时成立，那么问题 $F_m|p_{i,j,r} = p_{i,j}(1-\sum_{k=1}^{r-1}\beta_k \ln p_i^{[k]}/\sum_{k=1}^{n} p_{m,k})^{a_1} r^{a_2}, idm|\sum \omega_g C_g$ 的最优解序列是将任务按照 $p_{m,g}/\omega_g$ 非降排序后的序列 (WSPT 规则)。

证明 假设在序列 π 和 π' 中的两个任务满足 $p_{m,h} \leqslant p_{m,g}$，如图 3.11 所示。序列 π 是按照 WSPT 规则排序得到的，那么 $p_g/\omega_g \geqslant p_h/\omega_h$，$\omega_g \leqslant \omega_h$ 同时成立。为了说明序列 π 对应的解比序列 π' 对应的解要更接近最优解，只要得到 $\sum \omega_g C_g(\pi') - \sum \omega_g C_g(\pi) \geqslant 0$。

因为 $\forall J_l \in S_1$，$C_l(\pi) \equiv C_l(\pi')$，$\forall J_l \in S_2, C_l(\pi) \leqslant C_l(\pi')$，那么

$$
\begin{aligned}
&\sum \omega_g C_g(\pi') - \sum \omega_g C_g(\pi) \\
=& \omega_1 C_1(\pi') + \cdots + \omega_g C_g(\pi') + \omega_h C_h(\pi') + \cdots + \omega_n C_n(\pi') \\
&- [\omega_1 C_1(\pi) + \cdots + \omega_h C_h(\pi) + \omega_g C_g(\pi) + \cdots + \omega_n C_n(\pi)] \\
\geqslant& \omega_g C_g(\pi') + \omega_h C_h(\pi') - \omega_h C_h(\pi) - \omega_g C_g(\pi) \\
=& (\omega_g + \omega_h) p_{m,g} \left[1 - \sum_{k=1}^{r-1} \beta_k \ln p_m^{[k]}(\pi') \middle/ \sum_{k=1}^{n} p_{m,k}\right]^{a_1} r^{a_2} \\
&+ \omega_h p_{m,h} \left[1 - \sum_{k=1}^{r} \beta_k \ln p_m^{[k]}(\pi') \middle/ \sum_{k=1}^{n} p_{m,k}\right]^{a_1} (r+1)^{a_2} \\
&- (\omega_g + \omega_h) p_{m,h} \left[1 - \sum_{k=1}^{r-1} \beta_k \ln p_m^{[k]}(\pi) \middle/ \sum_{k=1}^{n} p_{m,k}\right]^{a_1} r^{a_2} \\
&- \omega_g p_{m,g} \left[1 - \sum_{k=1}^{r} \beta_k \ln p_m^{[k]}(\pi) \middle/ \sum_{k=1}^{n} p_{m,k}\right]^{a_1} (r+1)^{a_2}
\end{aligned}
$$

设 $\lambda = p_{m,g}/p_{m,h}$，$d = \sum_{k=1}^{n} p_{m,k}$，$c = \ln p_{m,h}$，$\sum_{k=1}^{r-1}\beta_k \ln p_m^{[k]}(\pi') = \sum_{k=1}^{r-1}\beta_k \ln p_m^{[k]}(\pi) = x > 0$，那么，

$$
\begin{aligned}
&\sum \omega_g C_g(\pi') - \sum \omega_g C_g(\pi) \\
=& p_{m,h} r^{a_2} (d-x)^{a_1}/d^{a_1} (\omega_h \{[1 - \beta_r(c + \ln\lambda)/(d-x)]^{a_1}(1+1/r)^{a_2} - 1\} \\
&+ \lambda\omega_h - \omega_g + \omega_g \lambda\{1 - [1 - \beta_r c/(d-x)]^{a_1}(1+1/r)^{a_2}\})
\end{aligned}
$$

由定理 3.14 知，$\sum \omega_g C_g(\pi') - \sum \omega_g C_g(\pi) \geqslant 0$。因为 $p_{m,h} \leqslant p_{m,g}$，$\omega_h \geqslant \omega_g$，$p_{m,h}/\omega_h \leqslant p_{m,g}/\omega_g$，序列 π 对应的解比序列 π' 对应的解要更接近最优解，即最优解序列是将任务按照 $p_{m,g}/\omega_g$ 非降排序后的序列 (WSPT 规则)。

推论 3.7 问题 $F_m|p_{i,j,r} = p_{i,j}(1 - \sum_{k=1}^{r-1} \beta_k \ln p_i^{[k]} / \sum_{k=1}^{n} p_{m,k})^{a_1} r^{a_2}, p_{i,j} = p, idm|\sum \omega_g C_g$ 的最优解序列是将任务按照 ω_g 非降排序后的序列。

推论 3.8 问题 $F_m|p_{i,j,r}=p_{i,j}(1-\sum_{k=1}^{r-1} \beta_k \ln p_i^{[k]} / \sum_{k=1}^{n} p_{m,k})^{a_1} r^{a_2}, p_{m,j}\omega_j = \theta, idm|\sum \omega_g C_g$ 的最优解序列是将任务按照它的基本加工时间 $p_{m,g}$ 非降排序后的序列 (SPT 规则)。

推论 3.9 问题 $F_m|p_{i,j,r} = p_{i,j}(1 - \sum_{k=1}^{r-1} \beta_k \ln p_i^{[k]} / \sum_{k=1}^{n} p_{m,k})^{a_1} r^{a_2}, \omega_j = \omega, idm|\sum \omega_g C_g$ 的最优解序列是将任务按照它的基本加工时间 $p_{m,g}$ 非降排序后的序列 (SPT 规则)。

定理 3.19 问题 $F_m|p_{i,j,r} = p_{i,j}(1 - \sum_{k=1}^{r-1} \beta_k \ln p_i^{[k]} / \sum_{k=1}^{n} p_{m,k})^{a_1} r^{a_2}, idm| L_{\max}$ 如果存在最优解序列，那么该序列是将任务按照 d_g 非降排序后得到的，任务 J_h 和 J_g 同时满足 $d_h \leqslant d_g$、$p_{m,h} \leqslant p_{m,g}$ (EDD 规则)。

证明 假设在序列 π 和 π' 中的两个任务同时满足 $p_{m,h} \leqslant p_{m,g}$ 和 $d_h \leqslant d_g$，如图 3.11 所示。$L_h(\pi) = C_h(\pi)-d_h, L_g(\pi) = C_g(\pi)-d_g, \max\left\{L_h(\pi'), L_g(\pi')\right\} = \max\left\{C_h(\pi') - d_h, C_g(\pi') - d_g\right\}$。由定理 3.15 知，$C_h(\pi') \geqslant C_g(\pi) \geqslant C_h(\pi)$。

因为 $d_h \leqslant d_g$ 有 $C_h(\pi') - d_h \geqslant C_g(\pi) - d_h \geqslant C_g(\pi) - d_g$，即 $L_h(\pi') \geqslant L_h(\pi)$，$L_h(\pi') \geqslant L_g(\pi)$。

另外,$L_h(\pi') \geqslant \max\left\{L_h(\pi), L_g(\pi)\right\}$,即 $\max\left\{L_h(\pi'), L_g(\pi')\right\} \geqslant \max\left\{L_h(\pi), L_g(\pi)\right\}$。

又因为 $p_h \leqslant p_g$, 所以, 对于 $\forall J_l \in S_1$ 有 $C_l(\pi) \equiv C_l(\pi')$, 同时, 对于 $\forall J_l \in S_2$ 有 $C_l(\pi) \leqslant C_l(\pi')$，即

$$L_l(\pi) = C_l(\pi) - d_l \leqslant C_l(\pi') - d_l = L_l(\pi')$$

因此，

$$\begin{aligned}
L_{\max}(\pi') &= \max\left\{L_1(\pi'), \cdots, L_h(\pi'), L_g(\pi'), \cdots, L_n(\pi')\right\} \\
&= \max\left\{L_1(\pi'), \cdots, \max\left\{L_h(\pi'), L_g(\pi')\right\}, \cdots, L_n(\pi')\right\} \\
&\geqslant \max\left\{L_1(\pi), \cdots, \max\left\{L_h(\pi), L_g(\pi)\right\}, \cdots, L_n(\pi)\right\} \\
&= L_{\max}(\pi)
\end{aligned}$$

所以，序列 π 对应的解比序列 π' 对应的解要更接近最优解。

所研究问题如果存在最优解序列，那么该序列是将任务按照 d_g 非降排序后得到的，同时任务 J_h 和 J_g 满足 $d_h \leqslant d_g$、$p_{m,h} \leqslant p_{m,g}$。

定理 3.20 问题 $F_m|p_{i,j,r} = p_{i,j}(1 - \sum_{k=1}^{r-1} \beta_k \ln p_i^{[k]} / \sum_{k=1}^{n} p_{m,k})^{a_1} r^{a_2}, idm| T_{\max}$ 如果存在最优解序列，那么该序列是将任务按照 d_g 非降排序后得到的，任

务 J_h 和 J_g 同时满足 $d_h \leqslant d_g$、$p_{m,h} \leqslant p_{m,g}$ (EDD 规则)。

证明 假设在序列 π 和 π' 中的两个任务同时满足 $p_{m,h} \leqslant p_{m,g}$ 和 $d_h \leqslant d_g$，如图 3.11 所示。因为 $T_g = \max\left\{0, L_g\right\}$，那么

$$
\begin{aligned}
T_{\max}(\pi') &= \max_{g=1,2,\cdots,n}\left\{0, L_g(\pi')\right\} = \max\left\{0, L_{\max}(\pi')\right\} \\
&\geqslant \max\left\{0, L_{\max}(\pi)\right\} = T_{\max}(\pi)
\end{aligned}
$$

所以，序列 π 对应的解比序列 π' 对应的解要更接近最优解，所研究问题如果存在最优解序列，那么该序列是将任务按照 d_g 非降排序后得到的，任务 J_h 和 J_g 满足 $d_h \leqslant d_g$、$p_{m,h} \leqslant p_{m,g}$。

定理 3.21 问题 $F_m|p_{i,j,r} = p_{i,j}(1-\sum_{k=1}^{r-1}\beta_k \ln p_i^{[k]}/\sum_{k=1}^{n} p_{m,k})^{a_1} r^{a_2}, idm|\sum T_g$ 如果存在最优解序列，那么该序列是将任务按照 d_g 非降排序后得到的，任务 J_h 和 J_g 同时满足 $d_h \leqslant d_g$、$p_{m,h} \leqslant p_{m,g}$ (EDD 规则)。

证明 假设在序列 π 和 π' 中的两个任务同时满足 $p_{m,h} \leqslant p_{m,g}$ 和 $d_h \leqslant d_g$，如图 3.11 所示。证明类似于定理 3.20，序列 π 和 π' 中的任务 J_h 和 J_g 的滞后时间分别是

$$
T_h(\pi) + T_g(\pi) = \max\left\{C_h(\pi) - d_h, 0\right\} + \max\left\{C_g(\pi) - d_g, 0\right\} \geqslant 0
$$

$$
T_h(\pi') + T_g(\pi') = \max\left\{C_h(\pi') - d_h, 0\right\} + \max\left\{C_g(\pi') - d_g, 0\right\} \geqslant 0
$$

考虑 $C_h(\pi) - d_h$ 和 $C_g(\pi) - d_g$ 与 0 的关系，从以下四个方面来分析：

(1) $C_h(\pi) - d_h \leqslant 0$，$C_g(\pi) - d_g \leqslant 0$。那么 $T_h(\pi) + T_g(\pi) = 0$ 且 $[T_h(\pi') + T_g(\pi')] - [T_h(\pi) + T_g(\pi)] \geqslant 0$。

(2) $C_i(\pi) - d_i \geqslant 0$，$C_j(\pi) - d_j \leqslant 0$。那么 $T_g(\pi) = 0$ 且 $C_h(\pi') - d_h \geqslant C_g(\pi') - d_h \geqslant C_h(\pi) - d_h \geqslant 0$。$[T_h(\pi') + T_g(\pi')] - [T_h(\pi) + T_g(\pi)] \geqslant T_h(\pi') - T_h(\pi) \geqslant C_h(\pi') - d_h - (C_h(\pi) - d_h) \geqslant 0$。

(3) $C_h(\pi) - d_h \leqslant 0, C_g(\pi) - d_g \geqslant 0$。$T_h(\pi) = 0$。又因为 $d_h \leqslant d_g, C_h(\pi') - d_h \geqslant C_g(\pi) - d_g \geqslant 0$。那么 $[T_h(\pi') + T_g(\pi')] - [T_h(\pi) + T_g(\pi)] \geqslant T_h(\pi') - T_g(\pi) \geqslant C_h(\pi') - d_h - (C_g(\pi) - d_g) \geqslant 0$。

(4) $C_h(\pi) - d_h \geqslant 0$，$C_g(\pi) - d_g \geqslant 0$，从而 $C_h(\pi') - d_h \geqslant C_h(\pi) - d_h \geqslant 0$。

- 如果 $C_g(\pi') - d_g < 0$，那么根据定理 3.15 有

$$
\begin{aligned}
[T_h(\pi') + T_g(\pi')] - [T_h(\pi) + T_g(\pi)] &= C_h(\pi') - d_h - [C_g(\pi) - d_g) - (C_h(\pi) - d_h] \\
&= C_h(\pi') + C_g(\pi') - [C_h(\pi) + C_g(\pi)] \\
&\quad - (C_g(\pi') - d_g) > 0
\end{aligned}
$$

• 如果 $C_g(\pi') - d_g \geqslant 0$，那么根据定理 3.15 有

$$[T_h(\pi') + T_g(\pi')] - [T_h(\pi) + T_g(\pi)] = C_h(\pi') + C_g(\pi') - [C_h(\pi) + C_g(\pi)] \geqslant 0$$

因此，$T_h(\pi') + T_g(\pi') \geqslant T_h(\pi) + T_g(\pi)$。因 $p_h \leqslant p_g$，对 $\forall J_l \in S_1$，有 $C_l(\pi) \equiv C_l(\pi')$；同时 $\forall J_l \in S_2$，有 $C_l(\pi) \leqslant C_l(\pi')$，则 $\forall J_l \in S_1$，有 $T_l(\pi) \equiv T_l(\pi')$；$\forall J_l \in S_2$，有 $T_l(\pi) \leqslant T_l(\pi')$，从而 $\sum T_g(\pi) \leqslant \sum T_g(\pi')$。所以，序列 π 对应的解比序列 π' 对应的解要更接近最优解，所研究问题如果存在最优解序列，那么该序列是将任务按照 d_g 非降排序后得到的，任务 J_h 和 J_g 同时满足 $d_h \leqslant d_g$、$p_{m,h} \leqslant p_{m,g}$。

推论 3.10 问题 $F_m|p_{i,j,r} = p_{i,j}(1 - \sum_{k=1}^{r-1} \beta_k \ln p_i^{[k]} / \sum_{k=1}^{n} p_k)^{a_1} r^{a_2}, p_{i,j} = p, idm|L_{\max}$，$F_m|p_{i,j,r} = p_{i,j}(1 - \sum_{k=1}^{r-1} \beta_k \ln p_i^{[k]} / \sum_{k=1}^{n} p_k)^{a_1} r^{a_2}, p_{i,j} = p, idm|T_{\max}$，$F_m|p_{i,j,r} = p_{i,j}(1 - \sum_{k=1}^{r-1} \beta_k \ln p_i^{[k]} / \sum_{k=1}^{n} p_k)^{a_1} r^{a_2}, p_{i,j} = p, idm|\sum L_i$ 的最优解序列是将任务按照 d_g 非降排序后的序列。

推论 3.11 问题 $F_m|p_{i,j,r} = p_{i,j}(1 - \sum_{k=1}^{r-1} \beta_k \ln p_i^{[k]} / \sum_{k=1}^{n} p_k)^{a_1} r^{a_2}, d_j = d, idm|L_{\max}$，$F_m|p_{i,j,r} = p_{i,j}(1 - \sum_{k=1}^{r-1} \beta_k \ln p_i^{[k]} / \sum_{k=1}^{n} p_k)^{a_1} r^{a_2}, d_j = d, idm|T_{\max}$，$F_m|p_{i,j,r} = p_{i,j}(1 - \sum_{k=1}^{r-1} \beta_k \ln p_i^{[k]} / \sum_{k=1}^{n} p_k)^{a_1} r^{a_2}, d_j = d, idm|\sum L_g$ 的最优解序列是将任务按照它的基本加工时间 p_g 非降排序后的序列 (SPT 规则)。

推论 3.12 设 μ 是一个正实数，问题 $F_m|P_{i,j,r} = p_{i,j}(1 - \sum_{k=1}^{r-1} \beta_k \ln p_i^{[k]} / \sum_{k=1}^{n} p_{m,k})^{a_1} r^{a_2}, d_j = \mu p_{m,j}, idm|L_{\max}$，$F_m|P_{i,j,r} = p_{i,j}(1 - \sum_{k=1}^{r-1} \beta_k \ln p_i^{[k]} / \sum_{k=1}^{n} p_{m,k})^{a_1} r^{a_2}, d_j = \mu p_{m,j}, idm|T_{\max}$，$F_m|P_{i,j,r} = p_{i,j}(1 - \sum_{k=1}^{r-1} \beta_k \ln p_i^{[k]} / \sum_{k=1}^{n} p_{m,k})^{a_1} \times r^{a_2}$，$d_j = \mu p_{m,j}, idm|\sum L_h$ 的最优解序列是将任务按照它的基本加工时间 p_g 非降排序后的序列 (SPT 规则)。

3.5.3 实例分析

所提出学习效应模型中有些问题可多项式时间求解，如表 3.5 所示。从表 3.5 可看到：所提出的学习效应模型对应于 3 个目标函数 (最小化最大完工时间、最小化完工时间和及最小化完工时间平方和) 可用多项式时间算法 SPT 最优求解；最小化加权完工时间和在特定条件下多项式时间可解；最小化最大延迟时间、最小化最大滞后时间和最小化滞后时间和等可用 EDD 多项式时间算法最优求解。

为更好地解释 idm 流水任务调度问题，举例如下：$n = 3$，$m = 2$，$p_{1,1} = 3$，$p_{2,1} = 10$，$p_{1,2} = 1$，$p_{2,2} = 4$，$p_{3,1} = 2$，$p_{3,2} = 6$，$\omega_1 = 1$，$\omega_2 = 4$，$\omega_3 = 3$，$d_1 = 12$，$d_2 = 6$，$d_3 = 8$，$a_1 = 1.1$，$a_2 = -0.8$，$\beta_1 = 0.5$，$\beta_2 = 0.6$。根据定理 3.15~ 定理 3.21，可知 idm 流水任务调度问题对于 7 个常规的目标函数 $C_{\max}$、$\sum C_j$、$\sum C_j^2$、$\sum \omega_j C_j$、$L_{\max}$、$T_{\max}$ 和 $\sum T_j$ 的最优序列为 $[J_2, J_3, J_1]$。最小化 $C_{\max}$ 问题的最优解为 12.146，最小化 $\sum C_j$ 问题的最优解为 25.4609，最小化 $\sum C_j^2$ 问题的最

表 3.5 具有学习效应的多机任务调度问题的最优解规则

问题	求解算法
$F_m\|p_{i,j,r}=p_{i,j}\left(1-\sum_{k=1}^{r-1}\beta_k\ln p_i^{[k]}\Big/\sum_{k=1}^{n}p_{m,k}\right)^{a_1}r^{a_2},idm\|C_{\max}$	SPT
$F_m\|p_{i,j,r}=p_{i,j}\left(1-\sum_{k=1}^{r-1}\beta_k\ln p_i^{[k]}\Big/\sum_{k=1}^{n}p_{m,k}\right)^{a_1}r^{a_2},idm\|\sum C_j$	SPT
$F_m\|p_{i,j,r}=p_{i,j}\left(1-\sum_{k=1}^{r-1}\beta_k\ln p_i^{[k]}\Big/\sum_{k=1}^{n}p_{m,k}\right)^{a_1}r^{a_2},idm\|\sum C_j^2$	SPT
$F_m\|p_{i,j,r}=p_{i,j}\left(1-\sum_{k=1}^{r-1}\beta_k\ln p_i^{[k]}\Big/\sum_{k=1}^{n}p_{m,k}\right)^{a_1}r^{a_2},idm\|\sum \omega_jC_j$	WSPT
$F_m\|p_{i,j,r}=p_{i,j}\left(1-\sum_{k=1}^{r-1}\beta_k\ln p_i^{[k]}\Big/\sum_{k=1}^{n}p_{m,k}\right)^{a_1}r^{a_2},idm\|L_{\max}$	EDD
$F_m\|p_{i,j,r}=p_{i,j}\left(1-\sum_{k=1}^{r-1}\beta_k\ln p_i^{[k]}\Big/\sum_{k=1}^{n}p_{m,k}\right)^{a_1}r^{a_2},idm\|T_{\max}$	EDD
$F_m\|p_{i,j,r}=p_{i,j}\left(1-\sum_{k=1}^{r-1}\beta_k\ln p_i^{[k]}\Big/\sum_{k=1}^{n}p_{m,k}\right)^{a_1}r^{a_2},idm\|\sum T_j$	EDD

优解为 241.6629，最小化 $\sum\omega_jC_j$ 问题的最优解为 57.0907，最小化 $L_{\max}$ 问题的最优解为 0.3149，最小化 $T_{\max}$ 问题的最优解为 0.3149，最小化 $\sum T_j$ 问题的最优解为 0.4609 (表 3.6)。

表 3.6 支配特性流水车间任务调度的最优解实例

调度	$C_{\max}$	$\sum C_j$	$\sum C_j^2$	$\sum\omega_jC_j$	$L_{\max}$	$T_{\max}$	$\sum T_j$
$[J_1,J_2,J_3]$	17.4239	45.5762	702.1845	125.8809	9.4239	9.4239	19.5762
$[J_1,J_3,J_2]$	17.7209	33.7209	746.3945	132.5691	11.7209	11.7209	20.9494
$[J_2,J_1,J_3]$	12.7819	28.3068	299.1505	68.8706	4.7819	4.7819	4.7819
$[J_2,J_3,J_1]$	**12.146**	**25.4609**	**241.6629**	**57.0907**	**0.3149**	**0.3149**	**0.4609**
$[J_3,J_1,J_2]$	14.948	36.4091	468.6439	97.2531	8.948	8.948	10.4091
$[J_3,J_2,J_1]$	14.0263	32.2108	364.4611	78.7643	4.1845	4.1845	6.2108

3.6 本章小结

本章主要分析总完工时间最小化的无等待流水作业调度、最大完工时间无等待流水作业调度、混合等待流水车间调度、具有先验知识学习和遗忘效应的两机流水作业调度、带学习效应的流水作业调度等典型流水作业调度问题的性质，提出相应的求解算法，通过例子说明算法的执行流程。

本章内容详见

[1] 李小平, 吴澄. 基于总空闲时间增量的无等待流水作业计划优化算法. 中国

科学 (E 辑: 信息科学), 2008, 38(12): 2199-2211.(3.2 最大完工时间无等待流水作业调度)

[2] WANG Y M, LI X P, RUIZ R, et al. An iterated greedy heuristic for mixed no-wait flowshop problems. IEEE Transactions on Cybernetics, 2018, 48(5): 1553-1566. (3.3 混合等待流水车间调度)

[3] LI X P, JIANG Y L, RUIZ R. Methods for scheduling problems considering experience, learning, and forgetting effects. IEEE Transactions on Systems, Man, and Cybernetics: Systems, 2018, 48(5): 743-754. (3.4 具有先验知识学习和遗忘效应的两机流水作业调度)

第 4 章 大数据计算任务云资源调度

4.1 大数据计算框架

4.1.1 MapReduce 计算框架

MapReduce [321] 是一种用于大数据处理的分布式计算框架，已经广泛应用于大数据处理相关领域。例如，网络爬虫、图像分析、数据挖掘、推荐系统和日志分析等。MapReduce 源于开源搜索引擎 Nutch。Nutch 在面对海量网页时遇到了可扩展性问题，包括网页的存储和索引等。针对海量网页存储，Google 提出了分布式文件系统 (GFS)，该架构解决了 Nutch 在网页处理时遇到的大规模文件存储问题；针对海量网页索引，Google 提出了 MapReduce 分布式计算框架，用于解决海量网页的索引问题。MapReduce 最初由开源项目 Nutch 实现，后来成为 Lucene 开源项目的一个子项目即 Hadoop [322]。Hadoop 成为 Apache 的顶级项目后，发展迅速，目前已经是 MapReduce 最流行的开源实现，很多机构都在使用 Hadoop 进行大数据处理和分析。

Hadoop MapReduce 核心部分由三个模块组成：工具类库 Common、分布式计算框架 MapReduce 和 Hadoop 分布式文件系统 HDFS。Hadoop MapReduce 有如下特点 [323]：

- 易于编程，用户无须关注分布式计算框架的诸多细节，如数据分片和传输，只需关注应用程序的逻辑，简化分布式程序的设计，提高开发效率。
- 高可扩展性，由于 MapReduce 通常用于海量数据处理，数据的增长速度是极快的，当集群无法提供足够的计算和存储能力时，系统需要支持灵活的扩展以满足需求。
- 高容错性，在大规模分布式计算环境下，应用程序在执行过程中会出现各种故障，如磁盘损坏、通信故障和程序漏洞等。这使得设计者需要考虑集群的高可用性和容错性。

4.1.2 大数据计算任务

Hadoop MapReduce 采用主从 (master/slave) 架构，如图 4.1 所示。作业由用户提交到主节点，该节点上的核心进程称为 JobTracker，主要负责资源的监控和任务调度。每个作业在提交时可设置不同的优先级。任务是 MapReduce 作业调度和执行的基本单位。提交的作业在初始化时被分解成若干 Map 任务和 Reduce 任务。在 Hadoop 中，任务的调度由一个可插拔的任务调度器 (task scheduler) 完成。调度器会在资源空闲时，为任务选择合适的资源。默认情况下，Hadoop 采用先进先出 (first in first out，FIFO) 的调度策略，即对于相同优先级的作业，先提交作业的任务优先获得资源。从节点用于任务执行和数据存储，Hadoop 分布式文件系统 (Hadoop distributed file system, HDFS) 可以部署在多个从节点上。每个从节点上的核心进程称为 TaskTracker，该进程周期性地以心跳 (heartbeat) 的形式将所在节点的资源使用和任务执行情况汇报给主节点的 JobTracker，同时接收后者发送的命令，执行相应操作。JobTracker 与 TaskTracker 以及 TaskTracker 与任务之间的通信是通过远程过程调用 (remote procedure call，RPC) 实现的，Hadoop 实现了新的 RPC 接口。在每个从节点上，TaskTracker 使用槽 (以下称 slot) 的概念管理资源。一个 slot 代表几种计算资源 (如 CPU 、内存) 的集合，在实现时使用 Java 虚拟机实例来管理。每个节点上配置有若干 Map slot 和 Reduce slot，代表该节点这两种任务的处理能力。通常为了防止资源竞争，一个节点配置的 slot 个数为该节点的 CPU 核心数。每个 Map 任务只能由一个 Map slot 处理，Reduce 任务亦然。

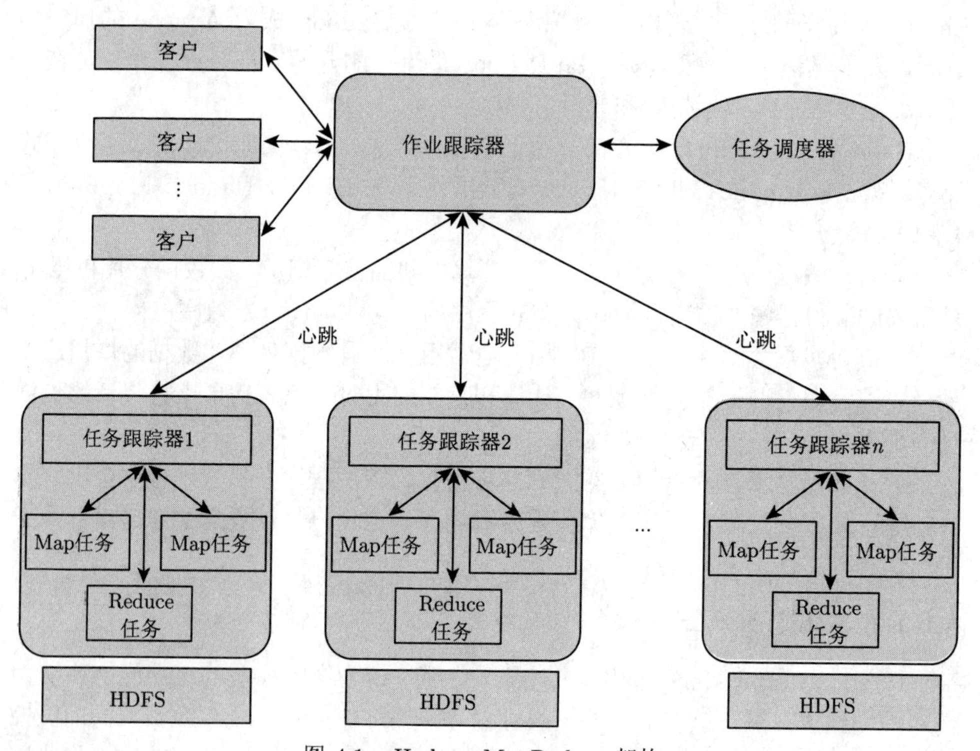

图 4.1 Hadoop MapReduce 架构

用户提交作业后，输入数据和相关配置文件被上传到 HDFS。输入的数据文件从逻辑上被平均划分为一些较小的数据分片 (split)。分片是 MapReduce 的数据处理单位。一个作业的每个数据分片对应一个 Map 任务，每个 Map 任务的输入数据基本相等。HDFS 中文件以块 (block) 为存储单位，每个分片可能跨越多个文件块。为了防止数据丢失，每个文件块还有一定数量 (默认为 3) 的副本。在 HDFS 中，每个文件块及其副本以轮询 (round-robin) 的方式存储到集群的各个节点上。数据分片与文件块的对应关系如图 4.2 所示，分片 1 对应文件块 1 和文件块 2 的一部分，文件块 1 分布在数据节点 1、2 和 3 上，文件块 2 分布在数据节点 4、5 和 6 上。因此，图中所有 6 个数据节点都有分片 1 的数据。其他分片类似。

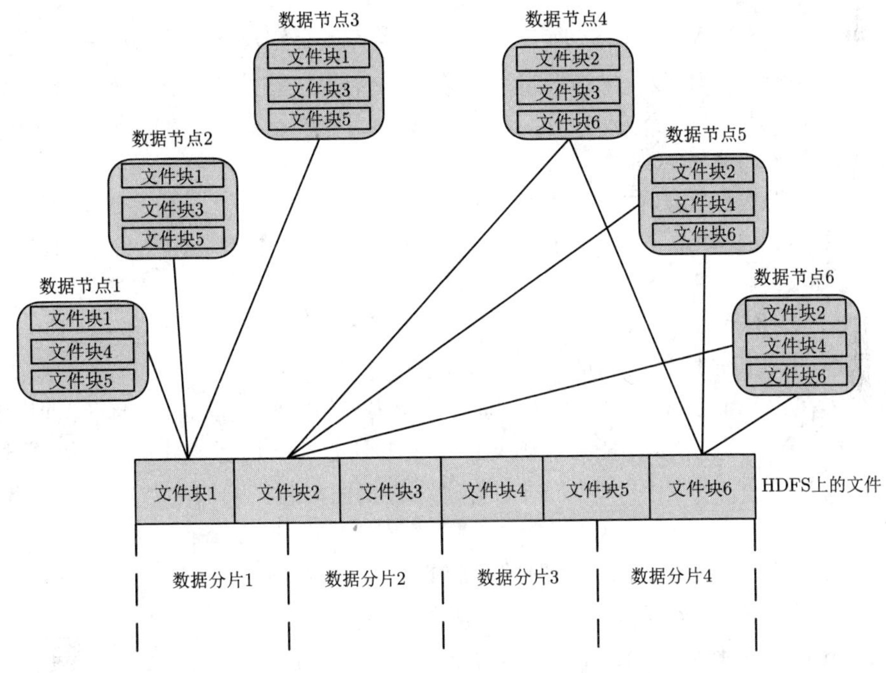

图 4.2 数据分片与文件块的对应关系

MapReduce 作业执行过程包含 Map 和 Reduce 两个阶段。Map 阶段可具体划分为读取、执行、聚集和输出四个步骤；Reduce 阶段可具体划分为读取、排序、执行和输出四个步骤。每个 MapReduce 任务的计算单位是键值 (key-value) 对。输入数据被解析成一系列键值对作为 Map 函数的输入，Map 函数的输出也以键值对的方式写到本地磁盘上。Reduce 阶段的输入即 Map 阶段的输出，最后 Reduce 任务将结果写到 HDFS 上。当 Map 任务获得调度时，开始从某个数据节点读取相应的数据分片，并将读取到的内容解析成键值对。在实际系统中，读取数据与处理数据是同时进行的。Map 任务的读取过程有数据本地化 (data locality) 问题。当执行任务的 slot 所在节点与任务读取的文件块所在节点相同时，称该任务满足数据本地化特性。有数据本地化的任务的读取过程更快，因此 MapReduce 调度器的调度策略通常会考虑数据本地性因素。Reduce 阶段也有类似的问题。

两个阶段的详细步骤如下。

Map 阶段

读取：当 Map 任务获得调度时，开始从某个数据节点读取相应的数据分片，并将读取到的内容解析成键值对。

执行：MapReduce 框架调用用户定义的 Map 函数迭代处理每个键值对，直到所有键值对处理完毕。

聚集：首先将 Map 函数的输出中间结果写入内存缓冲区。写入前会调用分区器 (partitioner) 将中间结果按照键值的大小划分到不同的分区中，一个分区对应一个 Reduce 任务。分区器的实现原则是尽量使中间结果平均分配到各个 Reduce 任务中。分区信息同键值对一起写入缓冲区。

输出：当缓冲区满后，将其中数据排序后写入本地磁盘。每一次写入生成一个临时文件，当 Map 任务结束时，将所有临时文件合并成一个文件，保证每个 Map 任务最终只有一个输出文件。

Reduce 阶段

读取：Reduce 任务首先从每个 Map 任务的输出文件中读取相应分区的数据。读取过程在第一个 Map 任务结束后即可开始，开始时间可以通过配置文件设置。

排序：将从不同 Map 任务输出文件中读取到的数据进行合并，然后依据键值的大小进行排序，将相同分区的数据有序地聚集在一起。读取的数据依然以键值对的形式存在。

执行：调用 Reduce 函数处理排序后的数据。

输出：将 Reduce 函数的计算结果写到 HDFS 上。

MapReduce 作业执行过程如图 4.3 所示，其中 Map 任务有三个，Reduce 任务有两个。

虽然 Hadoop MapReduce 在设计时考虑了多方面的因素，但是依然不能满足所有用户的需求。用户需求不同，所关注的 MapReduce 作业以及集群的性能也不同。常见的用户需求包括作业响应时间、任务资源需求、资源分配均衡和资源利用率等。针对不同需求，需要考虑不同的大数据计算任务调度算法。如 Facebook 公司为了解决在 Hadoop 默认的 FIFO 调度器下，较长作业获得调度后导致短作业的等待时间过长的问题，提出了公平调度器 (fair scheduler) [324]，Yahoo! 公司为了解决集群的多用户共享问题提出了容量调度器 (capacity scheduler)。

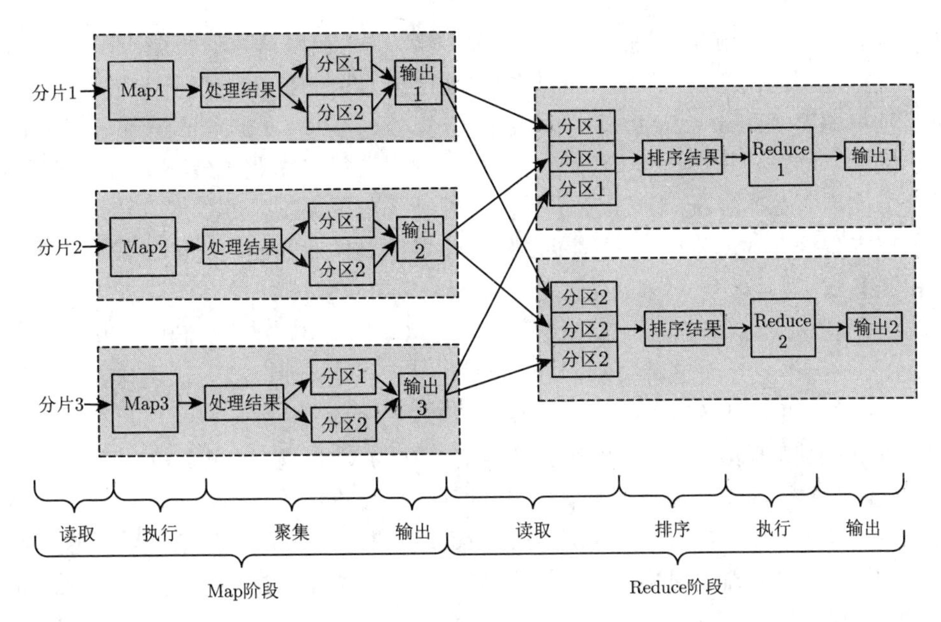

图 4.3 MapReduce 作业执行过程

4.1.3 大数据计算任务云资源调度现状

MapReduce 调度过程通常有在线 (online) [325–327] 和离线 (offline) [325, 326, 328] 两种场景。在离线场景下，每个作业的到达时刻 (release time) 是已知的，这些时刻可以相同也可以不同；而对于在线场景，每个作业的到达时刻是未知的，作业可以被随时提交到集群中由调度器调度，在 Hadoop 中实现的调度器 (如 FIFO 调度器、公平调度器和容量调度器等) 通常是在线调度器。在基于 MapReduce 生产环境中，由于数据 (如日志) 的不断更新，有些作业 (如日志分析) 需要周期性地执行，执行周期可以是 5min 到一周不等 [329]。这些作业通常需要离线调度器。

对 MapReduce 作业调度的研究主要有以下几个方面：作业完成时间优化、资源利用率优化和能耗优化。作业完成时间优化方面，Polo 等 [330] 提出了一种作业完成时间观测器 (estimator) 估计作业的性能，调整资源的分配。该观测器根据一个作业已完成和未完成任务的情况估计作业的完成时间，进而预测该作业还需分配的槽的数量，并以此为优先级对作业进行调度。Polo 等 [331] 通过作业分析 (job profiling) 技术动态调整每台机器上 slot 的数量并调整不同机器的负载，使得整个集群的资源利用率最大化。这种方案需要用户提供的目标完成时间作指导，并依赖于作业分析机制。Verma 等 [332] 提出了一种新的资源供应策略，依据作业执行的历史信息和用户提交的目标完成时间，提供多种资源供应选项。Phan 等 [325] 研究了 MapReduce 环境下实时应用的调度问题，针对离线和在线两种场景进行建模，通过实验评价了影响实时调度的一些重要因素。公平调度器 [324] 依据 MapReduce 作业执行过程的两个特点：任务的数据本地化和 Map/Reduce 任务的依赖性，提出了延迟调度 (delay scheduling) 和复制-计算分离策略 (copy-compute splitting) 优化调度。同时，按照一定规则定义了每个用户和每个作业的最小资源量在一定程度上实现了公平分配。FLEX [333] 是一种基于公平调度器的扩展。该调度器在保证一定公平性的基础上，考虑了多种优化目标如作业的响应时间、最大完工时间和服务水平协议 (service level agreement，SLA) 等。

资源利用率优化方面，Tian 等 [334] 根据 CPU、I/O 等资源的使用情况将 MapReduce 作业分为三种类型，相应地提出一种三队列调度器，优化在异构环境下集群的 CPU 和磁盘 I/O 的利用率。Lu 等 [335] 提出一种面向负载特点的 MapReduce 调度器，通过分析作业特点将其分为 CPU 密集和 I/O 密集两种类型。在调度时，将任务分配到资源需求与节点资源使用互补的节点，以优化资源利用率。Shih 等 [336] 针对传统的 MapReduce 调度器 slot 管理缺乏灵活性的特点，考虑节点的资源使用情况动态调整 Map slot 的数量，提高在异构环境下集群整体的计算效率。

能耗优化方面，Tiwari 等 [130] 考虑三个因素，即能量消耗与数据本地化、能量消耗与响应时间和能量消耗与资源利用率。针对考虑数据本地化的能耗感知 MapReduce 作业调度，能量消耗通过 CS (covering set strategy) [337] 和 AIS (all-in strategy) [338] 中关闭计算集群部分或全部节点的方式来降低。Cheng 等 [339] 给出一种改进的蚁群算法，将任务分配至固定资源槽数目的异构集群中。在给定能量预算的前提下，Bampis 等 [340] 提出两种能耗感知的作业调度策略以最小化作业的总加权完成时间。Mashayekhy 等 [341] 提出带截止期约束的单作业调度方法以最小化计算集群能耗。考虑可扩展集群环境，Cardosa 等 [342] 设计出一个带截止期约束的能耗感知作业调度方法，其中时空均衡可通过迁移虚拟机得到。除以上两种能耗感知的 MapReduce 作业调度外，资源利用率是另一个能耗感知算法中所考虑的重要因素。Wang 等 [343] 提出一个改进的遗传算法来平衡计算集群能耗和数据本地化。根据机架剩余运行时间和机架内的可用节点数，Patil 和 Chaudhary [344] 设计出三个机架层面的作业调度策略，通过减少运行机架的数目来减少计算集群能量消耗。根据任务资源请求量和节点可用资源间的匹配关系，Song 等 [345] 给出一个考虑资源利用率的能耗作业调度。Hartog 等 [346] 考虑各节点的当前状态提出一个动态任务调度框架。Guo 等 [347] 通过比较 steal times 标准方差和给定阈值的大小来动态决定节点上的资源槽数目，其中 steal times 是从节点准备接收任务到已分配任务的时间段。Tang 等 [348] 通过松弛 MapReduce 默认的资源槽分配约束提出一个动态资源槽分配和调度系统，也就是说，Map 资源槽和 Reduce 资源槽不再区分类型，任意一个资源槽均可运行 Map 任务或 Reduce

任务。

在异构集群环境下，研究节点不同的计算能力对调度的影响：Zaharia 等 [349] 通过实验展示了传统的 Hadoop 调度器在异构环境下性能会显著下降，提出 LATE 调度算法，适应异构环境下的任务调度。Yang 等 [350] 针对异构的 MapReduce 集群环境提出一种动态数据分配调度器，在 Hadoop 推测执行 (speculative execution) 机制和 LATE 调度器 [349] 的基础上，以更精确的方式确定备份任务 (backup task)，有效提高系统的响应能力。Chen 等 [351] 针对异构集群提出了一种自适应 MapReduce 调度算法 SAMR，根据每个节点上任务执行的历史信息较为准确地计算任务的执行进度，以此来判断一个任务是否需要启动备用任务。SAMR 还可以识别集群中较慢的节点，避免备用任务在这些节点上启动。Chen 等 [352] 定义了一种计算任务进度的更精确的方式，根据已经完成的任务的历史信息，重新设置当前任务每个阶段的权重，计算任务的进度，更加准确地估计任务的剩余处理时间。

综上所述，根据已有 MapReduce 相关任务调度的研究发现：① MapReduce 环境下离线周期性批处理作业调度场景的研究很少，很少有文献将数据本地化融入模型中。由于任务的数据本地化会显著影响作业的处理时间，进而影响集群整体的性能，因此成为 MapReduce 调度器考虑的重要因素之一。② 考虑作业截止期和数据本地化的能耗感知 MapReduce 作业调度还未被研究。不同节点配置对资源利用率产生的影响巨大，同时对计算集群的能量消耗也存在很大影响。

4.2 周期性 MapReduce 批处理作业调度

4.2.1 问题描述与建模

在实际的 MapReduce 环境中，影响作业调度的因素有很多，这些因素增加了问题描述和建模的复杂性。因此，在描述问题之前作如下假设：MapReduce 集群是同构的，每个数据节点配置的 slot 数目为该节点 CPU 核的数目，即不同节点上同种类型 slot 的处理能力相同。集群所有节点没有故障，所有任务都正常执行。每个任务的处理时间事先已知 (根据历史执行信息获取)，输入数据分布已知。所有作业的可用时刻为 0。Map 任务的读取和执行视为前后两个阶段 (实际框架中读取和执行是同步进行的)。作业的 shuffle 阶段不与 Map 阶段叠加，将其视为 Reduce 阶段的一部分。一个作业的 Reduce 阶段要在其所有 Map 任务结束后才能开始。Map 任务的输出数据平均分配到每个 Reduce 任务中。在任意时刻，一个 slot 只能处理一个任务，一个任务只能由一个 slot 处理，且处理过程不可中断。为了方便描述问题，首先给出使用的重要符号释义，如表 4.1 所示。

表 4.1　重要符号释义

符号	描述
$\mathbb{J}=\{J_1,J_2,\cdots,J_n\}$	作业集合
a	处理阶段，取值 m 表示 Map 阶段，r 表示 Reduce 阶段
T_m	所有 Map 任务集合
T_r	所有 Reduce 任务集合
Q	MapReduce 集群
M_m	集群中 Map slot 的数量
M_r	集群中 Reduce slot 的数量
Q_m	Map slot 的集合
Q_r	Reduce slot 的集合
V_i^m	作业 J_i 的 Map 任务集合
V_i^r	作业 J_i 的 Reduce 任务集合
$v_{i,j}^a$	作业 J_i 在 a 阶段的第 j 个任务
$g_{i,j}^k$	Map 任务 $v_{i,j}^m$ 在 Map slot k 所在节点的输入数据大小
$d_{i,j}^k$	Reduce 任务 $v_{i,j}^r$ 从 Map 任务 k 的输出读取的数据大小
f_d	本地节点磁盘读写速率
f_r	相同机架网络通信速率
f_n	不同机架网络通信速率
$b_{i,j}^a$	任务 $v_{i,j}^a$ 的开始时刻
$s_{i,j}^a$	任务 $v_{i,j}^a$ 的准备时间
$p_{i,j}^a$	任务 $v_{i,j}^a$ 的处理时间
$c_{i,j}^a$	任务 $v_{i,j}^a$ 的完成时刻
$s_{i,j,k}^a$	任务 $v_{i,j}^a$ 由 slot k 处理的准备时间
j_h	每个 slot 上调度到第一个位置前的虚拟任务
j_t	每个 slot 上调度到最后一个任务后的虚拟任务
H	一个足够大的数
π	一个可行的调度
$C_{\max}$	作业集合 $\mathbb{J}$ 的最大完工时间

我们将周期性 MapReduce 批处理作业调度问题建模为一个带有准备时间的两阶段混合流水作业调度问题 (generalized two-stage hybrid flowshop scheduling problem with schedule-dependent setup times)。具体地，给定一个 MapReduce 集群 Q，Q_m 为 Q 中所有 M_m 个 Map slot 集合，Q_r 为所有 M_r 个 Reduce slot 集合。每一类 slot 可看成一组同型机 (identical machines)。给定大小为 n 的 MapReduce 作业集合 $\mathbb{J}=\{J_1,J_2,\cdots,J_n\}$，将 $\mathbb{J}$ 提交到 Q 处理，每个作业的处理先后分为 Map 和 Reduce 两个阶段，阶段用 a 表示，$a\in\{m,r\}$，即 m 表示

Map 阶段、r 表示 Reduce 阶段。作业 J_i 在 a 阶段的第 j 个任务表示为 $v_{i,j}^a$，相应的任务集合表示为 V_i^a。所有 Map 任务的集合表示为 T_m，所有 Reduce 任务的集合表示为 T_r。Map 任务 $v_{i,j}^m$ 可由 Q_m 的任意一个 slot 处理，处理时间为 $p_{i,j}^m$；Reduce 任务 $v_{i,j}^r$ 可由 Q_r 的任意一个 slot 处理，处理时间为 $p_{i,j}^r$。本书中每个任务的处理时间不包括读取输入数据的时间。在调度生成后，每个 slot 对应一个需要处理的任务序列。

任务读取输入数据的时间由数据的大小、数据的位置以及数据的传输速率确定。每个 Map 任务 $v_{i,j}^m$ 输入数据在不同的节点有若干副本，$g_{i,j}^k$ 表示 Map 任务 $v_{i,j}^m$ 在 Map slot k 所在节点的输入数据大小，$d_{i,j}^k$ 表示 Reduce 任务 $v_{i,j}^r$ 从 Map 任务 $v_{i,k}^m$ 的输出读取的数据大小。集群中的数据传输包括网络通信和磁盘读写。为简化问题，假设节点之间的传输速率分为三种：不同机架 (rack) 不同节点 (node) 之间网络通信速率为 f_n，相同机架不同节点之间网络通信速率为 f_r，节点上磁盘读写速率为 f_d。对于 Map 任务 $v_{i,j}^m$，从输入数据所在节点读取数据的时间称为该任务的准备时间 $s_{i,j}^m$，由 $g_{i,j}^k$ 和节点之间的传输速率确定；对于 Reduce 任务 $v_{i,j}^r$，从该任务所属作业的所有 Map 任务输出数据所在节点读取数据的时间之和称为该任务的准备时间 $s_{i,j}^r$，由 $d_{i,j}^k$ 和节点之间的传输速率确定。不同 slot 处理任务的准备时间一般不同，$s_{i,j,k}^a$ 表示任务 $v_{i,j}^a$ 由 slot k 处理的准备时间。

由于准备时间与两阶段 slot 的选择有关，准备时间是调度相关 [353] 的。任务 $v_{i,j}^a$ 的开始时刻为 $b_{i,j}^a$、完成时刻为 $c_{i,j}^a$。对于任务 $v_{i,j}^a$ 有：$c_{i,j}^a = b_{i,j}^a + s_{i,j}^a + p_{i,j}^a$。一个可行的调度 π 在满足上述假设时由每个任务 $v_{i,j}^a$ 在阶段 a 的开始时刻 $b_{i,j}^a$ 确定。问题的目标是，对于作业集合 $\mathbb{J}$ 和集群 Q，确定一个可行的调度 π，使得 $\mathbb{J}$ 的最大完工时间 $C_{\max} = \max\limits_{i\in\{1,2,\cdots,n\},j\in\{1,2,\cdots,|V_i^r|\}} c_{i,j}^r$ 最小。

该问题比传统的两阶段混合流水作业调度问题更具一般性，原因是该问题的一个作业在每阶段可以分解为多个 Map 或 Reduce 任务，相当于一个作业由多个 slot 处理；而在传统的混合流水作业调度问题中，虽然每阶段有并行机，但是一个作业只能由一台机器处理。如果每个 MapReduce 作业只有一个 Map 任务和一个 Reduce 任务，那么该问题就转化成传统的两阶段混合流水作业调度问题。图 4.4 是三个 MapReduce 作业的一个调度的甘特图，阴影部分表示任务的准备时间。

从图 4.4 中可看出，不同作业的 Map 阶段和 Reduce 阶段有重叠的部分，如作业 3 的 Map 阶段和作业 2 的 Reduce 阶段。如果优化目标是最大完工时间，在调度时应该使作业的重叠部分尽量多。重叠部分的大小与很多因素有关，如作业调度的顺序、任务调度的顺序、任务的处理时间等。因此，在生成一个调度时，要充分考虑上述因素。该优化思路也可应用于其他机器调度问题。

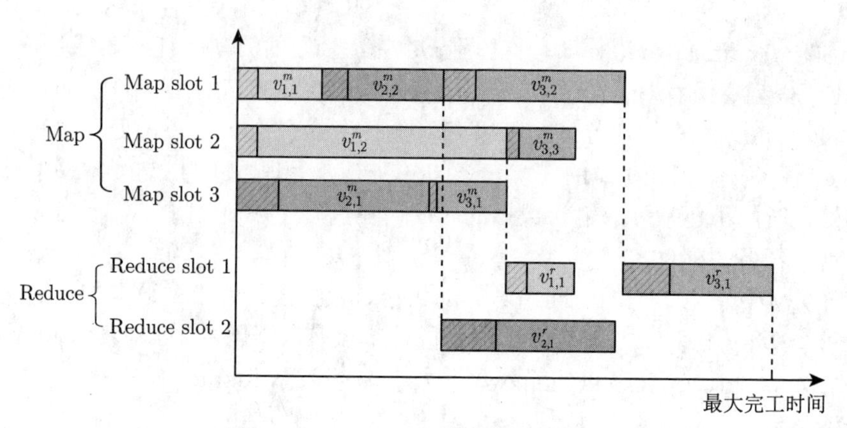

图 4.4 MapReduce 作业调度甘特图

4.2.2 批处理作业调度方法

当至少一个阶段机器数大于 1 时，两阶段混合流水作业调度问题是 NP 难问题 [354]。在本书考虑的问题中，由于每个作业有多个任务且任务准备时间依赖调度顺序，显然该问题也是一个 NP 难问题。对于 NP 难问题，当问题规模较大时，很难在有限时间内找到问题的最优解。在 MapReduce 环境中，数据规模通常较大，采用确定性方法求解最优解是不可取的。因此，本书提出启发式方法求解 MapReduce 环境下批处理作业调度问题。

1. 最大完工时间的下界

为了评价所提出的启发式方法的性能，本书首先基于两阶段混合流水作业调度问题 [355] 下界计算方法，提出了 MapReduce 环境下批处理作业调度问题下界的计算方法，并将所提出的启发式方法与问题的下界比较。

定义 4.1 $s_{i,j}^{a,l} = \min\limits_{k \in Q_a} s_{i,j,k}^a$ 表示任务 $v_{i,j}^a$ 的输入数据在本地时的准备时间。$L_{i,j}^a$ 表示 Map 任务 $v_{i,j}^a$ 的处理时间与最小准备时间之和，$L_{i,j}^a = p_{i,j}^a + s_{i,j}^{a,l}$，称 $L_{i,j}^a$ 为任务 $v_{i,j}^a$ 的修正处理时间，以下涉及的处理时间均指任务的修正处理时间。函数 $h_m(n)$ 返回在 Map 阶段最小的 n 个 $L_{i,j}^m$ 值之和，函数 $h_r(n)$ 返回在 Reduce 阶段最小的 n 个 $L_{i,j}^r$ 值之和。

定理 4.1 LB_1 是任意可行调度最大完工时间的一个下界。

$$\mathrm{LB}_1 = \max\left\{\frac{h_m(M_r)}{M_r} + \frac{\sum\limits_{i=1}^{n}\sum\limits_{j=1}^{|V_i^r|} L_{i,j}^r}{M_r}, \frac{h_r(M_m)}{M_m} + \frac{\sum\limits_{i=1}^{n}\sum\limits_{j=1}^{|V_i^m|} L_{i,j}^m}{M_m}\right\} \tag{4.1}$$

证明 $C_{\max}$ 的一个直观下界 LB′ 是 Reduce 阶段的总空闲时间 I_r 与总处理时间 P_r 和在所有 Reduce slot 上的平均值，即

$$\mathrm{LB}' = \frac{1}{M_r}(I_r + P_r) \leqslant C_{\max} \tag{4.2}$$

只有 Map 任务尽快完成，Reduce 任务才能尽早开始，最理想的情况是，每个作业只有一个 Map 任务，当处理时间最短的 M_r 个 Map 任务完成后，所有 Reduce slot 可以开始处理。因此 Reduce slot 的总空闲时间的一个下界是 M_r 个处理时间最小的 Map 任务的总完工时间。这 M_r 个任务的最小总完工时间可以使用最短加工时间 (SPT) 规则得到 [356]。另外，当每个 Reduce 任务的准备时间都取最小值，即任务输入数据在本地时，所有 Reduce 任务的修正处理时间之和是 Reduce slot 总处理时间的一个下界。因此有

$$\frac{h_m(M_r) + \sum\limits_{i=1}^{n}\sum\limits_{j=1}^{|V_i^r|} L_{i,j}^r}{M_r} \leqslant \frac{I_r + P_r}{M_r} \leqslant C_{\max} \tag{4.3}$$

根据问题的对称性，考虑 Map slot 的空闲时间 I_m 和处理时间 P_m，有

$$\frac{h_r(M_m) + \sum\limits_{i=1}^{n}\sum\limits_{j=1}^{|V_i^m|} L_{i,j}^m}{M_m} \leqslant \frac{I_m + P_m}{M_m} \leqslant C_{\max} \tag{4.4}$$

因此，有

$$\mathrm{LB}_1 = \max\left\{\frac{h_m(M_r)}{M_r} + \frac{\sum\limits_{i=1}^{n}\sum\limits_{j=1}^{|V_i^r|} L_{i,j}^r}{M_r}, \frac{h_r(M_m)}{M_m} + \frac{\sum\limits_{i=1}^{n}\sum\limits_{j=1}^{|V_i^m|} L_{i,j}^m}{M_m}\right\} \leqslant C_{\max} \tag{4.5}$$

考虑到 MapReduce 两阶段任务的优先约束关系，在下界 LB_1 基础上得到下界 LB_2。

定义 4.2 Z_i^a 表示作业 J_i 在阶段 a 所有任务 $L_{i,j}^a$ 的最大值，$Z_i^a = \max\limits_{j\in\{1,2,\cdots,|V_i^a|\}} L_{i,j}^a$；$Z_a$ 表示所有作业 Z_i^a 的最小值，$Z_a = \min\limits_{i\in\{1,2,\cdots,n\}} Z_i^a$。

定理 4.2 LB_2 是任意可行调度最大完工时间的一个下界。

$$\mathrm{LB}_2 = \max\left\{Z_m + \frac{\sum\limits_{i=1}^{n}\sum\limits_{j=1}^{|V_i^r|} L_{i,j}^r}{M_r},\ Z_r + \frac{\sum\limits_{i=1}^{n}\sum\limits_{j=1}^{|V_i^m|} L_{i,j}^m}{M_m}\right\} \tag{4.6}$$

证明 由于所有作业的 Reduce 任务必须在该作业所有 Map 任务结束后才能开始，在最理想的情况下，即使一个作业所有的 Map 任务可以同时开始 (有足够多的 Map slot)，Reduce 阶段也需要等到处理时间最长的 Map 任务完成后才可开始，因此每个 Reduce slot 的空闲时间至少为 Z_m。在多数情况下，每个作业最后一个 Map 任务结束时每个 Reduce slot 的空闲时间大于 Z_m。因此，所有 Reduce slot 的空闲时间的平均值也至少是 Z_m。由式 (4.3) 可知：

$$Z_m + \frac{\sum_{i=1}^{n}\sum_{j=1}^{|V_i^r|} L_{i,j}^r}{M_r} \leqslant C_{\max} \tag{4.7}$$

由问题的对称性有

$$Z_r + \frac{\sum_{i=1}^{n}\sum_{j=1}^{|V_i^m|} L_{i,j}^m}{M_m} \leqslant C_{\max} \tag{4.8}$$

因此有

$$\mathrm{LB}_2 = \max\left\{ Z_m + \frac{\sum_{i=1}^{n}\sum_{j=1}^{|V_i^r|} L_{i,j}^r}{M_r}, Z_r + \frac{\sum_{i=1}^{n}\sum_{j=1}^{|V_i^m|} L_{i,j}^m}{M_m} \right\} \leqslant C_{\max} \tag{4.9}$$

值得注意的是，LB_2 并不总是大于 LB_1，考虑一种特殊情况，如图 4.5 所示，集群有 3 个 Map slot 和 2 个 Reduce slot，4 个 MapReduce 作业每个作业只有一个 Map 任务和一个 Reduce 任务。按照 LB_1 的方式，Reduce slot 在 Map 阶

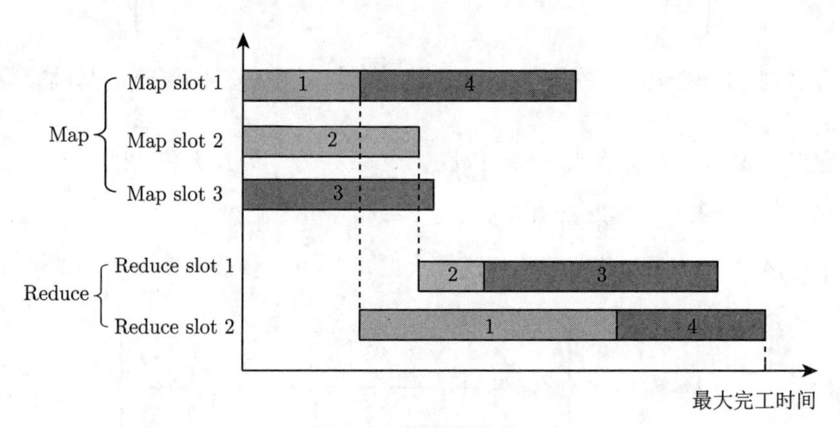

图 4.5 下界的比较

段的平均空闲时间为作业 1 和作业 2 的 Map 任务处理时间的平均值；按照 LB_2 的方式，该值为作业 1 的 Map 任务处理时间，显然 $\mathrm{LB}_1 > \mathrm{LB}_2$。综上所述，该问题的任意可行调度的 $C_{\max}$ 的一个下界 $\mathrm{LB} = \max\{\mathrm{LB}_1, \mathrm{LB}_2\}$。

2. 问题分解

对于求解传统的混合流水作业调度问题的启发式方法，通常在每阶段使用特定的排序规则生成作业序列，按照某种分配方式将作业依次分配到机器。本书考虑的问题的特殊性在于：每个作业在每阶段包含多个任务，且任务是调度的基本单位。因此，得到一个调度需要解决三个子问题：① 确定每阶段作业的调度序列；② 确定每阶段每个作业的任务调度序列；③ 确定每阶段每个任务分配到的 slot。作业和任务的序列使用排序规则 (sequencing rules) 生成，slot 的分配方式可有多种选择。如果一个方法首先确定每阶段作业的调度序列，再确定每个作业的任务调度序列，则称该方法为面向作业 (job-based) 的方法；反之，如果一个方法在某个阶段首先确定任务的调度序列，再依据任务的顺序以某种方式生成作业的调度序列，则称该方法为面向任务 (task-based) 的方法。本节稍后将提出两个面向作业和一个面向任务的启发式方法。

由三个子问题的描述可知，得到一个调度需要确定每个任务由某个 slot 处理的开始时刻和完成时刻。启发式方法以构造的方式进行，在每阶段每次选择一个任务，在前面生成的部分调度的基础上指派一个 slot 处理任务，该任务的开始时刻和完成时刻随之确定。当所有的任务调度完成即生成了一个完整的调度，最后一个任务的完成时刻即该调度的最大完工时间。

3. 作业排序

作业的排序规则可基于 Johnson 规则 [319] 获得。Johnson 规则可以得到最小化最大完工时间的两阶段流水作业调度问题的最优解，其各种变体被广泛应用于各种流水作业调度问题中 [357–360]。当某个阶段有并行机时，应用 Johnson 规则前需要对该阶段的持续时间进行估计。本书研究的问题即这种情况，每个作业的 Map 和 Reduce 阶段的持续时间需要通过分析每个任务的处理时间和准备时间进行估计。Verma 等 [357] 依据最大完工时间定理 [332]，计算持续时间的下界 (式 (4.10)) 和上界 (式 (4.11))：

$$T_i^{a,\mathrm{low}} = \frac{\sum\limits_{j=1}^{|V_i^a|} p_{i,j}^a}{S_i^a} \tag{4.10}$$

$$T_i^{a,\mathrm{up}} = \frac{(\mid V_i^a \mid -1) \cdot \sum\limits_{j=1}^{|V_i^a|} p_{i,j}^a}{S_i^a \cdot \mid V_i^a \mid} + \max_{j \in \{1,2,\cdots,|V_i^a|\}} p_{i,j}^a \tag{4.11}$$

其中，S_a^i 表示能够处理该作业任务的 slot 数量。上述上界和下界的思想是在每阶段将所有任务总的处理时间平均到各个 slot 上，以该平均值作为每阶段持续时间的估计值。如果任务在 slot 上分布得比较均匀，则估计值更接近下界的计算结果，如图 4.6 左部分所示，当前作业 J_i 有 4 个 Map 任务。当有一小部分任务的完成时刻明显大于其他任务，极端情况下一个处理时间最长的任务完成时刻最大，则估计值更接近上界的计算结果，如图 4.6 右部分所示。因此，当前作业的估计值与已生成的部分调度有关。本书使用上述上界和下界的加权和作为作业 J_i 在阶段 a 的持续时间的估计值 T_i^a。

$$T_i^a = \omega T_i^{a,\text{low}} + (1-\omega)T_i^{a,\text{up}} \tag{4.12}$$

其中，$\omega \in (0,1)$。由于本书考虑了准备时间，在计算估计值时采用修正处理时间。因为任务的准备时间是调度相关的，在调度前无法确定实际的准备时间，因此在计算时准备时间取输入数据在本地时的读取时间，该时间仅反映了任务的输入数据大小。

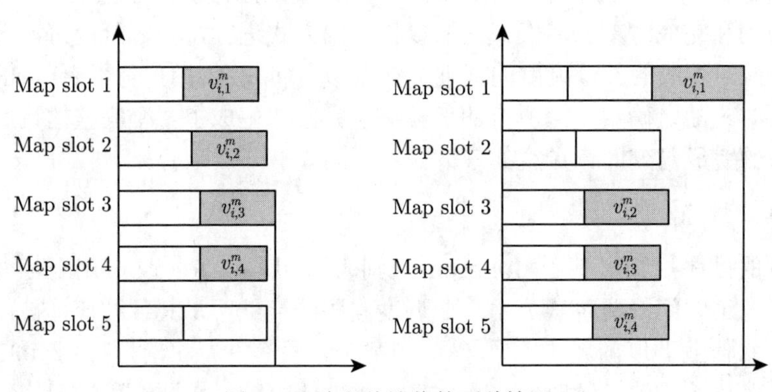

图 4.6　阶段估计值的两种情况

上述排序规则简称为 JR_1，本书提出的方法在 Map 阶段均使用 JR_1 对作业排序；为了使得 Map 阶段已结束的作业 Reduce 阶段尽快开始，在 Reduce 阶段依据作业的 Map 阶段完成时刻的非降序排序。

4. 任务排序

单独考虑某一个阶段的任务调度，实际上是一个并行同速机优化问题。在该问题中，如果总是将任务分配到最早可用的机器，则在对任务使用最长处理时间优先 (longest processing time first，LPT) 规则排序时可得到最大完工时间的近

似最优解 [214]。因此，对每个作业的任务采用 LPT 规则排序有利于优化最大完工时间。本书提出的方法均使用上述排序规则。

5. 任务分配

在传统的混合流水作业调度问题中，常用的作业分配策略有最早可用时间优先 (earliest available first，EA) [214,361] 和最早完成时间优先 (earliest finishing first，EF) [358,359]。前者的思想是使作业的等待时间最少，后者的思想是使当前作业尽快完成。也有少数研究为了达到某种目的采用了最晚可用时间优先 (latest available first) [354] 策略。在 MapReduce 任务调度环境中，应用上述策略的同时，还要考虑 slot 负载均衡、任务的数据本地化等因素。另外，在任务调度时要满足每个作业 Map 任务和 Reduce 任务的优先约束。

6. 面向作业的启发式方法

本节提出两个面向作业的启发式调度方法。第一个方法基于 EA 策略，称为最早可用 slot 调度 (earliest available slot schedule，EASS) 方法，如算法 32 所示。首先使用 JR_1 规则对作业排序，使用 LPT 规则对作业中的任务排序。定义 λ_k 为 slot k 的下一次空闲时刻，初始值为 0；θ_i^a 为作业 J_i 在阶段 a 的完成时刻。对于 Map 阶段，将每个任务依次分配到最早空闲的 slot，即在每次调度时选择 slot $k' = \arg\min\limits_{k\in Q_m} \lambda_k$。每次任务分配后都要更新作业的 Map 阶段完成时刻和 slot k' 的下次空闲时刻。对于 Reduce 阶段，将作业重新按照 Map 阶段的完成时刻的非降序排序，任务排序不变，将 Reduce 任务按 EA 策略分配到各个 slot。最后，返回所有作业 Reduce 阶段完成时刻的最大值即最大完工时间。任务分配过程 (task assignment procedure，TAP) 实现如算法 33 所示。首先计算任务由 slot k' 处理的准备时间，再结合任务的处理时间和 slot k' 的空闲时刻计算任务的完成时刻。注意，Reduce 任务要在所有 Map 任务结束后才能开始，因此 Reduce 任务的开始时刻至少是其所属作业 Map 阶段的完成时刻，算法 33 的第 5 行语句体现了这一点。最后更新任务所属作业在当前阶段的完成时刻以及 slot k' 的下次空闲时刻。EASS 方法没有考虑对任务准备时间的优化。

第二个方法基于 EF 策略，对于任务 $v_{i,j}^a$，选择 slot $k' = \arg\min\limits_{k\in Q_a}\{\lambda_k + s_{i,j,k}^a + p_{i,j}^a\}$，由任务分配过程 (TAP) 实现。作业和任务的排序方式与 EASS 方法相同。该方法在任务分配时采用贪心的思想，只关注当前任务的完成时刻的最优，不考虑后续任务。由于任务的调度序列已经通过排序规则确定，在每一轮任务分配都选择尽快完成的 slot 是合理的。另外，该方法还保证了任务具有比较短的准备时间，在一定程度上兼顾了数据本地化。该方法称为最早完成 slot 调度 (earliest finishing slot schedule，EFSS) 方法，如算法 34 所示。

算法 32: EASS 启发式方法

Input: 作业集合 $\mathbb{J}$，MapReduce 集群 Q，任务 $v_{i,j}^a$ 的处理时间 $p_{i,j}^a$，任务 $v_{i,j}^a$ 由 slot k 处理的准备时间 $s_{i,j,k}^a$

Output: $\mathbb{J}$ 的最大完工时间 $C_{\max}$

```
1  使用 JR₁ 规则对 J 的作业排序    // Map 阶段;
2  foreach k ∈ Q do
3      λ_k ← 0 ;
4  foreach J_i ∈ J do
5      使用 LPT 规则对 V_i^m 和 V_i^r 的任务排序;
6      θ_i^m ← 0;
7      foreach v_{i,j}^m ∈ V_i^m do
8          k' ← arg min_{k∈Q_m} λ_k;
9          调用 TAP(J_i, v_{i,j}^m, k', m);
10 将 J 的作业按照 θ_i^m 的非降序排序    // Reduce 阶段;
11 foreach J_i ∈ J do
12     θ_i^r ← θ_i^m;
13     foreach v_{i,j}^r ∈ V_i^r do
14         k' ← arg min_{k∈Q_r} λ_k;
15         调用 TAP(J_i, v_{i,j}^r, k', r);
16 return max_{i∈{1,2,···,n}} θ_i^r.
```

算法 33: 任务分配过程 (TAP)

Input: 作业 J_i，任务 $v_{i,j}^a$，分配给任务的 slot k'，阶段类型 a

```
1  s_{i,j}^a ← s_{i,j,k'}^a;
2  if (a = m) then
3      c_{i,j}^a ← λ_{k'} + s_{i,j}^a + p_{i,j}^a;
4  else
5      c_{i,j}^a ← max{λ_{k'}, θ_i^m} + s_{i,j}^a + p_{i,j}^a;
6  if c_{i,j}^a > θ_i^a then
7      θ_i^a ← c_{i,j}^a;
8  λ_{k'} ← c_{i,j}^a;
9  return.
```

算法 34: EFSS 启发式方法

Input: 作业集合 $\mathbb{J}$，MapReduce 集群 Q，任务 $v_{i,j}^{a}$ 的处理时间 $p_{i,j}^{a}$，$v_{i,j}^{a}$ 由 slot k 处理的准备时间 $s_{i,j,k}^{a}$

Output: $\mathbb{J}$ 的最大完工时间 $C_{\max}$

1 使用 JR_1 规则对 $\mathbb{J}$ 的作业排序 // Map 阶段;
2 **foreach** $k \in Q$ **do**
3     $\lambda_k \leftarrow 0$;
4 **foreach** $J_i \in \mathbb{J}$ **do**
5   使用 LPT 规则对 V_i^m 和 V_i^r 的任务排序;
6     $\theta_i^m \leftarrow 0$;
7   **foreach** $v_{i,j}^m \in V_i^m$ **do**
8         $k' = \arg\min\limits_{k \in Q_m} \{\lambda_k + s_{i,j,k}^m + p_{i,j}^m\}$;
9   调用 $\mathrm{TAP}(J_i, v_{i,j}^m, k', m)$;
10 将 $\mathbb{J}$ 的作业按照 θ_i^m 的非降序排序 // Reduce 阶段;
11 **foreach** $J_i \in \mathbb{J}$ **do**
12     $\theta_i^r \leftarrow \theta_i^m$;
13   **foreach** $v_{i,j}^r \in V_i^r$ **do**
14         $k' = \arg\min\limits_{k \in Q_r} \{\lambda_k + s_{i,j,k}^r + p_{i,j}^r\}$;
15   调用 $\mathrm{TAP}(J_i, v_{i,j}^r, k', r)$;
16 **return** $\max\limits_{i \in \{1,2,\cdots,n\}} \theta_i^r$.

7. 面向任务的启发式方法

本节提出一个使用 LPT 规则的面向任务的方法。在前面的面向作业的方法中，无论是 EASS 还是 EFSS，都是在作业内部对任务按照 LPT 排序，这样就在一定程度上限制了 LPT 规则带来的优势。在本节提出的方法的 Map 阶段中，首先将所有作业的所有 Map 任务按照 LPT 规则排序，然后依据 EF 策略中贪心方式分配这些任务，最后对每个 slot 上的任务进行移动。移动的方式：将每个 slot 上的任务按照任务所属作业在 JR_1 规则下的顺序排序。这样相同作业的任务会被排列在相邻的位置上，使得每个作业的 Reduce 阶段可尽快开始。由于任务在当前的 slot 上移动，其准备时间不会改变。移动后更新每个任务的完成时刻以及作业的 Map 阶段完成时刻。对于 Reduce 阶段，调度方式与 EFSS 方法相同。该方法简称为 TBS，如算法 35 所示。

算法 35: TBS 启发式方法

Input: 作业集合 $\mathbb{J}$, MapReduce 集群 Q，任务 $v_{i,j}^a$ 的处理时间 $p_{i,j}^a$，$v_{i,j}^a$ 由 slot k 处理的准备时间 $s_{i,j,k}^a$

Output: $\mathbb{J}$ 的最大完工时间 $C_{\max}$

```
1  使用 JR_1 规则对 J 的作业排序    // Map 阶段;
2  foreach k ∈ Q do
3  |   λ_k ← 0;
4  foreach J_i ∈ 𝕁 do
5  |   使用 LPT 规则对 V_i^m 和 V_i^r 的任务排序;
6  |   θ_i^m ← 0;
7  |   foreach v_{i,j}^m ∈ V_i^m do
8  |   |   k' = arg min_{k∈Q_m} {λ_k + s_{i,j,k}^m + p_{i,j}^m};
9  |   |   调用 TAP(J_i, v_{i,j}^m, k', m);
10 将 θ_i^m 的非降序排序    //Reduce 阶段;
11 foreach J_i ∈ 𝕁 do
12 |   θ_i^r ← θ_i^m;
13 |   foreach v_{i,j}^r ∈ V_i^r do
14 |   |   k' = arg min_{k∈Q_r} {λ_k + s_{i,j,k}^r + p_{i,j}^r};
15 |   |   调用 TAP(J_i, v_{i,j}^r, k', r);
16 return max_{i∈{1,2,…,n}} θ_i^r.
```

下面用一个例子说明该方法的执行过程，如图 4.7 所示。在 Map 阶段，将所有 Map 任务按照 LPT 规则排序，得到的序列为 $v_{1,1}^m$，$v_{2,1}^m$，$v_{4,2}^m$，$\cdots$，$v_{4,1}^m$，$v_{2,2}^m$。然后将序列中的任务依据 EF 策略进行分配，分配结果如图 4.7 上部所示。接下来对每个 slot 任务列表中的任务进行移动，使同一作业的任务相邻排列。假设作业在 JR_1 规则下的顺序为 4、3、2、1，则移动后每个 slot 的任务所属作业也是这个顺序。如果没有某个作业的任务，直接跳过该作业，如 Map slot 1 上只有 4、2 和 1 三个作业的任务，如图 4.7 下部所示。可以看到，由于任务准备时间不改变，每个 slot 任务的最大完成时间不会随着移动改变。

8. 基于数据本地化的改进策略

如果充分考虑任务的数据本地化，可通过调整任务调度，优化任务的准备时间。一般地，考虑 Map 和 Reduce 任务执行过程的特点，在调度 Map 任务时考虑下列因素有利于减少最大完工时间：① 考虑 Map 任务的数据本地化，尽量将任务调度到输入数据副本所在的节点。② 同一个作业的 Map 任务调度的位置应尽量集中。例如，假设某个作业的所有 Map 任务所在的节点属于同一个机架，那么对于该作业的 Reduce 任务来说，调度到该机架上的节点会得到比较小的总传输时间。③ 不同作业的 Map 任务调度的位置应尽量分散。在考虑数据本地化时，如果任务总是被调度到少数几个节点上，会导致集群节点负载不均衡，从而得到比较差的最大完工时间。

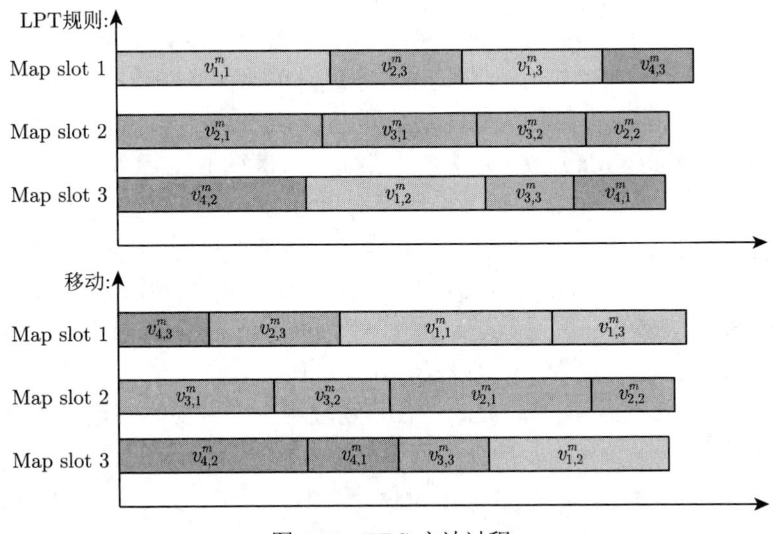

图 4.7 TBS 方法过程

以上三种因素有时是互相冲突的。例如，当同时考虑因素① 和② 时，将所有的 Map 任务调度到输入数据所在的节点，而任务输入数据不是均匀地分布在各个节点上时，就会造成大量任务集中在少数节点上，这与因素③是矛盾的。当同时考虑因素①和②时，同一个作业的 Map 任务的输入数据所在的节点可能并不集中。因此，在设计基于数据本地化的改进策略时，要兼顾任务输入数据的分布情况。

基于以上分析设计如下改进策略：在 Map 阶段，每次为任务选择 slot 时，总是从任务的输入数据所在节点的 slot 列表中选择使得任务最快完成的 slot。这样可以显著减少 Map 任务的准备时间 (因素①)，虽然这种策略选择的 slot 可能不是使当前任务最快完成的 slot，但由于缩小了选择范围，可能给后续任务提供了在本地执行的机会，因此可能会有较好的效果。在本书中，Map 任务输入数据的副本是按照轮询的方式放置到 HDFS 的数据节点上，因此输入数据的分布是比较均匀的，不会出现大量任务被分配到相同的若干 slot 的情况，上述改进策略通常不会因为影响 Map slot 的负载均衡导致较长的最大完工时间 (因素③)。另外，输入数据的放置方式也使得同一个作业的 Map 任务的输入数据所在节点在同一个机架的概率更大 (因素②)。上述策略将被用于 EFSS 方法和 TBS 方法中。

9. 时间复杂度分析

本节对提出的三种方法的时间复杂度进行分析。对于 EASS 方法，第一行语句对 n 个作业进行排序，时间复杂度为 $O(n\lg n)$；第 5 行语句使用 LPT 规则对每个作业的任务进行排序，令 $U_m = \sum_{i\in\{1,2,\cdots,n\}} |V_i^m|\lg|V_i^m|$，$U_r = \sum_{i\in\{1,2,\cdots,n\}} |V_i^r| \cdot\lg|V_i^r|$，则任务排序总的复杂度为 $O(U_m+U_r)$；第 7~9 行语句对于每个任务从所有 Map slot 中寻找合适的 slot 并分配任务，TAP 过程时间复杂度为 $O(1)$，确定 slot 过程的复杂度为 $O(|T_m|M_m)$；因此，Map 阶段总的时间复杂度为 $O(n\lg n+U_m+|T_m|M_m)$。同理，Reduce 阶段的时间复杂度为 $O(n\lg n+U_r+|T_r|M_r)$，EASS 方法总的时间复杂度为 $O(n\lg n+U_m+U_r+|T_m|M_m+|T_r|M_r)$。由于 $|T_m|\geqslant n, |T_r|\geqslant n$，并且 $M_m\geqslant 1, M_r\geqslant 1$，总的时间复杂度可简化为 $O(U_m+U_r+|T_m|M_m+|T_r|M_r)$；又因为 $\sum_{i\in\{1,2,\cdots,n\}} |V_i^m|\lg|V_i^m| \leqslant \sum_{i\in\{1,2,\cdots,n\}} |V_i^m|\lg|T_m| = |T_m|\lg|T_m|$，EASS 方法最后的时间复杂度为 $O(|T_m|(\lg|T_m|+M_m)+|T_r|(\lg|T_r|+M_r))$。EFSS 方法的过程与 EASS 方法类似，只是选择 slot 的策略不同，二者的总体时间复杂度相同。

对于 TBS 方法，在 Map 阶段任务排序的时间复杂度为 $O(|T_m|\lg|T_m|)$；任务分配的时间复杂度为 $O(|T_m|M_m)$；在移动过程中，主要时间花费在对 slot 任务列表进行排序，假设 slot k 的任务列表有 w_k 个任务，则有 $\sum_{k\in Q_m} w_k = |T_m|$，且由于 $\sum_{k\in Q_m} w_k\lg w_k \leqslant \sum_{k\in Q_m} w_k\lg|T_m| = |T_m|\lg|T_m|$，移动阶段总的复杂度为 $O(|T_m|\lg|T_m|)$; Reduce 阶段的时间复杂度为 $O(U_r+|T_r|M_r)$。因此，TBS 方法总的时间复杂度为 $O(|T_m|(\lg|T_m|+M_m)+U_r+|T_r|M_r) = O(|T_m|(\lg|T_m|+M_m)+|T_r|(\lg|T_r|+M_r))$。

4.3　能耗感知 MapReduce 作业调度

大数据应用的日益普及使得数据中心的能耗问题受到越来越多的关注。如某省某市的计算集群中存储着 500 亿条的车辆轨迹数据且每天以至少 7000 万条的数量增加。该省所有的车辆轨迹数据被收集和存储在省内多个城市的计算集群中，且常用于各种大数据分析应用 (如异常交通模式检测 [362]，大规模灾难中的人群避难预测 [363] 和相同或相似驾驶行为的群体识别 [364] 等)。各计算集群的能耗成本已成为继人工成本后的第二大主要开支 [365]。一般来说，MapReduce 计算框架 [366] 是较为常见的大数据应用处理技术。在大数据环境中，给定截止期约束的 MapReduce 作业数量巨大，可划分为 CPU 密集型作业和 IO 密集型作业。Map 任务或 Reduce 任务可并行执行，每个任务可由相同类型的任意资源槽处理。

一个 MapReduce 作业的 Reduce 任务必须等待所用 Map 任务完成后才可开始执行。不同类型 (CPU 密集型或 IO 密集型) 的任务有不同的处理时间，如一个 CPU 密集型任务通常比 IO 密集型任务拥有较长的计算时间。一般来说，较长的机器运行时间导致数据中心较多的能量消耗。同时能量消耗与机器的资源利用率紧密相关。机器运行时间及资源利用率依赖于 MapReduce 作业调度策略，故数据中心的能量消耗由 MapReduce 作业调度策略来决定。处理大量 MapReduce 作业的数据中心或计算集群通常包含数量有限的机器，从而导致许多作业无法在截止期前完成。MapReduce 作业的截止期约束和数据中心的有限机器数使得作业和任务的高效调度非常困难，也就是说，作业和任务的调度顺序难以确定。在 MapReduce 作业调度过程中，为保证数据本地化，所有任务试图分配至处理数据所在节点。由于数据在计算集群中的随机存储，较多的 Map 或 Reduce 任务将被远程执行，即作业调度过程中的数据传输不可避免。如果为最大化数据本地化而将任务分配至处理数据所在节点，则部分机器必将负载过重而导致不均衡的资源利用率。同时各节点的固定资源槽数目限制了节点资源利用率的改善 [347]。综上所述，实际大数据环境中的截止期约束、数据本地化和均衡的资源利用率等因素使得 MapReduce 作业调度相当困难。如何有效地在多个异构集群中调度大量 MapReduce 作业以最小化计算集群的能量消耗是亟须解决的问题。由 Yahoo! 的 M45 超计算集群中 10 个月的 MapReduce 作业日志中看出，Reduce 任务数较多的 MapReduce 作业仅占所有作业的 9% [367]。换言之，大多数 MapReduce 作业中所包含的 Reduce 任务数要远远小于 Map 任务数，即 MapReduce 作业的运行时间主要耗费在 Map 任务的执行。考虑多个只包含 Map 任务的 MapReduce 作业在不同地理位置的异构计算集群中的调度来改善能量消耗。

针对多个不同地理位置的异构集群中的能耗感知 MapReduce 作业调度，考虑作业截止期、数据本地化和资源利用率来改善 MapReuce 作业调度以降低计算集群的能量消耗。根据作业截止期、作业可分配的资源槽数目和作业预估执行时间，提出一种新的作业排序规则。为改善任务调度过程中的数据本地化，不同任务从各任务相应的机架层本地机器、集群层本地机器和远程机器中选择最为恰当的资源槽进行分配。计算集群中可用资源槽的更新，不仅要从计算集群中查找可用资源槽，还要根据机器当前的 CPU、内存和带宽利用率采用模糊逻辑方法动态改变机器中资源槽的数目以提高机器的资源利用率。

4.3.1 系统状态划分

Docker 技术通常应用于 MapReduce 或 Spark 的大数据分析作业中，且已在 Apache Mesos 中得到广泛使用。Docker 是一种操作系统层面的通过创建 docker 容器来实现的虚拟化技术。同一节点上的多个 docker 容器之间共享内核，即同一节点上的 docker 容器数可根据任务请求资源量动态变化。把各 docker 容器看成一个资源槽，则每个节点可创建不同数目的资源槽，同时计算集群中的整体资源槽数目 (docker 容器) 可动态变化。主要研究大量 MapReduce 作业在多个不同地理位置的计算集群中的能耗优化调度，其中多个计算集群被称为 MapReduce 集群。

多个 MapReduce 集群分布在不同的地理位置，且各集群中至少存在一个节点。根据不同的节点性能 (如 CPUs、内存和网络带宽)，各节点配置不同数目的 docker 容器。由于动态资源槽环境的 MapReduce 作业调度性能优于固定资源槽环境的作业调度性能 [347]，研究动态资源槽环境的 MapReduce 作业调度。也就是说，MapReduce 中各节点的资源槽数目可根据节点不同时刻的资源利用率动态变化。首先在集群配置初始阶段，各节点的资源槽数目根据节点性能和实际操作者的经验进行设置。其次在作业运行过程中，各节点的资源槽数目在不同时刻动态变化。当节点中至少存在一个空闲资源槽时，该节点的总资源槽数不发生变化。如果当前时刻节点的资源利用率较低且节点的空闲资源满足正常资源槽所占用的资源，则该节点需增加一个资源槽。若当前时刻节点的资源利用率较高且通过模糊逻辑判断需减少一个资源槽，则选择该节点上处理时间最小的资源槽进行删除。

通常来说，AIS 产生的计算集群能耗要少于 CS [338]。AIS 和 CS 的主要不同在于作业运行过程中 CS 会关闭部分计算集群节点。基于上述结论，基于 AIS 考虑动态资源槽环境的 MapReduce 作业调度，即所有计算集群中的节点需同时启动和关闭。假定 T_0 和 T_1 分别表示各节点的启动时间段 (从启动状态到开始状态) 和关闭时间段 (从停止状态到关机状态)。设所有节点具有相同的 T_0 和 T_1，且各节点的生存周期置为 U。若所有集群中的节点 0 时刻启动，则需在 $U+T_1$ 时刻关机。假定 N_{su} 表示第 s 个 MapReduce 集群中的第 u 个节点。I_u^{sr} 和 I_u^{sd} 分别是节点 N_{su} 的运行时间间隔和空闲时间间隔。若 F_u^{sr} 代表节点 N_{su} 的运行完成时间，则其所有任务需在 F_u^{sr} 时刻完成。图 4.8给出节点 N_{su} 不同状态的时间分割示意图。T_0 时刻，节点 N_{su} 处于开始状态。当节点 N_{su} 上的所有任务完成时，N_{su} 转变为完成状态。当所有提交作业完成时，所有计算集群的节点转变为结束状态。

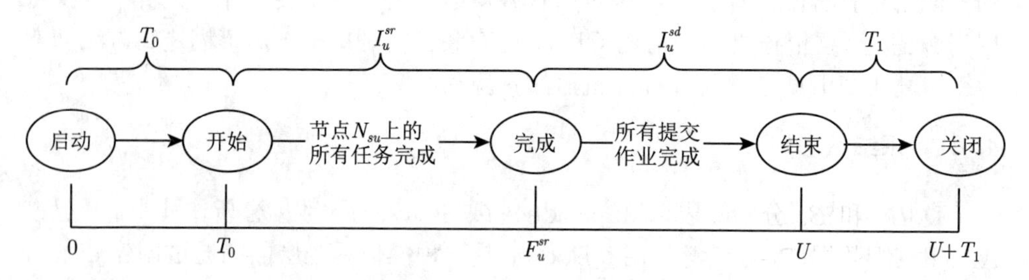

图 4.8 节点 N_{su} 不同状态的时间分割示意图

4.3.2 问题描述与数学模型

所有作业在 0 时刻提交且各作业包含多个相互独立的 Map 任务。MapReduce 作业可在所有集群的任意节点上执行。每个作业的多个 Map 任务可分配至多个节点。作业所需数据随机分布在所有计算集群的节点中。当计算集群中各节点处于开机状态时 (从时刻 0 到时刻 $U+T_1$)，研究多个带截止期约束的 MapReduce 作业在动态资源槽环境中的调度以最小化计算集群的能量消耗。

针对计算集群的资源配置,n 个作业 $\mathbb{J}=\{J_1,J_2,\cdots,J_n\}$ 在 m 个 MapReduce 集群 $\mathbb{R}=\{R_1,R_2,\cdots,R_m\}$ 中进行调度。集群 R_s 包含 n_s^N 个节点且各节点分布在不同机架。节点 N_{su} 包含 n_{su}^S 个资源槽，则 S_{suv} 表示节点 N_{su} 中的第 v 个资源槽。每个作业 J_i 有 n_i^J 个任务，同时作业 J_i 的截止期为 d_i，即各任务 A_{ij} $(j=1,2,\cdots,n_i^J)$ 需在截止期 d_i 前完成。任务 A_{ij} 的执行时间和所处理的数据量分别由 p_{ij} 和 $\mathcal{D}_{ij}$ 表示。研究的问题是在截止期约束下，如何合理分配作业至资源槽来最小化计算集群的能量消耗。

设 t_{ij} 和 C_{ij} 分别表示任务 A_{ij} 的开始时间和完成时间。若 $\boldsymbol{A}_u^s$ 代表分配在节点 N_{su} 上的任务集合，则 $F_u^{sr}=\max\limits_{A_{ij}\in\boldsymbol{A}_u^s}C_{ij}$。也就是说，$\boldsymbol{A}_u^s$ 中所有任务均须在 F_u^{sr} 前完成。通常来说，在 MapReduce 作业调度中，一旦存在空闲资源槽，则会立即从未调度任务中选择任务进行分配，即 $I_u^{sr}=F_u^{sr}-T_0$，同时 $U=\max\limits_{1\leqslant s\leqslant m}\max\limits_{1\leqslant u\leqslant n_s^N}F_u^{sr}$。本书中的能耗计算方法不同于文献 [338] 中的方法。基于动态资源槽环境的 MapReduce 作业调度问题，其能量消耗主要包括计算集群中各节点在启动、运行、空闲和关闭状态下的整体能量消耗。假定所有节点同一状态下的单位能耗相同，设 E^b、E^r、E^d 和 E^e 分别表示各节点在启动、运行、空闲和关闭状态时的单位能耗，则所有计算集群的整体能量消耗 E 为

$$E=\sum_{s=1}^{m}\sum_{u=1}^{n_s^N}(E^b\times T_0+E^r\times I_u^{sr}+E^d\times I_u^{sd}+E^e\times T_1) \tag{4.13}$$

由于 $U=I_u^{sr}+I_u^{sd}+T_0\ (1\leqslant u\leqslant n_s^N,1\leqslant s\leqslant m)$ 和 $I_u^{sr}=F_u^{sr}-T_0$，则公式 (4.13) 可转化成 $E=T_0(E^b-E^r)\sum_{s=1}^{m}n_s^N+(E^r-E^d)\sum_{s=1}^{m}\sum_{u=1}^{n_s^N}F_u^{sr}+UE^d\sum_{s=1}^{m}n_s^N+T_1E^e\sum_{s=1}^{m}n_s^N$。同时由于 E^b、E^r、E^d、E^e、T_0、T_1、n_s^N 和 m 均为常量，则最小化 E 的目标可转化成最小化 E_p，其中 $E_p=(E^r-E^d)\sum_{s=1}^{m}\sum_{u=1}^{n_s^N}F_u^{sr}+E^d\sum_{s=1}^{m}n_s^N\max\limits_{1\leqslant s\leqslant m}\max\limits_{1\leqslant u\leqslant n_s^N}F_u^{sr}$。

设 B_r^s 和 $\mathcal{B}_s$ 分别代表同一集群内不同机架间的通信带宽和不同集群间的通信带宽，则数据 $\mathcal{D}_{ij}$ 从节点 $N_{s'\omega}$ 到 N_{su} 的传输时间为 $\tau_{u\omega}^{ij}$：

$$\tau_{u\omega}^{ij}=\begin{cases}0, & s=s' \text{ 且 } N_{su} \text{ 和 } N_{s'\omega} \text{ 在同一机架内}\\ \mathcal{D}_{ij}/B_r^s, & s=s' \text{ 且 } N_{su} \text{ 和 } N_{s'\omega} \text{ 在不同机架内}\\ \mathcal{D}_{ij}/\mathcal{B}_s, & s\neq s' \text{ 即 } N_{su} \text{ 和 } N_{s'\omega} \text{ 在不同集群内}\end{cases} \tag{4.14}$$

由此可得 $C_{ij}=t_{ij}+p_{ij}+\tau_{u\omega}^{ij}$。假定 W_l^A 和 $\mathcal{R}_l^S$ 分别表示第 l 个心跳周期内的等待任务集合和空闲资源槽集合。$\boldsymbol{H}$ 是所有作业所经历的总心跳次数 (当所有作业完成后，该值可测量)。此外，动态资源槽环境的 MapReduce 作业调度还需定义如下决策变量：

$$x_{ijuv}^s=\begin{cases}1, & \text{任务 } A_{ij} \text{ 分配至资源槽 } S_{suv}\\ 0, & \text{其他}\end{cases}$$

综上所述，所研究问题的数学模型描述如下：

$$\min E_p=(E^r-E^d)\times\sum_{s=1}^{m}\sum_{u=1}^{n_s^N}F_u^{sr}+E^d\times\sum_{s=1}^{m}n_s^N\times\max_{1\leqslant s\leqslant m}\max_{1\leqslant u\leqslant n_s^N}F_u^{sr}$$

$$\begin{aligned}\text{s.t. } & F_u^{sr}\leqslant(t_{ij}+p_{ij}+\tau_{u\omega}^{ij})\times x_{ijuv}^s, \quad \forall A_{ij}\in\boldsymbol{A}_u^s, \quad 1\leqslant u\leqslant n_s^N\\ & 1\leqslant\omega\leqslant n_{s'}^N, \quad 1\leqslant s'\leqslant m, \quad 1\leqslant v\leqslant n_{su}^S, \quad 1\leqslant s\leqslant m\end{aligned} \tag{4.15}$$

$$\begin{aligned}&(t_{ij}+p_{ij}+\tau_{u\omega}^{ij})\times x_{ijuv}^s\leqslant d_i, \quad 1\leqslant i\leqslant n, \quad 1\leqslant j\leqslant n_i^J\\ &1\leqslant u\leqslant n_s^N, \quad 1\leqslant\omega\leqslant n_{s'}^N \quad 1\leqslant v\leqslant n_{su}^S, \quad 1\leqslant s'\leqslant m\\ &1\leqslant s\leqslant m\end{aligned} \tag{4.16}$$

$$\sum_{A_{ij}\in W_l^A}x_{ijuv}^s\leqslant 1, \quad \forall S_{suv}\in\mathcal{R}_l^S \tag{4.17}$$

$$\sum_{S_{suv}\in\mathcal{R}_l^S}x_{ijuv}^s\leqslant 1, \quad \forall A_{ij}\in W_l^A \tag{4.18}$$

$$\sum_{A_{ij}\in W_l^A}\sum_{S_{suv}\in\mathcal{R}_l^S}x_{ijuv}^s\leqslant|\mathcal{R}_l^S|, \quad \forall l\in\boldsymbol{H} \tag{4.19}$$

$$x_{ijuv}^s\in\{0,1\}, \quad \forall A_{ij}\in W_l^A, \quad \forall S_{suv}\in\mathcal{R}_l^S \tag{4.20}$$

公式(4.15)描述节点 N_{su} 的完成时间。公式(4.16)保证作业的截止期约束。公式(4.17)指明每个任务至多分配给一个资源槽，同时公式(4.18) 指出每个资源槽至多处理一个任务。公式(4.19)表示在每个心跳周期内，可分配的资源槽数目要小于集群中所有可用资源槽数目。

4.3.3 能耗感知 MapReduce 作业调度方法

根据文献 [130] 对 MapReduce 作业调度问题的分析，不难推理出，研究的能耗感知 MapReduce 作业调度问题是一个 NP 难问题。一般来说，启发式算法是解决 NP 难组合优化问题行之有效的方法 [317]。因此提出一个启发式动态作业调度算法。在连续不断的心跳周期内，所有提交作业的任务被不停调度直至完成。每个心跳周期需查找集群中的可用资源槽并进行任务与资源槽间的匹配。

现有 MapReduce 离线作业调度中采用的心跳间隔为 3s，且在作业调度过程中不发生变化。实际 MapReduce 作业调度中，心跳间隔通常由调度作业数目 n 和可用资源槽数目 $|L_s^a|$ 决定。换言之，在动态资源槽环境中，MapReduce 作业调度的心跳间隔可能会超过 3s，从而导致任务无法在一个心跳周期内分配至合适的资源槽。因此，在作业调度过程中，心跳间隔应根据调度作业数目 n 和可用资源槽数目 $|L_s^a|$ 进行计算，即心跳间隔是实时动态变化的。设心跳间隔为 ℓ_H。为得到 ℓ_H、n 和 $|L_s^a|$ 之间的精确关系，本节设计一组作业数目为 $\{50, 100, 150\}$ 的实验。不同作业数目的实例随机运行 5 次，则实例数增加为 15。提出的动态任务调度框架 (dynamic task scheduling framework，DTS) 运行时需记录每次心跳周期内 n、$|L_s^a|$ 和 ℓ_H 的值，则共有 30000 条记录。将这些记录导入 MATLAB (R2012b) 并采用曲线拟合工具来获取回归方程曲线。回归方程曲线的拟合度越接近 1，则该回归方程越精确。在多个不同的多元非线性回归模型中，使用多项式回归模型得到的 ℓ_H 回归方程的拟合度为 0.9695，则

$$\ell_H = \frac{1}{1000}(515 - 6n - 917|L_s^a| + 11n|L_s^a| + 2|L_s^a|^2) \tag{4.21}$$

资源槽列表 L_s^a 用来管理计算集群中的所有可用资源槽。初始化作业调度时，各作业中的所有任务按照最长处理时间优先 (longest time first，LTF) 规则排序，这是因为 LTF 在 MapReduce 作业调度中的性能要优于其他排序规则 [368]。多个 MapReduce 作业按照所提改进的最小请求资源槽数优先 (the improved minimal number of required slot first，IMRSF) 规则排序。根据作业序列 L_j 和各作业中的任务序列，算法构造任务等待列表 (CTWL) 从各作业中选择不同数量的任务来构造任务等待列表 L_a^w。在贪心匹配算法 (greedy assignment algorithm，GAA) 中，每个等待任务从列表 L_a^w 中删除并分配至 L_s^a 中最合适的资源槽。其中列表 L_s^a 和 L_a^w 的长度相同且在各心跳周期内均需更新。L_s^a 采用基于模糊逻辑的资源槽列表更新 (fuzzy logic based slot updating，FLSU) 算法对计算集群中的可用资源槽列表进行更新。综上所述，所提 DTS 包含三个组件，即各心跳周期内需执行等待任务列表 L_a^w 的更新，任务至资源槽的匹配和资源槽列表 L_s^a 的更新。设 t_0 为 H 中第一次心跳的开始时间。提出的动态任务调度框架的伪代码描述如算法 36 所示。

算法 36: 动态任务调度框架

```
1  初始化可用资源槽列表 L_s^a, t ← t_0;
2  for i = 1 to n do
3  │ 根据 LTF 规则对作业 J_i 中的任务排序;
4  repeat
5  │ 根据公式(4.21)计算 ℓ_H;
6  │ while (当前系统时间 ⩽ t + ℓ_H) do
7  │ │ 采用 CTWL 构造 L_a^w;
8  │ │ 调用 GAA 分配 L_a^w 中的任务至 L_s^a 中的资源槽;
9  │ │ 利用 FLSU 更新 L_s^a;
10 │ t ← t + ℓ_H;
11 until (𝕁 中所有任务已调度);
12 return.
```

1. 等待任务列表的构造

在每个心跳周期中，所有作业的任务需要选择排序后才可进行调度。根据作业序列和各作业内的任务序列 (由 LTF 规则排序)，选择不同作业中需调度的任务并加入等待任务列表 L_a^w 中。现有 MapReduce 作业调度中的作业排序方法有最早截止期优先 (earliest deadline first，EDF) [369]，最短松弛时间优先 (shortest slack time first，SSF) [370] 和最小请求资源槽数优先 (minimal number of required slot first，MRSF) [371]。MRSF 根据作业的最小请求资源槽数可同时调度多个作业，即 MRSF 的并行作业执行不同于 EDF 或 SSF 中作业的串行执行。通常 MRSF 与其他两种方法相比可获得更优的作业调度序列。换言之，不同作业间的并行执行要比串行执行更容易满足作业的截止期约束。

通常大数据应用中，多个 MapReduce 作业具有近似的截止期。MRSF 容易导致多个近似截止期的 MapReduce 作业调度性能下降，即无法保证所有作业均在截止期前完成。举例说明如下。设作业 J_i 和 J_j 是作业序列 L_j 中相邻的两个作业且 J_i 的优先级高于 J_j。假定 J_i 和 J_j 有近似的截止期、执行时间和任务数量。根据文献 [371] 中的 MRSF 方法，J_i 和 J_j 可得到近似的最小请求资源槽数。在 $t \leqslant d_i \leqslant t + \ell_H$ (作业 J_i 所经历的最后一次心跳周期) 的时间段内，MRSF 试图对 J_i 的所有未调度任务进行分配。由于 J_j 的优先级低于 J_i，则 J_j 的所有未调度任务会等待 J_i 所有未调度任务分配后再处理，这在很大程度上导致 J_j 的完成时间大于其截止期。出现这种情况的主要原因是 MRSF 中不均衡的任务选择，即作业 J_i 开始调度的前几个心跳周期内会选择较少的任务进行分配，而过多的任务则留在最后一次心跳周期内分配。因此，提出 IMRSF 来解决 MRSF 中存在的问题，其中 IMRSF 是对 MRSF 的扩展和改进。

假定 $\mathcal{A}_i^r$、$\mathcal{A}_i^w$ 和 $\mathcal{A}_i^c$ 分别表示作业 J_i 的运行任务集合、等待任务集合和完成任务集合。p_{ij}^e 表示任务 $A_{ij}\in\mathcal{A}_i^r$ 当前已处理的时间 (文献 [371] 中定义当前时间与任务开始时间之间的间隔为已处理时间)。设 $\delta=\sum_{s=1}^{m}\sum_{u=1}^{n_s^N}n_{su}^S/n$ 为各作业在计算集群所有资源槽中可分配的平均资源槽数目，则作业 J_i 的预估剩余执行时间为 $K_i=\dfrac{|\mathcal{A}_i^w|}{\delta}\times\epsilon\times\dfrac{\sum_{A_{ik}\in\mathcal{A}_i^c}p_{ik}}{|\mathcal{A}_i^c|}$，其中 $\epsilon\in[0,1]$ 是调整因子。不同于文献 [371] 中的公式 (1)，本书中作业 J_i 的最小请求资源槽数为 ξ_i^A，

$$\xi_i^A=\frac{\sum\limits_{A_{ij}\in\mathcal{A}_i^r}(p_{ij}-p_{ij}^e)+\dfrac{|\mathcal{A}_i^w|}{|\mathcal{A}_i^c|}\sum\limits_{A_{ik}\in\mathcal{A}_i^c}p_{ik}}{d_i-t-K_i}-|\mathcal{A}_i^r| \tag{4.22}$$

K_i 导致等式(4.22)与文献 [371] 中的等式 (1) 不同。当 $\epsilon=0$ 或 $K_i=0$ 时，等式(4.22) 为文献 [371] 中的等式 (1)，同时在当前时间与作业截止期相差较大时，作业所分配的任务数较少。较大的 K_i 导致较高的 ξ_i^A，也就是说，即使在作业 J_i 开始调度的前几个心跳周期，所提方法仍可分配较多的任务。综上所述，在各个心跳周期内的任务选择过程中，IMRSF 比 MRSF 更为均衡，从而使得较多作业可在截止期前完成。考虑上述给出的案例，作业 J_i 中所有未调度任务将在 d_i-t-K_i 时间内分配，而在文献 [371] 的 MRSF 方法中，这些未调度任务仅在 d_i-t 时间内分配。所有未调度任务在 d_i-t-K_i 时间内执行完成的概率更大，因此较多的作业可满足其截止期约束。针对 $d_i-t-K_i\leqslant 0$ 的情况，作业的所有未调度任务会立即分配。也就是说，ξ_i^A 等于作业 J_i 的未调度任务数。

在每个心跳周期内，所有作业按照 ξ_i^A 递减的顺序排列。根据作业序列，各作业的前 ξ_i^A 个任务被选择并加入等待任务列表 L_a^w 中。L_a^w 在每个心跳周期内均需更新。等待任务列表 L_a^w 的构造方法如算法 37 所示，时间复杂度为 $O(n\log n)$。

算法 37: CTWL /* 构造等待任务列表 L_a^w*/

```
1 foreach 𝕁 中的作业 J_i do
2 |   根据等式(4.22)计算 ξ_i^A;
3 根据各作业所得 ξ_i^A 的递减顺序构造 L_j (IMRSF) ;
4 L_a^w ← ∅;
5 foreach L_j 中的作业 J_i do
6 |   选择 J_i 中的前 ξ_i^A 任务并加入 L_a^w;
7 return L_a^w.
```

2. 任务匹配

由于每个任务可分配至集群中任意资源槽，则不同任务和资源槽间的匹配会产生不同的节点完成时间和集群能量消耗。同一时刻各任务仅分配一个资源槽，同时各资源槽仅处理一个任务。研究动态资源槽环境的考虑作业截止期和数据本地化的能耗感知 MapReduce 作业调度，即解决各心跳周期内如何选择 $|L_a^w|$ 任务并分配至 $|L_s^a|$ 资源槽以最小化能量消耗的问题。因此，每个心跳周期内的任务调度问题是一个广义的匹配问题。

MapReduce 作业调度中数据本地化和截止期两因素间相互影响。较高的数据本地化表明较多任务可在其数据所在节点执行，这通常耗费较长的资源槽等待时间。而较低的数据本地化表明较多任务需在远程节点执行，较长的数据传输时间不可避免。无论较高的数据本地化还是较低的数据本地化均需较长的处理时间来完成任务，从而导致任务所在作业的完成时间超出相应截止期。基于 MapReduce 计算框架中现有的三种数据本地化，结合考虑不同地理位置的多异构计算集群环境，在任务调度阶段提出 GAA 算法。采用的三种数据本地化包括机架层本地化、集群层本地化和远程，分别对应于默认 MapReduce 计算框架中的节点层本地化、机架层本地化和远程。机架层本地化和集群层本地化分别指任务的执行节点与其数据所在节点处于同一集群同一机架内和同一集群不同机架内，而远程则指任务执行节点所在的集群并不包含任务所需要的数据。

根据上述三种数据本地化，等待任务列表 L_a^w 中的各任务 A_{ij} 需构造三个可用资源槽集合，分别为机架层资源槽集合 $\mathbb{S}_{ij}^{\mathrm{RL}}$、集群层资源槽集合 $\mathbb{S}_{ij}^{\mathrm{CL}}$ 和远程资源槽集合 $\mathbb{S}_{ij}^{\mathrm{RE}}$。不同任务的机架层资源槽集合的基数不同。基数较大的机架层资源槽集合表示任务在分配过程中获得机架层本地化的概率较高，也就是说，在很大程度上任务可分配至与其数据所在节点同一集群同一机架内的资源槽执行。在每个心跳周期内，当具有较少机架层资源槽的任务优先调度时，可最大化所有任务的数据本地化。因此，GAA 将等待任务列表 L_a^w 中的任务按照机架层资源槽集合基数递增的顺序排列。针对每个任务 A_{ij}，GAA 依次从 $\mathbb{S}_{ij}^{\mathrm{RL}}$、$\mathbb{S}_{ij}^{\mathrm{CL}}$ 和 $\mathbb{S}_{ij}^{\mathrm{RE}}$ 中搜索最合适的资源槽进行分配。一旦任务 A_{ij} 找到合适资源槽则 GAA 停止搜索。任务和资源槽的分配结果采用二元数组列表 $\mathbb{A}^L = (< S_{suv}, A_{ij} >)$ 来表示。详细的 GAA 伪代码描述如算法 38 所示。步骤 1 的时间复杂度为 $O(|L_a^w|)$，步骤 3 为 $O(|L_a^w| \times |L_s^a|)$，步骤 13 为 $O(|L_a^w| \times \ln |L_a^w|)$，步骤 14 为 $O(|L_a^w|)$。因此 GAA 的时间复杂度是 $O(|L_a^w| \times |L_s^a|)$。

算法 38: GAA

Imput : L_s^a, L_a^w

Output: $\mathbb{A}^L$

1 **foreach** L_a^w 中的任务 A_{ij} **do**

2 　$\mathbb{S}_{ij}^{\mathrm{RL}} \leftarrow \varnothing$; $\mathbb{S}_{ij}^{\mathrm{CL}} \leftarrow \varnothing$; $\mathbb{S}_{ij}^{\mathrm{RE}} \leftarrow \varnothing$; $\mathbb{A}^L \leftarrow \varnothing$;

3 **foreach** L_a^w 中的任务 A_{ij} **do**

4 　**foreach** L_s^a 中的资源槽 S_{suv} **do**

5 　　$N_{su} \leftarrow S_{suv}$ 所在的节点;

6 　　**if** 节点 N_{su} 所在机架内包含 A_{ij} 所需数据 **then**

7 　　　添加 S_{suv} 至 $\mathbb{S}_{ij}^{\mathrm{RL}}$;

8 　　**else**

9 　　　**if** 节点 N_{su} 所在集群中包含 A_{ij} 所需数据 **then**

10 　　　　添加 S_{suv} 至 $\mathbb{S}_{ij}^{\mathrm{CL}}$;

11 　　　**else**

12 　　　　添加 S_{suv} 至 $\mathbb{S}_{ij}^{\mathrm{RE}}$;

13 L_a^w 中的所有任务根据 $\mathbb{S}_{ij}^{\mathrm{RL}}$ 基数递增的顺序排列;

14 **foreach** L_a^w 中的任务 A_{ij} **do**

15 　**if** $\mathbb{S}_{ij}^{\mathrm{RL}} \neq \varnothing$ **then**

16 　　分配 A_{ij} 至 $\mathbb{S}_{ij}^{\mathrm{RL}}$ 中任一资源槽 S_{suv};

17 　**else**

18 　　**if** $\mathbb{S}_{ij}^{\mathrm{CL}} \neq \varnothing$ **then**

19 　　　分配 A_{ij} 至 $\mathbb{S}_{ij}^{\mathrm{CL}}$ 中任一资源槽 S_{suv};

20 　　**else**

21 　　　分配 A_{ij} 至 $\mathbb{S}_{ij}^{\mathrm{RE}}$ 中任一资源槽 S_{suv};

22 　添加 $< S_{suv}, A_{ij} >$ 至 $\mathbb{A}^L$;

23 **return** $\mathbb{A}^L$.

3. 可用资源槽列表的更新

在每个心跳周期内，经过作业排序、任务和资源槽的匹配后，可用资源槽列表 L_s^a 需要被更新以便在下次心跳周期的任务调度中使用。现有 L_s^a 的更新策略是将各个配置固定资源槽的节点中的所有可用空闲资源槽加入列表 L_s^a。通常节点的固定资源槽配置容易降低集群的资源利用率 [347]。设当前存在可用资源槽 S_{suv} 和

$S_{suv'}$ 及等待调度任务 A_{ij} 和 A_{xy}。不同的匹配结果导致不同的资源利用率。若 A_{ij} 和 A_{xy} 属于同类型任务 (均是 CPU 密集型任务或 IO 密集型任务)，则节点 N_{su} 中只有部分资源被利用 (当 A_{ij} 和 A_{xy} 是 CPU 密集型任务时，N_{su} 中的 IO 或带宽资源将会空闲)。若 A_{ij} 和 A_{xy} 分别是 CPU 密集型任务和 IO 密集型任务，同时两个任务均在节点 N_{su} 上处理，则资源槽 S_{suv} 所占用的带宽资源和 $S_{suv'}$ 所占用的 CPU 资源仅有一部分被利用。即使节点 N_{su} 的剩余空闲资源可满足一个新到达任务的资源请求，由于节点 N_{su} 的固定资源槽配置，节点 N_{su} 依旧无法分配新的任务。由此看出，各节点上资源槽数目的动态调整可极大提高计算集群的资源利用率。换言之，列表 L_s^a 的更新不仅要将节点的可用空闲资源槽添加至列表 L_s^a，而且要更新各节点 N_{su} $(s=1,2,\cdots,m,\ u=1,2,\cdots,n_s^N)$ 的资源槽数目以改善资源利用率。若节点 N_{su} 的各类型 (CPU、内存和带宽) 资源利用率均保持在正常范围内，节点 N_{su} 的资源槽数目将不发生变化。在每个心跳周期内，当某一资源槽上的任务执行完成后，该资源槽将成为可用空闲资源槽并添加至列表 L_s^a 中。

各任务不同的资源请求，势必导致任务执行过程中节点不均衡的资源利用率，即节点资源利用率超出正常范围的概率较高。通过动态变化节点上的资源槽数目来均衡节点资源利用率。一般来说，作业调度过程中一个心跳周期的时间段很短，节点资源槽数目的较大变化极易导致不稳定的作业调度。因此限制各节点的资源槽变化数目 $a\in\{-1,0,1\}$，即在每个心跳周期内，各节点至多减少或增加一个资源槽。a 的取值依赖于节点中三种类型的资源利用率，也就是说，即使某节点的一种资源利用率 (如 CPU 利用率) 低于其下限值，且其他两种资源利用率较高时，a 仍设为 -1。由于各节点的资源利用率是动态变化且非确定的，提出 FLSU 来更新各节点的资源槽数目，同时添加各节点的空闲资源槽至可用资源槽列表 L_s^a。FLSU 的主要思想是当任一类型的资源利用率 u_y $(y\in\{C,M,B\})$ (其中 C、M、B 分别表示 CPU、内存和带宽) 超出给定范围 $[\mathcal{L}_y,\mathcal{U}_y]$ 时，所有资源利用率的当前值需通过模糊系统进行模糊化。模糊值经过模糊规则推理得到中间模糊值。最后解模糊化过程根据中间模糊值得到可变化的资源槽数目 a。FLSU 的伪代码描述如算法 39 所示，其时间复杂度为 $O(m\times n_s^N\times n_{su}^S)$。模糊逻辑的三个主要步骤 (模糊化、模糊规则和解模糊化) 将在下面详细描述。

1) 模糊化

模糊化将精确的输入值通过隶属函数转化为模糊值，其中隶属函数是模糊化的基本要素。一般来说，隶属函数的图像可根据采样集合中输入值的分布得到。设各采样集合中输入值的个数 $\hbar$ 为 300。不同采样集合中的输入值是不同类型资源 (如 CPU、内存和带宽) 的利用率，通常划分为低、中和高三个子集，即各子集中

算法 39: FLSU /* 基于模糊逻辑的资源槽列表更新 */

```
1  for s = 1 to m do
2      for u = 1 to n_s^N do
3          flag ← false;
4          foreach N_su 中的资源 y ∈ {C, M, B} do
5              if (u_y < L_y) OR (u_y > U_y) then
6                  flag ← true;
7                  结束;
8          if (flag = true) then
9              通过模糊化过程将节点 N_su 的三种资源 y ∈ {C, M, B} 利用
               率分别划分为低、中和高三个集合;
10             利用模糊规则对模糊值进行推理;
11             通过解模糊化计算 a;
12             if a = −1 then
13                 删除 N_su 中处理时间最小的资源槽;
14             else
15                 if a = 1 then
16                     将所有可用资源分配给新增加的资源槽;
17         根据节点 N_su 的可用资源槽更新 L_s^a;
18 return.
```

输入值个数为 100。通过分析某计算集群运行 MapReduce 作业过程中得到的各类型资源利用率的分布得出相应隶属函数图像。下面给出 CPU 隶属函数的构造过程，其他类型资源的隶属函数构造方法与之相同，不再一一列举。CPU 隶属函数即 CPU 利用率的频率分布。表 4.2 是高 CPU 利用率的采样子集。定义集合 ϕ={50, 55, 60, 65, 70, 75, 80, 85, 90, 95, 100} 为观察集合。根据高 CPU 利用率的采样子集计算该观察集合中各元素的频率，从而得到高 CPU 利用率的频率分布图。低、中 CPU 利用率的频率分布图可采用相同方法得到。综合低、中和高 CPU 利用率的频率分布图，可得出 CPU 隶属函数图像或 CPU 利用率的频率分布图，如图 4.9 所示。由图 4.9 看出，CPU 隶属函数图像可拟合于现有梯形隶属函数，其中包含 4 个参数 p_0^c、p_1^c、p_2^c 和 p_3^c ($p_0^c < p_1^c < p_2^c < p_3^c$)。设 $\mathbb{L}^c(u_C, p_0^c, p_1^c)$、$\mathbb{M}^c(u_C,\ p_0^c, p_1^c, p_2^c, p_3^c)$ 和 $\mathbb{H}^c(u_C, p_2^c, p_3^c)$ 分别为低、中和高 CPU 隶属函数，定义如下：

$$\mathbb{L}^c(u_C, p_0^c, p_1^c) = \begin{cases} 1, & u_C \leqslant p_0^c \\ \dfrac{p_1^c - u_C}{p_1^c - p_0^c}, & p_0^c < u_C < p_1^c \\ 0, & \text{其他} \end{cases} \tag{4.23}$$

$$\mathbb{M}^c(u_C, p_0^c, p_1^c, p_2^c, p_3^c) = \begin{cases} \dfrac{u_C - p_0^c}{p_1^c - p_0^c}, & p_0^c < u_C < p_1^c \\ 1, & p_1^c \leqslant u_C \leqslant p_2^c \\ \dfrac{p_3^c - u_C}{p_3^c - p_2^c}, & p_2^c < u_C < p_3^c \\ 0, & \text{其他} \end{cases} \tag{4.24}$$

$$\mathbb{H}^c(u_C, p_2^c, p_3^c) = \begin{cases} 0, & u_C \leqslant p_2^c \\ \dfrac{u_C - p_2^c}{p_3^c - p_2^c}, & p_2^c < u_C < p_3^c \\ 1, & \text{其他} \end{cases} \tag{4.25}$$

表 4.2 某计算集群运行 MapReduce 作业过程中得到的 100 个高 CPU 利用率采样子集

	1	2	3	4	5	6	7	8	9	10
1	62~90	63~98	72~93	89~90	59~93	56~90	54~96	73~96	70~95	61~90
2	89~94	72~95	87~90	79~98	76~95	84~97	64~92	50~91	60~92	80~90
3	63~92	76~94	50~92	71~95	63~92	52~91	66~95	61~98	67~98	82~93
4	68~92	87~92	82~94	54~90	79~95	69~91	66~96	75~92	57~90	53~91
5	61~98	77~96	89~97	53~90	68~91	51~94	51~92	69~97	73~98	74~97
6	68~90	63~95	71~94	53~92	78~93	57~90	55~91	76~96	85~93	53~93
7	63~92	71~93	55~94	79~90	86~97	55~96	89~94	66~96	72~93	78~90
8	60~90	62~94	66~94	53~91	86~91	76~93	84~91	54~91	86~97	79~98
9	80~90	83~96	63~93	68~97	59~95	53~94	64~98	68~98	67~91	81~93
10	75~91	74~93	77~96	68~91	88~96	80~98	50~95	88~93	53~93	68~95

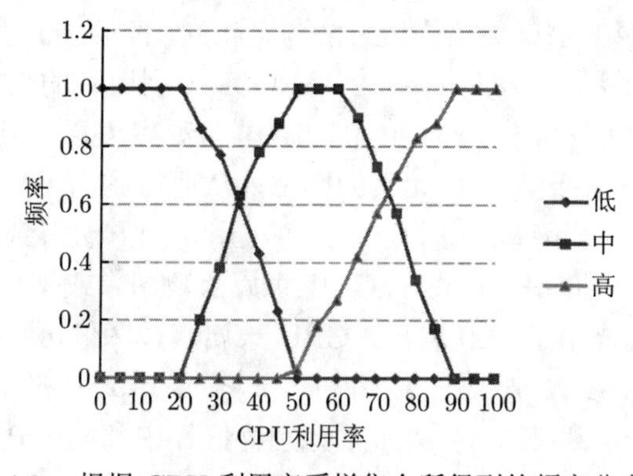

图 4.9 根据 CPU 利用率采样集合所得到的频率分布图

根据某省计算集群运行 MapReduce 作业过程中得到的各类型资源利用率的采样集合，可发现带宽隶属函数图像可拟合于梯形隶属函数，即同样需要 4 个参数 p_0^b、p_1^b、p_2^b 和 p_3^b ($p_0^b < p_1^b < p_2^b < p_3^b$)。进而发现，内存隶属函数图像接近于高斯隶属函数，其用到的参数有 p_0^m、p_1^m 和 p_2^m ($p_0^m < p_1^m < p_2^m$)，定义如下：

$$\mathbb{L}^m(u_M, p_0^m, p_1^m) = \begin{cases} 1, & u_M \leqslant p_0^m \\ \mathrm{e}^{-\frac{(u_M - p_0^m)^2}{2\times[(p_1^m - p_0^m)/3]^2}}, & p_0^m < u_M < p_1^m \\ 0, & \text{其他} \end{cases}$$

$$\mathbb{M}^m(u_M, p_0^m, p_1^m, p_2^m) = \begin{cases} \mathrm{e}^{-\frac{p_1^m - u_M)^2}{2\times[(p_1^m - p_0^m)/3]^2}}, & p_0^m < u_M \leqslant p_1^m \\ \mathrm{e}^{-\frac{(u_M - p_1^m)^2}{2\times[(p_2^m - p_1^m)/3]^2}}, & p_1^m < u_M \leqslant p_2^m \\ 0, & \text{其他} \end{cases}$$

$$\mathbb{H}^m(u_M, p_1^m, p_2^m) = \begin{cases} 0, & u_M \leqslant p_1^m \\ \mathrm{e}^{-\frac{(p_2^m - u_M)^2}{2\times([p_2^m - p_1^m]/3)^2}}, & p_1^m < u_M < p_2^m \\ 1, & \text{其他} \end{cases}$$

为模糊化各类型资源 $y \in \{C, M, B\}$ 的利用率，各资源隶属函数中的参数需要被精确计算。定义三个隶属函数的模糊熵为 $f(y) = \dfrac{1}{\hbar \times \ln 2} \times \sum_{i=1}^{\hbar}\{\mathbb{S}(\mathbb{L}^y) + \mathbb{S}(\mathbb{M}^y) + \mathbb{S}(\mathbb{H}^y)\}$. 其中 $\mathbb{S}(x)$ 是香农函数，定义为

$$\mathbb{S}(x) = \begin{cases} -x\ln x - (1-x)\ln(1-x), & x \in (0,1) \\ 0, & x = 0 \text{ 或 } x = 1 \end{cases}$$

采用文献 [372]、[373] 中的代入法来最小化模糊熵，可得 $p_0^c = 26$，$p_1^c = 42.6$，$p_2^c = 54.6$，$p_3^c = 74$，$p_0^m = 28$，$p_1^m = 49.4$，$p_2^m = 77$，$p_0^b = 27$，$p_1^b = 40.6$，$p_2^b = 48.6$ 和 $p_3^b = 69$。

2) 模糊规则

所有类型的资源利用率模糊值需通过模糊规则进行综合计算，也就是说，不同类型的资源利用率模糊值根据不同模糊规则的综合计算可得到多个中间模糊值。其中中间模糊值暗含各节点的变化资源槽数。

模糊规则的数量对系统控制有很大影响。合理的模糊规则数使得系统控制更为精确。较多模糊操作符的使用导致模糊规则数呈指数增加，从而降低模糊逻辑的实时性。因此仅采用“&”模糊操作符对不同类型的资源利用率模糊值进行计算。模糊规则根据某省计算集群工作人员的丰富经验和知识来构造，且后续通过

实验不断进行更正。考虑三种类型资源 (CPU、内存和带宽) 且各类型资源利用率包含低、中和高三个隶属函数，则共构建 $3^3 = 27$ 条模糊规则。假定 L、M 和 H 分别代表不同类型资源利用率根据其相应的低、中和高隶属函数所得到的低、中和高模糊值，则模糊规则如表 4.3 所示。

表 4.3 模糊规则

IF (CPU, 内存, 带宽)	THEN 输出	IF (CPU, 内存, 带宽)	THEN 输出
(L, L, H)	L	(M, L, H)	L
(L, H, H)	M	(M, H, H)	M
(L, M, M)	M	(M, M, M)	M
(L, L, L)	M	(M, L, L)	M
(L, H, L)	H	(M, H, L)	H
(L, M, H)	L	(H, L, L)	M
(L, L, M)	L	(H, H, L)	H
(L, H, M)	H	(H, M, M)	H
(L, M, L)	M	(H, L, H)	H
(M, M, H)	M	(H, H, H)	H
(M, L, M)	M	(H, M, L)	H
(M, H, M)	M	(H, L, M)	M
(M, M, L)	H	(H, H, M)	H
		(H, M, H)	H

如表 4.3 中第一条模糊规则的含义为“如果 CPU 利用率低且内存利用率低且带宽利用率高，则中间模糊值为低”。

3) 解模糊化

在解模糊化阶段，采用最大隶属度方法 [374] 将中间模糊值解模糊化为节点的变化资源槽数 $a \in \{-1, 0, 1\}$，其中 -1、0 和 1 分别表示输出值的高、中和低隶属函数。换言之，$a = -1$ 表明节点的综合利用率较高且需减少资源槽数目，而 $a = 1$ 则表明节点的综合利用率较低且需增加资源槽数目。根据最大隶属度方法可知，最大中间模糊值所对应的输出值隶属函数决定资源槽数目的变化。模糊逻辑系统在所有中间模糊值中查找最大中间模糊值，根据该值对应的输出值隶属函数得到 a。若 $a = 1$，则节点需增加一个新的资源槽，其中新资源槽包含节点所有的空闲资源。若 $a = -1$，则需删除节点所有资源槽中处理时间最短的一个资源槽以均衡节点的资源利用率。

为更清晰地描述算法 39，现举例说明如下。假定某节点的 u_C、u_M 和 u_B 分别为 70、65 和 55。根据等式(4.24)可得中 CPU 模糊值 0.206，表示为 0.206^{M}_{C}。同理可得低 CPU 模糊值 0^{L}_{C} 和高 CPU 模糊值 0.794^{H}_{C}。不同 CPU 模糊值可构造 CPU 模糊值矩阵 $[0^{\mathrm{L}}_{C}, 0.206^{\mathrm{M}}_{C}, 0.794^{\mathrm{H}}_{C}]$。类似可得内存和带宽的模糊值矩阵分别为 $[0^{\mathrm{L}}_{M}, 0.237^{\mathrm{M}}_{M}, 0.427^{\mathrm{H}}_{M}]$ 和 $[0^{\mathrm{L}}_{B}, 0.686^{\mathrm{M}}_{B}, 0.314^{\mathrm{H}}_{B}]$。根据表 4.3 中的模糊规则可得到多个中间模糊值。设 $[0.206^{\mathrm{M}}_{C}, 0.237^{\mathrm{M}}_{M}, 0.686^{\mathrm{M}}_{B}]$ 采用模糊规则 $(M, M, M) \rightarrow M$ 推理。由于三种类型的资源利用率模糊值间的模糊操作符为 “&”，则 $\min\{0.206, 0.237, 0.686\} = 0.206$，即中间模糊值表示为 0.206^{M}。换言之，中间模糊值 0.206 在解模糊化时需采用输出值的中隶属函数。根据表 4.3可得出 27 个中间模糊值。采用最大隶属度方法 [374]，$\max\{0.206^{\mathrm{M}}, 0.206^{\mathrm{M}}, 0.206^{\mathrm{M}}, 0.206^{\mathrm{M}}, 0.237^{\mathrm{H}}, 0.237^{\mathrm{H}}, 0.427^{\mathrm{H}}, 0.314^{\mathrm{H}}\} = 0.427^{\mathrm{H}}$。根据输出值的高隶属函数可知，中间模糊值 0.427 的输出值为 $a = -1$。也就是说，该节点的资源槽数应减少 1 个。

4.4 本章小结

首先考虑了在 MapReduce 环境下，周期性执行的批处理作业调度，将该问题建模为一个带有调度相关准备时间的一般的两阶段混合流水作业调度，优化目标为最大完工时间。建立该问题的一个整数规划模型，将 MapReduce 作业的 Map 和 Reduce 任务的处理过程抽象为流水式的两个阶段，每阶段的 slot 被抽象为并行同速机，并将任务的数据本地化量化为读取输入数据的时间，即调度相关的任务准备时间。考虑到问题是 NP 难问题，提出两种面向作业的启发式方法，以及一种面向任务的启发式方法；提出一个最大完工时间的下界 LB 用于方法的评价。

同时还考虑了 MapReduce 环境下，MapReduce 集群能耗最小化调度问题。在资源槽数目动态可变的异构 MapReduce 集群中，考虑作业截止期、数据本地化和资源利用率对多个 MapReuce 作业进行调度以最小化集群能量消耗。在作业调度的各心跳周期内，提出一种基于作业截止期的排序策略、一种新的贪心任务匹配方法和一种基于模糊逻辑的资源槽列表更新策略。根据作业截止期、作业可分配的资源槽数目和作业预估执行时间计算各作业的最小请求资源槽数目，各作业按照最小请求资源槽数目递减的顺序排列。为改善任务调度过程中的数据本地化，任务首先按照机架资源槽集合的基数排序，再依次从机架资源槽集合、集群资源槽集合和远程资源槽集合中选择最为合适的资源槽进行分配，从而避免许多不必要的数据传输同时减少作业的完成时间。通过模糊逻辑对当前各类型资源利用率的计算，对各节点的资源槽数目动态更新来改善资源利用率。各节点中的可用资源槽需加入资源槽列表以便下一次心跳周期使用。

本章内容详见

[1] LI X P. JIANG T Z, RUIZ R. Heuristics for periodical batch job scheduling in a MapReduce computing framework. Information Sciences, 2016, 326: 119-133.(4.2　周期性 MapReduce 批处理作业调度)

[2] WANG J, LI X P, RUIZ R, et al. Energy utilization task scheduling for MapReduce in heterogeneous clusters. IEEE Transactions on Services Computing, 2020, 99: 1. (4.3　能耗感知 MapReduce 作业调度)

第 5 章　云服务系统调度性能分析

5.1　性能分析问题

在云计算中，性能作为评价服务质量的指标，由系统可用率、吞吐量、可靠性等度量 [375]。为满足用户请求，云提供商以服务形式提供资源。服务提供商从云提供商动态租赁处理器，租赁成本、收益和功耗随之动态变化。性能分析旨在分析访问系统的定量行为，包括延迟和吞吐量两个重要指标 [376]，其中，延迟描述系统的请求响应时间，吞吐量表明系统当前处理最大请求数。在云计算场景中，用户根据响应时间确定请求是否加入当前系统，系统吞吐量确定系统成本和收益，吞吐量越高表明收益越大，所需处理器速率越快。然而，处理器越快，成本越高，能耗越多。性能分析对用户和服务提供商关注的性能指标提供预测支持，预测服务提供商成本、收益和能耗。如果不考虑系统性能分析，用户和服务提供商将很难确定服务系统性能，这将导致请求响应时间过长，用户满意度降低，且无法确定服务提供商成本、收益和能耗。因此，性能分析不仅对服务提供商意义重大，而且对用户很重要，对云系统进行性能分析是一个亟须解决的问题。

性能分析通常基于一类调度优化问题，将随机请求映射到系统动态处理器，分析系统性能，根据性能分析结果，确定处理器配置，进而改善性能指标。不同类型随机请求 (任务、作业)，各种各样的约束和异构处理器使得性能分析和调度问题更加复杂。由于请求的随机性，请求到达模式很难确定，不同场景下，请求到达时间间隔分布不一样，各种各样的到达和执行模式使得建模过程更加复杂，多类云服务随机请求的异构资源排队性能分析与调度问题具有挑战。云计算环境下处理器动态变化且异构，不同租赁模式使得性能分析问题更加困难。对于动态异构处理器，在性能分析过程中，如何选择合适的处理器，确定处理器调度顺序，并将请求分派到合适处理器进而提高系统的性能，是 NP 难的问题 [176]。随着云中心规模和复杂度增加，云计算性能分析越来越困难。在实际云计算场景中，请求随机到达云服务系统很常见。阿里云呼叫中心 ① 是基于云端的呼叫中心服务，企业借助该服务以更低的成本获得更可靠和灵活的热线服务，从而提升企业的客户服务质量。呼叫中心平台上包括座席、互动式语音应答、队列、录音等各项服务。

---

① 阿里云呼叫中心：https://help.aliyun.com/document_detail/59970.html?spm=a2c4g.11186623.4.2.778377150Qj06X。

在呼叫中心中，用户多样，用户提出请求，请求随机到达阿里云呼叫中心，如座席 (处理器) 有空闲，请求得到处理，否则请求进入队列进行等待。由于请求的随机特性和处理器处理请求的动态特性，针对实际场景中请求、异构处理器、目标等多种不同约束，如何评估和调度呼叫中心性能是一类关键问题。

为解决这些难点，在动态变化的云环境中，基于随机请求的性能分析与调度已引起广泛关注 [377-382]。在云计算中，请求密集且随机，处理器按地理分布。不同场景约束不同，如截止期、成本和能耗；不同场景目标不同，如成本、能耗和请求响应时间。通过分析多类云服务随机请求的异构资源排队性能分析与调度问题，可以发现请求到达模式、处理器执行模式、队列和目标是影响系统性能的关键因素。

• 到达模式由请求到达时间间隔确定，请求到达服从一般分布和泊松分布；当到达速率服从泊松分布时，请求到达时间间隔服从指数分布，否则请求到达时间间隔服从一般分布。

• 服务时间确定处理器执行模式，服务时间服从一般分布和指数分布，当服务时间服从指数分布时，请求剩余时间服从相同指数分布；当服务时间服从一般分布时，请求剩余时间服从一般分布。

• 在对随机请求性能分析与调度过程中，现有队列分为：单队列 [383] 和多队列 [384]。单队列模型表明在整个系统中请求在一个队列排队，而多队列模型表示请求在多个队列排队。单队列模型通常用在小型云计算中心，而多队列模型通常用在网络中，用于平衡工作负载 [384]。

• 成本、收益、能耗和请求响应时间是云计算中的常见目标。服务提供商关注成本和收益，希望成本最小化 [385,386]、收益最大化 [387]。云提供商关注能耗，而用户关注请求的响应时间。处理器在处理请求的过程中消耗能耗，能耗越多表明成本越大。根据动态电压调度 [388]，处理器单位时间内功率越大，服务处理速率越快，进而请求处理时间减少，响应时间减少。

为解决这些问题，基于请求到达的动态随机性，根据给定参数分析，使用排队论 [389] 预测系统性能。Benedict 研究了高性能计算 (HPC) 应用程序、资源、响应时间、能耗等性能分析问题 [390]。Ward 研究了单队列模型在离散零件制造领域的应用 [391]。在有特殊阻塞机制和有限排队位置约束下，Balsamo 和 Person 得到阻塞排队网络解形式 [392]。Schwarz 等介绍了分组性能分析方法分类模式 [393]。以上文献主要研究不同场景下性能分析问题，而本书研究多类云服务随机请求的异构资源排队性能分析与调度问题。

5.1.1 问题分类

为分析云计算的性能，我们使用 $A/B/C/C+X/Y+Z$ 表示排队模型 [389]，

其中 A 表示到达模式，B 表示执行模式，C 是系统中处理器数量，X 是最大排队容量，Y 是排队规则，Z 表示用户忍耐度。根据 $A/B/C/C+X/Y+Z$ 排队模型，云计算场景下随机请求性能分析与调度受到请求到达模式、处理器执行模式和队列影响。请求到达模式由请求到达类型和其到达时间间隔分布确定，包含单个到达和批量到达；请求到达时间间隔分布包含泊松分布 [377,387,394-401] 和一般分布 [378]。如果请求到达服从泊松分布，表明请求的到达时间间隔服从指数分布，由于指数分布的无记忆性，状态转移过程有一定规律，性能分析过程相对简单，但云服务系统请求到达时间间隔服从指数分布，是一个强约束。一般分布与指数分布相比，一般分布相对灵活，更适用于云系统一般场景，但其复杂的状态转移过程使得性能分析过程更加复杂。

5.1.2 研究现状

在性能分析过程中，处理器可分为同构处理器 [383] 和异构处理器 [399]。同构处理器适用于一些特殊场景，而异构处理器适用于一般场景。处理器执行模式取决于其服务时间分布，分为指数分布 [383] 和一般分布 [402]。根据不同队列个数，现有排队模型分为单队列模型 [403-405] 和多队列模型 [400,406-410]。不同云服务商关注目标不同，不同目标导致服务系统选择不同处理器，针对不同目标，性能分析过程不同。因此，通常考虑多种目标如成本 [385,411]、收益 [381,387,398,412]、能耗 [379,413] 和任务响应时间 [379,384]。服务提供商希望最小化成本、最大化收益、最小化能耗、最小化任务的响应时间或者同时优化这些目标。图 5.1描述问题详细分类，根据图 5.1 知，云环境下随机请求的性能分析是很复杂的问题，为解决这些问题，使用排队论 [389] 分析云服务系统性能，每一个符号的意义如表 5.1 所示。

用户提出请求，请求按照排队规则随机进入云系统，处理器按照排队规则处理请求。请求到达和处理模型关系如图 5.2 所示。当请求到达云系统时，如果一个请求由多个任务构成，请求成批到达，请求成批到达的场景广泛适用于云交通和云制造系统中，请求单个到达场景通常使用在云呼叫中心和云排队叫号系统中。当前研究请求大多是单个到达，并且请求到达服从泊松分布 [377-379,382,383,387,394-400,414]。只有很少的一部分文献研究请求到达服从一般分布 [401,415,416] 和请求成批到达的场景 [417]，请求速率通常服从泊松分布 [380,418-421]。根据不同到达模式，请求到达时间间隔动态变化。排队规则受到三种因素影响：请求到达时间、用户忍耐度 [422] 和服务时间。先到先服务规则由请求到达时间确定，先到达系统的请求先接受服务。

在文献 [381]、[398] 中，考虑不耐烦用户，用户忍耐度由用户最大等待时间确定。请求开始截止时间由到达时间和最大等待时间确定，最早开始截止时间规则表明请求必须在开始截止时间点之前被处理。

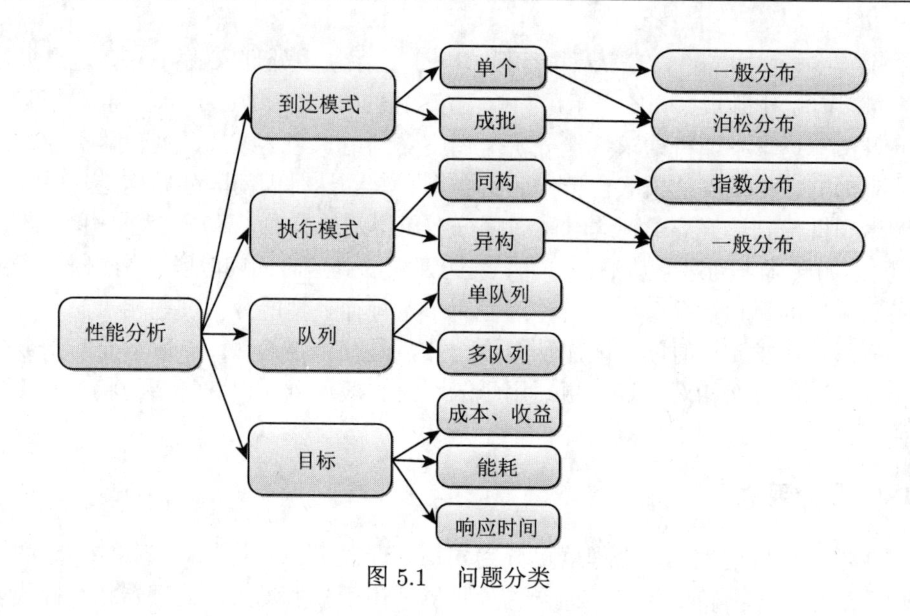

图 5.1　问题分类

表 5.1　排队符号 $A/B/C/C+X/Y+Z$ 及意义

符号	类别	注释
A, B	M	指数分布
	G	一般分布
	Ph	位相分布
	$M[d]$	动态指数分布
C	$1,2,\cdots,\infty$	处理器数量
	N	N 个处理器
X	$0,1,2,\cdots,\infty$	排队容量
	R	R 个排队位置
Y	FCFS	先到先服务
	ESF	最早开始截止时间优先
Z	D	最大等待时间 (MWT)
	θ	最大等待时间服从指数分布

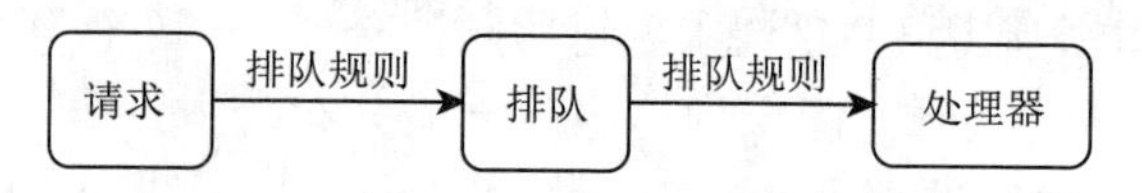

图 5.2　请求到达和处理模型关系

处理器处理随机请求时，同构处理器 [377, 383, 418, 423, 424] 服务速率相同；异构处理器 [384, 394, 399, 425-428] 服务速率不同。在云系统中，如果处理器异构，需要确定异构处理器调度顺序，分析和优化系统性能。不同调度顺序，性能分析结果不一样，处理器服务时间服从一般分布 [402, 415] 或指数分布 [377, 395]，基于处理器不同分布方式，构建不同排队模型。处理时间服从一般分布时，在排队模型过程中很难确定状态转移过程，性能分析过程复杂；处理时间服从指数分布时，由于指数分布的无记忆性，性能分析过程较简单。

针对随机请求的性能分析问题，基于请求到达模式、执行模式和排队规则，如图 5.3 所示，构建单队列和多队列排队模型框架。由图 5.3 知，单队列模型是多队列模型中的一种特殊场景。在最近研究中，多队列模型中单队列处理器同构 [400]。在图 5.3 中，请求以速率 λ 到达系统，每个队列有 R 个排队位置。在单队列模型中，确定处理器个数 N，若处理器同构，处理器顺序对优化目标没有影响；若处理器异构，由于不同顺序导致优化结果不一样，需要确定处理器顺序。在多队列模型中，速率 λ 根据拉格朗日乘子法分裂到多个队列中 [384]。每个子队列对应同一种类型处理器，不同队列之间，处理器异构。S 为处理器总类型，$\mu_1, \mu_2, \cdots, \mu_S$ 分别为各个队列对应处理器的处理速率，$n_1, n_2, \cdots, n_S$ 为每个子队列中处理器数量。在图 5.3 中，云提供商为服务提供商提供处理器，处理器有预留实例和按需实例两种租赁模式，若预留实例能够满足系统需求，请求在预留处理器上处理，否则，租赁按需处理器处理请求。当新请求到达系统时，如果有空闲处理器，新请求分配到空闲处理器；如果系统中没有空闲处理器，当排队容量还有剩余时，新请求进入队列等待，否则请求离开系统或者系统从云服务商租赁更多处理器处理请求。对于单队列模型，处理器种类和速率多种多样；对于多队列模型，通常每个队列中处理器同构，不同队列中处理器不一样。不同处理器数量、各种各样到达模式、执行模式和排队规则使得排队模型更加复杂。

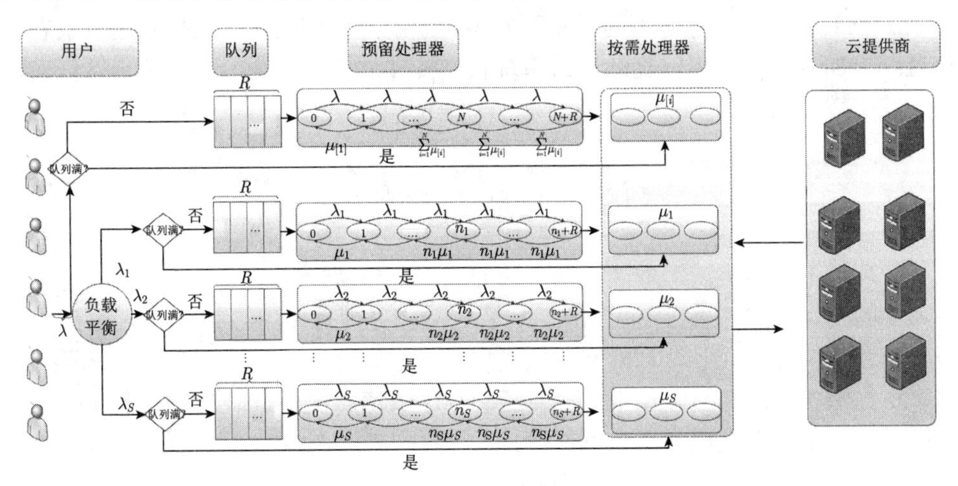

图 5.3　排队模型框架

请求到达模式、执行模式和排队规则确定云系统状态转移过程。根据给定初始状态，系统下一个状态可根据状态转移过程度量，不同到达和执行模式使得状态转移过程不同。先到先服务规则通常在不考虑最大等待时间时采用，当考虑不耐烦用户时，通常使用最早截止时间优先准则。表 5.2 中比较了不同到达模式、执行模式、排队规则和各种排队模型优缺点。

表 5.2 不同到达模式、执行模式和排队规则比较结果

到达	$A+Z$	排队规则	处理器	B	文献	优点	缺点
单个	M	FCFS	同构	M	[377]、[383]、[395]、[397] [400]、[414]、[423]、[424]	转移速率确定	约束太强
单个	M	FCFS	同构	G	[378]	处理器约束弱化	难定转移速率
单个	M	FCFS	异构	M	[399]、[426-428]	转移速率确定	约束较强
单个	M	FCFS	异构	G	[379]、[384]	符合实际场景	难定转移速率
单个	$M+D$	FCFS	异构	M	[381]、[387]、[398]	考虑不耐烦用户	强约束
单个	$M+D$	ESF	同构	G	[402]	处理器约束弱化	难定转移速率
单个	$G+\theta$	FCFS	同构	M	[416]	用户约束弱化	难定转移速率
单个	G	FCFS	同构	G	[415]	更符合实际场景	难定转移速率
成批	M	FCFS	同构	M	[380]、[419]、[421]	考虑批到达任务	强约束
成批	M	FCFS	同构	G	[396]、[417]、[418]	处理器约束弱化	难定转移速率
成批	M	FCFS	异构	M	[394]、[420]、[425]	转移速率确定	约束较强

由表 5.2 知，当 A 和 B 都是 M 时，排队模型是马尔可夫过程，系统转移速率容易确定，但对于系统，假设约束性很强。当 A 或者 B 是 G 时，系统约束弱化，排队过程是一个隐马尔可夫过程，很难确定转移过程。当考虑系统中不耐烦用户时，云环境下性能分析问题变得更加复杂，但同时也更加适用于实际场景。当 Z 是 D 或 θ 时，考虑不同场景下的不耐烦用户。如果请求成批到达，状态转移过程更加复杂，约束越复杂，云系统状态转移过程越复杂，状态转移过程确定系统状态转移概率。

5.2 性能分析方法

云环境下对多类云服务随机请求的异构资源排队性能分析与调度时，需确定云系统的到达模式、执行模式和队列，合理确定处理器调用顺序，优化系统性能。根据到达、执行模式和队列确定排队模型；根据系统排队模型，确定系统状态空间。根据状态空间和转移速率，计算状态稳态概率。由于排队模型的多样性，不同的排队模型，系统稳态概率不一样。

5.2.1 确定处理器

根据不同场景，确定合适处理器优化系统性能。针对单队列模型，文献 [429]～[431] 确定合适处理器顺序优化系统性能。令异构处理器数量为 N，排队容量为 R，在文献 [429] 中提出 r 调度策略，它表明新到达请求分配处理器概率与处理器

速率有关。令 $P(S_i)$ 是处理速率为 μ_i 时的概率，

$$p(S_i) = \frac{\mu_i^r}{\sum\limits_{i=1}^{N} \mu_i^r} \tag{5.1}$$

如果 $r = 0$，调度策略为随机处理器选取策略；如果 $r = 1$，调度策略为速率平衡选取策略；如果 $r \to +\infty$，处理器最快的优先被选取；如果 $r \to -\infty$，处理器最慢的优先被选取；根据 r 取值不同，处理器选择策略不同。针对异构处理器系统，采用由基尼系数 G' 构成的向量评估系统异构性 [430]，根据 G' 值，随机选择处理器。为改进系统性能，处理器选择策略很重要。在选择合适处理器时，一般采用马尔可夫决策过程 [431,432]。

针对多队列排队模型，随机到达请求分裂到多个队列中 [384,433]。对于一个多队列系统，通常采用三个步骤优化性能：① 分析目标的卡鲁什-库恩-塔克条件 (KKT) [434] 条件；② 确定处理器数量；③ 确定单个队列中处理器速率。根据目标和卡鲁什-库恩-塔克条件，计算它们的导数，结合导数，确定处理器数量和速率。

不同云服务场景下，系统中的排队容量可以是 0、R、∞。处理器服务速率是 $\mu_1, \mu_2, \cdots, \mu_N$，对应 $S_1, S_2, \cdots, S_N$ 处理器。请求按照先到先服务和最早开始截止时间优先准则处理任务，如果 $\mu_1 = \mu_2 = \cdots = \mu_N$，处理器同构，否则，处理器异构。为分析系统性能如拒绝率、系统中请求数量、响应时间等，先确定处理器调度顺序。令 $\mu_{[1]}, \mu_{[2]}, \cdots, \mu_{[N]}$ 是一种处理器调度顺序，$\mu_{[1]}$ 首先被选择处理请求。对于同构处理器，处理器顺序并不影响系统性能；但异构处理器顺序对系统性能影响很大。

通过调整系统参数来提高性能，在性能分析过程中优化目标。因为不同处理器具有不同价格，通过选择合适处理器，优化成本、收益和能耗，这些目标相互影响。将请求合理分配到处理器，可优化请求响应时间，最小化成本与最大化收益相关，能耗最小化导致电力成本下降。如处理器功率比较小，其处理速率较小，响应时间则增加；响应时间增加，单位时间内处理的请求数量减少，收益减少。这些优化目标，都要通过构建排队模型，分析系统性能后，将性能分析结果反馈到系统中，再对系统参数进行调整。

5.2.2 $M/B/N/N+R$/FCFS 概率分析

当请求到达系统时，系统中请求数量动态变化。令 $\Omega = \{0, 1, \cdots, N+R\}$ 为系统状态空间，每个状态表示系统中请求个数。令 $\boldsymbol{P} = (P_0, P_1, \cdots, P_{N+R})$ 为概率向量，P_i 代表系统状态为 i 时的稳态概率。可归纳总结出 $M/M/N/N+R$/FCFS、$M/M/N/N$/FCFS、$M/M/N/\infty$/FCFS、$M/M[d]/N/N+R$/FCFS 这些排队模型的统一稳态方程：

$$\begin{cases}\lambda P_0 = \mu_{[1]} P_1 \\ \lambda P_0 + (\mu_{[1]} + \mu_{[2]}) P_2 = (\lambda + \mu_{[1]}) P_1 \\ \cdots \\ \lambda P_{N-1} + \sum\limits_{j=1}^{N} \mu_{[j]} P_{N+1} = \left(\lambda + \sum\limits_{j=1}^{N} \mu_{[j]}\right) P_N \\ \cdots \\ \lambda P_{N+R-1} = \sum\limits_{j=1}^{N} \mu_{[j]} P_{N+R}\end{cases} \tag{5.2}$$

无限增量矩阵 $\boldsymbol{Q}$ 表示系统转移速率，根据稳态方程，矩阵描述如下：

$$\boldsymbol{Q} = \begin{bmatrix} -\lambda & \lambda & & & \\ \mu_{[1]} & -\mu_{[1]} - \lambda & \lambda & & \\ & & \ddots & & \\ & & & \sum\limits_{j=1}^{N} \mu_{[j]} & -\sum\limits_{j=1}^{N} \mu_{[j]} \end{bmatrix} \tag{5.3}$$

根据 $\boldsymbol{Q}$，计算平衡向量方程：

$$\begin{cases}\boldsymbol{PQ} = \boldsymbol{0} \\ \sum\limits_{j=0}^{j=N+R} P_j = 1\end{cases} \tag{5.4}$$

由方程 (5.4) 计算系统稳态概率。

5.2.3　$G/G/N/\infty$/FCFS 概率分析

考虑请求到达时间间隔和处理时间都服从一般分布，提出一种类似于 $G/G/N/\infty$/FCFS 排队模型分析请求响应时间和阻塞概率 [415]。任何一个一般分布都可以近似为由一系列指数分布转化而成 [435]。令请求服务时间为带有 b 个指数期位相型分布，任务到达时间间隔服从 a 个指数期位相型分布。令 $\mu(k)(k \in \{0,1,\cdots,N+R\})$ 为当系统中有 k 个请求时的服务速率，$w(k)$ 为系统中有 k 个请求时新到达请求个数。一个 $G/G/N/\infty$/FCFS 排队模型可转化成依赖于系统状态到达的 $M/Ph/N/N+R$ 排队模型和依赖于状态服务的 $Ph/M/N/N+R$ 排队模型 [435]。$P_k(k \in \{1,2,\cdots,N+R\})$ 表示请求稳态概率，根据文献 [415]，稳态概率计算为

$$P_k = \frac{1}{G} \prod_{i=1}^{k} \frac{w(i-1)}{u(i)}, \quad k \in \{0,1,\cdots,N+R\} \tag{5.5}$$

其中，$G=1+\sum\limits_{i=1}^{k}\prod\limits_{k=1}^{i}\dfrac{w(k-1)}{u(k)}$。

5.2.4 $M/M[d]/N/\infty/\mathrm{FCFS}+D$ 概率分析

对于不耐烦用户提出的请求，请求速率为 λ，构建 $M/M/N/\infty/\mathrm{FCFS}+D$ 排队模型[389]。定义二元变量，当 $x>0$ 时 $h(x)=1$，其他情况时 $h(x)=0$。P_j $(j\in\{0,1,\cdots,\infty\})$ 为当系统中有 j 个请求时的系统稳态概率，根据文献 [389]，系统稳态概率为

$$\begin{aligned}P_j=h(N+1-j)P_0\frac{\lambda^j}{\prod\limits_{i=1}^{j}\left(\sum\limits_{k=1}^{i}\mu_{[k]}\right)}+h(j-N)\\ P_0\frac{\lambda^j}{\prod\limits_{i=1}^{N}\left(\sum\limits_{k=1}^{i}\mu_{[k]}\right)\left(\sum\limits_{k=1}^{N}\mu_k\right)^{j-N}}\end{aligned}\tag{5.6}$$

为简化公式，令 $\Sigma=\sum\limits_{k=1}^{N}\mu_{[k]}$ 和 $\eta=1-\dfrac{\lambda}{\Sigma}$。如果所有处理器都在工作，新到达请求将在排队位置中等待。请求到达后在系统中等待概率为

$$P_w=\sum_{j=N}^{j=\infty}P_j=\frac{P_N}{\eta}\tag{5.7}$$

稳态概率满足：

$$\sum_{j=0}^{\infty}P_j=1\tag{5.8}$$

根据式 (5.6) 和式 (5.8)，计算 P_0：

$$P_0=\frac{1}{\sum\limits_{j=0}^{N-1}\dfrac{\lambda^j}{\prod\limits_{i=0}^{j}\left(\sum\limits_{k=1}^{j}\mu_{[k]}\right)}+\dfrac{\lambda^N}{\prod\limits_{j=1}^{N}\left(\sum\limits_{i=1}^{j}\mu_{[i]}\right)\eta}}\tag{5.9}$$

令请求等待时间为 w，w 概率分布为[387]

$$f_w(t)=(1-P_N)\upsilon(t)+\Sigma P_N\mathrm{e}^{-\eta\Sigma t}\tag{5.10}$$

其中，$\upsilon(t)$ 是单位脉冲函数，定义为 $\upsilon(t)=h\left(t-\dfrac{1}{z}\right)z+h\left(\dfrac{1}{z}-t\right)$，$\upsilon(t)$ 满足

$\int_0^{\infty} v(t)\mathrm{d}t = 1$。请求的累积概率密度函数为

$$F_w(t) = 1 - \frac{P_N}{\eta}\mathrm{e}^{-\eta t} \tag{5.11}$$

5.2.5 $M/G/1/\infty$/FCFS 概率分析

在多队列模型中，如果每个子队列中只有一个处理器，并且处理时间服从一般分布，可构建 $M/G/1/\infty$/FCFS 排队模型 [436]。令 X_n^i 为第 i 个队列中第 n 个请求离开系统时的请求数量；令 T_n^i 为第 i 个队列中第 n 个请求离开系统时第 $n+1$ 个请求的处理时间；令 $G^i(t)$ 为第 i 个队列中 T_n^i 的一般分布；令 Y_n^i 为第 i 个队列中第 n 个请求离开系统时新到达的请求数量；a_j^i 表示第 i 个队列中在第 $n+1$ 个请求被处理期间有 j 个请求到达系统概率。因此，$T_n^i + t_n^i$ 为第 i 个队列中第 $n+1$ 个请求离开系统的时间，则

$$X_{n+1}^i = h(1 - X_n^i)Y_n^i + h(X_n^i)(X_n^i + Y_n^i - 1) \tag{5.12}$$

因此，当系统中第 $n+1$ 个请求离开系统时，当前状态请求数量仅依赖于上一个状态，$\{X_n^i\}(n \in \{1, 2, \cdots\}, i \in \{1, 2, \cdots, S\})$ 构成一个内嵌马尔可夫链。a_j^i 可计算为 [436]

$$\begin{aligned} a_j^i &= P(Y_n^i = j) \\ &= \int_0^{\infty} P(Y_n^i = j | T_n = t)\mathrm{d}G^i(t) \end{aligned} \tag{5.13}$$

令 $P(Y_n^i = j | T_n^i = t)$ 为处理第 $n+1$ 个请求期间，有 j 个请求到达系统的概率；λ_i 为第 i 个队列的请求到达速率。由于请求按泊松分布到达，$P(Y_n^i = j | T_n^i = t)$ 为

$$P(Y_n^i = j | T_n^i = t) = \frac{(\lambda_i t)^j}{j!}\mathrm{e}^{-\lambda_i t} \tag{5.14}$$

根据公式 (5.14)，a_j^i 计算为

$$a_j^i = \int_0^{\infty} \frac{(\lambda_i t)^j}{j!}\mathrm{e}^{-\lambda_i t}\mathrm{d}G^i(t) \tag{5.15}$$

其中，$P_j^i = a_j^i$ [437]。经过分析各种排队模型，计算系统稳态概率，计算云中心性能指标 (如系统中请求平均个数 L、拒绝率 P_R 和请求平均响应时间 T_r)。

$$\begin{cases} L = \displaystyle\sum_{j=0}^{N+R} P_j j \\ P_R = P_{N+R} \\ T_r = \dfrac{L}{\lambda(1 - P_R)} \end{cases} \tag{5.16}$$

5.3 云服务随机请求的单队列性能分析与调度

考虑面向异构处理器的云服务随机请求，构建单队列排队模型；根据处理器启动时间、状态、类型数确定服务系统的状态空间，采用马尔可夫过程计算系统拒绝率；结合系统可用率约束，提出基于二分法的处理器数量决策算法；构建处理器选择策略的评估算法，评估系统的性能；提出系统响应时间和功耗均衡的迭代改进请求调度策略。

5.3.1 系统模型和问题描述

当请求到达单队列云系统时，由于处理器启动过程需要时间，在处理请求前，需要先启动处理器。由于云服务系统中处理器异构，不同处理器速率导致云系统性能不同。如果用户的请求被快速处理，用户满意度提高。处理器越多表示功耗越大，处理器越快表明响应时间越小；相反，处理器越少表示功耗越小，处理器越慢，响应时间越长，因此，响应时间和功耗这两个目标彼此矛盾，为满足服务水平协议，需要最小化功耗和响应时间的平衡。在异构云服务系统中，为优化功耗和响应时间平衡，选择合适处理器数量和类型很关键。

考虑云服务随机请求的单队列性能分析与调度，以系统中处理器功耗和请求的响应时间的平衡为目标，考虑独立随机请求在异构云系统中被处理的场景，若系统中有空闲排队位置，请求被分配到排队位置等待异构处理器处理；否则，请求离开系统。假设请求到达的速率服从均值为 λ 的泊松分布 [378,383]，请求一个一个被处理；请求的处理时间服从指数分布 [381,398]。假设云系统中有 N 个异构处理器，每个处理器都有三种状态：COLD、SETUP 和 HOT，其中，SETUP 是一种瞬时状态；$N_{\mathrm{C}}(t)$ 和 $N_{\mathrm{H}}(t)$ 分别表示在 t 时刻处于 COLD 和 HOT 状态下处理器数量；因此，$N = N_{\mathrm{C}}(t) + N_{\mathrm{H}}(t)$。处理器的处理速率为 μ_i $(i \in \{1, 2, \cdots, N\})$，即 $\mathbb{S} = (S_1, S_2, \cdots, S_N)$ 对应处理器速率 $\mu_1 \geqslant \mu_2 \geqslant \cdots \geqslant \mu_N$。处理器的启动时间服从指数分布，速率为 θ [438]、系统可用率为 ξ [435]、请求排队容量为 R。如果没有请求分配到处理器上，处理器被立刻关闭，且处理器一个一个地启动和关闭。不同状态的变迁示意图如图 5.4 所示。

处理请求的规则为先到先服务 (FCFS)，处理器状态转移如下所示：

(1) 如果系统中至少有一个处理器 (即 $N_{\mathrm{C}}(t) > 0$) 处于 COLD 状态，即将到达系统的请求 Req 被分配到处理器 S_k $(k \in \{1, 2, \cdots, N_{\mathrm{C}}(t)\})$，系统中请求数量增加：$N_{\mathrm{r}}(t) \leftarrow N_{\mathrm{r}}(t) + 1$。

(2) 在处理请求 Req 前，S_k 需要先被启动；处理器一旦被启动，系统中 COLD 状态下处理器数量减少：$N_{\mathrm{C}}(t) \leftarrow N_{\mathrm{C}}(t) - 1$。

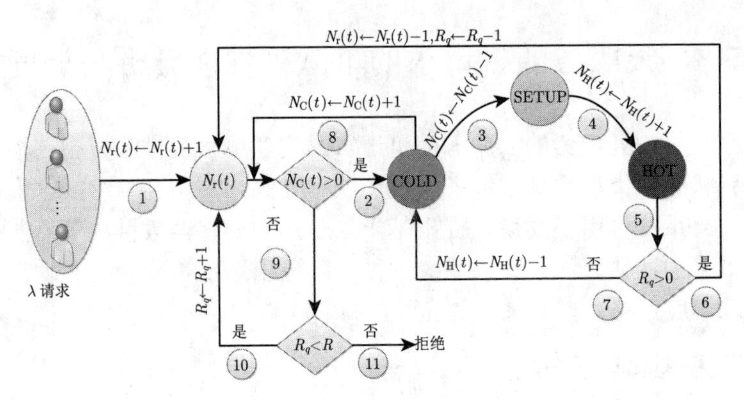

图 5.4　状态变迁示意图

(3) S_k 处于启动状态,表明处理器即将处理任务;处理器启动后,S_k 处于 HOT 状态，处理器开始处理请求；系统中处于 HOT 状态的处理器数量增加：$N_{\mathrm{H}}(t)\leftarrow N_{\mathrm{H}}(t)+1$。

(4) 当 Req 在处理器上被处理完成，系统检查队列中当前请求数量 R_q；若 $R_q>0$，队列中有 R_q 个请求在等待被处理，队列中第一个请求被分配到 S_k 处理器。系统中处于 HOT 状态的处理器数量不变，队列中请求数量减少：$N_{\mathrm{r}}(t)\leftarrow N_{\mathrm{r}}(t)-1, R_q\leftarrow R_q-1$。

(5) 如果队列中没有请求，即 $R_q=0$，处理器 S_k 变迁到 COLD 状态。系统中处于 HOT 状态的处理器数量减少,处于 COLD 状态的处理器数量增加: $N_{\mathrm{H}}(t)\leftarrow N_{\mathrm{H}}(t)-1$，$N_{\mathrm{C}}(t)\leftarrow N_{\mathrm{C}}(t)+1$。

(6) 如果系统中没有处于 COLD 状态的处理器 (即 $N_{\mathrm{C}}(t)=0$)，系统验证队列容量是否有空余：如果队列不满 (即 $R_q<R$)，Req 添加到队列后面；否则，$R_q\leftarrow R_q+1$ 转到 (4)。

(7) 如果队列满 (即 $R_q=R$)，Req 被拒绝。

根据处理器的状态变迁可知，整个系统是一个随机过程，定义此随机过程为 $Z(t)=(X(t),M(t))$, $X(t)$ 是一个观测过程, 代表系统状态 $X(t)=(N_{\mathrm{r}}(t),N_{\mathrm{H}}(t))$; $M(t)$ 控制当前的系统状态 $X(t)$，是一个控制过程 [431]，状态 $X(t)$ 由 $M(t)$ 根据系统中请求数量和功耗变迁到 $X(t+\vartheta_t)$, 其中 ϑ_t 是状态从 $X(t)$ 到下一个状态的时间段。$N_{\mathrm{r}}(t)$ 代表系统中任务个数, $\varOmega$ 为由 $X(t)$ $(t\in[0,+\infty))$ 构成的状态空间。对任意时刻 t，$J_{\mathrm{C}}(t)=\{j|S_j$ 处于 COLD 状态$\}$、$J_{\mathrm{H}}(t)=\{j|S_j$ 处于 HOT 状态$\}$ 分别为处于 COLD 和 HOT 状态下的处理器集合。处于 COLD 和 HOT 状态下的处理器总速率分别为 $U_C(t)=\sum\limits_{j\in J_{\mathrm{C}}(t)}\mu_j$ 和 $U_{\mathrm{H}}(t)=\sum\limits_{j\in J_{\mathrm{H}}(t)}\mu_j$。根据图 5.4，在时刻 t，仅有三种动作。

(1) $A^0(t)$：没有启动和关闭处理器。

(2) $A_j^+(t)$:第 j ($j \in J_{\rm C}(t)$) 个处理器启动,处理器状态改变:$N_{\rm H}(t) \leftarrow N_{\rm H}(t)+1$ 和 $N_{\rm C}(t) \leftarrow N_{\rm C}(t)-1$。

(3) $A_j^-(t)$:第 j ($j \in J_{\rm H}(t)$) 个处理器关闭,处理器状态改变:$N_{\rm H}(t) \leftarrow N_{\rm H}(t)-1$ 和 $N_{\rm C}(t) \leftarrow N_{\rm C}(t)+1$。

在整个随机过程中，对任意时刻 t，状态 $X(t+\vartheta_t)$ 由 $M(t)$ 确定，$M(t)$ 根据响应时间和功耗平衡执行 $a(t)=\{A^0(t), A_j^+(t), A_j^-(t)\}$ 中的一个动作，$Z(t)=(X(t), M(t))$ 是一个马尔可夫决策过程。对于当前状态 $X(t)$,下一个状态 $X(t+\vartheta_t)$ 有五种变迁。

(1) $(N_{\rm r}(t)+1, N_{\rm H}(t))$：新的请求到达系统但是处于 HOT 状态的处理器数量不变，$(N_{\rm r}(t), N_{\rm H}(t))+e_0 \overset{A^0(t)}{\rightarrow} (N_{\rm r}(t)+1, N_{\rm H}(t))$。

(2) $(N_{\rm r}(t), N_{\rm H}(t)+1)$：启动新处理器，$(N_{\rm r}(t), N_{\rm H}(t))+e_1 \overset{A_j^+(t)}{\rightarrow} (N_{\rm r}(t), N_{\rm H}(t)+1)$。

(3) $(N_{\rm r}(t)-1, N_{\rm H}(t))$：处理完一个请求但是处于 HOT 状态的处理器数量不变，$(N_{\rm r}(t), N_{\rm H}(t))-e_0 \overset{A^0(t)}{\rightarrow} (N_{\rm r}(t)-1, N_{\rm H}(t))$。

(4) $(N_{\rm r}(t)-1, N_{\rm H}(t)-1)$：处理完一个请求，并关闭一个处理器，$N_{\rm r}(t+\vartheta_t) < N_{\rm H}(t+\vartheta_t)$，即 $(N_{\rm r}(t), N_{\rm H}(t))-e_0-e_1 \overset{A_j^-(t)}{\rightarrow} (N_{\rm r}(t)-1, N_{\rm H}(t)-1)$。

(5) $(N_{\rm r}(t), N_{\rm H}(t))$：状态不变，$(N_{\rm r}(t), N_{\rm H}(t)) \overset{A^0(t)}{\rightarrow} (N_{\rm r}(t), N_{\rm H}(t))$。

针对处理器的三种状态，对任意处理器 S_k，定义如下符号函数确定处理器状态：

$$\psi(k)=\begin{cases}-1, & \text{如果 } S_k \text{ 是 SETUP 状态}\\ 0, & \text{如果 } S_k \text{ 是 COLD 状态}\\ 1, & \text{如果 } S_k \text{ 是 HOT 状态}\end{cases} \tag{5.17}$$

根据文献 [439]，S_k 处于 HOT 状态下功耗为 $P_k^{\rm H}=wCV_k^2\eta_k$，其中，$w$ 是交换因子，C 是电容，V_k 是电压，η_k 是时钟频率。对于处理器 S_k，处理速率为 μ_k，处于 HOT 状态下的处理器，存在如下关系：$\mu_k \propto \eta_k$ 和 $\eta_k \propto V_k^{\phi}$ 且 $0<\phi \leqslant 1$。根据文献 [388]，$\mu_k \propto \eta_k$ 和 $V_k \propto \eta_k$ 表明 $P_k \propto \mu_k^{\alpha}$ 且 $\alpha = 1+2/\phi \geqslant 3$，因此，用 $\kappa\mu_k^{\alpha}$ 计算处理器功耗，$\alpha=3$ 时，处理器消耗最少的功耗。当处理器处于 COLD 状态时，功耗 ($P_k^{\rm C}$) 为常数。根据文献 [440]，当处理器处于启动状态时，功耗为 $P_k^{\rm S}=\dfrac{\left(\sum\limits_{i=1}^{N}\mu_i-\lambda\right)\theta+\lambda\left(\sum\limits_{i=1}^{N}\mu_i+\lambda\right)\kappa\mu_k^{\alpha}}{\sum\limits_{i=1}^{N}\mu_i(\lambda+\theta)}$。因此，处理器 S_k 功耗为

$$P_k = P_k^{\mathrm{C}} + \frac{(\psi(k)+1)\psi(k)}{2}\kappa\mu_k^{\alpha} + \frac{(\psi(k)-1)\psi(k)}{2}\frac{\left(\sum\limits_{i=1}^{N}\mu_i - \lambda\right)\theta + \lambda\left(\sum\limits_{i=1}^{N}\mu_i + \lambda\right)\kappa\mu_k^{\alpha}}{\sum\limits_{i=1}^{N}\mu_i(\lambda+\theta)} \tag{5.18}$$

对给定速率为 λ 的请求，处理器数量越多，功耗越大，请求响应时间减少。根据 Little 定理 [436]，在给定的到达速率下，响应时间期望与系统中的请求数量正相关，因此用请求数量衡量响应时间期望。

由于系统具有随机性和异构性，平衡响应时间和功耗意味着将一定数量和类型的处理器合理分配给随机请求，所研究问题分为三个子问题：① 根据处理器配置，计算所有状态下系统拒绝率；② 根据 $N_{\mathrm{r}}(t)$，计算满足约束条件下处理器 $n \leqslant N$ 的最小数量；③ 为 $N_{\mathrm{r}}(t)$ 请求选择合适的处理器类型。

假设从 N 个处理器中，选取 n 个合适的处理器既能满足用户的需要，又能为服务提供商降低功耗。假设有 n 个处理器构成的状态空间为 $\Omega_n=\{(N_{\mathrm{r}}(t),N_{\mathrm{H}}(t)):N_{\mathrm{r}}(t)\in\{0,1,\cdots,n\}\}$。实际上，如果系统中请求数量小于 n 且不大于 $N_{\mathrm{H}}(t)$，处于 HOT 状态下的处理器数量 $N_{\mathrm{H}}(t)$ 不大于系统中请求的数量 $N_{\mathrm{r}}(t)$，即 $\Omega_n = \{(N_{\mathrm{r}}(t),N_{\mathrm{H}}(t)) : N_{\mathrm{r}}(t) \in \{0,1,\cdots,n\}; N_{\mathrm{H}}(t) \in \{0,1,\cdots,N_{\mathrm{r}}(t)\}\}\bigcup\{(N_{\mathrm{r}}(t),N_{\mathrm{H}}(t)):N_{\mathrm{r}}(t)\in\{n+1,n+2,\cdots,n+R\};N_{\mathrm{H}}(t)\in\{0,1,\cdots,n\}\}$，显然，$N_{\mathrm{H}}(t)\leqslant n$。当 $N_{\mathrm{H}}(t)=0$ 时，仅有处于 SETUP 状态的处理器消耗功耗；当 $N_{\mathrm{H}}(t)=n$ 时，所有处于 HOT 状态下的处理器消耗功率；当 $n>N_{\mathrm{H}}(t)>0$ 时，处于 SETUP 状态和 HOT 状态下的处理器消耗功率。在状态空间 $|\Omega_n|$ 中，最小功耗为 $P_{[1]}$，最大功耗为 $\sum\limits_{j=1}^{n}(P_{[j]}^{\mathrm{C}}+\kappa\mu_{[j]}^{\alpha})$。

采用极值正规化方法，令 $W(N_{\mathrm{r}}(t))=\dfrac{N_{\mathrm{r}}(t)}{n+R}$ 为正规化后且当前状态为 $N_{\mathrm{r}}(t)$ 个请求的数值；令 $W(P_{[j]})=\dfrac{P_{[j]}-P_{[1]}}{\sum\limits_{j=1}^{n}(P_{[j]}^{\mathrm{C}}+\kappa\mu_{[j]}^{\alpha})}$ 为正规化后的第 j 个处理器的功率值，$P_{[N_{\mathrm{H}}(t)+1]}$ 表明处于 SETUP 状态下处理器功耗。如果 $N_{\mathrm{H}}(t)=n$，将没有处理器被启动，即 $W(P_{[n+1]})=0$。因此，所考虑的优化系统中的任务数和功耗平衡问题为

$$Y(t)=\int_0^t y(x(\tau))\mathrm{d}\tau \tag{5.19}$$

其中，

$$y(x(t)) = \beta W(N_{\rm r}(t)) + (1-\beta)\sum_{j=0}^{N_{\rm H}(t)} W(P_{[j+1]}) \tag{5.20}$$

其中，β 是权重；$y(x(t))$ 是两个目标的权重函数。

5.3.2 平衡响应时间和功耗算法

根据所有状态的请求到达速率 λ 和处理器配置，使用马尔可夫过程计算系统拒绝率 $P_R(\boldsymbol{f})$；根据系统拒绝率 $P_R(\boldsymbol{f})$ 和系统可用率 ξ，采用二分法确定处理器数量 $n(n \leqslant N)$；采用马尔可夫决策过程选择 n 个合适的处理器同时最小化系统请求数和功耗。当从 N 个处理器中选择 n 个处理器时，有 $\dfrac{N!}{(N-n)!}$ 种组合，易知选择处理器过程是 NP 难的，因此，所考虑的问题是 NP 难的。

考虑云服务随机请求的单队列性能分析与调度问题，提出平衡响应时间和功耗算法。如算法 40 所示，平衡响应时间和功耗算法包含三部分：① 根据处理器配置评估拒绝率；② 确定处于 HOT 状态下处理器最小数量；③ 选择合适处理器。

算法 40: 平衡平均响应时间和功耗算法

```
1 begin
2     根据处理器配置评估拒绝率;
3     调用处理器数量决策算法;
4     调用处理器选择策略算法;
5 return.
```

1. 计算拒绝率

排队系统由一个二维状态空间的马尔可夫决策过程构成，选择处理器策略确定后，状态空间降低为马尔可夫过程，状态空间 $\Omega_n \subset \Omega_N$ 的状态为 $X(t) = (N_{\rm r}(t), N_{\rm H}(t))$。根据状态转移规则，状态变迁如图 5.5 所示，灰色状态为瞬时态，表示瞬时变迁。选择处理器策略 $\boldsymbol{f} = (\boldsymbol{h}^{(0)}, \boldsymbol{h}^{(1)}, \cdots, \boldsymbol{h}^{(n)})$ 是一个由处理器速率构成的 M 维向量，其中，$\boldsymbol{h}^{(i)}$ 为图 5.5 中第 i $(i \in \{0, 1, \cdots, n\})$ 个向量，$\boldsymbol{h}^{(i)}$ 包含 $n+R+1-i$ 个同样的 $\mu_{[i]}$，且 $\boldsymbol{h}^{(0)}$ 中元素包含 $n+R+1$ 个 0。同时考虑矩阵几何方法 [435,440] 和处理器启动时间 [441]，分析马尔可夫过程。图 5.5 表明当系统趋于平稳时，总共有 $M = \dfrac{(n+2+2R)(n+1)}{2}$ 个状态，计算无限增量矩阵 $\boldsymbol{Q}^{\boldsymbol{f}}$ [435]：

$$
\boldsymbol{Q^f} = \begin{bmatrix}
\boldsymbol{A}_0 & \boldsymbol{C}_0 & & & & & \\
\boldsymbol{B}_1 & \boldsymbol{A}_1 & \boldsymbol{C}_1 & & & & \\
& \ddots & \ddots & \ddots & & & \\
& & \boldsymbol{B}_n & \boldsymbol{A}_n & \boldsymbol{C}_n & & \\
& & & \boldsymbol{B}_{n+1} & \boldsymbol{A}_{n+1} & \boldsymbol{C}_{n+1} & \\
& & & & \ddots & \ddots & \ddots \\
& & & & & \boldsymbol{B}_{n+R} & \boldsymbol{A}_{n+R}
\end{bmatrix}_{M\times M} \tag{5.21}
$$

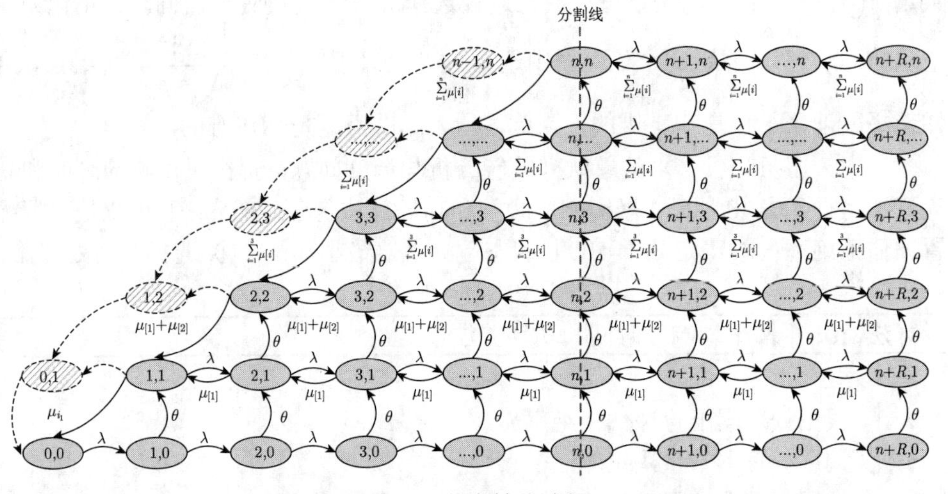

图 5.5　状态转移过程

根据图 5.5知，所有 M 个状态按从下至上、从左往右的顺序排列，$\boldsymbol{Q^f}$ 中第 $k(0 \leqslant k \leqslant n+R)$ 行对应转移速率为状态空间 $\Omega_n\{(0,0),(1,0),(1,1),(2,0),\cdots,(n,n+R)\}$ 第 k 列的状态。比如，$\boldsymbol{A}_0$ 和 $\boldsymbol{C}_0$ 对应状态 $(0,0)$；$\boldsymbol{A}_n$、$\boldsymbol{B}_n$ 和 $\boldsymbol{C}_n$ 对应状态顺序为 $(n,0),(n,1),\cdots,(n,n)$ (分割线对应列)。矩阵 $\boldsymbol{A}_k$ 中对角元素表示对应状态的输出速率，延迟速率 θ 表明处理器因启动产生的延迟。如果 $k=0$，矩阵 $\boldsymbol{A}_k$ 为 $\boldsymbol{A}_0=(-\lambda)$；如果 $0<k\leqslant n$，$\boldsymbol{A}_k$ 中主对角线上元素对应每个状态的输出速率，与 $\eta=-(\lambda+\theta)$ 有关。$(k+1)\times(k+1)$ 维矩阵 $\boldsymbol{A}_k$ 为

$$
\boldsymbol{A}_k = \begin{bmatrix}
\eta & \theta & & & \\
& \eta-\mu_{[1]} & \theta & & \\
& & \ddots & \ddots & \\
& & & \eta-\sum\limits_{i=1}^{k-1}\mu_{[i]} & \theta \\
& & & & -\lambda-\sum\limits_{i=1}^{k}\mu_{[i]}
\end{bmatrix} \tag{5.22}
$$

如果 $n < k \leqslant n+R$，每个状态输出速率为 $\boldsymbol{A}_k$ 的主对角元素值，且 $\eta = -(\lambda+\theta)$，$(n+1)\times(n+1)$ 维矩阵 $\boldsymbol{A}_k = \boldsymbol{A}_n$。如果 $k = n+R$，$(n+1)\times(n+1)$ 维矩阵 $\boldsymbol{A}_k$ 为

$$\boldsymbol{A}_k = \begin{bmatrix} -\theta & \theta & & & \\ & -\theta-\mu_{[1]} & \theta & & \\ & & \ddots & \ddots & \\ & & & & -\sum_{i=1}^{n}\mu_{[i]} \end{bmatrix} \tag{5.23}$$

每个矩阵 $\boldsymbol{A}_k$ 表明图 5.5 中系统对应状态的处理速率。如果 $1 \leqslant k \leqslant n$，矩阵 $\boldsymbol{B}_k$ 为

$$\boldsymbol{B}_k = \begin{bmatrix} 0 & & & \\ \mu_{[1]} & & & \\ & \ddots & & \\ & & \sum_{i=1}^{k}\mu_{[i]} & \\ & & \sum_{i=1}^{k}\mu_{[i]} & \end{bmatrix}_{(k+1)\times(k+1)} \tag{5.24}$$

如果 $n < k \leqslant n+R$，矩阵 $\boldsymbol{B}_k$ 为

$$\boldsymbol{B}_k = \begin{bmatrix} 0 & & & \\ \mu_{[1]} & & & \\ & \ddots & & \\ & & \sum_{i=1}^{n-1}\mu_{[i]} & \\ & & & \sum_{i=1}^{n}\mu_{[i]} \end{bmatrix}_{(n+1)\times(n+1)} \tag{5.25}$$

每个矩阵 $\boldsymbol{C}_k$ $(0 \leqslant k \leqslant n+R)$ 表明系统中对应状态的到达速率。若 $0 \leqslant k \leqslant n$，矩阵 $\boldsymbol{C}_k$ 是一个 $k+1$ 维矩阵：

$$\boldsymbol{C}_k = \begin{bmatrix} \lambda & & & & \\ & \lambda & & & \\ & & \ddots & & \\ & & & \lambda & \\ & & & & \lambda \end{bmatrix}_{(k+1)\times(k+1)} \tag{5.26}$$

对 $n \leqslant k \leqslant n+R$，矩阵 $\boldsymbol{C}_k$ 是一个 $n+1$ 维矩阵 $\boldsymbol{C}_n$。

根据无限增量矩阵 $\boldsymbol{Q}^{\boldsymbol{f}}$，由图 5.5 知，状态空间 Ω_n 对应状态为 $\{(0,0),(1,0),(1,1),\cdots,(n+R,n)\}$，令 $\boldsymbol{\pi}=(\pi_1,\cdots,\pi_M)$ 为稳态概率向量。基于 $\boldsymbol{Q}^{\boldsymbol{f}}$ 和 $\boldsymbol{\pi}$，向量平衡方程为

$$\boldsymbol{\pi}\boldsymbol{Q}^{\boldsymbol{f}}=\boldsymbol{0} \tag{5.27}$$

其中，稳态概率向量 $\boldsymbol{\pi}$ 满足如下约束：

$$\sum_{i=1}^{M}\pi_i=1 \tag{5.28}$$

根据式 (5.27) 和式 (5.28)，计算稳态概率 $\pi_1,\cdots,\pi_M$。当系统中请求数量等于 $n+R$ 时，即将到达系统的请求被拒绝。根据稳态概率向量 $\boldsymbol{\pi}$，由图 5.5 知，最后一列所对应的状态，计算系统拒绝率。

$$P_R(\boldsymbol{f})=\sum_{i=M-n}^{M}\pi_i \tag{5.29}$$

为进一步说明计算系统拒绝率的过程，给出实例 $n=1$、$R=1$、$\mu_{[1]}=2$、$\theta=3$ 和 $\lambda=1$。$\boldsymbol{Q}^{\boldsymbol{f}}$ 为

$$\boldsymbol{Q}^{\boldsymbol{f}}=\begin{bmatrix} -1 & 1 & 0 & 0 & 0 \\ 0 & -4 & 3 & 1 & 0 \\ 2 & 0 & -3 & 0 & 1 \\ 0 & 0 & 0 & -3 & 3 \\ 0 & 0 & 2 & 0 & -2 \end{bmatrix} \tag{5.30}$$

其中，$\boldsymbol{Q}^{\boldsymbol{f}}$ 的行列式为 0，根据式 (5.27) 和式 (5.28)，用向量 $(1,1,1,1,1)^{\mathrm{T}}$ 替换掉 $\boldsymbol{Q}^{\boldsymbol{f}}$ 任意一列，其对应行列式不为 0，采用消元法计算，未知数稳态概率计算为 $\boldsymbol{\pi}=(0.45,0.11,0.23,0.04,0.17)$。

2. 处理器数量决策算法

根据方程(5.29)，拒绝率 $P_R(\boldsymbol{f})$ 与处理器数量相关，另外，$P_R(\boldsymbol{f})$ 不大于 $1-\xi$，即 $P_R(\boldsymbol{f})$ 被系统可用率 ξ 约束。随着处理器数量 n 的增加，拒绝率 $P_R(\boldsymbol{f})$ 减少，但功耗增加；然而 n 数量减少，功耗减少，拒绝率增加，这将导致 $P_R(\boldsymbol{f})>1-\xi$ 无法满足系统可用率约束。因此，急需找到合适的 n；如算法 41 所示，用二分查找方法确定 n。

处理器数量决策的下界和上界分别为 $n_{\min}$ 和 $n_{\max}$，初始化为 1 和 N，n 初

始化为中值 $\dfrac{n_{\min}+n_{\max}}{2}$。为了满足约束并且确定处理器数量，在选择处理器过程中，考虑最大处理器速率优先准则。前 n 个处理器 $\boldsymbol{S}=(S_1,S_2,\cdots,S_n)$，在任何时刻，系统状态都可以由图 5.5 表示。策略 $\boldsymbol{f}=(\boldsymbol{h}^{(0)},\boldsymbol{h}^{(1)},\cdots,\boldsymbol{h}^{(n)})$ 是一个由处理器速率构成的 M 维向量，$\boldsymbol{h}^{(0)}$ 中 $n+R+1$ 个元素为 0，在确定处理器数量过程中，$\boldsymbol{h}^{(i)}$ 中 $n+R+1-i$ 个元素为 μ_i。

算法 41: 处理器数量决策算法

```
   Input: λ, N, θ, μ1, μ2, ···, μN, ξ, β
1  begin
2      n_min ← 1, n_max ← N;
3      while n_min ⩽ n_max do
4          n ← (n_min + n_max)/2 ;
5          构造 μ, f;
6          分别根据式(5.21)、式(5.27)~式(5.29) 计算 Q, π 和 P_R(f);
7          if P_R(f) ⩽ 1 − ξ then
8              n_max ← n;
9          else
10             n_min ← n +1;
11 return n, f.
```

根据式(5.27)~式(5.29)，$P_R(\boldsymbol{f})$ 与 $\boldsymbol{f}$ 相关，由 n 决定。$P_R(\boldsymbol{f})<1-\xi$ 表示处理器数量在 $\left[n_{\min},\dfrac{n_{\min}+n_{\max}}{2}\right]$ 之间，即上界 $n_{\max}$ 为 $\dfrac{n_{\min}+n_{\max}}{2}$，相反，若处理器数量在 $\dfrac{n_{\min}+n_{\max}}{2}$ 和 $n_{\max}$ 之间，即下界 $n_{\min}$ 为 $\dfrac{n_{\min}+n_{\max}}{2}$，基于更新策略更新 $\boldsymbol{f}$。根据式(5.27)~式(5.29)，$P_R(\boldsymbol{f})$ 变化，并与 $1-\xi$ 相比较，直到满足 $n_{\min}\leqslant n_{\max}$，算法终止。

为更详细地说明以上程序，给定如下实例：$N=6,\lambda=5,R=2,\theta=1,\beta=0.5,\mu_1=6,\mu_2=4,\mu_3=3,\mu_4=0.3,\mu_5=0.2,\mu_6=0.1,\xi=0.5$。算法 41中，参数的值如表 5.3所示，处理器最小数量为 2，即 $n=2$，处理器数量决策算法的时间复杂度为 $O(\log(N))$。

3. 处理器选择策略

当系统处于稳态时，λ 个请求随机到达系统，由算法 41 知，需要的处理器数

量不大于 n。采用马尔可夫决策过程，选择带有最小长期均值 $E(Y(t))$ 的处理器，$E(Y(t))$ 取决于系统初始状态 $X(0)$ 和策略 $\boldsymbol{f}$，即 $E(Y(t))=E_{X(0)}^{\boldsymbol{f}}Y(t)$。当系统处于稳态时，$E(Y(t))$ 为所有状态 Ω_n 的平均值和。所有状态构成马尔可夫链，策略 $\boldsymbol{f}$ 确定状态空间 Ω_n 控制过程 $Z(t)$ 中的 $M(t)$。根据 Rykov 和 Efrosinin [431]，基于系统稳态，$Z(t)$ 中状态 $x\in\Omega_n$ 的概率分布 $P_x^{\boldsymbol{f}}$ 由给定策略 $\boldsymbol{f}$ 确定。单位时间的长期均值 $g^{\boldsymbol{f}}$ 为带有概率分布 $P_x^{\boldsymbol{f}}$ 的 $Z(t)$ 的期望，即 $g^{\boldsymbol{f}}=\lim\limits_{t\to\infty}\dfrac{1}{t}E_{X(0)}^{\boldsymbol{f}}Y(t)$，$g^{\boldsymbol{f}}$ 与 $\boldsymbol{f}$ 相关，但是与 $X(0)$ 无关。因此，任意时刻 t 的平均值 $Y(t)$ 由 $E(Y(t))=E_{X(0)}^{\boldsymbol{f}}Y(t)=tg^{\boldsymbol{f}}+v_{X(0)}^{\boldsymbol{f}}$ 确定。当系统处于稳态时，$v_{X(0)}^{\boldsymbol{f}}$ 是 $\boldsymbol{f}$ 和 $X(0)$ 的差异函数，即 $\min E(Y(t))$ 等价于 $\min\limits_{\boldsymbol{f}}\{tg^{\boldsymbol{f}}+v_{X(0)}^{\boldsymbol{f}}\}$。

表 5.3　二分查找实例值

$n_{\min}$	$n_{\max}$	n	$\boldsymbol{S}$	$\boldsymbol{\mu}$	$\boldsymbol{f}$	$P_R(\boldsymbol{f})$
1	6	3	(S_1,S_2,S_3)	(6,4,3)	(0,0,0,0,0,0,6,6,6,6,6,4,4,4,4,3,3,3)	0.401
2	3	2	(S_1,S_2)	(6,4)	(0,0,0,0,0,6,6,6,6,4,4,4)	0.492
1	2	1	(S_1)	6	(0,0,0,0,6,6,6)	0.619
2	2	2	(S_1,S_2)	(6,4)	(0,0,0,0,0,6,6,6,6,4,4,4)	0.492

4. 处理器选择策略算法

$g^{\boldsymbol{f}}$ 和 $v_{X(0)}^{\boldsymbol{f}}$ 与 $\boldsymbol{f}$ 相关。基于单链马尔可夫决策问题的最优准则，采用如下最优处理器选择准则最小化目标 $\min\limits_{\boldsymbol{f}}\{tg^{\boldsymbol{f}}+v_{X(0)}^{\boldsymbol{f}}\}$。

(1) 增益均值 $g^*=\min\limits_{\boldsymbol{f}}g^{\boldsymbol{f}}$ 存在；

(2) 令 $\boldsymbol{f}$ 是一个合理策略，即 $\lambda\leqslant\sum\limits_{i=1}^{n}\mu_{[i]}$，从初始状态 $X(0)$ 经过时间 ζ 到系统状态 $X(\zeta)$。根据定理 5.1，$g^{\boldsymbol{f}}$ 和 $v_{X(0)}^{\boldsymbol{f}}$ 由 $v_{X(0)}^{\boldsymbol{f}}=r_{X(0)}^{a}-g^{\boldsymbol{f}}\zeta+\sum\limits_{j\in\Omega_n}p_{X(0),X(\zeta)}^{a}v_{X(\zeta)}^{\boldsymbol{f}}$ 得到。$p_{X(0),X(\zeta)}^{a}$ 是状态从 $X(0)$ 到 $X(\zeta)$ 的状态转移概率，可根据如下公式 (5.32)，由决策 a 确定 $p_{X(0),X(\zeta)}^{a}$，根据公式(5.31) 计算 $p_{X(0),X(\zeta)}^{a}$ [436]。

(3) 由于 $g^{\boldsymbol{f}}$ 和 $v_{X(0)}^{\boldsymbol{f}}$ 与策略 $\boldsymbol{f}$ 相关，由定理 5.2 知，当 $v_{X(0)}^{\boldsymbol{f}'}\leqslant v_{X(0)}^{\boldsymbol{f}}$ 时，$\boldsymbol{f}$ 更新为 $\boldsymbol{f}'$。

定理 5.1　对于一个给定合理策略 $\boldsymbol{f}$ 和当前状态空间 Ω_n，$X(\zeta)$ 是可达状态，从状态 $X(0)$，根据决策 a 选择处理器 S_a，对应处理器速率构成 $\boldsymbol{f}$，以概率 $p_{X(0),X(\zeta)}^{a}$ 到达下一个状态。ζ 为从状态 $X(0)$ 到达所有可能状态的平均时间，$v_{X(0)}^{\boldsymbol{f}}$ 满足如下公式：

$$v_{X(0)}^{\boldsymbol{f}}=r_{X(0)}^{a}-g^{\boldsymbol{f}}\zeta+\sum_{X(\zeta)\in\Omega_n}p_{X(0),X(\zeta)}^{a}v_{X(\zeta)}^{\boldsymbol{f}} \tag{5.31}$$

证明 对于任意两个不同状态 $s_1, s_2 \in \Omega_n$，s_1 可以从 s_2 到达，即任意状态 $s \in \Omega_n$ 是常返状态。令 s 是策略 $\boldsymbol{f}$ 下的一个常返状态，$T^{\boldsymbol{f}}_{X(0),s}$ 和 $K^{\boldsymbol{f}}_{X(0),s}$ 分别表示在策略 $\boldsymbol{f}$ 从初始状态 $X(0)$ 第一次到达状态 s 的平均时间和收益，即 $T^{\boldsymbol{f}}_{X(0),s} = \zeta + \sum\limits_{X(\zeta)\in\Omega_n, X(\zeta)\neq s} p^a_{X(0),X(\zeta)} T^{\boldsymbol{f}}_{X(\zeta),s}$，$K^{\boldsymbol{f}}_{X(0),s} = r^a_{X(0)} + \sum\limits_{X(\zeta)\in\Omega_n, X(\zeta)\neq s} p^a_{X(0),X(\zeta)} K^{\boldsymbol{f}}_{X(\zeta),s}$。根据以上假设和更新报酬定理 [436]，$g^{\boldsymbol{f}} = \dfrac{K^{\boldsymbol{f}}_{s,s}}{T^{\boldsymbol{f}}_{s,s}}$。根据以上偏差定义，$v^{\boldsymbol{f}}_{X(0)} = K^{\boldsymbol{f}}_{X(0),s} - g^{\boldsymbol{f}} T^{\boldsymbol{f}}_{X(0),s} = r^a_{X(0)} - g^{\boldsymbol{f}}\zeta + \sum\limits_{X(\zeta)\in\Omega_n, X(\zeta)\neq s} p^a_{X(0),X(\zeta)} \left[K^{\boldsymbol{f}}_{X(\zeta),s} - g^{\boldsymbol{f}} T^{\boldsymbol{f}}_{X(\zeta),s}\right]$。由于 s 是常返状态 (即可以从状态 s 到达 s)，这表明 $K^{\boldsymbol{f}}_{s,s} - g^{\boldsymbol{f}} T^{\boldsymbol{f}}_{s,s} = 0$，因此，$v^{\boldsymbol{f}}_{X(0)} = y^a_{X(0)} - g^{\boldsymbol{f}}\zeta + \sum\limits_{X(\zeta)\in\Omega_n} p^a_{X(0),X(\zeta)} v^{\boldsymbol{f}}_{X(\zeta)}$。

定理 5.2 以 $X(0)$ 为初始状态，通过决策 a 取代策略 $\boldsymbol{f}$ 中的一个决策构成新的策略 $\boldsymbol{f}'$，如果 $G(X(0), a, \boldsymbol{f}) \leqslant v^{\boldsymbol{f}}_{X(0)}$，$\boldsymbol{f}'$ 改进 $\boldsymbol{f}$，其中 $G(X(0), a, \boldsymbol{f}) = r^a_{X(0)} - g^{\boldsymbol{f}}\zeta + \sum\limits_{X(\zeta)\in\Omega_n} p^a_{X(0),X(\zeta)} v^{\boldsymbol{f}}_{X(\zeta)}$。

证明 令 $\pi_{X(0)}\ (\forall X(0) \in \Omega_n)$ 是基于策略 $\boldsymbol{f}'$ 的稳态概率，即 $\sum\limits_{X(0)\in\Omega_n} \pi_{X(0)} = 1$。由 $G(X(0), a, \boldsymbol{f}) = r^a_{X(0)} - g^{\boldsymbol{f}}\zeta + \sum\limits_{X(\zeta)\in\Omega_n} p^a_{X(0),X(\zeta)} v^{\boldsymbol{f}}_{X(\zeta)} \leqslant v^{\boldsymbol{f}}_{X(0)}$，得到 $\sum\limits_{X(0)\in\Omega_n} \pi_{X(0)} r^a_{X(0)} + \sum\limits_{X(0)\in\Omega_n} \pi_{X(0)} \sum\limits_{X(\zeta)\in\Omega_n} p^a_{X(0),X(\zeta)} v^{\boldsymbol{f}}_{X(\zeta)} - g^{\boldsymbol{f}}\zeta \leqslant \sum\limits_{X(0)\in\Omega_n} \pi_{X(0)} v^{\boldsymbol{f}}_{X(0)}$。根据定理 5.1 中 $r^a_{X(0)}$ 的定义，知 $g^{\boldsymbol{f}'}\zeta - g^{\boldsymbol{f}}\zeta + \sum\limits_{X(\zeta)\in\Omega_n} \pi_{X(\zeta)} v^{\boldsymbol{f}}_{X(\zeta)a} \leqslant \sum\limits_{x\in\Omega_n} \pi_{X(0)} v^{\boldsymbol{f}}_{X(0)}$，即 $g^{\boldsymbol{f}'} \leqslant g^{\boldsymbol{f}}$，表明当采取决策 a 时，新的策略 $\boldsymbol{f}'$ 改进 $\boldsymbol{f}$。

这两个定理表明 $v^{\boldsymbol{f}}_{X(0)}$ 较小时，$g^{\boldsymbol{f}}$ 较小，策略 $\boldsymbol{f}$ 较好。

根据给定处理器数量 n，处理器选择过程是一个迭代过程而不是一次性选取过程。策略 $\boldsymbol{f}$ 从算法 41 的初始策略 $\boldsymbol{f}_0$ 开始，根据定理 5.1 提出的策略评估算法计算所有状态的偏差值和平均收益 $g^{\boldsymbol{f}}$ 。可根据定理 5.2 提出的策略改进算法计算改进策略 $\boldsymbol{f}'$。如果拒绝率不大于 $1-\xi$，$\boldsymbol{f}^*$ 为 $\boldsymbol{f}'$，重复策略评估和迭代算法直到 $\boldsymbol{f}' = \boldsymbol{f}$，得到最优策略 $\boldsymbol{f}^*$ 和单位时间内平均收益 g^*。算法 42描述处理器选择策略算法，算法时间复杂度为 $O(\max(M^3, nNM^2))$。

5. 策略评估

由于 $\min E(Y(t))$ 等价于 $\min\limits_{\boldsymbol{f}}\{tg^{\boldsymbol{f}} + v^{\boldsymbol{f}}_{X(0)}\}$、$g^{\boldsymbol{f}}$ 和 $v^{\boldsymbol{f}}_{X(0)}$ 都取决于 $\boldsymbol{f}$。因为 ζ 是从初始状态 $X(0)$，在下个决策时间段 t 内到达所有可能状态的平均时间，公式 (5.31) 不可以直接用于计算 $g^{\boldsymbol{f}}$ 和 $v^{\boldsymbol{f}}_{X(0)}$，$g^{\boldsymbol{f}}$ 仅与 $\boldsymbol{f}$ 相关。根据最优处理器选择准则，$v^{\boldsymbol{f}}_{X(0)}$ 取决于 $\boldsymbol{f}$ 和初始状态 $X(0)$，以上两个定理表明 $g^{\boldsymbol{f}}$ 和 $v^{\boldsymbol{f}}_{X(0)}$ 互相影响。对于图 5.5 中 M 个状态，根据方程(5.31)知，M 个状态转移方程，有

$M+1$ 个未知数 (M 个偏差值 $v_{X(0)}^{\boldsymbol{f}}$ 和 $g^{\boldsymbol{f}}$)。针对特殊状态 $(0,0)$，首次递归依次访问 $(0,0)$ 和 $(1,1)$，根据定理 5.1，$(0,0)$ 首次递归的偏差值为 $v_{(0,0)}^{\boldsymbol{f}}$。令 ζ_0、ζ_1、ζ_2 分别为从 $(0,0)$ 到 $(1,0)$、从 $(1,0)$ 到 $(1,1)$ 和从 $(1,1)$ 到 $(0,0)$ 的时间。根据方程 (5.31)，可得

$$\begin{aligned}v_{(0,0)}^{\boldsymbol{f}} =& r_{(0,0)}^{a} - g^{\boldsymbol{f}}\zeta_0 + p_{(0,0),(1,0)}^{a}\Big\{r_{(1,0)}^{a} - g^{\boldsymbol{f}}\zeta_1 \\ &+ p_{(1,0),(1,1)}^{a}\big[r_{(1,1)}^{a} - g^{\boldsymbol{f}}\zeta_2 + p_{(1,1),(0,0)}^{a}v_{(0,0)}^{\boldsymbol{f}}\big]\Big\}\end{aligned} \tag{5.32}$$

算法 42: 处理器选择策略算法

Input: $n, \boldsymbol{f}, \xi$

1 **begin**
2 flag ← true;
3 **while** flag = true **do**
4 **foreach** $x \in \Omega_n$ **do**
5 采用策略评估算法计算策略 $\boldsymbol{f}$ 的 $v_{X(0)}^{\boldsymbol{f}}$ 和 $g^{\boldsymbol{f}}$;
6 采用策略改进算法构建新策略 $\boldsymbol{f}'$;
7 根据公式 (5.29) 计算 $P_R(\boldsymbol{f}')$;
8 **if** $P_R(\boldsymbol{f}') \leqslant 1-\xi$ **then**
9 $\boldsymbol{f}^* \leftarrow \boldsymbol{f}'$, $g^* \leftarrow g^{\boldsymbol{f}}$;
10 **if** $\boldsymbol{f}' = \boldsymbol{f}$ **then**
11 flag ← false;
12 **else**
13 flag ← true, $\boldsymbol{f} \leftarrow \boldsymbol{f}'$;
14 **return** $\boldsymbol{f}^*, g^*$.

ζ 由每个方程中矩阵 $\boldsymbol{Q}$ 计算得到，因此总共有 $M+1$ 个未知数，在计算未知数之前，先确定 ζ、$p_{X(0),X(\zeta)}^{a}$ 和 $r_{X(0)}^{a}$。

• 根据状态序列 $(0,0),(1,0),(1,1),\cdots,(n+R,n)$，查找 $X(0)$ 的位置 m，根据文献 [436]，Q_{mm} 是第 m 个对角元素，时间段 ζ 为 $-\dfrac{1}{Q_{mm}}$。

• 对于每个状态 $X(0)=(j,i), j$ 表示请求数量，i 是处理器数量，根据图 5.5 知，对于系统状态，最多有四种变迁，表示为

$$\begin{aligned}X(\zeta) = &X(0) - S_f(i)S_f(j)(1-z_1)(1-z_3)e_0 \\ &- S_f(i)S_f(j)(1-S_f(j-i))(1-z_1)(1-z_3)z_2e_1\end{aligned}$$

$$+ S_f(n+R-j)z_1z_2z_3e_0 + S_f(n-i)(1-z_1)z_2z_3e_1 \tag{5.33}$$

其中，$S_f(l)$ 是二元函数。

$$S_f(l) = \begin{cases} 1, & l > 0 \\ 0, & l \leqslant 0 \end{cases} \tag{5.34}$$

在表 5.4中，描述不同二元变量 z_1、z_2 和 z_3 的组合。$z_1 \in \{0,1\}$ 表示是否有新请求加入系统，如加入系统 $z_1 = 1$，否则 $z_1 = 0$，这对应第一个可能到达状态，即请求数量小于 $n+R$ ($z_1 = 1$)，或者等于 $n+R$ ($z_1 = 0$)。$z_2 \in \{0,1\}$ 表示由决策 a 确定的处理器状态变化到 COLD 状态 ($z_2 = 1$) 或者停留在 HOT 状态 ($z_2 = 0$)，z_2 对应第三和第四种可能到达状态。$z_3 \in \{0,1\}$ 表明是否有新处理器加入，若加入，$z_3 = 1$；否则，$z_3 = 0$，对应第二种可能到达状态。$p^a_{X(0),X(\zeta)}$ 由矩阵 $\boldsymbol{Q}$ 得到

$$p^a_{X(0),X(\zeta)} = S_f(i)S_f(j)(1-z_1)(1-z_3)U_{\mathrm{H}}(0)\zeta$$
$$+ S_f(n+R-j)z_1z_2z_3\lambda\zeta + S_f(n-i)(1-z_1)z_2z_3\theta\zeta \tag{5.35}$$

其中，$U_{\mathrm{H}}(0)$ 由 $\boldsymbol{f}$ 确定。

表 5.4 变量 z_1、z_2 和 z_3 变迁类型

z_1	0	0	0	0	1	1	1	1
z_2	0	0	1	1	0	0	1	1
z_3	0	1	0	1	0	1	0	1
变迁类型	(3)	×	(4)	(2)	×	×	×	(1)

- 根据定理 5.1中 $r^a_{X(0)}$ 的定义，可计算 $r^a_{X(0)} = y(X(0))\zeta$。

由式(5.31) 和式(5.32) 计算偏差值 $v^{\boldsymbol{f}}_{X(0)}$ 和 $g^{\boldsymbol{f}}$，用向量 $\boldsymbol{v} = (v^{\boldsymbol{f}}_{(0,0)}, v^{\boldsymbol{f}}_{(1,0)}, v^{\boldsymbol{f}}_{(1,1)}, \cdots, v^{\boldsymbol{f}}_{(n+R,n)}, g^{\boldsymbol{f}})$ 表示 $M+1$ 个未知数,其中前 M 个元素对应状态 $(0,0), (1,0), (1,1), \cdots, (n+R,n)$。所有未知数系数在矩阵 $\boldsymbol{V}_{(M+1)\times(M+2)}$ 中。U_1 是处于 HOT 状态下处理器的速率和。z_1、z_2 和 z_3 表示由不同组合确定不同状态和系数，用 $k + z \times \min(n,j) + z_0$ 表示可能的四种状态 $X(\zeta)$，其中，$z = (z_1-1)(1-z_2)(1-z_3) + z_1z_2z_3$, $z_0 = z_2z_3 + (z_3-1)(1-z_1)$，且 $k+\min(n,j)+1$、$k+1$、$k-1$、$k-\min(n,j)-1$。根据式(5.33) 和式 (5.35)，得到 $\boldsymbol{V}_{(M+1)\times(M+2)}$ 值，根据消元法，确定未知数。策略评估过程如算法 43 所示。

计算 $[V]_{(M+1)\times(M+2)}$ (步骤 2 ~ 步骤 18) 的时间复杂度为 $O(nM)$，消元法的时间复杂度为 $O(M^3)$ (步骤 19 ~ 步骤 29)，因此，算法 43 的时间复杂度为 $M \gg n$。

为了说明算法过程，进一步应用在 2. 节中的例子：其中，$n=2$，策略为 $\boldsymbol{f}=(0, 0, 0, 0, 0, 6, 6, 6, 6, 4, 4, 4)$，状态集合为 $\{x_1=(0,0), x_2=(1,0), x_3=(1,1), \cdots, x_M=$

$(4,2)\}$。根据算法 43，状态的偏差值为 $\{0.087, -0.914, -0.1.04, -0.696, -0.107, 0.078, -0.386, -0.0074, -0.162, 0.234, 0.280, 0.086\}$，期望收益为 $g^{\boldsymbol{f}} = 1.149$。

6. 策略改进

根据定理 5.2，当 $G(X(0), a, \boldsymbol{f}) \leqslant v^{\boldsymbol{f}}_{X(0)}$ 时，改进当前策略 $\boldsymbol{f}$。根据给定系统可用率 ξ 和公式 (5.36)得到 n 的值，由于 $\xi \leqslant 1 - p'_{n+R}$，评估平均速率 $\hat{\mu}$。根据 $\boldsymbol{f}$，计算平均速率为 $\boldsymbol{\mu} = (\mu_1, \mu_2, \cdots, \mu_n)$，即 $\overline{\mu} = \dfrac{\sum\limits_{i=1}^{n} \mu_i}{n}$。$\hat{\mu} \leqslant \overline{\mu}$ 表示 a 更新 $\boldsymbol{f}$ 是可行的，且新策略为 $\boldsymbol{f}'$，根据 $\min\limits_{X(0) \in \Omega_n} \sum G(X(0), a, \boldsymbol{f})$，新策略 $\boldsymbol{f}'$ 被更新。

令系统可用率为 ξ，请求到达速率为 λ，排队容量为 R，假设 n 个处理器是同构的，处理速率一样，系统为传统 $M/M/n/n+R$ 排队模型 [442]。状态 (系统中请求数量) i $(i \in \{0, 1, \cdots, n+R\})$ 的稳态概率为

$$p'_i = S_f(n+1-i)\frac{\lambda^i}{i!\hat{\mu}^i}p'_0 + S_f(i-n)\frac{\lambda^i}{n^{(i-n)}n!\hat{\mu}^i}p'_0$$

其中，$S_f(l)$ 由公式(5.34) 确定。由于 $\sum\limits_{i=0}^{n+R} p'_i = 1$，得到

$$p'_0 = \left(\sum_{i=0}^{n}\frac{\lambda^i}{i!\hat{\mu}^i} + \frac{n^n}{n!}\sum_{i=n+1}^{n+R}\frac{\lambda^i}{n^i\hat{\mu}^i}\right)^{-1}$$

另外，

$$\frac{n^n}{n!}\sum_{i=n+1}^{n+R}\frac{\lambda^i}{n^i\hat{\mu}^i} = \frac{n^n}{n!}\frac{\left(\dfrac{\lambda}{n\hat{\mu}}\right)^{n+1}\left[1-\left(\dfrac{\lambda}{n\hat{\mu}}\right)^R\right]}{1-\dfrac{\lambda}{n\hat{\mu}}} = \frac{\lambda^{(n+1)}[(n\hat{\mu})^R - \lambda^R]}{n!n^R\hat{\mu}^{(n+R)}(n\hat{\mu}-\lambda)},$$

因此，$p'_0 = \left\{\sum\limits_{i=0}^{n}\dfrac{\lambda^i}{i!\hat{\mu}^i} + \dfrac{\lambda^{(n+1)}[(n\hat{\mu})^R - \lambda^R]}{n!n^R\hat{\mu}^{(n+R)}(n\hat{\mu}-\lambda)}\right\}^{-1}$。

针对构建同构排队系统，拒绝率为

$$p'_{n+R} = \frac{\lambda^{n+R}}{n^R n!\hat{\mu}^{n+R}}p'_0 \tag{5.36}$$

系统可用率 ξ 表示 $p'_{n+R} \leqslant 1 - \xi$，根据如下公式，采用 MATLAB R2010b 评估速率 $\hat{\mu}$

$$(1-\xi)\left\{\sum_{i=0}^{n}\frac{\lambda^i}{i!\hat{\mu}^i} + \frac{\lambda^{(n+1)}[(n\hat{\mu})^R - \lambda^R]}{n!n^R\hat{\mu}^{(n+R)}(n\hat{\mu}-\lambda)}\right\} = \frac{\lambda^{n+R}}{n^R n!\hat{\mu}^{n+R}} \tag{5.37}$$

如果 $\hat{\mu} > \overline{\mu}$，通过执行 a，$\boldsymbol{f}$ 不能改进，即 a 不可行。

算法 43: 策略评估 $(n, \boldsymbol{f}, Q, \lambda, \theta, \Omega_n)$

```
1  m ← M+1, m' ← M+2, V_{(M+1)×(M+2)} ← 0;
2  for i = 0 to n do
3      for j = i to n+R do
4          x ← (j,i), U_1 ← 0, k ← 1;
5          for q = 0 to j-1 do
6              if q ⩽ n then
7                  k ← k+q+1;
8              else
9                  k ← k+n+1;
10         k ← k+i, ζ ← -1/Q_{kk}, 用公式(5.20) 计算 y(x), V_{kk} ← 1, V_{km} ← ζ, V_{km'} ← y(x)ζ;
11         for q = 0 to i do
12             U_1 ← U_1 + f[(n+R+1)q - q(q+1)/2 + j + 1];
13         μ_a ← f[(n+R+1)i - i(i+1)/2 + j + 1];
14         for z_1 = 0 to 1 do
15             for z_2 = 0 to 1 do
16                 for z_3 = 0 to 1 do
17                     由式(5.33)、式(5.35) 确定 x(ζ), p^a_{x,x(ζ)},
                       z ← (z_1-1)(1-z_2)(1-z_3) + z_1 z_2 z_3;
18                     z_0 ← z_2 z_3 + (z_3-1)(1-z_1), k' ← k + z min(n,j) + z_0,
                       V_{kk'} ← -p^a_{x,x(ζ)};
19 V_{mm'} ← V_{1m'} + V_{12}V_{2m'} + V_{23}V_{3m'}, V_{mm} ← 1/(-Q_{11}) - V_{12}(1/Q_{22} + V_{23} 1/Q_{33}),
   V_{m1} ← 1 - V_{12}V_{23}V_{31};
20 for k = 1 to M do
21     for i = 2 to M+1 do
22         for j = k to M+2 do
23             V_{ij} ← V_{ij}V_{kk}/V_{ik} - V_{kj};
24 v_{(M+1)} ← V_{(M+1)(M+2)} / V_{(M+1)(M+1)};
25 for i = M to 1 do
26     s ← 0;
27     for j = i+1 to M+1 do
28         s ← s + V_{ij} v_j;
29     v_i ← (V_{i(M+2)} - s) / V_{ii};
30 return v.
```

令 $\boldsymbol{f}'$ 为当前改进的最好策略，初始化为 $\boldsymbol{f}$。算法 43确定当前策略 $\boldsymbol{f}$，$\boldsymbol{v}_i(i \in$

$\{1,2,\cdots,M\}$)，算法 44中描述策略改进方法。评估每个处理器 $\boldsymbol{S}_{[i]}$ $(i\in\{1,2,\cdots,n\})$ 取代 $S_{i'}$ $(i'\in J_{\rm C})$ 中处理器后的性能分析值，根据定理 5.2，确定当前更新策略 $\boldsymbol{f}''$，$G(x_k,S_{i'},\boldsymbol{f}'')(k\in\{1,2,\cdots,M\})$，重复这个过程，直到 $\boldsymbol{S}_{[i]}$ 中评估完

算法 44: 策略改进

```
   Input: n, f, v, S, J_C
 1 begin
 2   f' ← f, G_{[n(N−n)+1]×M} ← 0;
 3   l ← 1, F_{[n(N−n)+1]×M} ← 0;
 4   根据公式(5.37) 计算;
 5   for i = 1 to M do
 6     G_{1i} ← v_i;
 7   F_1 ← f';
 8   for i = 1 to n do
 9     foreach j ∈ J_C do
10       μ_[i] ← μ_j ;
11       μ̄ ← (Σ_{i=1}^{n} μ_[i]) / n;
12       if μ̄ ⩾ μ̂ then
13         l ← l + 1;
14         根据μ 构建 f'' ;
15         F_l ← f'';
16         for k = 1 to M do
17           根据定理 5.2 计算 G(x_k, S_{i'}, f) ;
18           G_{lk} ← G(x_k, S_{i'}, f);
19   for i = 1 to M do
20     G_min ← G_{1i}, k ← 1;
21     for j = 2 to l do
22       if G_{ji} < G_min then
23         G_min ← G_{ji}, k ← j;
24     f'(i) ← F_{ki} ;
25 return f'.
```

所有处理器。策略矩阵 $\boldsymbol{F}_{[n(N-n)+1]\times M}$ 包含所有可能策略 (包含更新策略 $\boldsymbol{f}''$、a 和 $\boldsymbol{f}$)，对应偏差值存在矩阵 $\boldsymbol{G}_{[n(N-n)+1]\times M}$ 中，如果 $G_{\min}=G_{ki}$，$\boldsymbol{f}'(i)$ 被 F_{ki} 取代。用公式(5.37)计算 $\hat{\mu}$ 很复杂，评估速率后替代比实际计算更快。尽管很难确定算法 44的时间复杂度，但由于 $M<n(N-n)M$，算法 44的时间复杂度为 $O(n(N-n)M)$。

为说明以上算法过程,采用前面的实例,策略 $\boldsymbol{f}=(0,0,0,0,0,6,6,6,6,4,4,4)$，根据公式(5.37)，评估处理器速率 $\hat{\mu}=1.326$。速率为 6 和 4 的处理器处于 HOT 状态，$J_{\mathrm{C}}=\{3,4,5,6\}$ 包含候选处理器，根据 J_{C} 知，针对每个处理器有 8 种可选策略。新策略 $\boldsymbol{f}'=(0,0,0,0,0,0.1,0.1,0.1,0.1,4,4,4)$，根据算法 44，确定最小 $G_{ki}(i\in\{1,2,\cdots,M\})$。$\boldsymbol{f}'$ 根据算法 43重新评估，有 8 种候选策略改进 $\boldsymbol{f}'$，其中有 4 种策略满足 $\hat{\mu}$ 约束。由于选择策略 $\boldsymbol{f}'=(0,0,0,0,0,0.1,0.1,0.1,0.1,4,4,4)$，没有进一步改进，算法 44 终止，最优策略为 $\boldsymbol{f}^*=(0,0,0,0,0,0.1,0.1,0.1,0.1,4,4,4)$，$g^*=0.497$。详细过程如表 5.5 所示。

表 5.5 最优策略

迭代次数	$\boldsymbol{f}'$	$g^{\boldsymbol{f}'}$
0	(0,0,0,0,0,6,6,6,6,4,4,4)	1.149
1	(0,0,0,0,0,0.1,0.1,0.1,0.1,4,4,4)	0.497
2	(0,0,0,0,0,0.1,0.1,0.1,0.1,4,4,4)	0.497

5.3.3 平衡响应时间和功耗实验评估

由于提出的平衡响应时间和功耗算法没有算法参数，因此，不需要校验算法参数，这是平衡响应时间和功耗算法的一个特性，但平衡响应时间和功耗算法有很多系统参数，这些参数影响系统性能。基于随机和实际实例测试系统参数，我们选择 4 个相似算法与平衡响应时间和功耗算法作比较 ①。所有算法用 MATLAB R2010b 编程；运行在 Intel Core i5-3470 CPU @3.20GHz，8 GB 内存计算机上。

公式(5.20)计算状态的目标值，系统性能根据所有状态的 $\overline{y}$ 确定，计算为

$$\overline{y}=\sum_{i=1}^{M}\pi_i\left[\beta W(N_{\mathrm{r}}^i(t))+(1-\beta)\sum_{j=0}^{N_{\mathrm{H}}^i(t)}W(P_{[j]})\right]\times 100\% \tag{5.38}$$

其中，π_i 为由式(5.27) 和式(5.28) 确定的第 i 个状态的稳态概率；$N_{\mathrm{r}}^i(t)$ 和 $N_{\mathrm{H}}^i(t)$ 分别为第 i 个状态的请求数量和处理器数量。

① 阿里云：https://www.aliyun.com。

1. 参数校验

与云中心中性能分析问题类似 [378]，在随机产生的实例上测试系统参数对性能的影响。所研究系统参数有：系统可用率 $\xi \in \{0.5, 0.6, 0.7, 0.8, 0.9\}$、到达速率 $\lambda \in \{\{1, \cdots, 10\}, \{11, \cdots, 20\}, \{21, \cdots, 30\}\}$、最大处理器数量 $N \in \{5, 10, 15, 20\}$、排队容量 $R \in \{10, 20, 30, 40\}$、延迟速率 $\theta \in \{10, 20, 30\}$ 和处理器速率范围 $\mu \in \{(0, 5], [5, 10], [10, 15], [15, 20]\}$ (β 是目标函数的权重，取决于用户的偏好，不用测试)。参数总共有 2880 个组合，对于到达速率 λ 和处理速率 μ，分别随机生成 3 个实例，针对每种组合有 9 个实例，根据所有参数值的组合，总共有 25 920 个实例。

通过多因素方差分析 (ANOVA) 统计技术分析实验结果，从实验的残差中分析三个主要假设：残差的正态、均方差和独立性，基于 ANOVA 技术的鲁棒性，三个假设都满足时可以接受，当 $p < 0.05$ 时，所有因素均对 ANOVA 中 95%置信水平内有显著影响。

图 5.6~图 5.8描述 6 种因素对均值 $\overline{y}$ 在 95%Tukey HSD (honest significant difference) 区间上的影响。

由图 5.6知，ξ 对 $\overline{y}$ 影响很大，随着 ξ 的增加，$\overline{y}$ 减小。当 $\xi = 0.9$ 时，$\overline{y}$ 最小，约为 44‰。ξ 越大，表明处理器越快，拒绝率越小。λ 对 $\overline{y}$ 影响很大，随着 λ 增加，$\overline{y}$ 值在统计结果上显著增加，当 λ 取值为 $\{1, \cdots, 10\}$ 时，由于请求数量较少，$\overline{y}$ 最小。

由图 5.7知，μ 对 $\overline{y}$ 的影响很大，差异在统计上也很明显。因为增加 μ 意味着功耗增加以及系统中请求数量减少，由于请求数量无法事先确定，$\overline{y}$ 的趋势并非随 μ 的增加而单调增加。μ 从 $[15, 20]$ 中取值时，$\overline{y}$ 为最小值。β 对 $\overline{y}$ 的影响很小，这类似于 N，差异在统计上不明显。

由图 5.8知，N 对 $\overline{y}$ 几乎没有影响。N 越大，请求可选择处理器越多，并且可能会缩短响应时间。但是，N 越大，功耗越多。根据公式(5.20)，响应时间与功耗之间的平衡使 N 对 $\overline{y}$ 效果不明显。R 会稍微影响 $\overline{y}$。在公式(5.20) 中，只有 $W(N_{\rm r}(t))$ 与 R 密切相关，其中 $W(N_{\rm r}(t)) = \dfrac{N_{\rm r}(t)}{n+R}$。排队容量 R 越大，表示系统可以接受请求越多，即 $N_{\rm r}(t)$ 越大。相反，R 越小，导致 $N_{\rm r}(t)$ 越小。因此，$W(N_{\rm r}(t))$ 的差异在 R 中没有统计意义。

2. 算法比较

处理器选择策略是影响算法性能的关键因素。我们将所提出的 BETP 算法和 MAX、MIN、RAND 以及 RATE 进行比较。其中 MAX 选择 n 个最快的处理器，MIN 选择 n 个最慢的处理器，RAND 随机选择 n 个处理器，RATE 以一定

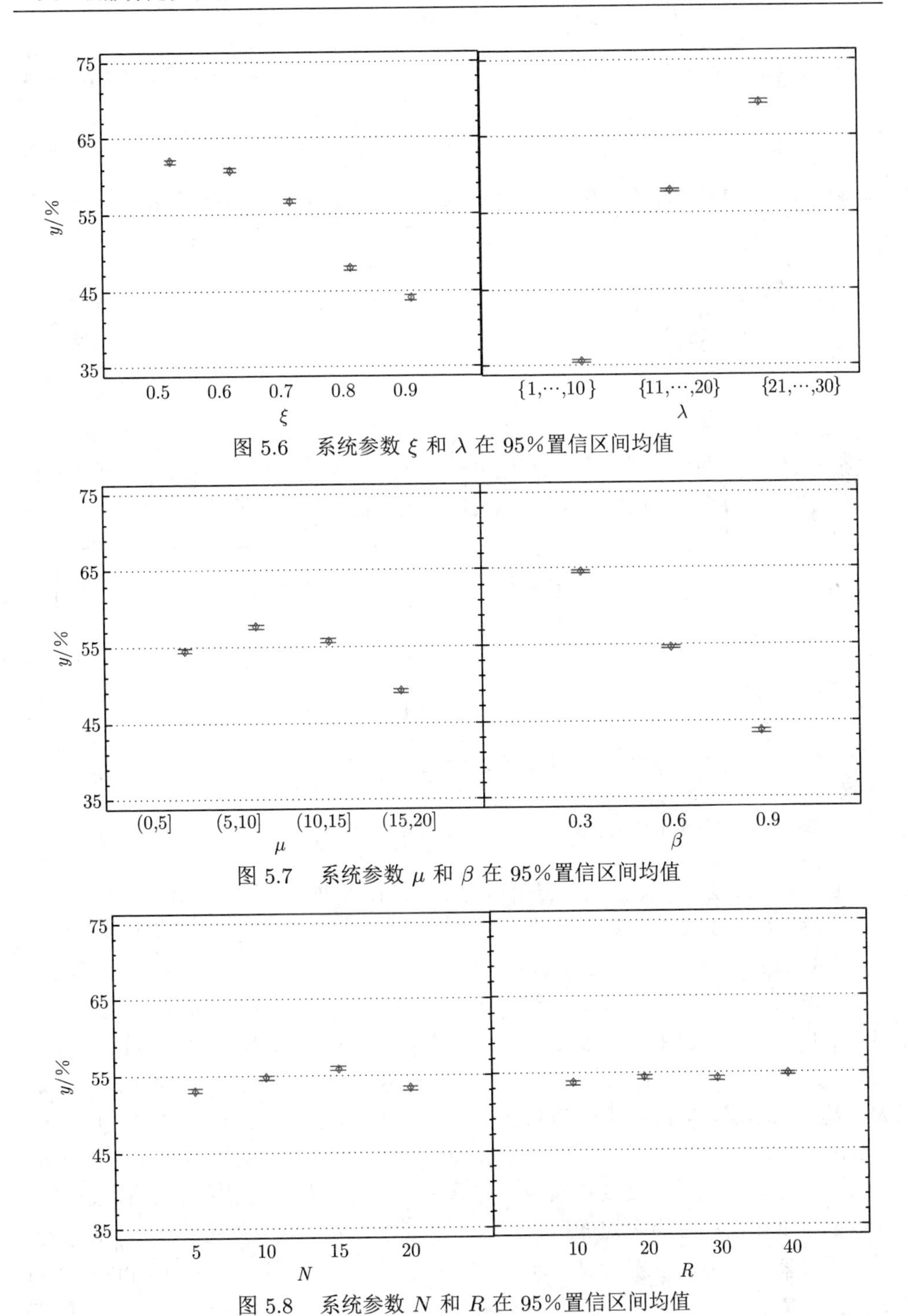

图 5.6 系统参数 ξ 和 λ 在 95%置信区间均值

图 5.7 系统参数 μ 和 β 在 95%置信区间均值

图 5.8 系统参数 N 和 R 在 95%置信区间均值

的概率选择处理器 [430]，在文献 [429] 中以 $\frac{\mu_i^r}{\sum\limits_{i=1}^{N}\mu_i^r}$ 概率选择处理器。根据所考虑的问题，当 $r=2$ 和 $r=3$ 时，结果几乎没有区别。因此，令 $r\to 2$ 使用 RATE 策略以 $\frac{\mu_i^2}{\sum\limits_{i=1}^{N}\mu_i^2}$ 概率选择处理器。基于以上算法，在阿里云 ① 提供数据上比较随机和实际实例结果。

3. 基于随机实例算法比较

基于以上分析，实例参数 ξ、λ、μ 取值与 1. 节内容一样。β 取值为 $\{0.3, 0.6, 0.9\}$，由参数校验知，N、R、θ 对 $\overline{y}$ 在统计上没有区别，都为 10，由于所考虑问题没有模拟实例，对每种组合，随机产生 9 个实例，总共有 180 种组合。因此比较的 5 个算法中，每个有 1620 个实例，算法比较结果如图 5.9 所示。

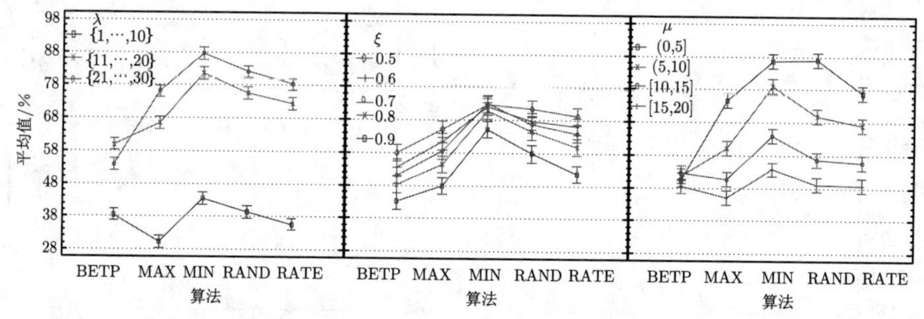

图 5.9 比较 5 个算法和参数 ξ、λ 和 μ 对均值在 95%置信区间上的作用结果

图 5.9 表明当 λ 从 $\{1,\cdots,10\}$ 取值时，MAX 的 $\overline{y}$ 最小而 MIN 的 $\overline{y}$ 最大，BETP 和 RAND 类似。针对其他两种情况，与 MAX、MIN、RAND 和 RATE 相比，BETP 的 $\overline{y}$ 最小。也就是说，随着 λ 的增加，BETP 比其他四个算法更有效，MIN 结果总是最差的。随着 ξ 从 0.5 增加到 0.9，BETP 的 $\overline{y}$ 总是最小而 MIN 的 $\overline{y}$ 最大。RATE 的结果 $\overline{y}$ 稍比 MAX 大，然而 RATE 的 $\overline{y}$ 值比 RAND 的小。ξ 值越大，BETP 优势越明显。当 μ 取区间 $(0,5]$ 的值时，RAND 的 $\overline{y}$ 最大，甚至比 MIN 更高一点，与其他三种情况相比，MIN 的 $\overline{y}$ 值最大，RATE、RAND 比 MAX 差。BETP 比其他三种算法稳定性更好，也就是说，随着 μ 的增加，BETP 的性能波动要比其他三种算法小。由于无论采用哪种策略，较快处理器都可以在较短时间内处理到达请求，当 μ 从 [15，20] 中取值时，MAX 性能优于 BETP，BETP 类似于 RAND。

① 阿里云数据详见 https://www.aliyun.com。

为全面比较这些算法，表 5.6中表明平均性能的有效性 (平均期望值) 和效率 (中央处理器时间)。根据表 5.6，可以观察到 BETP 的 $\overline{y}$ 最小，为 50.8%，其次是 MAX，为 57.5%。MIN 最大，$\overline{y}$ 值为 70.8%。RAND 的 $\overline{y}$ 为 65.7%，小于 MIN，但大于 RATE。RATE 的 $\overline{y}$ 为 62.1%，比 MAX 大。在五种算法中，BETP 的中央处理器时间最长为 2.145s。MAX、MIN、RAND 和 RATE 的中央处理器时间分别为 0.246s、0.272s、0.444s 和 0.260s，在实际场景中，BETP 的中央处理器时间可以接受。

表 5.6　算法比较

	BETP	MAX	MIN [427]	RAND	RATE [430]
$\overline{y}$/%	50.8	57.5	70.8	65.7	62.1
中央处理器时间/s	2.145	0.246	0.272	0.444	0.260

4. 基于实际实例算法比较

为了评估实际系统性能，分析由阿里巴巴提供的实际生产数据 Cluster-trace-v2018 ①，它包含一个生产集群中 8 天的样本数据。通过分析请求 start_time ②，得到请求到达时间间隔，根据 start_time 和 end_time ③，计算所有处理器的执行时间。请求的到达时间间隔和处理时间服从不同的指数分布，请求到达时间间隔是指数分布，这表明请求到达速率服从泊松到达。

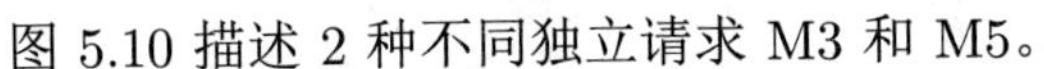
图 5.10 描述 2 种不同独立请求 M3 和 M5。

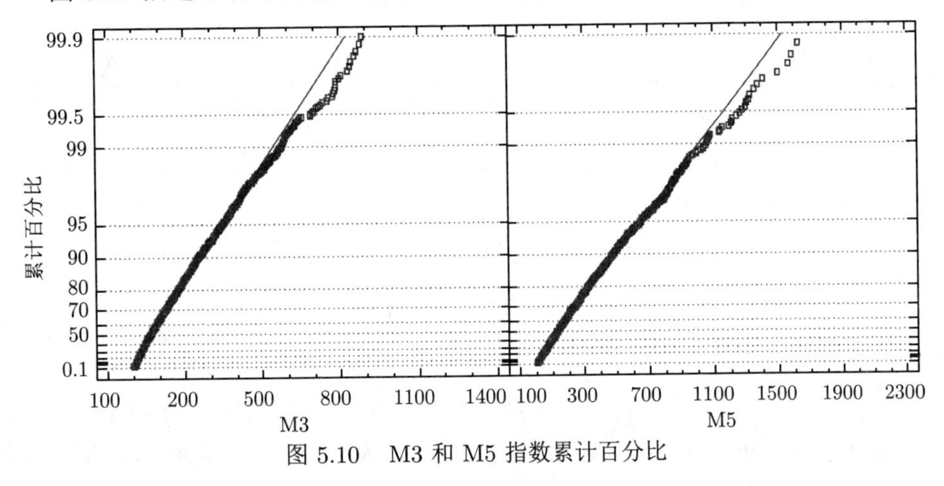

图 5.10　M3 和 M5 指数累计百分比

① 阿里云数据详见https://github.com/alibaba/clusterdata。

② 阿里云实例开始时间：http://clusterdata2018pubcn.oss-cn-beijing.aliyuncs.com/batch_task.tar.gz。

③ 实例结束时间：http://clusterdata2018pubcn.oss-cn-beijing.aliyuncs.com/batch_instance.tar.gz。

图 5.11和图 5.12分别描述了 M_1114 和 Mergetask, M_2188 和 M_3654 的处理时间的指数累计百分比。

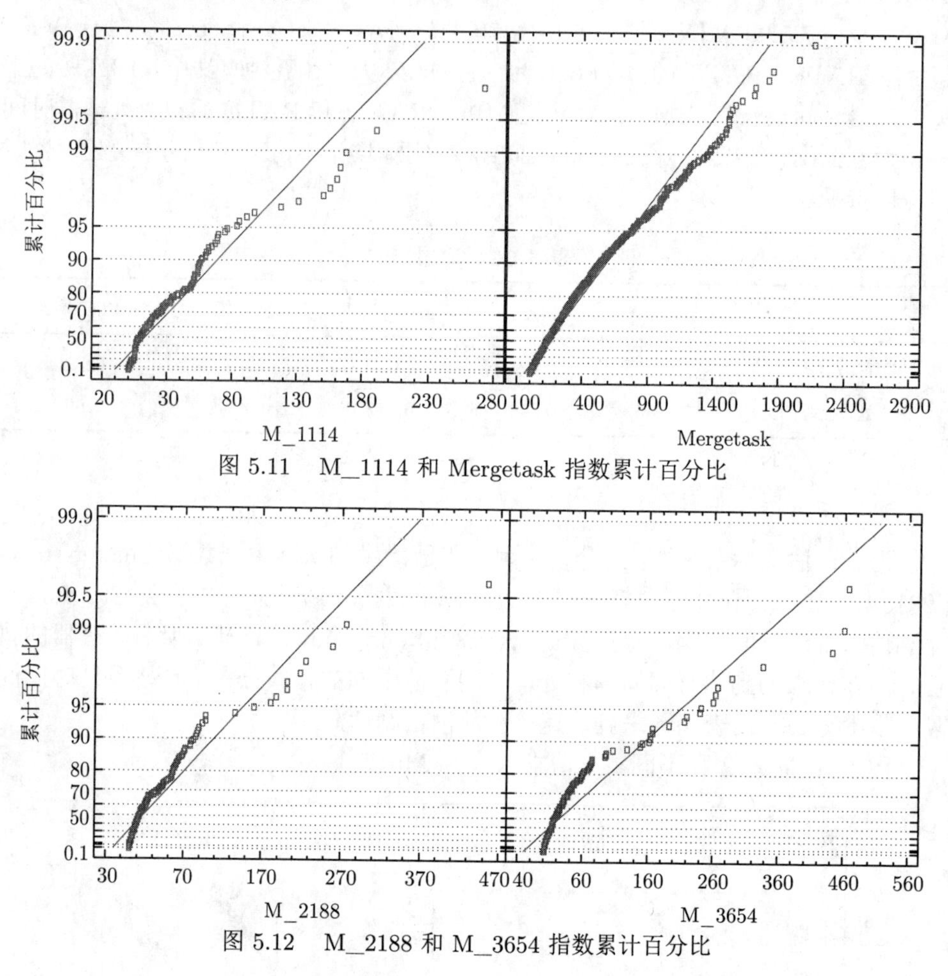

图 5.11 M_1114 和 Mergetask 指数累计百分比

图 5.12 M_2188 和 M_3654 指数累计百分比

5.4 截止期约束的云服务随机请求弹性单队列性能分析与调度

考虑截止期约束的云服务随机请求弹性单队列性能分析与调度问题，针对带截止期约束随机请求在队列长度上的弹性需求，构建队列长度不定的弹性单队列模型；根据异构处理器和请求截止期确定队列长度和系统状态空间；依据马尔可夫过程证明拒绝率与弹性队列长度的定性变化关系；根据处理器的异构性和请求截止期，提出最佳处理器配置和队列长度的策略；提出能耗最小化的云服务随机请求弹性单队列调度算法。

5.4.1 云系统模型和问题描述

考虑截止期约束的云服务随机请求弹性单队列性能分析与调度问题，最小化能耗。在现有研究中，通常有三类能耗问题：① 分析系统性能，在性能满足一定约束条件时，最小化能耗；② 给定功率约束，优化系统性能；③ 平衡能耗和性能。Bilal 等通过动态电压调整降低累积功率 [443]；Mitrani 建立排队模型满足高性能和低功耗 [413]；Zheng 和 Cai 构建马尔可夫决策模型为网络处理器集群提供功率管理 [444]。通过为处理器分配功率，Li 优化数据中心中处理器整体服务质量 [379]。在文献 [399] 中，给定功率，分析不同速率模式，最小化请求响应时间。Qiu 等采用半马尔可夫模型、拉普拉斯-斯蒂尔切斯变换 (LST)、贝叶斯方法等基于一种重试故障恢复机制分析云服务可靠性-性能 (R-P) 和可靠性-能量 (R-E) [445]。Entezari-Maleki 等构建一个随机活动网络模型评估云计算中处理器功耗和性能 [446]。Zhou 等提出两种新的自适应能量感知算法，最大化云数据中心能耗和最小化服务水平协议违反率 [447]。Sayadnavard 等提出一种新方法平衡可靠性和能量效率 [448]。在基于随机请求性能分析过程中，能耗与处理器功率和请求响应时间密切相关。

请求随机动态到达云中心，云中心处理器配置不同，由于处理器异构和请求随机特性 [399,449]，考虑截止期约束的云服务随机请求弹性单队列性能分析与调度是一个复杂问题。处理器功耗和请求响应时间负相关，如果处理器服务速率比较高，消耗功率比较高；处理请求比较快，响应时间比较小。系统能耗等于功耗乘以请求响应时间，在云系统中，根据异构处理器评估能耗很困难，处理器选择过程是 NP 难的，这使得带有截止期约束的云服务随机请求弹性单队列性能分析与调度的能耗最小化问题更加复杂。

1. 云系统模型

当请求到达云系统时，云提供商提供合适处理器处理请求同时最小化能耗。请求到达速率服从泊松分布，参数为 λ [387]。令服务系统中异构处理器数量为 N，选择处理器数量为 $n\ (n \leqslant N)$。处理器处理请求速率服从指数分布，速率为 $\mu_1, \cdots, \mu_N$。请求截止期为 D，这表明请求将在到达时间加 D 时间点之前被处理。令拒绝率为 P_R，系统可用率为 ξ。云系统模型如图 5.13 所示，一旦请求到达云系统，首先选择一个处理器处理这些请求；当更多请求到达系统时，请求在队列中等待。由于截止期约束，根据选择处理器，计算队列中请求最大数量。如果满足系统可用率，不用选择更多处理器，否则，迭代选择更多合适处理器以满足系统可用率。

考虑带有截止期约束的云服务随机请求弹性单队列性能分析与调度问题，采用排队论构建马尔可夫过程分析系统性能。令 $R_{[i]}(i \in \{1, 2, \cdots, n\})$ 是选择处理器速率为 $\mu_{[i]}$ 的最大队列长度，$R_{[i]}$ 由请求响应时间和截止期确定。$\{0, 1, \cdots, i, \cdots,$

$\sum_{j=1}^{n} R_{[j]} + n\}$ 是状态空间，其中 i 表示系统中请求数量。根据图 5.13 构建的系统模型，状态 $\{0,1,\cdots,1+R_{[1]}\}$ 对应第一个所选择的处理器，其速率为 $\mu_{[1]}$。状态 $\{\sum_{j=1}^{i-1} R_{[j]} + i,\cdots,\sum_{j=1}^{i} R_{[j]} + i\}$ 对应第 i 个选择的处理器，其速率为 $\mu_{[i]}$。当 $1-\xi \leqslant P_{\sum_{i=1}^{n} R_{[i]}+n}$ 时，将不会再选择新处理器。根据请求和处理器随机特性，云系统构成马尔可夫过程。针对第一个选择的处理器，请求到达速率为 λ，下一个处理器到达速率为当前被拒绝的请求速率，图 5.14描述了状态转移过程。

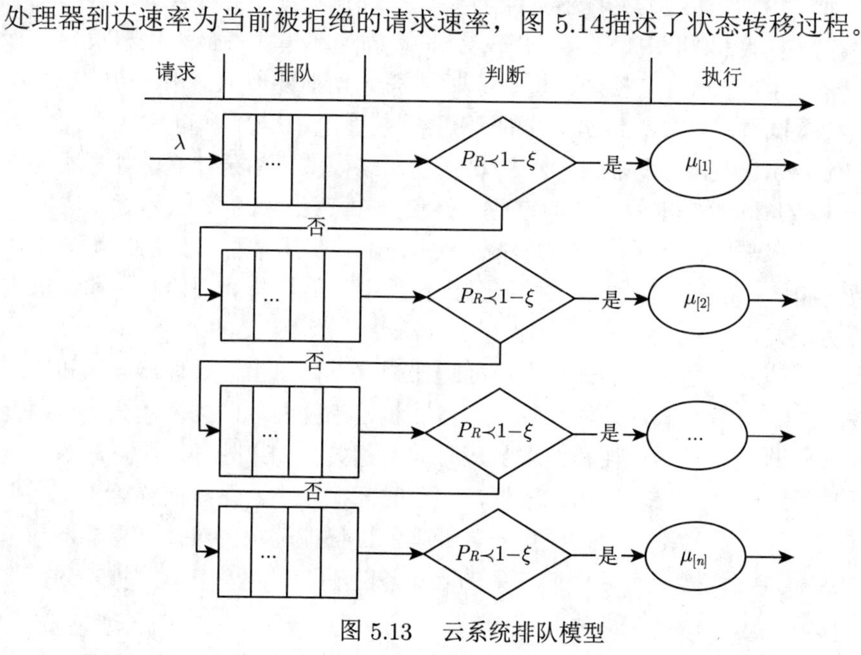

图 5.13 云系统排队模型

根据图 5.14 描述的状态转移过程，每个状态下请求输入率等于输出率。令 $P_i(i \in \{0,1,\cdots,1+R_{[1]}\})$ 为状态 i 的稳态概率，第一个选择处理器的平衡方程为

$$\lambda P_0 = \mu_{[1]} P_1 \tag{5.39}$$

$$(\lambda + \mu_{[1]}) P_1 = \lambda P_0 + \mu_{[1]} P_2 \tag{5.40}$$

$$\cdots$$

$$\lambda P_{R_{[1]}} = \mu_{[1]} P_{1+R_{[1]}} \tag{5.41}$$

稳态 $P_0, P_1, \cdots, P_{1+R_{[1]}}$ 概率满足

$$\sum_{i=1}^{1+R_{[1]}} P_i = 1 \tag{5.42}$$

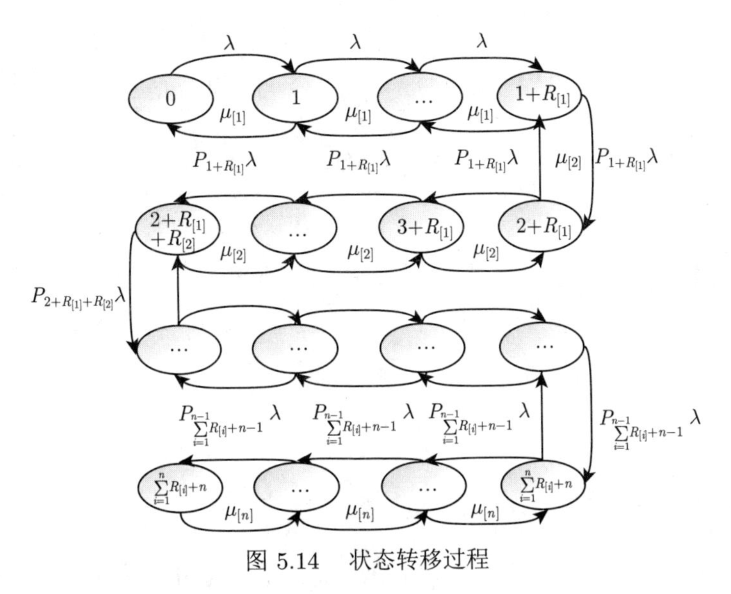

图 5.14　状态转移过程

其中，$\rho_{[1]}=\dfrac{\lambda}{\mu_{[1]}}$。根据式(5.39)~式(5.41)，得到

$$P_1=\rho_{[1]}P_0 \tag{5.43}$$

$$P_2=\rho_{[1]}^2P_0 \tag{5.44}$$

$$\cdots$$

$$P_{1+R_{[1]}}=\rho_{[1]}^{1+R_{[1]}}P_0 \tag{5.45}$$

根据式(5.42)~式(5.45)，计算 P_0

$$P_0=\begin{cases}\dfrac{1-\rho_{[1]}}{1-\rho_{[1]}^{R_{[1]}+2}}, & \rho_{[1]}\neq 1\\ \dfrac{1}{2+R_{[1]}}, & \rho_{[1]}=1\end{cases} \tag{5.46}$$

根据式(5.43)~式(5.46)，计算系统不同状态下的稳态概率。基于稳态概率，采用如下公式计算拒绝率 $P_{r_{[1]}}$：

$$P_{r_{[1]}}=P_{1+R_{[1]}} \tag{5.47}$$

拒绝率 $P_{r_{[1]}}$ 与系统可用率 ξ 相关。当选择第 n 个处理器后，若满足系统容量 ξ 约束，这表示 $P_{r_{[n]}}\leqslant 1-\xi$。为最小化能耗，当选择一个处理器时，我们希望更多的请求可以被处理，拒绝率 $P_{r_{[1]}}$ 越小越好，在定理 5.3 中证明 $P_{r_{[1]}}$ 和 $R_{[1]}$ 的关系。

定理 5.3　$P_{r_{[1]}}$ 随着 $R_{[1]}$ 的增长而降低。

证明 根据公式(5.46)，$P_{r_{[1]}} = \dfrac{(1-\rho_{[1]})\rho_{[1]}^{1+R_{[1]}}}{1-\rho_{[1]}^{2+R_{[1]}}}$。$P_{r_{[1]}}$ 的导数可计算为

$$\begin{aligned}
\frac{\mathrm{D}P_{r_{[1]}}}{\mathrm{D}R_{[1]}} &= \frac{\left[(1-\rho_{[1]})\rho_{[1]}^{1+R_{[1]}}\right]'(1-\rho_{[1]}^{2+R_{[1]}}) - (1-\rho_{[1]}^{2+R_{[1]}})'\left[(1-\rho_{[1]})\rho_{[1]}^{1+R_{[1]}}\right]}{(1-\rho_{[1]}^{2+R_{[1]}})^2} \\
&= \frac{\left[(1-\rho_{[1]})\rho_{[1]}^{1+R_{[1]}}\right]\ln\rho_{[1]}(1-\rho_{[1]}^{2+R_{[1]}}) + \rho_{[1]}^{2+R_{[1]}}\ln\rho_{[1]}(1-\rho_{[1]})\rho_{[1]}^{1+R_{[1]}}}{(1-\rho_{[1]}^{2+R_{[1]}})^2} \\
&= \frac{\left[(1-\rho_{[1]})\rho_{[1]}^{1+R_{[1]}}\right]\ln\rho_{[1]}}{(1-\rho_{[1]}^{2+R_{[1]}})^2}
\end{aligned} \tag{5.48}$$

当 $0<\rho_{[1]}<1$ 时，易知，$\ln\rho_{[1]}<0$，这导致 $\dfrac{\mathrm{D}P_{r_{[1]}}}{\mathrm{D}R_{[1]}}<0$。$P_{r_{[1]}}$ 随着 $R_{[1]}$ 的增加而降低。当 $\rho_{[1]}=1$ 时，根据式(5.43)~式(5.46)，对所有状态，稳态概率一样。由于 $R_{[1]}$ 的增加，$P_{r_{[1]}}$ 随着状态数量增加而降低。当 $\rho_{[1]}>1$ 时，$1-\rho_{[1]}<0$，$\dfrac{\mathrm{D}P_{r_{[1]}}}{\mathrm{D}R_{[1]}}<0$，因此，$P_{r_{[1]}}$ 随着 $R_{[1]}$ 的增长而降低。

根据稳态概率，计算云系统中请求数量为

$$L_{[1]} = \sum_{i=0}^{1+R_{[1]}} i\times P_i \tag{5.49}$$

根据 $L_{[1]}$，结合 Little 定理 [442]，确定请求响应时间：

$$T_{r_{[1]}} = \frac{L_{[1]}}{\lambda(1-P_{r_{[1]}})} \tag{5.50}$$

如果 $T_{r_{[1]}}\leqslant D$，将 $P_{r_{[1]}}$ 与 $1-\xi$ 相比较，计算 $R_{[1]}$。由于系统容量 ξ 和请求截止期 D 的约束，需要选择合适处理器最小化云系统中的能耗。当选择下一个处理器时，请求到达率随着当前拒绝率变化；与选择第一个处理器类似，计算第 i 个处理器的平衡方程；通过使用式(5.47) 和式 (5.50)，计算拒绝率 $P_{r_{[i]}}$ 和请求平均响应时间，能耗由处理器功耗和请求响应时间测量。根据文献 [399]，处理器功耗由 $W=wCV^2\eta$ 确定，其中，w 是转换活动，C 是电容，V 是供应电压，η 是时钟频率。对任意物理机，速率为 $\mu_{[i]}$，$\mu_{[i]}\propto\eta$ 和 $\eta\propto V^{\phi}$，其中，$0<\phi\leqslant 1$。$\eta\propto V^{\phi}$ 表明 $V\propto\eta^{1/\phi}$。根据文献 [388]，$\mu_{[i]}\propto\eta$ 和 $V\propto\eta$ 表明 $W_{[i]}\propto\mu_{[i]}^{\alpha}$，其中，$\alpha=1+2/\phi\geqslant 3$，也就是说，$W$ 可以由 $\kappa\mu_{[i]}^{\alpha}$ 表示，其中 κ 是一个常数，

$$W_{[i]} = \kappa\mu_{[i]}^{\alpha} + W^* \tag{5.51}$$

其中，W^* 是静态功耗。

2. 问题描述

由于处理器数量动态变化，能耗期望由请求响应时间、处理器功耗和对应处理器状态概率计算，能耗最小化问题描述为

$$\min E=(1-P_{r_{[1]}})W_{[1]}T_{r_{[1]}}+\sum_{i=2}^{n}\prod_{j=1}^{i-1}P_{r_{[j]}}(1-P_{r_{[i]}})W_{[i]}T_{r_{[i]}} \tag{5.52}$$

$$\lambda\leqslant\sum_{i=1}^{n}\mu_{[i]} \tag{5.53}$$

$$1-\xi\leqslant P_{\sum\limits_{i=1}^{n}R_{[i]}+n} \tag{5.54}$$

$$T_{r_{[i]}}\leqslant D,\quad i\in\{1,2,\cdots,n\} \tag{5.55}$$

$$n\leqslant N \tag{5.56}$$

根据公式(5.50)，计算每个处理器对应响应时间 $T_{r_{[i]}}=\dfrac{L_{[i]}}{\lambda(1-P_{r_{[i]}})}$。因此，排队系统能耗为

$$\begin{aligned}E&=(1-P_{r_{[1]}})W_{[1]}T_{r_{[1]}}+\sum_{i=2}^{n}\prod_{j=1}^{i-1}P_{r_{[j]}}(1-P_{r_{[i]}})W_{[i]}T_{r_{[i]}}\\&=(1-P_{r_{[1]}})W_{[1]}\frac{L_{[1]}}{\lambda(1-P_{r_{[1]}})}+\sum_{i=2}^{n}\prod_{j=1}^{i-1}P_{r_{[j]}}(1-P_{r_{[i]}})W_{[i]}\frac{L_{[j]}}{P_{r_{[j]}}\lambda(1-P_{r_{[i]}})}\\&=\sum_{i=1}^{n}\frac{W_{[i]}L_{[i]}}{\lambda}\end{aligned} \tag{5.57}$$

方程(5.52) 可以转换为 $E=\sum\limits_{i=1}^{n}\dfrac{W_{[i]}L_{[i]}}{\lambda}$。

5.4.2 能耗最小化算法

能耗最小化与请求响应时间、处理器数量以及云系统中的功耗密切相关。为解决这个问题，选择不同处理器以满足截止期约束并最小化能耗。所选处理器确定云系统中等待请求数，通过考虑截止期约束 D 和系统可用性 ξ，根据算法 45，确定排队容量，评估能耗，能耗评估后，在算法 46中确定合适处理器，最小化能耗。

为评估一个已选择处理器的能耗，提出能耗评估算法 (算法 45)。μ 为选择处理器服务速率，随着 R 的增长，服务响应时间增长，同时拒绝率降低。根据截止期 R 和系统可用性 ξ 约束，确定排队容量 R(步骤 3 ~ 步骤 6)；步骤 7 计算云

系统中请求数量，并且在步骤 8 中计算选择处理器功耗，进而评估能耗 (步骤 9)；算法 45 的时间复杂度由队列长度 R 度量。

算法 45: 能耗评估算法

```
   Input: μ, ξ
 1 begin
 2   R ← 0, T_r ← 0, P_R ← 1;
 3   while T_r < D & P_R > 1 − ξ do
 4     R ← R + 1;
 5     通过公式(5.50) 和 μ 计算 T_r ;  /* 计算响应时间 */
 6     通过公式 (5.47) 计算 P_R;  /* 计算拒绝率 */
 7   通过 R 和 μ 计算 L;   /* 请求数量计算 */
 8   通过公式(5.51) 计算 W;   /* 计算功耗 */
 9   E ← LW/λ;   /* 计算能耗 */
10 return R, P_R, E.
```

在算法 46 中，选择不同处理器最小化云系统能耗。$\boldsymbol{E}^o$ 是选择处理器能耗向量，$\boldsymbol{P}_r^o$ 是选择处理器拒绝率向量，$U=\{\mu_1,\cdots,\mu_N\}$ 为处理器集合，$\boldsymbol{E}$ 是处理器能耗集合，E_{sum} 是选择处理器总能耗。根据图 5.14 知，下一个处理器请求到达速率由当前拒绝率确定。在处理器选择过程中，评估 N 个处理器 (步骤 5、步骤 6)。由于云系统中拒绝率和能耗范围不同，我们采用最小-最大标准化。令 $\boldsymbol{E}'$ 和 $\boldsymbol{P}_r'$ 分别表示 $\boldsymbol{E}^o$ 和 $\boldsymbol{P}_r'$ 标准化后的值 (步骤 9)。当选择更多处理器时，系统拒绝率降低，能耗增加。令 $\boldsymbol{r}=\dfrac{\boldsymbol{P}_r'}{\boldsymbol{E}'}$ 为选择标准 (步骤 9)。选择处理器值为 $\min(\boldsymbol{r})$，进而最小化能耗 (步骤 10、步骤 11)。由于系统容量 ξ 约束，选择不同处理器和确定处理器数量 n (步骤 3~ 步骤 13)。由于剩余处理器在满足系统容量 ξ 和截止期约束 D 时，可能比最后一个选择得好，为进一步最小化能耗，第 n 个处理器与剩余处理器相比较，做出合适选择。算法 46 中的时间复杂度为 $O(NR)$。

5.4.3 能耗最小化实验评估

所提出的能耗最小化算法有 5 个系统参数，我们首先基于模拟实例，校验参数；基于校验参数结果，根据模拟和真实实例，将所提出的能耗最小化算法实验结果与三种现有算法相比较。所有算法都在 MATLAB 中编码，并在具有 8 GB 内存的 Intel Core i7-4770 CPU @ 3.20GHz 上运行。

算法 46: 能耗最小化算法

```
   Input: U, λ, ξ
1  begin
2      E^o ← 0, P_r^o ← 0, U_s ← ∅;
3      while P_R > 1 − ξ do
4          E ← 0, P_r ← 0, r ← 0, E_sum ← 0;
5          for i = 1 to N do
6              [R, E_i, P_{r_i}] ← EE(μ_i, ξ);   /* 能耗评估 */
7          r_min ← 10, P'_r ← 0, E' ← 0;
8          for i = 1 to N do
9              E'_i ← (E_i − min(E)) / (max(E) − min(E)), P'_{r_i} ← (P_{r_i} − min(P_r)) / (max(P_r) − min(P_r)),
               r_i ← P'_{r_i} / E'_i;   /* 标准化 */
10             if r_i ⩽ r_min then
11                 r_min ← r_i, k ← i;   /* 选择第 i 个处理器 */
12         U ← U − μ_k, U_S ← U_S ∪ μ_k, n ← n + 1, N ← N − 1;
13         P_R ← P_rk, P^o_ri ← P_rk, E^o_i ← E_k, E_sum ← E_sum + E_k;
14     /* 确定最后一个处理器 */
15     for i = 1 to N do
16         R ← 1, T_R ← 0;
17         if n > 1 then
18             P_R ← P^o_{r(n−1)};
19         else
20             P^o_ri ← 1;
21         [R, E_1, P_R] ← EE(μ_i, ξ);   /* 能耗评估 */
22     E' ← E^o_n;
23     if E_1 < E' then
24         E_sum ← E_sum − E' + E_1, E' ← E_1, P^o_rn ← P_R, U_Sn ← μ_i;
25 return R, E_sum.
```

1. 参数校验

针对云系统中的能耗最小化问题，测试参数有云系统处理器总数量 N、N 个异构处理器服务速率、请求到达速率 λ、请求截止期 D 和系统可用率 ξ。为分析系统参数对提出算法的影响，采用随机产生的测试实例进行校验。

由于校验参数的值应该尽可能地与实际场景相近，根据 Alicloud①，参数配置：$N \in\{10，20，30，40\}$，$\lambda \in\{\{1，\cdots，20\}，\{21，\cdots，40\}，\{41，\cdots，60\}，\{61，\cdots，80\}\}$ (s^{-1})，$D \in\{0.2，0.4，0.6，0.8，1\}$ (s)，$\xi \in\{0.55，0.65，0.75，0.85，0.95\}$；云处理器最大处理速率为 $\mu \in\{10，20，30，40\}$ (s^{-1})；异构处理器处理速率为 $\mu_i = \dfrac{i\mu}{N}(i \in \{1,2,\cdots,N\})$。因此，总共有 $4 \times 4 \times 5 \times 5 \times 4 = 1600$ 种参数组合。对于每个到达速率 λ，产生 5 个随机实例，也就是说，每个组合有 5 个实例，在参数校验中总共有 $1600 \times 5 = 8000$ 个实例。

表 5.7比较参数 λ、ξ、μ 和 D 及两两参数组合后对能耗的影响，其中，P 值小于 0.05 表示该参数对租赁成本有显著影响。由表 5.7 知，参数 λ、ξ、μ、D，参数组合 (λ,ξ)、(λ,μ)、(λ,D)、(ξ,μ)、(ξ,D) 和 (μ,D) 对能耗有显著影响。

表 5.7 能耗最小化参数比较

参数	平方和	平方均值	P 值
λ	4.59221×10^{11}	1.53074×10^{11}	0.0000
ξ	3.47023×10^{10}	8.67558×10^{10}	0.0000
μ	3.3243×10^{11}	1.1081×10^{11}	0.0000
D	1.52414×10^{11}	3.81036×10^{10}	0.0000
(λ,ξ)	1.13609×10^{10}	9.46739×10^{8}	0.0000
(λ,μ)	2.44882×10^{11}	2.72091×10^{10}	0.0000
(λ,D)	9.32697×10^{10}	7.77247×10^{9}	0.0000
(ξ,μ)	2.36716×10^{10}	1.97264×10^{9}	0.0000
(ξ,D)	5.33785×10^{9}	3.33616×10^{8}	0.0000
(μ,D)	6.47254×10^{10}	5.39378×10^{9}	0.0000

图 5.15和图 5.16描述 5 个研究因素对能耗在 95%HSD 置信区间上的均值变化。λ 对能耗有很大影响，随着 λ 上界增加，E 在统计意义上增加，由于请求越少，需要处理器速率越小，能耗比较少，λ 取值为 $\{1,\cdots,20\}$ 时，E 值最小。ξ 对能耗有很大影响，随着 ξ 的增加，E 增加，这在统计上差别很大。当 ξ=0.55 时，E 最小，因为 ξ 越高表示拒绝率越小，而这需要更多处理器。μ 对 E 的影响很大，当 $\mu = 10$ 时，E 值最小，因为 μ 越大，功耗越大。D 对 E 有很大影响，随着 D 的增加，E 增加。D 越大表示请求响应时间越大。尽管在统计上 N 对 E

① 阿里云数据：https://github.com/alibaba/clusterdata。

的差别不大，这表明处理器数量可以满足随机请求，当 $N=30$ 时，E 值最大。

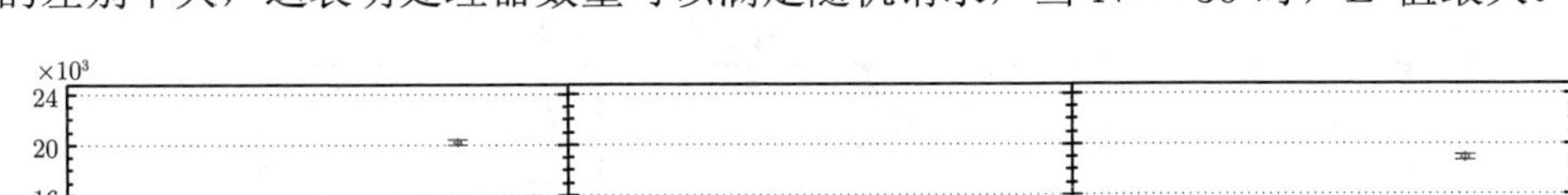

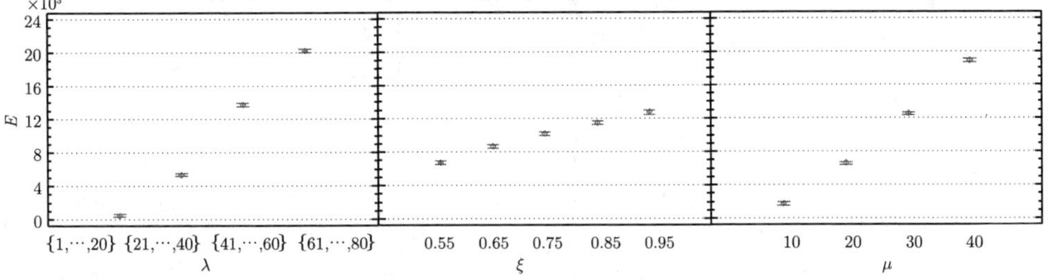

图 5.15　λ、ξ 和 μ 参数对能耗在 95%HSD 置信区间上的均值

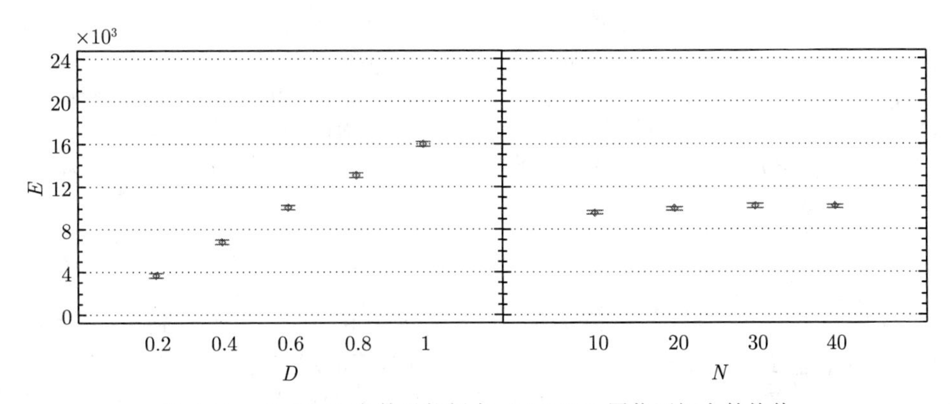

图 5.16　D 和 N 参数对能耗在 95%HSD 置信区间上的均值

2. 能耗最小化算法比较

在处理器选择过程中，当系统容量无法被满足时，最快处理器 (FS) 策略总是选择最快处理器，然而，随机策略总是随机选取处理器。为最小化能耗，当前处理器无法处理的请求将被下一个选择处理器执行，然而，在传统排队网络 (traditional queuing network, TQS) $M/M/N/N+R$ [436] 中，当系统中有空闲处理器时，请求可以被立刻处理。在算法比较实验中，将能耗最小化算法与其他算法相比较。

3. 基于模拟实例算法比较

针对所考虑问题没有模拟实例，我们随机产生模拟实例比较 4 种算法。基于参数校验结果，系统参数 N=10，其他参数与参数校验中参数一样。针对 400 种组合，每个组合随机产生 5 个实例，即 4 种算法总共有 2000 个实例。

表 5.8比较参数 λ、ξ、μ、D 和不同算法及两两参数组合后对能耗的影响，其中，P 值小于 0.05 表示该参数对租赁成本有显著影响。由表 5.8知，参数 λ、ξ、μ、D，不同算法；参数组合 (λ,ξ)、(λ,μ)、(λ,D)、(λ，不同算法)、(ξ,μ)、(ξ，不同算法)、(μ,D) 和 (D，不同算法) 对能耗有显著影响。

表 5.8　能耗最小化参数比较

参数	平方和	平方均值	P 值
λ	1.65901×10^{12}	5.53003×10^{11}	0.0000
ξ	2.40277×10^{11}	6.00692×10^{10}	0.0000
μ	1.85611×10^{12}	6.18702×10^{11}	0.0000
D	6.39645×10^{11}	1.59911×10^{11}	0.0000
不同算法	3.1547×10^{11}	1.05157×10^{11}	0.0000
(λ,ξ)	1.31427×10^{11}	1.09523×10^{10}	0.0001
(λ,μ)	1.25442×10^{12}	1.3938×10^{11}	0.0000
(λ,D)	4.5302×10^{11}	3.77517×10^{10}	0.0000
(λ，不同算法)	1.97931×10^{11}	2.19924×10^{10}	0.0000
(ξ,μ)	4.1861×10^{11}	3.48841×10^{10}	0.0000
(ξ,D)	8.33037×10^{10}	5.20648×10^{9}	0.0716
(ξ，不同算法)	1.21731×10^{11}	1.01442×10^{10}	0.0003
(μ,D)	3.81991×10^{11}	3.18326×10^{10}	0.0000
(D，不同算法)	9.03146×10^{10}	7.52622×10^{9}	0.0078

从图 5.17 知，当到达速率 λ 从 $\{1,\cdots,20\}$ 取值时，EM 得到最小能耗 E，然而，TQS 值最大。FS 和随机表现相似，即随着请求到达速率 λ 的增加，EM 比其他算法更有效。随着 ξ 从 0.55 到 0.95 增长，EM 导致 E 值比较小，然而 TQS 值最大，FS 的值总是比随机的大，ξ 值越大表示 E 优先级越高。

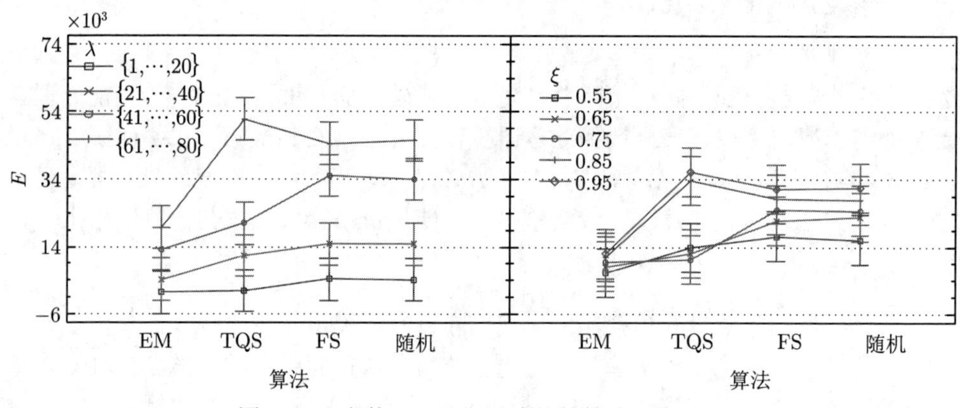

图 5.17　参数 λ 、ξ 和 4 个比较算法均值影响

从图 5.18 知，随机与 FS 相似，TQS 上的能耗小于 FS。EM 比其他 3 种算法健壮得多，即随着 μ 的增加，EM 的性能波动比其他 3 种算法小。同样随着 D 的增加，FS 获得最大 E，而 EM 获得最小 E。随机的能耗比 TQS 大一点。

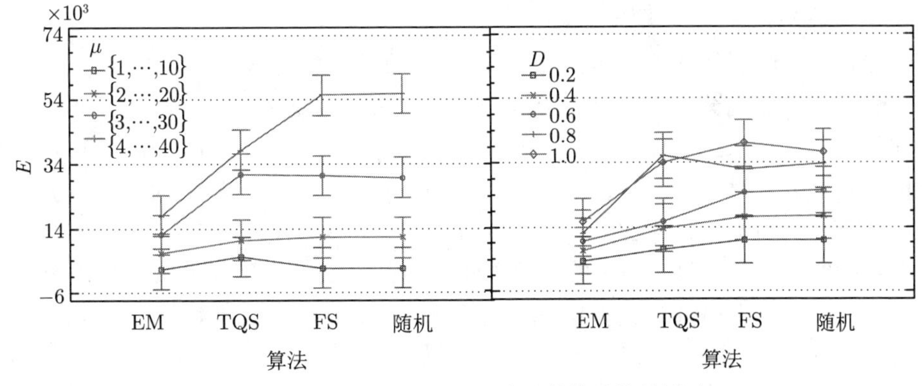

图 5.18 参数 μ、D 和 4 个比较算法均值影响

为进一步比较算法，图 5.19描述基于随机实例的不同算法比较结果。在表 5.9 中给出基于效用 (平均能耗) 和效率 (中央处理器时间) 的平均性能。根据表 5.9，可观察到 EM 值最小为 9398.28，紧接着是 TQS 的为 21220.6。FS 值最大为 24705.0，随机的值为 24659.6。与 TQS、FS 和随机相比，EM 可以省 61.95%能耗。尽管 EM 的中央处理器时间最长，为 0.0043s，与其他 3 个算法相比较，消耗时间可以接受。

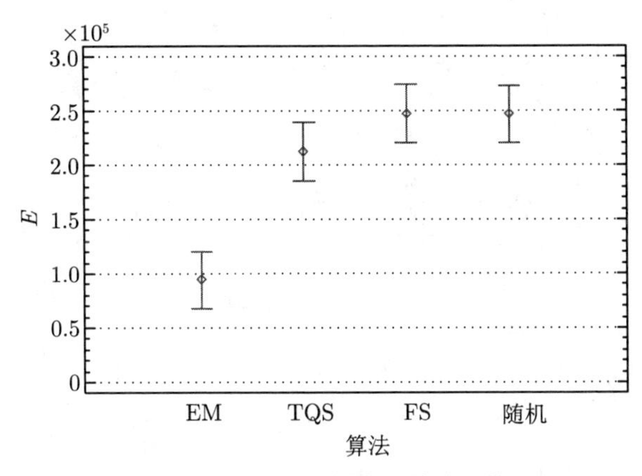

图 5.19 基于随机实例算法比较

表 5.9 算法比较

	EM	TQS	FS	随机
E	9398.28	21220.6	24705.0	24659.6
中央处理器时间/s	0.0043	0.0003	0.0023	0.0021

4. 基于实际实例算法比较

为评估实际系统性能，分析由阿里巴巴提供的 Cluster-trace-v2018①，这个集群包含一个实际场景中 8 天的数据。通过分析请求 start_time②，得到请求到达时间间隔，且请求到达时间间隔服从泊松分布。根据 start_time 和 end_time③，分析处理器处理时间，且处理器处理时间服从指数分布。分析不同类型请求到达速率 λ，分析不同处理器的处理速率 $\mu_{[i]}$ $(i \in \{1, 2, \cdots, N\})$，与模拟实例类似，由于在实际实例中，没有 D、ξ 的值，因此，设它们分别为 0.2、0.95。处理速率为 $\{14.5, 15.4, 16.9, 17.4, 18.5, 19.4, 20.4, 21.3, 22.8, 23.9\}$，处理器数量为 $N = 10$。

图 5.20 表示 4 种比较算法的性能，据观察，当 λ 增加时，所提出 EM 算法总是最小值。当 λ 小于 100 时，FS、随机和 TQS 波动。当 λ 大于 100 时，TQS 比随机差，紧接着是 FS。

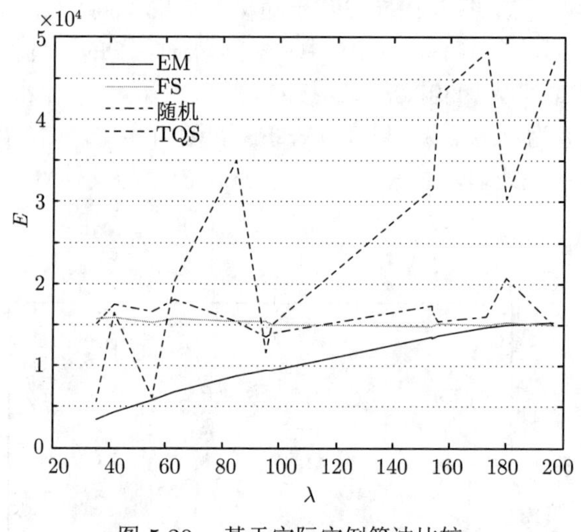

图 5.20 基于实际实例算法比较

从以上模拟和实际实验，可以发现算法性能结果相似，所提出 EM 算法能耗总是比较小。

5.5 本章小结

不同处理器数量、各种各样到达模式、执行模式和排队规则使得排队模型更加复杂。研究多类云服务随机请求的异构资源排队性能分析与调度问题具有实际

① 阿里云数据：https://www.aliyun.com。

② 阿里云实例开始时间：http://clusterdata2018pubcn.oss-cn-beijing.aliyuncs.com/batch_task.tar.gz。

③ 实例结束时间：http://clusterdata2018pubcn.oss-cn-beijing.aliyuncs.com/batch_instance.tar.gz。

和理论意义。本章首先针对云服务随机请求的单队列性能分析与调度问题，构建单队列排队模型；根据服务系统的状态空间，采用马尔可夫过程计算系统拒绝率；提出基于二分法的处理器数量和初始类型的决策算法；构建处理器选择策略的评估算法，评估系统的性能；提出系统响应时间和功耗均衡的迭代改进请求调度策略。其次针对截止期约束的云服务随机请求弹性单队列性能分析与调度问题，构建队列长度不定的弹性单队列模型；依据马尔可夫过程证明拒绝率与弹性队列长度的定性变化关系；提出最佳处理器配置和队列长度的策略；提出能耗最小化的云服务随机请求弹性单队列调度算法。

本章内容详见

[1] 王爽，李小平，陈龙. 随机云服务请求性能分析综述. 计算机学报, 2020, 已录用. (5.1 性能分析问题，5.2 性能分析方法)

[2] WANG S, LI X P, RUIZ R. Performance analysis for heterogeneous cloud servers using queueing theory. IEEE Transactions on Computers, 2020, 69(4): 563-576. (5.3 云服务随机请求的单队列性能分析与调度)

第 6 章　线性约束云服务调度

线性多阶段约束任务广泛存在于混合云工作流管理系统 (hybrid-cloud-based workflow management system, HCWMS)。海量请求随机到达云平台，这些请求可用特殊线性多阶段工作流表示，所包含任务线性依赖，一组具有线性依赖关系的任务集合被视为一个多阶段作业，每个阶段对应一个任务。多阶段作业到达系统的时间是随机的，它们的到达时刻和处理时长是不确定的。本章主要考虑带硬截止期约束的计算密集型作业，任务在云计算中心内的数据传输时间可忽略不计，但不同云计算中心间的数据传输不可忽略，即需要考虑任务间的传输延迟。每个作业都有一个不可违背的硬截止期。工作流的每个阶段都部署多个计算资源，分布在多个云计算平台，在任务执行过程中可根据需要弹性伸缩。

线性多阶段约束工作流可应用于自然语言处理 (NLP)、语音识别、大数据分析 MapReduce 等许多现实场景。例如，在实时图像问题处理中，物体的识别与计算包括五个阶段 (灰度、索贝尔边缘检测、高斯模糊、角点检测和 SAD 匹配)，每个阶段都是一项计算任务。所有任务都按顺序依次处理 [450]，五个任务组成一个完整的物体识别作业，这些任务都是计算密集型的。在 HCWMS 中，一次图像物体识别请求被封装为一个五阶段的作业，用户的请求发生时间相对于系统来说是随机不可预测的。为提高用户体验，HCWMS 可以按照某种用户满意度模型 [451] 为每个作业分配截止期，并将应用程序分布式部署在 5 个虚拟集群上，每个集群专门负责处理同一个阶段的计算任务，以避免性能瓶颈。每个集群最初包含多个本地虚拟机 (VM)。当本地 VM 无法处理工作负载时，HCWMS 会从公有云中租赁云端 VM 来扩展集群。现有相关研究工作可以分为三类：① 资源不具有弹性和跨地理分布的制造业调度；② 云环境下静态工作流调度；③ 云环境中的动态无依赖任务调度。

考虑现实中大量存在的模糊时间参数导致每个任务开始时间和结束时间在执行前或执行中的不确定性，相应的模糊参数调度和空闲时间片处理更为复杂。

6.1　弹性混合云资源下随机多阶段作业调度

首先考虑一种存在于混合云工作流管理系统中的特殊工作流调度问题，在这个问题中任务具有线性依赖关系、计算密集型、随机到达、受截止日期约束，且在弹性和分布式的云资源上执行。主要面向三个优化目标：租赁 VM 的数量、使用时间及使用率，提出一种迭代启发式框架，将多个同时到达的作业封装成事件，实现按事件逐个调度作业，该框架主要包括作业收集和事件调度两个组件，提出两种作业收集策略和两种时间表安排方法。

6.1.1 问题描述与数学模型

所考虑的场景涉及三个角色：云服务提供者 (CSP)、HCWMS 模型和终端用户。CSP 将其应用程序的部署包上传到 HCWMS 中，部署包包括应用程序的安装文件和支持 HCWMS 管理应用程序指南，该指南是根据一些标准 (如 TOSCA ①) 撰写，用于 HCWMS 解析。指南中 CSP 描述作业处理的加工路线和硬截止日期约束，硬截止日期约束是指严格禁止超出截止日期。指南还写有一些操作指令，包括如何部署应用程序、如何缩放应用程序以及如何估计作业的每个任务的处理时间等。HCWMS 接收到部署包后根据指南部署应用程序。出于成本考虑，HCWMS 初始时将应用部署到自己所拥有的本地数据中心的 VM 上。当应用程序部署好可供终端用户使用时，用户们向 HCWMS 提交申请，并提供关于其需求的信息，如预期响应时间、QoS 参数以及是否需要 VIP 服务。一旦 HCWMS 接收到来自终端用户的请求 (图 6.1)，将按照以下过程处理请求：① 系统将这些请求模型化成一组多阶段线性作业；② 估计这些作业的处理时间，并根据终端用户的需求为它们分配截止日期；③ 在可用 VM 上可行地、有效地、高效地调度这些作业。

1. 需求模型和资源模型

需求模型和资源模型描述如下 (重要符号描述见表 6.1)。

大量作业随机到达系统，根据文献 [452] 的定义，在一个小时间段 t 内到达的作业集合称为基于作业的实时事件 (JRE)。每个时间段 t 都需对新到达的作业进行安排。假设有 Q 个 JRE (定义为 $\mathbb{E}=(E_1,\cdots,E_Q)$) 在时间间隔 $[0,t\times Q]$ 期间到达，在第 q 个 JRE 中，$E_q=<\alpha_q,\mathbb{J}_q>$ 表示作业集合 $\mathbb{J}_q$ 在时间点 $\alpha_q=t\times(q-1)$ 时到达 (实际抵达时间属于区间 $[t\times(q-1),\ t\times q)$)。假设 n_q 表示第 q 个 JRE 中作业的数量，即 $n_q=|\mathbb{J}_q|$，那么 $n=\sum_{q=1}^{Q}n_q$ 表示 $[0,t\times Q]$ 期间系统到达的作业总数。令 J_j $(j=1,2,\cdots,n)$ 包含 m 个任务 $\mathcal{T}_{j,1},\mathcal{T}_{j,2},\cdots,\mathcal{T}_{j,m}$。每个任务 $\mathcal{T}_{j,i}$ $(i=1,2,\cdots,m)$ 由 m 个虚拟集群负责处理，每个 VM 集群由一组 VM 组成，专门负责处理作业的特定阶段任务。每个虚拟集群中包含两种类型的 VM：本地 VM 和租赁 VM。其中本地 VM 部署在本地数据中心，而租赁 VM 来自公有云。令 V_i 表示处理每个作业 J_j 的第 i 个任务 $\mathcal{T}_{j,i}$ $(i=1,2,\cdots,m)$ 的虚拟集群，v_i^k 表示 V_i 中第 k 个 VM，V_i 中初始部署的 VM 数量 o_i 是一个常量，租赁 VM 的数量 r_i 随着负载的增大而变大。V_i 的所有 VM 定义为 $V_i=(v_i^1,v_i^2,\cdots,v_i^{o_i+r_i})$，

① TOSCA 标准：http://docs.oasis-open.org/tosca/TOSCA/v1.0/os/TOSCA-v1.0-os.html。

其中 $v_i^1, \cdots, v_i^{o_i}$ 表示本地 VM，$v_i^{o_i+1}, \cdots, v_i^{o_i+r_i}$ 为租赁 VM。

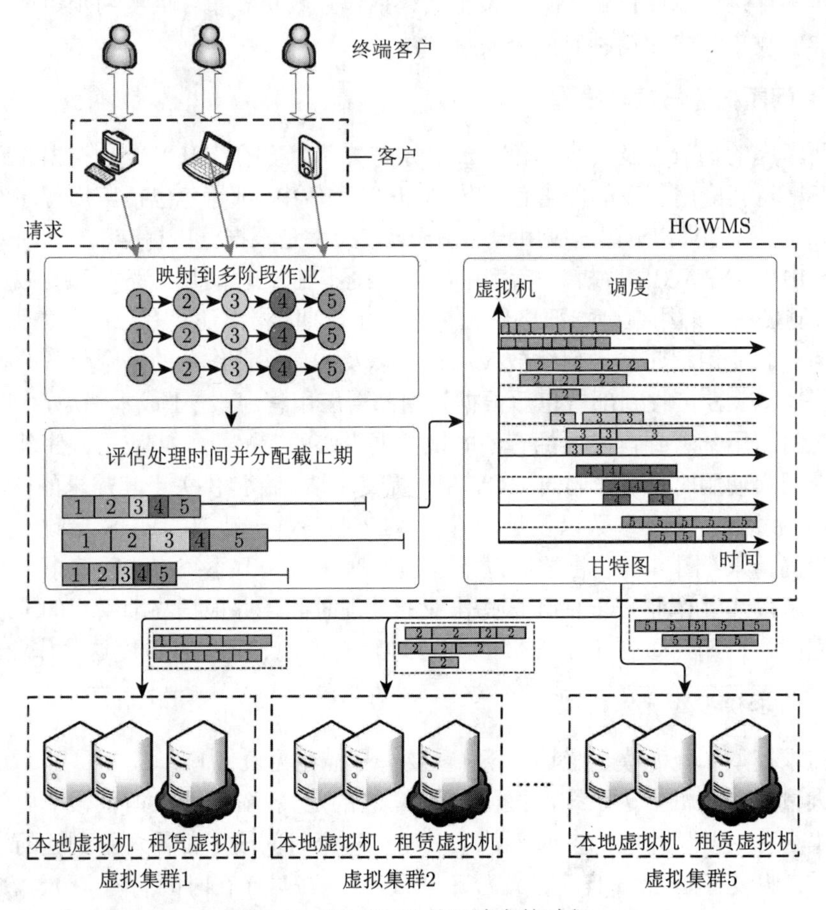

图 6.1 HCWMS 处理请求的过程

表 6.1 符号表

符号	描述
t	调度周期
$\mathbb{E}$	事件集合
Q	$\mathbb{E}$ 中的实时事件数量
n	$[0, t \times Q]$ 时间区间内到达的作业数量
m	N 作业中阶段数量
j, j'	作业下标
i	阶段下标、任务下标
k	虚拟机下标
q	事件下标
J_j	第 j 个作业, $j = 1, 2, \cdots, n$
E_q	$\mathbb{E}$ 中的第 q 个事件

续表

符号	描述
α_q	E_q 发生时间
$\mathbb{J}_q$	E_q 中的作业集合
n_q	E_q 中的作业数量
$\mathcal{T}_{j,i}$	J_j 的第 i 个任务
V_i	第 i 个虚拟集群
v_i^k	V_i 的第 k 台虚拟机
o_i	V_i 中本地虚拟机数量
r_i	V_i 中租赁虚拟机数量
$p_{j,i}$	任务 $\mathcal{T}_{j,i}$ 的处理时长
t_j	J_j 到达时刻
$b_{j,i}$	$\mathcal{T}_{j,i}$ 开始时间
$c_{j,i}$	$\mathcal{T}_{j,i}$ 完成时间
$d_{j,i}$	$\mathcal{T}_{j,i}$ 传输中间结果的延迟时长
D_j	J_j 的截止日期
$C_{j,i}$	$\mathcal{T}_{j,i}$ 的最迟完成时间
$v_{j,i}$	分配给 $\mathcal{T}_{j,i}$ 的虚拟机
$<\mathcal{T}_{j,i}, b_{j,i}, v_{j,i}>$	$\mathcal{T}_{j,i}$ 的分配方案
S	分配方案集合
$F_1(S)$	S 的租赁虚拟机数量
$F_2(S)$	S 的租赁虚拟机总使用时长
$F_3(S)$	S 的租赁虚拟机使用率度量值
$U(v_i^k)$	v_i^k 的使用率
$L(v_i^k)$	v_i^k 的使用时长

每个作业 J_j $(j = 1, 2, \cdots, n)$ 遵循完全相同的任务处理顺序，即从任务 $\mathcal{T}_{j,1}$ 到 $\mathcal{T}_{j,m}$。一个作业可以被视作一个具有线性处理顺序的工作流，其 DAG 图如图 6.2 (a) 所示。同一个事件里多个作业的 DAG 图，可以添加虚拟开始任务和结束任务，形成图 6.2 (b) 所示的工作流。

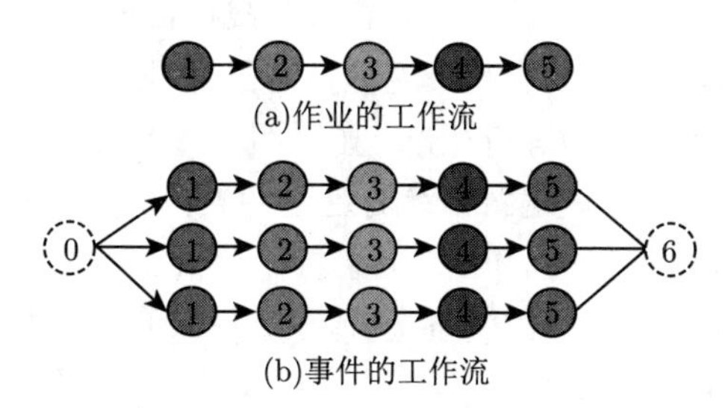

图 6.2 作业工作流

本节假定每个 VM 是一个应用程序执行环境容器 (如 Java VM)，不考虑多租户场景，即每个 VM 每次只能处理一个任务。为便于管理 VM，同一虚拟集群中提供的 VM 配置相同，即同一虚拟集群中 VM 同构。

用 t_j ($t_j \geqslant 0$) 表示作业 J_j 到达的时间，J_j 中 $\mathcal{T}_{j,i}$ 任务的处理时间定义为 $p_{j,i}$，且处理时间可由 CSP 提供的指南或是根据统计预测策略进行估计 (例如文献 [453] 中基于时间序列模式的区间预测策略)。由于 VM 同构，所以处理时长与机器无关，用 $b_{j,i}$ 和 $c_{j,i}$ 分别表示 $\mathcal{T}_{j,i}$ 的开始时间和完成时间。

系统中作业要传输的数据有三种类型：主要数据、中间结果数据和最终结果数据。作业的请求与主要数据是一起提交的，且只有主要数据已被 HCWMS 完全接收时，作业才可以调度。如果作业的某些阶段在远端云中处理，那么主要数据应该从本地云被传输到远端云，这意味着主要数据的传输延迟是不可忽略的。然而，无论作业将被分配到哪里，HCWMS 可以采用一边接收一边同步的方式将主要数据同步到远端云，当主要数据接收完毕，云端同步也同时完成，因此主要数据的传输延迟可以忽略。$d_{j,i}$ 定义为任务 $\mathcal{T}_{j,i}$ 与 $\mathcal{T}_{j,i+1}$ 之间中间结果的传输延迟。假设一个虚拟的 0 号任务，有 $b_{j,0}=t_j$，$c_{j,0}=t_j$，$p_{j,0}=0$ 且 $d_{j,0}=0$。任务 $\mathcal{T}_{j,i}$ 仅当任务 $\mathcal{T}_{j,i-1}$ 完成时才可以开始，即 $b_{j,i} \geqslant c_{j,i-1}+d_{j,i-1}$。由于作业是计算密集型的，在连续任务之间转发的中间结果不是很大，如小于 128KB，因此，如果一个作业的连续任务被分配在同一个数据中心的 VM 上，则 $d_{j,i}=0$；反之则 $d_{j,i}>0$。用 $d_{j,m}$ 表示最终结果的传输延迟，其中最终结果由最后一个任务 $\mathcal{T}_{j,m}$ 输出。只有当本地数据中心获取最终结果时，才能响应请求。由于作业是计算密集型的，可以假设最终结果不会很大，如小于 128K。当 $\mathcal{T}_{j,m}$ 在本地数据中心处理时，$d_{j,m}=0$；如果 $\mathcal{T}_{j,m}$ 在远端云处理时，$d_{j,m}>0$。令 D_j 表示 J_j 的截止日期，则因为硬截止日期约束，$\mathcal{T}_{j,i}$ 最后完成时间受 $C_{j,i}=D_j-\sum\limits_{f=i+1}^{m+1} p_{j,f}$ 约束，即 $c_{j,i} \leqslant C_{j,i}$。

一般而言，租赁 VM 的准备时间 (一般需几秒) 不可忽略。静态问题因为作业到达和处理时间是预先给定的，可提前确定准备时间。动态问题因为很难预测何时以及多少数量的 VM 应该被租赁，可能违背截止日期限制。一个极端的例子是所有 VM 都处于忙碌状态而不能及时处理抵达的作业 J_j，使得 J_j 在租赁一台新 VM 并准备完成之前都将处于等待状态。如果租赁 VM 的准备时间多于 $C_{j,m}-t_j$，那么该作业的截止日期就会被违背。针对这个问题，文献 [454] 和 [455] 提出有效的租赁 VM 准备时间触发策略，当虚拟集群中空闲 VM 的数量低于预定义的阈值时，则租赁一定数量新的 VM，并做好部署准备。通过采用触发策略，租用 VM 的准备时间在调度中可以不考虑。

2. 数学模型

假定开始时间是 $b_{j,i}$ 的任务 $\mathcal{T}_{j,i}$ 被分配在 VM v_i^k 上，可用一个三元组 $<\mathcal{T}_{j,i},b_{j,i},v_{j,i}>$ 表示这样的分配方案，其中 $v_{j,i}=v_i^k$，变量 $v_{j,i}$ 代表分配给任务 $\mathcal{T}_{j,i}$ 的 VM。一个调度方案 S 是一个分配方案的集合，即 $S=\{<\mathcal{T}_{j,i},b_{j,i},v_{j,i}>$

$|j=1,2,\cdots,n,i=1,2,\cdots,m\}$。调度方案 S 是可行的，当且仅当下列约束得到满足：

$$\max\{b_{j,i},b_{j',i}\}\geqslant\min\{c_{j,i},c_{j',i}\},\quad j\neq j',\quad v_{j,i}=v_{j',i} \tag{6.1}$$

$$c_{j,i}=b_{j,i}+p_{j,i} \tag{6.2}$$

$$c_{j,i-1}+d_{j,i-1}\leqslant b_{j,i} \tag{6.3}$$

$$t_j\leqslant b_{j,i} \tag{6.4}$$

$$c_{j,m}+d_{j,m}\leqslant D_j,\quad \forall<\mathcal{T}_{j,i},b_{j,i},v_{j,i}>\in S,\quad j=1,2,\cdots,n,\quad i=1,2,\cdots,m \tag{6.5}$$

约束(6.1)保证同一 VM 上任务执行时间没有重叠；约束(6.2)表明一旦任务启动，直到它完成前都不能停止；约束(6.3)定义优先级约束，即一个作业的任务在其前驱任务完成并接收到中间结果之前不能启动；约束(6.4)表示作业不能在到达时间之前启动；约束(6.5)表示截止日期约束。

假定第一个作业在 0 时刻到达，最后一个作业在 T 时刻到达。目标是获得一个时间区间 $[0,T]$ 上使得 VM 租赁成本最小的调度方案。公共云平台上有很多 VM 定价结构，比如按需实例定价和保留实例定价。为不让考虑的问题受特定的定价结构影响，可不直接优化租赁成本。对于按需实例定价结构，最佳度量是租赁 VM 的总使用时间。对于保留实例定价结构，最佳度量是租赁 VM 的数量。一般来说，充分利用租赁的 VM 会减少租赁成本。因此，采用三种度量方式评估可行的调度方案 S：租赁 VM 数量 $F_1(S)$、租赁 VM 总使用时间 $F_2(S)$ 及租用 VM 的使用率 $F_3(S)$。

对于给定的可行调度方案 S，目标函数 $F_1(S)$、$F_2(S)$ 和 $F_3(S)$ 可以根据公式(6.6) ~ 式(6.9) 计算得到

$$F_1(S)=\sum_{i=1}^{m}r_i \tag{6.6}$$

$$F_2(S)=\sum_{i=1}^{m}\sum_{k=o_i+1}^{o_i+r_i}L(v_i^k) \tag{6.7}$$

$$L(v_i^k)=\max\{c_{j,i}|v_{j,i}=v_i^k\}-\min\{b_{j,i}|v_{j,i}=v_i^k\} \tag{6.8}$$

$$F_3(S)=\sum_{i=1}^{m}\sqrt{\sum_{k=o_i+1}^{o_i+r_i}[1-U(v_i^k)]^2} \tag{6.9}$$

$$U(v_i^k)=\frac{\sum\limits_{\forall v_{j,i}=v_i^k}p_{j,i}}{\max\{c_{j,i}\}-\min\{b_{j,i}\}},<\mathcal{T}_{j,i},b_{j,i},v_{j,i}>\in S,$$

$$j = 1, 2, \cdots, n, \quad i = 1, 2, \cdots, m \tag{6.10}$$

其中，$L(v_i^k)$ 表示 VM v_i^k 的使用时间；$U(v_i^k)$ 则表示 VM v_i^k 的使用率；$F_3(S)$ 由 $(1, \cdots, 1)$ 和 $(U(v_i^{o_i+1}), \cdots, U(v_i^{o_i+r_i}))$ 两点间的欧氏距离计算得到，$i = 1, 2, \cdots, m$；点 $(1, \cdots, 1)$ 表示租赁 VM 得到 100%的利用。显然，本地 VM 的高利用率可以导致更少的租赁 VM 需求和更小的目标函数值。此外，租赁 VM 的充分利用也会使目标函数值更小。

6.1.2 动态事件调度算法

所考虑的动态调度完全即时反应 [456]，不能够提前生成一个调度方案，而是实时地连续生成可行部分调度方案，也称为子调度方案。设第 q 个 JRE 的子调度方案记作 $s_q = \{< \mathcal{T}_{j,i}, b_{j,i}, v_{j,i} > | J_j \in \mathbb{J}_q, b_{j,i} \geqslant \alpha_q\}$。通过将所有子调度方案整合在一起，一个可行调度方案可以表示为 $S = s_1 \bigcup s_2 \bigcup \cdots \bigcup s_Q$。

所有作业都依事件调度。调度每个事件中的作业称为事件调度，我们提出一个随机多阶段作业调度 (SMS) 组件用于进行事件调度，事件调度问题可以看成一个广义的流水车间调度。但它与传统流水车间调度相比有两个根本的不同点：① 事件发生，一些 VM 不可用，因为它们可能分配给前驱事件的作业或任务；② VM 在整个调度过程中不固定。由于前一个事件中的某些作业在新事件到达时可能没有完成，提出两个作业收集策略 (job collecting strategy，JCS) 确定要被调度的作业：保持旧事件中作业调度方案不变，或将旧事件中未开始的作业并入到达的新事件中进行重新调度。

所提出的动态事件调度 (dynamic event scheduling，DES) 框架详见算法 47，其核心思想是通过随机多阶段作业调度和作业收集策略等两个运算组件周期性地收集并安排作业。

算法 47: 动态事件调度框架

```
1 初始化;
2 S ← SMS(E_1);  /* 调用随机多阶段作业调度方法 */
3 for q = 2 to Q do
4 |   JCS(E_q);  /* 调用作业收集策略 */
5 |   S ← S ⋃ SMS(E_q);
6 return S.
```

1. 随机多阶段作业调度

在事件调度问题中，E_q 中 $n_q \times m$ 个任务及其依赖关系被表示为 DAG 图的形式，任务按 DAG 的拓扑序列顺序依次分配到 VM 上。只有当任务的直接前驱任务已被分配到 VM 上时，即其前驱任务预计的结束时间可估计时，该任务才可以被分配。由于一个作业中的任务具有线性处理顺序，所以至多有 n_q 个任务处于准备被分配状态。因此，对每个 E_q 存在 $(n_q!) \times n_q^{n_q(m-1)}$ 个可能的拓扑序列。

由于每个作业在任何时候最多有一个就绪任务，并且就绪任务处理顺序动态变化，因此采用最小堆来维护相应的作业序列 ζ，即堆顶的任务最先得到处理。最初，ζ 仅包含每个作业的第一个任务 (即 n_q 个作业第一阶段的任务)，ζ 依据给定规则更新 (稍后将介绍两个具有不同任务删除和添加策略的规则)。

提出随机多阶段作业调度 (SMS) 迭代启发式框架，实现对每个 E_q 中的任务调度，描述见算法 48。SMS 的主要思想是将事件中的任务调度问题作为静态优化问题，并通过局部搜索过程求解。初始作业序列通常由一个简单的规则来构造 (第 1 行)，并通过时间表计算来评估序列的好坏。时间表就是具体的调度方案，决定基于给定作业序列产生拓扑序列的方法，并按照拓扑序列的顺序组织任务 (第 2 行)。作业序列通过排序 (第 4 行) 来改良，并通过时间表计算方法评估改进序列 (第 5 行) 的质量，且直到终止条件得到满足时改进运算才停止 (第 3 行)。该算法有两个终止条件：一种是排序后没有任何改进，另一种是 SMS 的计算时间超过预定义的上限。每个事件中的作业应该在 t 时间内完成调度安排，即 SMS 的计算时间需要被限制，否则得到的子调度安排是不合理的，会影响下一个周期到达任务的调度。用 $T_{\max}$ 表示 SMS 的计算时间上限，则 $T_{\max} \leqslant t$。

算法 48: 随机多阶段作业调度迭代启发式框架 (E_q)

```
1 构建 E_q 的初始作业排序;
2 通过调用时间表评估初始序列;
3 while 终止条件未得到满足 do
4 |   调用排序方法改进作业序列;
5 |   调用排序方法评估改进的作业序列;
6 return 子调度方案.
```

2. 初始作业序列构建

采取最早完工时间 (EDD) 规则 [457] 构建一个初始作业序列 $\pi^q = (\pi^q_{[1]}, \cdots, \pi^q_{[n_q]})$，其中 $\pi^q_{[j]} \in \mathbb{J}_q$ 表示到达 E_q 的是 π^q 的第 j 个元素，EDD 规则要求对任意的 $\pi^q_{[j_1]}$ 和 $\pi^q_{[j_2]}\,(j_1 < j_2)$，有 $D_{[j_1]} < D_{[j_2]}$。即按照作业截止日期从小到大进行排序。

3. 时间表方法

由于传统的两阶段多机器流水车间时间表问题 [458] 已为 NP 难，因此具有动态工作负载需求的时间表问题也是 NP 难的，下面提出有效和高效的时间表启发式算法：逐阶段的时间表法 (stage-pass timetabling，STM) 和逐任务的时间表法 (task-pass timetabling，TTM)，两种方法实现到达时间为 α_q 的 E_q 调度方案，根据给定作业序列 π^q 将任务分配到 VM 的空闲时间片上。

一些任务被分配到 VM 运行后，每台 VM 上都可能会产生可行时间片，用 $\mathbb{ST}_i^o$ 维护本地 VM 上 V_i 的空闲时间片，用 $\mathbb{ST}_i^r$ 维护租赁 VM 上 V_i 的空闲时间片 $< v_i^k, [\mathfrak{a}, \mathfrak{b}] >$ 表示 v_i^k $(i = 1, 2, \cdots, m, k = 1, 2, \cdots, o_i + r_i)$ 上的空闲时间片 $[\mathfrak{a}, \mathfrak{b}]$。$\mathbb{ST}_i^o$ 和 $\mathbb{ST}_i^r$ 利用平衡搜索树结构来维护时间片，可快速搜索。每棵树上的节点存放具有相同开始时间的空闲时间片，节点关键字是时间片的开始时间。简单起见，n_q 个虚任务 $\mathcal{T}_{j,m+1}$ 以最早可行开始时间 $b_{j,m+1} \to +\infty$ 加入树中。考虑到 SMS 的计算时间，虚拟任务的到达时间 $\mathcal{T}_{j,0}$ 设定为 $\alpha_q + T_{\max}$。

无论是 STM 还是 TTM，都使用 ARRANGE 方法从 ζ 取出任务并分配给某台 VM。ARRANGE 的关键思想是在不违反任何约束的情况下，尽早安排任务，同时力求租赁成本最小，其描述见算法 49。首先，ARRANGE 试图在 $\mathbb{ST}_i^o$ 上找到第一个满足 $t_j \leqslant \max\{c_{j,i-1} + d_{j,i-1}, \mathfrak{a}\} \leqslant \min\{C_{j,i}, \mathfrak{b}\} - p_{j,i}$ 的可行空闲时间片 $[\mathfrak{a}, \mathfrak{b}]$，且计算得到 $\mathcal{T}_{j,i}$ 的开始和完成时间。$\mathbb{ST}_i^o$ 在分配完成后更新。

图 6.3给出算法 49中步骤 $1 \sim 9$ 的一个例子。图 6.3(a) 给出 VC_i 上的甘特图 (阴影部分是被占用的时间片)，其相应的 $\mathbb{ST}_i^o$ 在图 6.3(b) 中展示。ARRANGE 在 $\mathbb{ST}_i^o$ 上搜索，并安排 $\mathcal{T}_{j,i}$，其中 $c_{j,i-1} = 30$，$p_{j,i} = 10$，$d_{j,i} = 0$ 且 $C_{j,i} = 50$。因为第一个可行的空闲时间片是 $< 4, [0, 40] >$，ARRANGE 安排 $\mathcal{T}_{j,i}$ 到时间片 $< 4, [0, 40] >$ 上，并更新 $\mathbb{ST}_i^o$，如图 6.3(c) 和图 6.3(d) 所示。

如果 $\mathbb{ST}_i^o$ 上不存在这样的时间片，那么 ARRANGE 将转向 $\mathbb{ST}_i^r$ 上搜索第一个满足 $t_j \leqslant \max\{c_{j,i-1} + d_{j,i-1}, \mathfrak{a}\} \leqslant \min\{C_{j,i}, \mathfrak{b}\} - p_{j,i}$ 的可行空闲时间片 $[\mathfrak{a}, \mathfrak{b}]$，且计算得到 $\mathcal{T}_{j,i}$ 的开始和完成时间。$\mathbb{ST}_i^r$ 在分配完成后更新。如果所有本地 VM 和租赁 VM 都没有符合要求的时间片，那么就租赁一台新的 VM 来分配 $\mathcal{T}_{j,i}$，$\mathbb{ST}_i^o$ 和 $\mathbb{ST}_i^r$ 在分配后更新。

ARRANGE 的时间复杂度取决于搜索任务的第一个可行时间片的时间复杂度，这又取决于 $\mathbb{ST}_i^o$ 和 $\mathbb{ST}_i^r$ 上的节点数。假定 n_i^k 个作业在 α_q 之后被安排在 v_i^k 上，这就会导致在 v_i^k 上至多有 $n_i^k + 1$ 个空闲时间片。换言之，在 $\mathbb{ST}_i^o$ 和 $\mathbb{ST}_i^r$ 上至多分别有 $\sum\limits_{k=1}^{o_i}(n_i^k + 1)$ 和 $\sum\limits_{k=o_i+1}^{o_i+r_i}(n_i^k + 1)$ 个时间片。$\sum\limits_{k=1}^{o_i} n_i^k$ 实际上正好是在 α_q 之后安排在本地 VM 上的任务数量总和，而 $\sum\limits_{k=o_i+1}^{o_i+r_i} n_i^k$ 正好是在 α_q 之后安排在租赁 VM 上的任务数量总和。当前已经安排任务的数量不超过 $|S|$，因此 ARRANGE 最坏时间复杂度是 $O(\log |S|)$。

算法 49: ARRANGE($\mathcal{T}_{j,i}$)

1 在 $\mathbb{ST}_i^o$ 上搜索第一个可行空闲时间片 $[\mathfrak{a},\mathfrak{b}]$ 满足条件 $t_j \leqslant \max\{c_{j,i-1}+d_{j,i-1},\mathfrak{a}\} \leqslant \min\{C_{j,i},\mathfrak{b}\}-p_{j,i}$;
2 **if** 搜索到 $<v_i^k,[\mathfrak{a},\mathfrak{b}]>$ **then**
3 $b_{j,i} \leftarrow \max\{c_{j,i-1}+d_{j,i-1},\mathfrak{a}\}$; $c_{j,i} \leftarrow b_{j,i}+p_{j,i}$;
4 从 $\mathbb{ST}_i^o$ 上删除 $<v_i^k,[\mathfrak{a},\mathfrak{b}]>$;
5 **if** $b_{j,i}>\mathfrak{a}$ **then**
6   将 $<v_i^k,[\mathfrak{a},b_{j,i}]>$ 添加至 $\mathbb{ST}_i^o$;
7 **if** $c_{j,i}<\mathfrak{b}$ **then**
8   将 $<v_i^k,[c_{j,i},\mathfrak{b}]>$ 添加至 $\mathbb{ST}_i^o$;
9 $v_{j,i} \leftarrow v_i^k$;
10 **else**
11 在 $\mathbb{ST}_i^r$ 上搜索第一个可行空闲时间片 $[\mathfrak{a},\mathfrak{b}]$ 满足条件 $t_j \leqslant \max\{c_{j,i-1}+d_{j,i-1},\mathfrak{a}\} \leqslant \min\{C_{j,i},\mathfrak{b}\}-p_{j,i}$;
12 **if** 搜索到 $<v_i^k,[\mathfrak{a},\mathfrak{b}]>$ **then**
13   $b_{j,i} \leftarrow \max\{c_{j,i-1}+d_{j,i-1},\mathfrak{a}\}$; $c_{j,i} \leftarrow b_{j,i}+p_{j,i}$;
14   从 $\mathbb{ST}_i^r$ 上删除 $<v_i^k,[\mathfrak{a},\mathfrak{b}]>$;
15   **if** $b_{j,i}>\mathfrak{a}$ **then**
16   将 $<v_i^k,[\mathfrak{a},b_{j,i}]>$ 添加至 $\mathbb{ST}_i^r$;
17   **if** $c_{j,i}<\mathfrak{b}$ **then**
18   将 $<v_i^k,[c_{j,i},\mathfrak{b}]>$ 添加至 $\mathbb{ST}_i^r$;
19   $v_{j,i} \leftarrow v_i^k$;
20 **else**
21   $r_i \leftarrow r_i+1$;
22   租赁一台新的虚拟机 $v_i^{r_i}$;
23   $b_{j,i} \leftarrow c_{j,i-1}+d_{j,i-1}$;
24   $v_{j,i} \leftarrow v_i^{r_i}$;
25   将 $<v_i^{r_i},[0,b_{j,i}]>$ 添加至 $\mathbb{ST}_i^r$;
26   将 $<v_i^{r_i},[c_{j,i},+\infty]>$ 添加至 $\mathbb{ST}_i^r$;
27 **return** $<\mathcal{T}_{j,i},b_{j,i},v_{j,i}>$.

通过逐阶段时间表法生成 E_q 中任务的时间表 (算法 50)。对给定的作业序列 $\pi^q=(\pi_{[1]}^q,\cdots,\pi_{[n_q]}^q)$，准备任务序列 $\zeta=(\zeta_{[1]},\cdots,\zeta_{[n_q]})$ 初始设定为 $\zeta_{[j]}=\mathcal{T}_{\pi_{[j]}^q,1}$，

即把阶段 1 的任务以给定作业序列的顺序放入 ζ 中。ζ 中的任务依据 ARRANGE 过程依次地分配到 VM 上。一旦 ζ 中阶段 i $(i=1,2,\cdots,m)$ 的任务被安排，它被它的当前后继任务所取代。通过按最早可行开始时间的非递减顺序对 ζ 进行更新，即根据当前前驱任务的完成时间越早越可能被优先安排。

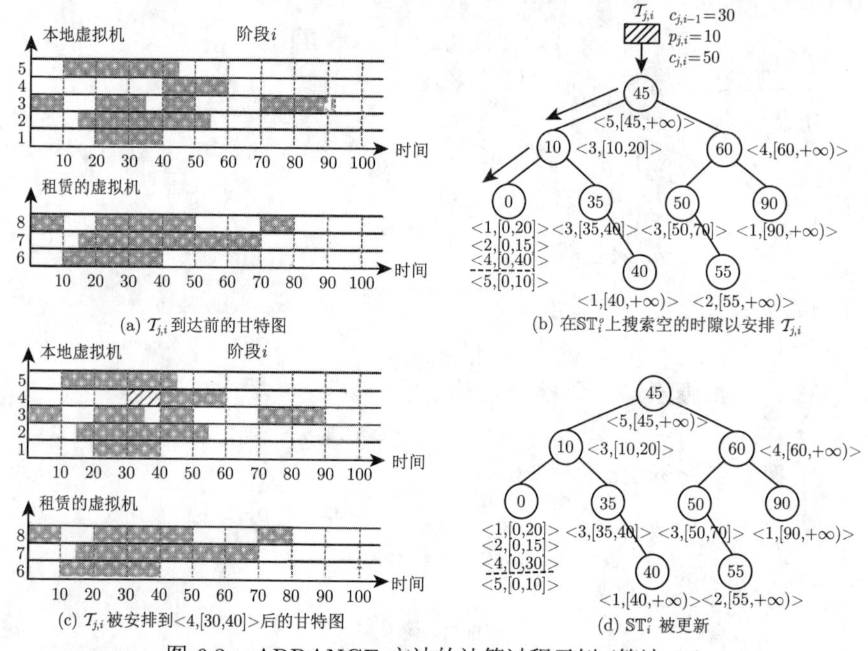

图 6.3　ARRANGE 方法的计算过程示例 (算法 49)

算法 50: 逐阶段时间表生成算法 (π^q)

1 $s_q \leftarrow \varnothing$;
2 **for** $j=1$ **to** n_q **do**
3 　$\zeta_{[j]}=\mathcal{T}_{\pi^q_{[j]},1}$;
4 **for** $i=1$ **to** m **do**
5 　**for** $j=1$ **to** n_q **do**
6 　　$\mathcal{I}_j \leftarrow \arg\{\zeta_{[j]}\}$　/* $\mathcal{I}_j$ 是 $\zeta_{[j]}$ 的作业编号 */
7 　　$<\zeta_{[j]}, b_{\mathcal{I}_j,i}, v_i^k> \leftarrow$ ARRANGE$(\zeta_{[j]})$;
8 　　$s_q \leftarrow s_q \bigcup \{<\zeta_{[j]}, b_{\mathcal{I}_j,i}, v_{\mathcal{I}_j,i}>\}$;
9 　　$\zeta_{[j]} \leftarrow \mathcal{T}_{\mathcal{I}_j,i+1}$;
10 　对 ζ 中任务按照最早可行开始时间非递减次序排序;
11 **return** s_q.

图 6.4以 $\pi^q=(3,1,2)$ 为例，详细描述逐阶段时间表法过程。ζ 被表达成一个序列，且初始时，ζ 中有三个阶段 1 的任务：对应 π^q 的 $\mathcal{T}_{3,1}$、$\mathcal{T}_{1,1}$ 和 $\mathcal{T}_{2,1}$。它们的最早可行开始时间是 10。依序调用 ARRANGE 方法来安排 $\mathcal{T}_{3,1}$、$\mathcal{T}_{1,1}$ 和 $\mathcal{T}_{2,1}$。在 ARRANGE($\mathcal{T}_{3,1}$) 之后，$\mathcal{T}_{3,1}$ 被 $\mathcal{T}_{3,2}$ 替代且它的最早可行开始时间是 50；在 ARRANGE($\mathcal{T}_{1,1}$) 之后，$\mathcal{T}_{1,1}$ 被 $\mathcal{T}_{1,2}$ 替代且它的最早可行开始时间是 25；在 ARRANGE($\mathcal{T}_{2,1}$) 之后，$\mathcal{T}_{2,1}$ 被 $\mathcal{T}_{2,2}$ 替代且它的最早可行开始时间是 30。那么 ζ 中的任务就被更新为 $\mathcal{T}_{1,2}$、$\mathcal{T}_{2,2}$ 和 $\mathcal{T}_{3,2}$ 及它们相应的最早可行开始时间。上述过程不断重复直到所有的任务被安排好。

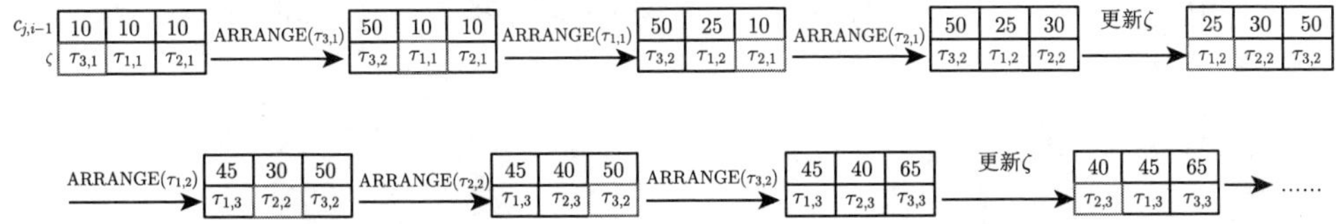

图 6.4 $\pi^q=(3,1,2)$ 时 STM (算法 50) 的执行过程示例

ζ 更新的时间复杂度是 $O(n_q\log n_q)$。因为 ζ 更新 m 次，且每个任务只调用一次 ARRANGE，所以逐阶段时间表法的时间复杂度是 $O(mn_q\log n_q+mn_q\log|S|)$。

逐阶段时间表法是从解决柔性车间调度中的时间表问题的一般思想中得到启发的 [459]，其中机器的数量是固定的。由逐阶段时间表法产生的分配遵循一个逐阶段的策略，即只有当 $i-1$ 阶段所有任务都已被调度时，第 i 阶段的任务才能被调度。实际上，根据优先级约束，一个任务在其前驱任务被调度之后就可以被调度。以逐任务的方法生成任务时间表可能会产生不同的时间表结果。因此提出逐任务时间表法 (算法 51)。对给定的作业序列 $\pi^q=(\pi^q_{[1]},\cdots,\pi^q_{[n_q]})$，准备任务

算法 51: 逐任务时间表生成算法 (π^q)

1 $s_q\leftarrow\varnothing$;
2 **for** $j=1$ **to** n_q **do**
3 　$\zeta_{[j]}=\mathcal{T}_{\pi^q_{[j]},1}$;
4 **for** $k=1$ **to** $m\times n_q$ **do**
5 　$\mathcal{I}_1\leftarrow\arg\{\zeta_{[1]}\}$ /* $\mathcal{I}_1$ 是 $\zeta_{[1]}$ 的作业编号 */
6 　$<\zeta_{[1]},b_{\mathcal{I}_1,i},v_i^k>\leftarrow$ ARRANGE($\zeta_{[1]}$);
7 　$s_q\leftarrow s_q\bigcup\{<\zeta_{[1]},b_{\mathcal{I}_1,i},v_{\mathcal{I}_1,i}>\}$;
8 　$\zeta_{[1]}\leftarrow\mathcal{T}_{\mathcal{I}_1,i+1}$;
9 　对 ζ 中的任务根据它们的最早可行开始时间进行非降序排序;
10 **return** s_q.

序列 $\zeta=(\zeta_{[1]},\cdots,\zeta_{[n_q]})$ 初始设置为 $\zeta_{[j]}=\mathcal{T}_{\pi^q_{[j]},1}$，即把阶段 1 的任务以给定作业序列的顺序放入 ζ 中 (第 2、3 行)。接着执行 $\zeta_{[1]}$ 的移除和分配。$\zeta_{[1]}$ 的直接后继任务被加入 ζ 中。通过按任务序列的最早可行开始时间的非降序顺序对 ζ 进行更新。上述过程不断重复直到所有的任务被 ARRANGE 分配好。

图 6.5以 $\pi^q=(3,1,2)$ 为例，详细描述逐任务时间表法过程。ζ 被表示成一个完全二叉树，且利用最小堆的方式对 ζ 进行调整和更新。初始时，$\zeta_{[1]}$ 的堆顶任务是 $\mathcal{T}_{3,1}$，它的最早可行开始时间是 10。在 ARRANGE($\mathcal{T}_{3,1}$) 后，$\zeta_{[1]}$ 被 $\mathcal{T}_{3,2}$ 替代且它的最早可行开始时间是 50，ζ 依据最小堆的调整方式进行更新。调整后，$\zeta_{[1]}$ 的顶端任务是 $\mathcal{T}_{1,1}$。上述过程不断重复至所有任务完成安排调度。

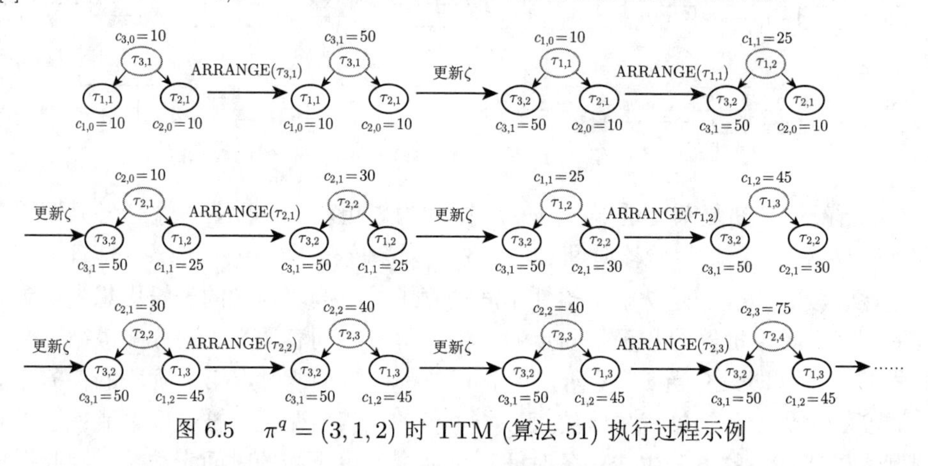

图 6.5　$\pi^q=(3,1,2)$ 时 TTM (算法 51) 执行过程示例

ζ 更新 $m\times n_q$ 次，且利用最小堆更新 ζ 的时间复杂度仅为 $O(\log n_q)$。每个任务只调用一次 ARRANGE，所以逐任务时间表法的时间复杂度也是 $O(mn_q\log n_q+mn_q\log|S|)$。

4. 变邻域搜索方法

对于 NP 难的最优排列问题，需要设计高效的排列优化方法。我们采用一种变邻域搜索 (variable neighborhood descent，VND) 方法 [460] 来改进作业序列。算法中采用两种一般的邻域结构：单插入 $\mathcal{N}_1$ 和成对交换 $\mathcal{N}_2$ [85]。$\mathcal{N}_1$ 从作业序列中选择两个不同的作业并将第二个作业插入第一个作业前。$\mathcal{N}_2$ 从作业序列中选择两个不同的作业并使之交换顺序。

所提出的 VND 算法使用贪心的局部搜索过程。一般 VND 在没有更好的解可以搜索到时停止。根据上述分析，将终止条件设置为找不到更好的解，或是其执行时间达到 $T_{\max}$。

算法 52完整描述 VND 算法，每次迭代有三个主要步骤：

(1) 邻域 Π 由 $\mathcal{N}_k$ $(k=1,2)$ 产生；

(2) 利用度量准则 $F \in \{F_1, F_2, F_3\}$ 评估 Π 的所有邻域，更新当前最优解；

(3) 如果在迭代中没有找到更好的解决方案，则改变邻域结构。

每次迭代至多有 $n_q \times (n_q - 1)$ 个候选解通过时间表来评估，即 VND 算法的每次迭代的时间复杂度为 $O(mn_q^3 \log n_q + mn_q^3 \log |S|)$。VND 算法的时间复杂度不易确定，因为 VND 算法循环的迭代次数无法预估。

算法 52: 可变邻域搜索算法 (π_q, s_q)

```
1  T_start ← T_current   /* 记录当前时刻 */
2  k ← 1; flag ← false;
3  while k ⩽ 2 do
4      Π ← N_k(π_q)   /* 通过 N_k 生成邻域 */
5      for π'_q ∈ Π do
6          s'_q ← Timetabling(π'_q);
7          /* 使用 F ∈ {F_1, F_2, F_3} 度量子调度方案 */
8          if F(S ∪ s'_q) < F(S ∪ s_q) then
9              π_q ← π'_q; s_q ← s'_q;
10             flag ← true;
11         if T_current − T_start ⩾ T_max then
12             return s_q;
13     if flag then
14         k ← 1;
15     else
16         k ← k + 1;
17 return s_q.
```

5. 作业收集策略

作业收集的一般策略是只收集在最后一个时间周期 t 内到达的新任务。这是直观和易于实现的。然而，这可能导致得到的解的质量较低。如图 6.6(a) 所示 JRE $E_q =< 100, \{J_{10}, J_{14}\} >$ 到达之前的甘特图。在时间点 100 处 E_q 到达，需要租赁两个新 VM 来实现在截止日期前完成新的作业，如图 6.6(b) 所示。E_q 的调度不影响过去事件的子调度。在时间点 100 处，$\mathcal{T}_{3,2}$ 和 $\mathcal{T}_{13,2}$ 还没有到达。图 6.6(c) 展示 $\mathcal{T}_{3,2}$ 被重调度时的甘特图。得到的解只需要一个新的 VM 来安排所有的任务，因此这比图 6.6(b) 中的子调度方式要更好。换言之，从以前的事件中收集已分配但未启动的任务，可能获得更好的解。

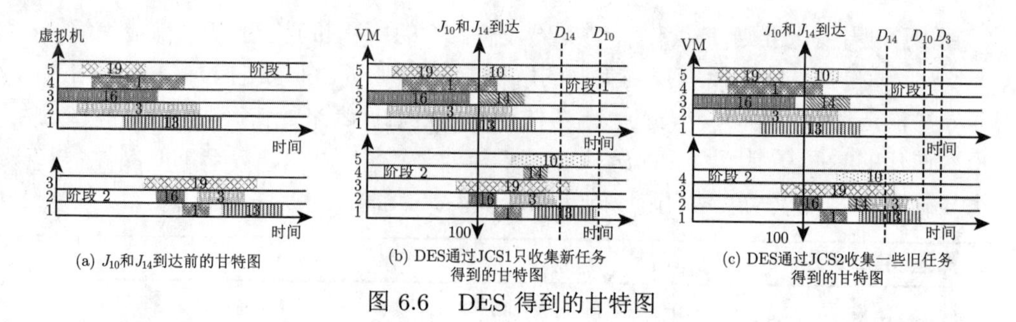

图 6.6　DES 得到的甘特图

我们提出两种作业收集策略。JCS1 只收集在最后一个时间周期 t 中到达作业的任务。由 SMS 为这些作业生成的子调度安排不会更改以前事件的子调度安排。然而，JCS2 从以前的事件中收集一些旧的和未启动的任务，与新任务合并，交由 SMS 重新安排这些任务。

新事件到达的每个时间周期内，JCS2 (算法 53)重新调度以前事件中未开始

算法 53: 任务采集策略 2 JCS2(E_q)

Input: ϖ

1 count $\leftarrow 0$;

2 **while** count $\leqslant \varpi$ **do**

3 　$j \leftarrow \arg\max\{b_{j,i} | < \mathcal{T}_{j,m}, b_{j,m}, v_{j,m} > \in S\}$;　/* 找到具有最迟开始时间的已经分配任务的作业编号 */

4 　找到满足条件 $b_{j,m'} \geqslant \alpha_q + T_{\max}$ 和 $b_{j,m'-1} < \alpha_q + T_{\max}$ 的 $m' \leqslant m$;

5 　**if** (m' 存在) **then**

6 　　**for** $i = 1$ **to** $m' - 1$ **do**

7 　　　生成虚任务 $\mathcal{T}'_{j,i}$，设置 $b'_{j,i} = \alpha_q + T_{\max}$，$p'_{j,i} = 0$;

8 　　**for** $i = m'$ **to** m **do**

9 　　　生成普通任务 $\mathcal{T}'_{j,i}$，设置 $p'_{j,i} = p_{j,i}$;

10 　　　$S \leftarrow S - \{< \mathcal{T}_{j,i}, b_{j,i}, v_{j,i} >\}$　/* 删除 $\mathcal{T}_{j,i}$ 原有分配方案 */

11 　　生成再造作业 J'_j，由 $\mathcal{T}'_{j,1}, \cdots, \mathcal{T}'_{j,m}$ 组成;

12 　　$\mathbb{J}_q \leftarrow \mathbb{J}_q \cup \{J'_j\}$;

13 　　count $\leftarrow$ count $+ 1$;

14 　**else**

15 　　break;

16 **return**.

执行的任务。需要重新调度的同一个作业中的任务，将被看成一个新的作业。如在 E_q 到达的时间点，作业 J_j 从 $\mathcal{T}_{j,m'}$ 到 $\mathcal{T}_{j,m}$ 的任务在先前的子调度中还未启动，即 $b_{j,i} > \alpha_q, i = m', m'+1, \cdots, m$。构造一个具有 $m'-1$ 个虚拟任务和 $m-m'+1$ 个普通任务的再造作业 $J_{j'}$。对每个虚拟任务，开始时间 $b'_{j,i}$ $(i = 1, 2, \cdots, m'-1)$ 设定为 $\alpha_q + T_{\max}$ 且处理时间 $p'_{j,i}$ $(i = 1, 2, \cdots, m'-1)$ 设定为 0。普通任务 J_j 指在 $\alpha_q + T_{\max}$ 时刻还没有开始的任务，且这些任务将和 E_q 中的任务一并进行重调度安排。普通任务 $\mathcal{T}_{j',i}$ 和 $\mathcal{T}_{j,i}$ $(m' \leqslant i \leqslant m)$ 是一致的。

此外，繁重的负载往往会导致算法产生大量再造作业，这将进一步导致 SMS 的计算时间超过预设的 $T_{\max}$。因此，再造作业的数量需要限制，我们从最近的事件中挑选出限制再造作业数量为 ϖ。

6.1.3 实验分析与算法比较

所提出 DES 框架的每个组件或参数存在着多个候选元素。首先对参数和组件进行校准，并在此基础上对三种启发式算法进行比较。所有测试算法用 Java 编写，并在内存 8GB、CPU 型号为 i7-4790 U @ 3.60GHz 的计算机上运行测试。

1. 参数与算法组件校验

由于所研究的动态问题目前没有可用的基准测试实例，可根据云服务中负载分配的研究来生成测试实例 [461,462]。考虑 1 小时内的负载问题，即 3600 个 JRE $(Q = 3600)$ 或每秒 1 个 JRE $(t = 1000\text{ms})$。研究两种可能的分布来生成 E_q 中 JRE 作业的数量，即 n_q：① 泊松分布 $P(\lambda)$, $\lambda \in \{5, 10, \cdots, 50\}$ 和 ② 均匀分布 $U(5, 50)$。J_j 的截止日期利用式 $D_j = t_j + (df_j + 1) \times \sum\limits_{i=1}^{m} p_{j,i}$ 构造，其中 df_j 是截止日期因子且该因子遵循 $N(df_{\text{avg}}, \sigma^2)$ 的正态分布，$df_{\text{avg}} \in \{0.5, 1, 1.5, 2\}$，$\sigma = 0.1 \times df_{\text{avg}}$。根据文献 [461]，任务的处理时间可以近似地视为数据量大小的一个函数。对于用户请求处理的数据的大小，没有一般的分布函数模式能够表示。为使实例更合理，令任务的处理时间在 [1, 10] (s) 之间随机生成。需要指出，处理时间不能太小 (小于 1s)，否则网络延迟可能会严重影响应用程序的响应时间，那么跨多个集群来部署应用程序将毫无意义。由于所考虑的应用程序不是大规模应用程序，如图像处理应用程序，所以任务的处理时间不会设置为大值 (小于 10s)。假设所有虚拟集群上的工作负载平均相同，然后对每个虚拟集群将 o_i 初始化为相同值。同时，如果设为一个较大的值，即使通过粗略设计的算法，也很容易发生天花板效应，即很容易获得最优解 (无须租赁 VM 也可以完成任务)，因为本地 VM 是足够的。因此，可用式(6.11)和式 (6.12)来分别为 $n_q \sim P(\lambda)$ 和 $n_q \sim U(5, 50)$ 实例决定 o_i 的值。

$$o_i = \frac{\lambda \times \sqrt{m}}{df_{\text{avg}}} \tag{6.11}$$

$$o_i = \frac{25 \times \sqrt{m}}{df_{\text{avg}}} \tag{6.12}$$

网络带宽随时间变化。文献 [462] 中测量三个远程云平台的加权平均网络延迟时间，网络延迟 $d_{j,i}$ 在给定的区间 [10ms, 15ms]、[70ms, 80ms] 或 [270ms, 280ms] 上服从均匀分布。

所涉及参数设置如下：$m \in \{3, 5, 10\}$，$df_{\text{avg}} \in \{0.5, 1, 1.5, 2\}$，$d_{j,i} \in$ [10ms, 15ms], [70ms, 80ms] 或 [270ms, 280ms]。对 $n_q \sim P(\lambda)$ ($\lambda \in \{5, 10, \cdots, 50\}$)，有 $3 \times 10 \times 4 \times 3 = 360$ 个组合测试实例，同时为这些组合中每一个实例随机生成 10 个校准实例；对 $n_q \sim U(5, 50)$，有 $3 \times 4 \times 3 = 36$ 个组合测试实例，同时为这些组合中每一个实例随机生成 100 个校准实例。因此，总计共有 $360 \times 10 + 36 \times 100 = 7200$ 个实例进行测试，以实现参数和组件的校准。获得的解采用相对百分比偏差 (RPD) 评估，定义如下：

$$\text{RPD}(\%) = \frac{F - F_{\text{Best}}}{F_{\text{Best}}} \times 100\% \tag{6.13}$$

其中，F 是相应算法得到的目标函数值；F_{Best} 则是获得的最优目标函数值。

在 DES 框架中，对时间表部分 (STM 和 TTM)、排序部分 (VND 或 None，None 表示没有序列改进组件) 和 JCS 策略 (JCS1 或 JCS2) 分别都有两个变体，且有三个优化度量 (F_1、F_2 和 F_3)。换言之，存在 $2 \times 2 \times 2 \times 3 = 24$ 个组件的组合。$T_{\max}$ 约束 VND 的运行时间。我们测试关于 $T_{\max}$ 的 10 个例子 ($T_{\max} \in \{100, 200, 300, \cdots, 1000\}$，单位：ms)，即测试 10 个 VND 算法的变体。除 None 情况外，测序组件总共有 11 个变体。此外，ϖ 限制在 JCS2 的每个 JRE 中重新调度的再造作业的数量。如果 ϖ 太大，时间表将花费太多的时间来生成一个调度安排，而在 $T_{\max}$ 时限内探索的候选解将减少，这会使得局部搜索的解的质量偏低。我们测试 $\dfrac{\varpi}{n_q} \in \{0.1, 0.2, \cdots, 1\}$ 中的所有值，即测试 JCS2 方法的 10 个变体。对 JCS1，可以得到 11 个关于 JCS 部分的变体。因此，关于组件和参数部分的组合实例数量共计有 $2 \times 11 \times 11 \times 3 = 726$，即最终我们将获得 $726 \times 7200 = 5\,227\,200$ 个结果。

实验结果采用方差分析 (ANOVA) 技术进行分析。首先，从实验的残差中检验三个主要假设 (正态性、同方差性和残差独立性)，这三种假设都可以被接受。较大的 F 比例意味着具有更强效果的因素。此外我们不考虑任何两个 (或两个以上) 因素间的相互作用，因观察到的 F 比率在比较中很小。

图 6.7展示算法具有 95.0%Tukey HSD 区间的 $T_{\max}$ 设置的 RPD 值。我们观察到随着 $T_{\max}$ 增加，RPD 减小，即 $T_{\max}$ 值越大，所能获得的解越好，且在 $T_{\max} <$ 800ms 范围内具有统计显著性差异。然而，在 $T_{\max} \in \{800, 900, 1000\}$ms

时具有统计显著性差异。在接下来的实验中，设定 $T_{\max} = 900\text{ms}$。

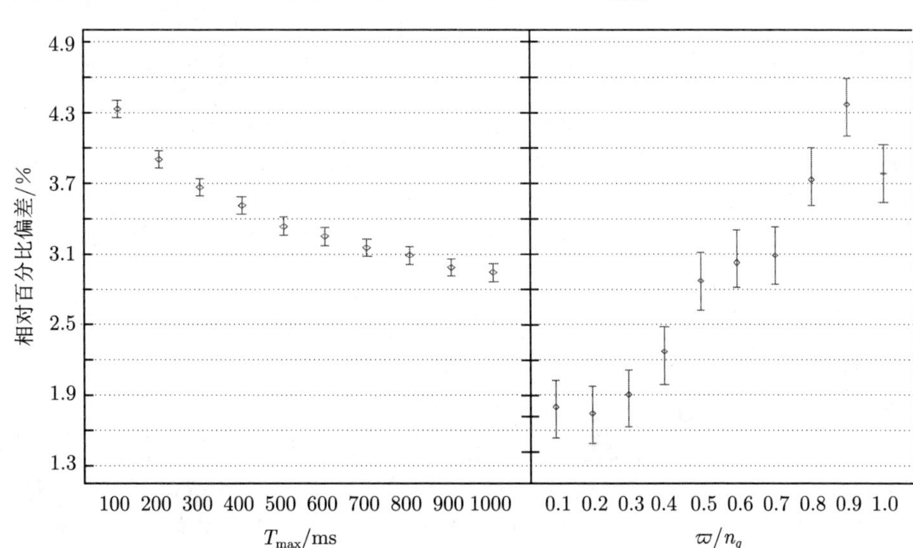

图 6.7 95.0%Tukey HSD 区间下不同 $T_{\max}$ 和 ϖ/n_q 设置的 RPD 值

图 6.7还展示具有 95.0%Tukey HSD 区间的 ϖ/n_q 设置的 RPD 值。可以观察到，随着 ϖ/n_q 的增加，RPD 有增加的趋势。即 ϖ/n_q 越大，得到的解的质量就越差。当 $\varpi/n_q \in \{0.1, 0.2, 0.3\}$ 时，RPD 值没有统计显著性差异，且当 $\varpi/n_q = 0.2$ 时，RPD 取值最小。因此，在后面，我们令 $\varpi = 0.2n_q$。

图 6.8~图 6.10展示算法设置不同组件时分别求解目标 F_1、F_2 和 F_3 时的 RPD 值。它显示在时间表、排序策略和 JCS 组件的不同设置下，RPD 值具有统计显著性差异。其中 TTM 的性能优于 STM，使用 VND 算法时的性能优于

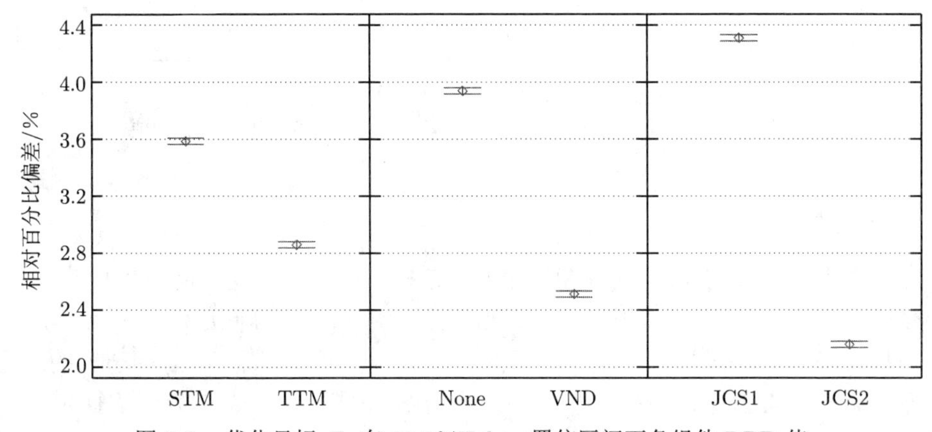

图 6.8 优化目标 F_1 在 95.0%Tukey 置信区间下各组件 RPD 值

None, JCS2 设置的性能优于 JCS1。

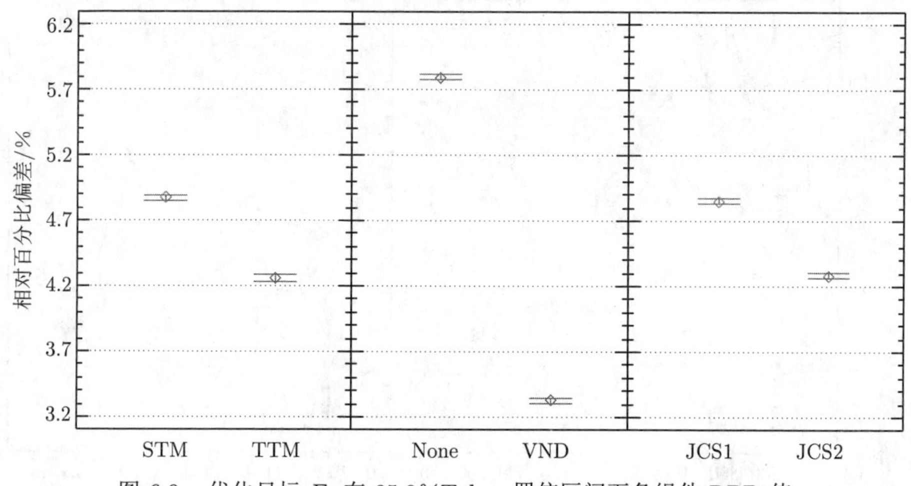

图 6.9 优化目标 F_2 在 95.0%Tukey 置信区间下各组件 RPD 值

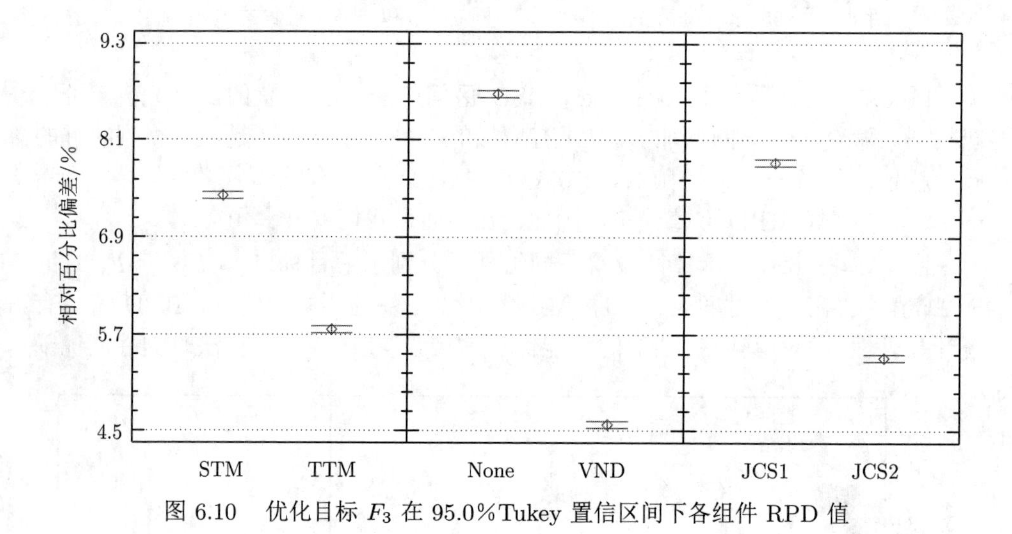

图 6.10 优化目标 F_3 在 95.0%Tukey 置信区间下各组件 RPD 值

2. 算法对比

根据上述校准实验，我们将提出的 DES 框架中的时间表设定为 TTM，改进组件设定为 VND，JCS 策略选取 JCS2，并设定 $T_{\max} = 900\text{ms}$，$\varpi = 0.2 \times n_q$。

据我们所知，所研究的问题没有现成的算法。文献 [463] 和 [464] 中研究的问题与我们研究的问题有关。在文献 [463] 中，提出一种基于列表的启发式 (HEFT) 算法用于动态工作流调度，其中作业是根据其截止日期分配的优先级。在文献 [464]

中，提出一种贪心局部搜索启发式 (LS_ENG) 算法，用来应对静态截止日期约束的、具有可伸缩资源的车间调度问题。为评价提出的 DES 方法的性能，我们修改 HEFT 算法和 LS_ENG 算法来求解本书所考虑问题。修改的 HEFT 算法是一个特殊的 DES 方法，其没有改进组件，且采用 JCS1 作为 JCS 策略。与任务处理顺序动态变化的 STM 和 TTM 不同，HEFT 中使用的时间表方法以固定的顺序安排任务。修改的 LS_ENG 法采用与 HEFT 相同的时间表方法。两个算法在排序过程中采用局部贪心搜索算法，并使用 JCS1 作为 JCS 策略。为进行公平的比较，修改后的 HEFT 和 LS_ENG 算法调度一个事件的计算时间也限制在 900ms 以内。

我们对 $n_q \sim P(\lambda)$ 实验的 360 个组合测试实例中的每一个实例类型，都随机生成 10 个新的实例，即对 3 个算法共计有 3600 个实例进行测试。对 $n_q \sim N(5,50)$ 实验的 36 个组合测试实例中的每一个实例类型，也都随机生成 100 个新的实例，即对 3 个算法共计有 3600 个实例进行测试。表 6.2 和表 6.3 显示所有实例组合的平均相对百分比偏差 (ARPD)。表 6.2 表明，对于 $n_q \sim P(\lambda)$ 实验，DES 算法求解所有目标函数时的 ARPD 最小 (对应 F_1、F_2 和 F_3 分别为 2.19%、3.09%、3.58%)，而 HEFT 算法的 ARPD 最大 (对应 F_1、F_2 和 F_3 分别为 6.29%、7.23%、

表 6.2 $n_q \sim P(\lambda)$ 情况下的算法 ARPD(%) 比较

参数	数值	F_1			F_2			F_3		
		HEFT	LS_ENG	DES	HEFT	LS_ENG	DES	HEFT	LS_ENG	DES
m	3	5.95	4.14	2.67	6.30	4.01	3.48	13.83	7.59	5.36
	5	6.47	3.24	1.91	8.05	4.54	3.74	11.90	5.45	2.83
	10	6.34	4.54	2.15	6.99	2.21	2.11	9.03	6.89	3.15
λ	5	4.68	4.67	3.05	5.83	3.96	3.73	9.01	6.77	4.74
	10	5.71	4.15	2.81	7.15	4.26	3.88	9.40	5.96	3.82
	15	7.07	3.90	3.00	8.08	4.60	3.97	11.68	6.43	4.03
	20	7.77	3.32	2.53	7.98	4.34	3.54	12.57	5.98	3.61
	25	7.70	3.37	2.03	7.75	3.91	3.22	12.98	5.84	3.31
	30	7.21	3.54	1.73	7.48	3.42	2.86	12.57	5.73	2.91
	35	6.21	3.64	1.47	7.21	3.05	2.58	11.80	6.08	3.09
	40	5.59	3.99	1.54	7.04	2.67	2.38	11.23	7.05	3.15
	45	5.32	4.34	1.61	6.86	2.49	2.19	11.06	7.63	3.28
	50	5.31	4.63	1.84	6.77	2.45	2.07	11.22	8.19	3.81
df_{avg}	0.5	3.89	2.35	1.11	4.11	3.21	2.48	7.84	4.09	2.71
	1	6.05	3.12	1.63	7.13	4.05	3.52	10.96	4.82	2.54
	1.5	7.08	4.59	2.69	8.50	3.76	3.35	12.69	7.32	4.03
	2	8.06	5.60	3.27	9.08	3.25	3.00	13.79	9.66	4.97
$d_{j,i}$	[10,15]	6.26	4.04	2.23	7.32	3.70	3.20	11.38	6.42	3.43
	[70,80]	6.24	3.94	2.19	7.19	3.54	3.03	11.26	6.45	3.59
	[270,280]	6.38	3.83	2.14	7.18	3.46	3.03	11.42	6.65	3.72
平均值		6.29	3.94	2.19	7.23	3.57	3.09	11.35	6.51	3.58

11.35%)。表 6.3 表明，DES 算法求解所有目标函数时的 ARPD 最小 (对应 F_1、F_2 和 F_3 分别为 1.41%、3.06%、3.05%)，而 HEFT 算法的 ARPD 最大 (对应 F_1、F_2 和 F_3 分别为 6.32%、6.85%、12.73%)。原因在于：① HEFT 算法中的解并没有进一步改进；② DES 重新安排一些未启动的任务，而 LS_ENG 只考虑新到达的任务。

表 6.3 $n_q \sim U(5,50)$ 时算法 ARPD(%) 比较

参数	数值	F_1			F_2			F_3		
		HEFT	LS_ENG	DES	HEFT	LS_ENG	DES	HEFT	LS_ENG	DES
m	3	6.04	3.34	1.74	6.53	4.53	3.66	15.59	7.04	4.20
	5	6.74	2.41	1.27	7.50	4.62	3.71	12.51	4.72	2.15
	10	6.26	3.95	1.12	6.64	1.50	1.65	9.14	5.87	2.405
df_{avg}	0.5	3.58	2.05	0.77	3.63	3.18	2.25	7.55	4.16	2.25
	1	5.98	2.54	0.96	6.39	4.11	3.47	11.85	4.05	2.07
	1.5	7.35	3.74	1.61	8.33	3.96	3.48	14.76	6.31	3.07
	2	8.40	4.69	2.32	9.10	3.32	3.07	16.82	9.53	4.83
$d_{j,i}$	[10,15]	6.55	3.12	1.53	7.01	4.03	3.37	13.90	6.09	3.38
	[70,80]	6.20	3.40	1.40	6.64	3.35	2.84	12.34	6.17	3.09
	[270,280]	6.23	3.22	1.33	6.90	3.59	3.02	12.17	5.80	2.78
平均值		6.32	3.25	1.41	6.85	3.64	3.06	12.73	6.00	3.05

为进一步证明 3 个比较算法的鲁棒性，我们分析 3 个实例参数对比较算法的影响。对 F_1、F_2 和 F_3 目标函数，在 95.0%Tukey HSD 区间下每个测试实例参数和比较算法的相关性情况可以描述成如图 6.11~图 6.13 所示。

以 F_1 为优化目标时，图 6.11表明，阶段数 m 对 LS_ENG 算法性能有很大的影响，但对 DES 和 HEFT 算法，在所有情况下的 RPD 不具有统计显著性差异，λ 对 HEFT 算法性能有很大的影响。然而，RPD 差异在大多数情况下对 LS_ENG 和 DES 算法不具有统计显著性差异，df_{avg} 对所有比较算法都有很大的影响，因为 RPD 值的差异在所有情况下都具有统计显著性差异，$d_{j,i}$ 的区间设置对所有比较算法的影响不大。在所有情况下，每个算法的 RPD 都不具有统计显著性差异。以 F_2 为优化目标时，图 6.12 表明，阶段数 m 确实对所有被测试的算法性能都有很大的影响，且在 $m=10$ 的实例和其他实例之间，RPD 具有统计显著性差异。λ 对 HEFT 算法性能有很大的影响，但 RPD 差异在大多数情况下对 LS_ENG 和 DES 算法不具有统计显著性差异，df_{avg} 对 HEFT 算法有一定的影响，而 RPD 值的差异对 LS_ENG 和 DES 算法的所有实例都不具有统计显著性差异，$d_{j,i}$ 的区间设置对所有比较算法的影响不大。RPD 差异对每个测试算法都不具有统计显著性差异。以 F_3 为优化目标时，图 6.13表明，阶段数 m 对 HEFT 算法的性能有很大的影响，但是 RPD 值在 LS_ENG 和 DES 算法的大多

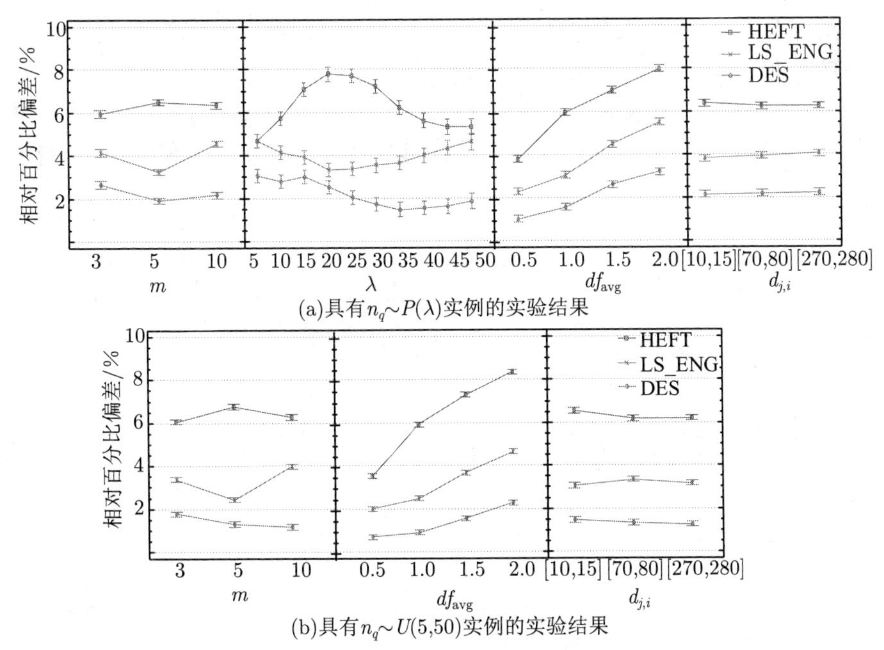

(a)具有$n_q \sim P(\lambda)$实例的实验结果

(b)具有$n_q \sim U(5,50)$实例的实验结果

图 6.11 目标 F_1 在 95.0%Tukey 置信区间下实例参数与算法的相关性

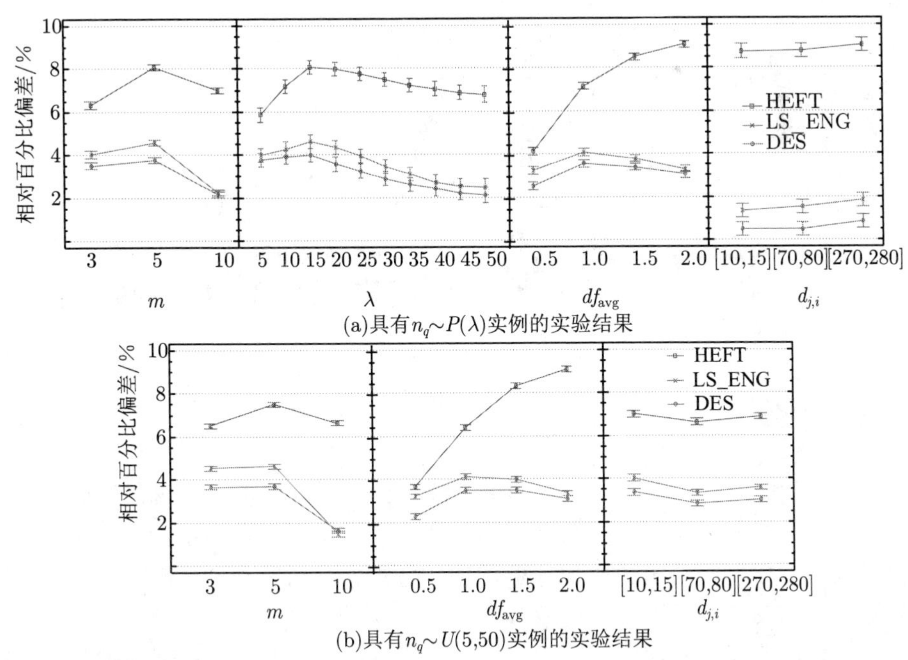

(a)具有$n_q \sim P(\lambda)$实例的实验结果

(b)具有$n_q \sim U(5,50)$实例的实验结果

图 6.12 目标 F_2 在 95.0%Tukey 置信区间下实例参数与算法的相关性

数实例上不具有统计显著性差异。更进一步地，λ 对所有测试算法性能的影响不大且 RPD 值不具有统计显著性差异。df_{avg} 对 HEFT 和 LS_ENG 算法有很大的影响，而 RPD 值在 DES 算法的大多数实例上不具有统计显著性差异。对于所有比较算法的 RPD 值, $d_{j,i}$ 的区间设置的影响可以忽略不计。

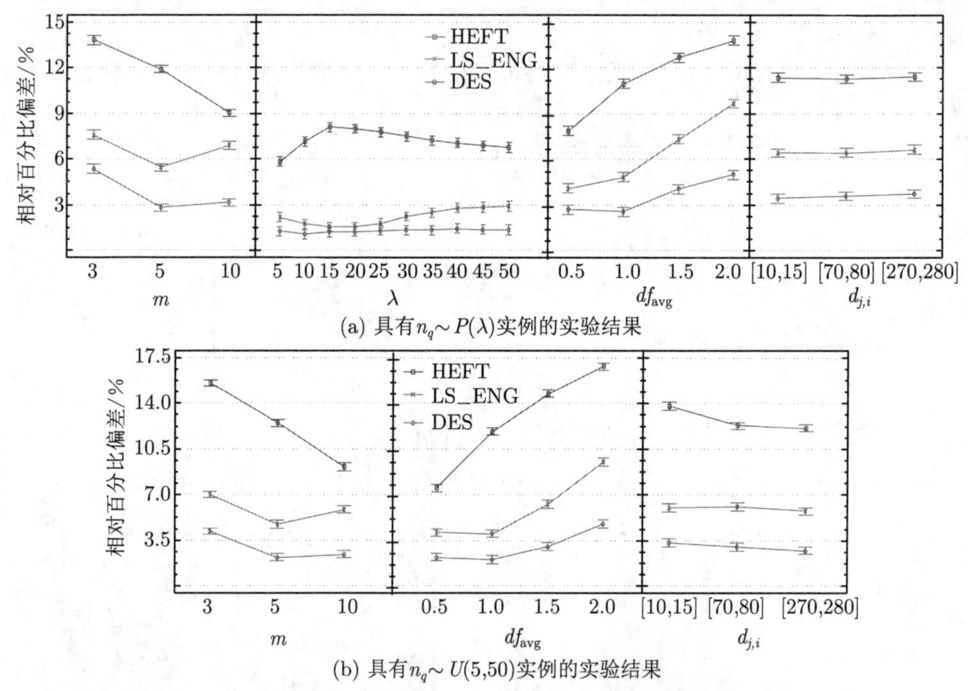

(a) 具有$n_q\sim P(\lambda)$实例的实验结果

(b) 具有$n_q\sim U(5,50)$实例的实验结果

图 6.13 目标 F_3 在 95.0%Tukey 置信区间下实例参数与算法的相关性

通过对结果分析，可以得出如下结论，在所有实例参数 (m、λ、df_{avg} 和 $d_{j,i}$) 和所有优化目标的算法比较中，所提出的 DES 框架最鲁棒，这意味着 DES 适合于求解所研究的问题。

6.2 弹性云资源下具有模糊性的周期性多阶段作业调度

随机到达时间、模糊任务处理时间和模糊到期时间是一类常见的实时工作流调度，考虑具有固定阶段数量和线性相关性的任务如何在有多个价格选项的可伸缩云资源上执行。该问题的挑战在于如何在随机和模糊任务下提出有效、稳定的调度算法。本节建立基于三角模糊数的模型，考虑成本和满意度两个指标，提出迭代启发式框架周期性调度任务，该框架由任务收集策略和模糊任务调度阶段两部分组成；提出两种任务收集策略，并采用两种任务优先级策略。为获得较高的满意度，在作业和任务级别上都定义截止期限约束。设计精准实验并结合复杂的统计技术对实验结果进行分析，与现有的两种方法作对比。

6.2.1 问题描述与数学模型

所研究问题中，模糊时间参数由三角模糊数表示。三角模糊数 (TFN) $\widetilde{x}$ 被定义为 $\widetilde{x}=(x^{\min}, x^{\text{most}}, x^{\max})$，且满足 $x^{\min} \leqslant x^{\text{most}} \leqslant x^{\max}$。$x^{\min}$ 是最小值，x^{most} 是最可能的值，$x^{\max}$ 是最大值。在极端情况下，一个确定数值 x 也可以由 TFN $\widetilde{x}=(x,x,x)$ 表示。模糊数上的计算操作所需要用到的公式定义如下：

$$\widetilde{x}+\widetilde{y}=(x^{\min}+y^{\min}, x^{\text{most}}+y^{\text{most}}, x^{\max}+y^{\max}) \tag{6.14}$$

$$\widetilde{x}-\widetilde{y}=(x^{\min}-y^{\max}, x^{\text{most}}-y^{\text{most}}, x^{\max}-y^{\min}) \tag{6.15}$$

$$\widetilde{x}\times\widetilde{y}=(x^{\min}\times y^{\min}, x^{\text{most}}\times y^{\text{most}}, x^{\max}\times y^{\max}) \tag{6.16}$$

$$\max\{\widetilde{x},\widetilde{y}\}=(\max\{x^{\min},y^{\min}\}, \max\{x^{\text{most}},y^{\text{most}}\}, \max\{x^{\max},y^{\max}\}) \tag{6.17}$$

$$C_1(\widetilde{x})=(x^{\min}+2\times x^{\text{most}}+x^{\max})/4 \tag{6.18}$$

$$C_2(\widetilde{x})=x^{\text{most}} \tag{6.19}$$

$$C_3(\widetilde{x})=x^{\max}-x^{\min} \tag{6.20}$$

$$\Big(\forall i\in\{1,2,3\}, C_i(\widetilde{x})=C_i(\widetilde{y})\Big)\rightarrow \widetilde{x}=\widetilde{y} \tag{6.21}$$

$$\Big(\exists i\in\{1,2,3\}, C_i(\widetilde{x})<C_i(\widetilde{y})\wedge\Big(\forall j<i, j\in\{1,2,3\}, C_j(\widetilde{x})=C_j(\widetilde{y})\Big)\Big)\rightarrow \widetilde{x}<\widetilde{y} \tag{6.22}$$

$$\Big(\exists i\in\{1,2,3\}, C_i(\widetilde{x})>C_i(\widetilde{y})\wedge\Big(\forall j<i, j\in\{1,2,3\}, C_j(\widetilde{x})=C_j(\widetilde{y})\Big)\Big)\rightarrow \widetilde{x}>\widetilde{y} \tag{6.23}$$

表 6.4给出要使用的符号。

表 6.4 符号表

符号	描述
ε	调度周期长度
t	当前时刻
Q	调度周期/事件数量
m	作业中阶段/任务数量
E_q	第 q 个调度周期的 JRE
J_j	第 j 个作业
t_j	J_j 到达时间
n_q	E_q 中作业数量
$\mathcal{T}_{j,i}$	J_j 的第 i 个任务, $i=1,2,\cdots,m$
$\widetilde{p}_{j,i}$	$\mathcal{T}_{j,i}$ 的模糊处理时长
$p_{j,i}^{\min}, p_{j,i}^{\text{most}}, p_{j,i}^{\max}$	$\widetilde{p}_{j,i}$ 的最小/最可能/最大值
$p_{j,i}$	$\mathcal{T}_{j,i}$ 的实际处理时长
$\widetilde{d}_{j,i}$	从 $\mathcal{T}_{j,i}$ 到 $\mathcal{T}_{j,i+1}$ 的模糊传输时长

续表

符号	描述
$d_{j,i}^{\min}, d_{j,i}^{\text{most}}, d_{j,i}^{\max}$	$\widetilde{d}_{j,i}$ 的最小/最可能/最大值
$d_{j,i}$	从 $\mathcal{T}_{j,i}$ 到 $\mathcal{T}_{j,i+1}$ 的实际传输时长
$\widetilde{b}_{j,i}$	$\mathcal{T}_{j,i}$ 的模糊开始时间
$b_{j,i}^{\min}, b_{j,i}^{\text{most}}, b_{j,i}^{\max}$	$\widetilde{b}_{j,i}$ 的最小/最可能/最大值
$b_{j,i}$	$\mathcal{T}_{j,i}$ 的实际开始时间
$\widetilde{c}_{j,i}$	$\mathcal{T}_{j,i}$ 的模糊完成时间
$c_{j,i}^{\min}, c_{j,i}^{\text{most}}, c_{j,i}^{\max}$	$\widetilde{c}_{j,i}$ 的最小/最可能/最大值
$c_{j,i}$	$\mathcal{T}_{j,i}$ 的实际完成时间
$\widetilde{D}_j=(D_j^1, D_j^2)$	J_j 的模糊到期时间
VC_i	处理作业第 i 个阶段任务的虚拟集群
ψ_i^r	VC_i 中保留虚拟机的单价
ψ_i^o	VC_i 中按需虚拟机的单价
u	按需 VM 的计费时间单位
$\mathbb{R}_i$	VC_i 中保留虚拟机集合
n_i^r	VC_i 中保留虚拟机数量
$\mathbb{O}_i$	VC_i 中按需虚拟机集合
n_i^o	VC_i 中按需虚拟机数量
$s_{j,i}(t)$	$\mathcal{T}_{j,i}$ 在时刻 t 的安排
$v_{j,i}$	分配给 $\mathcal{T}_{j,i}$ 的虚拟机
$\mathcal{F}(t)$	时刻 t 的模糊调度方案
$N(t)$	时刻 t 到达的作业数量
$\mathcal{F}^{\text{fuzzy}}(t), \mathcal{F}^{\text{semi}}(t), \mathcal{F}^{\text{real}}(t)$	时刻 t 的模糊/半模糊/实际安排集合

作业随机地到达系统,并按照一定的时间窗口周期性调度。每个时间窗口都是一个调度周期 ε。根据文献 [452],在调度周期内到达的作业被视为与作业相关的实时事件 (JRE)。假设系统从时间 0 开始,并考虑 Q 个时间窗口。JRE 是在时间间隔 $[(q-1)\times\varepsilon, q\times\varepsilon]$ 内到达的作业集合,表示为 $E_q=\{J_j|j=N_{q-1}+1,\cdots,N_{q-1}+n_q\}$, n_q 是 E_q $(1\leqslant q\leqslant Q)$ 中的作业数量。N_q 是 $q\times\varepsilon$ 之前到达系统的作业总数,也就是 $N_q=N_{q-1}+n_q$。

与 DAG 所代表的传统非线性约束工作流不同,考虑一个线性约束任务的特殊工作流问题。作业 J_j 由 m 个阶段 (或任务) $\mathcal{T}_{j,1},\cdots,\mathcal{T}_{j,m}$ 顺序组成,除作业 J_j 的第一项和最后一项任务,每个任务只有一项直接前驱任务 $\mathcal{T}_{j,i-1}$,只有一项直接后继任务 $\mathcal{T}_{j,i+1}$。任务相关性表示,任务只能在其直接前驱任务完成并且从其直接前驱任务接收传输数据完毕之后才能启动。不允许任务中断或抢占,这意味着任务一旦开始就一直持续处理,直到完成为止。$\mathcal{T}_{j,i}$ 的处理时间是 $\widetilde{p}_{j,i}=(p_{j,i}^{\min}, p_{j,i}^{\text{most}}, p_{j,i}^{\max}), i=1,2,\cdots,m$。对于同一阶段任务,因 VM 配置相同,所以处理时间与机器无关。$\mathcal{T}_{j,i}$ 实际处理时间 $p_{j,i}$ 只有在 $\mathcal{T}_{j,i}$ 完成时才能确定,要满足 $p_{j,i}^{\min}\leqslant p_{j,i}\leqslant p_{j,i}^{\max}$。任务的准备时间可以忽略不计或包含在处理时间中。$\mathcal{T}_{j,i}$ 到 $\mathcal{T}_{j,i+1}$ 之间中间结果的传输时间不可忽略,为 $\widetilde{d}_{j,i}=(d_{j,i}^{\min}, d_{j,i}^{\text{most}}, d_{j,i}^{\max})$。实际传输时间 $d_{j,i}$ 只有在数据传输完成之后才能确定,并满足 $d_{j,i}^{\min}\leqslant d_{j,i}\leqslant d_{j,i}^{\max}$。$\mathcal{T}_{j,i}$ 的

模糊处理时间和模糊传输时间导致开始时间 $\widetilde{b}_{j,i}$ 和完成时间 $\widetilde{c}_{j,i}$ 也是模糊数。$\mathcal{T}_{j,i}$ 的实际开始和完成时间分别表示为 $b_{j,i}$ 和 $c_{j,i}$。一旦 $\mathcal{T}_{j,i}$ 开始执行，$b_{j,i}$ 就确定，而 $c_{j,i}$ 只有在 $\mathcal{T}_{j,i}$ 完成后才能确定。

如何为每个模糊变量设置三角形值 (最小、最大和最可能值) 对于调度算法的性能至关重要。这些值可以使用统计工具从历史数据中获取。所有作业的同一阶段由同一组 VM 的集群处理。由于虚拟集群是按地理位置分布的，因此所有阶段都按 VM 所在地理位置进行分配。每个作业的特定阶段都分配给特定的 VM，并且分配到同一 VM 上的所有任务都排队等待处理。

VM 是执行环境的轻量级实现。虚拟集群中的 VM 是同构的。每个 VM 一次只能处理一个任务，即不考虑多租户或多线程方案。由于 VM 是轻量级的，因此 VM 的配置和启动时间可以忽略不计。VC_i 表示负责处理每个作业的第 i 个阶段 $(i=1,2,\cdots,m)$ 的 VM 集群。每个虚拟集群包括两种类型的 VM：保留的 VM 和按需的 VM。VC_i 中保留和按需 VM 的集合分别表示为 $\mathbb{R}_i$ 和 $\mathbb{O}_i$。n_i^r 和 n_i^o 分别是 $\mathbb{R}_i$ 和 $\mathbb{O}_i$ 中 VM 的数量，即 $n_i^r=|\mathbb{R}_i|$ 和 $n_i^o=|\mathbb{O}_i|$。保留的 VM 可以长期使用，其数量是一个常数。n_i^o 初始化为 0，即初始时没有按需 VM，但是随工作负载加重而增多。按需 VM 是由短期单位 u (例如，按小时或四分之一小时) 租用和支付的。可能需要在不同的时间点使用按需 VM，这样可能会造成按需 VM 上存在空闲时间片。有必要充分利用每个租用的时间单位 u，并及时地释放按需 VM，以最大限度地降低总租用成本。假设在 VC_i 中的按需和保留 VM 的单价分别是 ψ_i^o 和 ψ_i^r。通常，ψ_i^r 比 ψ_i^o 便宜得多 (例如，与按需定价相比，亚马逊的保留 VM 价格比按需 VM 价格最多便宜 75%)。

$\mathcal{T}_{j,i}$ 的分配方案随时间变化，呈现三种状态：模糊、半模糊和实际状态。图 6.14显示时刻 t 处的模糊调度的部分甘特图：① 在实际执行任务之前，$\mathcal{T}_{j,i}$ 开始和完成时间由于模糊的处理和传输时间，都是模糊的。具有模糊开始和完成时间的分配方案称为模糊分配。$\mathcal{T}_{j,i}$ 在当前时间 t 的模糊分配方案可以用三元组 $s_{j,i}(t)=<\widetilde{b}_{j,i},\widetilde{c}_{j,i},v_{j,i}>$ 来表示，其中 $v_{j,i}\in VC_i$，$b_{j,i}^{\min}>t$，并且 $\widetilde{c}_{j,i}=\widetilde{b}_{j,i}+\widetilde{p}_{j,i}$，如图 6.14 中的灰色块所示。变量 $v_{j,i}$ 代表分配给 $\mathcal{T}_{j,i}$ 的 VM。② 当 $\mathcal{T}_{j,i}$ 正在执行时，它的开始时间是确定的，完成时间是模糊的。具有实际开始时间和模糊完成时间的分配称为半模糊分配。$\mathcal{T}_{j,i}$ 的半模糊分配方案表示为 $s_{j,i}(t)=<b_{j,i},\widetilde{c}_{j,i},v_{j,i}>$，其中 $b_{j,i}\leqslant t<c_{j,i}^{\max}$ 且 $\widetilde{c}_{j,i}=b_{j,i}+\widetilde{p}_{j,i}$，如图 6.14中的阴影块所示。③ 当 $\mathcal{T}_{j,i}$ 完成后，其处理和完成时间是确定的，$\mathcal{T}_{j,i}$ 的实际分配方案为 $s_{j,i}(t)=<b_{j,i},c_{j,i},v_{j,i}>$，其中 $t\geqslant c_{j,i}$ 且 $c_{j,i}=b_{j,i}+p_{j,i}$，如图 6.14 中的白色方框所示。

如果 $\mathcal{T}_{j,i}$ 在 $v_{j,i}$ 上的直接前驱任务未完成或前驱任务的数据传输未完成，则在时刻 t 处的分配为模糊的。假设 $\mathcal{T}_{j',i}$ 是 $v_{j,i}$ 上 $\mathcal{T}_{j,i}$ 的直接前驱任务，$\widetilde{b}_{j,i}$ 计算

公式如下：

$$\widetilde{b}_{j,i} = \max\{\widetilde{c}_{j,i-1} + \widetilde{d}_{j,i-1}, \widetilde{c}_{j',i}\} \tag{6.24}$$

如果其前驱任务 $\mathcal{T}_{j,i-1}$ 的数据传输完成并且其在 $v_{j,i}$ 上的前驱任务 $\mathcal{T}_{j,i}$ 也完成，则当前时刻 t 的分配方案是半模糊的。$s_{j,i}(t)$ 的状态在可以获得实际开始时间时立即从模糊变为半模糊状态。一旦 $\mathcal{T}_{j,i}$ 在时刻 t' 完成，则 $s_{j,i}(t)$ $(t \geqslant t')$ 为实际方案。

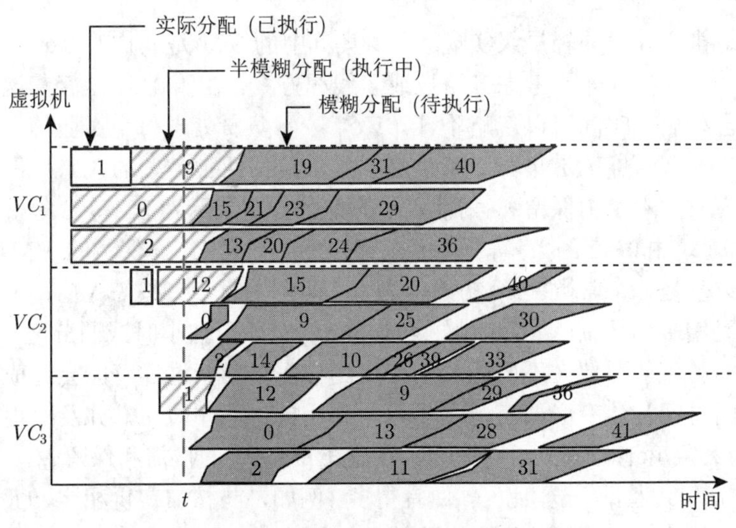

图 6.14　时刻 t 的一个模糊调度方案甘特图

时间表 $\mathcal{F}(t)$ 是在时刻 t 将到达的任务集合分配给 VM 的分配方案集合，即 $\mathcal{F}(t) = \{s_{j,i}(t) | 1 \leqslant j \leqslant N(t), i = 1, 2, \cdots, m\}$，其中 $N(t)$ 是在时刻 t 到达的作业总数。$\mathcal{F}^{\text{fuzzy}}(t)$、$\mathcal{F}^{\text{semi}}(t)$ 和 $\mathcal{F}^{\text{real}}(t)$ 分别是在时刻 t 的模糊、半模糊和实际任务分配方案的子集。

调度方案 $\mathcal{F}(t)$ 是事前预测的，实际执行时则是根据方案中任务排序和 VM 分配方案执行的。随着时间的推移，模糊分配方案会不断更新为半模糊分配方案 (正在执行)，有些甚至会变成实际分配方案 (已完成)。

优化目标是最大限度地提高用户的满意度，并最大限度地降低总租赁成本。类似于文献 [465]，J_j 的截止时间用二元组 $\widetilde{D}_j = (D_j^1, D_j^2)$ $(D_j^1 < D_j^2)$ 表示，可利用二元组合作业完成时间 $c_{j,m}$ 计算满意度。J_j 的实际满意度 SD_j 由公式 (6.25) 定义。类似地，给定模糊的作业完成时间 $\widetilde{c}_{j,m}$，J_j 的模糊满意度 $\widetilde{SD}_j$ 由公式 (6.26) 定义：

$$SD_j = \begin{cases} 1, & c_{j,m} \leqslant D_j^1 \\ 1 - \dfrac{c_{j,m} - D_j^1}{D_j^2 - D_j^1}, & D_j^1 < c_{j,m} < D_j^2 \\ 0, & c_{j,m} \geqslant D_j^2 \end{cases} \tag{6.25}$$

$$\widetilde{SD}_j = \min\left\{1, \max\left\{0, 1 - \frac{\widetilde{c}_{j,m} - D_j^1}{D_j^2 - D_j^1}\right\}\right\} \tag{6.26}$$

对所考虑的双目标优化问题，应用线性加权总和 (LWS) 方法评估解决方案。式(6.27)是总租赁成本 $C(\widetilde{T})$ 和平均满意度 $S(\widetilde{T})$ 的 LWS。

$$\text{LWS} = \omega \times \frac{\overline{C}(\widetilde{T})}{C(\widetilde{T})} + (1 - \omega) \times S(\widetilde{T}) \tag{6.27}$$

其中，ω ($\omega \in (0,1)$) 是控制成本与满意度之间权衡的权重系数；LWS (LWS $\in (0,1]$) 值越大，表示解决方案越好；$\widetilde{T}$ 是总调度时间；$\overline{C}(\widetilde{T})$ 是 $C(\widetilde{T})$ 的下限，用于归一化 $C(\widetilde{T})$。$S(\widetilde{T})$ 和 $C(\widetilde{T})$ 分别由式 (6.28)和式 (6.29)计算得到

$$S(\widetilde{T}) = \frac{1}{N(\widetilde{T})} \sum_{j=1}^{N(\widetilde{T})} \min\left\{1, \max\left\{0, 1 - \frac{\widetilde{c}_{j,m} - D_j^1}{D_j^2 - D_j^1}\right\}\right\} \tag{6.28}$$

$$C(\widetilde{T}) = C^r(\widetilde{T}) + C^o(\widetilde{T}) \tag{6.29}$$

$$C^r(\widetilde{T}) = \sum_{i=1}^{m} n_i^r \times \left\lceil \frac{\widetilde{T}}{u} \right\rceil \times \psi_i^r \tag{6.30}$$

$$C^o(\widetilde{T}) = \sum_{i=1}^{m} \sum_{v \in \mathbb{O}_i} \left(\frac{\max\limits_{j=1,\cdots,N(\widetilde{T})} \{\widetilde{c}_{j,i} | v_{j,i} = v\} - \min\limits_{j=1,\cdots,N(\widetilde{T})} \{\widetilde{b}_{j,i} | v_{j,i} = v\}}{u} \right) \times \psi_i^o \tag{6.31}$$

$$\widetilde{b}_{j,i} - \max_{j=1,\cdots,N(\widetilde{T})} \left\{\widetilde{c}_{j',i} | v_{j,i} = v_{j',i} \in \mathbb{O}_i, \widetilde{c}_{j',i} < \widetilde{b}_{j,i}\right\} < u \tag{6.32}$$

$$\forall j, j' = 1, 2, \cdots, N(\widetilde{T}), \quad i = 1, 2, \cdots, m$$

$C(\widetilde{T})$ 由保留 VM 的成本 $C^r(\widetilde{T})$ 和按需 VM 的成本 $C^o(\widetilde{T})$ 组成。$C^r(\widetilde{T})$ 和 $C^o(\widetilde{T})$ 分别由式 (6.30)和式(6.31)定义。

式(6.31)表示按需 VM 按时间单位收费，即小于 u 的时间段仍由 u 收费。约束式(6.32)表示可以释放两个连续任务之间的空闲间隔不小于 u 的按需 VM。$S(\widetilde{T})$ 越高，表示用户体验越好。较低的 $C(\widetilde{T})$ 意味着保留的 VM 上的利用率更高，而按需 VM 的需求则更少。

当且仅当约束条件式(6.33)和式(6.34)满足时，$\mathcal{F}(\widetilde{T})$ 才是可行的。

$$\max\{\widetilde{b}_{j,i}, \widetilde{b}_{j',i}\} \geqslant \min\{\widetilde{c}_{j,i}, \widetilde{c}_{j',i}\} \tag{6.33}$$

$$\widetilde{b}_{j,i} \geqslant \max\{t_j, \widetilde{b}_{j,i-1} + \widetilde{p}_{j,i-1} + \widetilde{d}_{j,i-1}\} \tag{6.34}$$

约束式(6.33)确保同一 VM 上的任务之间没有重叠。约束式(6.34)定义顺序约束，即一个任务只有从其前驱任务接收到中间结果后才能启动，它还表明作业无法在到达时间之前开始。

6.2.2 模糊动态事件调度算法

由于以下三个方面，所考虑的动态调度程序是事后反应的：① 作业到达时间不确定；② 在完成数据传输之前，任何两个连续任务之间的传输时间都是不确定的；③ 在完成任务之前不确定任务处理时间。模糊任务是在时间 $t = \varepsilon, 2\varepsilon, \cdots, Q \times \varepsilon$ 逐一调度的。算法 54中详细介绍用于调度动态模糊事件的模糊动态事件调度 (FDES) 框架 (图 6.15)。

算法 54: 模糊动态事件调度 (FDES) 框架

```
1 for q = 1 to Q do
2     t = q × ε;
3     监控任务执行，并更新 VM 可用性信息;
4     收集当前周期 [t − ε, t] 内要调度的任务，并把它们打包到 E_q 中;
5     计算 E_q 中的任务截止日期;
6     生成 E_q 中任务的模糊调度方案;
7 计算 S(t) 和 C(t);
8 return S(t), C(t).
```

可行的模糊时间表 $\mathcal{F}(t)$ 最初在时间 $t = 0$ 时为空，并随时间迭代更新：

(1) 监视任务的执行进度，并更新 VM 的可用性。完成某些任务后，它们的分配方案从半模糊更新为实际状态。在开始一些任务后，它们的分配方案从模糊更新为半模糊状态。

(2) 在时间 t，任务收集策略 (task collection strategy, TCS) 收集下个周期要安排的任务。

(3) 收集的任务的截止时间由任务期限设置 (task deadline assignment，TDA) 模块计算。

(4) 通过模糊任务调度 (fuzzy task scheduling，FTS) 模块生成对所收集任务的模糊分配方案。

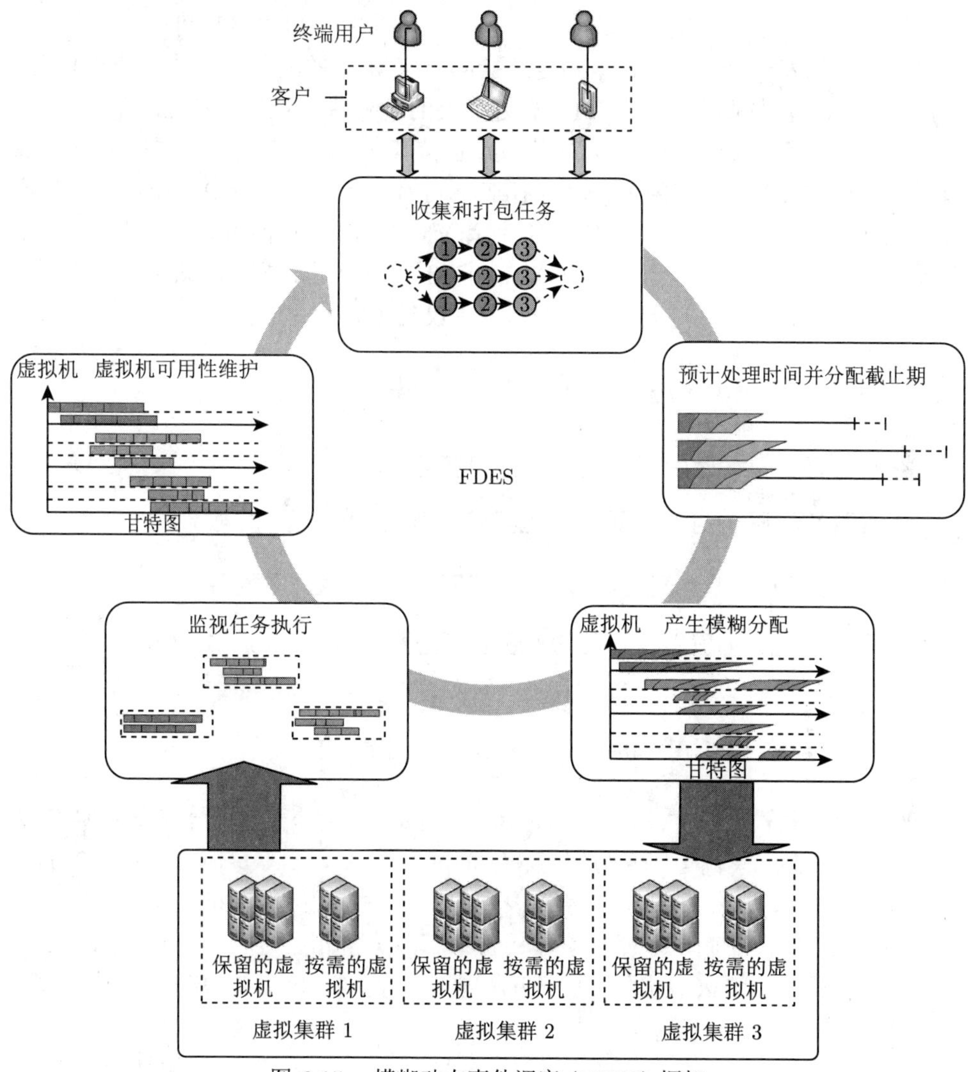

图 6.15 模糊动态事件调度 (FDES) 框架

FDES 由四个主要组件组成：VM 可用性维护模块 (VMAM)、任务收集策略 (TCS)、任务期限设置 (TDA) 模块和模糊任务调度 (FTS) 模块，将在以下各节介绍这些模块。

1. VM 可用性维护模块

J_j 在 VM v 上占用的时间片表示为 $< v, J_j, [\widetilde{\mathfrak{a}}, \widetilde{\mathfrak{b}}] >$，其中 $[\widetilde{\mathfrak{a}}, \widetilde{\mathfrak{b}}]$ 是模糊时间片，表示 v 上的空闲时隙。v 的初始模糊时间片为 $< v, 0, [(0,0,0),(\infty,\infty,\infty)] >$。在调度一些任务之后，可能会在每个 VM 上离散地存在一些分隔的空闲时间片。

本书提出一种虚拟机可用性维护方法，用于存储每个虚拟集群中时间片的使用情况。使用二维十字链表来保留每个虚拟集群的空闲和占用时间片。十字链表的每个节点代表一个时间片，并右链连接同一 VM 上的相邻时间片 (空闲或已占用)。对于 VC_i 中的第 k 个 VM，右链连接的链表头节点保存在 $\mathbb{L}_{i,k}$ 中。同一虚拟集群中所有 VM 上的空闲时间片节点也按其开始时间升序进行向下链接。保留 VM 和按需 VM 的空闲模糊时隙存在不同的向下链接链表中。在每个虚拟集群 VC_i $(i=1,2,\cdots,m)$ 中，$\mathbb{I}_i^{\mathrm{r}}$ 存储保留 VM 的空闲时间片链表头节点，而 $\mathbb{I}_i^{\mathrm{o}}$ 存储按需 VM 的空闲时间片链表头节点。图 6.16描绘用于维护模糊时间片的十字链表示例。为简单起见，十字链表的节点中仅显示时间片区间。

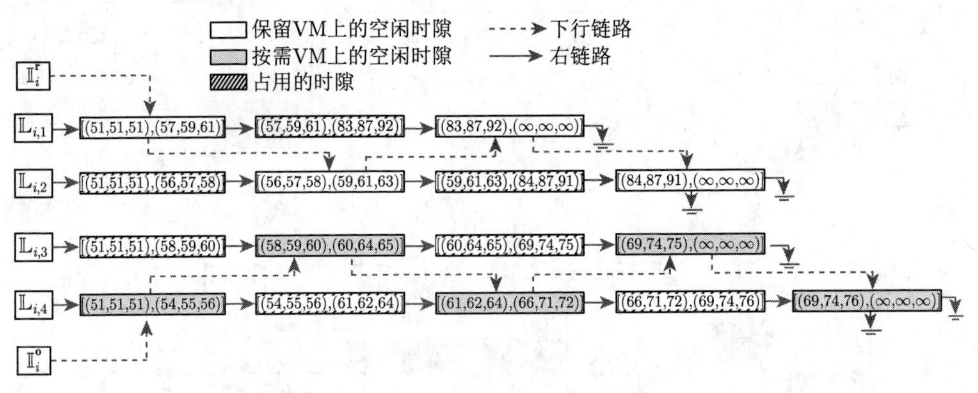

图 6.16 一个虚拟集群的十字链表示例

模糊时间片长度 $<v,J_j,[\widetilde{\mathfrak{a}},\widetilde{\mathfrak{b}}]>$ 等于 $\widetilde{\mathfrak{b}}-\widetilde{\mathfrak{a}}$。长度小于或等于 0 的节点应从列表中删除 (由于模糊运算，可能存在时间间隔 $[\widetilde{\mathfrak{a}},\widetilde{\mathfrak{b}}]$，$\widetilde{\mathfrak{a}}<\widetilde{\mathfrak{b}}$ 但 $\widetilde{\mathfrak{b}}-\widetilde{\mathfrak{a}}<0$ 的情况，例如 $[(3,4,5),(2,4,6)]$)。十字链表要根据任务的实际执行情况实时更新。时间间隔 $[\widetilde{\mathfrak{a}},\widetilde{\mathfrak{b}}]$ 小于当前时间 t $(\widetilde{\mathfrak{b}}\leqslant t)$ 的任何节点将从相应链表中删除，因为这些时间片其实是已经过去的实际分配情况。事实上调度时仅需要模糊和半模糊时间片信息。

2. 任务收集策略

任务收集的常规策略很简单，仅收集过去时间窗口到达的新任务。这可能导致解决方案质量低下。有些任务可能比预期的要早或晚完成，这导致在最近一个周期生成的模糊调度方案无效。

本章提出两个 TCS 策略来决定要调度的任务：① TCS1 仅收集在最近一个调度周期内到达的新任务；② TCS2 取消未启动任务的模糊分配方案，并将它们与上一个时间窗口内新到达的任务合并。从当前 $\mathcal{F}^{\text{fuzzy}}(t)$ 中删除未完成任务的模糊分配，并将这些任务占用的模糊时间片释放。

表 6.5显示 5 个调度周期中新作业到达的调度过程示例。它还列出每个时期

TCS1 和 TCS2 收集的作业。图 6.17和图 6.18分别显示应用 TCS1 和 TCS2 的模糊调度方案 $\mathcal{F}(t)$ $(t = 4\varepsilon, 5\varepsilon)$ 的甘特图。模糊调度方案 $\mathcal{F}(t)$ 通过尽可能早地安排任务来生成。我们可以发现，经过 5 个调度周期后，应用 TCS1 的调度总共需要 4 个按需 VM，而应用 TCS2 的调度只需要 2 个。换句话说，将之前事件中未启动的任务进行重新调度可能会获得更好的解决方案。

表 6.5　时刻 $t = \varepsilon, 2\varepsilon, 3\varepsilon, 4\varepsilon, 5\varepsilon$ 开始 TCS 执行情况

t	新到达作业	TCS1 收集的作业	TCS2 收集的作业
ε	J_0, J_1, J_2, J_3	$E_1 = \{J_0, J_1, J_2, J_3\}$	$E_1 = \{J_0, J_1, J_2, J_3\}$
2ε	J_4, J_5, J_6, J_7	$E_2 = \{J_4, J_5, J_6, J_7\}$	$E_2 = \{J_4, J_5, J_6, J_7, J_1^*, J_2^*, J_3^*\}$
3ε	$J_8, J_9, J_{10}, J_{11}, J_{12}$	$E_3 = \{J_8, J_9, J_{10}, J_{11}, J_{12}\}$	$E_3 = \{J_8, J_9, J_{10}, J_{11}, J_{12}, J_2^*, J_4^*, J_5^*, J_6^*\}$
4ε	$J_{13}, J_{14}, J_{15}, J_{16}$	$E_4 = \{J_{13}, J_{14}, J_{15}, J_{16}\}$	$E_4 = \{J_{13}, J_{14}, J_{15}, J_{16}, J_2^*, J_4^*, J_5^*, J_6^*, J_7^*, J_8^*, J_9^*, J_{10}^*, J_{11}^*, J_{12}^*\}$
5ε	$J_{17}, J_{18}, J_{19}, J_{20}$	$E_5 = \{J_{17}, J_{18}, J_{19}, J_{20}\}$	$E_5 = \{J_{17}, J_{18}, J_{19}, J_{20}, J_2^*, J_4^*, J_5^*, J_6^*, J_8^*, J_9^*, J_{10}^*, J_{11}^*, J_{12}^*, J_{13}^*, J_{15}^*, J_{16}^*\}$

注：带 * 的作业是旧作业，其存在一些任务被重新调度。

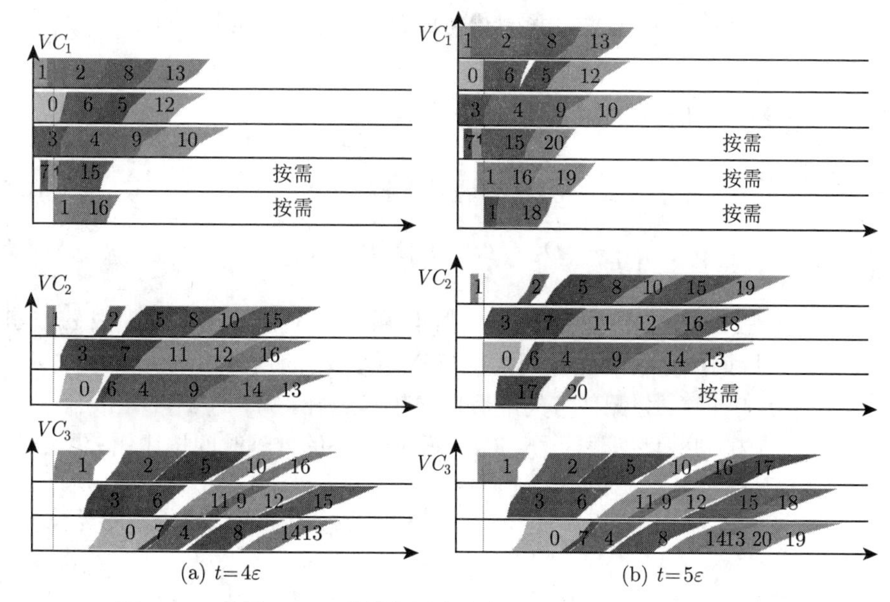

(a) $t=4\varepsilon$　　(b) $t=5\varepsilon$

图 6.17　使用 TCS1 的模糊调度方案 $\mathcal{F}(t)$ $(t = 4\varepsilon, 5\varepsilon)$ 的甘特图

3. 任务期限设置模块

尽管每个作业都有截止日期，但是由于时间变量 (任务处理时间和传输时间) 是模糊的，很难保证严格的期限约束。为获得具有较高满意度的解决方案，根据式 (6.28)，从任务层级到作业层级分别设置三角模糊截止日期。给定到期时间 (D_j^1, D_j^2)，通过给定的 D_j^2 与 D_j^1 之间的差 $\widetilde{\delta}_j$ (式(6.36)) 构造 J_j 的三角模糊

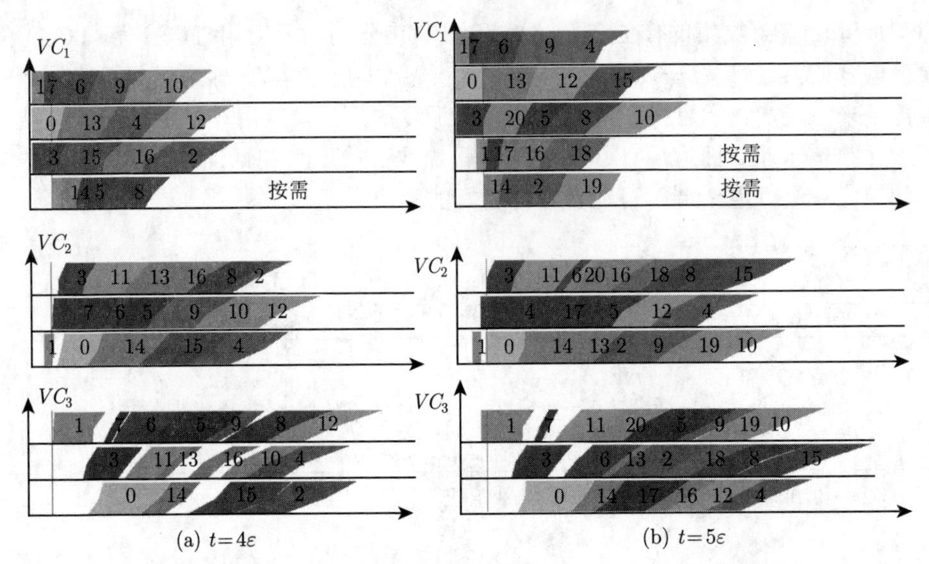

图 6.18　使用 TCS2 的模糊调度方案 $\mathcal{F}(t)$ $(t = 4\varepsilon, 5\varepsilon)$ 的甘特图

作业截止期 $\Delta\widetilde{\delta}_j$，如式 (6.35) 所示。

$$\Delta\widetilde{\delta}_j = D_j^2 - D_j^1 \tag{6.35}$$

$$\widetilde{\delta}_j = (D_j^1 - \Delta\widetilde{\delta}_j, D_j^1, D_j^1 + \Delta\widetilde{\delta}_j) \tag{6.36}$$

任务期限 (TD) 是根据作业期限构建的。根据给定模糊的作业期限 $\widetilde{\delta}_j$，引入两种任务截止日期：宽松的任务期限 (RTD) 和严格的任务期限 (TTD)。$\mathcal{T}_{j,i}$ 的 RTD 由式 (6.37)计算，分配任务的最后期限越晚越好。$\mathcal{T}_{j,i}$ 的 TTD 由式 (6.38)计算，其中 df_j 是模糊截止期限因子。TTD 根据任务的处理时间按比例分配任务的最后期限。

$$\widetilde{\delta}_{j,i} = \widetilde{\delta}_j - \sum_{i'=i+1}^{m} \widetilde{p}_{j,i'} \tag{6.37}$$

$$\widetilde{\delta}_{j,i} = \begin{cases} \widetilde{\delta}_j, & i = m \\ \widetilde{\delta}_j - \lfloor df_j \times \sum\limits_{i'=i+1}^{m} \widetilde{p}_{j,i'} \rfloor, & 1 \leqslant i < m \end{cases} \tag{6.38}$$

$$df_j = \left(\frac{\delta_j^{\min} - t_j}{\sum\limits_{i=1}^{m} p_{j,i}^{\min}} + \frac{\delta_j^{\text{most}} - t_j}{\sum\limits_{i=1}^{m} p_{j,i}^{\text{most}}} + \frac{\delta_j^{\max} - t_j}{\sum\limits_{i=1}^{m} p_{j,i}^{\max}} \right) \Bigg/ 3 \tag{6.39}$$

表 6.6显示任务期限分配的示例。通常，TTD 小于 RTD，即“更严格”。给定作业期限和任务期限分配，设置如式 (6.40)的期限约束，从而获得更高用户满意度的解决方案。

$$\widetilde{c}_{j,i} \leqslant \widetilde{\delta}_{j,i} \tag{6.40}$$

表 6.6 $t_j = 0$ 时 TDA 示例

$\widetilde{D}_j$	$\widetilde{\delta}_j$	df_j	i	$\widetilde{p}_{j,i}$	$\widetilde{\delta}_{j,i}$ (RTD)	$\widetilde{\delta}_{j,i}$ (TTD)
			1	(5,7,9)	(8,16,24)	(0,10,21)
(26,30)	(22,26,30)	1.61	2	(4,6,8)	(16,22,28)	(13,20,27)
			3	(2,4,6)	(22,26,30)	(22,26,30)

4. 模糊任务调度

具有模糊处理时间、传输时间和截止期的事件任务调度是一个模糊调度问题，可以通过模糊任务调度模块解决。模糊事件调度问题与传统的模糊作业车间调度 [95] 和随机多阶段作业调度 [21] 不同，主要体现在以下三个方面：

(1) 虚拟机的可用时间区间是模糊的，可能与实际情况不一致；

(2) 考虑模糊的传输时间；

(3) 任务期限也很模糊。

在模糊事件调度问题中，FTS (如算法 55 所示) 按照任务的优先级调度 E_q $(q = 1, 2, \cdots, Q)$ 中的 $n_q \times m$ 个任务。仅在调度一个任务的直接前驱任务之后，才可以调度该任务。优先级队列 $\mathcal{PQ}$ 用于按正确的顺序保存就绪的任务。$\mathcal{PQ}$ 中的任务被迭代分配，直到 $\mathcal{PQ}$ 为空：

(1) 在 $\mathcal{PQ}$ 中优先处理就绪任务 (第 3 行)。

(2) 调度最高优先级的任务 (称为根任务) 并将其从 $\mathcal{PQ}$ 中删除 (第 4 行)。

(3) 将根任务的直接后继任务添加到 $\mathcal{PQ}$ 中的适当位置 (第 7 行)。

算法 55: 模糊任务调度 (FTS)

```
1 将 E_q 的就绪任务添加至 PQ;
2 while (PQ! = ∅) do
3     确定 PQ 中就绪任务的优先级并排序;
4     将 PQ 中的根任务 T_{j,i} 移除;
5     为 T_{j,i} 生成模糊分配方案 ;
6     if i < m then
7         将就绪任务 T_{j,i+1} 添加至 PQ;
8 return 生成的模糊分配方案集合.
```

FTS 有两个主要操作：用于计算就绪任务优先级的优先级计算操作，以及用于为就绪任务生成模糊分配方案的任务分配操作。

5. 任务优先级

在调度过程中，$\mathcal{PQ}$ 中准备就绪的任务会动态更新。所有就绪任务是按某种顺序安排的。如何对 $\mathcal{PQ}$ 中任务进行排序，是对提高性能至关重要的问题。采用最小堆数据结构来实现 $\mathcal{PQ}$ 中的任务排序。优先级最高的任务位于堆顶，称为根节点。如果根任务已完成，则将其从根中删除并将其直接后继任务添加到堆中。通过调整最小堆，将具有当前最高优先级的任务放置到根节点，并将后添加的任务调整到最小堆树中的适当位置。因此，如何确定就绪任务的优先级是构建最小堆的关键。基于任务的模糊时间参数提出三种优先级策略，相应的最小堆称为模糊堆。

- 任务优先级 1 (TP1)。一个就绪任务的优先级是一个由两个值组成的二元组：任务的可能最早开始时间 (possible earliest start time，PEST) 和任务期限。一个就绪任务的 PEST 由其直接前驱任务的模糊完成时间 (已在先前的迭代中安排) 和模糊传输时间确定，即 PEST($\mathcal{T}_{j,i}$)=$\widetilde{c}_{j,i-1}+\widetilde{d}_{j,i-1}$。对于第 1 阶段任务，其 PEST 是到达时间。PEST 最小的任务被认为具有最高优先级。如果某些任务具有相同的 PEST 值，则任务期限最小的任务具有最高优先级。

- 任务优先级 2 (TP2)。一个就绪任务的优先级是一个由两个值组成的二元组：任务的可行最早开始时间 (feasible earliest start time，FEST) 和任务期限。通过在十字链表上临时搜索适用于该任务的第一个空闲时间片来获得 FEST。FEST 的计算如算法 56所示。只有同时满足期限和优先权约束，分配方案才是可行的。如果无法获得可行的分配方案，则令 FEST 为 $+\infty$，表示该任务需要新的按需 VM。FEST 最小的任务具有最高优先级。如果许多任务具有相同的 FEST，则任务期限最小的任务具有最高优先级。一个极端的情况是，一些就绪任务的第一个可行的空闲时间片可能来自同一台 VM，并且它们重叠。一旦其中一个任务安排到其 FEST，则应重新计算其他冲突任务 (具有重叠的 FEST)，并相应地调整最小堆。因此，由于时间区间的模糊性，TP2 的模糊最小堆操作 (插入、删除、调整) 与 TP1 的不同。如图 6.19所示，FEST 重叠的任务链接在一起。一旦具有最高优先级的任务被移除后，应重新确定其链接任务的优先级，即重新计算其 FEST。插入新的就绪任务后，应相应调整所有冲突的任务。

- 任务优先级 3 (TP3)。就绪任务 $\mathcal{T}_{j,i}$ 的优先级取决于其紧迫性 $u_{j,i}$，其由任务的可行最早完成时间与任务截止日期之差计算得出，$u_{j,i}=\delta_{j,i}-[\mathrm{FEST}(\mathcal{T}_{j,i})+\widetilde{p}_{j,i}]$。$u_{j,i}$ 值最小的任务具有最高优先级。由于 FEST 值也用于确定优先级，因此 TP3 应用与 TP2 类似的模糊最小堆。

算法 56: FEST($\mathcal{T}_{j,i}$)

1 在 $\mathbb{L}_i^{\mathfrak{r}}$ 上右链连接的空闲时间片上搜索第一个能够满足 $\max\{\widetilde{c}_{j,i-1}+\widetilde{d}_{j,i},\widetilde{\mathfrak{a}}\}+\widetilde{p}_{j,i}\leqslant\min\{\widetilde{\delta}_{j,i},\widetilde{\mathfrak{b}}\}$ 的可行空闲时间片 $[\widetilde{\mathfrak{a}},\widetilde{\mathfrak{b}}]$；
2 **if** 存在满足条件的 $[\widetilde{\mathfrak{a}},\widetilde{\mathfrak{b}}]$ **then**
3 　　**return** $\max\{\widetilde{c}_{j,i-1}+\widetilde{d}_{j,i},\widetilde{\mathfrak{a}}\}$;
4 **else**
5 　　在 $\mathbb{L}_i^{\mathfrak{o}}$ 上右链连接的空闲时间片上搜索第一个能够满足 $\max\{\widetilde{c}_{j,i-1}+\widetilde{d}_{j,i},\widetilde{\mathfrak{a}}\}+\widetilde{p}_{j,i}\leqslant\min\{\widetilde{\delta}_{j,i},\widetilde{\mathfrak{b}}\}$ 的可行空闲时间片 $[\widetilde{\mathfrak{a}},\widetilde{\mathfrak{b}}]$；
6 　　**if** 存在满足条件的 $[\widetilde{\mathfrak{a}},\widetilde{\mathfrak{b}}]$ **then**
7 　　　　**return** $\max\{\widetilde{c}_{j,i-1}+\widetilde{d}_{j,i},\widetilde{\mathfrak{a}}\}$;
8 　　**else**
9 　　　　**return** $+\infty$.

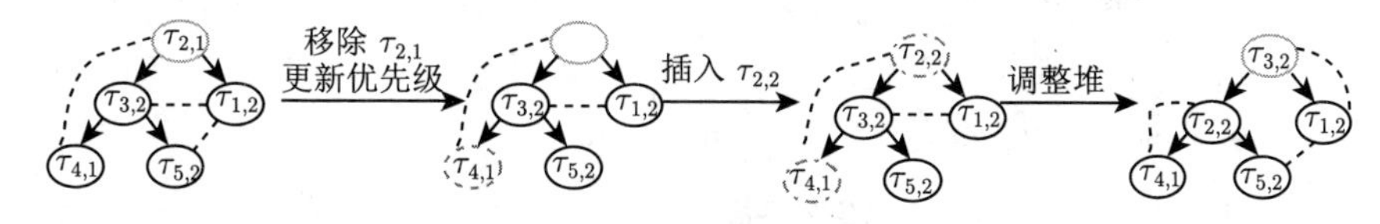

图 6.19　任务优先级操作 TP2 的操作示例

尽管可以快速计算 PEST，但由于在计算 PEST 时不考虑 VM 的实际可用性情况，因此它可能是不可行的。FEST 是可行的，但是需要更多时间来计算才能获得。

6. 任务安排操作

通过算法 57的 FARRANGE 程序安排就绪任务。给定一个就绪任务 $\mathcal{T}_{j,i}$，它首先尝试在十字链表上找到同时满足优先级和期限约束的第一个可行空闲时间片 $[\widetilde{\mathfrak{a}},\widetilde{\mathfrak{b}}]$，即 $\max\{\widetilde{c}_{j,i-1}+\widetilde{d}_{j,i},\widetilde{\mathfrak{a}}\}+\widetilde{p}_{j,i}\leqslant\min\{\widetilde{\delta}_{j,i},\widetilde{\mathfrak{b}}\}$。如果找到满足条件的时间片，则将其分配给就绪任务。VC_i 的十字链表在分配后更新。如果搜索失败，则 FARRANGE 对十字链表 $\mathbb{L}_i^{\mathfrak{o}}$ 执行类似的搜索。分配后更新 VC_i 的十字链表。如果在保留 VM 和按需 VM 上的搜索均失败，则会租用新的按需 VM，并将其分配给 $\mathcal{T}_{j,i}$，分配后更新 VC_i 的十字链表结构。将 $v_{j,i}$ 上从模糊时间 $\widetilde{b}_{j,i}$ 到 $\widetilde{c}_{j,i}$ 的时间区间分配给 $\mathcal{T}_{j,i}$，并返回该可行分配方案。

7. 算法时间复杂度分析

任务优先级操作的时间复杂度由计算任务优先级和调整优先级队列 $\mathcal{PQ}$ 的时间复杂度确定。假设 $\mathcal{PQ}$ 由最小堆实现。调整最小堆的时间复杂度为 $O(\log n_q)$。

算法 57: FARRANGE($\mathcal{T}_{j,i}, t$)

1 在 $\mathbb{L}_i^{\mathrm{r}}$ 上搜索第一个满足 $\max\{\widetilde{c}_{j,i-1}+\widetilde{d}_{j,i},\widetilde{\mathfrak{a}}\}+\widetilde{p}_{j,i}\leqslant\min\{\widetilde{\delta}_{j,i},\widetilde{\mathfrak{b}}\}$ 的空闲时间片 $[\widetilde{\mathfrak{a}},\widetilde{\mathfrak{b}}]$;

2 **if** 存在满足条件的 $< v,-1,[\widetilde{\mathfrak{a}},\widetilde{\mathfrak{b}}] >$ **then**

3 　$\widetilde{b}_{j,i}\leftarrow\max\{\widetilde{c}_{j,i-1}+\widetilde{d}_{j,i},\widetilde{\mathfrak{a}}\}$; $\widetilde{c}_{j,i}\leftarrow\widetilde{b}_{j,i}+\widetilde{p}_{j,i}$; 从 $\mathbb{L}_i^{\mathrm{r}}$ 上删除 $< v,-1,[\widetilde{\mathfrak{a}},\widetilde{\mathfrak{b}}] >$;

4 　**if** $\widetilde{b}_{j,i}>\widetilde{\mathfrak{a}}$ **then**

5 　　将 $< v,-1,[\widetilde{\mathfrak{a}},\widetilde{b}_{j,i}] >$ 添加至 $\mathbb{L}_i^{\mathrm{r}}$;

6 　**if** $\widetilde{c}_{j,i}<\widetilde{\mathfrak{b}}$ **then**

7 　　将 $< v,-1,[\widetilde{c}_{j,i},\widetilde{\mathfrak{b}}] >$ 添加至 $\mathbb{L}_i^{\mathrm{r}}$;

8 　将 $< v,J_j,[\widetilde{b}_{j,i},\widetilde{c}_{j,i}] >$ 添加至 $\mathbb{L}_{i,k}$; $v_{j,i}\leftarrow v$;

9 **else**

10 　在 $\mathbb{L}_i^{\mathrm{o}}$ 上搜索第一个满足 $\max\{\widetilde{c}_{j,i-1}+\widetilde{d}_{j,i},\widetilde{\mathfrak{a}}\}+\widetilde{p}_{j,i}\leqslant\min\{\widetilde{\delta}_{j,i},\widetilde{\mathfrak{b}}\}$ 的可行空闲时间片 $[\widetilde{\mathfrak{a}},\widetilde{\mathfrak{b}}]$;

11 　**if** 存在满足条件的 $< v,-1,[\widetilde{\mathfrak{a}},\widetilde{\mathfrak{b}}] >$ **then**

12 　　$\widetilde{b}_{j,i}\leftarrow\max\{\widetilde{c}_{j,i-1}+\widetilde{d}_{j,i},\widetilde{\mathfrak{a}}\}$; $\widetilde{c}_{j,i}\leftarrow\widetilde{b}_{j,i}+\widetilde{p}_{j,i}$; 从 $\mathbb{L}_i^{\mathrm{o}}$ 上删除 $< v,-1,[\widetilde{\mathfrak{a}},\widetilde{\mathfrak{b}}] >$;

13 　　**if** $\widetilde{b}_{j,i}>\widetilde{\mathfrak{a}}$ **then**

14 　　　将 $< v,-1,[\widetilde{\mathfrak{a}},\widetilde{b}_{j,i}] >$ 添加至 $\mathbb{L}_i^{\mathrm{o}}$;

15 　　**if** $\widetilde{c}_{j,i}<\widetilde{\mathfrak{b}}$ **then**

16 　　　将 $< v,-1,[\widetilde{c}_{j,i},\widetilde{\mathfrak{b}}] >$ 添加至 $\mathbb{L}_i^{\mathrm{o}}$;

17 　　将 $< v,J_j,[\widetilde{b}_{j,i},\widetilde{c}_{j,i}] >$ 添加至 $\mathbb{L}_{i,k}$; $v_{j,i}\leftarrow v$;

18 　**else**

19 　　租赁新的按需 VM v; $\mathbb{O}_i\leftarrow\mathbb{O}_i\bigcup\{v\}$;

20 　　$\widetilde{b}_{j,i}\leftarrow\widetilde{c}_{j,i-1}+\widetilde{d}_{j,i}$;

21 　　将 $< v,-1,[t,\widetilde{b}_{j,i}] >$ 添加至 $\mathbb{L}_i^{\mathrm{o}}$;

22 　　将 $< v,-1,[\widetilde{c}_{j,i},\infty] >$ 添加至 $\mathbb{L}_i^{\mathrm{o}}$;

23 　　将 $< v,J_j,[\widetilde{b}_{j,i},\widetilde{c}_{j,i}] >$ 添加至 $\mathbb{L}_{i,k}$;

24 　　$v_{j,i}\leftarrow v$;

25 **return** $<\mathcal{T}_{j,i},\widetilde{b}_{j,i},\widetilde{c}_{j,i},v_{j,i}>$.

如果应用 TP1，则用于计算任务优先级的时间复杂度为 $O(1)$。总的来说，最小堆调整 mn_q 次并计算 mn_q 个优先级。因此，应用 TP1 的任务优先级操作的

复杂度为 $O(mn_q\log n_q)$。

TP2 或 TP3 的时间复杂度由计算任务的 FEST 的时间确定，该时间等于在十字链表上搜索第一个可行时间片所需花费，它取决于虚拟集群中的空闲时间片数量。假设已经在 t 之后将 n_i^k 个作业分配给 VC_i 中的第 k 个 VM，这在该 VM 上最多带来 n_i^k+1 个空闲模糊时间片。换句话说，在十字链表上最多存在 $\sum\limits_{k=1}^{n_i^r+n_i^o}(n_i^k+1)$ 个下链连接节点 (空闲时间片)。$\sum\limits_{k=1}^{n_i^r+n_i^o} n_i^k$ 实际上是 t 之后分配给 VC_i 的未启动任务总数。所有 m 个集群中当前已经调度但尚未启动的任务数不超过 $|\mathcal{F}^{\text{fuzzy}}(t)|$，这意味着一个集群的十字链表上的最大下链连接节点数为 $\dfrac{|\mathcal{F}^{\text{fuzzy}}(t)|}{m}$，因此计算 FEST 的最差时间复杂度是 $O\left(\dfrac{|\mathcal{F}^{\text{fuzzy}}(t)|}{m}\right)$。实际上，在 FTS 的每次迭代中最多计算 m 个 FEST 值，因为安排根任务时，必须根据 VM 新的可用性来更新 $\mathcal{PQ}$ 中其他任务 (最多 m 个就绪任务) 的 FEST 值。总计将最小堆调整 mn_q 次，并计算 m^2n_q 个 FEST 值。因此，在 FTS 中用于 EST 的 TP2/TP3 的任务优先操作的最差时间复杂度是 $O(mn_q\log n_q+mn_q|\mathcal{F}^{\text{fuzzy}}(t)|)$。任务安排操作的时间复杂度等于找到任务的第一个可行模糊时隙的时间复杂度，即 $O\left(\dfrac{|\mathcal{F}^{\text{fuzzy}}(t)|}{m}\right)$。任务安排操作在 FTS 中执行 mn_q 次，因此任务安排操作的总时间复杂度为 $O(n_q|\mathcal{F}^{\text{fuzzy}}(t)|)$。因此，对于采用 TP1 的 FTS，时间复杂度为 $O(mn_q\log n_q+n_q\log|\mathcal{F}^{\text{fuzzy}}(t)|)$。对于应用 TP2/TP3 的 FTS，时间复杂度为 $O(mn_q|\mathcal{F}^{\text{fuzzy}}(t)|)$。

6.2.3 实验分析和比较

提出的 FDES 框架对应不同组件设置，存在多个算法变种。我们首先校准这些组件，然后选择最佳组合以解决所考虑的问题，接下来将经过校准的算法与现有高度相关的算法在有效性和鲁棒性上进行比较。所有经过测试的算法均用 Java 编码，并在主机 (CPUi7-4790，RAM 8GB) 上仿真运行。所有评估均在模拟集群上执行。

1. 参数和算法组件校准

由于尚无针对正在研究的动态和模糊问题的基准测试示例，因此我们将基于现有研究以及从真实云环境中收集的集群数据生成测试实例。生成三种类型的工作负载：W_1、W_2 和 W_3。类型 W_1 和 W_2 的工作负载与文献 [21]、[461]、[462] 中确定性调度问题的工作负载类似。类型 W_3 的工作负载是根据阿里巴巴集群收集的生产数据构建的 ①。

① 阿里云数据集：https://github.com/alibaba/clusterdata。

与文献 [21] 相似，类型 W_1 或 W_2 的每个测试实例包含在一小时内到达的 3600 个 JRE ($Q = 3600$) 上，即每秒一个 JRE ($\varepsilon = 1$s)。类型 W_1 实例的每个 JRE 中的作业数 n_q 遵循泊松分布 $P(\lambda)$，$\lambda \in \{5, 10, \cdots, 50\}$。$W_2$ 类型实例的每个 JRE 中的 n_q 遵循均匀分布 $U(0, 50)$。阿里巴巴集群数据“cluster-trace-v2017”提供集群 12h 内的工作负载。每个记录都包括每个任务的创建时间、开始时间和终止时间，以及它与其他任务的依赖关系。我们构造 12 个 W_3 工作负载，$W_{3,1}, \cdots, W_{3,12}$，其中 $W_{3,i}$ ($i = 1, 2, \cdots, 12$) 包括第 i 小时的真实工作负载。图 6.20描绘了工作负载 $W_{3,1}$，该负载每秒平均任务数为 192，但任务到达的概率分布没有规律。

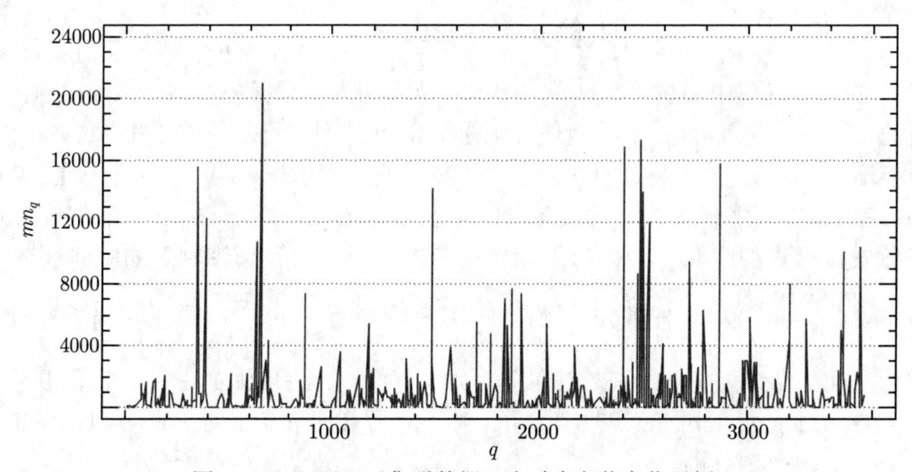

图 6.20 阿里巴巴集群数据一小时内负载变化示例

W_1 或 W_2 类型任务 $\mathcal{T}_{j,i}$ 模糊变量的时间参数设置如下：

• 对于模糊处理时间 $\widetilde{p}_{j,i}$，最可能的处理时间 $p_{j,i}^{\text{most}}$ 在 $[1, 10]$(s) 内随机产生，$p_{j,i}^{\min} = p_{j,i}^{\text{most}} \times (1 - e)$，$p_{j,i}^{\max} = p_{j,i}^{\text{most}} \times (1 + e)$，其中 e 是一个偏差因子。实际处理时间 $p_{j,i}$ 由正态分布 $N(p_{j,i}^{\text{most}}, (e \times p_{j,i}^{\text{most}})^2)$ 随机生成。

• 类似地，通过基于文献 [462] 中的网络测量数值，在给定间隔 $[a, b]$ 内的均匀分布设置 $d_{j,i}^{\text{most}}$ 来构造模糊传输时间 $\widetilde{d}_{j,i}$，令 $d_{j,i}^{\min} = d_{j,i}^{\text{most}} \times (1 - e)$ 和 $d_{j,i}^{\max} = d_{j,i}^{\text{most}} \times (1 + e)$。实际传输时间 $d_{j,i}$ 由正态分布 $N(d_{j,i}^{\text{most}}, (e \times d_{j,i}^{\text{most}})^2)$ 生成。

• J_j 的模糊到期日由 $D_j^1 = t_j + df_j \times \sum_{i=1}^{m} p_{j,i}^{\text{most}}$ 和 $D_j^2 = t_j + df_j \times \sum_{i=1}^{m} p_{j,i}^{\max}$ 构造，其中 df_j 是遵循正态分布的截止期限因子 $N(df_{\text{avg}}, \sigma^2)$。我们设置 $\sigma = 0.1 \times df_{\text{avg}}$，以避免极端到期时间值。

与类型 W_1 和 W_2 任务不同，类型 W_3 任务的模糊时间参数设置如下：实际处理时间 $p_{j,i}$ 设置为数据中提供的实际执行时间。最可能的处理时间 $p_{j,i}^{\text{most}}$ 由正态分布 $N(p_{j,i}, (e \times p_{j,i})^2)$ 随机生成。令 $p_{j,i}^{\min} = p_{j,i}^{\text{most}} \times (1 - e)$ 和 $p_{j,i}^{\max} = p_{j,i}^{\text{most}} \times (1 + e)$。

由于在轨迹中没有与传输时间有关的信息，因此将 $\widetilde{d}_{j,i}$、$d_{j,i}$ 和模糊到期日设置为与 W_1 或 W_2 类型相同。

每个虚拟集群中的工作负载平均而言是相同的，因为不同虚拟集群中任务的处理时间遵循相同的均匀分布。因此，类似于文献 [21]，对于每个虚拟集群，n_i^r 初始化是相同的。由于很难准确地预测保留的 VM 数量，因此我们只能尝试对其进行合理估算。n_i^r 与工作到达率 λ 密切相关，每个工作中的任务数量 m 和截止期限因子 df_{avg} 密切相关。具体来说，n_i^r 与 λ 和 m 成正比，而与 df_{avg} 成反比。基于文献 [21]，我们提出 n_i^r 所示的估计模型，其中系数 $\theta \in \{0.5, 1, 1.5\}$

$$n_i^r = \frac{\lambda \times m \times \theta}{df_{\text{avg}}} \tag{6.41}$$

对于工作负载类型为 W_1 的校准实例，有一共 $8 \times 4 \times 3 \times 3 \times 10 \times 3 = 8640$ 个实例类型组合 (其中 $m \in \{3,4,5,6,7,8,9,10\}$，$df_{\text{avg}} \in \{1.5,2,2.5,3\}$，$d_{j,i}^{\text{most}} \sim U(10\text{ms},15\text{ms}), U(70\text{ms},80\text{ms})$ 或者 $U(250\text{ms},280\text{ms})$，$e \in \{0.1,0.2,0.3\}$，$\lambda \in \{5,10,\cdots,50\}$ 和 $\theta \in \{0.5,1,1.5\}$)。

对于工作负载类型为 W_2 的校准实例，有一共 $8 \times 4 \times 3 \times 3 \times 3 = 864$ 个实例类型组合 (其中 $m \in \{3,4,5,6,7,8,9,10\}$，$df_{\text{avg}} \in \{1.5,2,2.5,3\}$，$d_{j,i}^{\text{most}} \sim U(10\text{ms},15\text{ms}), U(70\text{ms},80\text{ms})$ 或者 $U(250\text{ms},280\text{ms})$，$e \in \{0.1,0.2,0.3\}$ 和 $\theta \in \{0.5,1,1.5\}$)，并且为每种可能的组合类型随机生成 10 个实例。

对于工作负载类型为 W_3 的校准实例，有一共 $8 \times 4 \times 3 \times 3 \times 3 = 864$ 个实例类型组合 (其中 $m \in \{3,4,5,6,7,8,9,10\}$，$df_{\text{avg}} \in \{1.5,2,2.5,3\}$，$d_{j,i}^{\text{most}} \sim U(10\text{ms},15\text{ms}), U(70\text{ms},80\text{ms})$ 或者 $U(250\text{ms},280\text{ms})$，$e \in \{0.1,0.2,0.3\}$，$\theta \in \{0.5,1,1.5\}$) 和 12 个真实的一小时工作负载数据。

因此，提案的组件变体总共在 $8640 + 864 \times 10 + 864 \times 12 = 27\,648$ 个测试实例上进行校准。通过 LWS 评估解决方案，并将 $C(\widetilde{T})$ 的归一化下限设置为获得的最佳值 C_{Best}，见公式(6.42)。根据亚马逊的弹性云的实际价格来设置保留 VM 和按需 VM 的成本：$\psi_i^r = 0.25$ 且 $\psi_i^o = 1$。按需 VM 付费的时间单位 u 设置为 600s。

$$\text{LWS} = \omega \times \frac{C_{\text{Best}}}{C(\widetilde{T})} + (1-\omega) \times S(\widetilde{T}) \tag{6.42}$$

在 FDES 框架中，任务期限分配有 2 个变体 (RTD 和 TTD)，任务优先级设置有 3 个变体 (TP1、TP2 和 TP3) 和 2 个变体用于任务收集策略 (TCS1 或 TCS2)。一共有 $2\times3\times2 = 12$ 个组件组合。因此，一共将得到 $12\times27\,648 = 331\,776$ 个实验结果。

对实验结果通过多因素方差分析 (ANOVA) 技术分析。首先，从实验的残差中检验三个主要假设 (残差的正态性、同调性和独立性)，三个假设都可以被接受。

由于实验中的大多数 p 值接近于零，因此未给出。较高的 F 比率表示影响更强的因素。不考虑任何两个 (或两个以上) 因素之间 (或之中) 的相互作用，因为观察到的 F 比率相对较小。图 6.21显示具有 95.0%Tukey HSD 区间的组件设置的 LWS。它显示 LWS 在 $\omega \in \{0.0, 0.2, 0.4, 0.6, 0.8, 1.0\}$ 上不同 TP 和 TD 设置的性能具有统计显著性差异。TP3 的性能优于 TP1 和 TP2，而 TTD 的性能优于 RTD。TCS1 和 TCS2 的性能在统计上没有差异。我们将使用 ω 的不同值对这些组件进行详细比较。图 6.22描绘 ω 与 95.0%Tukey HSD 区间的比较组件之间的相互作用。可以观察到，如果 $\omega > 0.5$ 时，则 TCS1 优于 TCS2，这表明在优化目标中，如果满意度比成本更重要，则 TCS1 比 TCS2 是更好的选择。否则，TCS2 的性能将优于 TCS1。

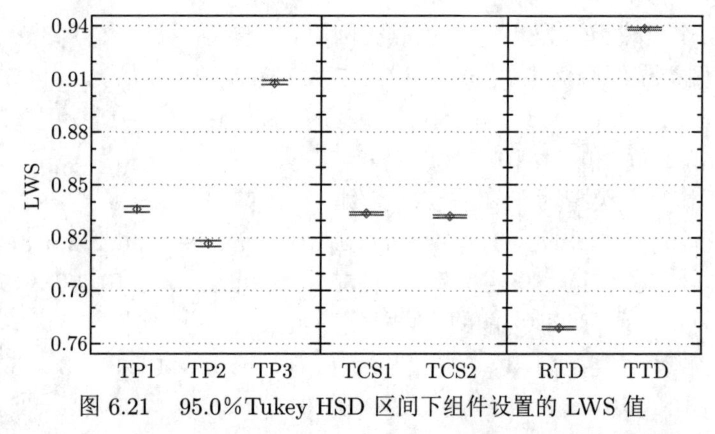

图 6.21 95.0%Tukey HSD 区间下组件设置的 LWS 值

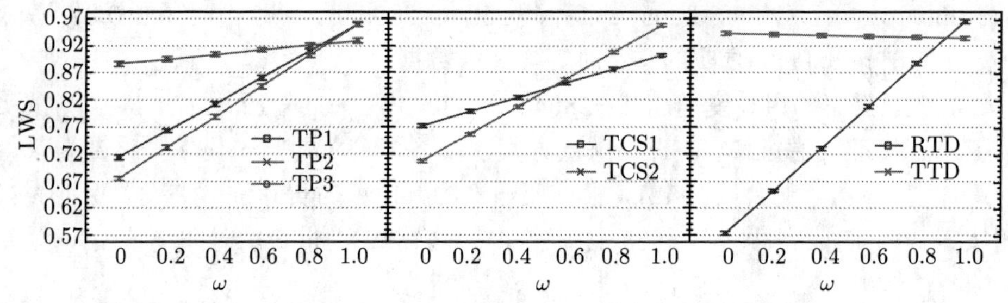

图 6.22 95.0%Tukey HSD 区间下 LWS 值与组件设置相关性分析

因此，当 $\omega < 0.5$ 时，最佳组件组合是 TP 的 TP3、TD 的 TTD 和 TCS 的 TCS1。如果 $\omega \geqslant 0.5$，则最佳组件组合是 TP 的 TP3、TD 的 TTD 和 TCS 的 TCS2。

2. 算法比较

基于上述校准结果，对于所提出的 FDES，将 TP3 设置为 TP，将 TTD 设置为 TD，当 $\omega < 0.5$ 时，将 TCS 设置为 TCS1，当 $\omega > 0.5$ 时，将 TCS 设置

为 TCS2。提出的 FDES 与两个现有的算法 HEFT [463] 和 DES [21] 进行比较，这两个算法是为所考虑的问题的确定性版本而开发的。HEFT 和 DES 均被修改以对模糊时间参数进行操作。为公平比较，用于调度一个 JRE 的计算时间均限制为 1000ms。

我们使用 W_1、W_2 和 W_3 工作负载类型测试实例。为 W_1 和 W_2 的每个实例组合随机生成 10 和 100 个新实例。对于 W_3 工作负载类型实例，测试 12 个实际的一小时工作负载数据。因此，总共使用 $8640\times10+864\times100+864\times12=183\,168$ 个新实例进行比较。表 6.7~表 6.9中显示所有实例组合的 LWS。

表 6.7 DES、HEFT 和 FDES 在 W_1 类型负载上的比较结果

参数	数值	$\omega=0.0$			$\omega=0.2$			$\omega=0.4$			$\omega=0.6$			$\omega=0.8$			$\omega=1.0$		
		DES	HEFT	FDES	DES	HEFT	FDES	DES	HEFT	FDES	DES	HEFT	FDES	DES	HEFT	FDES	DES	HEFT	FDES
m	3	0.254	0.662	0.995	0.236	0.725	0.987	0.427	0.788	0.980	0.618	0.852	0.973	0.808	0.915	0.967	0.999	0.978	0.965
	4	0.208	0.587	0.997	0.285	0.660	0.982	0.389	0.733	0.968	0.592	0.807	0.955	0.796	0.880	0.944	1.000	0.953	0.936
	5	0.210	0.541	1.000	0.368	0.617	0.976	0.526	0.693	0.953	0.684	0.768	0.930	0.841	0.844	0.909	0.999	0.920	0.890
	6	0.322	0.553	1.000	0.457	0.624	0.970	0.593	0.694	0.940	0.728	0.764	0.911	0.864	0.834	0.883	0.999	0.905	0.857
	7	0.513	0.595	1.000	0.610	0.657	0.972	0.707	0.720	0.939	0.804	0.783	0.907	0.902	0.846	0.876	0.999	0.909	0.846
	8	0.588	0.649	1.000	0.670	0.703	0.974	0.752	0.757	0.943	0.835	0.810	0.913	0.918	0.864	0.883	1.000	0.918	0.855
	9	0.662	0.687	1.000	0.729	0.736	0.984	0.797	0.785	0.955	0.864	0.835	0.925	0.931	0.884	0.897	0.999	0.934	0.869
	10	0.700	0.727	1.000	0.760	0.770	0.977	0.820	0.812	0.952	0.880	0.855	0.928	0.940	0.898	0.904	1.000	0.940	0.880
λ	5	0.546	0.708	0.995	0.636	0.752	0.971	0.727	0.797	0.949	0.818	0.842	0.927	0.908	0.886	0.906	0.999	0.931	0.886
	10	0.474	0.675	0.999	0.579	0.726	0.975	0.684	0.778	0.951	0.789	0.829	0.929	0.894	0.880	0.907	0.999	0.932	0.886
	15	0.427	0.655	1.000	0.541	0.710	0.975	0.656	0.766	0.951	0.770	0.821	0.929	0.885	0.876	0.907	0.999	0.932	0.887
	20	0.394	0.636	1.000	0.514	0.696	0.977	0.636	0.755	0.953	0.757	0.814	0.930	0.878	0.873	0.908	0.999	0.933	0.888
	25	0.369	0.621	1.000	0.494	0.683	0.977	0.620	0.745	0.953	0.747	0.808	0.930	0.873	0.870	0.908	0.999	0.932	0.888
	30	0.348	0.608	1.000	0.478	0.673	0.977	0.608	0.738	0.953	0.738	0.802	0.930	0.869	0.867	0.908	0.999	0.932	0.888
	35	0.331	0.599	1.000	0.464	0.665	0.979	0.598	0.732	0.955	0.731	0.799	0.931	0.865	0.866	0.909	0.999	0.933	0.889
	40	0.312	0.590	1.000	0.450	0.658	0.980	0.587	0.727	0.956	0.725	0.796	0.932	0.862	0.864	0.909	0.999	0.933	0.889
	45	0.296	0.580	1.000	0.437	0.650	0.983	0.578	0.720	0.957	0.719	0.791	0.932	0.859	0.862	0.909	1.000	0.932	0.887
	50	0.282	0.579	1.000	0.425	0.650	0.986	0.569	0.721	0.960	0.713	0.791	0.934	0.856	0.862	0.910	1.000	0.933	0.889
df_{avg}	1.5	0.150	0.740	1.000	0.320	0.778	0.995	0.490	0.816	0.978	0.660	0.855	0.962	0.830	0.894	0.946	1.000	0.932	0.931
	2	0.331	0.659	1.000	0.464	0.714	0.980	0.598	0.769	0.958	0.732	0.824	0.938	0.866	0.879	0.918	1.000	0.934	0.901
	2.5	0.465	0.576	1.000	0.572	0.647	0.972	0.679	0.718	0.944	0.785	0.789	0.918	0.892	0.860	0.893	0.999	0.934	0.870
	3	0.565	0.526	0.999	0.651	0.607	0.966	0.738	0.688	0.934	0.825	0.769	0.904	0.911	0.850	0.875	0.998	0.931	0.848
$d_{j,i}^{\text{most}}$	$U(10,15)$	0.388	0.627	1.000	0.510	0.687	0.979	0.632	0.748	0.954	0.755	0.810	0.931	0.877	0.871	0.908	1.000	0.932	0.887
	$U(70,80)$	0.368	0.628	1.000	0.494	0.689	0.976	0.620	0.750	0.952	0.747	0.811	0.931	0.873	0.872	0.908	1.000	0.933	0.888
	$U(250,280)$	0.378	0.621	1.000	0.502	0.683	0.980	0.626	0.745	0.955	0.750	0.807	0.929	0.875	0.869	0.908	1.000	0.932	0.887
e	0.1	0.487	0.883	1.000	0.589	0.893	0.977	0.692	0.904	0.954	0.794	0.915	0.931	0.897	0.925	0.909	0.999	0.936	0.887
	0.2	0.361	0.623	1.000	0.488	0.684	0.978	0.616	0.746	0.954	0.744	0.808	0.931	0.871	0.870	0.908	0.999	0.932	0.887
	0.3	0.287	0.369	1.000	0.429	0.481	0.978	0.571	0.539	0.953	0.714	0.705	0.930	0.857	0.817	0.907	0.999	0.929	0.888
θ	0.5	0.219	0.345	0.984	0.215	0.465	0.967	0.411	0.586	0.951	0.607	0.707	0.936	0.802	0.828	0.922	0.998	0.949	0.912
	1.0	0.447	0.685	1.000	0.557	0.730	0.973	0.668	0.775	0.940	0.778	0.820	0.909	0.888	0.865	0.879	0.999	0.910	0.850
	1.5	0.667	0.845	1.000	0.734	0.863	0.994	0.800	0.882	0.969	0.867	0.900	0.946	0.934	0.919	0.922	1.000	0.937	0.900
平均值		0.478	0.625	1.000	0.502	0.686	0.973	0.626	0.748	0.958	0.751	0.809	0.930	0.875	0.871	0.908	1.000	0.932	0.887

表 6.7说明对于 W_1 类型工作负载的问题，除 $\omega=1.0$ 之外，FDES 获得具有

不同 ω 设置 (1.000、0.973、0.958、0.930 和 0.908) 的最高 LWS。而对于 $\omega < 0.8$，

表 6.8 DES、HEFT 和 FDES 在 W_2 类型负载上的比较结果

参数	数值	$\omega=0.0$			$\omega=0.2$			$\omega=0.4$			$\omega=0.6$			$\omega=0.8$			$\omega=1.0$		
		DES	HEFT	FDES	DES	HEFT	FDES	DES	HEFT	FDES	DES	HEFT	FDES	DES	HEFT	FDES	DES	HEFT	FDES
m	3	0.048	0.639	0.997	0.238	0.707	0.990	0.428	0.775	0.983	0.619	0.843	0.976	0.809	0.911	0.969	0.999	0.979	0.967
	4	0.109	0.565	1.000	0.287	0.642	0.984	0.465	0.719	0.970	0.643	0.796	0.955	0.822	0.873	0.943	1.000	0.951	0.934
	5	0.216	0.524	1.000	0.373	0.603	0.975	0.530	0.682	0.952	0.687	0.762	0.929	0.843	0.841	0.909	1.000	0.920	0.890
	6	0.333	0.546	1.000	0.466	0.618	0.969	0.600	0.690	0.939	0.733	0.762	0.911	0.867	0.834	0.884	1.000	0.906	0.858
	7	0.491	0.573	1.000	0.593	0.640	0.968	0.695	0.708	0.937	0.796	0.775	0.907	0.898	0.843	0.877	1.000	0.911	0.849
	8	0.578	0.621	1.000	0.662	0.681	0.969	0.746	0.741	0.940	0.831	0.801	0.911	0.915	0.860	0.883	1.000	0.920	0.856
	9	0.648	0.671	1.000	0.718	0.724	0.972	0.789	0.777	0.946	0.859	0.830	0.920	0.929	0.883	0.895	1.000	0.937	0.871
	10	0.674	0.700	1.000	0.739	0.749	0.976	0.804	0.799	0.952	0.869	0.849	0.929	0.934	0.898	0.908	0.999	0.948	0.886
df_{avg}	1.5	0.146	0.718	0.999	0.317	0.760	0.985	0.488	0.802	0.970	0.658	0.845	0.956	0.829	0.887	0.942	1.000	0.930	0.929
	2	0.327	0.635	1.000	0.462	0.695	0.978	0.596	0.754	0.957	0.731	0.814	0.937	0.865	0.874	0.919	1.000	0.934	0.903
	2.5	0.461	0.547	1.000	0.569	0.624	0.972	0.677	0.701	0.945	0.784	0.779	0.919	0.892	0.856	0.895	1.000	0.933	0.873
	3	0.555	0.491	1.000	0.644	0.580	0.967	0.733	0.668	0.936	0.822	0.757	0.906	0.911	0.845	0.878	1.000	0.934	0.851
$d_{j,i}^{\text{most}}$	$U(10,15)$	0.391	0.592	1.000	0.512	0.659	0.975	0.634	0.727	0.950	0.756	0.794	0.927	0.878	0.861	0.905	1.000	0.929	0.884
	$U(70,80)$	0.377	0.608	0.999	0.501	0.673	0.975	0.626	0.738	0.952	0.750	0.804	0.930	0.875	0.869	0.909	1.000	0.934	0.889
	$U(250,280)$	0.333	0.587	1.000	0.466	0.657	0.977	0.599	0.726	0.955	0.733	0.796	0.934	0.866	0.865	0.914	1.000	0.935	0.896
e	0.1	0.467	0.874	1.001	0.573	0.886	0.977	0.680	0.899	0.954	0.787	0.912	0.932	0.893	0.924	0.911	1.000	0.937	0.890
	0.2	0.352	0.592	1.000	0.481	0.660	0.976	0.611	0.728	0.953	0.740	0.796	0.930	0.870	0.864	0.909	1.000	0.932	0.890
	0.3	0.282	0.321	0.998	0.425	0.443	0.974	0.569	0.564	0.951	0.712	0.686	0.928	0.856	0.808	0.908	1.000	0.929	0.890
θ	0.5	0.215	0.318	0.999	0.212	0.445	0.981	0.409	0.571	0.963	0.606	0.698	0.945	0.803	0.825	0.929	1.000	0.952	0.917
	1	0.427	0.654	1.000	0.541	0.706	0.968	0.656	0.758	0.939	0.771	0.810	0.910	0.885	0.861	0.882	1.000	0.913	0.856
	1.5	0.682	0.830	1.000	0.746	0.850	0.977	0.809	0.871	0.955	0.872	0.892	0.934	0.936	0.912	0.914	0.999	0.933	0.894
平均值		0.372	0.598	1.000	0.497	0.665	0.975	0.623	0.732	0.952	0.748	0.799	0.930	0.874	0.866	0.909	1.000	0.933	0.889

表 6.9 DES、HEFT 和 FDES 在 W_3 类型负载上的比较结果

参数	数值	$\omega=0.0$			$\omega=0.2$			$\omega=0.4$			$\omega=0.6$			$\omega=0.8$			$\omega=1.0$		
		DES	HEFT	FDES	DES	HEFT	FDES	DES	HEFT	FDES	DES	HEFT	FDES	DES	HEFT	FDES	DES	HEFT	FDES
m	3	0.583	0.577	0.991	0.666	0.656	0.977	0.748	0.734	0.963	0.831	0.812	0.950	0.913	0.891	0.937	0.996	0.969	0.927
	4	0.633	0.558	0.995	0.705	0.640	0.979	0.778	0.722	0.963	0.851	0.804	0.947	0.924	0.887	0.932	0.997	0.969	0.918
	5	0.616	0.588	0.998	0.692	0.664	0.982	0.768	0.740	0.966	0.844	0.816	0.950	0.919	0.893	0.935	0.995	0.969	0.922
	6	0.694	0.592	0.997	0.754	0.667	0.980	0.814	0.742	0.963	0.874	0.817	0.947	0.934	0.892	0.932	0.994	0.967	0.918
	7	0.700	0.616	0.999	0.759	0.687	0.984	0.817	0.759	0.968	0.876	0.830	0.954	0.934	0.902	0.941	0.993	0.973	0.929
	8	0.763	0.639	0.998	0.809	0.706	0.983	0.854	0.773	0.969	0.900	0.840	0.955	0.946	0.907	0.943	0.992	0.974	0.931
	9	0.756	0.698	1.000	0.803	0.753	0.986	0.851	0.809	0.974	0.898	0.864	0.962	0.945	0.920	0.951	0.993	0.975	0.941
	10	0.771	0.687	0.993	0.816	0.745	0.980	0.860	0.803	0.968	0.904	0.861	0.958	0.949	0.920	0.948	0.993	0.978	0.940
df_{avg}	1.5	0.491	0.724	0.992	0.592	0.776	0.982	0.693	0.828	0.973	0.794	0.880	0.964	0.895	0.932	0.958	0.996	0.984	0.954
	2	0.701	0.692	0.997	0.759	0.749	0.983	0.818	0.806	0.969	0.877	0.863	0.956	0.936	0.920	0.944	0.994	0.977	0.933
	2.5	0.765	0.588	0.998	0.810	0.664	0.981	0.856	0.740	0.965	0.902	0.816	0.949	0.948	0.892	0.934	0.994	0.968	0.919
	3	0.802	0.474	0.998	0.840	0.571	0.979	0.878	0.668	0.961	0.917	0.765	0.942	0.955	0.862	0.924	0.993	0.959	0.907
$d_{j,i}^{\text{most}}$	$U(10,15)$	0.528	0.442	0.995	0.621	0.546	0.980	0.713	0.651	0.964	0.806	0.755	0.950	0.899	0.860	0.936	0.992	0.964	0.924
	$U(70,80)$	0.713	0.633	0.998	0.769	0.701	0.981	0.825	0.768	0.965	0.881	0.835	0.950	0.937	0.903	0.935	0.993	0.970	0.921
	$U(250,280)$	0.827	0.783	0.996	0.861	0.823	0.983	0.896	0.862	0.971	0.930	0.902	0.959	0.964	0.941	0.949	0.998	0.981	0.939
e	0.1	0.694	0.832	0.997	0.754	0.860	0.981	0.813	0.889	0.965	0.873	0.917	0.950	0.933	0.945	0.936	0.993	0.973	0.922
	0.2	0.693	0.623	0.997	0.754	0.692	0.982	0.814	0.762	0.968	0.874	0.832	0.953	0.934	0.901	0.940	0.994	0.971	0.928
	0.3	0.681	0.403	0.995	0.744	0.517	0.981	0.807	0.630	0.968	0.870	0.744	0.955	0.933	0.858	0.943	0.996	0.971	0.934
θ	0.5	0.583	0.460	0.997	0.665	0.561	0.979	0.747	0.662	0.961	0.830	0.763	0.944	0.912	0.928	0.864	0.994	0.965	0.913
	1	0.701	0.646	0.996	0.759	0.711	0.982	0.818	0.777	0.967	0.877	0.842	0.953	0.936	0.941	0.907	0.994	0.972	0.929
	1.5	0.785	0.753	0.996	0.827	0.798	0.983	0.868	0.843	0.972	0.910	0.888	0.961	0.952	0.951	0.933	0.994	0.977	0.942
平均值		0.689	0.619	0.996	0.750	0.689	0.981	0.811	0.760	0.966	0.872	0.830	0.952	0.933	0.901	0.940	0.994	0.971	0.928

DES 具有最低的 LWS (0.478、0.502、0.626、0.751)，而在 $\omega = 1.0$ 时具有最高的 LWS (1.000)。表 6.8说明对于 W_2 类型工作负载的问题，除 $\omega = 1.0$ 以外，FDES 给出具有不同 ω 设置 (1.000、0.975、0.952、0.930 和 0.909) 的最高 LWS。而当 $\omega < 0.8$ 时，DES 具有最低的 LWS (0.372、0.497、0.623 和 0.748)，当 $\omega = 1.0$ 时，DES 具有最高的 LWS (1.000)。表 6.9说明对于 W_3 类型工作负载的问题，除 $\omega = 1.0$ 以外，FDES 给出具有不同 ω 设置 (0.996、0.981、0.966、0.952 和 0.940) 的最高 LWS。而 HEFT 的 LWS 最低 (0.619、0.689、0.760、0.830 和 0.901)，而 $\omega = 1.0$ 时，DES 表现最佳。

我们发现，对于确定性调度问题有效的局部搜索启发式 DES 在模糊调度问题上表现不佳。原因可能是通过局部搜索获得的局部最佳模糊解在时间表上非常紧凑，并且调整的空间很小。当实际解与模糊解之间出现偏差时，模糊解和不太紧凑的解可能会获得优势。在大多数情况下，FDES 的性能要优于 HEFT。原因可能在于：① FDES 采用更严格的期限控制策略 TTD；② FDES 可以将任务重新安排多次以优化成本，而在 HEFT 中，每个任务仅安排一次。

图 6.23~图 6.25 描述实例参数和比较算法之间的相关性。从图 6.23中可以看出，在大多数 W_1 类型工作量实例中，FDES 对参数变化的敏感性较低，而对于 DES 和 HEFT 而言，观察到的差异统计上显著。m、df_{avg}、e 和 θ 对 DES 和 HEFT 的性能影响很大。图 6.24显示具有 W_2 类型工作负载的实例具有相似趋势。对于 DES 和 HEFT，观察到的差异统计上显著， 但在大多数情况下，对于

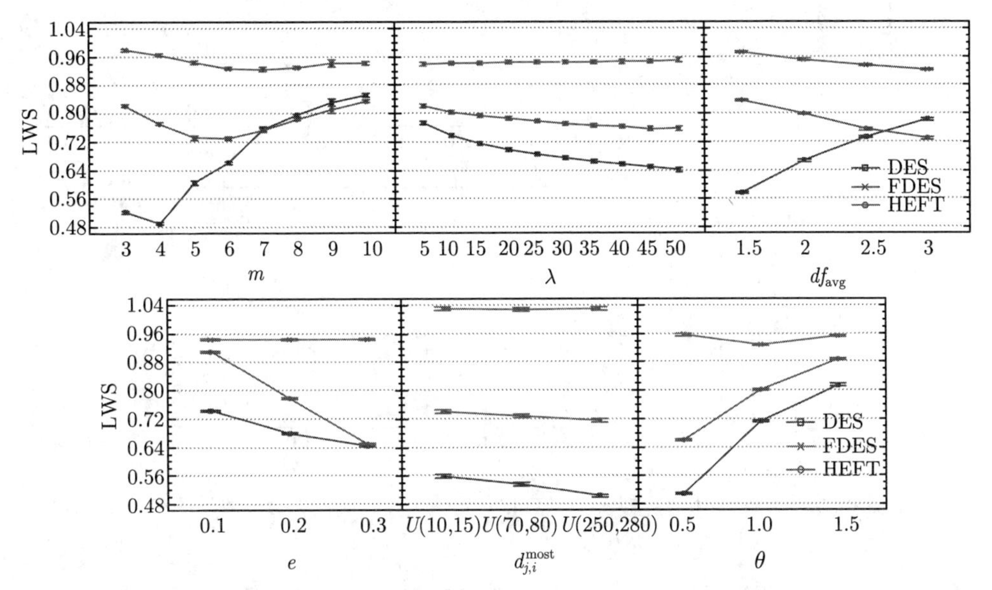

图 6.23 负载类型 W_1 在 95.0%Tukey 置信区间下实例参数与算法的相关性

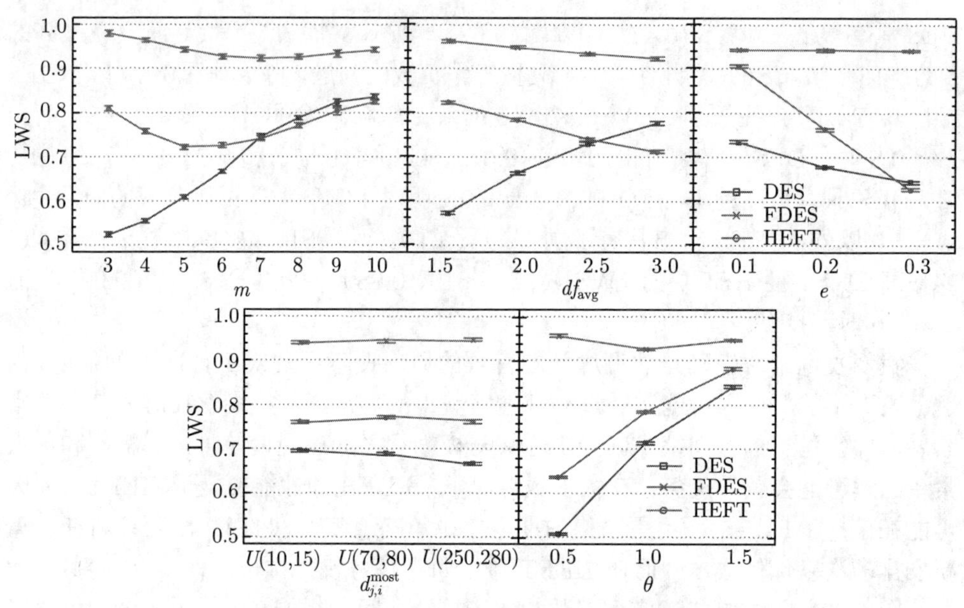

图 6.24 负载类型 W_2 在 95.0%Tukey 置信区间下实例参数与算法的相关性

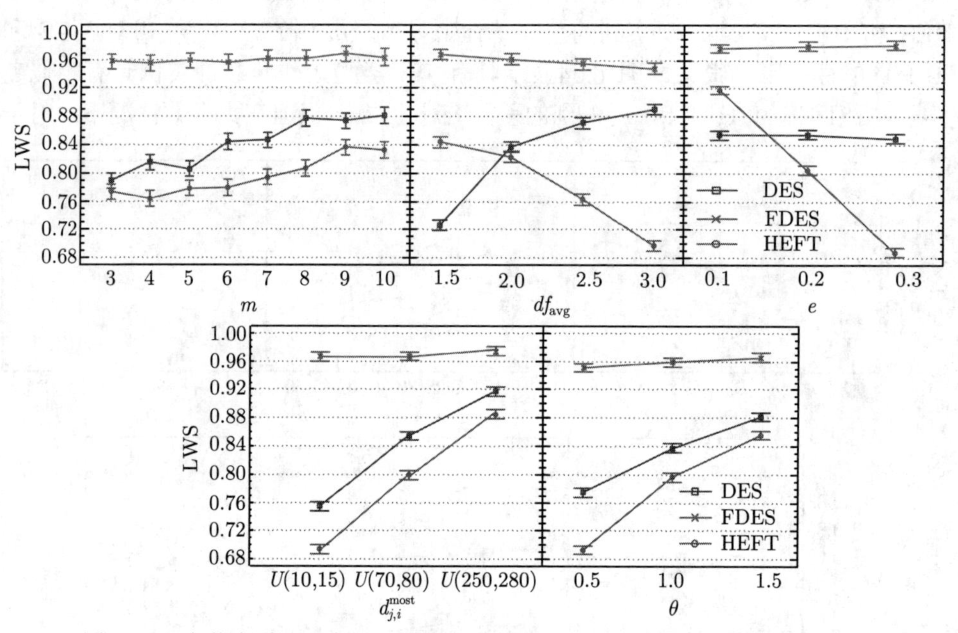

图 6.25 负载类型 W_3 在 95.0%Tukey 置信区间下实例参数与算法的相关性

FDES 而言，差异并不明显。大多数参数对 DES 和 HEFT 的性能影响很大。图 6.25显示具有 W_3 类型工作负载的实例具有相似趋势。对于 DES 和 HEFT，观察到的差异统计上显著，而 FDES 具有最强的鲁棒性。同样地，大多数参数对 DES 和 HEFT 的性能影响很大。

根据以上分析可以得出结论，所提出的 FDES 是所比较算法中最有效、最健壮的方法。

6.3 本 章 小 结

本章主要讨论两个调度问题。首先，讨论混合云中可伸缩资源的随机多阶段作业调度问题，以提高虚拟机的资源利用率为目标，提出由作业收集组件 (JCS) 和作业调度组件 (SMS) 组成的 DES 框架；JCS 周期地收集随机抵达的作业，并通过 SMS 进行调度；面向 SMS 提出两种用于调度安排生成的时间表方法 (STM 和 TTM) 和一种用于改进调度安排策略的局部搜索方法 (VND)；STM 使用逐阶段策略生成时间表；当 JCS 收集一些未启动的任务进行 SMS 重调度时，DES 产生更好的解决方案的概率更大；逐任务策略比逐阶段策略能产生更好的时间表，VND 算法对改进 DES 框架生成的解具有积极影响；通过与当前已有的两种算法的比较，我们阐释 DES 框架在所研究的问题上具有统计意义上的优越性。其次，考虑云平台中可伸缩资源的动态和模糊任务调度，以最大限度地降低总租金成本并最大化用户满意度为目标，提出 FDES 框架，该框架由任务收集策略组件 (TCS) 和模糊任务调度组件 (FTS) 组成；TCS 收集随机作业，FTS 定期进行安排；面向 TCS 提出两种任务收集策略 TCS1 和 TCS2，其中前者只调度每个任务一次，而后者可以调度多次任务以降低成本；面向 FTS 提出三种策略 (TP1~TP3) 来计算就绪任务的优先级；为在虚拟机上实现对可用时间片的快速搜索，采用十字链表结构来维护模糊时间片，在此基础上引入任务安排操作以生成给定任务的模糊分配；通过与两种现有相关算法进行比较，表明所提出算法的有效性和鲁棒性。

本章内容详见

[1] ZHU J, LI X P, RUIZ R, et al. Scheduling stochastic multi-stage jobs to elastic hybrid cloud resources. IEEE Transactions on Parallel and Distributed Systems, 2018, 29(6): 1401-1415. (6.1 弹性混合云资源下随机多阶段作业调度)

[2] ZHU J, LI X P, RUIZ R, et al. Scheduling periodical multi-stage jobs with fuzziness to elastic cloud resources. IEEE Transactions on Parallel and Distributed Systems, 2020, 31(12): 2819-2833. (6.2 弹性云资源下具有模糊性的周期性多阶段作业调度)

第 7 章 非线性约束云服务调度

云计算是一种大规模分布式计算模式，最先由 Google 公司在 2006 年提出。它由网格计算发展而来，是多种技术混合演化的结果，实现“效用计算”的基本思想。通过创建一种新型资源消费模式将计算资源 (如网络、存储、计算能力) 以即付即用的服务形式提供给用户，用户可以根据自己的需求向云服务提供商 (cloud service provider, CSP) 租赁资源，从而满足对高性能计算能力和海量数据存储空间的需求。目前国内外主流的云计算服务提供商，如国外的 Google、Amazon、IBM，国内的阿里云，主要采用三层服务提供模式：软件即服务 (SaaS)、平台即服务 (PaaS) 和基础设施即服务 (IaaS)。SaaS 将应用软件以服务的形式提供给用户，用户可以通过使用浏览器等方式获得这些应用软件的使用权；PaaS 在服务器端开放自己的开发平台，供用户在此开发平台上编写自己的应用，用户无须关心服务器的部署、操作系统、网络等因素，这些管理工作均由 PaaS 提供者维护；IaaS 则是最基本的一种服务模式，服务提供商直接以虚拟机 (VM) 实例的形式将计算或存储资源提供给用户，用户可以通过这些资源来完成自己的应用装载和计算任务，资源的维护和管理工作同样由服务提供商负责。虽然这三种服务模式提供的资源不一样，但是云环境将基础物理设施、平台、应用程序及软件通过虚拟化、并行等技术，使资源以服务的形式提供。云计算技术对于用户而言，最大特点在于服务的高可靠性、高扩展性、成本低廉和计费灵活。用户在使用云计算服务时，根据自己的服务质量 (QoS) 需求，通过协商与云服务提供商签订云服务协议 (SLA)，即付即用地租用云服务。不同用户往往有不同的 QoS 需求，这些需求大致可分为两类：服务需求和质量需求。服务需求包括计算服务、存储服务、开发服务等；质量需求包括作业完成截止期、资金预算、服务可靠性等。云计算是一个以市场为导向的商业模式，希望通过实现资源共享以及协同工作达到利润的最大化。然而，由于云计算服务器规模庞大，资源异构多样且动态多变；另外，由于与传统分布式计算仅仅关注系统整体性能表现的好坏不同，云计算严格坚持“以用户为中心”的原则，其面向普通大众提供服务，用户群体广泛，请求调度的应用任务类型多样，QoS 需求各不相同。因此，云计算环境下的调度问题非常复杂。

云计算提供的高性能计算能力驱使以科学实验和数据分析为主要任务的研究机构大量地将自己的应用部署在云环境中，而作为其中一种非常重要的应用类型，

工作流 (也可称为科学工作流) 的运用相当广泛，如天文应用 (Montage)、生物信息学项目 (SIPHT) 和天体物理学应用程序 (LIGO) 等 [466]。工作流应用由一系列计算任务和决定任务执行顺序的依赖关系组成，通常以有向无环图 (DAG) 的形式呈现，其中每个节点表示一个计算任务，而节点与节点间的有向边则表示任务间的依赖关系。工作流使科学家能够以直观的方式轻松地定义计算组件、数据传输及其依赖性，使得任务能够更容易地按照控制执行。根据工作流的实时性，可将工作流分为实时工作流和非实时工作流。随着实时系统的迅速发展，实时工作流的运用变得更加普遍，这就要求工作流调度系统有一定的能力对用户提交的工作流进行实时调度。相关工作流通常被组合成集合用以解决大型计算问题，来自不同研究机构工作流集合中的工作流类型呈现多样化，但处于同一个集合中的工作流往往存在相似结构和性质，只是在节点数量、任务大小等方面有所不同，如 Montage 应用 [467] 中常用的 Galactic Plane 工作流集合由 17 个 Montage 工作流组成，每个工作流又有 900 个子工作流，每个子工作流通过不同波长生成一幅图像，最终将所有图像组合成整幅天空图像。另一个例子是 Periodograms 应用 [468]，通过检测其主星光强度的周期性下降来寻找太阳系外的行星，由于输入数据规模较大，因此其通常将应用分成多个批处理工作流。此外，集合中每个工作流往往会被赋予一定优先级用于决定其重要性，优先级高的工作流需要被优先执行，如 CyberShake 应用 [469] 在生成地震危险地带预测地图时，某些地区处于人口密集地区或战略要地，作用于该区域的工作流将有较高优先级，因此科学家们通常在提交工作流集合时给出每个工作流的优先级，从而率先获得关键工作流的结果。

云计算环境下的工作流调度优化往往需要考虑两个子问题：资源租赁、任务调度。资源租赁旨在选择与租赁任务运行所需的资源，而任务调度的实质即选择合适的资源，将任务与资源进行匹配，实现调度优化目标。与传统分布式系统 (如网格系统中资源数量有限且资源类型固定) 的情况不同，云计算中的资源往往可看成无限的，即任何时候只要用户提出需求，并支付一定费用，即可获得足够的资源。此外，云计算资源的伸缩性和扩展性 (用户可以根据自身的需求动态调整资源数量，随时获取或释放一定数量的资源) 也为用户提供更为灵活的资源供应方案，这种灵活性和资源的多样性使得工作流调度需要与资源供应策略配合使用，以达到优化的目标。

如何合理地运用云服务提供商提供的资源供应方案并采用有效的调度策略是云环境下工作流调度优化的关键和难点。例如，亚马逊 EC2① 和微软 Azure② 等云服务提供商通常采用不同的商业模式出售其计算资源或存储资源，以最大化自

① 亚马逊 EC2：https://aws.amazon.com/cn/ec2。

② 微软 Azure：https://azure.microsoft.com。

身利润。在 IaaS 层，提供商主要提供三种租赁模式：预留租赁 (reserved instance，RI)、按需租赁 (on-demand instance，OI) 和竞价型实例 (spot instance，SI)。预留租赁允许用户以相对显著的折扣价格获取需求的实例并长期占有，如一个月或一年①，然而由于资源的租赁期较长以及科学工作流的任务时间相对较短 [470]，资源往往不能被充分利用；按需租赁模式的计费区间即单位时间间隔相对较短，且不同服务提供商的计费区间粒度不同，如 Amazon 通常固定为一小时，Micorsoft Azure 则更灵活，以分钟为单位，这使得资源利用率更高，额外的租赁成本更低，用户也能够更灵活地租用和释放资源。一些提供商 (如 Amazon EC2) 提供竞价型实例，以更为低廉的方式出售其闲置资源或未使用的数据中心资源，目的是从未充分利用的资源中获取收益，来自 Amazon EC2 2016 年的一份报告② 表明现有用户使用竞价型实例的计算能力已经超过了 2012 年所有类型实例的计算能力总和，由此可见竞价型实例已得到了广泛运用。Amazon 根据市场经济效应，以对用户透明的方式不断调整当前的实例价格，用户参与一种类似竞拍的方式，以他们愿意支付的最高价格进行投标，如果出价高于当前实例价格，用户请求的 VM 实例即可用，否则将处于等待状态。已获取的实例将始终被用户持有直至发生竞价失败事件 (当前实例价格高于用户出价) 为止，Amazon 会给出 2min 的预警时间并在 2min 后终止实例。

根据资源优化的层次划分，云计算工作流调度可以分类如下：

(1) 优化 SaaS 或者 PaaS 层资源。云服务市场对同一个功能的活动提供不同属性的基本服务，不同质量服务的代价不同，质量越高代价越大。工作流调度为每个活动租用合适的基本服务进行组合完成用户的复杂应用 [471]。

(2) 优化 IaaS 层资源。IaaS 层资源主要以 VM 的形式提供，满足用户的存储和计算请求。工作流调度需要为每个活动分配合适的 VM，最大化用户或者服务提供商的利益，优化底层资源的使用 [472]。

(3) 同时优化 SaaS 和 IaaS 层资源。SaaS 或者 PaaS 提供商针对用户的工作流请求，先在满足 QoS 约束下为每个活动分配合适的服务，然后对确定了服务的活动，分配合适的 VM，最大化 SaaS 或者 PaaS 提供商的利益，同时优化 SaaS 层或者 PaaS 和 IaaS 层资源的使用 [215]。

根据同时处理的工作流数量可将云计算工作流调度分类如下：

(1) 单工作流调度，活动之间存在偏序约束关系。需要设计精致、高效的调度策略来满足 QoS 约束和活动之间的偏序约束。

(2) 多个互相独立的工作流调度。如果工作流间存在优先权，则需按照优先权指定顺序调度；如果优先权都一样，可以合并成一个总的“人工”工作流处理。

① https://aws.amazon.com/cn/ec2。

② https://docs.aws.amazon.com/AWSEC2/latest/UserGuide/using-spot-instances.html。

依据优化目标划分，云计算工作流调度分为单目标和多目标优化问题。优化目标的选择大多从用户或者服务提供商角度出发，依据实际应用的需求来决定。单目标包括：最小化总完工时间、最小化总成本、节能、可靠性、负载均衡、最大化资源利用率等。

除资源在地理上分布外，云工作流调度的约束条件通常较多，本章讨论几种典型的云工作流调度。

7.1 基于非共享服务的工作流资源供应

工作流应用通常可用 DAG 图 $G=\{V,E\}$ 表示，其中 $V=\{v_1,v_2,\cdots,v_N\}$ 是任务的集合，$E=\{(i,j)|i<j\}$ 是任务间的偏序依赖关系，表示 v_j 必须在 v_i 结束之后才能开始。P_i 和 $£_i$ 分别是 V_i 的直接前驱集合和直接后继集合。$\text{path}(i,j)=1$ 表示存在任务 v_i 到任务 v_j 的通路，否则 $\text{path}(i,j)=0$。图 7.1 给出了一个包含五个活动的工作流的例子 (v_1 和 v_7 是空节点)。

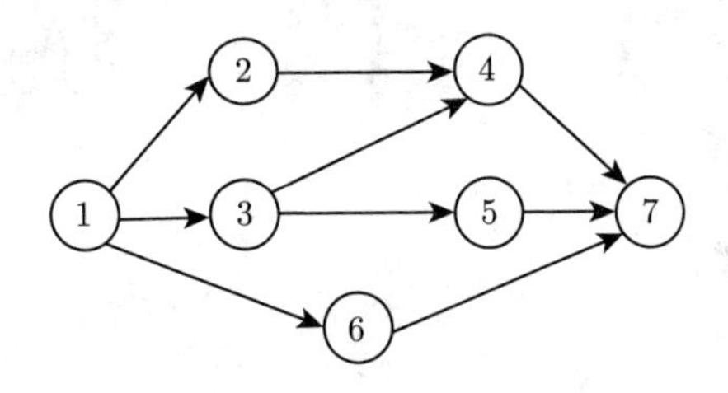

图 7.1 工作流示例

商业云提供多种类型的服务，如图 7.2 所示，IaaS 提供商提供多种具有不同价格和配置的虚拟机服务。对于工作流中的一个任务，存在多个候选服务。每个候选服务由不同数量和类型的虚拟机组成并且具有不同的处理时间和价格。每个任务的候选服务集合用 $S_i=\{S_i^1,S_i^2,\cdots,S_i^{m_i}\}$, $m_i=|S_i|$ 表示。$S_i^k=(d_i^k,c_i^k)$ 表示任务 v_i 的第 k 个服务，其中 d_i^k 和 c_i^k 分别是该服务的执行时间和执行成本。通常情况下，具有较短处理时间服务的价格要高。表 7.1 是图 7.1 中工作流任务的候选服务集合。

为在满足工作流截止期 D 的前提下最小化服务总租赁成本，必须权衡执行时间和成本为每个活动选择合适的服务类型。$x_i^k\in\{0,1\},1\leqslant i\leqslant N,1\leqslant k\leqslant m_i$ 表示任务 v_i 选择服务 S_i^k。该问题的优化目标是在满足截止期约束下，找到任务和服务的合适匹配，最小化总租赁成本。该问题可以建模成如下的整数规划 (integer programming) 模型：

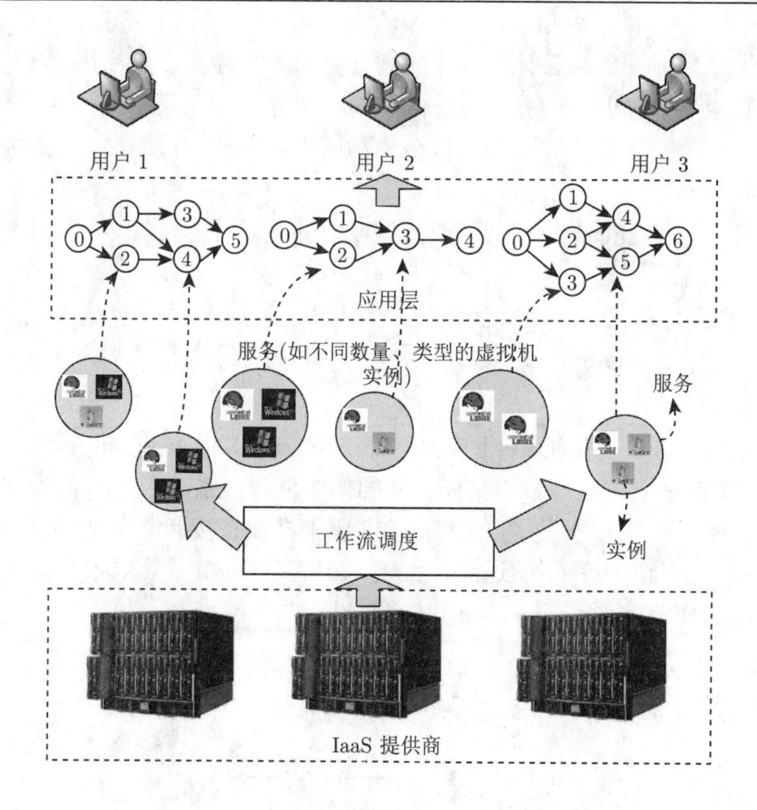

图 7.2　基于非共享服务的云计算系统架构

表 7.1　服务池示例

服务	配置	处理时间/h	成本/$
S_2^1	1 Small VM	24	1.44
S_2^2	1 Medium VM	15	1.8
S_2^3	1 Large VM	8	1.92
S_2^4	1 Extra Large VM	6	2.88
S_3^1	1 Extra Large VM	18	8.6
S_3^2	2 Extra Large VM, 1 Large VM	9	10.8
S_3^3	4 Extra Large VM	6	11.52
S_4^1	1 Large VM	30	7.2
S_4^2	1 Extra Large VM	20	9.6
S_4^3	1 Extra Large VM, 1 Medium VM	18	10.8
S_5^1	1 Small VM	35	2.1
S_5^2	2 Small VM	20	2.4
S_5^3	4 Small VM	13	3.12
S_6^1	1 Medium VM	25	3
S_6^2	2 Medium VM	20	4.8

$$\min \quad \sum_{i\in V}\sum_{k=1}^{m_i} c_i^k x_i^k \tag{7.1}$$

$$\text{s.t.} \quad \sum_{k=1}^{m_i} x_i^k = 1, \quad 1 \leqslant i \leqslant N \tag{7.2}$$

$$f_i \leqslant f_j - \sum_{k=1}^{m_i} d_j^k \chi_j^k, \quad \forall (i,j) \in E \tag{7.3}$$

$$f_1 \geqslant \sum_{k=1}^{m_1} d_1^k x_1^k \tag{7.4}$$

$$x_i^k \in \{0,1\}, \quad 1 \leqslant k \leqslant m_i \tag{7.5}$$

$$d_i^k \in I^+, \quad 1 \leqslant i \leqslant N, \quad 1 \leqslant k \leqslant m_i \tag{7.6}$$

$$\max\{f_i\} \leqslant D, \quad 1 \leqslant i \leqslant N \tag{7.7}$$

其中，目标函数 (7.1) 试图最小化总租赁成本；约束条件 (7.2) 确保了每一个任务只能选择一个服务；约束条件 (7.3) 和 (7.4) 保证了任务之间的偏序约束关系；约束 (7.5) 表示一个布尔变量；同时，约束 (7.6) 约定任务的执行时间是整数；依据约束 (7.7)，工作流的总完工时间必须不大于截止期 D。

7.1.1 基于关键路径的迭代启发式算法

从相关研究可以看出，目前针对非共享服务工作流的调度主要集中在精确算法和元启发式算法。这些算法在解决云计算中大规模调度问题时不能满足实时性要求，因此，本节提出基于关键路径的迭代启发式算法 (critical path-based iterative heuristic, CPI)。

尽管目前很多关于 DAG 任务的调度算法利用关键路径信息，但大多数只采用单条关键路径或者多条部分关键路径信息来区分活动的关键程度。例如，在网格计算工作流调度中，Yuan 等 [473] 利用单关键路径来区分主要活动。在效用计算和云计算中，Abrishami 等 [471,474] 通过让所有未调度任务选择最快服务迭代获取和优化多条部分关键路径，从而将整个工作流任务划分成不同的重要等级，并根据重要等级依次优化。事实上，一条路径上，一个未调度任务选择不同的服务将对后续调度任务的开始时间产生影响，从而影响到该路径上后续任务的服务选择。也就是说，已经调度任务的前驱任务将对该任务的后续未调度任务的服务选择产生影响。因此，必须综合考虑一条路径上的多个未调度任务的服务选择。本节提出一个新的迭代全关键路径生成方式和一个关键路径优化方法。

1. 基于最便宜服务的迭代全关键路径的生成方法

$\mathcal{F}$ 和 U 分别表示已经调度和未调度任务的集合。$\mathcal{Q}_{[j]}$ 表示任务 v_j 在部分解 $\mathcal{Q}$ 中所选择服务的索引。$\mathrm{EFT}^L(v_i)$ 表示通过让 U 中所有任务选择最慢服务和让 $\mathcal{F}$ 中任务保持服务选择不变，得到的任务 v_i 的最早开始时间。也就是说，如果 $v_i \in \mathcal{F}$，v_i 的执行时间是 $d_i^{\mathcal{Q}[i]}$，否则 v_i 的执行时间是 $\max\limits_{k=1,2,\cdots,m_i}\{d_i^k\}+\mathrm{EFT}^L(v_i)$。按照上述方法，从 v_1 到 v_N 迭代计算每个任务 v_i 的最早开始时间。生成单条关键路径的方法如下。首先将 v_N 设置为关键路径 CP 的最后一个任务，并且当作当前任务。v_b 是当前任务的直接前驱中具有最大 EFT^L 的任务。v_b 被添加到当前任务的前面并设置为新的当前任务。然后，将 v_b 的直接前驱中具有最大 EFT^L 的任务添加到 CP 的头部并代替 v_b 作为新的当前任务。重复以上步骤，直到 v_1 被插入 CP 的头部，构造出最终的全关键路径 CP。该构造方法的详细描述见算法 58。

算法 58: 最长服务全关键路径法

```
1  begin
2      EFT^L(v_1) ← 0, CP ← (v_N), v_b ← v_N;
3      for j = 2 to N do
4          if v_j ∈ F then
5              EFT^L(v_j) ← max_{v_i∈P_j}{EFT^L(v_i)} + d_j^{Q[j]};
6          else
7              EFT^L(v_j) ← max_{v_i∈P_j}{EFT^L(v_i)} + max_{k=1,…,m_j}{d_j^{m_j}};
8      while v_b! = v_1 do
9          v_b ← arg max_{v_k∈P_c}{EFT^L(v_k)};
10         将 v_b 添加到 CP 首部;
11     return CP.
```

在整个优化过程中需要迭代生成和优化多条不同的全关键路径。为确保整个工作流能够在截止期 D 之前结束，通过将未调度的任务分配给最快的服务并将已经调度的任务保持不变的方式计算任务 v_i 的最晚结束时间。用数学形式表述也就是 $\min\limits_{V_j\in\pounds_i}\{\{\mathrm{LFT}^S(V_j)+d_j^{\mathcal{Q}[j]},V_j\in\mathcal{F}\},\{\mathrm{LFT}^S(V_j)+\min\limits_{k=1,\cdots,m_j}\{d_j^k\},V_j\in U\}\}$。可行解中，每个任务 v_i 的结束时间必须不大于最晚结束时间 $\mathrm{LFT}^S(v_i)$。关键路径 CP 的长度定义为 $\ell_{\mathrm{CP}}^L=\sum_{V_i\in\mathcal{F}\cap\mathrm{CP}}\{d_i^{\mathcal{Q}[i]}\}+\sum_{V_i\in U\cap\mathrm{CP}}\{\max\limits_{1\leqslant k\leqslant m_i}\{d_i^k\}\}$。如果 ℓ_{CP}^L

不大于 D，则将所有未调度活动选择最长服务的解就是最终解，算法结束。否则，需要为关键路径上未调度的任务选择比最便宜服务更快的服务，使得所有任务满足最晚结束时间。由于降低关键路径的长度有很多方案，不同的方案导致增加的服务租赁成本也不同。本节提出基于多目标多段决策过程 (multi-stage decision process, MDP) 的优化方法 (详细见 2. 节) 最小化关键路径的总服务租赁成本。将 CP 中的任务加入 $\mathcal{F}$。关键路径上任务执行时间的变化，导致整个关键路径产生变化。当前 CP 的长度不大于 D，不代表新关键路径的长度不大于 D。因此，必须根据当前已经调度活动和未调度活动利用算法 58 生成新的关键路径。迭代上述过程，直到新生成的关键路径的 $\ell_{\rm CP}^{L}$ 不大于 D。

2. 基于多目标多段决策的关键路径优化方法

为使得关键路径的长度不大于截止期 D，必须让关键路径上的未调度任务选择比最便宜服务快的服务。同时，本节试图最小化每条关键路径的服务租赁成本，以最小化最终的工作流总的租赁成本。在优化关键路径的同时，必须满足工作流的偏序约束关系和总截止期 D，该关键路径优化问题建模如下：

$$\min \quad C_{\rm CP} = \sum_{i\in {\rm CP}}\sum_{k=1}^{m_i} c_i^k x_i^k \tag{7.8}$$

$$\text{s.t.} \quad \sum_{k=1}^{m_i} x_i^k = 1, \quad \forall v_i \in U \tag{7.9}$$

$$x_i^k \in \{0,1\}, \quad \forall v_i \in U, \quad 1 \leqslant k \leqslant m_i \tag{7.10}$$

$$\chi_i^k = y_i^k, \quad i \in \mathcal{F}, \quad 1 \leqslant k \leqslant m_i \tag{7.11}$$

$$f_i \leqslant f_j - \sum_{k=1}^{m_i} d_j^k \chi_j^k, \quad \forall (i,j) \in E \tag{7.12}$$

$$f_1 \geqslant \sum_{k=1}^{m_1} d_1^k x_1^k \tag{7.13}$$

$$d_i^k \in I^+, \quad 1 \leqslant i \leqslant N, \quad 1 \leqslant k \leqslant m_i \tag{7.14}$$

$$\max\{f_i\} \leqslant D, \quad 1 \leqslant i \leqslant N \tag{7.15}$$

其中，如果 $v_i \in \mathcal{F}$，$y_i^k = 1$，否则 $y_i^k = 0$ 。目标函数 (7.8) 试图最小化关键路径 CP 的服务总租赁成本 $C_{\rm CP}$；约束条件 (7.9) 和 (7.10) 分别和原问题的约束条件 (7.2) 和 (7.5) 相似。约束 (7.12)~(7.15) 和原问题一致。约束条件 (7.11) 表示已经调度的任务保持它们的服务选择不变。本节提出基于动态规划的帕累托方法 (dynamic programming based Pareto method, DPPM) 用于简化上述关键路径优化问题。首先，我们通过删除非关键路径上任务与关键路径任务之间的偏序约束

关系将关键路径优化问题转化为一个多目标多段决策过程 (MDP)，该问题可以形式化描述为

$$\min \quad \left[\sum_{i\in\mathrm{CP}}\sum_{k=1}^{m_i} c_i^k x_i^k, \sum_{i\in\mathrm{CP}}\sum_{k=1}^{m_i} d_i^k x_i^k\right]^{\mathrm{T}} \tag{7.16}$$

$$\text{s.t.} \quad \sum_{k=1}^{m_i} x_i^k = 1, \quad \forall v_i \in U \cap \mathrm{CP} \tag{7.17}$$

$$f_i \leqslant f_j - \sum_{1\leqslant k\leqslant m_i} d_j^k x_j^k, \quad \forall (i,j) \in \mathrm{CP} \tag{7.18}$$

$$x_i^k \in \{0,1\}, \quad \forall v_i \in U \cap \mathrm{CP}, \quad 1 \leqslant k \leqslant m_i \tag{7.19}$$

$$x_i^k = y_i^k, \quad i \in \mathcal{F} \cap \mathrm{CP}, \quad 1 \leqslant k \leqslant m_i \tag{7.20}$$

$$d_i^k \in I, \quad v_i \in \mathrm{CP}, \quad 1 \leqslant k \leqslant m_i \tag{7.21}$$

$$\max\{f_i\} \leqslant D, \quad v_i \in \mathrm{CP} \tag{7.22}$$

函数 (7.16) 表明该问题是一个多目标优化问题，因此需要找到一个 Pareto 解集。约束 (7.18) 和 (7.22) 表示只考虑在 CP 上的偏序约束关系。本节提出一个伪多项式时间的动态规划算法 (DP)。在动态规划算法中，首先需要对子问题进行定义。本节定义的 MDP 的第 i 个子问题 SSP_i 是得到部分关键路径 PCP_i=$\{\mathrm{CP}_1, \mathrm{CP}_2, \mathrm{CP}_3, \cdots, \mathrm{CP}_i\}$ 的 Pareto 解集。子问题 SSP_i 的解是从上一个子问题 SSP_{i-1} 的解集和第 i 个任务 CP_i 的服务集合得到。在当前子问题的解集中，将被支配的解和结束时间大于截止期的解删除。SSP_i 的 Pareto 解集可以用 PS_i= $\{< T(s), C(s), I_1(s), I_2(s), I_3(s), \cdots, I_i(s) >, \cdots\}$ 表示，其中每一个元素是一个 $i+2$ 元组。该 $i+2$ 元组的第一个和第二个元素分别表示 PCP_i 的结束时间和总服务成本。元素 $I_i(s)$ 表示一个解 s 中，第 i 个活动选择的服务的索引。用 $I_{(1,i)}(s)$ 表示 $I_1(s), I_2(s), I_3(s), \cdots, I_i(s)$。由于 SSP_{i+1} 可以根据 SSP_i 的解直接得出，SSP_1 到 SSP_L 被依次求解。最终，得到一个最多包含 D 个解的 Pareto 解集 $\mathrm{PS}_{|\mathrm{CP}|}$。算法 59 给出了该过程的正式描述。

利用算法 59求解 MDP 问题之后，MDP 问题的 Pareto 解集中最便宜的可行解被作为原关键路径优化问题的最终解。首先，依据总成本大小将 $\mathrm{PS}_{|\mathrm{CP}|}$ 中的解按非降序排列。然后将这些解依次代入原关键路径优化问题，验证是否存在 $\mathrm{EFT}^S(v_i)$ 大于 $\mathrm{LFT}^S(v_i)$ 的任务 $v_i \in V$。如果没有，则该解是一个可行解。否则，继续验证下一个解，只到找到一个可行解。该解被当作原关键路径优化问题的最终解。最后，重新计算所有任务的 $\mathrm{LFT}^S(v_i)$。算法 60 给出了 DPPM 方法的正式描述，其中 $s[j]$ 表示解 s 中任务 v_j 的索引。

算法 59: 求解 MDP_i 的动态规划算法

```
1  begin
2      初始化 PS_1 ←{< 0,0,0 >}, i ← 1;
3      for i=1 to |CP| do
4          foreach s ∈ PS_i do
5              for k=1 to |S_{i+1}| do
6                  生成 SSP_{i+1} 的一个解 s', C(s') ← C(s) + c^k_{i+1};
7                  T(s') ← T(s) + d^k_{i+1}, s' ←< T(s'), C(s'), I_(1,i)(s), k >;
8                  PS_{i+1} ← PS_{i+1} ⋃{s'};
9      更新 PS_{i+1}, 删除被支配解和结束时间大于 D 的解;
10     return PS_|CP|.
```

算法 60: DPPM(SP_i)

```
1  begin
2      删除不属于关键路径的偏序约束关系和活动，将原问题转化为 MDP;
3      调用算法 59 得到 MDP 问题的一个 Pareto 解集 PS;
4      将 PS 中的解根据总服务租赁成本非降序排列;
5      for each s ∈ PS do
6          for j = 1 to N do
7              if v_j ∈ CP_i then
8                  EFT^S(v_j) ← max_{i∈P_j}{EFT^S(v_i)} + d_j^{s[j]};
9              else if v_j ∈ F then
10                 EFT^S(v_j) ← max_{i∈P_j}{EFT^S(v_i)} + d_j^{Q[j]};
11             else
12                 EFT^S(v_j) ← max_{i∈P_j}{EFT^S(v_i)} + min_{k=1,…,m_j}{d_j^{m_j}};
13             if EFT^S(v_j) >LFT^S(v_j) then
14                 转步骤 6;
15         s_best ← s, 中止;
16     return s_best.
```

3. CPI 算法描述

本节提出的 CPI 算法的具体步骤如下。首先，初始化 $U \leftarrow V$ 和 $\mathcal{F} \leftarrow \varnothing$。将所有任务分配到最快的服务，依次计算每个任务的 $\mathrm{LFT}^S(v_i)$。所有未调度任务选择最慢的服务同时保持已调度任务的服务选择不变，计算出当前的关键路径 CP。如果 CP 的总长度 $\ell_{\mathrm{CP}}^L \leqslant D$，算法结束，把所有未调度任务的最慢服务选择方案添加到部分解 $\mathcal{Q}$。$\mathcal{Q}$ 就是最终解。否则，利用 DPPM 优化关键路径 CP 的成本。更新 $U \leftarrow U/\{v_j \in \mathrm{CP}\}$ 和 $\mathcal{F} \leftarrow \mathcal{F} \cup \{v_j \in \mathrm{CP}\}$。将关键路径 CP 的服务选择方案 s_{CP} 添加到 $\mathcal{Q}$。算法 61给出了该过程的正式描述。

算法 61: CPI

```
1  begin
2      初始化 U ← V, F ← ∅, LFT^S(v_N) ← D;
3      选择 v_i, min_{k=1,…,m_i} {d_i^k}, v_i ∈ V;
4      for i = N − 1 to 1 do
5          计算 LFT^S(v_i);
6      while U ≠ ∅ do
7          通过算法 58得到 CP;
8          if ℓ^B_CP ⩽ D then
9              让任务 v_i ∈ U 选择最慢的服务，更新 Q，转步骤 14;
10         s_CP ←DPPM(CP);
11         U ← U/{v_j ∈ CP}, F ← F ∪ {v_j ∈ CP};
12         将 s_CP 添加到 Q;
13         基于 Q，重新计算 LFT^S(v_i), 1 ⩽ i ⩽ N;
14     return Q.
```

4. CPI 算法示例

这里以图 7.1中的工作流为例，详细说明算法运行过程。假设截止期 $D = 35$。

(1) 首先计算 $\mathrm{LFT}^S(v_7) = 35$，$\mathrm{LFT}^S(v_6) = 35$，$\mathrm{LFT}^S(v_5) = 35$，$\mathrm{LFT}^S(v_4) = 35$，$\mathrm{LFT}^S(v_3) = 17$ 和 $\mathrm{LFT}^S(v_2) = 17$。由于在第一轮所有活动都没有被调度，所有活动都被分配到它们最慢的服务。依次计算 $\mathrm{EFT}^L(v_2) = 24$，$\mathrm{EFT}^L(v_3) = 18$，$\mathrm{EFT}^L(v_4) = 54$, $\mathrm{EFT}^L(v_5) = 53$ 和 $\mathrm{EFT}^L(v_6) = 25$。首先把 v_7 添加到 CP，然后把具有最大最早结束时间的任务 v_4($\mathrm{EFT}^L(v_4) = 54$) 插入 CP 队列头部并将 v_4 设置为当前活动。随后，依次按照相同规则将 v_2、v_1 添加到 CP 头部形成当前的关键路

径 $\mathrm{CP}_1=(v_1,v_2,v_4,v_7)$。由于 $\ell^L_{\mathrm{CP}_1}=54>D$,我们需要通过选择更快的服务缩短 CP_1 的长度。将 CP_1 的优化问题转变为 MDP 多目标问题,利用算法 59进行求解。算法 59生成了一个 Pareto 解集 $\mathrm{PS}_{\mathrm{CP}_1}=\{(35,11.4,S_2^2,S_4^2),\ (28,11.52,S_2^3,S_4^2),\ (33,12.6,S_2^2,S_4^3),\ (26,12.48,S_2^4,S_4^2),\ (24,13.68,S_2^4,S_4^3)\}$。然后从 $\mathrm{PS}_{\mathrm{CP}_1}$ 中为关键路径 CP_1 的优化问题选取最便宜的可行解 $s=(35,11.4,S_2^2,S_4^2)$。更新 $\mathcal{Q}=\{\chi_2^2=1,\chi_4^2=1\}$,$\mathrm{LFT}^S(v_7)=35$,$\mathrm{LFT}^S(v_6)=35$,$\mathrm{LFT}^S(v_5)=35$,$\mathrm{LFT}^S(v_4)=35$,$\mathrm{LFT}^S(v_3)=15$ 和 $\mathrm{LFT}^S(v_2)=15$。$\mathcal{F}=\{v_1,v_2,v_4,v_7\}$,$U=\{v_3,v_5,v_6\}$。

(2) 在考虑上述 CP_1 上任务的服务选择的基础上,计算 $\mathrm{EFT}^L(v_2)=15$,$\mathrm{EFT}^L(v_3)=18$,$\mathrm{EFT}^L(v_4)=38$,$\mathrm{EFT}^L(v_5)=53$ 和 $\mathrm{EFT}^L(v_6)=25$。生成新的关键路径 $\mathrm{CP}_2=(v_1,v_3,v_5,v_7)$。由于 $\ell^L_{\mathrm{CP}_2}=53\geqslant D$,$\mathrm{CP}_2$ 也需要用 DPPM 进行优化。将 CP_2 的优化问题转变为 MDP 多目标问题,利用算法 59 进行求解。得到新的 Pareto 解集 $\mathrm{PS}_{\mathrm{CP}_2}=\{(31,11.72,S_3^1,S_5^3),\ (29,13.2,S_3^2,S_5^2),\ (22,13.92,S_3^2,S_5^3),\ (26,13.92,S_3^3,S_5^2),\ (19,14.64,S_3^3,S_5^3)\}$。然后,将 $\mathrm{PS}_{\mathrm{CP}_2}$ 中的每个解依次代入原始的关键路径优化问题中,找到一个满足 $\mathrm{EFT}^S(v_i)\leqslant\mathrm{LFT}^S(v_i),v_i\in V$ 的可行解。因为解 $(31,11.72,S_3^1,S_5^3)$,$\mathrm{EFT}^S(v_2)=18>\mathrm{LFT}^S(v_2)$,所以不是可行解。对于第二个解 $(29,13.2,S_3^2,S_5^2)$,$\mathrm{EFT}^S(v_2)=15$,$\mathrm{EFT}^S(v_3)=9$,$\mathrm{EFT}^S(v_4)=35$,$\mathrm{EFT}^S(v_5)=29$,$\mathrm{EFT}^S(v_2)=18$。因为对于所有任务 $v_i\in V$, $\mathrm{EFT}^S(v_i)\leqslant\mathrm{LFT}^S(v_i)$,该解是 CP_2 优化问题的可行解。

(3) 更新 $\mathcal{Q}=\{\chi_2^2=1,\chi_4^2=1,\chi_3^2=1,\chi_5^2=1\}$,$\mathcal{F}=\{v_1,v_2,v_4,v_3,v_5,v_7\}$,$U=\{v_6\}$。然后计算 $\mathrm{EFT}^L(v_2)=15$,$\mathrm{EFT}^L(v_3)=9$,$\mathrm{EFT}^L(v_4)=35$,$\mathrm{EFT}^L(v_5)=29$ 和 $\mathrm{EFT}^L(v_6)=25$。重新生成的关键路径和 $\mathrm{CP}_1=(v_1,v_2,v_4,v_7)$ 相同并且 $\ell^L_{\mathrm{CP}_1}=35\leqslant D$。这表明,所有未调度活动即使选择最慢的服务,也可以满足截止期要求。因此,将所有未调度活动选择最慢服务的方案添加到 $\mathcal{Q}$ 之后 (将 $\chi_6^2=1$ 添加到 $\mathcal{Q}$),就是最终解。算法终止。

5. 复杂度分析

N 表示活动的数量和 $M=\max\limits_{i=1,\cdots,N}\{m_i\}$。算法 59的步骤 3 中最多存在 $|\mathrm{CP}|\leqslant N$ 次迭代。由于解的结束时间只能是区间 $[1,D]$ 中的整数,步骤 4 中 Pareto 解集 PS_i 中最多有 D 个解。算法 59的步骤 5,存在 $|S_{i+1}|\leqslant M$ 个服务并且每次生成一个解的时间是 $O(N)$,因此算法 59 的复杂度是 $O(N^2DM)$。算法 60的步骤 5 的复杂度是 $O(DN)$。因此,算法 60 的总时间复杂度是 $O(N^2D^2M)$。下面的定理用于确定算法 61中步骤 6 的执行次数。

定理 7.1 在 CPI 中,如果 $\ell^L_{\mathrm{CP}_i}>D$, 在 CP_i 中至少有一个任务是未调度的, 也就是说,CP_i 没有被生成过。

证明 CP_i 是第 i 次迭代生成的关键路径 $(\ell^L_{\mathrm{CP}_i}>D)$,我们假设 CP_i 上的

活动已经在迭代步骤 $k(k \leqslant i-1)$ 结束之前全部被调度 (没有未调度任务)。在每个迭代步骤 $j(j < i)$，新生成的关键路径 $\mathrm{CP}_j(j < i)$ 被调度时必须满足每个活动的 LFT^S，也就是说所有路径的 ℓ^S 不大于 D。我们可以得到在步骤 $j(j > k)$，$\ell^S_{\mathrm{CP_i}} \leqslant D$。并且在后续所有迭代步骤 $j(j > k)$，因为 CP_i 上所有活动已经被调度，存在 $\ell^S_{\mathrm{CP}_i} = \ell^L_{\mathrm{CP}_i}$。因此，在步骤 $j(j > k)$，$\ell^S_{\mathrm{CP}_i} \leqslant D$。这和假设 $\ell^L_{\mathrm{CP}_i} > D$ 冲突，如果 $\ell^L_{\mathrm{CP}_i} > D$，$\mathrm{CP}_i$ 上必然存在未调度活动。

基于定理 7.1，算法 61的步骤 5 最多存在 N 次迭代，并且算法 58 的时间复杂度是 $O(N^2)$。因此，CPI 算法的总体时间复杂度是 $O(N^3D^2M)$。

7.1.2 实验结果

为验证 CPI 算法的有效性，我们将其与现有的最好算法：DET [473]、PCP_F (使用公平策略进行关键路径优化) [474]、PCP_D(使用成本减少策略进行关键路径优化) [474] 进行比较。同时，我们也利用 ILOG CPLEX v12.4(默认配置) 求解该问题的整数规划模型并将 CPI 与其进行对比。上面提到的所有算法 (CPI、DET、PCP_F 和 PCP_D) 都采用 Java 语言编写并运行在双核 3.1GHz 处理器、1G RAM 和 Windows XP 操作系统上。

1. 测试实例

由于许多参数对算法的性能有较大影响，因此本节对各个参数的不同值进行了测试。Abrishami 等 [471] 采用的测试实例的每个路径最多包含 9 个任务，然而，实际应用中工作流的路径可能存在更多的任务。因此，本节重新生成了一系列随机测试实例。这些实例的参数如下：

• 工作流包含的活动的数量 N 属于集合 $\{200, 400, 600, 800, 1000\}$。

• 活动 v_i 的候选服务数量 m_i 服从离散均匀分布 DU[2, 10]、DU[11, 20] 或 DU[21, 30]。

• 工作流网络结构的复杂度采用 OS(order strength) [475] 进行描述，OS 的取值属于集合 $\{0.1, 0.2, 0.3\}$。

• 任务的成本和处理时间的函数 (CF)，包括三种类型：concave、convex 或者 hybrid。

• 工作流的截止期为 $D = D_{\min} + (D_{\max} - D_{\min}) \cdot \theta$，其中 $D_{\min}$ 是所有任务采用最快服务时的结束时间，$D_{\max}$ 是所有任务选择最慢服务时的结束时间，并且 θ 称为截止期因子。θ 的取值属于集合 $\{0.15, 0.3, 0.45, 0.6\}$。这种截止期生成方式保证了一定存在解。

任务的候选服务集合采用文献 [476] 的方法，具体如下：任务 v_i 的候选服务数量 m_i 符合离散均匀分布 DU[2,10]、DU[11,20] 或者 DU[21,30]。服务的处理时间从区间 3 到 163 随机生成，具体的方式如下：首先将区间 [3, 163] 按照长度 4

分成多个子区间，然后为每一个服务随机选择一个区间，并且从选择的区间中随机选择一个数作为该服务的执行时间。在每个服务的执行时间都确定之后，我们将服务按照执行时间从小到大依次排列，并从执行时间最长的服务依次生成服务的成本。我们假设 (d_k, c_k) 是第 k 个服务的执行时间和成本的二元组。第 m_i 个服务的成本 c_{m_i} 服从随机分布 $U[5,105]$。对于具有处理时间 d_{k-1} 的第 $k-1$ 个服务，它的成本可以用 $c_{k-1} = c_k + s_k(d_k - d_{k-1})$ 计算，其中 s_k 是一个随机的步长。对于 convex 类型的成本函数，s_{k-1} 服从随机分布 $U(s_k, s_k + S)$，其中 S 服从随机分布 $U(1,2)$，初始值 s_{m_i}(最小步长) 等于 0.5。对于 concave 类型的函数，$s_{m_i} = 1 + u(m_i - 1)S$，其中 u 服从随机分布 $U[0.75,1.25]$(确保初始步长足够大，保证后续服务有充足的步长)。s_{k-1} 服从均匀分布 $U[\max(1,(s_k - S)), s_k]$。对于 hybrid 类型成本函数，我们随机生成步长。

各任务间的偏序约束关系采用随机生成方式。为避免生成冗余边，我们采用文献 [477] 中的冗余消除方法。具体步骤见算法 62。$\text{path}(i,j) = 0$ 表示没有从任务 $v_i \to v_j$ 的路径。步骤 1 生成 N 个活动，分别用 1 到 N 进行编号。步骤 2 中，随机生成的边被加到网络图中，但是必须不产生冗余边 [477]。

算法 62: 随机实例生成方法

```
1 begin
2     生成任务集合 V = {1, 2, ··· , N};
3     while OS_c ⩽ OS do
4         随机生成一个边 (i, j), i < j;
5         if (∀v_{t1} ∈ P_j, ∀v_{t2} ∈ £_i, ∀V_{t3} ∈ P_i, ∀V_{t4} ∈ £_j)(path(i, j) =
           0 ∧ path(t1, i) = 0 ∧ path(j, t2) = 0 ∧ path(t3, t4) = 0) then
6             接受边 (i, j), 重新计算 OS_c;
7     return.
```

采用上面的生成策略，为每个 m_i、OS 和 CF 的参数组合生成 10 个实例，因此，该实验总共有 1350 个实例 (=5(N)×3(m_i)×3(OS)×3(CF)×10)。

2. 算法对比实验

为验证所提出的 CPI 算法的有效性，定义了如下几个比较标准。假设 C_b^* 表示工作流 b 中所有任务都选择最便宜服务时的成本。best_b 和 worst_b 分别表示对比的算法中在实例 b 上取得的最便宜和最贵的解。为方便描述，W_p 表示某个特定参数组合 p 的测试实例个数，具体个数见表 7.2 的实例数量列。$C_b(A)$ 表示算法 A 在实例 b 上的解的成本。这样，平均归一化资源租用成本 (average normalized resource renting cost, ANC)、平均相对偏差指数 (average relative deviation index, ARDI) 和相对偏差指数方差 (variance of RDI, VAR) 的定义如下：

$$\text{ANC} = \left(\sum_{b=1}^{W_p} C_b(A)/C_b^* \right) \Big/ W_p \tag{7.23}$$

$$\text{RDI}_b = [C_b(A) - \text{best}_b]/(\text{worst}_b - \text{best}_b) \tag{7.24}$$

$$\text{ARDI} = \left(\sum_{b=1}^{W_p} \text{RDI}_b \right) \Big/ W_p \tag{7.25}$$

$$\text{VAR} = \left[\sum_{b=1}^{W_p} (\text{RDI}_b - \sum_{b=1}^{W_p} \text{RDI}_b/W_p)^2 \right] \Big/ W_p \tag{7.26}$$

由于该问题是 NP 难问题，在有限时间内，CPLEX 不能得出大部分实例的最优解。因此，为公平对比，我们将 CPLEX 的运行时间设置成 CPI 算法在相同实例上的运行时间。然后将该时间结束时获得的最好解作为 CPLEX 的解。

表 7.2显示,CPI 算法的 ANC 和 ARDI 在所有实例上都好于 PCP_F、PCP_D 和 DET。表 7.2的 ANC 列是 CPI 算法相对于算法 PCP_F 的平均成本降低比例。当 $N > 400$ 或者 OS $\geqslant 0.2$ 时，CPI 比 CPLEX 具有更好的性能 (更低的服务租赁成本)。随着 N 增加，CPI 算法的 ANC 和 ARDI 都比其他算法降低得

表 7.2　随机实例上的 ANC 和 ARDI(%)

参数名称	参数值	CPLEX		DET		PCP_F		PCP_D		CPI	
		ANC	ARDI	ANC	ARDI	ANC	ARDI	ANC	ARDI	ANC(Percent)	ARDI
N	200	5.27	0	12.45	95.6	7.74	33.2	8.15	51.2	7.43(4%↓)	26.2
	400	3.78	1.7	8.53	91.7	4.99	27.9	5.27	48	4.25(14.8%↓)	15.2
	600	5.67	10.6	8.76	87.9	5.02	26.7	5.27	47.1	**4(20.3%↓)**	8.4
	800	7.32	16.7	8.9	86.1	4.88	24.6	5.14	44.4	**3.84(21.5%↓)**	6.7
	1000	5.77	14.8	7.34	85.7	4.16	23.3	4.41	42.7	**3.3(20.7%↓)**	6.1
m_i	[2,10]	1.44	1.6	3.03	99.2	1.75	23.5	1.76	30.6	1.55(11.4%↓)	10.5
	[11,20]	4.4	8	8.04	89.1	4.71	29.6	4.98	54.1	**4.09(13.2%↓)**	15.5
	[21,30]	11.11	14.4	18.07	80.5	10.63	30.5	11.28	58.6	**9.11(14.3%↓)**	15.4
OS	0.1	3.63	2.1	7.29	87.1	4.68	30.8	5.03	55.3	3.95(15.6%↓)	13.2
	0.2	5.69	9	9.67	89.8	5.57	26.3	5.87	46.5	**4.78(14.2%↓)**	13
	0.3	7.65	15.3	10.93	90.8	5.93	23.9	6.17	39.4	**5.05(14.8%↓)**	11.6
CF	convex	2.77	3.6	5.81	97.8	3.65	34.1	3.84	38.1	2.87(21.4%↓)	12.6
	concave	12.4	11.7	20.92	93.9	11.67	27.5	11.95	28.2	**10.22(12.4%↓)**	16
	hybrid	1.31	8	1.73	78.2	1.36	21.4	1.8	75.3	**1.3(4.4%↓)**	12.5
θ	0.15	8.84	14.1	12.2	89.8	9.4	40.8	9.68	56.5	**8.47(9.9%↓)**	23.3
	0.3	6.59	10.5	10.03	89.3	6.37	33.5	6.7	51.5	**5.4(15.2%↓)**	16.4
	0.45	4.24	4.8	8.38	90.3	4.02	23.4	4.33	44.4	**3.28(18.4%↓)**	10.1
	0.6	2.34	1.8	7.25	90.4	2.42	13	2.68	36.2	**2.01(16.9%↓)**	4.9

快。这表明对于复杂实例 (较大的 N 和 OS)，CPI 算法比其他算法更加有效。随着 m_i 和 OS 增加，所有算法的 ANC 都在增加，这是因为问题变得越来越复杂。同时，具有 concave 成本函数的实例的 ANC 要比 convex 和 hybrid 的大，这是因为具有 concave 函数的实例与具有其他两种成本函数的实例相比，存在较少的便宜候选服务。

从表 7.3的 VAR 列可以看出，在除了 $N = 200$ 的其他所有实例上，CPI 算法取得最小的 VAR。这表明我们提出的 CPI 算法更加稳定。CPI 算法的 VAR 随着 N 增加而降低，这说明 CPI 算法随着问题的任务数增加变得更加稳定。随着 m_i 增加，所有算法的 VAR 都在增加。这说明模态数的增加使得问题更加复杂。在所有的对比算法中，随着 N 和 m_i 的增加，CPLEX 算法的 VAR 上升得最快。相反，CPI 算法的 VAR 上升最慢。这说明随着问题复杂度上升，CPLEX 解的质量变得不稳定。同时，随着 θ 增加，CPLEX、CPI 和 PCP_F 都变得更加稳定。

表 7.3 随机实例的 VAR(%) 和时间 (s)

参数名称	参数值	实例数量	CPLEX		DET		PCP_F		PCP_D		CPI	
			VAR	时间	VAR	时间	VAR	时间	VAR	时间	VAR	时间
N	200	270	0	12.9	1.9	0.83	2.7	0.31	7.8	0.27	3.62	14.05
	400	270	1.67	20.4	3.65	1.06	3.02	1.65	9.69	1.41	**1.48**	21.18
	600	270	9.26	27.0	4.93	2.28	3.52	4.89	10.72	4.20	**0.73**	27.74
	800	270	13.77	38.5	5.38	4.78	3.31	10.25	10.48	8.93	**0.61**	39.58
	1000	270	12.45	40.9	5.84	6.43	3.32	13.34	10.95	11.82	**0.54**	41.17
m_i	[2,10]	450	1.55	14.3	0.41	2.32	1.55	3.08	3.26	2.88	**1.09**	15.18
	[11,20]	450	7.28	29.3	4.18	3.28	3.46	6.82	10.71	5.81	**2.67**	30.28
	[21,30]	450	12.09	36.2	6.78	2.77	4.66	6.46	11.44	5.59	**2.83**	37.50
OS	0.1	450	2.0	23.6	5.7	2.96	3.7	4.18	10.5	3.72	**1.7**	24.58
	0.2	450	8.0	29.7	4.0	3.14	2.9	5.57	10.0	4.90	**2.0**	30.86
	0.3	450	12.9	27.9	3.8	2.71	2.8	7.85	8.5	6.74	**2.2**	28.89
CF	convex	450	3.48	24.0	1.15	2.84	4.61	4.79	6.55	5.16	**1.96**	25.08
	concave	450	10.26	21.4	3.13	2.22	2.54	4.71	3.19	4.67	**2.71**	22.15
	hybrid	450	7.13	33.3	6.39	3.26	1.82	6.63	7.43	4.25	**1.89**	34.41
θ	0.15	1350	11.8	37.1	4.0	2.48	3.4	4.72	6.9	3.90	**3.7**	37.98
	0.3	1350	9.2	29.5	4.4	2.61	2.8	5.26	7.8	4.52	**2.0**	30.17
	0.45	1350	4.5	22.9	4.2	2.82	1.7	5.64	9.8	5.00	**0.9**	23.61
	0.6	1350	1.8	15.5	4.5	3.19	0.8	5.88	12.4	5.35	**0.3**	17.10

表 7.3的时间列表明，CPI 和 CPLEX 需要更多的计算时间。DET 算法最快。随着 N、m_i 和 OS 的增加，所有算法的时间都增加。服务的成本函数对算法的运行时间没有较大影响。对于算法 CPI 和 CPLEX，具有较大 θ 的实例需要较少的时间。相反，对于 PCP 和 DET 则需要较多的时间。但是，所有算法的时间都

在一分钟之内，能够符合实际应用的需求。

7.2 基于共享服务的工作流资源供应

传统服务计算领域，服务通常采用按次计费的方式。随着服务种类越来越多，很多服务采用新的计费方式，如 IaaS 提供商提供的虚拟机服务通常采用按区间计费的方式。服务实例的剩余时间片能够被同一应用的其他任务重复使用，从而降低服务总租赁成本。本节重点介绍基于这类共享服务的工作流资源供应问题。

以下几个因素对上述可共享服务的资源供应问题有较大影响：

(1) 按区间计费策略。在许多实际工作流应用中 (如 Epigenomic、LIGO、Montage、CyberShake 和 SIPHT 工作流应用 [466])，任务的处理时间比最小计费区间小很多。因此，在满足截止期的前提下，通过将并行任务串行化可以提高已租虚拟机实例时间区间的利用率，从而最终降低服务租赁成本。

(2) 软件安装时间和中间数据传输时间。某种程度上来说，这两者是冲突的。在执行任务之前，必须从文件系统下载相关的软件安装程序，然后由操作系统或者中间件将下载的软件加载。软件安装不可避免要消耗一定的时间。在工作流应用中，通常存在多个任务具有相同的功能和软件需求。因此，可以将这些任务部署到相同的虚拟机实例来重用已经安装的软件。由于许多工作流需要在任务之间传递大量的中间数据，如果将相同功能的任务分配到同一个服务实例，将导致大量的中间数据传输。这是因为通常情况下中间数据产生于不同的虚拟机实例，任务集中到某一个虚拟机实例处理，需要将分布的数据集中到某些特定虚拟机实例，导致不可避免的传输时间。反之，如果将任务部署到数据所在虚拟机实例，虽然可以节省数据传输时间，但是这样又增加了软件安装时间。因此，必须在软件重用和数据传输成本之间权衡。这使得该问题更加复杂。

(3) 复杂的任务间偏序依赖关系和任务属性的多样性 (计算密集型、高内存型和 I/O 密集型)。现有的商业云提供了具有不同配置 (处理器的数量、CPU 主频、内存大小和带宽) 和价格的多种虚拟机服务。为优化性能和成本，不同的任务需要租赁不同类型的虚拟机服务。

7.2.1 问题描述

对于云计算中工作流的资源弹性调度问题涉及很多复杂的约束，我们不可能考虑实际应用中的所有约束。因此，本节对云应用和云资源作了如下假设。如图 7.3所示，本节考虑的云计算系统存在两个角色：云服务提供商和云服务用户。云服务提供商向用户提供各种云服务，如虚拟机和存储。用户从服务商处租赁云资源构建自己的虚拟数据中心，用于支撑他们自己的应用程序。为最小化资源总租赁成本，必须在满足系统性能的前提下，设计动态的资源弹性伸缩策略。

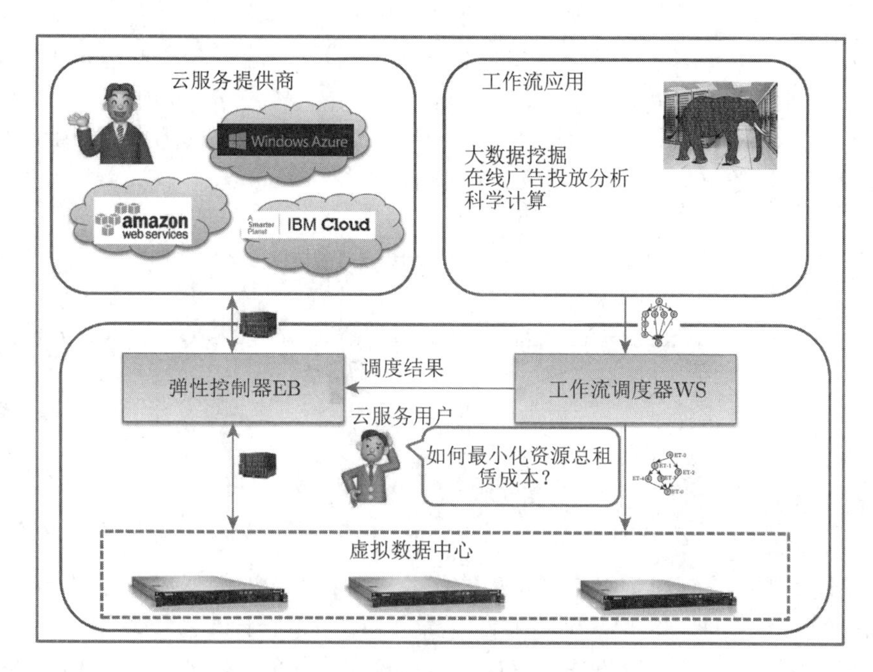

图 7.3 基于云计算的工作流系统架构

现有的很多云服务提供商提供多种不同类型和价格的虚拟机资源。同时，大部分云提供商提供的虚拟机采用按区间计费的模式，也就是说，用户只需要按照租赁的时间区间个数进行支付。即使该区间只是部分被使用，也需要支付整个区间的租赁费用。表 7.4是 Amazon EC2 提供的几种虚拟机服务，δ_t $(t=1,2,\cdots,M)$ 和 P_t^{price} 分别表示第 t 种虚拟机和它的价格 (每区间)。

表 7.4 虚拟机的配置和价格

分类	虚拟机类型	配置	价格/$
正常类型	Small (N_S)	1.7 GB MEM, 1 EC2 CU	0.06
	Medium(N_M)	3.75 GB MEM, 2 EC2 CU	0.12
	Large(N_L)	7.5 GB MEM, 4 EC2 CU	0.24
	Extra Large(N_EL)	15 GB MEM, 8 EC2 CU	0.48
高内存类型	Extra Large(M_EL)	17.1 GB MEM 6.5 EC2 CU	0.41
	Double Extra Large(M_DEL)	34.2 GB MEM 13 EC2 CU	0.82
	Quadruple Extra Large(M_QEL)	68.4 GB MEM 26 EC2 CU	1.64
高 CPU 类型	Medium(C_M)	1.7 GB MEM 5 EC2 CU	0.145
	Extra Large(C_EL)	7 GB MEM 20 EC2 CU	0.58

工作流应用存在于很多应用领域，如大数据挖掘、在线广告投放和科学计算等。通常情况下用有向无环图 (DAG)，$G=\{V,E\}$ 对工作流进行描述，其中

$V=\{v_0,v_1,\cdots,v_{N+1}\}$ 是任务集合，$E=\{(v_i,v_j)|i<j\}$ 是任务间的偏序约束关系集合。(v_i,v_j) 表示 v_j 必须等到 v_i 结束才能开始。$\mathcal{P}_i$ 和 $\mathcal{S}_i$ 分别表示任务 v_i 的直接前驱集合和直接后继集合。图 7.4是一个包括 7 个任务的工作流例子，其中活动 0 表示任务 v_0，其中 v_0 和 v_8 是起始任务和结束任务。

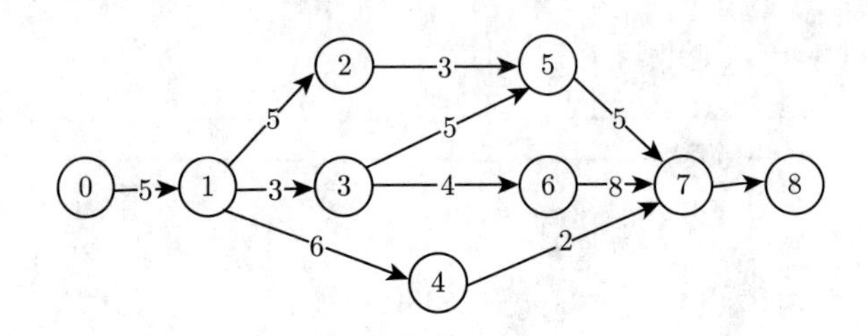

图 7.4　工作流示例

不同类型的虚拟机适合不同类型的任务，如对于一般的任务，可选择各项配置均衡的普通类型虚拟机；CPU 配置较高的虚拟机适合计算密集型任务；内存配置较高的处理器适合内存操作频繁或者需求较大的任务。例如，图 7.4中任务 v_1 是一个计算复杂型任务，该任务在高 CPU 类型虚拟机上需要的处理时间比其他类型的短并且需要的综合成本也比在其他类型虚拟机上便宜。任务 v_6 是一个内存需求较大的任务，它在高内存类型的虚拟机上可以获得较好的性能和便宜的价格。总之，必须依据任务的属性选择相匹配的虚拟机类型，以获得较好的性价比(处理速度快并且成本低)。$T_{i,t}^e$ 表示任务 v_i 在虚拟机类型 δ_t 上的处理时间。

除任务的处理时间外，中间数据的传输时间也不可忽略。事实上，中间数据的传输在有些场景甚至比任务本身的处理时间还长。数据传输时间与需要传输的数据量和系统带宽 B 有关，设 $\mathcal{Z}_{i,j}$ 表示任务 v_i 到 v_j 需要传输的数据量。同时，在执行任务之前需要安装各种各样的软件，例如，系统的加载、中间件和专业软件的安装。这些软件的加载需要消耗一定的时间。假设同一种类型的虚拟机的加载时间相同，T_δ^m 表示类型 δ 的系统加载时间。ϖ_i 表示任务 v_i 所需的软件单元，其加载时间是 T_{ϖ_i}。

图 7.3是本节考虑的云计算系统的框架。当一个工作流实例被提交时，工作流调度 (workflow schedule, WS) 的目标：在满足工作流截止期 D 的前提下，租赁合适的虚拟机实例并将任务分配到合适的虚拟机时间片，最小化资源总租赁成本。弹性代理 (EB) 是 WS 的代理，负责接收 WS 的指令从云提供商租赁和释放资源。如果 WS 决定将一个任务分配到一个新的虚拟机实例，EB 则负责租赁一个新的虚拟机实例。如果一个虚拟机实例在下一个计费周期不再被使用，EB 则将其释放。

7.2.2 多规则启发式算法

为求解上述问题，提出一个基于多规则的启发式 (multiple-rules based heuristic, MRH) 框架。该算法框架包括两步：① 将工作流截止期分配到各个任务；② 提出时间片选择规则，将任务分配到合适的时间片。本节提出一个截止期划分方法和三个时间片选择规则，形成一系列不同的启发式算法。

1. 工作流截止期划分

通常情况下，将工作流截止期划分成任务截止期主要涉及两个方面：确定合适的任务处理时间 (选择合适的虚拟机类型) 和任务间浮动空间的分配。已有算法中 (如文献 [478])，很多截止期划分方法以任务的最快执行时间为基础。然而，最终调度方案中虚拟机类型的选择和最快的虚拟机选择方案有很大不同，这样使得依据最快虚拟机服务划分的任务截止期划分得不够恰当。因此，本节采用基于整数规划模型的方法进行虚拟机类型选择，从而在考虑任务处理时间和成本均衡的前提下，确定任务的合适处理时间。任务的处理时间确定后，工作流截止期划分通常有两种方法：① 将工作流的截止期按任务的处理时间成比例分配到各个任务。这种按照部分路径依次等比例分配的方式使得工作流早期任务得到了较为宽松的任务截止期，大大减少了后期任务的虚拟机类型选择空间。② 基于浮动区间的工作流划分方式，如文献 [478]，但是其并没有给出具体的浮动区间生成方式。然而不同的浮动区间生成方法会导致不同的结果，因此，本节提出一种迭代的考虑任务偏序关系的任务浮动区间生成方法。最终根据生成的任务浮动区间，计算所有任务的最早结束时间。任务的最早结束时间就是任务的截止期。

2. 任务的虚拟机类型选择

为进行工作流截止期划分，必须先确定任务的处理时间，即选择合适的虚拟机类型。本节中，通过删除相关约束，我们将原始的调度问题转化为一个单纯的虚拟机类型选择问题，将其建模成整数规划问题并用 CPLEX 进行求解。由于要考虑数据传输、虚拟机加载、软件安装和资源的按区间计费模型等因素，原虚拟机调度问题是一个非常复杂的问题。因此，在工作流截止期划分阶段，为简化虚拟机的类型选择问题，我们作如下假设：任务的总处理时间包括任务的实际执行时间、数据传输时间、虚拟机和软件的安装时间，即任务 v_i 在虚拟机类型 δ 上的总处理时间 $p_{i,\delta}$ 为

$$p_{i,\delta} = T^e_{i,\delta} + \max_{i\in\mathcal{P}_j}\{\mathcal{Z}_{i,j}/B\} + T^m_\delta + T_{\varpi_i} \tag{7.27}$$

同时我们假设，在截止期划分阶段虚拟机采用精确计费方式而不是按区间计费方式。任务 v_i 在虚拟机类型 δ 上的成本是

$$c_{i,\delta} = p_{i,\delta} \times \frac{P_\delta^{\text{price}}}{L} \tag{7.28}$$

其中，L 表示按区间计费模式中虚拟机服务的计费区间长度。

基于上述假设，本节考虑的调度优化问题被简化为一个典型的虚拟机类型决策问题。该问题可以建模成一个整数规划 (integer program, IP) 问题。$x_{i,\delta} = 1$ 表示任务 v_i 选择虚拟机类型 δ，反之 $x_{i,\delta} = 0$。f_i 表示任务 v_i 的结束时间。上述整数规划模型的描述如下：

$$\min \quad \sum_{v_i \in V} \sum_{\delta \in \mathbb{M}} c_{i,\delta} \tag{7.29}$$

$$\text{s.t.} \quad \sum_{\delta \in \mathbb{M}} x_{i,\delta} = 1, \quad 1 \leqslant i \leqslant N \tag{7.30}$$

$$f_i \leqslant f_j - \sum_{\delta \in \mathbb{M}} p_{i,\delta} x_{j,\delta}, \quad \forall (i,j) \in E \tag{7.31}$$

$$f_0 \geqslant \sum_{\delta \in \mathbb{M}} p_{0,\delta} x_{0,t} \tag{7.32}$$

$$x_{i,\delta} \in \{0,1\}, \quad \delta \in \mathbb{M} \tag{7.33}$$

$$f_N \leqslant D \tag{7.34}$$

目标函数 (7.29) 为最小化虚拟机总租赁成本。由于该步骤假设不采用按区间计费模式，该目标函数不包括未使用碎片的成本。约束 (7.30) 确保每个任务只选择一种类型的虚拟机。约束 (7.31) 和 (7.32) 保证了任务间的偏序约束关系。约束 (7.33) 是二元决策变量表示任务是否选择某个类型的虚拟机。约束 (7.34) 保证工作流总执行时间满足截止期约束。

尽管上述虚拟机类型选择问题仍然是一个 NP 难问题 [479]，CPLEX (avigap = 0.2%) 的运行时间在所有的测试实例上都不超过 3s。CPLEX 在运行过程中，只要当前的最优解和分支限界法的下界之间的差值小于某个特定的比例 avigap，CPLEX 即停止。当前的最好解即被采纳为 CPLEX 的近似解并用 $\mathcal{R}$ 表示。$\mathcal{R}_{[v_i]}$ 表示任务 v_i 在解 $\mathcal{R}$ 中选择的虚拟机类型。

3. 基于浮动区间的任务截止期生成方法

基于 CPLEX 的解 $\mathcal{R}$ 确定了任务的虚拟机类型和执行时间之后，任务的最早结束时间和根据工作流截止期生成的最晚结束时间之间仍然可能存在间隙。为给任务更大的调度空间，需要将这些时间间隙合理分配给各个任务，并根据最终的时

间间隙分配结果计算出任务的截止期。事实上，时间间隙的分配过程是一个遍历过程。不同的遍历顺序将导致不同的时间间隙分配结果。采用 Abrishami 等 [471,474] 研究中的遍历顺序，迭代生成关键路径。该关键路径划分顺序确保了时间间隙优先分配给关键任务。设 $\mathrm{CP}=\{\mathrm{CP}_{[1]},\mathrm{CP}_{[2]},\mathrm{CP}_{[3]},\cdots,\mathrm{CP}_{[l]}\}$ 是当前的关键路径，其中 $\mathrm{CP}_{[i]}$ 是路径上第 i 个任务，l 是 CP 的长度。在每一条关键路径生成之后，该路径的时间间隙被分配给该路径上的不同任务。将时间间隙分配给关键路径上任务的方法有多种，在已有算法中，有的没有考虑路径上任务之间的间隙 (例如，为网格计算提出的服务调度算法 PCP [474]，第 1404 页第一栏最后一段)、有的只是将路径上所有任务之间的间隙按路径上任务的执行时间等比例分配 (为 IaaS 虚拟机调度提出的 IC-PCPD2 算法 [471])。在 PCP 的方法中，关键路径 CP 的时间间隙是 $\mathrm{LFT}_{\mathrm{CP}_{[l]}}-\mathrm{EFT}_{\mathrm{CP}_{[l]}}$，路径中任务间由偏序关系产生的时间间隙没有被考虑。以图 7.5(a) 中的工作流为例，假设 $\mathrm{CP}=\{v_1,v_3,v_6\}$ 是当前的部分关键路径。图 7.5(c) 显示的甘特图中有三个时间槽 A、B 和 C，A 和 B 是 v_6 前驱任务的最早结束时间和最早开始时间直接的间隔，C 是最后一个任务 v_6 的最早结束时间和最晚结束时间的时间间隔。在 PCP 中只考虑 C，没有考虑 A 和 B。然而，事实上 A 和 B 对时间空隙的分配至关重要。在 IC-PCPD2 [471] 的时间间隙分配方法中，关键路径的最后一个任务的最晚结束时间和第一个任务的最早开始时间之间的时间槽被按运行时间等比例分配给关键路径上的任务，并直接生成各个任务的截止期。时间间隙是依次分配给多个路径上的任务，但是当前路径上计算出的时间间隙并没有考虑前面各个路径上已经分配过的时间间隙。例如，图 7.5(a) 中的任务 v_{10}、v_{11} 和 v_{12} 是已经分配了时间间隙的任务。如果考虑分配给它们的时间间隙，则计算出的路径 $\mathrm{CP}=\{v_1,v_3,v_6\}$ 的最晚结束时间是图中的 LFT_{v_6}，当不考虑已经分配的时间间隙时，该路径的最晚结束时间是图中的 $\mathrm{LFT}(v_6)'\geqslant\mathrm{LFT}(v_6)$。这导致了由 $\mathrm{LFT}_{v_6'}$ 计算出的任务截止期偏大。图 7.5(b) 是 v_1、v_3 和 v_6 的截止期划分结果。在工作流的调度阶段，较早调度的任务有过大的选择空间，导致后调度任务的调度空间较小。为将这些间隙分配给不同的任务截止期，本节提出一个迭代的基于任务浮动区间的任务截止期生成方法。任务的浮动区间是任务的总处理时间和分配给该任务的时间间隙总和。在浮动区间的生成过程中，时间间隙被逐步添加到不同任务的浮动区间。最终，由任务的浮动区间生成的最早结束时间被当作任务的截止期。设 $\mathcal{T}_{v_i}^{\mathrm{float}}$ 是任务 v_i 的浮动区间。最初 $\mathcal{T}_{v_i}^{\mathrm{float}}=T_{i,\mathcal{R}_{[v_i]}}^{e}+\max\limits_{i\in\mathcal{P}_j}\{\mathcal{Z}_{i,j}/B\}+T_{\mathcal{R}_{[v_i]}}^{m}+T_{\varpi_i}$。基于任务浮动区间的任务最早开始时间、最早结束时间和最晚结束时间的计算方法见算法 63。如果 $\mathrm{EST}_{v_k}+\mathcal{T}_{v_k}^{\mathrm{float}}=\mathrm{LFT}_{v_k}$，则任务 v_k 属于固定任务。V^{fix} 是固定任务的集合。该方法的主要特点是在分配时间间隙时充分考虑了任务之间的偏序约束关系。本节中路径 CP 的时间间隙 $\mathcal{T}_{\mathrm{CP}}^{\mathrm{float}}$ 被定义为路径上所有任务间的时间间隙

$$\mathcal{T}_{\mathrm{CP}}^{\mathrm{float}} = \sum_{\mathrm{CP}_{[k]}\in\mathrm{CP}'} \{\mathrm{EST}_{\mathrm{CP}_{[k+1]}} - \mathrm{EFT}_{\mathrm{CP}_{[k]}}\} + \mathrm{LFT}_{\mathrm{CP}_{[l]}} - \mathrm{EFT}_{\mathrm{CP}_{[l]}} \tag{7.35}$$

算法 63: EFT&LFT(最早结束时间和最晚结束时间计算方法)

```
1  begin
2      /* 初始化最早开完工时间 */
3      for i = 0 to N+1 do
4          if (P_i ≠ ∅) then
5              EST_{v_i} ← max_{v_j∈P_i} {EFT_{v_j}};
6          else
7              EST_{v_i} ← 0;
8          EFT_{v_i} ← EST_{v_i} + T_{v_i}^{float};
9      /* 初始化最晚结束时间 */
10     for i = N+1 to 0 do
11         if (S_i ≠ ∅) then
12             LFT_{v_i} ← min_{v_j∈S_i} {LFT_{v_j} − T_{v_j}^{float}};
13         else
14             LFT_{v_i} ← D;
15     return.
```

其中，$\mathrm{CP}' = \mathrm{CP}/(V^{\mathrm{fix}} \cdot \{\mathrm{CP}_{[l]}\})$。任务 $\mathrm{CP}_{[l]}$ 的最晚结束时间 $\mathrm{LFT}_{\mathrm{CP}_{[l]}}$ 由截止期 D 生成。路径的时间间隙被按运行时间长度等比例分配给路径上的非固定任务，也就是说，分配给任务 $v_i \in \mathrm{CP}$ 的时间间隙的长度为

$$\mathcal{T}_{v_i}^{\mathrm{dis}} = \mathcal{T}_{\mathrm{CP}}^{\mathrm{float}} \times \mathcal{T}_{v_i}^{\mathrm{float}} / \sum_{v_k\in\mathrm{CP}/V^{\mathrm{fix}}} \{\mathcal{T}_{v_k}^{\mathrm{float}}\} \tag{7.36}$$

如果 $\mathrm{EFT}_{v_i} + \mathcal{T}_{v_i}^{\mathrm{dis}} > \mathrm{LFT}_{v_i}$，则将 $\mathcal{T}_{v_i}^{\mathrm{dis}}$ 修改为 $\mathrm{LFT}_{v_i} - \mathrm{EFT}_{v_i}$。更新任务 v_i 的浮动区间 $\mathcal{T}_{v_i}^{\mathrm{float}} = \mathcal{T}_{v_i}^{\mathrm{float}} + \mathcal{T}_{v_i}^{\mathrm{dis}}$。重新计算任务 v_i 的所有后继任务的最早开始和最早结束时间。当前路径的总时间间隙被分配给路径上的所有非固定任务之后，根据当前任务的浮动区间重新计算所有任务的最晚结束时间。重新计算 $\mathcal{T}_{\mathrm{CP}}^{\mathrm{float}}$，如果 $\mathcal{T}_{\mathrm{CP}}^{\mathrm{float}} > 0$，重复上述过程，否则重新生成新的关键路径，重复上述关键路径的

时间间隙分配过程。直到所有任务的浮动区间都不能再被更新。最终，由所有任务当前浮动区间生成的最早结束时间就是任务的截止期，任务 v_i 的截止期用 D_{v_i} 表示。该时间空隙分配过程的具体描述见算法 64。

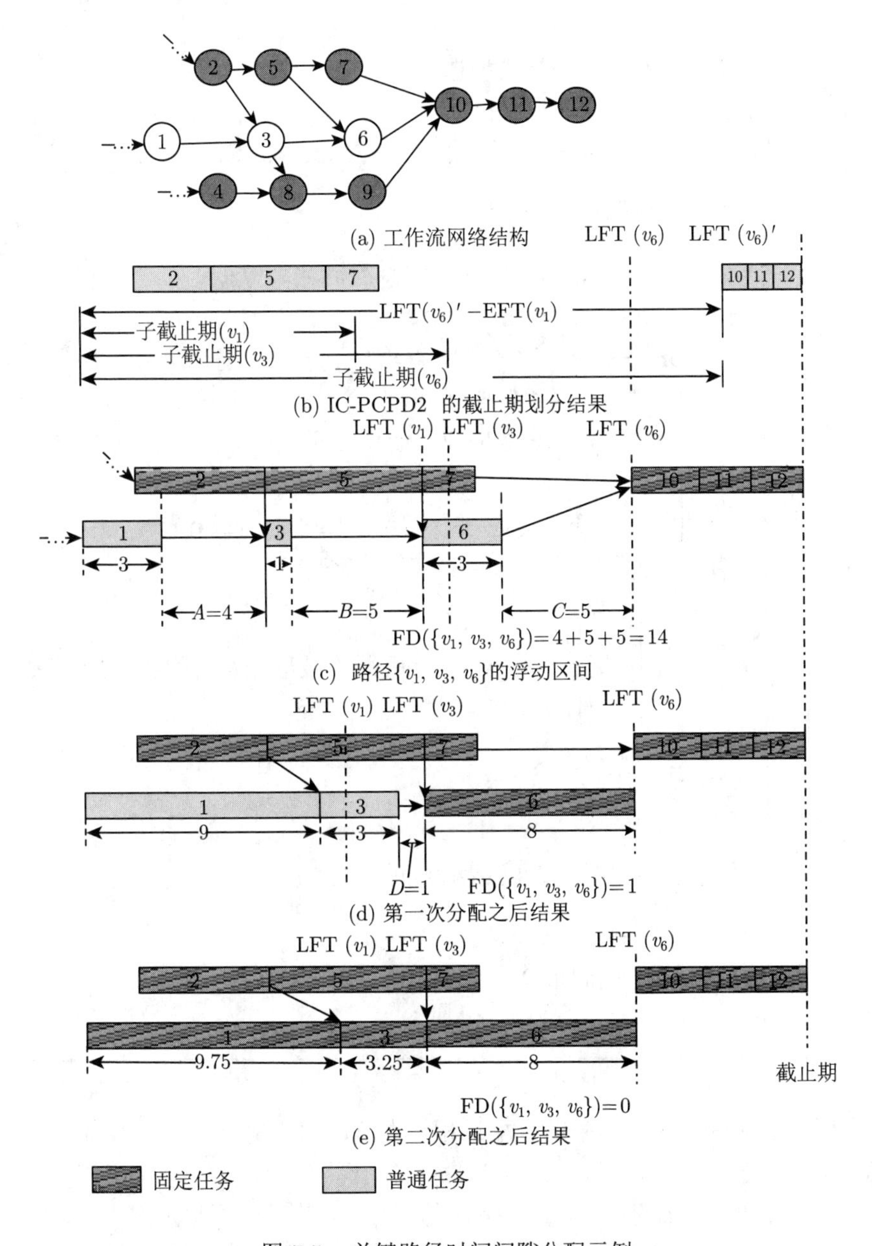

图 7.5 关键路径时间间隙分配示例

算法 64: 工作流截止期划分

```
1  begin
2      依据 7.2.2 节 1. 的内容将原问题松弛成一个单纯的虚拟机类型选择问题 IP;
3      用 CPLEX 求解 IP 得到类型选择方案 R ;
4      调用 EFT&LFT();
5      采用文献 [471] 中的部分关键路径生成方法生成 CP;
6      while CP ≠ ∅ do
7          while do
8              依据公式 (7.35) 计算路径的总时间间隙 T_CP^float;
9              if (T_CP^float > 0) then
10                 for i = 1 to l /* 分配 T_CP^float 到各个任务 */ do
11                     if (CP_[i] ∉ V^fix) then
12                         依据公式 (7.36) 计算分配给任务 v_i 的时间间隙 T_{v_i}^dis;
13                         if EFT_{CP_[i]} + T_{CP_[i]}^dis > LFT_{CP_[i]} then
14                             T_{CP_[i]}^dis ← LFT_{v_i} − EFT_{v_i};
15                         T_{CP_[i]}^float ← T_{CP_[i]}^float + T_{CP_[i]}^dis;
16                         更新任务 v_i 所有后继的最早开始时间和最早结束时间;
17             else
18                 Break;
19             更新所有任务的最晚结束时间;
20         生成新的关键路径 CP;
21     生成每个任务的截止期 D_{v_i} ← EFT_{v_i};
22     return.
```

为更清楚地说明时间间隙的分配过程，本节以图 7.5(a) 中的工作流为例进行详细说明。首先计算 $\mathrm{CP}=\{v_1,v_3,v_6\}$ 的总时间间隙 $(\mathrm{EST}_{v_3}-\mathrm{EFT}_{v_1})+(\mathrm{EST}_{v_6}-\mathrm{EFT}_{v_3})+(\mathrm{LFT}_{v_6}-\mathrm{EFT}_{v_6})=14$。分配给任务 v_1 的时间间隙是 $\mathcal{T}_{v_1}^{\mathrm{dis}}=\mathcal{T}_{\mathrm{CP}}^{\mathrm{float}}\times\mathcal{T}_{v_1}^{\mathrm{float}}/\sum_{k=1,3,6}\{\mathcal{T}_{v_k}^{\mathrm{float}}\}=14\times3/(3+1+3)=6$。更新 $\mathcal{T}_{v_1}^{\mathrm{float}}=3+\mathcal{T}_{v_1}^{\mathrm{dis}}=9$。更新任务 v_1 后继的最早开始时间和最早结束时间。计算 $\mathcal{T}_{v_3}^{\mathrm{dis}}=2$ 并更新 $\mathcal{T}_{v_3}^{\mathrm{float}}=$

$1+2=3$。更新任务 v_3 后继的最早开始时间和最早结束时间。计算 $\mathcal{T}_{v_6}^{\text{dis}}=6$，由于 $\mathcal{T}_{v_6}^{\text{float}}+\mathcal{T}_{v_6}^{\text{dis}}=6\geqslant \text{LFT}_{v_6}$，更新 $\mathcal{T}_{v_6}^{\text{dis}}=\text{LFT}_{v_6}-\text{EFT}_{v_6}=5$ 和 $\mathcal{T}_{v_6}^{\text{float}}=3+5=8$。更新任务 v_6 后继的最早开始时间和结束时间。重新计算所有任务的最晚结束时间。由于 $\text{EST}_{v_6}+\mathcal{T}_{v_6}^{\text{float}}=\text{LFT}_{v_6}$，更新 $\mathcal{T}_{\text{CP}}^{\text{float}}=1$。将 $\mathcal{T}_{\text{CP}}^{\text{float}}$ 按比例分配给 $\{v_1,v_3\}$，重新计算所有任务的最晚结束时间。重新计算 $\mathcal{T}_{\text{CP}}^{\text{float}}=0+0+0$，该路径的分配过程结束。

4. 基于多规则的任务调度

在任务的截止期确定之后，在满足任务截止期的前提下，任务被调度到合适的虚拟机时间槽上。采用基于队列的调度方式，依次调度任务。任务的调度顺序由一个基于任务深度的规则决定。并且，为将任务分配到合适的虚拟机时间槽，本节提出三个启发式规则。

5. 基于深度的任务调度顺序

本节提出基于深度的任务调度顺序。设 ϑ 是所有可调度任务的集合，可调度任务指的是所有前驱已经调度的任务。初始化 ϑ 为 $\{v_0\}$。任务 v_i 的深度 ℓ_{v_i} 是 v_0 到 v_i 经过的最少任务数量。如果 ϑ 为空，则算法终止，否则按照任务的深度将 ϑ 划分为多个子集。选择具有最小深度子集中的具有最大最早结束时间的任务作为下一个需要调度的任务。由于具有相同深度的任务通常具有相似的软件需求，因此，这种调度方式保证了具有相似软件需求的任务被一起调度。算法 65是获取下一个需调度任务的具体描述。每调度一个任务之后，需要更新 ϑ 为所有前驱已经调度的任务的集合。

算法 65: Getnexttask /* 获取下一个需调度任务 */

```
1 begin
2     根据任务的深度将 ϑ 划分成多个子集;
3     取具有最小深度的任务子集 ϑ_s;
4     将 ϑ_s 中任务按照最早结束时间非升序排列;
5     v_t 是 ϑ_s 中的第一个任务;
6     return v_t.
```

6. 任务和时间槽的匹配规则

本节提出三个启发式规则，用于将每个任务 v_i 分配到合适的时间槽。设 $\mathcal{I}=\{I_m|m=1,2,\cdots,\mathbb{U}\}$ 表示该系统中所有已经租赁虚拟机实例的集合，$\varPsi_{I_m}$ 是虚拟机实例 I_m 上时间零到 D 之间的可用时间槽集合，如图 7.6 中，虚拟机实例上

的可行时间槽是 $[3,7]$、$[8,13]$ 和 $[16,21]$。对于任务 v_i，$\Psi_{\mathcal{I}}^{v_i}$ 表示 $\mathcal{I}$ 中所有虚拟机集合上 EST_{v_i} 到 D_{v_i} 时间区间内的所有时间槽的集合。我们定义，如果 v_k 已经被调度到时间槽 s 所在的虚拟机实例上，$x_{v_k,s}=0$，否则，$x_{v_k,s}=1$。任务 v_i 分配到时间槽 s 时的数据传输时间是 $T_{i,s}^d=\max\limits_{k\in\mathcal{P}_i}\{\mathcal{Z}_{k,i}x_{v_k,s}/B\}$。图 7.4中，任务之间的数据传输时间被标记在图中的有向箭头上。依据上述公式，当 v_7 被分配到 v_6 所在的虚拟机实例时，v_6 到 v_7 间的数据传输时间为 0。因此，v_7 的数据传输时间由 v_4 和 v_5 到 v_7 的数据传输决定，也就是说 $T_7^d=\max\{2,5\}$。如果虚拟机实例需要在时间槽 s 内启动，则 $y_s=1$，否则，$y_s=0$。时间槽 s 上的虚拟机的安装时间 $T_s^m=y_sT_{\lambda_s}^m$，其中 λ_s 是时间槽 s 对应虚拟机实例的类型。如果 v_i 被分配到没有软件 ϖ_i 的时间槽 s 上时，$z_{i,s}=1$，否则，$z_{i,s}=0$。因此，v_i 分配到时间槽 s 上时的软件安装时间是 $T_{i,s}^{\varpi}=z_{i,s}T_{\varpi_i}$。对于 v_i，本节提出三个启发式规则用于从 $\Psi_{\mathcal{I}}^{v_i}$ 中选择合适的时间槽。

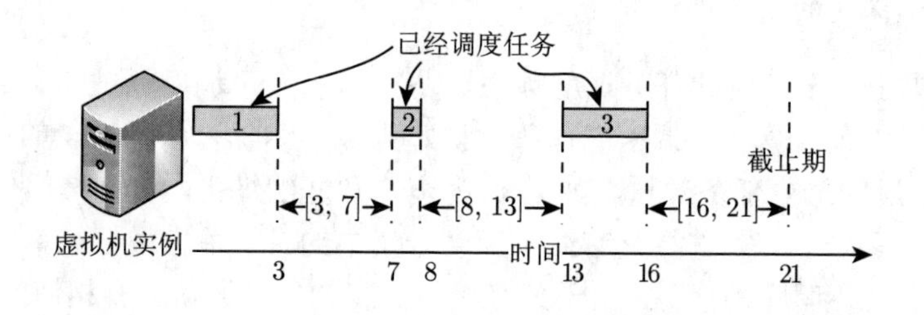

图 7.6　虚拟机实例的可行时间槽

1) 最少新租赁时间区间优先规则 (FNIF)

由于大多数情况下，租赁的资源时间区间并不能被完全使用，造成很多剩余时间碎片。调度新任务时，尽可能重用已经租赁时间区间的剩余时间片，可以提高已经租赁时间区间的利用率，降低最终租赁的总时间区间数量。如图 7.7中，任务 v_1、v_2、v_3、v_4、v_5、v_6、v_7、v_8 是已经调度任务，v_9 是当前需要调度的任务。$[3,7]$，$[8,13]$，$[16,21]$，$[6,13]$，$[15,21]$，$[8,21]$ 和 $[7,16]$ 是所有虚拟机实例上的可用时间槽。我们假设资源的计费区间长度是 6，a、b、c、d、e、f 和 g 是所有的剩余时间碎片。由于执行时间长度的限制，只有 $[6,13]$、$[8,21]$ 和 $[7,16]$ 是可调度时间槽。其中 $[7,16]$ 属于完全租赁的时间槽，也就是说该区间所在的所有时间区间都已经被租赁，$[6,13]$ 和 $[8,21]$ 属于部分租赁的时间槽，例如 $[8,21]$ 中，第二个时间区间没有被租赁。如果将 v_9 分配到 $[6,13]$ 和 $[8,21]$ 时，由于现有的时间槽上的时间碎片不能满足需求，因此都需要分别租赁一个新的时间区间。时间槽 $[7,16]$ 正好可以满足需求，不需要新租赁时间片，因此，$[7,16]$ 更适合用于调度 v_9。设 $R_{v_i}^s$ 和 $\bar{R}_{v_i}^s$ 分别表示将 v_i 调度到 $s\in\Psi_{\mathcal{I}}^{v_i}$ 时需要租赁的租赁区间个数和最大可能需要租赁的时间区间个数。

$$\bar{R}^s_{v_i} = \lceil (T^e_{i,\lambda_s} + T^d_{v_i,s} + T^m_s + T^\varpi_{i,s})/L \rceil + 1 \tag{7.37}$$

其中，λ_s 是时间槽 s 对应的虚拟机类型。规范化后的本规则的优先级值 $\alpha^s_{v_i} = R^s_{v_i}/\bar{R}^s_{v_i}$。例如，在图 7.7中我们假设 $T^d_{i,\lambda_s}+T^m_s+T^\varpi_{v_i,s} = 0, \alpha^{[6,13]}_{v_9} = 1/(\lceil 7/6 \rceil+1) = 0.333$、$\alpha^{[8,21]}_{v_9} = 1/(\lceil 7/6 \rceil + 1) = 0.333$ 和 $\alpha^{[7,16]}_{v_9} = 0/(\lceil 7/6 \rceil + 1) = 0$。

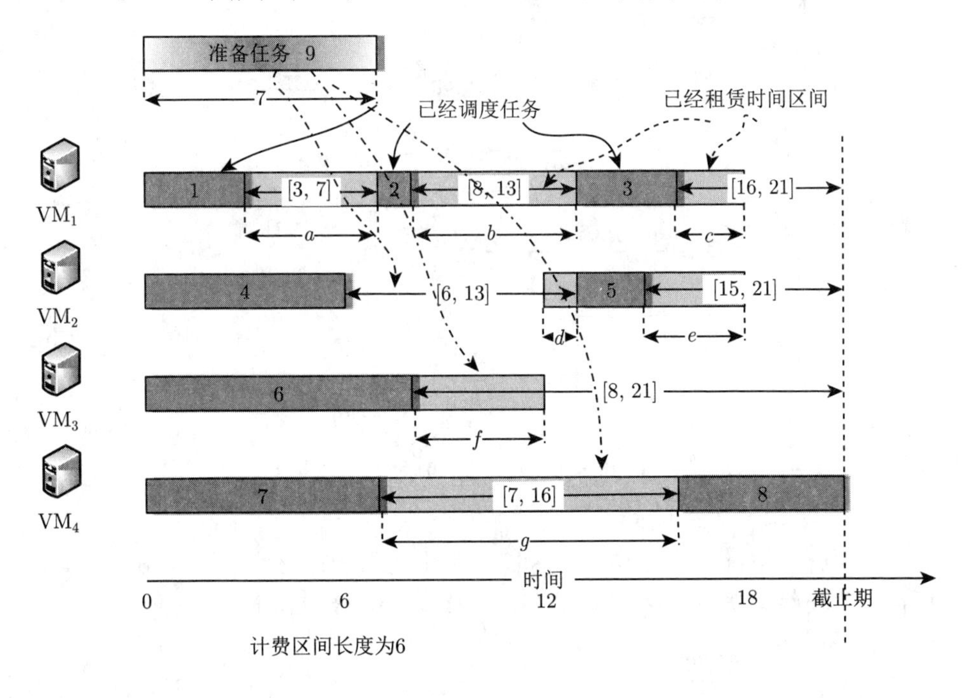

图 7.7 租赁尽可能少的计费区间

2) 最小执行成本优先规则 (LACF)

有时优先将任务调度到时间碎片规则，容易导致较低的执行效率 (较高的执行成本，却具有较长的执行时间)。例如，把内存复杂型任务分配到 CPU 配置较高的资源的剩余时间片。因此，必须在时间片重用和执行效率之间进行权衡。任务在不同虚拟机实例上的处理效率不同，执行效率越高，成本越低。因此，优先选择具有较低成本的虚拟机实例。任务的处理成本包括：虚拟机加载成本、软件安装成本、数据传输成本和任务执行成本，具体计算公式如下：

$$C^s_{v_i} = (T^e_{i,\lambda_s} + T^d_{i,s} + T^m_s + T^\varpi_{i,s}) \times P_{\lambda_s} \tag{7.38}$$

图 7.8是一个具有 4 个任务的数据挖掘工作流示例。假设任务 v_1、v_2 和 v_3

是已经调度任务，v_4 是当前需要调度任务。v_1 和 v_2 分别负责数据准备和数据划分，v_3 和 v_4 是并行化的两个数据挖掘任务，需要相同的软件。

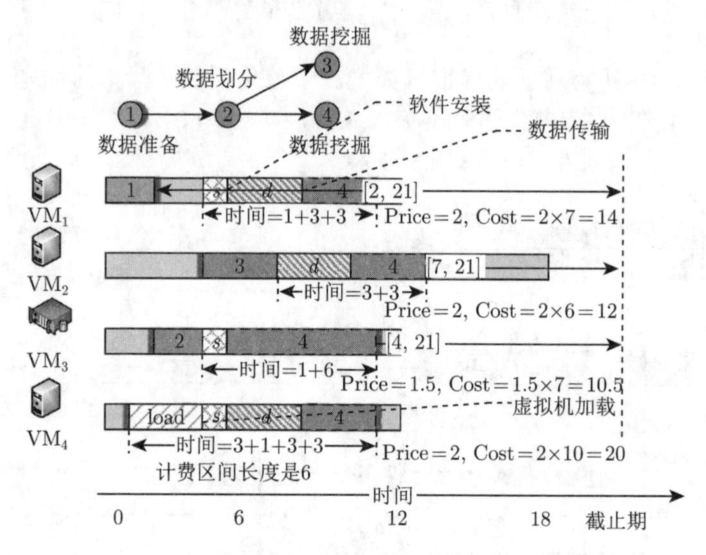

图 7.8 选择具有最小执行成本的时间槽

(1) 当 v_4 被分配到 VM_1 上的 $[2,21]$ 时，$T^e_{4,\lambda_{[2,21]}}=3$、$T^d_{4,[2,21]}=3$、$T^m_{[2,21]}=0$、$T^{\varpi}_{4,[2,21]}=1$ 和 $C^{[2,21]}_{v_4}=14$。

(2) 当 v_4 被分配到 v_3 所在虚拟机 VM_2 上的 $[7,21]$ 时，$T^m_{[7,21]}=0$、$T^{\varpi}_{4,[7,21]}=0$(所需软件已经在执行 v_3 之前被安装)、$T^d_{4,[7,21]}=3$(从 VM_3 上的 v_2 到虚拟机 VM_2 的数据传输)、$T^e_{4,\lambda_{[7,21]}}=3$ 和 $C^{[7,21]}_{v_4}=12$。

(3) 当 v_4 被调度到 VM_3 上的 $[4,21]$ 时，由于没有相关软件，$T^{\varpi}_{4,[4,21]}=1$；因为 v_4 和 v_2 在同一个虚拟机实例上，$T^d_{4,[4,21]}=0$；在 VM_3 上的执行时间比在其他类型的虚拟机实例上要长，$T^e_{4,\lambda_{[4,21]}}=6$；因此，总执行成本是 $C^{[4,21]}_{v_4}$。

(4) 当为 v_4 租赁一个新的虚拟机实例 VM_4 时，虚拟机加载成本是 $T^m_{[0,21]}=3$；$T^{\varpi}_{4,[0,21]}=1$、$T^d_{4,[0,21]}=3$、$T^e_{4,\lambda_{[0,21]}}=3$ 和 $C^{[0,21]}_{v_4}=20$。

我们选择具有最小处理成本的时间槽，该规则的启发式值的定义如下：

$$\beta^s_{v_i}=\frac{C^s_{v_i}}{\max\limits_{\acute{s}\in\Psi^{v_i}_{\mathcal{I}}}C^{\acute{s}}_{v_i}} \tag{7.39}$$

对于图 7.8中的例子，$\beta^{[4,21]}_{v_4}=10.5/20=0.525$。

3) 剩余时间片长度和执行时间匹配度优先规则 (BMF)

为提高已经租赁时间片的利用率，在选择剩余时间片时，优先考虑剩余时间槽长度和任务执行时间长度相匹配的时间槽。最理想的情况是，租赁的时间槽正好可以满足任务的需求，或者是剩余时间槽的长度正好满足任务的执行。事实上，很多时候，剩余时间槽的长度大于任务的执行时间，因此，任务分配到剩余时间槽时，必然会形成新的时间碎片。例如图 7.9中，任务 v_5 被调度到 VM_1 上的时间槽 $[1,21]$ 时，任务 v_5 的前部和后部各形成一个新的时间碎片，长度分别是 2 和 1。这两个新生成的时间碎片的长度反映了当前任务和原始时间槽的匹配程度，新碎片的总长度越小，匹配度越高。图 7.9中，对于所有的时间槽，v_5 分配到 $[9,21]$ 时的新时间碎片的长度最小。因此，优先选择 $[9,21]$ 用于调度任务 v_5。我们定义任务的处理时间和时间槽长度直接的匹配度为

$$\gamma_{v_i}^{s}=\frac{W_{v_i}^{s}}{2\times L} \tag{7.40}$$

其中，$W_{v_i}^{s}$ 是将 v_i 调度到 s 时新产生的时间碎片的长度。例如图 7.9中，$\gamma_{v_5}^{[1,21]}=3/12=0.25$、$\gamma_{v_5}^{[2,21]}=2/12=0.167$、$\gamma_{v_5}^{[9,21]}=0/12=0$ 和 $\gamma_{v_5}^{[8,21]}=1/12=0.083$。

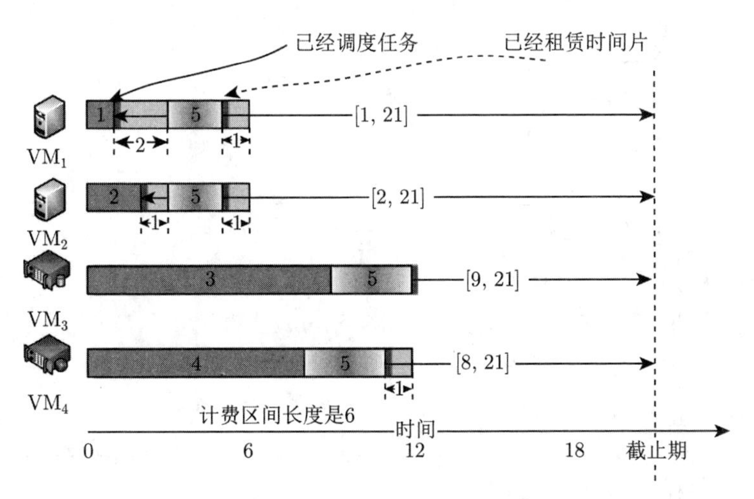

图 7.9 时间槽长度和任务执行时间相互匹配度

通过将上述提出的三个启发式规则的启发式值按照一定权重整合，得出将 v_i 调度到每一个 $s\in\Psi_{\mathrm{VDC}}^{v_i}$ 时的混合启发式值。

$$\psi_{v_i}^{s}=\alpha_{v_i}^{s}\times a+\beta_{v_i}^{s}\times b+\gamma_{v_i}^{s}\times c \tag{7.41}$$

其中，a、b 和 c 是三个规则的权重，值越大，表明对应规则的权重越高。

任务的具体调度算法如下，对于当前任务 v_i，首先我们向数据中心 $\mathcal{I}$ 添加一个 v_i 选择的虚拟机类型的实例 (截止期划分阶段)vm'。计算 v_i 在虚拟数据中心的所有时间槽上的混合启发式值。将任务 v_i 调度到具有最小启发式值的时间槽

s'。如果 s' 不在 vm' 上，则将 vm' 从 $\mathcal{I}$ 删除。更新 ϑ，任务调度的具体描述见算法 66。

算法 66: Taskschedule(a,b,c) /* 任务调度 */

```
1  begin
2      初始化 ϑ ← {v_0};
3      根据当前时间调度，为每个 v_i ∈ ϑ 计算 EST_{v_i};
4      v_t ← Getnexttask(ϑ);
5      s' ← ∅;
6      while v_i ≠ ∅ do
7          将虚拟机类型 R_{[v_i]} 的一个新的实例 vm' 添加到 I;
8          根据当前时间调度，为每个 v_i ∈ ϑ 计算 EST_{v_i};
9          根据 7.2.2 节 6. 的内容，更新 Ψ_I^{v_i};
10         ψ_{v_i}^{low} ← ∞;
11         for each s in Ψ_I^{v_i} do
12             根据公式 (7.41) 计算 ψ_{v_i}^s ;
13             if ψ_{v_i}^s < ψ_{v_i}^{low} then
14                 ψ_{v_i}^{low} ← ψ_{v_i}^s;
15                 s' ← s;
16         将任务 v_i 调度到 s';
17         如果 s' 不在 vm' 上，从 I 删除 vm';
18         更新 ϑ，v_t ← Getnexttask(ϑ);
19     return.
```

7. *启发式任务调度算法*

本节提出多规则调度 (MRH) 算法 (算法 67) 主要包括两个步骤：工作流截止期划分和任务调度。针对具体的应用特点，赋予 a、b 和 c 不同的值，就可以得到适应不同场景的启发式算法。

8. *复杂度分析*

MRH 算法的时间复杂度主要取决于两部分：工作流截止期划分和任务调度。工作流截止期划分分为两个步骤：首先用 CPLEX 求解 IP 模型，然后利用基于深度和广度优先混合的遍历方法进行时间间隙分配。尽管求解 IP 模型是 NP 难问题，当设置 avigap 为 0.2% 时，CPLEX 求解该类问题中具有 1000 个任务的工作流实例时的时间仍然在 3s 内。同时，上述混合遍历算法的时间复杂度是 $O(n^4)$。

设 M_s 是系统中最大的可能时间槽的数量 (该值小于已经调度任务的数量)，计算混合启发式值的时间复杂度是 $O(M_s)$，因此，调度 N 个任务的总时间复杂度是 $O(M_sN)$。

算法 67: MRH /* 基于多规则的启发式方法 */

```
1 begin
2     输入: 启发式规则权重 a、b 和 c;
3     调用算法 64;
4     调用 Taskschedule(a, b, c);
5 End.
```

7.2.3 实验结果

由于没有与本节考虑的问题完全一样的相关研究，为对本节提出的算法的性能进行评估，本节将 MRH 算法与两个为相似问题提出的算法进行对比。

1. 测试环境设置

对于本节考虑的问题，没有相关研究考虑完全一样的问题，因此缺乏直接可用的测试实例集合。而在已有工作中，Bharathi 等 [466] 研究了几种实际工作流实例的特征，包括：Montage (MON)、CyberShake (CYB)、Epigenomic (biology)、LIGO (LIG) 和 SIPHT (SIP)。因此，本节采用该文献 Workflow Generator ① 生产测试实例集合。Workflow Generator 生产的工作流实例保存成 XML 格式，其中包括网络结构、任务名称和任务的运行时间等相关描述。依据本节研究的问题特点，对 Workflow Generator 生产的工作流实例进行拓展。任务在不同类型的虚拟机类型上的执行时间根据 XML 文件中描述的执行时间和任务的具体类型决定。任务所需软件由 XML 文件中任务的名称决定，我们假设相同的任务名称代表相同的软件需求。XML 文件中已经包括了任务间数据的传输方向和数据量。对于测试的工作流实例集合，工作流包含的任务的数量属于集合 {50, 100, 200, 300,400, 500, 600, 700, 800, 900, 1000}。每个值生成 100 个实例，总共 1100 个实例。

由于目前缺乏与本节完全一样问题的相关研究，而 Abrishami 等 [471] 考虑的 IaaS 中的工作流调度问题与本节考虑问题比较相似，该文献中提出两个启发式算法：IC-PCP 和 IC-PCPD2。又因为实验结果表明，IC-PCP 的平均效果要好于 IC-PCPD2，因此本书拟采用 IC-PCP 作为对比算法之一。为更公平地对比，本节对 IC-PCP 进行适当修改，使其考虑操作系统的加载时间和软件的安装时间，具体方式如下。

① https://confluence.pegasus.isi.edu/display/pegasus/WorkflowGenerator。

当调度一个任务序列时，如果相同的任务的软件需求不同，则任务的总处理时间包括软件的安装时间；如果一个虚拟机实例是新租赁的，则虚拟机实例的租赁成本包括虚拟机实例的加载时间。

另外，Durillo 等 [480] 考虑的多目标优化的工作流调度问题也与本节考虑的问题比较相似，该多目标问题试图同时优化工作流执行时间和资源租赁成本。该文献提出一个基于 Pareto 前沿面的序列调度方法 MOHEFT，MOHEFT 在考虑执行时间和资源租赁成本的权衡前提下，为每个工作流实例生成了一个 Pareto 解集。本节拟采用 MOHEFT 作为另一对比算法。为更公平地与 MOHEFT 进行对比，对于每个工作流实例，MOHEFT 算法的 Pareto 解集中的每个解的执行时间被依次当作 MRH 算法的截止期，得出 MRH 算法在该给定截止期的情况下的资源租赁成本。也就是说，对于每个工作流实例，MRH 算法采用 MOHEFT 算法的 Pareto 解集中解的执行时间作为截止期，得到一个解的集合。由于 MOHEFT 算法没有考虑虚拟机的加载时间和软件的安装时间，本节为公平对比，对其进行了适当修改，考虑这两个成本。

考虑的云计算环境包括 9 种不同价格和配置的虚拟机资源 (表 7.4)。系统带宽属于集合 $\{1,10,100,1000\}$(MB/s)。软件安装时间属于集合 $\{0,5,10,15,20\}$(s)，该集合中的值基本上能够模拟常见场景中的带宽。虚拟机的加载时间是 30s。另外一个很重要的参数是计费区间的长度，尽管存在很多种计费模型，如按分钟、按小时、按月等，本节采用商业云中普遍采用的按小时计费策略。设 $\mathrm{Min}_{\mathrm{ins}_k}$ 是工作流实例 ins_k 在足够多的、最快的虚拟机类型上的最短执行时间。$\mathrm{Max}_{\mathrm{ins}_k}$ 是工作流实例 ins_k 在一个虚拟机实例上的最长执行时间。工作流实例的截止期取 $\mathrm{Min}_{\mathrm{ins}_k}\times 2^n, n=1,2,\cdots,L$，$\mathrm{Min}_{\mathrm{ins}_k}\times 2^L<\mathrm{Max}_{\mathrm{ins}_k}$。$2^n$ 被称作截止期因子。由于不同的工作流实例具有不同的特点，这里用标准化成本 (NC) [471] 来规范化资源租赁成本，可以表示为 $\mathrm{NC}=C_{\mathrm{schedule}}/C_{\min}$，其中 C_{schedule} 是一个调度的总资源租赁成本，$C_{\min}$ 是不考虑截止期约束、按区间计费模式等情况下的工作流实例的最小执行成本。MOHEFT 算法中的 K 等于 20。

2. 参数校正

a、b 和 c 取不同的值表示时间槽选择规则 FNIF、LACF 和 BMF 赋予不同的权重，不同权重对 MRH 算法的效果有重要影响。FNIF 规则的权重越大，MRH 算法越倾向于使用已经租赁的时间区间，而不管已有时间槽的虚拟机类型和当前任务是否匹配。LACF 规则主要考虑任务的执行效率，b 越大，MRH 算法越倾向于选择执行效率较高的时间槽，不管该时间槽是否已经被租赁；租赁具有较高执行效率的资源有利于降低总体的执行成本，FNIF 规则虽然保证了当前步骤的成本较低，但是较低的执行效率也使得已经租赁资源的能力被浪费，从而造成较高的总资源成本。BMF 规则主要考虑任务执行时间与时间槽长度的匹配度。

为分析各个规则的作用和不同的规则间权重对算法效果的影响，本节设计了一系列实验。由于 3 个参数的取值都是任意值，完全测试所有的组合是非常耗时的。本节采用单因素分析法，即首先假设其中两个规则的权重相等 (我们假设权重都为 1)，第三个规则的权重从零逐渐上升到某个上界。本节中实验结果表明，当任何一个规则的权重上升到 10000 时，再继续增加该规则的权重对算法几乎没有影响。因此本节参数的上界为 10000。为测试参数 a 对实验结果的影响，在 b 和 c 同时取 1 的基础上，a 分别取集合 $\{0, 0.1, 0.3, 0.5, 1, 10, 100, 1000\}$ 中的值。图 7.10 是参数 a 的测试结果，从图中可以看出，a 值不为 0 的算法要比 a 值为 0 的算法效果好，这说明，FNIF 规则能够很好地提高 MRH 算法的性能；在测试集合上，随着 a 值的增加，MRH 算法的效果越来越好，并且 $a \geqslant 1$ 之后，算法的性能不再变化，这说明在该测试集合上，尽可能选择已经租赁的时间槽而不考虑任务的执行效率仍然能够得到较好的解。这可能是由于测试的工作流实例的任务执行时间往往比计费区间的长度要小很多，如果因为执行效率而浪费已经租赁的时间片容易造成较大浪费。因此，在计费区间比任务执行时间要长很多时，FNIF 规则的权重应当不小于其他两个规则的权重。

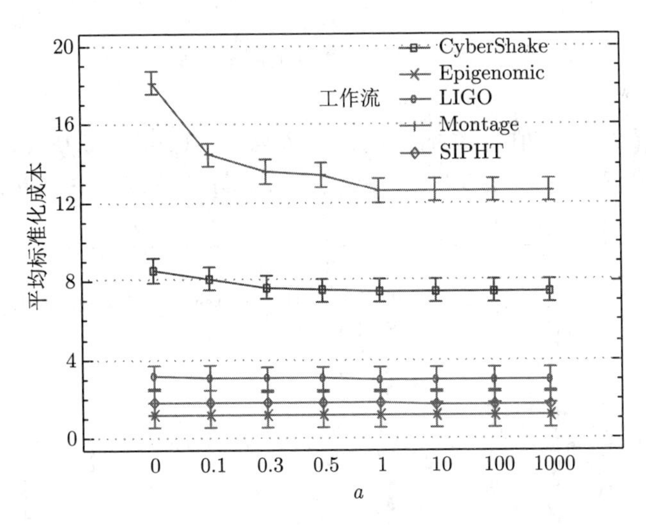

图 7.10 参数 a 的测试结果

为测试参数 b 对实验结果的影响，保持 a 和 c 同时取相同权重 1，分别测试 b 等于集合 $\{0, 0.1, 0.3, 0.5, 1, 1.5, 2, 4, 10, 100, 1000, 10000\}$ 中不同元素时的性能。测试结果见图 7.11。从图中可以看出，算法的平均资源租赁成本 (ANC) 随着 LACF 规则的权重增加呈现先下降后上升的趋势。这说明 LACF 规则能够提高

MRH 算法的性能，但是过高的 b 值使得 MRH 算法只考虑任务的执行效率，容易导致资源浪费，从而使得 MRH 算法性能反而下降。从图中还可以看出 $b=0.5$ 或者 $b=1$ 时算法的性能最好，这是因为，$a=1$ 使得 FNIF 已经完全生效 (见参数 a 的分析)，$b=0.5$ 或者 $b=1$ 使得 MRH 算法在考虑时间槽是否已经被租赁的基础上还能够优先选择具有较高执行效率的时间槽。因此，在该测试实例上，参数 b 应该选择和参数 a 类似的值。

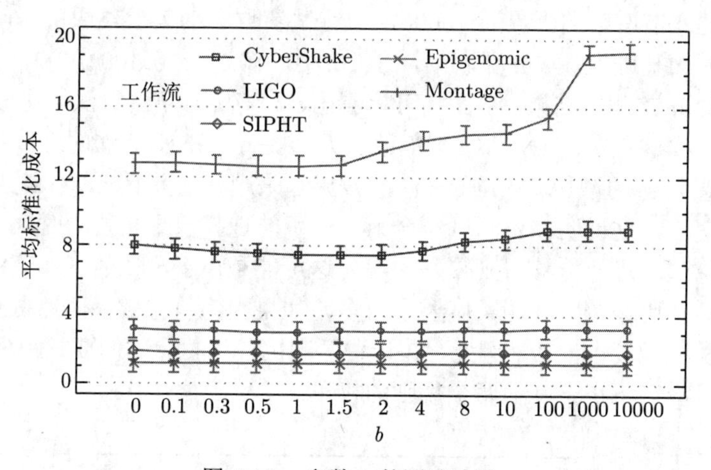

图 7.11 参数 b 的测试结果

在 a 和 b 同时取值为 1 时，测试 c 在集合 $\{0, 0.1, 0.3, 0.5, 1, 10, 100, 1000, 10000\}$ 中分别取不同值时的性能。测试结果见图 7.12。与参数 b 的结果类似，

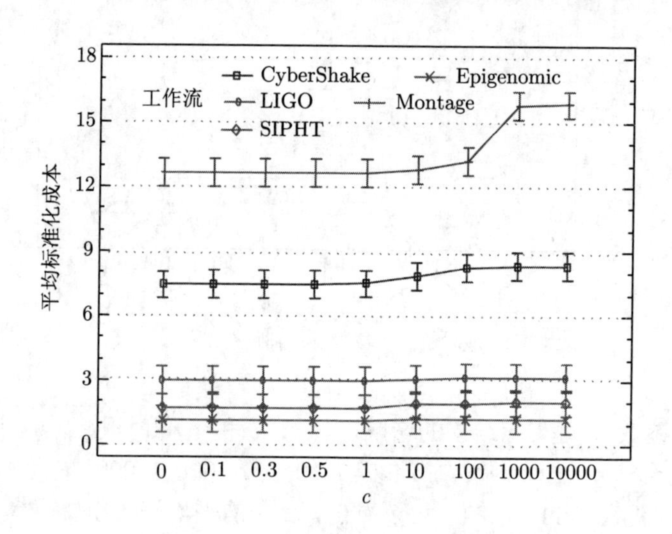

图 7.12 参数 c 的测试结果

测试实例的 ANC 随着 BMF 规则的权重增加呈现先下降后上升的趋势。这说明 BMF 规则能够提高 MRH 算法的性能，但是过高的权重造成算法只关注任务的执行时间和时间槽匹配度，反而使得算法性能下降。但是总体上 BMF 规则对算法性能影响不大，这可能是由于系统中只考虑一个工作流实例，还不能体现 BMF 规则的作用；对于同时支撑多个工作流实例的系统，该规则的作用可能更加明显。还有一个原因是，本节考虑的工作流的执行时间比计费区间要短很多，BMF 规则也很难有发挥作用的机会。

实验结果表明只要 a 的取值大于 b 和 c，就可以使 FNIF 规则生效；同时，b 的取值小于 a 并且大于 c 时，算法性能最好；c 的取值是 b 的 1/10 时，算法性能最好。因此，本节最终选择参数组合 $a = 100$、$b = 10$ 和 $c = 1$，并称具有该参数组合的算法为 MRH01。

3. Epigenomic 工作流实例结果比较

图 7.13是一个 Epigenomic(生物学) 工作流示例，它包括 8 种不同类型的任务：Fastsplit、Filtercontants、Sol2sanger、Fastq2bfq、Map、Mapmerge、Mapindex 和 Pipeup。图 7.14和图 7.15 是 Epigenomic 工作流实例在软件安装时间分别为 0s 和 5s、10s、15s、20s 时的 ANC。

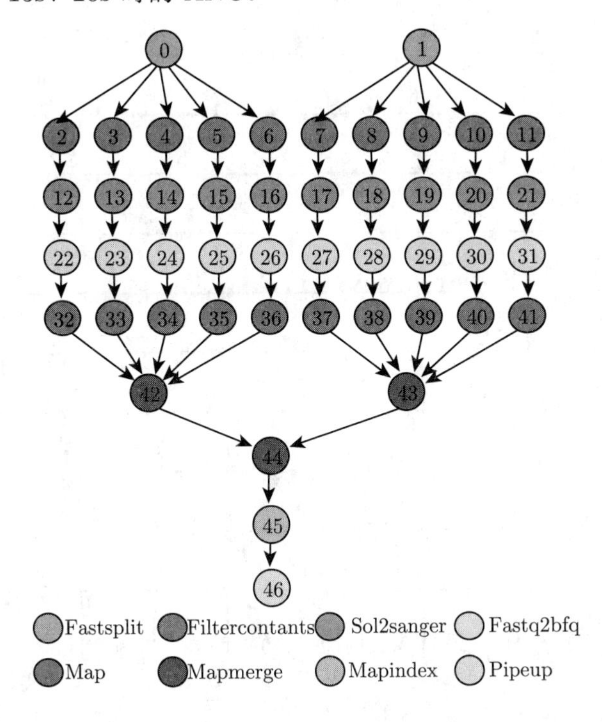

图 7.13 Epigenomic 工作流示例

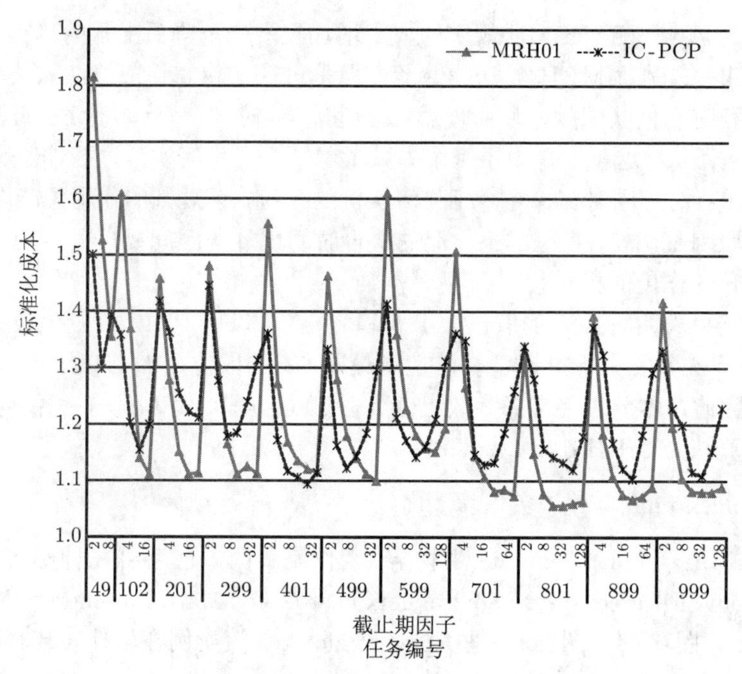

图 7.14　软件安装时间为 0 时 Epigenomic 工作流的实验结果

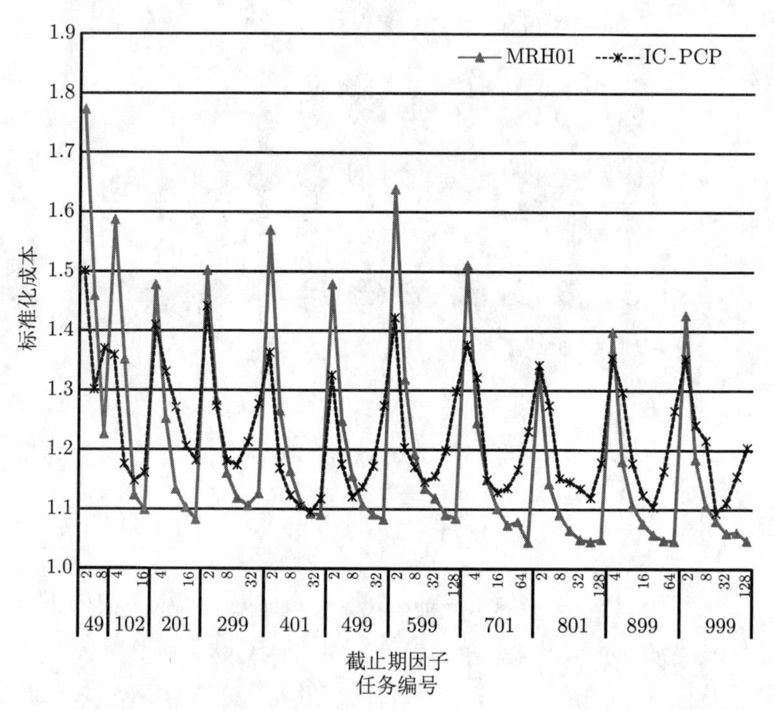

图 7.15　软件安装时间为 5s、10s、15s 和 20s 时 Epigenomic 工作流的实验结果

图 7.14 和图 7.15 中，水平轴包含两类分类标准：下面一个是工作流实例包含的任务数量；上面一个是截止期因子。上述两幅图表明，在 Epigenomic 实例上，本节提出的 MRH01 启发式方法在大多数情况下性能要好于 IC-PCP，除了具有较紧迫截止期和较小的软件安装成本的情况。在具有较紧迫截止期的情况下，MRH 算法性能较差的原因是紧迫的截止期限制了 MRH 算法进行有效的任务组合，提高已经租赁的计费区间的利用率。

图 7.16 是在截止期因子等于 32(约为 39h) 时调度结果的甘特图，该图说明，较宽松的截止期约束能够允许任务进行很好的组合并重用已经租赁的计费区间，从而降低最终租赁成本。

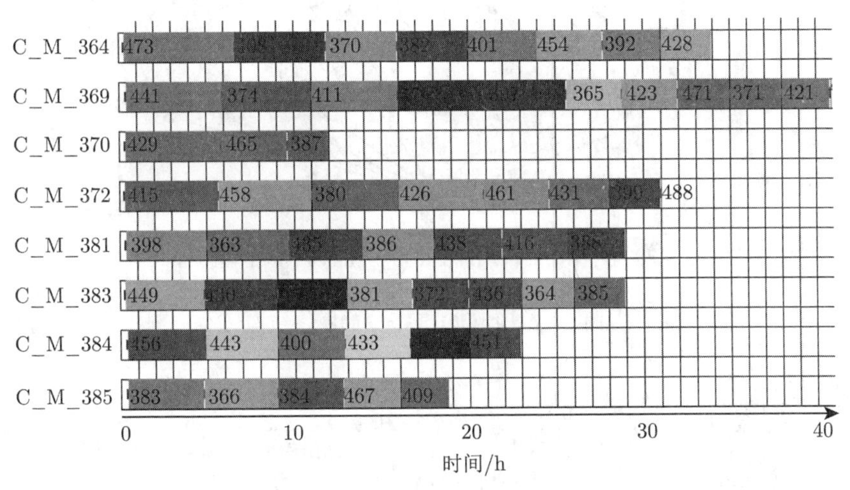

图 7.16 截止期因子为 32 时的 MRH01 算法甘特图

当软件的安装时间增加时，算法的性能与 IC-PCP 算法相比有所提升。例如，当软件的安装时间为 0 时，IC-PCP 算法在很多实例上的性能比 MRH01 算法好。但是，当软件的安装时间增加到 5s、10s、15s 或者 20s 时，MRH01 算法在大部分情况下性能要显著好于 IC-PCP(尽管从表面上看 ANC 的值差别不是很大，但是 ANC 是一种规范化后的值，所以 0.1 的差距已经很大)。上述现象的主要原因是 IC-PCP 算法将串行任务捆绑后作为一个整体调度到同一个虚拟机实例，并且串行化的任务通常需要不同种类的软件，因此导致不可忽略的软件安装时间。因此，随着软件安装成本的增加，MRH01 算法的性能与 IC-PCP 算法逐渐提高。

4. LIGO 工作流实例结果比较

图 7.17是 LIGO (地球物理) 工作流的网络结构，它包括四种任务：Tmplt-Bank、Inspiral、Thinca 和 TrigBank。图 7.18和图 7.19是 LIGO 工作流在软件安装时间分别为 0 和不为 0 时的 ANC。当软件的安装时间为 0 时，与在 Epigenomic

实例上的结果类似，MRH01 算法在具有较紧迫截止期的实例上的性能比 IC-PCP 算法差。上述两幅图也表明，随着截止期因子从 2 增加到 18，工作流的 ANC 从 16 下降到 1 左右，这是因为 LIGO 工作流的任务执行时间远小于计费区间长度。

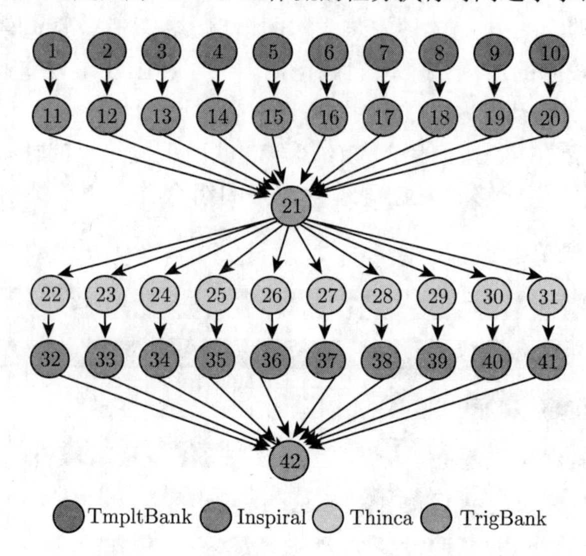

图 7.17 LIGO 工作流的网络结构

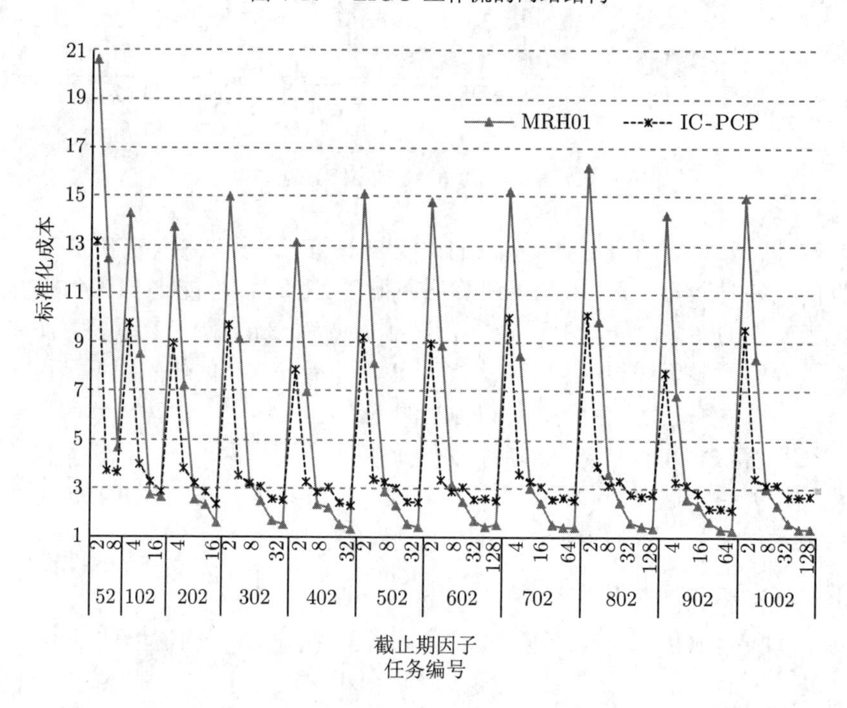

图 7.18 软件安装时间为 0 时 LIGO 工作流的实验结果

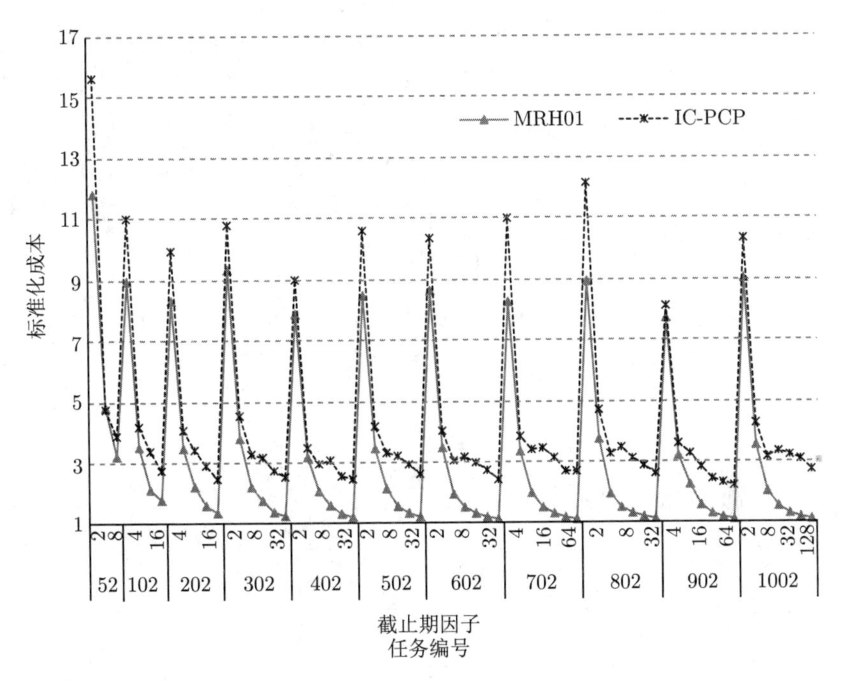

图 7.19 软件安装时间为 5s、10s、15s 和 20s 时 LIGO 工作流的实验结果

如图 7.19所示，与 Epigenomic 工作流实例上的结果类似，当软件安装时间大于 0 时，MRH01 算法在所有实例上的性能都比 IC-PCP 算法好。随着工作流实例的任务数增加，MRH01 算法的性能也逐渐提高，并且对于具有较宽松截止期约束的实例，ANC 逐渐接近 1 (下界)。这是因为，GetNextTask (算法 65) 倾向于将具有相同软件需求的任务进行集中调度，而 IC-PCP 算法将一系列具有不同软件需求的任务进行集中调度到同一个虚拟机实例。

5. 其他类型工作流实例结果比较

为进一步验证提出算法的性能，我们还采用了另外三种实际的工作流作为测试集合：CyberShake (地震科学)、Montage (太空探索) 和 SIPHT (生物学)。这些工作流的详细信息见 https://confluence.pegasus.isi.edu。表 7.5是在这些实例上的总体实验结果。表中的数据显示 MRH01 算法在 CyberShake 和 Montage 类型的实例上性能要比 IC-PCP 算法好很多，对于 SIPHT 工作流实例，与在 Epigenomic 实例上的结果类似，只有当截止期因子大于 8 时，MRH01 算法的结果才比 IC-PCP 算法好。

6. 对比 MOHEFT 算法

图 7.20是 MRH01 和 MOHEFT 算法在不同的截止期因子时的平均相对偏差

率 (ARDI)。首先，定义相对偏差率 (relative deviation index, RDI) 为 $\mathrm{RDI}^a = (\mathrm{NC}^a - \mathrm{NC}^{\mathrm{cheap}})/\mathrm{NC}^{\mathrm{cheap}}$，其中，$a$ 表示算法名称，$\mathrm{NC}^{\mathrm{cheap}}$ 是 MRH01 和 MOHEFT 算法取得的相对较小的 NC。则 ARDI 为给定工作流实例集合上的平均 RDI。因为 MOHEFT 算法是一个多目标算法，它为每个测试实例生成一个 Pareto 解集 $\tau = \{p_k\}, k = 1, 2, \cdots, K$，其中 $p_k = (\mathcal{T}_k^{\mathrm{mo}}, \mathrm{NC}_k^{\mathrm{mo}})$ 是一个解，每个解具有不同的处理时间 $\mathcal{T}_k^{\mathrm{mo}}$ 和资源租赁成本 $\mathrm{NC}_k^{\mathrm{mo}}$ (本节中 $K = 20$，因此 τ 包含 20 个解)。

表 7.5 MRH01 算法在其他类型工作流实例上的结果

工作流类型	算法名称	截止期因子						
		2	4	8	16	32	64	128
CyberShake	IC-PCP	62.93	29.87	14.69	7.74	5.10	4.00	3.26
	MRH01	37.92	18.75	8.21	4.04	2.41	1.83	1.60
Montage	IC-PCP	163.05	82.83	40.75	24.82	21.11	17.60	14.34
	MRH01	160.14	88.95	38.99	18.54	8.34	4.70	3.00
SIPHT	IC-PCP	2.58	1.79	1.58	1.53	1.53	1.41	1.44
	MRH01	5.76	4.24	1.64	1.34	1.28	1.26	1.24

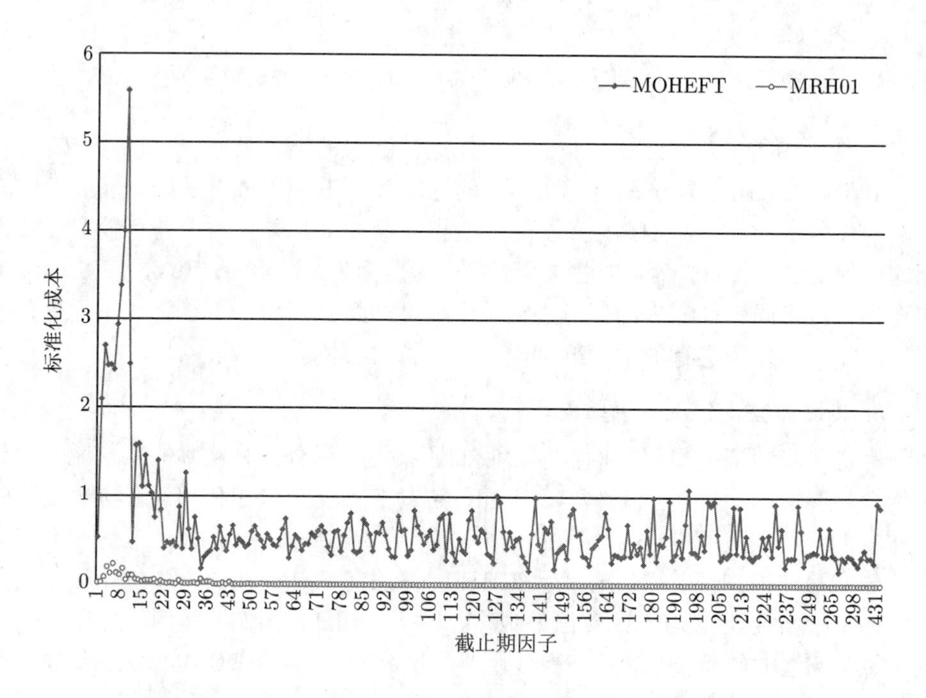

图 7.20 MOHEFT 和 MRH01 在 LIGO 工作流上的结果

为公平对比，对于每个工作流实例，MRH01 算法以 MOHEFT 算法在该实例上的每个解 $p_k \in \tau$ 的执行时间 $\mathcal{T}_k$ 作为截止期，计算 MRH01 算法在该实例上的资

源租赁成本 $\mathrm{NC}_k^{\mathrm{mrh}}$。对每个 $k=1,2,\cdots,K$，计算 MRH01 和 MOHEFT 算法在当前工作流实例上的 RDI，其中 $\mathrm{NC}^{\mathrm{cheap}}$ 为 $\mathrm{NC}_k^{\mathrm{mo}}$ 和 $\mathrm{NC}_k^{\mathrm{mrh}}$ 中较小的一个。图 7.20显示，MRH01 算法在大多数情况下的 ARDI 为 0，并且 MOHEFT 算法的 ARDI 在 0.5 和 1 之间振荡，这说明 MRH01 算法在大多数情况下的性能比 MOHEFT 算法好很多。同时，MOHEFT 算法在具有 1000 个任务的工作流实例上的执行时间为 650s 左右。MRH01 算法在具有 1000 个任务的工作流实例上的执行时间是 2.3s 左右，因此，在一个工作流实例上以不同的 $\mathcal{T}_k, k=1,2,\cdots,K(K=20)$ 为截止期分别执行的总时间是 $2.3\times 20=46$s 左右，因此，MRH01 算法比 MOHEFT 算法快很多。

7.3 截止期和服务区间约束的云工作流调度

本节主要考虑 SaaS 层资源上具有截止期和服务区间约束的单工作流调度。SaaS 层的服务提供方式主要有两种：① 完整服务，直接应用，如 Google Apps 通过浏览器提供了许多在线的 office 应用等；② 基本服务，通过组合完成复杂应用，如 Xignite、StrikeIron。用户通常租用基本云服务完成复杂的工作流应用，基于用户与云服务提供商签订云服务协议 (SLA)，采用即用即付的服务租用方式。从用户角度出发，选择合适的基本服务进行组合，考虑最大化用户利益，实现复杂应用的有效云计算调度，是非常有实际意义的问题。根据文献 [481]，云计算工作流调度可简化为图 7.21 所示的模型，主要有三个模块：云服务代理模块、服务分析模块、服务调度模块。

该模型的工作流调度过程描述如下：

(1) 云服务提供商向云服务代理模块注册自己的服务，云服务代理商记录并公布这些云服务。

(2) 用户向云服务代理模块提交自己的需求说明文档以及 QoS 约束文档。

(3) 云服务代理模块把用户的需求服务文档和 QoS 约束文档传递给服务分析模块。分析模块依据上述文档，把用户的任务拆分成具有偏序关系的活动。

(4) 分析模块把这些子任务提交给调度模块，而由不同的云服务提供商 (CSP) 提供相同功能不同属性的云服务为每个子任务形成了一个服务池，因此服务调度模块需要为每个子任务从服务池中选择一个服务。在满足租户的 QoS 约束的前提下，找到一个优化的调度，并提交给云服务代理商。

(5) 云服务代理商根据生成的调度序列，代表用户与云服务提供商协商签订 SLA 协议，并把 SLA 返回给用户。

(6) 云服务代理商根据上述的调度通知各个云服务提供商为用户提供服务，完成用户的任务。

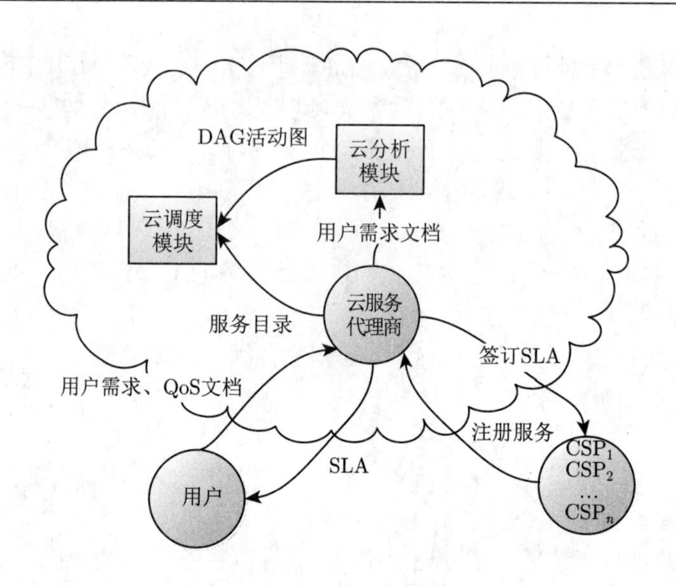

图 7.21　服务调度模型

云计算工作流调度通常认为云服务的服务能力是无限的，即请求即可用；但从服务提供商的角度并非如此，由于任务对服务的共享，云服务剩余的服务能力随着工作的负载不同而时刻改变，难以在任何时刻都满足租户的需求。因此，服务提供给租户的是一些可用区间。图 7.22 中每个活动有不同的执行时间、代价、可用时间区间，如活动 4 有两个负载不同的可行候选服务，选择服务 0 的执行时间是 4，代价是 6，可用时间区间为 $[0,4)$、$[9,14)$，由于区间 $[4,9)$ 的负载很大，因此其为不可用区间。

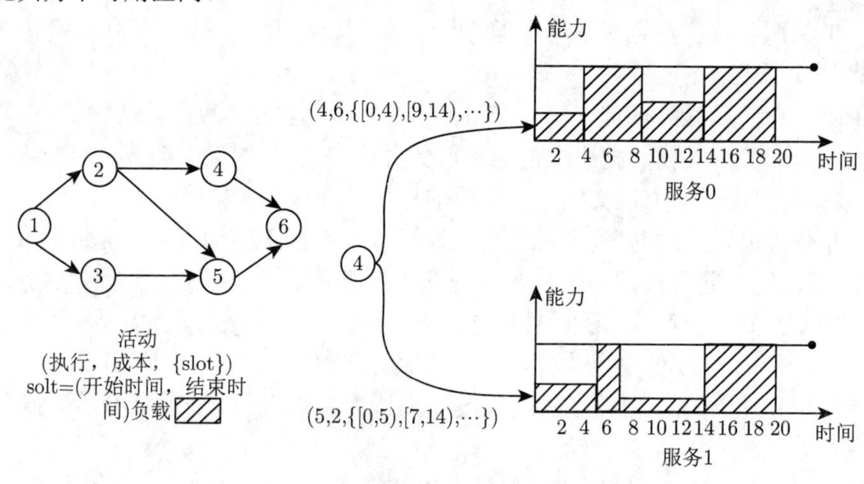

图 7.22　带有可行时间区间约束的工作流示例

在上述背景下，服务带有不可用区间的云计算工作流调度是一个具有实际价值的新问题。本节研究云服务具有不可用区间和截止期约束的工作流调度，以最小化用户总成本为优化目标。本节把服务带有不可用区间的时间、代价均衡工作流调度建模为 DTCTP-TSC(discrete time-cost tradeoff problem with time slot constraint)，通过总结该问题的相关研究，可以发现：

(1) 已有云工作流调度文献主要考虑租户的 QoS 约束，研究较多的是代价和时间均衡的 DTCTP(discrete time-cost tradeoff problem)，而同时考虑截止期和服务带有不可用区间约束的工作流调度问题没有人研究。

(2) 已有研究在分布式协作制造系统中考虑提出带有开始时间约束的工作流调度问题，建模为 DTCTP-STC 并证明 DTCTP-STC 是 NP 难问题，提出动态规划方法求解 DTCTP-STC 小实例问题，服务开始时间确定，没有考虑服务带有不可用区间。

7.3.1 问题描述与建模

复杂工作流应用可用有向无环图 $G(V,E)$ 表示，$V=\{v_1,v_2,\cdots,v_n\}$ 是活动的集合，其中 v_1 与 v_n 是虚活动。$E=\{(v_i,v_j)|v_i,v_j\in V\}$ 表示活动之间的约束关系。如果 $(v_i,v_j)\in E$，则 v_i 必须在 v_j 之前完成，且 $i<j$。对于 $v_i\in V$，不同云服务提供商提供不同质量的云服务组成活动 v_i 的候选服务池 $\mathbb{M}_i=\{M_i^0,M_i^1,\cdots,M_i^{r_i-1}\}$，$r_i=|\mathbb{M}_i|$。$M_i^j$ 表示 v_i 的第 j 个候选服务，对应一个可用区间列表 $\mathbb{S}_{ij}=\{S_{ij0},S_{ij1},\cdots,S_{ij(t_{ij}-1)}\}$，$S_{ijk}$ 表示活动 v_i 的服务 M_i^j 的第 k 个时间槽，$t_{ij}=|\mathbb{S}_{ij}|$。每个时间槽 S_{ijk} 表示一个可用区间 $[B_{ijk}^s,F_{ijk}^s)$，B_{ijk}^s 表示时间槽的开始时刻，F_{ijk}^s 表示时间槽的结束时刻。每个服务用三元组 $(\mathbb{S}_{ij},e_{ij},c_{ij})$ 表示，e_{ij}、c_{ij} 分别表示第 v_i 个活动选择服务 M_i^j 的执行时间和代价。决策变量 $x_{ijk}=1$ 表示活动 v_i 选择服务 M_i^j 的第 k 个 slot 槽，$x_{ijk}=0$ 表示活动 v_i 没有选择服务 M_i^j 的第 k 个 slot 槽。f_i 表示活动 v_i 的完成时间。D 表示用户给定截止日期。本节考虑的云计算工作流调度基于如下假设：

(1) 每个活动只能在其可行服务池中选择一个服务，并从该服务的可用区间列表内选择一个合适的时间槽来完成；

(2) 活动执行不可中断，也不考虑任务在同一个服务上跨时间槽执行；

(3) 服务执行时间越短，代价越大；

(4) 执行时间包括计算和数据传输时间；

(5) 任意两个活动间不存在服务共享情况，即不同活动对应的服务互相独立。

表 7.6给出图 7.22中每个活动的服务池列表，其中虚活动 1 和活动 6 的执行时间和代价都为 0，可用时间槽都为 $[0,+\infty)$。

表 7.6　活动-服务池对应表

活动	服务 (时间、代价、{slot 列表})
v_1	$(0, 0, \{[0, +\infty)\})$
v_2	$(3, 8, \{[1, 6), [8, 10)\}), (4, 5, \{[4, 8), [9, 12)\})$
v_3	$(3, 9, \{[2, 6), [10, 13)\}), (4, 7, \{[0, 5), [7, 12)\})$
v_4	$(4, 6, \{[0, 4), [9, 14)\}), (5, 2, \{[0, 5), [7, 14)\})$
v_5	$(5, 6, \{[2, 9), [12, 15)\}), (7, 4, \{[3, 16), [20, 28)\})$
v_6	$(0, 0, \{[0, +\infty)\})$

DTCTP-TSC 与传统 DTCTP 的可用时间区间不同，后者假设服务在任何情况下都可用，即每个服务的可用区间是 $[0, +\infty)$。如表 7.6 所示工作流的活动 v_2，有两个可行服务 M_2^0 和 M_2^1，M_2^0 的执行时间是 3、代价是 8，M_2^1 的执行时间是 4、代价是 5; DTCTP 假设两个服务的可用区间都是 $[0, +\infty)$，而在 DTCTP-TSC 模型中，两个服务的可用区间分别是 $\{[1, 6), [8, 10)\}$ 和 $\{[4, 8), [9, 12)\}$。在给定截止期为 12、最小化成本时，二者的调度结果如图 7.23所示。

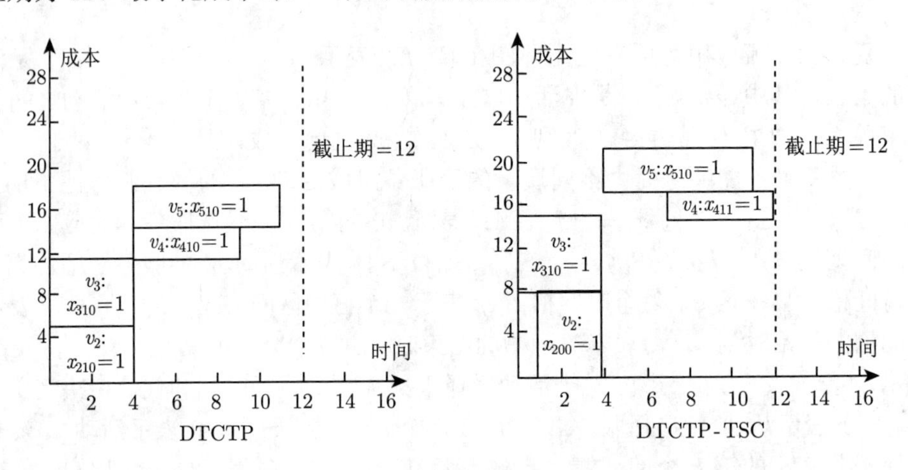

图 7.23　DTCTP 与 DTCTP-TSC 截止期为 12 时的最优调度

DTCTP 问题每个服务的可行区间可看成 $[0, +\infty)$，是 DTCTP-TSC 的特例。文献 [479] 证明 DTCTP 的判定是强 NP 难问题，因此 DTCTP-TSC 是 NP 难问题。给定截止期 D 最小化工作流总成本的 DTCTP-TSC 问题的数学模型如下：

$$\min \sum_{v_i \in V} \sum_{k=1}^{t_{ij}} c_{ij} \tag{7.42}$$

$$\sum_{j=1}^{r_i} \sum_{k=1}^{t_{ij}} x_{ijk} = 1, \quad v_i \in V \tag{7.43}$$

$$\sum_{j=1}^{r_i}\sum_{k=1}^{t_{ij}}(B_{ijk}^s + e_{ij}) \times x_{ijk} \leqslant f_i, \quad v_i \in V \tag{7.44}$$

$$f_i \leqslant \sum_{j=1}^{r_i}\sum_{k=1}^{t_{ij}}(F_{ijk}^s \times x_{ijk}), \quad v_i \in V \tag{7.45}$$

$$f_i - f_p \geqslant \sum_{j=1}^{r_i}\sum_{k=1}^{t_{ij}}(e_{ij} \times x_{ijk}), \quad (v_p, v_i) \in E \tag{7.46}$$

$$\max\{f_i\} \leqslant D, \quad i \in V \tag{7.47}$$

$$x_{ijk} \in \{0,1\}, \quad v_i \in V, \quad 0 \leqslant j < r_i, \quad 0 \leqslant k < t_{ij} \tag{7.48}$$

其中，式 (7.42) 为 DTCTP-TSC 问题的优化目标；式 (7.43) 表示工作流的每个活动有且只能选择一个服务的一个空槽执行；式 (7.44) 表示活动的开始时间不能早于所选空槽的开始时刻；式 (7.45) 表示活动的完成时间不能晚于所选空槽的结束时刻；式 (7.46) 表示工作流的偏序关系；式 (7.47) 表示活动的完成时间不超过用户截止期，式 (7.48) 定义了二进制决策变量。

7.3.2 基本性质

一个调度 π 指为工作流每个活动分配服务，即活动 v_i 选择使得 $x_{ijk}=1$ 的服务 M_i^j 的第 k 个 slot。由于服务带有不可行区间约束，一个活动的所有前驱节点完成后，不一定能立刻执行该活动，需要等待分配可用的时间槽。$E(i,j,t)$ 表示活动 v_i 选择服务 M_i^j 在时刻 t 的最早可用时间槽，依次从前向后遍历 M_i^j 对应的 slot 列表，查找满足结束时刻 $F_{ijk}^s \geqslant t$ 且 $\max\{t, B_{ijk}^s\} + e_{ij} \leqslant F_{ijk}^s$ 的最早 slot。$E_s(i,j,t)$ 表示 $E(i,j,t)$ 实际最早可开始的时刻，即 $E_s(i,j,t) = \max\{t, B_{ijk}^s\}$，计算 $E(i,j,t)$ 的时间复杂度为 $O(\max\{t_{ij}\})$，令 P_i、S_i 分别表示活动 v_i 的所有直接前驱集合和所有直接后继集合。具体过程如算法 68所示。

设 $E_{st}(i)$、$E_{ft}(i)$、$A_{et}(i)$ 分别表示活动 v_i 的最早开始时间、最早结束时间和所有前驱活动最大的最早结束时刻，显然 $E_{st}(1)=0$、$E_{ft}(1)=0$，其他节点相应参数可分别通过 $A_{et}(i) = \max\limits_{p\in P_i} E_{ft}(p)$、$E_{st}(i) = \min\limits_{j=0,1,\cdots,r_i-1}\{E_s(i,j,A_{et}(i))\}$ 和 $E_{ft}(i) = \min\limits_{j=0,1,\cdots,r_i-1}\{E_s(i,j,A_{et}(i)) + e_{ij})\}$ 递归计算。设 $L(i,j,t)$ 表示活动 v_i 选择服务 M_i^j 在时刻 t 之前完成的最晚可用时间槽，从后向前依次遍历 M_i^j 对应的 slot 列表，查找满足开始时刻 $B_{ijk}^s \leqslant t$ 且 $\min\{t, F_{ijk}^s\} - e_{ij} \geqslant B_{ijk}^s$ 的最晚的 slot。$L_f(i,j,t)$ 表示 $L(i,j,t)$ 实际最晚结束时刻，即 $L_f(i,j,t) = \min\{t, F_{ijk}^s\}$，则计算 $L(i,j,t)$ 的时间复杂度为 $O(\max\{t_{ij}\})$，具体过程如算法 69所示。

算法 68: 计算 $E(i,j,t)$

Input: i, j, t, 服务 M_i^j 的 slot 槽: $\mathbb{S}_{ij}$

1 $k=0$, $as_0=-1$.
2 **while** $(k<|\mathbb{S}_{ij}|)$ **do**
3   **if** $F_{ijk}^s<t$ **then**
4     $k\leftarrow k+1$, 继续.
5   **if** $B_{ijk}^s+e_{ij}>F_{ijk}^s$ **then**
6     $k\leftarrow k+1$, 继续.
7   $as_k\leftarrow \max\{t,B_{ijk}^s\}$.
8   **if** $as_k+e_{ij}<F_{ijk}^s$ **then**
9   中止.
10   **else**
11     $k\leftarrow k+1$.
12 **if** $k<|\mathbb{S}_{ij}|$ **then**
13   $E(i,j,t)\leftarrow s_{ijk}$, $E_s(i,j,t)\leftarrow as_k$.
14 **else**
15   $E(i,j,t)\leftarrow\varnothing$, $E_s(i,j,t)\leftarrow as_k$.

算法 69: 计算 $L(i,j,t)$

Input: i, j,t, 服务 M_i^j 的 slot 槽: $\mathbb{S}_{ij}$

1 $k=|\mathbb{S}_{ij}|$, $af_k=-1$
2 **while** $(k\geqslant 0)$ **do**
3   **if** $B_{ijk}^s>t$ **then**
4     $k\leftarrow k-1$, 继续.
5   **if** $B_{ijk}^s+e_{ij}>F_{ijk}^s$ **then**
6     $k\leftarrow k-1$, 继续.
7   $af_k\leftarrow \min\{t,F_{ijk}^s\}$.
8   **if** $af_k-e_{ij}>B_{ijk}^s$ **then**
9   中止.
10   **else**
11     $k\leftarrow k-1$.
12 **if** $k>=0$ **then**
13   $L(i,j,t)\leftarrow s_{ijk}$, $L_f(i,j,t)\leftarrow af_k$.
14 **else**
15   $L(i,j,t)\leftarrow\varnothing$, $L_f(i,j,t)\leftarrow af_k$.

设 $L_{st}(i)$、$L_{ft}(i)$、$A_{ft}(i)$ 分别表示活动 v_i 最晚的开始时间、最晚的结束时间和所有后继活动最晚开始时刻的最小值。显然 $L_{ft}(n) = D$、$L_{st}(n) = D$，其他节点相应参数可分别通过 $A_{ft}(i) = \min\limits_{s \in S_i} L_{st}(s)$、$L_{ft}(i) = \max\limits_{j=0,1,\cdots,r_i-1} \{L_f(i,j,A_{ft}(i))\}$ 和 $L_{st}(i) = \max\limits_{j=0,1,\cdots,r_i-1} \{L_f(i,j,A_{ft}(i)) - e_{ij}\}$ 递归计算。

性质 7.1 若采用服务执行时间越短代价越大的计费模型，使得 DTCTP 最快完成且调度代价最大，但 DTCTP-TSC 在最快完成时其代价不一定最大。

下面举个反例证明。针对图 7.22 中的工作流和表 7.6 的服务列表，为每个活动选择最快完成的服务，则调度 π_1=$\{x_{100} = 1,x_{200} = 1,x_{310} = 1,x_{411} = 1,x_{500} = 1,x_{600} = 1\}$ 是最快调度，完工时间 $f_6 = 12$，相应的代价为 $C = 23$；而另一个调度 π_2=$\{x_{100} = 1,x_{200} = 1,x_{300} = 1,x_{401} = 1,x_{510} = 1,x_{600} = 1\}$，完工时间 $f_6 = 13$，相应的代价为 $C = 27$。图 7.24 是 π_1 与 π_2 对应的调度，从图中可以看出，DTCTP-TSC 最快完成调度相应的代价不一定最大。

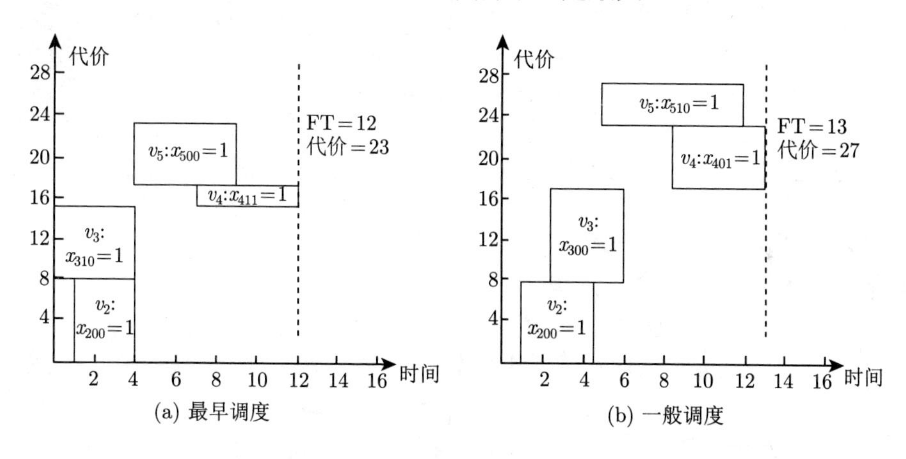

图 7.24 最早调度与一般调度对比

性质 7.2 如果最快调度不可行，即最后一个活动 v_n 的 $E_{ft}(n) > D$，则此实例没有可行解。

很明显，每个活动都选择最早完成的服务，即每个活动 v_i 的完成时刻都等于 $E_{ft}(i)$，该调度一定最快执行完。如果 $E_{ft}(n) > D$，则表示最快调度都不能满足截止期，此实例无解。

7.3.3 迭代分解启发式算法

活动服务的选择既受前驱活动结束时间的影响，也要考虑服务的可用区间。解决 DTCTP 的方法，不能直接用于解决 DTCTP-TSC。针对 NP 难的 DTCTP-TSC 问题，本节提出一个迭代分解启发式 (iterative decomposition heuristic, IDH)

算法框架，包括四个部分：预处理、初始解生成、解的改进和解的破坏。对于初始解生成，本节提出三种策略，分别是最早完成活动优先 (earliest finish times first, EFTF)、当前活动和后继活动代价均值最小优先 (minimal average cost first, MACF) 和活动相邻可行服务代价上升率最小优先 (minimal cost ascent ratio first, MCARF)；对于解的改进过程，提出基于贪心 (IG) 和基于公平 (IF) 规则的改进策略；对于解的破坏重组过程，设计基于相邻可行服务单位浮动区间代价上升率最小优先 (FCAR) 规则，挑选部分活动来替换更贵的服务，并给出了每个部分算法的伪代码实现。

IDH 首先对初始生成的解进行改进，更新当前的最优解，对改进后的解进行破坏以增强搜索的多样性，迭代上述过程直到算法结束。提出 3 个初始解生成方法、2 个改进策略、1 个解的破坏策略，组合构造出 6 个启发式算法。本节每个解表示为 π=$\{(i,M_i^j)|x_{ijk^*}=1\}$，$x_{ijk^*}=1$ 表示活动 v_i 选择服务 M_i^j，k^* 是服务 M_i^j 满足前继约束下的最早可行时间槽 $E(i,j,t)$。如果对于每个活动 v_i 的完成时间 f_i 满足 $E_{ft}(i)\leqslant f_i\leqslant L_{ft}(i)$，该调度是可行调度，相应的解是可行解。IDH 每步都构造可行解，其整体框架描述如算法 70所示。

算法 70: IDH

1 预处理.
2 构造初始解 π, $\pi_{\text{best}}\leftarrow\pi$.
3 **while** (不满足停止条件) **do**
4 　$\pi\leftarrow$ Improve(π).
5 　**if** (π_{best} 的成本大于 π 的成本) **then**
6 　　$\pi_{\text{best}}\leftarrow\pi$.
7 　Destruct(π).
8 **return** π_{best}.

1. 预处理

如果最快调度的 $E_{ft}(n)>D$，则此实例不存在可行解；否则，根据 D 和服务的执行时间过滤 slot 列表上无效的 slot 槽，得到每个服务的可行时间槽列表。具体如算法 71所示。

2. 初始解生成策略

本节提出三种基于不同优先级规则的初始解生成策略，分别是最早完成活动优先、当前活动和后继活动代价均值最小优先和活动相邻可行服务代价上升率最小优先。

算法 71: 预处理

1 **if** $E_{ft}(n) > D$ **then**
2 　此实例没有解.
3 **else**
4 　**for** 每个任务 $v_i \in V$ **do**
5 　　计算 $L_{ft}(i)$, $E_{st}(i)$, $E_{ft}(i)$, $L_{st}(i)$.
6 　**for** 每个任务 $v_i \in V$ **do**
7 　　**for** 每个任务 $M_i^j \in \mathbb{M}_i$ **do**
8 　　　**for** $k = 0$ **to** $|\mathbb{S}_{ij}| - 1$ **do**
9 　　　　**if** $F_{ijk}^s - B_{i,j,k}^s < e_{ik}$ or $B_{i,j,k}^s > D$ or $B_{ijk}^s > L_{ft}(i)$ or $F_{ijk}^s < E_{st}(i)$ **then**
10 　　　　　$\mathbb{S}_{ij} \leftarrow \mathbb{S}_{ij} - \{s_{ijk}\}$.
11 　　　**if** $|\mathbb{S}_{ij}|$ 为 0 **then**
12 　　　　$\mathbb{M}_i \leftarrow \mathbb{M}_i - \{M_i^j\}$.
13 　　对活动v_i 的服务列表 $\mathbb{M}_i$ 按代价从大到小排序，得到有序服务列表 $\mathbb{M}_i$.
14 **return** $\mathbb{M}_i$.

3. 最早完成活动优先规则

活动的 E_{ft} 越小、优先级越高，优先为该活动分配服务，选择能使活动最早完成服务的最早开始的 slot。此调度 π 是最快调度，这种初始解构造策略为 EFTF。如果实例有解，π 一定是可行解。

4. 当前活动和后继活动代价均值最小优先规则

计算当前活动及其后继活动代价均值，MACF 规则采用代价均值最小优先。设 f_{ij}、s_{ij} 分别表示活动 v_i 选择服务 M_i^j 的完成时间和开始时间，如果 f_{ij} 在 $[E_{ft}(i), L_{ft}(i)]$ 区间内且 s_{ij} 在 $[E_{st}(i), L_{st}(i)]$ 区间内，则服务 M_i^j 可行；否则，服务 M_i^j 不可行。当活动 v_i 选择可行服务 M_i^j 时，计算 $f_{ij} = E_s(i, j, E_{st(i)}) + e_{ij}$，采用 $E_{st}(s_i) = \max\{f_{ij}, E_{st}(s_i)\}$ $(s_i \in S_i)$ 更新活动 v_i 所有直接后继活动的最早可能开始时间 $E_{st}(s_i)$。$M_{s_i}^{s_j}$ 表示活动 v_i 选择服务 M_i^j 时其直接后继活动 v_{s_i} 可选的最小代价可行服务，$|S_i|$ 表示 v_i 直接后继活动的数目，当活动 v_i 选择可行服务 M_i^j 时，v_i 及其后继活动代价均值定义为 $\overline{W}(i,j) = (c_{ij} + \sum_{si \in S_i} c_{s_i s_j})/(|S_i| + 1)$，$\overline{W}_i^* = \min\limits_{j=0,1,\cdots,r_i-1} \{\overline{W}(i,j)\}$。活动 v_i 的 $\overline{W}_i^*$ 越小，v_i 的优先级越高。

MACF 构造解的过程如下：将工作流活动分为已调度 S 和未调度 U 两个集合，分别初始化为 $S = \{1, n\}$ 和 $U = \{2, 3, \cdots, n-1\}$。已调度活动 v_1 和 v_n 分别分配服务 M_1^0 和 M_n^0。已调度的活动选择当前服务最早完成的 slot，未调度的活

动选择最早完成的可行服务，计算 $E_{ft}(i)$ 和 $E_{st}(i)$；已调度的活动选择该服务下最晚开始的 slot，未调度的活动选择最晚开始的可行服务，计算 $L_{ft}(i)$ 和 $L_{st}(i)$。计算 $\overline{W}_i^*$ $(i \in U)$，$\mathcal{L}^U$ 存放 U 中所有 v_i 及其 $\overline{W}_i^*$ 有序对，按 $\overline{W}_i^*$ 从小到大排序。即 $\mathcal{L}^U=\left\{(v_{[1]}, \overline{W}_{[1]}^*), (v_{[2]}, \overline{W}_{[1]}^*), \cdots, (v_{[U]}, \overline{W}_{[|U|]}^*)\right\}$，其中 $\overline{W}_{[1]}^* \leqslant \overline{W}_{[2]}^* \leqslant \cdots \leqslant \overline{W}_{[|U|]}^*$。选择 $\mathcal{L}^U$ 的队首活动 $v_{[1]}$ (优先级最高的活动)，加入已调度集合 S；同时，在 $v_{[1]}$ 后继活动集中选择 $\overline{W}_{s_{[1]}}^*$ 最大的活动 v_j，如果活动 v_j 在 $\mathcal{L}^U$ 所处的位置大于 $\xi \times |U|$ $(0 \leqslant \xi \leqslant 1)$，加入已调度集合 S。S 中活动 v_i 分配计算 $\overline{W}_i^*$ 时对应的服务。本节算法设置 $\xi = 1/2$。重新计算 U 中活动 v_i 的 $E_{ft}(i)$、$E_{st}(i)$ 和 $L_{ft}(i)$、$L_{st}(i)$，更新 $\mathcal{L}^U$。迭代上述过程，直到所有活动都已确定服务，构造过程结束。具体如算法 72所示。

算法 72: MACF 构造解

Input: 活动的最早结束时间集 E_{ft}, 活动的最晚完成时间集 L_{ft},
活动的最早开始时间集 E_{st}, 活动的最晚开始时间集 L_{st}

1 $S \leftarrow \{1, n\}$, $U \leftarrow \{2, 3, \cdots, n-1\}$, $M \leftarrow \varnothing$, $\mathcal{L}^U \leftarrow \varnothing$.
2 $\pi \leftarrow \{(1, M_1^0), (n, M_n^0)\}$.
3 **while** $(|U| > 0)$ **do**
4 　**for** each $i \in U$ **do**
5 　　计算活动 v_i 的 $\overline{W}_i^*$ 值, 并记录 $\overline{W}_i^*$ 对应的服务 M_i^j,
　　$M \leftarrow M \cup \{(i, M_i^j)\}$, $\mathcal{L}^U \leftarrow \mathcal{L}^U \cup \{(i, \overline{W}_i^*)\}$, 对 $\mathcal{L}^U$ 按 $\overline{W}_i^*$ 从小到
　　大排序.
6 　$i' \leftarrow \mathcal{L}^U$ 队首的活动下标.
7 　$s_i' \leftarrow \arg\max\limits_{s_i \in S_{i'}} \{\overline{W}_{s_i}^*\}$.
8 　在 M 中查找 $v_{i'}$ 对应服务 $M_{i'}^{j'}$, $\pi \leftarrow \pi \cup \{(i', M_{i'}^{j'})\}$.
9 　$U \leftarrow U - \{i'\}$, $S \leftarrow S \cup \{i'\}$.
10 　**if** s_i' 在 $\mathcal{L}^U$ 的位置大于 $\xi|U|$ 的活动 **then**
11 　　在 M 中查找 $v_{s_{i'}}$ 权值对应的服务 $M_{s_{i'}}^{s_j'}$, $\pi \leftarrow \pi \cup \{(s_i', M_{s_{i'}}^{s_j'})\}$.
12 　　$U \leftarrow U - \{s_i'\}$, $S \leftarrow S \cup \{s_i'\}$.
13 　对每个 $i \in U$, 更新 $E_{ft}(i)$、$E_{st}(i)$ 和 $L_{ft}(i)$、$L_{st}(i)$.
14 **return** π.

5. 活动相邻可行服务代价上升率最小优先规则

计算相邻服务代价上升率,MCARF 规则采用代价上升率最大优先。设 f_{ij}、s_{ij} 分别表示活动 v_i 选择服务 M_i^j 的完成时间和开始时间。如果 f_{ij} 在 $[E_{ft}(i), L_{ft}(i)]$ 区间内且 s_{ij} 在 $[E_{st}(i), L_{st}(i)]$ 区间内，则服务 M_i^j 可行，否则不可行。假设

M_i^j 是活动 v_i 代价最小的可行服务，$M_i^{j'}$ 是代价次小的可行服务，这两个服务称为活动 v_i 的相邻可行服务。CAR_i 表示活动 v_i 相邻可行服务代价上升率，$\text{CAR}_i = (c_{ij} - c_{ij'})/(c_{ij}/c_{ij'})$；如果 CAR_i 越大，表明如果活动 v_i 没有选择可行服务 M_i^j，选择其他服务时导致代价上升程度越大。CAR_i 越大，优先为该活动选择服务。如果活动 v_i 不存在代价次小的可行服务，则 $\text{CAR}_i = c_{ij}/[C_{\min}/(n-2)]$，$C_{\min}$ 表示当前工作流不考虑服务可用区间约束每个活动选择最便宜服务的代价总和。基于优先级 MCARF 构造解与 MACF 构造解过程类似。具体过程如算法 73 所示。

算法 73: MCARF 构造解

Input: 活动的最早结束时间集 E_{ft}, 活动的最晚完成时间集 L_{ft},
活动的最早开始时间集 E_{st}, 活动的最晚开始时间集 L_{st}

1 $S \leftarrow \{1, n\}$, $U \leftarrow \{2, 3, \cdots, n-1\}$, $M \leftarrow \varnothing$.
2 $\pi \leftarrow \{(1, M_1^0), (n, M_n^0)\}$.
3 **while** ($|U|>0$) **do**
4 　**for** $i = 0$ **to** $|U|-1$ **do**
5 　　计算活动 v_i 的 CAR_i 值, 并记录活动 v_i 的 CAR_i 对应服务 M_i^j,
　　$M \leftarrow M \cup \{(i, M_i^j)\}$.
6 　$i' \leftarrow \arg\max_{i \in U}\{\text{CAR}_i\}$.
7 　$\pi \leftarrow \pi \cup \{(i', M_{i'}^{j'})\}$.
8 　$U \leftarrow U - \{i'\}$, $S \leftarrow S \cup \{i'\}$.
9 　对每个 $i \in U$, 更新 $E_{ft}(i)$、$E_{st}(i)$ 和 $L_{ft}(i)$、$L_{st}(i)$.
10 **return** π.

6. 改进策略

对于初始解，提出两种改进规则，分别是基于贪心的改进策略 (IG) 和基于公平规则的改进策略 (IF)，步骤如下：

(1) 贪心规则改进策略。按照拓扑顺序从后向前进行调整，调整第 i 个活动时，lft_i 表示活动 v_i 在当前调度下最晚完成时间，est_i 表示不影响前驱活动调度的最早可行开始时间，M_i^j 表示活动 v_i 初始解选定的服务，$\text{CDR}(i,j,j')$ 表示 $M_i^{j'}$ 与当前服务 M_i^j 相比单位时间代价下降率，$\text{CDR}(i,j,j') = (c_{ij} - c_{ij'})/(e_{ij'} - e_{ij})$。选择在 $[\text{est}_i, \text{lft}_i]$ 范围内，$\text{CDR}(i,j,j')$ 最大的可行服务替换当前服务。具体过程如算法 74所示。

(2) 公平规则改进策略。贪心改进策略在 $[\text{est}_i,\text{lft}_i]$ 区间内为活动 v_i 选择满足条件的单位时间代价下降最大的服务替换当前服务，虽然可以降低整体的代价，但可能导致前驱活动可选服务减少，不利于整体工作流代价优化，因此提出基于公平的改进策略。按照拓扑排序从后向前进行调整，计算当前活动最晚完成时间 lft_i 以及不影响前驱活动调度的最早可行开始时间 est_i，在此范围为活动 v_i 选择次便宜的服务替换当前服务，直到第一个活动。如果上次调整有活动改变选择的服务，则迭代上述过程；否则算法结束。具体过程如算法 75所示。

算法 74: IG 启发式方法

Input: 初始解 π, 对应解 π 时所有活动最早开始时间集 $\mathrm{est} = \{\mathrm{est}_i | i = 1, 2, \cdots, n\}$

1 $\mathrm{lft}_n \leftarrow D$, $\mathrm{lst}_n \leftarrow D$, $\mathrm{cost} \leftarrow 0$.
2 **for** $i = n-1$ **to** 1 **do**
3 　计算活动 v_i 最晚结束时间, 即 $\mathrm{lft}_i \leftarrow \min\limits_{s_i \in S_i}\{\mathrm{lst}_{s_i}\}$.
4 　前驱活动所选服务不变的情况下, 计算当前活动 v_i 最早的可行开始时间, 即 $\mathrm{est}_i \leftarrow \max\limits_{p_i \in P_i}\{\mathrm{est}_{p_i}\}$.
5 　在 $[\mathrm{est}_i,\mathrm{lft}_i]$ 区间内选择使 CDR 值最大的可行服务 $M_i^{j'}$ 替换当前服务, 更新 π.
6 　根据当前选定的服务 $M_i^{j'}$, 更新 lst_i, $\mathrm{cost} \leftarrow \mathrm{cost} + \mathrm{cost}_{ij'}$.
7 **return** π.

算法 75: IF 启发式方法

Input: 初始解 π, 对应解 π 时所有活动最早开始时间集 $\mathrm{est} = \{\mathrm{est}_i | i = 1, 2, \cdots, n\}$

1 $\mathrm{lft}_n \leftarrow D$, $\mathrm{lst}_n \leftarrow D$, $\mathrm{cost} \leftarrow 0$, $\mathrm{flag} \leftarrow \mathrm{true}$.
2 **while** (flag) **do**
3 　$\mathrm{flag} \leftarrow \mathrm{false}$.
4 　**for** $i = n-1$ **to** 1 **do**
5 　　计算活动 v_i 最晚结束时间，即 $\mathrm{lft}_i \leftarrow \min\limits_{s_i \in S_i}\{\mathrm{lst}_{s_i}\}$.
6 　　前驱活动所选服务不变的情况下，计算当前活动 v_i 最早的可行开始时间，即 $\mathrm{est}_i \leftarrow \max\limits_{p_i \in P_i}\{\mathrm{est}_{p_i}\}$.
7 　　在 $[\mathrm{est}_i,\mathrm{lft}_i]$ 区间内选择满足条件代价次便宜的服务 $M_i^{j'}$, 更新 π.
8 　　根据当前选定的服务 $M_i^{j'}$, 更新 lst_i,$\mathrm{cost} \leftarrow \mathrm{cost} + \mathrm{cost}_{ij'}$, $\mathrm{flag} \leftarrow \mathrm{true}$.
9 **return** π.

7. 解的破坏

解的破坏是在当前解基础上，挑选占活动总数比例为 $\beta(0<\beta<1)$ 的活动，选择更贵的服务替换当前服务。调用 IG、IF 过程改进破坏后的解，可能得到更好的解。给定解 π，活动 v_i 当前选择服务 M_i^j，服务 $M_i^{j'}$ 表示比服务 M_i^j 代价更大的可行服务。若选择 $M_i^{j'}$ 替换服务 M_i^j，活动 v_i 的开始时刻 $st_{ij'}$ 如果变大，直接前驱有更大的浮动区间 prefloat，否则 prefloat $=0$；活动 v_i 的完成时刻 $ft_{ij'}$ 如果变小，直接后继有更大浮动区间 sucfloat，否则 sucfloat $=0$。$\text{FCAR}(i,j,j')$ 表示两个可行服务单位浮动区间代价上升比，如果 prefloat $=0$ 和 sucfloat $=0$，则 $\text{FCAR}(i,j,j')$ 取无穷大值，否则 $\text{FCAR}(i,j,j')=(c_{ij'}-c_{ij})/(|P_i|\cdot\text{prefloat}+|S_i|\cdot\text{sucfloat})$，其中 $|P_i|$ 与 $|S_i|$ 分别是活动 v_i 的直接前驱活动数和直接后继活动数，$\text{FCAR}(i,j)=\min\{\text{FCAR}(i,j,j')|0\leqslant j'<j\}$。$\text{FCAR}(i,j)$ 越小，表明活动 v_i 替换更贵的服务，相同浮动区间代价增加越小，优先为活动 v_i 替换服务。如果活动 v_i 不存在比当前更贵的可行服务，则 $\text{FCAR}(i,j)$ 取无穷大值。

本节的 IDH 算法采用的停止条件是当前最优解连续没有改进的次数，设为 α。如果第 m 次未提高解，破坏解时，按 $\text{FCAR}(i,j)$ 值选择第 m 小的活动进行替换，对已经替换服务的活动，不重复替换，更新未替换活动的 $\text{FCAR}(i,j)$，重复上述过程，直到替换 βn 个活动。具体过程如算法 76所示。

算法 76: 解的破坏

Input: 初始解 π, m, $M\leftarrow\varnothing$

1 count $\leftarrow 0$, $U\leftarrow\{1,2,\cdots,n\}$.
2 **while** (count $<n\beta$) **do**
3 　**for** $i\in U$ **do**
4 　　计算每个活动的 $\text{FCAR}(i,j)$, 并记录活动 v_i 的 $\text{FCAR}(i,j)$ 对应服务 $M_i^{j^*}$, $M\leftarrow M\cup\{(i,M_i^{j^*})\}$.
5 　对所有活动按照 $\text{FCAR}(i,j)$ 值从小到大进行排序.
6 　选择 $\text{FCAR}(i,j)$ 第 m 小的活动 v_i', 从 M 中选择 $\text{FCAR}(i',j')$ 对应的服务 $M_{i'}^{j'^*}$ 替换当前服务并更新 π.
7 　$U\leftarrow U-\{i'\}$.
8 　count $\leftarrow$ count $+1$.
9 **return** 　π.

8. 启发式方法描述

IDH 框架中，三种初始解策略 EFTF、MCARF、MACF 与两种改进策略 IF、IG 以及破坏策略 Destruct 进行组合，可得到 6 种启发式方法：FFDH、AFDH、

CFDH 和 FGDH、AGDH、CGDH。FFDH 的初始解采用 EFTF 规则，改进策略采用 IF，破坏策略 Destruct，具体过程如算法 77所示；AFDH 的初始解采用 MACF 规则，改进策略采用 IF，破坏策略 Destruct，具体过程如算法 78所示；CFDH 与 AFDH 相比，采用了初始解生成策略 MCARF，使用相同的改进策略 IF，具体过程不赘述；FGDH 初始解采用 EFTF 规则，改进策略采用 IG，破坏策略 Destruct，具体过程如算法 79所示，AGDH、CGDH 与 FGDH 分别采用不同的初始解生成策略 MACF 和 MCARF，使用相同的改进策略 IG，具体过程不赘述。

算法 77: FFDH

1 预处理.
2 利用 EFTF 策略构造初始解 π, $\pi_{\text{best}} \leftarrow \pi$.
3 **while** (当前最优解连续没有改进的次数 $< \alpha$) **do**
4 　$\pi \leftarrow \text{IF}(\pi)$.
5 　**if** (π_{best} 的成本大于 π 的成本) **then**
6 　　$\pi_{\text{best}} \leftarrow \pi$.
7 　Destruct(π).
8 **return** π_{best}.

算法 78: AFDH

1 预处理.
2 利用 MACF 规则构造初始解 π, $\pi_{\text{best}} \leftarrow \pi$.
3 **while** (当前最优解连续没有改进的次数 $< \alpha$) **do**
4 　$\pi \leftarrow \text{IF}(\pi)$.
5 　**if** (π_{best} 的成本大于 π 的成本) **then**
6 　　$\pi_{\text{best}} \leftarrow \pi$.
7 　Destruct(π).
8 **return** π_{best}.

7.3.4 实验与分析

本节先对前面的三种构造初始解方法 EFTF、MACF、MCARF 做实验进行比较；其次，三种初始解构造方法与两种改进策略 IG、IF 一一组合，不添加 Destruct 过程，得到 6 种启发式方法 FGH、AGH、CGH、FFH、AFH、CFH，对这 6 种启发式方法进行评估，分析 IF、IG 改进策略的优劣。对 3 种基于 IDH 框架的方法 FFDH、CFDH、AFDH 做实验进行比较。所有算法都是用 Java 编写，运行环境是 RAM 2G，单核 CPU3.1GHz，Windows XP。

算法 79: FGDH

1 预处理.
2 利用 EFTF 策略构造初始解 π, $\pi_{\text{best}} \leftarrow \pi$.
3 **while** (当前最优解连续没有改进的次数 $<\alpha$) **do**
4 　$\pi \leftarrow \text{IG}(\pi)$.
5 　**if** (π_{best} 的成本大于 π 的成本) **then**
6 　　$\pi_{\text{best}} \leftarrow \pi$.
7 　Destruct(π).
8 **return** π_{best}.

1. 实验环境

由于实例的参数对算法性能有影响，需要对不同的参数进行测试。N 表示工作流中活动规模；M 表示活动候选服务数。文献 [475] 定义 OS 表示工作流结构的复杂度，CF 定义为代价与执行时间的函数类型，见参考文献 [476]。

DTCTP-TSC 数据生成分两步：

(1) 生成没有不可用区间的实例，即 DTCTP 的实例。目前没有针对活动数大于 200 用 OS 度量的标准实例，本节的工作流采用文献 [488] 中的方法随机生成。N 取值范围是 $\{200, 400, 600, 800, 1000\}$，$M$ 从三个集合 $U[2,10]$、$U[11,20]$、$U[21,30]$ 中随机取值，OS 取值 $\{0.1, 0.2, 0.3\}$，CF 取值 $\{\text{convex}, \text{concave}, \text{hybrid}\}$。

(2) 为活动的每个服务生成可用区间。MinMakespan 表示不考虑服务约束，每个活动选择执行时间最短的服务，得到的最早完工时间。CP 表示服务考虑的最长时间范围因子，取值 $\{2,4,6\}$，TH 是服务水平时间范围，TH=CP$\times$MinMakespan, LoadNum 表示不可用的区间占整个 TH 的比重 $\times 10$，取值范围是 $\{0,3,6\}$。TF 表示 TH 上剩余的可行区间长度，TL 表示 TH 上剩余的不可行区间长度。生成服务可用区间过程如算法 80 所示。

考虑到 N、M、OS、CF、CP、LoadNum 的各种组合，每组参数生成 10 个实例，一共有 $5\times3\times3\times3\times3\times3\times10=12\ 150$ 个实例。DF 是截止期范围因子，取值 $\{0.2,0.4,0.6\}$，$D_{\min}$ 表示最快调度的完工时间，截止期 $D=D_{\min}+(\text{TimeHorizan}-D_{\min})\times\text{DF}$。

2. 方法比较与分析

为比较算法效果，需要定义一些评价标准。H 表示方法名，C_i^H 表示方法 H 在实例 i 上计算的代价，W 表示实例规模，best_i 表示所有比较算法中得到的最

小值，ARPD_H 表示该方法 H 平均相对误差，

$$\mathrm{ARPD}(H)=\frac{\sum_{i=1}^{W}(C_i^H-\mathrm{best}_i)/\mathrm{best}_i}{W}\times 100\% \tag{7.49}$$

算法 80: 构造 TimeSlots

```
Input: MinMakespan, LoadNum, CP, 可行时间槽列表 slots ← ∅
1  ibase ← 0, loadinterval ← 0, istart ← 0, end ← 0, ilenth ← 0.
2  TH ← MinMakespan × CP.
3  TL ← TH × LoadNum/10.
4  TF ← TH − TL.
5  allLoad ← TL, allFreeTime ← TF.
6  while (TL > 0&&TF > 0) do
7    if (TL/allLoad < 0.1) then
8      loadinterval ← TL.
9    else
10     随机生成 [0, 1) 之间的浮点数 r.
11     loadinterval ← TL × r.
12   TL ← TL − loadinterval.
13   istart ← ibase + loadinterval.
14   if (TL <= 0) then
15     iend ← istart + TF.
16   else if (TF/allFreeTime < 0.1) then
17     iend ← istart + TF.
18   else
19     iend ← istart + TF × random.double().
20   TF ← TF − (iend − istart).
21   ibase ← iend.
22   slots ← slots ∪ {(istart, iend)}.
23 return slots.
```

$C(H)$ 表示算法 H 在一组实例中与所有算法相比找到的最优解个数，$\mathrm{OPT}(H)$ 表示算法 H 在一组实例中找到最好解的百分比，

$$\mathrm{OPT}(H)=\frac{C(H)}{W}\times 100\% \tag{7.50}$$

worst_i 表示所有比较算法中最差的解，AIP_H 表示算法 H 相对于一组实例中最差解改进的百分比。

$$\text{AIP}(H) = \frac{\sum_{i=1}^{W}(\text{worst}_i - C_i^H)/\text{worst}_i}{W} \times 100\% \tag{7.51}$$

3. 初始解生成策略实验及分析

表 7.7给出基于三种优先级规则 EFTF、MACF 和 MCARF 的初始解的实验结果。对所有实例库就 ARPD 来看，无论在哪组参数下，MCARF 的 ARPD 值都是最小的，平均 ARPD 为 1.45%；其次较小的是 MACF，平均 ARPD 为 9.15%；EFTF 的 ARPD 最大，平均 ARPD 为 233.18%。说明从初始解的质量看，MCARF 最好，其次是 MACF，与 EFTF 相比，MCARF 和 MACF 都可以得到比较好的初始解，极大地优于 EFTF。 EFTF 初始解质量不是很好。就运行时间来

表 7.7　三种初始解策略的 ARPD、时间和 OPT 比较

参数	值	MCARF			EFTF			MACF		
		ARPD/%	时间/ms	OPT/%	ARPD/%	时间/ms	OPT/%	ARPD/%	时间/ms	OPT/%
N	200	**1.54**	73.35	**86.52**	213.77	**0.53**	0.00	9.96	200.76	14.33
	400	**1.69**	427.89	**83.27**	247.99	**1.53**	0.00	8.59	1281.59	17.83
	600	**1.44**	1314.24	**84.58**	233.63	**3.41**	0.00	9.24	4334.14	16.36
	800	**1.25**	2674.75	**84.91**	231.01	**4.68**	0.00	9.23	10128.57	15.90
	1000	**1.47**	4500.83	**82.76**	276.49	**5.60**	0.00	8.48	12309.09	18.23
M	U[2,10]	**4.01**	1825.31	**62.44**	600.38	**2.54**	0.00	5.34	3682.70	40.29
	U[11,20]	**0.29**	1652.93	**93.55**	71.00	**3.16**	0.00	11.22	5950.81	6.46
	U[21,30]	**0.03**	1714.73	**98.51**	31.40	**3.65**	0.00	10.95	7014.57	1.49
OS	0.1	**1.25**	1477.11	**86.47**	243.37	**2.41**	0.00	9.78	2946.95	14.37
	0.2	**1.59**	1669.87	**83.19**	228.44	**2.91**	0.00	8.47	4633.98	17.81
	0.3	**1.60**	2098.47	**83.71**	246.45	**4.14**	0.00	9.15	9521.62	17.26
CF	convex	**1.34**	1713.70	**87.62**	242.49	**3.10**	0.00	13.35	5443.32	13.17
	concave	**1.66**	1742.22	**81.05**	258.28	**3.12**	0.00	6.28	5586.02	19.95
	hybrid	**1.42**	1736.75	**84.83**	216.50	**3.08**	0.00	7.79	5497.94	16.18
CP	2	**0.29**	1739.27	**94.32**	77.78	**2.95**	0.00	8.32	4690.08	5.68
	4	**1.17**	1736.45	**86.75**	195.99	**3.08**	0.00	9.99	5426.17	13.79
	6	**2.57**	1719.94	**75.67**	389.72	**3.23**	0.00	8.86	6143.11	26.27
LoadNum	0	**0.74**	1740.58	**86.63**	399.97	**3.00**	0.00	7.13	6149.44	15.67
	3	**2.30**	1684.89	**84.26**	154.44	**3.00**	0.00	10.66	5296.83	15.74
	6	**1.39**	1793.39	**80.91**	86.78	**3.46**	0.00	10.22	4685.71	19.09
DF	0.2	**1.00**	1734.72	**88.37**	114.28	**3.06**	0.00	8.89	5026.33	11.64
	0.4	**1.53**	1732.62	**83.98**	225.09	**3.07**	0.00	9.18	5565.70	16.87
	0.6	**1.89**	1725.43	**81.14**	377.85	**3.17**	0.00	9.33	5935.58	20.80
平均值		**1.45**	1749.11	**84.58**	233.18	**3.12**	0.00	9.15	5541.35	16.31

看，EFTF 的平均计算时间为 3.12ms，MCARF 和 MACF 的平均计算时间分别是 1749.11ms 和 5541.35ms，表明 EFTF 拥有较快的计算时间，MACF 计算时间是三个初始解中最大的。就最优解的百分比而言，EFTF 的 OPT 为 0%，MCARF 的平均 OPT 为 84.58%，MACF 的平均 OPT 为 16.31%。这说明 MCARF 找到的最优解是最多的，其次是 MACF。总之，在计算初始解时，虽然 EFTF 有最快的计算速度，但是解的质量却不是很好；MCARF 无论是从计算速度还是解的质量上看，都是三者中最好的。MCARF 与 MACF 初始解质量都极大地优于 EFTF。

4. 改进策略实验及分析

三种初始解策略 EFTF、MACF、MCARF 结合两种改进策略 IG、IF 组合得到 6 个启发式方法 FGH、AGH、CGH、FFH、AFH、CFH。表 7.8 给出上述启发式方法的实验结果。FFH 平均 ARPD 为 1.77%，FGH 的平均 ARPD 为 6.92%，FFH 比 FGH 的 ARPD 均值小 5% 左右。AFH 的平均 ARPD 为 9.47%，AGH 的平均 ARPD 为 9.51%，两者相差 0.04%；CFH 的平均 ARPD 为 6.01%，CGH 的平均 ARPD 为 6.05%，两者相差 0.04%。说明在初始解为 MACF 和 MCARF 时，IF 策略比 IG 策略有一点优势，但不太明显，在初始解为 EFTF 时，IF 策略要比 IG 策略有明显的优势。就平均 ARPD 来看，FFH 最小，其次是 CFH，然后是 CGH、FGH、AFH，AGH 的平均 ARPD 最大，说明就整体效果看，FFH 解质量最好，其次是 CFH。从表中，可以看到 FFH 几乎在所有参数组合下，ARPD 最小且 OPT 最大，但有一组例外，当 CF 为 concave 时，CFH 的 ARPD 最小，OPT 最大。

为比较 IF 和 IG 两个改进策略对三个初始解提高的程度，以初始解中代价最大的值作基准，根据式 (7.51)，计算 EFTF、MACF、MCARF、FFH、AFH、CFH、FGH、AGH、CGH 方法的 AIP 值，图 7.25 直观显示，IF 和 IG 对 MCARF、MACF、EFTF 的初始解都有提高，对 EFTF 的初始解提高最明显。对于 MCARF、MACF 的初始解，IF 与 IG 策略的改进程度，差别不太大。对于 EFTF 的初始解，IF 比 IG 有明显优势。

表 7.9给出三种初始解 EFTF、MCARF、MACF 和改进策略 IF、IG 一一组合得到启发式方法 CPU 运行时间实验结果。CFH 的平均运行时间为 1708.02ms，CGH 的平均运行时间为 1914.33ms，FFH 的平均运行时间为 35.82ms，FGH 的平均运行时间为 24.41ms，AFH 和 AGH 的平均运行时间分别为 5400.42ms 和 5546.21ms，可以看到每个启发式方法都比较快，不超过 6s。其中 FFH 和 FGH 的平均计算时间最短，基本不到 1s，其次是 CFH 和 CGH；AFH 和 AGH 最慢。结合表 7.8，表明 FFH 无论是效率还是解的质量在绝大多数情况下效果最好，与其他方法相比有明显的优势。

表 7.8 初始解与改进策略组合的 ARPD 和 OPT 比较

参数	值	CFH		CGH		FFH		FGH		AFH		AGH	
		ARPD/%	OPT/%	ARPD/%	OPT/%	ARPD/%	OPT/%	ARPD/%	OPT/%	ARPD/%	OPT/%	ARPD/%	OPT/%
N	200	5.96	25.27	5.98	24.84	**2.45**	**37.98**	5.72	25.14	7.81	15.78	7.85	14.67
	400	6.24	23.09	6.29	21.29	**1.92**	**43.18**	6.89	22.80	9.21	13.49	9.24	12.31
	600	5.85	20.54	5.90	18.74	**1.53**	**47.30**	7.13	20.24	9.70	12.70	9.73	9.90
	800	5.82	20.49	5.87	17.73	**1.55**	**47.91**	7.18	19.16	10.00	11.83	10.03	8.56
	1000	6.68	18.97	6.74	15.94	**1.55**	**50.67**	8.33	20.37	11.42	11.17	11.45	8.17
M	U[2,10]	9.57	23.58	9.66	21.61	**3.75**	**47.97**	13.79	25.33	12.65	19.37	12.67	19.50
	U[11,20]	5.85	19.55	5.88	17.41	**1.02**	**46.04**	4.95	20.19	9.78	8.56	9.83	6.38
	U[21,30]	2.54	22.15	2.54	20.51	**0.56**	**41.48**	1.89	18.94	5.97	11.15	6.01	6.14
OS	0.1	6.24	20.83	6.28	19.39	**1.83**	**43.58**	6.69	22.79	8.85	12.74	8.88	11.92
	0.2	5.92	21.11	5.96	18.98	**1.80**	**45.76**	6.71	21.14	9.17	13.15	9.20	10.60
	0.3	6.10	23.52	6.15	21.25	**1.78**	**46.69**	7.73	20.59	10.89	13.28	10.93	9.66
CF	convex	11.95	7.83	11.96	7.83	**0.73**	**53.84**	0.76	50.54	20.51	3.90	20.51	3.88
	concave	**2.59**	**37.29**	2.69	31.94	3.09	23.56	15.14	2.34	2.87	27.27	2.99	18.38
	hybrid	3.75	20.01	3.78	19.58	**1.59**	**58.45**	5.09	11.95	5.40	7.93	5.38	10.04
CP	2	1.93	33.28	1.94	31.10	**1.72**	**27.72**	3.50	16.21	3.88	13.95	3.89	12.65
	4	5.41	18.63	5.45	17.06	**1.77**	**47.64**	6.57	22.15	8.76	13.43	8.80	9.79
	6	9.55	16.94	9.63	14.82	**1.89**	**54.86**	9.79	24.58	14.20	12.07	14.24	10.46
LoadNum	0	7.25	22.86	7.25	22.86	**2.42**	**38.50**	5.85	26.25	9.66	18.37	9.65	17.56
	3	5.10	27.88	5.18	23.74	**1.94**	**40.78**	9.25	16.91	10.32	9.66	10.34	7.24
	6	5.64	8.89	5.71	7.23	**0.42**	**65.77**	5.24	20.89	8.11	9.05	8.22	4.30
DF	0.2	3.62	22.99	3.65	21.75	**1.62**	**40.80**	4.45	20.21	5.90	13.46	5.93	10.24
	0.4	6.13	21.57	6.18	19.25	**1.83**	**45.99**	6.97	20.98	9.78	12.80	9.82	10.91
	0.6	8.50	20.65	8.56	18.41	**1.97**	**49.04**	9.60	23.47	13.04	12.89	13.07	11.18
平均值		6.01	21.65	6.05	19.71	**1.77**	**45.46**	6.92	21.44	9.47	12.96	9.51	10.63

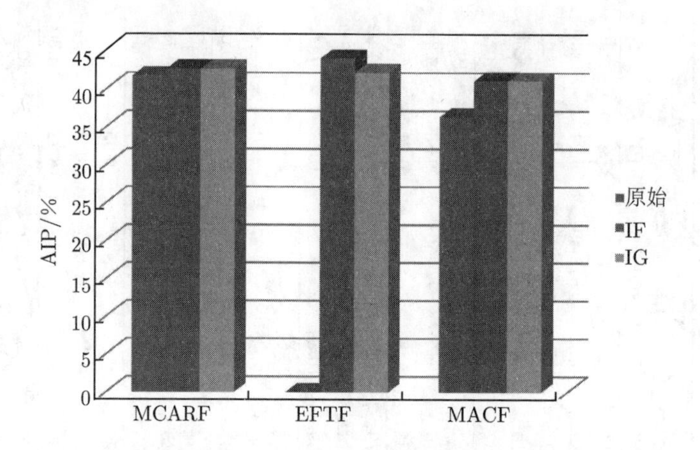

图 7.25　IF 和 IG 对三种初始解改进程度比较

表 7.9　初始解与改进策略组合的 CPU 运行时间比较

参数	值	CPU 运行时间/ms					
		CFH	CGH	FFH	FGH	AFH	AGH
N	200	132.91	124.73	7.51	5.10	264.68	267.92
	400	530.52	503.85	19.70	12.21	1249.86	1268.08
	600	1234.93	1328.93	35.85	23.58	4101.05	4104.81
	800	2624.46	2894.40	56.30	37.78	9718.74	10061.40
	1000	4247.98	5009.60	61.76	45.07	12240.84	12615.72
M	U[2,10]	1775.24	2017.97	21.87	17.30	3602.92	3667.51
	U[11,20]	1624.18	1759.33	37.95	26.40	5765.56	5924.12
	U[21,30]	1673.41	1911.22	48.27	29.62	6855.92	7067.81
OS	0.1	1411.14	1546.73	26.95	18.00	2929.33	3006.53
	0.2	1604.01	1961.32	31.73	22.30	4675.52	4760.28
	0.3	2119.20	2223.53	50.49	33.99	9023.59	9311.82
CF	convex	1676.41	1892.82	36.18	38.30	5329.32	5468.73
	concave	1701.54	1888.29	35.23	11.87	5498.49	5626.56
	hybrid	1694.96	1903.21	35.65	22.81	5276.67	5438.58
CP	2	1717.85	1940.10	31.53	22.64	4563.87	4706.56
	4	1688.20	1886.09	35.64	24.59	5307.46	5448.29
	6	1675.55	1872.55	38.54	25.14	5970.52	6116.21
LoadNum	O	1710.55	1950.47	39.30	26.27	6054.82	6160.69
	3	1660.25	1835.38	33.31	23.51	5073.01	5248.77
	6	1708.25	1894.73	33.09	22.02	4602.87	4758.55
DF	0.2	1707.12	1903.07	33.70	23.52	4912.32	5040.75
	0.4	1688.31	1894.81	36.11	24.43	5417.67	5581.25
	0.6	1677.56	1886.47	37.26	24.95	5774.56	5911.98
平均值		1708.02	1914.33	35.82	24.41	5400.42	5546.21

5. IDH 实验及分析

对 IDH 方法有两个参数需要设置，α 表示当前最优解连续没有改进的次数；β 表示解的破坏过程选择替换服务的活动占全部活动的比值。

对 MCARF、MACF 规则，IF 与 IG 策略改进效果差不多，对 EFTF 规则，IF 比 IG 策略优势要明显，所以 IDH 方法改进过程采用 IF。三种初始解策略 EFTF、MCARF、 MACF 的 IDH 启发式方法分别是 FFDH、CFDH、AFDH。

表 7.10给出 $\alpha = 30$、$\beta = 0.1$ 下，初始解不同，IDH 算法的实验比较。FFDH 平均 ARPD 为 1.42%，平均 OPT 为 62.39%；CFDH 平均 ARPD 为 5.33%，OPT 均值为 23.27%；AFDH 平均 ARPD 为 8.82%，OPT 均值为 18.17%。表明 FFDH 解的平均质量最好。FFDH 在绝大部分参数下 ARPD 都是最小，OPT 最大。在 CF 为 concave 时，CFDH 的 ARPD 最小，平均计算时间最小；AFDH 的 ARPD 略大于 FFDH 和 CFDH，但 OPT 最大。在 CP=2 的组合下，CFDH 的 ARPD 值最小，FFDH 的 OPT 值最大。从计算时间来看，FFDH 平均计算时

表 7.10 三种 IDH 的 ARPD、CPU 时间、OPT 比较 ($\alpha = 30$, $\beta = 0.1$)

参数	值	CFDH			FFDH			AFDH		
		ARPD/%	时间/ms	OPT/%	ARPD/%	时间/ms	OPT/%	ARPD/%	时间/ms	OPT/%
N	200	4.92	334.98	27.20	**1.97**	**302.23**	**53.17**	7.03	471.63	23.41
	400	5.52	1525.31	24.35	**1.54**	**1324.10**	**60.91**	8.61	2724.38	19.21
	600	5.29	4107.24	22.03	**1.20**	**3389.75**	**64.40**	9.05	9871.36	17.46
	800	5.32	6698.70	21.71	**1.27**	**4876.77**	**65.70**	9.50	16779.71	16.15
	1000	6.02	9380.59	21.11	**1.20**	**5755.27**	**68.22**	10.58	19028.86	14.94
M	U[2,10]	8.00	3834.97	28.49	**3.20**	**1963.01**	**58.91**	11.14	6283.36	24.27
	U[11,20]	5.44	4587.48	20.29	**0.66**	**3510.65**	**66.24**	9.44	10590.08	13.47
	U[21,30]	2.48	4473.47	21.08	**0.38**	**3812.15**	**61.66**	5.87	12140.41	17.26
OS	0.1	5.53	3197.47	22.61	**1.43**	**2149.31**	**61.55**	8.11	5468.75	19.64
	0.2	5.20	4076.47	22.54	**1.46**	**2780.11**	**62.72**	8.44	8616.11	18.55
	0.3	5.45	5833.04	25.09	**1.43**	**4506.91**	**62.73**	10.37	15588.67	16.55
CF	convex	10.66	3794.77	9.34	**0.60**	1350.72	**90.41**	19.09	8802.37	4.17
	concave	**2.35**	**4725.66**	37.48	2.47	4755.42	29.17	2.77	10348.76	**37.60**
	hybrid	3.20	4363.42	23.10	**1.25**	**3116.25**	**67.49**	4.91	9660.49	13.16
CP	2	**1.62**	3956.19	37.29	1.65	**2765.91**	**40.86**	3.73	8284.48	22.36
	4	4.76	4320.40	19.88	**1.38**	**3105.21**	**65.58**	8.20	9475.32	18.07
	6	8.55	4500.84	17.23	**1.36**	**3260.41**	**73.66**	13.08	10623.67	15.87
LoadNum	0	6.43	4485.33	22.87	**1.88**	**3586.49**	**58.08**	8.91	10587.42	28.42
	3	4.42	4364.63	31.28	**1.62**	**3111.85**	**56.95**	9.71	9484.81	12.26
	6	5.15	3820.49	10.30	**0.31**	**2065.96**	**79.58**	7.50	7983.14	10.12
DF	0.2	3.20	4093.23	24.24	**1.36**	**2880.13**	**57.51**	5.59	8807.65	19.43
	0.4	5.42	4353.98	23.23	**1.46**	**3145.08**	**63.35**	9.17	9647.26	17.36
	0.6	7.55	4439.37	22.52	**1.50**	**3206.23**	**66.08**	11.96	10360.98	18.20
平均值		5.33	4316.00	23.27	**1.42**	**3074.78**	**62.39**	8.82	9636.07	18.17

间为 3074.78ms，最快，其次是 CFDH，AFDH 最慢。表明 FFDH 在大部分情况下无论是解的效率还是解的质量都是较好的。CFDH 在 CP 值比较小时，即服务的水平区间长度较小时，CFDH 的 ARPD 最小，略小于 FFDH，FFDH 的 OPT 最大，这说明 CFDH 的稳定性略好于 FFDH。而随着 CP 值变大，即服务水平区间变大时，FFDH 的优势越来越明显。

表 7.11给出 $\alpha = 30$、$\beta = 0.2$ 下，初始解不同，IDH 算法的实验比较。与表 7.10呈现的规律类似，FFDH 解的平均质量最好。FFDH 在绝大部分参数下 ARPD 都是最小，OPT 最大；在 CF 为 concave 时，CFDH 的 ARPD 最小，OPT 最大。在 CP = 2 的组合下，CFDH 的 ARPD 值最小，FFDH 的 OPT 值最大。从计算时间来看，FFDH 最快，其次是 CFDH，AFDH 最慢。表明 FFDH 在大部分情况下无论是解的效率还是解的质量都是较好的。在 CP 值比较小时，即服务的水平区间长度较小时，CFDH 的 ARPD 最小，略小于 FFDH，FFDH 的 OPT 最大，这说明 CFDH 的稳定性略好于 FFDH。而随着 CP 值变大，

表 7.11 三种 IDH 的 ARPD、CPU 时间、OPT 比较 ($\alpha = 30$, $\beta = 0.2$)

参数	值	CFDH			FFDH			AFDH		
		ARPD/%	时间/ms	OPT/%	ARPD/%	时间/ms	OPT/%	ARPD/%	时间/ms	OPT/%
N	200	4.49	350.45	28.07	**1.92**	**390.79**	**52.40**	6.65	621.65	23.86
	400	5.07	1368.08	24.44	**1.49**	**1039.62**	**60.96**	8.17	2159.15	19.17
	600	4.83	3557.08	22.76	**1.16**	**2201.43**	**64.05**	8.56	5959.23	17.24
	800	4.88	6388.86	22.06	**1.19**	**3694.63**	**65.74**	9.06	12670.45	15.94
	1000	5.45	9358.76	21.44	**1.12**	**4449.27**	**68.18**	9.93	15969.42	14.81
M	U[2,10]	7.02	4077.09	30.61	**3.09**	**2012.45**	**57.21**	10.18	5547.16	24.53
	U[11,20]	5.13	4368.54	20.13	**0.62**	**2543.13**	**66.65**	9.09	7774.44	13.24
	U[21,30]	2.41	3768.45	20.52	**0.36**	**2374.23**	**62.33**	5.78	8653.93	17.15
OS	0.1	5.03	3028.45	23.13	**1.37**	**1633.86**	**61.51**	7.62	4247.29	19.32
	0.2	4.74	3635.25	23.01	**1.39**	**1944.32**	**62.37**	8.00	6214.44	18.69
	0.3	5.01	5834.19	25.58	**1.38**	**3524.87**	**62.42**	9.87	12094.88	16.67
CF	convex	9.74	3892.60	10.26	**0.58**	**1446.05**	**89.58**	18.07	6873.50	4.27
	concave	**2.15**	4119.83	**37.32**	2.30	**2898.17**	30.13	2.61	7497.01	37.11
	hybrid	2.91	4233.26	23.81	**1.27**	**2579.89**	**66.68**	4.66	7495.07	13.47
CP	2	**1.48**	3668.27	37.64	1.64	**2152.05**	**40.93**	3.65	6189.95	21.97
	4	4.33	4147.25	20.10	**1.31**	**2370.95**	**65.50**	7.83	7273.05	18.05
	6	7.82	4299.40	18.08	**1.28**	**2357.00**	**73.08**	12.24	8048.22	16.07
LoadNum	0	6.08	4058.18	23.29	**1.86**	**2111.00**	**58.02**	8.70	7762.87	28.19
	3	3.92	4083.12	31.61	**1.48**	**2462.94**	**57.05**	9.11	7203.72	12.28
	6	4.51	4125.88	11.20	**0.32**	**2412.45**	**78.46**	6.74	6555.39	10.38
DF	0.2	2.92	3886.04	24.80	**1.32**	**2213.90**	**57.50**	5.36	6667.21	18.98
	0.4	4.93	4139.72	23.96	**1.39**	**2323.31**	**62.99**	8.70	7363.01	18.98
	0.6	6.92	4221.14	22.71	**1.43**	**2391.80**	**65.77**	11.22	7837.83	18.98
平均值		4.86	4113.47	23.76	**1.36**	**2327.31**	**62.15**	8.34	7333.86	18.23

即服务水平区间变大时，FFDH 解的优势越来越明显，优于 AFDH 和 CFDH。

表 7.12给出 $\alpha = 30$，$\beta = 0.3$ 下，初始解不同，IDH 算法的实验比较。与表 7.11呈现的规律类似，FFDH 在大部分情况下无论是解的效率还是解的质量都是较好的。在 CF 是 concave 时，CFDH 比 FFDH 有优势。在 CP 值比较小时，即服务的水平区间长度较小时，CFDH 的 ARPD 最小，略小于 FFDH，FFDH 的 OPT 最大，这说明 CFDH 的稳定性略好于 FFDH。

表 7.12 三种 IDH 的 ARPD、CPU 时间、OPT 比较 ($\alpha = 30, \beta = 0.3$)

参数	值	CFDH			FFDH			AFDH		
		ARPD/%	时间/ms	OPT/%	ARPD/%	时间/ms	OPT/%	ARPD/%	时间/ms	OPT/%
N	200	4.17	**520.86**	28.84	**1.88**	702.76	**51.64**	6.37	630.17	24.18
	400	4.65	2183.48	26.67	**1.45**	**2032.48**	**59.79**	7.82	2584.47	18.31
	600	4.43	5037.54	23.70	**1.13**	**3923.43**	**63.59**	8.21	8153.14	16.89
	800	4.48	9111.33	22.62	**1.14**	**4772.32**	**65.64**	8.68	16620.41	15.74
	1000	4.97	9218.09	22.53	**1.11**	**5459.05**	**67.52**	9.45	17560.23	14.87
M	U[2,10]	6.20	5219.41	32.61	**3.01**	**3252.79**	**55.70**	9.44	6706.78	24.84
	U[11,20]	4.82	5231.79	21.14	**0.60**	**3454.50**	**66.15**	8.80	9670.42	12.72
	U[21,30]	2.34	4951.40	20.71	**0.36**	**3291.61**	**62.56**	5.73	10616.43	16.73
OS	0.1	4.60	3762.21	24.07	**1.33**	**2095.38**	**60.82**	7.23	5751.37	19.22
	0.2	4.34	4462.34	24.40	**1.34**	**2920.91**	**61.79**	7.66	7286.00	18.19
	0.3	4.64	7539.86	26.50	**1.38**	**5265.39**	**61.84**	9.51	14642.54	16.68
CF	convex	8.95	5210.09	11.23	**0.58**	**2627.23**	**88.64**	17.28	8982.18	4.53
	concave	**1.99**	4976.14	**38.61**	2.18	**3767.43**	30.09	2.51	9095.10	36.19
	hybrid	2.65	5234.69	24.84	**1.27**	**3606.32**	**65.81**	4.45	8788.44	13.51
CP	2	**1.37**	4604.22	38.92	1.61	**3012.84**	**40.75**	3.62	7351.99	20.90
	4	3.99	5151.28	21.43	**1.26**	**3385.26**	**64.77**	7.54	8768.49	17.80
	6	7.16	5491.87	18.82	**1.25**	**3504.26**	**72.29**	11.58	10219.04	16.50
LoadNum	0	5.78	4647.74	24.02	**1.80**	**2743.52**	**57.95**	8.50	9052.59	27.68
	3	3.50	5250.46	32.79	**1.43**	**3499.13**	**56.50**	8.69	8848.76	12.22
	6	3.95	5866.59	12.82	**0.35**	**4151.96**	**76.72**	6.15	8959.13	10.51
DF	0.2	2.68	4889.07	26.19	**1.29**	**3190.18**	**56.73**	5.18	8992.45	18.48
	0.4	4.54	5141.08	24.78	**1.36**	**3353.94**	**62.41**	8.33	8819.23	17.31
	0.6	6.34	5390.54	23.77	**1.40**	**3460.95**	**65.27**	10.68	9053.64	18.50
平均值		4.46	5177.92	24.87	**1.33**	**3368.42**	**61.52**	7.97	9006.65	17.93

7.4 资源预留模式下的周期性工作流调度

周期性工作流是一种典型的工作流应用，它广泛应用于科学计算和商业分析中。比如天气预报需要每天分析气象云图，公司需要每个月分析利润增长，一些天文学应用 (如引力波分析 LIGO) 需要周期性地分析捕获的天文数据。这些应用都是周期性工作流应用。用户向云服务提供者提交他们的应用请求，这些请求包含一些周期性工作流，这些工作流应用周期性地提交给服务提供者，并具有不同的服务质量约束 (开始时间、结束时间、响应时间等)，服务提供者根据不同时刻到达的不同任务，提供不同数量和类型的虚拟机，并将任务分配到不同的虚拟机上。

在任务层面，工作流的每个任务可被分配到相同或者不同虚拟机上执行，不同任务分配方式对应着不同任务处理时间。一个任务可以分配尽可能多的资源以缩短它的执行时间，但相应的资源租赁费用就变得很高。在资源层面，因为每个任务都可以在所有的虚拟机上执行，所以虚拟机在任务之间可以共享。在虚拟机的租赁时间内，如果当前任务执行完，虚拟机还可被其他任务使用。

通常云服务提供者提供多种资源租赁方式，如亚马逊的弹性云 (Amazon EC2)① 提供两种主要的资源租赁方式：按需实例和预留实例。按需实例方式提供一种资源利用率更高的资源租赁方式，但相应的单位资源租赁成本比较高；预留实例模式虽然可通过折扣降低单位资源的租赁成本，但由于长期租赁资源很难一直保持高负荷运转状态，资源的利用率往往比较低。由于周期性工作流需要周期性地循环使用资源，因此我们采用长期预留模式租赁资源，通过设计相应的算法，均衡资源在整个周期的使用以提高资源利用率，降低资源租赁成本，即以资源供应成本最小化为优化目标。

7.4.1　周期性工作流资源调度问题描述

工作流应用通常可用有向无环图 (DAG) 来表示，图中的节点表示任务，边用来表示任务之间的约束关系。假设在一个周期 D 中，共有 g 个不同的工作应用 $G=\{G^1,\cdots,G^g\}$。对于每个工作流应用 G^w $(w\in\{1,2,\cdots,g\})$，用 $G^w=(V^w,E^w)$ 来表示它的节点和边。其中任务共有 n^w 个，用 $V^w=\{v_1^w,\cdots,v_{n^w}^w\}$ 来表示。边 $(v_i^w,v_j^w)\in E^w$ 定义了任务 v_i^w 和 v_j^w 之间的约束关系。工作流 G^w 的开始时间和结束时间受 QoS 约束，分别定义为 A^w 和 T^w。服务提供商共提供了 a 种不同的虚拟机资源，用 $R=\{R_1,\cdots,R_a\}$ 来表示，其中每种资源 R_k 在预留模式下单价设为 c_k。执行每个任务时，需要根据当前的资源状况，将任务分解为不同的子任务，并将每个子任务分配到不同的虚拟机资源上去。我们把工作流 G^w 的任务 v_j^w 的一种分配执行方式叫作任务的一种执行模态，用 M_{jo}^w 来表示。可以用 $M_j^w=\{M_{j1}^w,\cdots,M_{jm^{jw}}^w\}$ 来表示任务 v_j^w 不同的执行模式。M_{jo}^w 表示任务 v_j^w 被分配到 r_{jok}^w 个不同虚拟机 R_k 上，对应的处理时间为 d_{jo}^w 。任务的处理时间假设为整数 (处理时间向上取整)，因为云计算环境下虚拟机资源通常按小时计费。

设调度 π 是所考虑问题的一个解，其中 H_k 是在资源分配过程中所需要的

① http://aws.amazon.com/ec2/pricing。

R_k 型资源的数量。x_{jot}^w 是一个二元变量，x_{jot}^w 取 1 表示工作流 G_w 的第 j 个任务在 t 时刻开始执行，并且采用第 o 种资源分配模式 M_{jo}^w，定义如下：

$$x_{jot}^w = \begin{cases} 1, & \text{工作流}G_w\text{的第}j\text{个任务在}t\text{时刻以资源分配模式}M_{jo}^w\text{执行} \\ 0, & \text{其他} \end{cases}$$

问题的数学模型如下：

$$\min \sum_{k=1}^{a} c_k H_k D \tag{7.52}$$

$$\text{s.t.}$$

$$H_k \geqslant 0, \quad \forall k \in \{1,2,\cdots,a\} \tag{7.53}$$

$$\sum_{o=1}^{m^{jw}} \sum_{t=0}^{T^w} x_{jot}^w = 1, \quad \forall j \in \{1,2,\cdots,n^w\}, \quad \forall w \in \{1,2,\cdots,g\} \tag{7.54}$$

$$\sum_{o=1}^{m^{jw}} \sum_{t=0}^{T^w} x_{iot}^w (t + d_{io}^w) \leqslant \sum_{o=1}^{m^{jw}} \sum_{t=0}^{T^w} x_{jot}^w t, \quad \forall j \in \{1,2,\cdots,n^w\}$$

$$\forall i \in \{1,2,\cdots,n^w\}\ i \neq j, \quad \forall w \in \{1,2,\cdots,g\}, \quad \forall (v_i^w, v_j^w) \in E^w \tag{7.55}$$

$$\sum_{o=1}^{m^{jw}} \sum_{t=0}^{T^w} x_{1ot}^w t \geqslant A^w, \quad \forall w \in \{1,2,\cdots,g\} \tag{7.56}$$

$$\sum_{o=1}^{m^{jw}} \sum_{t=0}^{T^w} x_{n^w ot}^w (t + d_{n^w o}^w) \leqslant T^w, \quad \forall w \in \{1,2,\cdots,g\} \tag{7.57}$$

$$T^w \leqslant D, \quad \forall w \in \{1,2,\cdots,g\} \tag{7.58}$$

$$H_k \geqslant \sum_{w=1}^{g} \sum_{j=1}^{n_w} \sum_{o=1}^{m^{jw}} r_{jok}^w \sum_{\tau=t}^{t+d_{jo}^w-1} x_{jo\tau}^w, \quad \forall k \in \{1,2,\cdots,a\}, \quad \forall t \in \{0,1,\cdots,D\} \tag{7.59}$$

公式(7.53)保证每种资源 R_k 的使用量是非负的；公式(7.54) 保证工作流的每个任务只能在一个时刻开始并且所对应的资源分配模式只能有一种；每个工作流的优先级约束由公式(7.55) 给出；公式(7.56)给出了每个工作流的开始时间约束，每个工作流只能在工作流到达之后才开始执行；工作流的截止期约束由公式(7.57)来表示；公式(7.58)给出了资源租赁周期约束；公式(7.59)定义资源可用性约束，$\sum_{\tau=t}^{t+d_{jo}^w-1} x_{jo\tau}^w$ 计算在时刻 t 资源 R_k 的使用总量，在整个资源租赁周期内，资源 R_k 的使用总量不得超过租赁资源的最大值 H_k。

图 7.26给出了所考虑的周期性工作流资源分配的一个例子。工作流的周期是 30。假设在周期内，共有两个工作流需要执行，并且只有一种虚拟机资源。工作流 1 有 3 个任务，工作流 2 有 2 个任务。每个节点右边的二元组表示任务可能的资源分配模式。每个二元组表示当前执行该任务需要的资源数量和对应的执行时间。比如工作流 2 的任务 1 节点，可以被分配到 3 台虚拟机上执行 6h，也可以分配到 6 台虚拟机上执行 3h。假设工作流 1 在 0 时刻到来，截止期是 30，工作流 2 也在 0 时刻到来，但是截止期是 25。

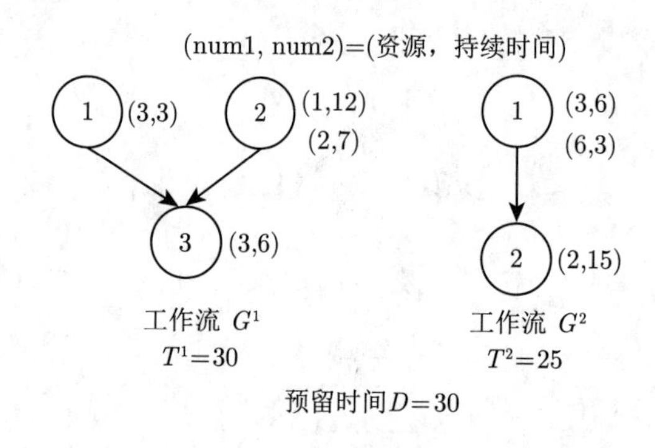

图 7.26　周期性工作流资源分配实例

图 7.27给出了周期性工作流任务分配示例。当为工作流 2 的任务 1 分配资源时，可以选择模式 (a)，分配到 3 个虚拟机上，重新申请 3 个新的资源；可以选择模式 (b)，分配到 3 个虚拟机上，等待任务 1 执行完成，共享任务 v_1^1 租赁的资源，只租赁一个新的资源；也可以选择模式 (c)，在时刻 21 开始，等待工作流 1 的所有任务执行完，共享使用工作流 1 租赁的所有资源，但是由于工作流 2 的截

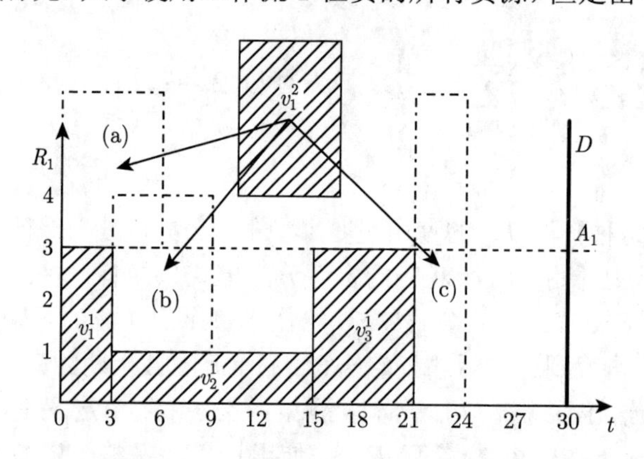

图 7.27　周期性工作流任务分配示例

止期是 25，不能只分配 3 台虚拟机 (6 个单位执行时间后，将超过截止期)，需要把任务分配到 6 台虚拟机上，因此需要申请新的 3 台虚拟机。图 7.28给出了示例的一个最优解，在整个租赁周期内，最少需要 3 台虚拟机，相应的资源租赁代价为 $5 \times 3 \times 30 = 450$。

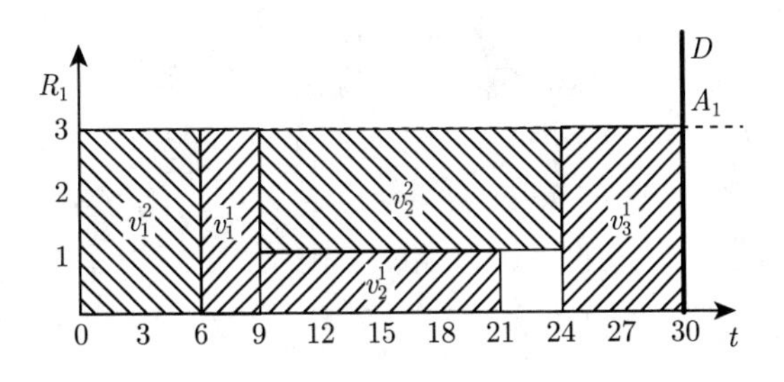

图 7.28 问题的最优解

7.4.2 相关研究

在传统的网格计算环境下，资源通常在地理位置上是分散的，资源被抽象为服务，服务与服务之间，资源不能共享。工作流资源调度问题被抽象为离散时间成本优化问题 [478]，更多的是考虑服务选择，不需要考虑把任务分配到不同具体的虚拟机上。网格计算环境下的工作流调度问题主要包含两个目标函数：费用优化和工作流执行时间优化 [482]。在工作流执行时间优化方面，常见的优化方法有：动态规划 [483]、分支限界 [484]、基于分解的方法 [485]、基于列表的方法 [463]、基于关键路径的方法 [486]、贪心自适应随机搜索算法 [487] 和蚁群算法 [488]。在资源使用费用优化方面，常见的优化方法有：基于马尔可夫决策的截止期方法 [478]、截止期优先级树方法 [473]、部分关键路径方法 [474] 和部分关键路径迭代算法 [489]。其他的网格计算环境下工作流优化问题包括：网格环境下的 QoS 优化 [490]、以市场为导向的分层调度策略 [215]、带有安全性约束的工作流调度问题 [491]、基于双重拍卖机制的科学工作流调度 [492] 以及带有多目标优化的工作流调度 [493,494]。

在云计算环境下，目前工作流调度问题的相关研究还比较少。云计算环境下的资源通常在地理上是集中分布的。资源以虚拟机的形式提供给用户，资源在不同的任务之间可以共享。在考虑云计算环境下的工作流调度问题时，不仅需要选择任务的执行方式，还需要把任务分配到具体的虚拟机上。Iosup 等 [495] 在云计算场景下，分析科学工作流的工作负载和相应的处理时间。Byun 等 [496] 提出时间均衡的优化算法 (BTS) 来优化云计算环境下工作流应用的租赁成本，并采用预留模式来租赁资源。但是文献中仅仅考虑了同构资源的云计算场景，对于普遍的具有异构资源的云计算场景下的工作流资源分配问题并没有考虑。在 Byun 等的下一步工作中 [135]，他们提出分割时间均衡算法 (PBTS) 来解决云计算场景下采用按需模式租赁资源的费用优化问题。资源使用按照租赁区间被划分为一个个小区间，在每个区间内通过时间均衡算法来提高资源的利用率。Abrishami 等 [474] 提出网格计算环境下基于部分关键路径 (PCP) 的工作流调度优化方法，在下一步工作中 [471]，所提出的 PCP 算法被改进并应用于云计算场景中。所改进的 IC-PCP 和 IC-PCPD2 算法可以用来解决云计算环境下的资源按需租赁费用优化问题。Cai 等 [497] 考虑了云计算环境下异构资源的资源按需租赁问题。问题被划分为两个子问题：服务选择和虚拟机匹配。针对两个子问题，分别提出基于最短服务的关键路径迭代生成算法和基于序列的匹配度最大化优化方法。Chaisiri 等 [206] 考虑需求和价格不确定情况下的资源按需租赁问题，并建立了相应的随机规划模型。Zuo 等 [498] 提出自适应的粒子群优化方法来解决混合云环境下的资源按需租赁问题。

目前，据我们所知，云计算环境还没有考虑周期性工作流的资源调度研究，但有一些云计算环境下的多工作流调度研究。Xu 等 [499] 提出启发式算法来解决带有 QoS 约束的多工作流资源调度问题，文中任务被抽象为服务，但并没有考虑服务间的资源共享问题。Bittencourt 和 Madeira [500] 提出四种策略来求解多工作流环境的资源调度，相应的优化目标是工作流的执行时间和不同工作流执行的公平性，每个任务只能在一台虚拟机上执行，没有考虑实际科学工作流中存在大量的可并行执行任务。且已有研究通常考虑单一工作流并采用按需模式租赁资源。

7.4.3 基于优先级树的启发式方法

实际应用场景中，一个周期内到达的工作流数量非常多，每个工作流又包含很多不同的任务，每个任务对应着多个任务执行方式。为此，首先给出一个资源预定模式下周期性非线性相关任务调度框架，如图 7.29 所示。

为确定所有决策变量 x^w_{jot} 的取值，采用精确性算法或者元启发式算法需要大量的时间并且不能得到很好的效果，为此提出基于优先级树的启发式算法 (precedence tree based heuristic, PTH) 框架，包括三个主要步骤：工作流组合和参数初始化 (WCPI)、生成初始解 (CM) 和提高解 (SIP)。WCPI 考虑不同工作流的特点和约束，把所有工作流组合成一个大的工作流并初始化相关的参数；在初始解生成算法 CM 中，根据在优先级树中选择分支时采取的不同策略，提出三种不同的解的构造方法；解的提高算法 SIP 分别通过调整资源分配方式和资源数量来降低资源的使用数量。

1. 工作流组合和参数初始化

给定一组带有不同资源和截止期约束的工作流，提出基于同步的工作流组合算法 (SWC)，将不同特点的工作流组合成一个大的工作流。由于不同工作流有不同的开始时间和截止期约束，在 SWC 中，建立两种不同的虚拟同步节点，使得不同工作流开始时间和截止期一致。工作流 G^w 的虚拟开始同步节点用 v_0^w 来表示。执行任务 v_0^w 时，不需要耗费任何的虚拟机资源，但是需要一定的处理时间 A^w。同理，用 $v_{n^w+1}^w$ 表示工作流 G^w 虚拟同步结束节点，执行任务 $v_{n^w+1}^w$ 时，同样不需要任何资源，但是需要相应的处理时间 $D-T^w$，其中 D 是工作流的整体周期，T^w 是工作流 G^w 的截止期。

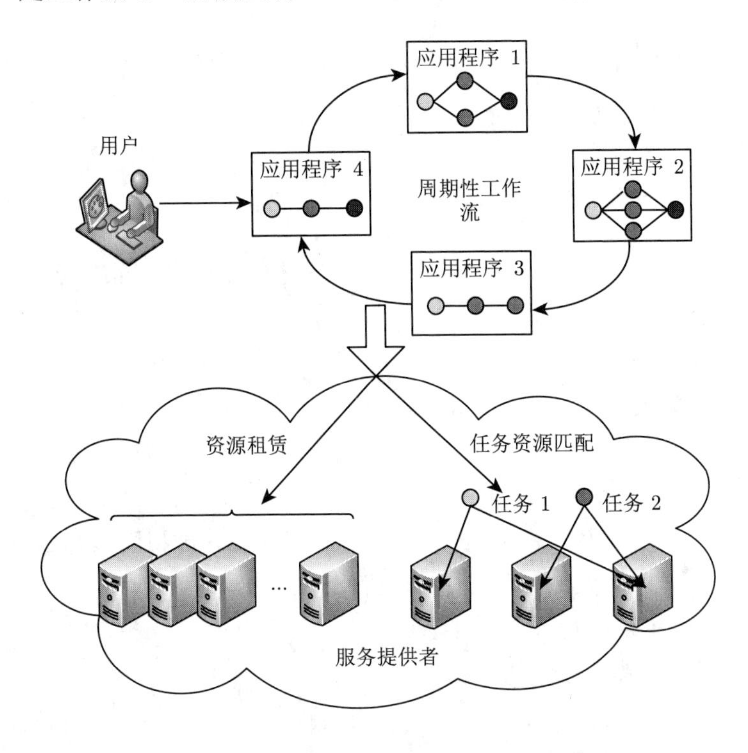

图 7.29 周期性工作流资源调度框架

通过增加虚拟开始和结束同步节点，每个工作流的开始时间被同步为 0 时刻，每个工作流的结束时间被同步为 D。在 SWC 过程中，工作流的相关特点 (优先级约束、截止期约束、开始时间约束和资源需求) 并没有改变。为把所有工作流合并成一个大的工作流，我们建立了统一的虚拟开始节点和虚拟结束节点，其中虚拟开始节点用 v_0 表示，虚拟结束节点用 v_{n+1} 来表示。执行虚拟开始节点和虚拟结束节点既不需要资源也不需要时间，因为预留资源可以在不同的任务之间共享，在大工作流中，来自不同工作流的任务可以共享资源。并且这些任务由于来自不同的工作流，它们之间没有先后约束关系，可以作为并行任务同时执行。算法 81给出了基于同步的工作流组合算法 (SWC) 的详细过程。其中第 3 行用来初始化虚拟开始节点，第 4~6 行用来初始化虚拟结束节点，第 9~12 行用来初始化虚拟同步开始节点，第 13~16 行用来初始化虚拟同步结束节点。通过使用 SWC，我们可以得到一个大的工作流 $G=(V,E)$。相应的时间复杂度是 $O(g)$，其中 g 是周期内所有工作流的数量。

算法 81: 基于同步的工作流组合算法 (SWC)

1 **begin**
2 $G \leftarrow (V,E)$, $V \leftarrow V^1 \cup V^w \cup \cdots \cup V^g$, $E \leftarrow E^1 \cup E^w \cup \cdots \cup E^g$;
3 初始化 v_0, $m^0 \leftarrow 1$, $d_{01} \leftarrow 0$, $r_{01k} \leftarrow 0, \forall k \in \{1,2,\cdots,a\}$; /* 初始化虚拟开始节点 v_0 */
4 初始化 v_{n+1}, $m^{n+1} \leftarrow 1$, $d_{(n+1)1} \leftarrow 0$;
5 **for** $k=1$ **to** a **do**
6 $r_{(n+1)1k} \leftarrow 0$; /* 初始化虚拟结束节点 v_{n+1} */
7 $w \leftarrow 1$;
8 **repeat**
9 初始化 v_0^w, $m^0 \leftarrow 1$, $d_{01}^w \leftarrow A^w$;
10 **for** $k=1$ **to** a **do**
11 $r_{01k}^w \leftarrow 0$;
12 $E \leftarrow E \cup (v_0^w, v_1^w)$; /* 初始化虚拟同步开始节点 */
13 初始化 $v_{n^w+1}^w$, $m^{n^w+1} \leftarrow 1$, $d_{(n^w+1)1}^w \leftarrow D - T^w$;
14 **for** $k=1$ **to** a **do**
15 $r_{(n^w+1)1k}^w \leftarrow 0$;
16 $E \leftarrow E \cup (v_{n^w}^w, v_{n^w+1}^w) \cup (v_0, v_0^w) \cup (v_{n^w+1}^w, v_{n+1})$; /* 初始化虚拟同步结束节点 */
17 $w \leftarrow w+1$;
18 **until** $(w > g)$;
19 **return** G.

图 7.30展示了示例图 7.26中的两个工作流是如何合并的。对于图 7.26中的工作流 1，开始时间和结束时间与系统周期一样，不需要添加同步节点，对于工作流 2，我们通过增加同步结束节点 6，来使得工作流 2 的结束时间和系统周期一致，其中任务 6 的执行不需要资源，只需要相应的执行时间 $30-25=5$。同时，我们通过增加虚拟开始节点 0 和结束节点 7 来把两个工作流合并成一个大的工作流 (为标记方便，我们把每个工作流中的任务按照加入大工作流的先后顺序重新编号)。

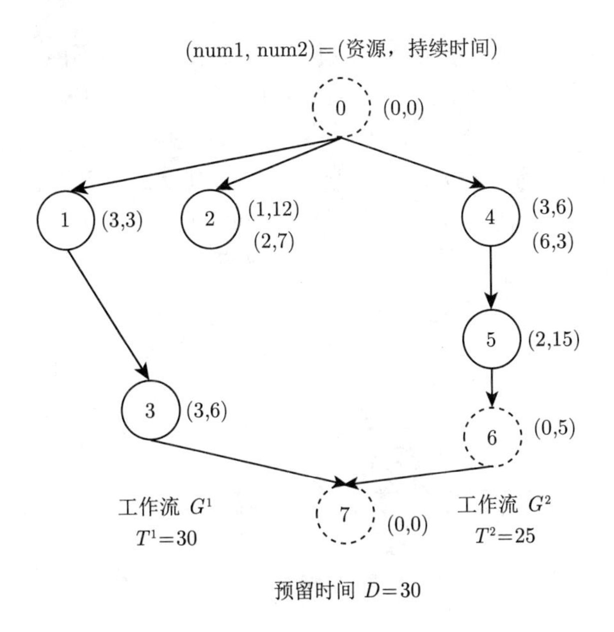

图 7.30 工作流合并示例

我们用 $G=(V,E)$ 来表示新合并成的大工作流。对于工作流中的任务 v_j，它的资源分配模式可以简化为 $M_j=\{M_{j1},\cdots,M_{jo^j}\}$。对于每个模式 M_{jo}，对应虚拟机 R_k 的资源需求可以简化为 r_{jok}，相应的处理时间为 d_{jo}。因此，确定问题的一个解 π 就是要确定工作流 $G=(V,E)$ 中每个任务 v_j 的开始执行时间 $s_j=\sum_{t=0}^{D}x_{jot}t$ 和相应的执行方式 $\mathcal{M}_j=\sum_{o=1}^{m^j}x_{jot}o$。后续算法涉及的相关参数可以初始化如下。任务 v_j 的结束时间用 $f_j=s_j+d_{jo}$ 来表示。我们用 $\mathcal{P}_j$ 和 $\mathcal{O}_j$ 来定义任务 v_j 的直接前驱。其中 $\mathcal{P}_j=\{v_i|\forall(v_i,v_j)\in E)\}, \mathcal{O}_j=\{v_k|\forall(v_j,v_k)\in E)\}$。用 est_j、lst_j 和 tlst_j 来分别表示任务 v_j 的最早开始时间、最迟开始时间和最迟临界开始时间。其中计算 est_j 和 lst_j 时，假设每个任务分配到尽可能多的资源上，以执行时间最短的资源分配模式来执行。计算 tlst_j 时，假设每个任务分配到尽可能少的资源上，以执行时间最长的资源分配模式来执行。式(7.60)~ 式(7.62)给出了参数 est_j、lst_j 和 tlst_j 的具体计算方法。

$$\text{est}_j=\max_{v_i\in\mathcal{P}_j}\{f_i\} \tag{7.60}$$

$$\text{lst}_j=\min_{v_k\in\mathcal{O}_k}\{s_k-d_{jo}\} \tag{7.61}$$

$$\text{tlst}_j=\min_{v_k\in\mathcal{O}_k}\{s_k-d_{jo}\} \tag{7.62}$$

区间 $[\text{est}_j, \text{lst}_j]$ 定义了任务 v_j 开始时间活动窗口。v_j 不能早于 est_j 开始，并且必须在 lst_j 前结束，以保证不违背截止期约束。tlst_j 用来计算 v_j 后继节点 $\mathcal{O}_j$ 的自由度 (松弛程度)。如果 v_j 在 tlst_j 之前开始，那么它的后继节点 $\mathcal{O}_j$ 有最大的自由度可以选择任何资源分配方式来执行。通过基于关键路径的前向后向计算方法 [501]，参数 est_j、lst_j、tlst_j、$\mathcal{P}_j$ 和 $\mathcal{O}_j$ 可以在 $O(|E|)$ 时间内计算得到，其中 v_j $(\forall v_j \in V)$。图 7.31显示了各种时间参数的对应关系。

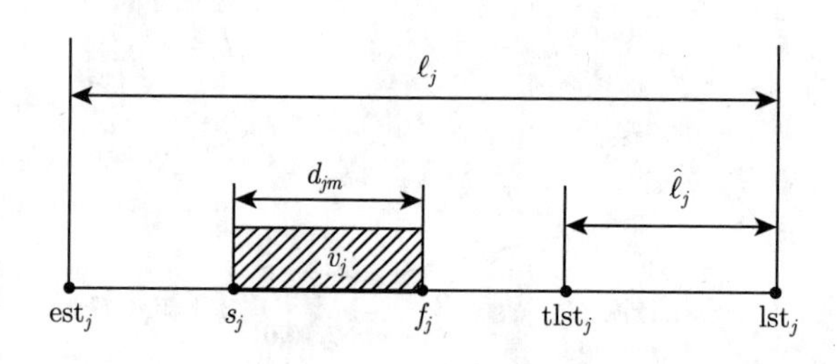

图 7.31　任务 v_j 相关的各种时间参数

2. 初始解生成方法

为构造问题的一个解 π，我们需要确定工作流中每个任务的执行顺序、执行时间以及采用的资源执行模式。本节中我们提出基于优先级树的启发式方法来寻找问题的一个解，在选择分支的每一步，我们需要采用不同的规则以确保沿着这条分支能找到比较好的解。

3. 基于优先级树的搜索方法

在基于优先级树的搜索方法中，首先定义两个集合：任务完成集合 CS 和任务就绪集合 ES，其中 CS 用来表示已经搜索完的任务集合，ES 用来表示已经就绪可以被搜索的任务集合。基于优先级树的搜索方法从虚拟开始节点 v_0 开始。在搜索的每一步，需要更新这两个集合。当有任务搜索完，就把它加入完成集合 CS 中，同时检查剩余活动中所有节点，如果它的所有前驱都在完成集合 CS 中，就把它加入就绪集合 ES 中。当前任务搜索完成，就从就绪集合 ES 中选择下一个任务作为新的搜索任务。在搜索任务的时候，需要确定它的执行方式 M_{jo} 和相应的开始执行时间 s_j。例如任务开始时间 s_j 可以取区间 $[\text{est}_j, \text{lst}j]$ 内的任意值。当虚拟结束节点 v_{n+1} 加入完成集合 CS 中时，表面所有的任务已搜索完成，得到了问题的一个解。基于优先级树的搜索算法的详细步骤如算法 82所示。第 6~9 行用来更新完成集合 CS 和就绪集合 ES，第 10 行需要设计不同的规则来选择任务，选择任务的资源分配模式以及任务的开始时间。第 12 行用来动态更新当前任务后继任务的最早开始时间。

算法 82: 基于优先级树的搜索方法 (PTES)

```
1  begin
2      CS ← ∅, ES ← ∅;
3      计算每个任务 v_j 的 est_j 和 lst_j;
4      初始化开始任务 v_j 的状态, j ← 0, M_j ← 1, s_j ← 0;
5      repeat
6          CS ← CS ∪ v_j;
7          for each v_k ∈ O_j do
8              if P_k ⊆ CS then
9                  ES ← ES ∪ v_k;    /* 更新完成集合 CS 和就绪集合 ES */
10         采用启发式规则：从任务可选集 ES 中选择一个任务 v_j 确定任务
           的执行模态 M_j, 从区间 s_j ∈ [est_j, lstj] 确定任务合适的开始时
           间;
11         for each v_k ∈ O_j do
12             est_k ← max{est_k, s_j + d_jo};    /* 对于任务 v_j 的每个后继, 动
               态更新其最早开始时间 est_k */
13     until (v_{n+1} ∈ CS);
14     return.
```

为更好地表示基于优先级树的搜索算法的搜索过程，图 7.32 给出了工作流图 7.30 的搜索示例。

算法从任务 0 开始，开始时，CS = ∅，ES = ∅，在搜索任务 0 的过程中，将任务 1、2 和 4 分别加入就绪集合 ES 中。下一步搜索时，选择不同的就绪任务导致了不同的分支。

基于优先级树的搜索过程是一个迭代过程，在每一次迭代过程中，还有一个内部搜索。内部搜索包含三个分支因素：任务、资源分配方式和开始时间。在每一个节点，需要决定这个任务的这三个因素的取值。

图 7.33 给出了图 7.32 中虚线框内节点 1 的内部搜索过程。首先需要从任务 2 和任务 4 中选择一个作为开始节点，加入选择的任务 2，接着需要从节点 2 的两种不同执行方式中选择合适的执行方式，基于这种执行方式，再从节点 2 的开始时间窗 $[\mathrm{est}_2, \mathrm{lst}_2]$ 中选择合适的开始时间。基于优先级树的搜索算法就是要找到一条从根节点 0 到叶节点 7 的有效路径，通过确定路径上每个任务的资源分配方式和开始时间就找到了问题的一个解。

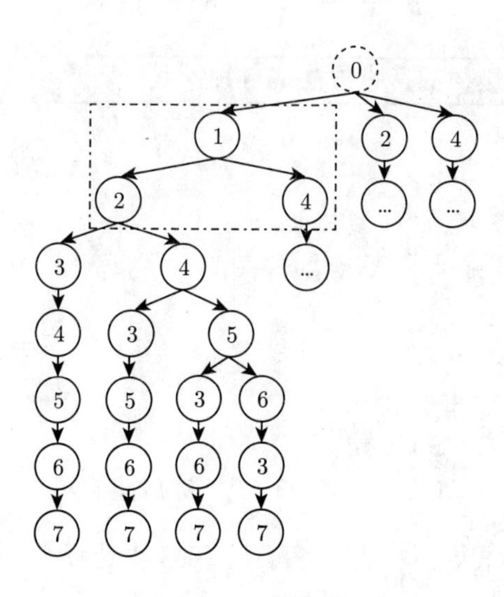

图 7.32　基于优先级树的搜索算法示例

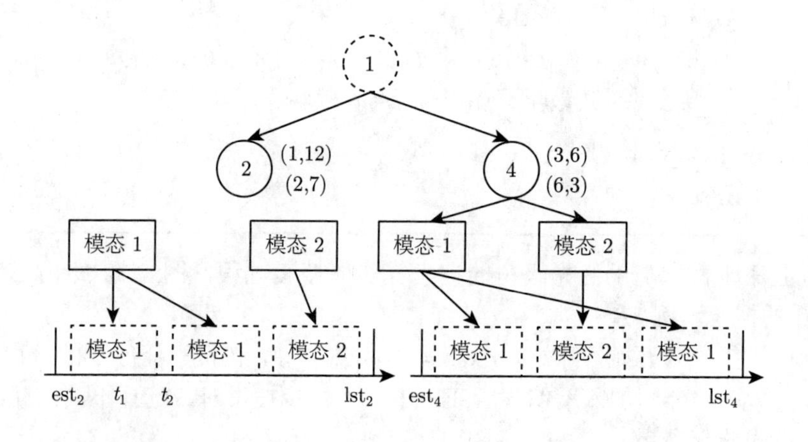

图 7.33　内部搜索过程示例

4. 三步规则 (CM_3)

我们提出不同的规则来确定分支过程中的三个因素：任务、资源分配方式和开始时间。最常见的便是三步规则，通过三次选择，每次依次决定分支的一个因素。在每个搜索决策点，通过规则可以选择一条分支并剪掉其他分支。因此三步规则可以很快找到问题的一个可行解。

事实上，对于每种分支因素，都有多种规则可以用来选择不同的分支。本书主要聚焦如何设计一步规则，因此我们仅仅提出一种三步规则，以便于和所提出的一步规则来比较。

(1) 任务选择。采用最小可行开始时间窗规则来选择任务，如公式(7.63)所示 (如果两个任务的最小时间窗相同，就随机选择一个任务)。

$$\min_{v_j \in \mathrm{ES}} \left\{ \mathrm{lst}_j - \mathrm{est}_j \right\} \tag{7.63}$$

(2) 资源分配方式选择。最小代价规则。把不同分配方案下对应的资源、处理时间和价格相乘并求和，具有最小代价的资源分配方式将被选择作为任务的执行方式，如公式(7.64) 所示 (如果两个模式的最小代价相同，就随机选择一个模式)。

$$\min_{o=1,\cdots,m^j} \left\{ \sum_{k=1}^{a} c_k d_{jo} r_{jok} \right\} \tag{7.64}$$

(3) 开始时间选择。最小额外费用规则。假设 PS 是当前完成集合 CS 中任务对应的部分调度，h_{kt} 是在时刻 t 部分调度 PS 中资源 R_k 的需求量，$H_k = \max\limits_{t=0,\cdots,D} \{h_{kt}\}$ 是部分调度 PS 中资源 R_k 的最大需求量。最小额外费用规则可以用公式(7.65)来定义 (如果两个时间的最小额外费用相同，就选择时间小的)。

$$\min_{t=\mathrm{est}_j,\cdots,\mathrm{lst}_j} \left\{ \sum_{k=1}^{a} c_k \max \left\{ H_k, r_{jok} + \max_{\tau=t,\cdots,t+d_{jo}} \{h_{k\tau}\} \right\} \right\} \tag{7.65}$$

从图 7.33的示例中可以看出，当节点 1 搜索完成后，节点 2 是当前的搜索节点。节点 2 包含两种资源分配方式 (1，12) 和 (2，7)，根据最小代价规则，第一种方式的代价是 $5 \times 1 \times 12 = 60$(5 是资源的单位价格)，第二种方式的代价是 $5 \times 2 \times 7 = 70$，因此我们选择第一种模式作为任务 2 的资源分配和执行模式。图 7.34给出了最小额外费用规则的示例图。灰色的部分代表当前的部分调度 PS。对于节点 4，可以选择从 est_4 到 lst_4 的时间段任意时刻开始，对于每一个可能的时刻，计算它的最小额外费用，我们发现从 s_4 开始，每一个时刻都有最小的额外费用，根据相同取最小原则，我们从 s_4 时刻执行任务 4。

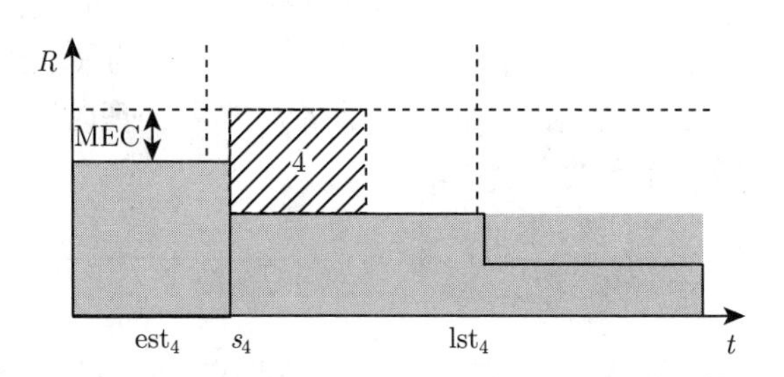

图 7.34 最小额外费用规则示例

5. 两步规则 (CM_2)

三步规则忽略了三个不同分支因素的内在联系，而且任务开始时间的选择通常取决于任务资源分配模式的选择。因此，我们提出一些两步规则。在两步规则中，第一步和第三步规则相同，选择需要分支的任务，在第二步规则中，同时决定任务的资源分配模式和开始时间。

在任务选择中，除了最小可行开始时间窗规则，还提出最大临界值规则来选择任务。最大临界值规则定义如公式(7.66) 所示。

$$\max_{v_j \in \mathrm{ES}} \left\{ \mathrm{lst}_j - \mathrm{tlst}_j \right\} \tag{7.66}$$

最大临界值规则决定了任务 v_j 的后续任务的自由度，临界值越大，它对后续任务的影响越大，后续任务的资源选择自由度越小。因此选择先执行这一类任务以保证解的可行性。

在第二步规则中，采用改进的最小额外费用规则同时决定任务的资源分配模式和开始时间。两步规则中的最小额外费用规则搜索所有可行的资源分配方式及其可能的开始时间，具有最小额外费用的资源分配方式和开始时间组合将作为该任务的执行模式和开始时间。两步规则下最小额外费用规则定义如公式(7.67) 所示。

$$\min_{\forall m,t} \left\{ \sum_{k=1}^{a} c_k \max \left\{ H_k, r_{jok} + \max_{\tau=t,\cdots,t+d_{jo}} \{h_{k\tau}\} \right\} \right\} \tag{7.67}$$

6. 一步规则 (CM_1)

一步规则一次性决定需要考虑的三个搜索因素：任务、资源分配方式和开始时间。因此需要搜索图 7.33 中的所有叶节点。我们改进了两步规则中的最大临界值规则和最小额外费用规则以适应一步规则。

从图 7.31可以看出，当 $t \leqslant \mathrm{dlst}_j$ 时，v_j 的后继可以选择其所有可能的资源分配方式来执行，当 $t > \mathrm{tlst}_j$ 时，v_j 的后继资源选择方式受到时刻 t 和 v_j 的资源分配模式 M_{jo} 的约束，基于最大临界值规则，改进的最小约束规则定义如公式(7.68)所示。在最小约束规则中，任务的开始时刻和处理时间越小，对后继任务的约束也就越小，后继任务具有越大的自由度。

$$\min_{\forall j,m,t} \left\{ t + d_{jo} - \mathrm{tlst}_j \right\} \tag{7.68}$$

当我们使用最小额外费用规则时，一步规则和三步规则、两步规则仅仅考虑部分叶节点不同。如图 7.33 所示，一步规则中的最小额外费用规则搜索所有可能的叶节点，并选择额外费用最小的组合。一步规则中的最小额外费用规则定义如公式(7.69)所示。对于最小额外费用规则，资源使用越少，额外的费用越少，但是相应的任务执行时间也比较长。

$$\min_{\forall j,m,t}\left\{\sum_{k=1}^{a}c_k\max\left\{H_k,r_{jok}+\max_{\tau=t,\cdots,t+d_{jo}}\{h_{k\tau}\}\right\}\right\} \tag{7.69}$$

两个一步规则在资源分配模式和任务开始时间方面存在冲突，因此需要提出规则来综合两个一步规则的优点。我们对两个规则归一化，使得它们能够互相结合。对于最小约束规则，lst_j 是 t 可能取的最迟结束时间，假设 m_f 是任务 v_j 的所有执行模式中具有最长执行时间的资源分配方案，最小约束规则可以用公式(7.70)来归一化。

$$\mathrm{osr}_1=\min_{\forall j,m,t}\left\{(t+d_{jo}-\mathrm{dlst}_j)/(\mathrm{lst}_j+d_{jo_f}-\mathrm{dlst}_j)\right\} \tag{7.70}$$

同样假设所有叶节点中，最大额外费用为 $\mathrm{MEC}_{\max}$，最小额外费用规则可以归一化为公式(7.71)。

$$\mathrm{osr}_2=\min_{\forall j,m,t}\left\{\sum_{k=1}^{a}c_k\max\left\{0,r_{jok}+\max_{\tau=t,\cdots,t+d_{jo}}\{h_{k\tau}\}-H_k\right)\right\}\Big/(\mathrm{MEC}_{\max}-\sum_{k=1}^{a}c_kH_k)\right\} \tag{7.71}$$

两个一步规则综合规则定义为公式(7.72)，其中 β 是规则的偏好指数，当 β 接近 1 时，最小额外费用规则 osr_2 作用更大；当 β 接近 0 时，最小约束规则 osr_1 作用更大。

$$\mathrm{osr}=(1-\beta)\mathrm{osr}_1+\beta\mathrm{osr}_2 \tag{7.72}$$

通过动态改变 β，使得算法在调度的不同阶段，有不同的搜索偏好。动态的 β 取值用公式(7.73) 来表示。β 取值定义为已经调度任务的费用预估的所有任务总费用的比值。在初始调度阶段，已经调度的任务比较少，β 取值接近 0，最小约束规则 osr_1 起主要作用。随着已经调度的任务越来越多，β 的取值逐渐变大，最小额外费用规则的作用逐渐显现。当 β 取值接近 1，最小额外费用规则 osr_2 起主要作用。通过动态改变 β，可获得更好的解。

$$\beta=\sum_{v_j\in\mathrm{ES}}\sum_{k=1}^{a}c_kr_{jok}\Big/\sum_{v_j\in V}\max_{o=1,\cdots,m^j}\left\{\sum_{k=1}^{a}c_kr_{jok}\right\} \tag{7.73}$$

7. 解的均衡优化

通过基于优先级树搜索方法得到的解通常不能保证资源在整个周期被均衡使用。在一些时间段内，资源的需求量比较多，而在另一些时间段，资源的需求比较少。因此，我们提出解的均衡优化方法 (SIP) 来均衡资源在整个周期的使用，以提高资源利用率，降低总的资源租赁成本。SIP 包含两个过程：基于摇摆和分配模式的资源峰值消除方法 (MMPE) 和基于资源的调节方法 (RAP)。MMPE 通过前向和后向移动相关任务，并改变任务的资源分配模式，以降低资源的峰值需求。RAP 通过替换单位费用高的资源为单位费用低的资源，以降低总的资源租赁成本。

8. 基于摇摆和分配模式的资源峰值消除方法

基于摇摆和分配模式的资源峰值消除方法 (MMPE) 的主要思想是把任务重新分配到资源充足的时间槽上。MMPE 算法通过在区间 $[\mathrm{est}_j, \mathrm{lst}_j]$ 内改变任务 v_j 的可能开始时间和资源执行方式来降低资源的峰值需求。换句话说，任务从资源占用比较繁忙的时间槽移动到空闲时间槽来均衡资源在整个租赁周期的使用。MMPE 包括两个阶段：后向移动 (BM) 和前向移动 (FM)。

在后向移动中，所有的任务在当前调度中按照结束时间以非增顺序排列，排列得到的顺序用列表 $\mathcal{L}_B$ 表示。算法从列表的第一个节点 $\mathcal{L}_B^{[1]}$ 开始 (记作 $v_{[1]}$)，$v_{[1]}$ 的可能开始时间 t 是从当前开始时间 $s_{[1]}$ 到最迟开始时间 $\mathrm{lst}_{[1]}$ 之间的所有时间点。因此，从时刻 $t = \mathrm{lst}_{[1]}$ 开始，开始时间 t 的值依次减 1，直到 $t = s_{[1]}$ 为止。在每一个可能的时刻 t，尝试改变 $v_{[1]}$ 的资源分配执行方式。如果 H'_k 是执行方式下资源 R_k 的使用量，当前总的资源租赁成本可以用 $\sum_{k=1}^{a} c_k H'_k$ 来计算。如果新的资源租赁总成本小于原来的总成本，就用当前的时刻 t 代替 $v_{[1]}$ 原来的开始时间 $s_{[1]}$，用当前的资源分配执行模式代替 $v_{[1]}$ 原先的资源分配执行模式，并把 $v_{[1]}$ 从列表 $\mathcal{L}_B$ 中移除。直到 $\mathcal{L}_B$ 为空，算法终止。

因为列表 $\mathcal{L}_B$ 按照任务的结束时间以非增顺序排列，当处理当前任务 $v_{[1]}$ 时，它的所有后继节点都已处理完成。所以 MMPE 算法不会对任务的优先级约束产生影响，因此在算法的执行过程中不需要考虑任务的优先级。前向移动策略和后向移动策略相反，所有的任务在当前调度中按照结束时间以非减顺序排列，排列的结果用列表 $\mathcal{L}_F$ 来表示。在后向移动中，任务 $v_{[1]}$ 的开始时间 t 从时刻 $\mathrm{est}_{[1]}$ 到时刻 $s_{[1]}$ 依次增加 1，同样选取总租赁小的时刻资源分配执行模式作为 $v_{[1]}$ 新的开始时间和资源分配执行模式。MMPE 算法在前向移动和后向移动之前交替执行，直到不能搜索到更好的解。假设 π^{best} 是当前发现的全局最优解，π^c 是当前循环搜索内发现的最好解，对于算法的每一个解 π，它的前向移动提高算法和后向移动提高算法可以分别用算法 83 和算法 84 来描述。

算法 83: 基于摇摆和分配模式的资源峰值前移消除法 (MMPE_FM)

1 **begin**
2 　$\mathcal{L}_B \leftarrow$ 将序列 π 中的任务按结束时间非增排序, $\pi^c \leftarrow \pi$;
3 　**repeat**
4 　　$v_{[1]} \leftarrow \mathcal{L}_B^{[1]}$, 从$\mathcal{L}_B$ 中移除 $\mathcal{L}_B^{[1]}$; 　/* 从 $\mathcal{L}_B$ 第一个任务开始 */
5 　　$\pi' \leftarrow \pi$, $s'_{[1]} \leftarrow \text{lst}_{[1]}$, $t' \leftarrow s_{[1]}$; /* $v_{[1]}$ 从其最迟开始时间开始 */
6 　　**repeat**
7 　　　$m'_{[1]} \leftarrow 1$; 　/* $v_{[1]}$ 采用第一种执行模式 */
8 　　　**repeat**
9 　　　　计算 $C(\pi')$;
10 　　　　**if** $C(\pi') \leqslant C(\pi)$ **then**
11 　　　　　$C(\pi) \leftarrow C(\pi')$, $m_{[1]} \leftarrow m'_{[1]}$, $t' \leftarrow s'_{[1]}$;
12 　　　　$m'_{[1]} \leftarrow m'_{[1]} + 1$; 　/* 更新任务 $v_{[1]}$ 的计算模式 */
13 　　　**until** $(m'_{[1]} > m^{[1]})$;
14 　　　$s'_{[1]} \leftarrow s'_{[1]} - 1$; 　/* $v_{[1]}$ 前移, 更新 $v_{[1]}$ 的开始时间 */
15 　　**until** $(s'_{[1]} < s_{[1]})$;
16 　　$s_{[1]} \leftarrow t'$;
17 　**until** $(\text{Lenth}(\mathcal{L}_B) = 0)$;
18 　**if** $C(\pi^c) < C(\pi)$ **then**
19 　　$C(\pi^c) \leftarrow C(\pi)$, $\pi^c \leftarrow \pi$;
20 　**else**
21 　　调用后移消除法 MMPE_BM.

9. 基于资源的调节方法

基于资源的调节方法 (RAP) 包含两个主要步骤：降低过程 (降低单价高的资源的使用量) 和增加过程 (增加单价低的资源的使用量)。

在降低过程中，所有的资源 R_k 按照单价 C_k 降序排序。从单价最高的资源开始，依次逐一降低它的资源使用量 H_k。随着 H_k 的不断降低，当前的调度 π 会变得不可行，因此我们提出可行性验证算法 (FVP) 来验证当前资源使用量 H_k 的可行性。FVP 算法同样基于优先级树搜索算法 (PTES)，采用两步规则来确定分支策略。采用最小时间窗来选择任务，采用最早结束时间来选择任务的资源分配模式和开始时间。文献 [502] 给出了 FVP 具体的构造方法。如果虚拟结束节点

算法 84: 基于摇摆和分配模式的资源峰值后移消除法 (MMPE_BM)

```
1  begin
2      L_F ← 将序列 π 中的任务按开始时间非降排序;
3      repeat
4          v_[1] ← L_F^[1], 从 L_F 中移除L_F^[1]        /* 从 L_F 第一个任务开始 */
5          π' ← π, s'_[1] ← est_[1], t' ← s_[1];   /* v_[1] 从它的最早开始时间开始
             */
6          repeat
7              m'_[1] ← 1;                          /* v_[1] 采用第一种执行模式 */
8              repeat
9                  计算 C(π');
10                 if C(π') ⩽ C(π) then
11                     C(π) ← C(π'), m_[1] ← m'_[1], t' ← s'_[1];
12                 m'_[1] ← m'_[1] + 1;
13             until (m'_[1] > m^[1]);
14             s'_[1] ← s'_[1] + 1;          /* v_[1] 后移, 更新 v_[1] 的开始时间 */
15         until (s'_[1] > s_[1]);
16         s_[1] ← t';
17     until (Lenth(L_F) = 0);
18     if C(π^c) < C(π) then
19         C(π^c) ← C(π), π^c ← π, 调用前移消除法 MMPE_FM;
20     if C(π^c) < C(π^best) then
21         π^best ← π^c, C(π^best) ← C(π^c);
22     return π^best.
```

的结束时间 f_{n+1} 比周期性工作流的周期 D 大，那么当前的资源使用量 H_k 是可行的。直到得到一个不可行解，H_k 不再降低，开始增加过程。在增加过程中，所有的任务 v_j 按照值 $\mathrm{lst}_i - s_i$ 降序排序。任务 v_j 对应的 $\mathrm{lst}_i - s_i$ 越小，表示它的开始时间 s_j 和 lst_j 之间冗余性越小，因此选择增加该任务所用的资源。假设任务 v_j 当前的资源分配执行模式是 $\mathcal{M}_j$，就把所需要的每种资源 R_k 的需求量增加到 $H_k + r_{j\mathcal{M}_j k}$。再次调用 FVP 检验增加后的资源使用量 H_k 的可行性。如果 H_k 依然不可行，就把 $\mathrm{lst}_j - s_j$ 排第二的任务作为当前的增加任务。如果 H_k 可行，继续调用降低过程，依次逐一降低排第二的资源 R_k 的使用量。当没有更好的解可

以获得，算法终止。基于资源的调节方法的详细步骤如算法 85所示。

算法 85: 基于资源的调节方法 (RAP)

```
1  begin
2      初始化 π, H_k;
3      if FVP(H_k) is false then
4          跳转到步骤 13;                          /* 验证 H_k 是否可行 */
5      对每个 v_i，计算 lst_i − s_i;
6      选择具有最小 lst_j − s_j 的任务 v_j;
       /* 如果 H_k 不可行, 按 v_j 的资源使用状况，增加 H_k 的使用量 */
7      H_k ← H_k + r_{jM_jk}, ∀k ∈ {1, 2, ···, a};
8      if FVP(H_k) is true then
9          跳转到步骤 12;
10     选择具有最小 lst_j − s_j 的任务 v_j;
11     H_k ← H_k + r_{jM_jk}, ∀k ∈ {1, 2, ···, a};
12     if FVP(H_k) is false then
13         return;
14     k ← 1;
15     repeat
16         H_k ← H_k − 1;        /* 如果 H_k 可行, 继续降低 H_k 的使用量 */
17         if FVP(H_k) is false then
18             k ← k + 1;
19             跳转到步骤 5;
20     until k > a;
21     return.
```

7.4.4 实验与分析

在我们所知的范围内，并没有工作流调度问题和我们所考虑的问题完全相同。文献 [500] 针对以最小化完成时间为目标的多工作流调度问题，提出了几种多工作流调度策略。我们改进了这些工作流调度策略，使这些算法可以用来求解我们所提出的资源租赁成本最小化问题。通过和这些算法比较，验证了我们所提出算法的性能。

1. 实验设计

作为一个新的问题，周期性工作流调度问题并没有标准的测试实例库。为了公平地比较各种算法，我们根据问题的特点随机生成测试实例。对于工作流本身，相关的参数主要包括两个：工作流的任务数量 n 和工作流的网络复杂度 NC。在本书中，工作流的任务数量从 $n \in \{10, 20, 30, 40\}$ 中取值。NC 表示工作流每个任务的后继平均数量，我们从均匀分布 $U[1,3]$ 中取值。对于资源，主要考虑三种参数：资源的种类 $a \in \{2,4,6,8\}$、资源的单价 c 和资源的分布因素 RF。资源的单价从均匀分布 $U[1,10]$ 随机取值。RF 表示一个任务平均需要的资源的种类数量，我们从均匀分布 $U[1,a]$ 中随机取值。对于任务的资源分配执行模式，也有三个因素需要考虑：每个任务对应的可能资源分配模式的数量 $o \in \{5,15,25,35\}$、每种资源的需求数量 r 以及相应的任务处理时间 d。r 和 d 都从均匀分布 $U[1,10]$ 随机取值 (其中处理时间以小时为单位)。对于周期内的多个工作流，需要考虑四种参数：周期 $D = 30 \times 24 = 720$ h，周期内的工作流数量 $g \in \{50,100,150,200\}$，每个工作流的开始时间 A^w 和截止时间约束 T^w。令 $I^w = \mathrm{tlst}^w_{n^w+1}$(其中计算 tlst^w 时，每个任务选择最长的执行模式)，I^w 定义了一个工作流 G^w 可能的最长执行时间。工作流的开始时间从 $U[0, D - I^w]$ 中随机取值。相应地，工作流的截止时间 T^w 设为 $A^w + I^w$。工作流的数量 g、每个工作流中的任务数量 n、工作流中资源的种类 a 和每个任务可行资源分配执行模式的数量 o 决定了所生成的测试实例的数量。我们假定对上述参数的每种组合，生成 10 组测试实例。那么，总的测试实例的数量是 $4 \times 4 \times 4 \times 4 \times 10 = 2560$ 个。

对于所有比较的算法，因为我们考虑的是长期的周期性工作流资源租赁问题，算法的执行时间相对于资源的租赁时间可以忽略不计，因此在接下来的章节中我们主要比较各算法的性能。我们用相对百分比偏差 (RPD) 来平均各个算法的性能。对于每一个测试实例 i，假设 $f(i)$ 是算法 f 在测试实例 i 上获得的解的值。$f^*(i)$ 是所有算法在测试实例 i 所获得的最优解的值，那么 RPD 可以用公式 (7.74) 来定义。

$$\mathrm{RPD} = \frac{f(i) - f^*(i)}{f^*(i)} \times 100\% \tag{7.74}$$

2. 参数校正

本书中所涉及的算法组件和参数主要包括两个部分：初始解构造方法和解的提高方法。

1) 初始解构造算法比较

初始解的构造算法主要包括 10 种，其中三步规则 1 种：CM_3，两步规则 2 种：CM_2^1 和 CM_2^2，一步规则 6 种：CM_1^β ($\beta \in \{0, 0.2, 0.4, 0.6, 0.8, 1\}$) 以及动态一步规则 1 种 ($\beta$ 根据公式 (7.73) 来取值)：CM_1^d。

表 7.13显示了 10 种不同初始解构造算法的比较结果。从 RPD 值上可以看出，对于所有的测试实例，CM_1^d 都是所有比较算法中最好的。同样，基于一步规则的算法也显示了比基于两步规则和三步规则算法更好的性能。对于两步规则算法，CM_2^2 比 CM_2^1 性能要好 (平均 RPD 值分别是 47.4 和 65.3)，说明最小可行开始时间窗规则比最大临界值规则更适合本书所考虑的问题。除了动态一步规则算法，当 $\beta = 0.6$ 时，基于一步规则的算法 $\mathrm{CM}_1^{0.6}$ 显示了最好的性能 (平均 RPD 值 5.4)。当 $\beta = 0$ 时，一步规则仅仅考虑最小约束规则 osr_1，所对应算法的平均 RPD 值是 24.5；当 $\beta = 1$ 时，一步规则仅仅考虑最小额外费用规则 osr_2，所对应算法的平均 RPD 值是 17.2；上述现象表明最小额外费用规则比最小约束规则更适合本书所考虑的问题。

表 7.13 不同初始解构造算法的 RPD 值比较结果

g	n	CM_1^0	$\mathrm{CM}_1^{0.2}$	$\mathrm{CM}_1^{0.4}$	$\mathrm{CM}_1^{0.6}$	$\mathrm{CM}_1^{0.8}$	CM_1^1	CM_1^d	CM_3	CM_2^1	CM_2^2
50	10	21.8	12.1	6.7	4.9	9.0	16.5	**0.0**	134.1	54.1	39.0
	20	24.1	13.2	6.1	5.1	8.6	17.6	**0.0**	138.6	56.9	41.5
	30	23.3	13.4	7.0	5.5	10.0	17.0	**0.0**	147.0	60.4	40.6
	40	22.3	13.2	6.7	5.4	9.1	17.5	**0.0**	153.3	61.2	44.3
100	10	23.4	11.4	7.2	5.1	9.6	17.0	**0.0**	140.2	61.6	41.2
	20	25.7	12.5	6.6	5.2	9.1	18.1	**0.0**	144.8	64.6	43.7
	30	24.9	12.6	7.5	5.7	10.6	17.5	**0.0**	153.4	68.3	42.8
	40	23.9	12.4	7.2	5.6	9.7	18.0	**0.0**	159.9	69.1	46.6
150	10	23.7	11.7	7.1	5.2	9.4	16.0	**0.0**	152.3	63.5	47.5
	20	26.1	12.8	6.5	5.4	8.9	17.1	**0.0**	157.1	66.5	50.1
	30	25.2	12.9	7.4	5.8	10.4	16.6	**0.0**	166.2	70.2	49.2
	40	24.3	12.7	7.1	5.7	9.5	17.1	**0.0**	173.0	71.1	53.1
200	10	24.8	11.9	7.2	5.2	10.0	16.5	**0.0**	171.0	65.0	52.2
	20	27.2	13.0	6.7	5.3	9.5	17.6	**0.0**	176.1	68.0	54.8
	30	26.3	13.1	7.6	5.8	11.0	17.0	**0.0**	185.8	71.8	53.9
	40	25.3	12.9	7.2	5.7	10.1	17.5	**0.0**	193.2	72.6	57.9
平均值		24.5	12.6	7.0	5.4	9.7	17.2	**0.0**	159.1	65.3	47.4

2) 解的提高算法比较

为了比较两种不同的解的提高策略对算法性能的影响，最好的三步规则 CM_3、最好的两步规则 CM_2^2 和最好的一步规则 CM_1^d 被用来作为解的提高算法中的初始解生成算法。三种提高解的提高算法：仅考虑 MMPE，仅考虑 RAP 以及综合考虑 MMPE 和 RAP 被用来提高初始解。我们用 SIP_i^j 来标记解的提高算法。其中 i 表示采用几步规则作为初始解构造算法，j 表示解的提高算法 ($j = 1$ 表示 MMPE, $j = 2$ 表示 RAP，$j = 3$ 表示 MMPE 和 RAP)。加上最好的初始解构造算法 CM_1^d，我们一共比较 10 种算法的不同性能。

为了更好地比较不同算法的性能，我们采用多因素方差分析 (ANOVA) 方法来分析各个算法的性能。应变量是各个算法的 RPD 值。在 95%Tukey 置信区间下，10 种算法的比较结果如图 7.35所示。$\text{SIP}_i^3, i \in \{1,2,3\}$ 比其他的几种算法性能要好，解的提高算法对算法的性能有很大影响。为了更进一步分析不同算法的性能，我们比较了测试实例参数取不同值时算法的性能。从图 7.36可以看出，当工作流的数量和工作流的任务数量不同时，不同的解的提高算法显示了相似的性能。其中 SIP_1^3 是所有算法中最好的，SIP_3^2 是最差的。这说明通过一步规则构造算法初始解，并同时采用 MMPE 和 RAP 算法提高解的质量能得到最好的结果。随着工作流数量、任务数量的增加，算法的性能没有很大的变化，说明提出的算法适用于各种规模的工作流应用。图 7.37给出了 95%Tukey 置信区间下，测试实例具有不同数量的资源和资源匹配执行模式时，解的提高算法的性能。SIP_1^3 还是所有算法中最好的，SIP_3^2 是所有算法中最差的。当资源数量增加时，$\text{SIP}_i^3, i \in \{1,2,3\}$ 上下波动比较大，说明 RAP 算法受测试实例资源数量的影响比较大。当资源匹配执行模式的数量增加时，$\text{SIP}_i^2, i \in \{1,2,3\}$ 上下波动比较大，说明 MMPE 算法受测试实例执行模式的数量影响比较大。例如，当 $a = 8$ 时，SIP_1^2 比 SIP_3^3 好，当 $o = 35$ 时，SIP_1^2 比 SIP_3^3 要差。

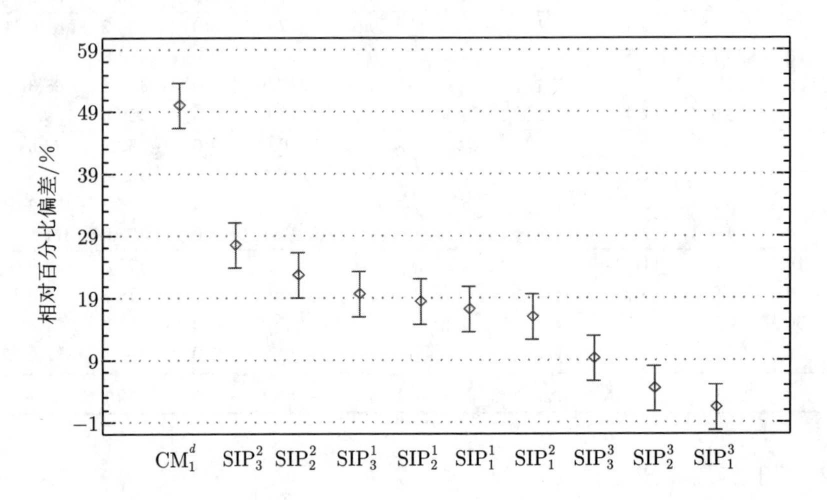

图 7.35 95%Tukey 置信区间下，不同解的提高算法的性能比较

3. 算法性能比较

本节通过比较所提出的最好的算法 SIP_1^3 和改进的算法之间的性能，验证所提出算法的有效性。我们采用 CloudSim 仿真平台 [503] 来模拟仿真时间的云计算资源供应场景。我们拓展了 CloudSim 工具包使得它能够模拟仿真周期性工作流和预留资源。CloudSim 仿真平台的相关参数设计如下：每台机器的处理速度设为 2000MIPS。基于亚马逊平台 Amazon EC2，我们采用 9 种不同的虚拟机

资源 (m4.large、m4.xlarge、m4.2xlarge、m4.4xlarge、m4.10xlarge、m3.medium、m3.large、m3.xlarge、m3.2xlarge)。相关虚拟机的 CPU 信息和价格信息如表 7.14 所示。每台虚拟的内存、存储和带宽分别设为 1024 MB、10 GB 和 500 B/s。和执行一个任务的时间相比，虚拟机的启动和创建时间可以忽略不计。

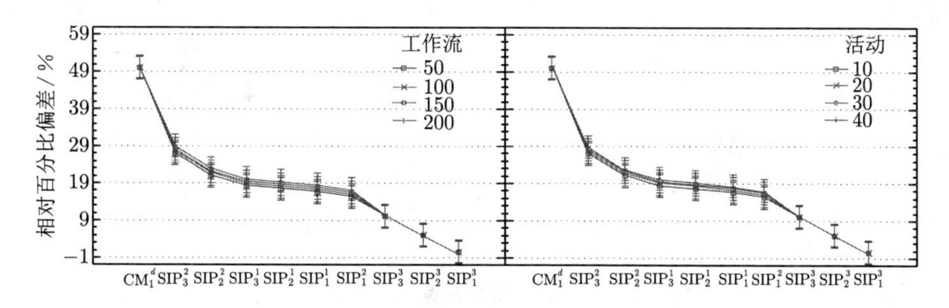

图 7.36 95%Tukey 置信区间下，工作流的数量和任务数量不同时，不同解的提高算法的性能比较

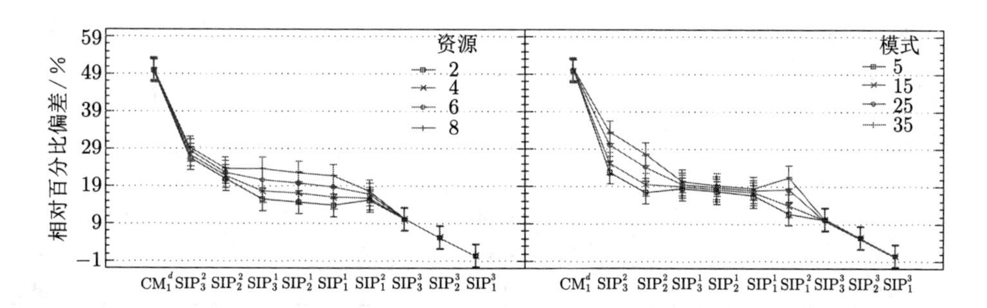

图 7.37 95%Tukey 置信区间下，资源数量和资源匹配执行模式不同时，不同解的提高算法的性能比较

工作流应用：我们采用两种实际的科学工作流 Montage 和 LIGO [466] 来分析所提出算法的性能。比较的算法：以最小化完成时间为目标的多工作流调度问题 [500] 中提出了三种多工作流调度策略：① 依次调度，每次调度一个工作流；② 依次调度，每次调度每个工作流中的一部分；③ 把所有工作流合并成一个整体，调度整个工作流。

文献 [500] 提出了经典的异构最早结束时间算法 (HEFT) 来最小化工作流的完成时间。HEFT 通过计算每个任务的等级值 (任务的等级值是指从当前任务到虚拟结束任务的最长距离)，根据等级值决定调度时的顺序，把任务分配到能够最早完成它的资源上。在本书中，HEFT 被改进为迭代 HEFT 算法 (IHEFT) 以适用于求解本书的问题。所有的资源按照单价非降序排序，从资源的下界开始，HEFT

算法迭代求解每个工作流的完成时间。如果当前解不是可行解，不能满足所有工作流的截止期，就增加一个单位的该资源，并继续调用 HEFT 算法。当发现一个可行解时，HEFT 算法终止。通过把 IHEFT 算法和三种多工作流调度策略相结合，我们得到三种多工作流调度算法 $\text{IHEFT}_i, i \in \{1,2,3\}$。除了这三种算法，我们还计算了问题的两个下界。其中 LB$-o$ 是仅仅考虑按需资源时，资源租赁费用的下界。在计算时，我们假设所有租赁的资源利用率是 100%，那么 LB$-o$ 可以由公式 $\text{LB}-o = \sum_{w=1}^{g}\sum_{j=1}^{n_w}\sum_{k=1}^{a}(c_k \min_{o=1,\cdots,m^{jw}} r_{jok}^{w} d_{jo}^{w})/\text{discount}_k$ 来计算 (其中 discount_k 是表 7.14中虚拟机资源 k 的折扣值)。LB $-\ r$ 是仅考虑预留资源时，资源租赁费用的下界，可以用公式 $\text{LB} - r = \sum_{w=1}^{g}\sum_{j=1}^{n_w}\sum_{k=1}^{a}(c_k \min_{o=1,\cdots,m^{jw}} r_{jok}^{w} d_{jo}^{w})$ 来计算。通过 ANOVA 分析，我们比较了这 6 种算法的性能。

表 7.14　不同虚拟机的配置信息和价格表

虚拟机类型	CPU 核数	单价/ $		折扣/%
		按需实例	预留实例	
m4.large	2	0.120	0.083	31
m4.xlarge	4	0.239	0.164	31
m4.2xlarge	8	0.479	0.329	31
m4.4xlarge	16	0.958	0.658	31
m4.10xlarge	40	2.394	1.645	31
m3.medium	1	0.067	0.048	28
m3.large	2	0.133	0.095	29
m3.xlarge	4	0.266	0.190	29
m3.2xlarge	8	0.532	0.380	29

对于 Montage 实例，在 95% Tukey 置信区间下，不同数量的工作流对应的算法性能比较如图 7.38 所示。我们可以看出，对于所有的 g 值，$\text{IHEFT}_i, i \in \{1,2,3\}$ 和 SIP_1^3 算法都比 LB $-\ o$ 要好，但是比 LB $-\ r$ 差。其中 SIP_1^3 是最好的算法。当工作流的数量 g 比较小时，算法 $\text{IHEFT}_i, i \in \{1,2,3\}$ 和 SIP_1^3 的性能相差不大。随着 g 逐渐增加，算法 IHEFT 的 RPD 值增长很快但是 SIP_1^3 的 RPD 值增长很慢。这说明，所提出的 SIP_1^3 算法更适用于大规模的 Montage 实例。

对于 LIGO 实例，不同算法的性能比较如图 7.39所示。我们可以看出无论 g 取什么值，SIP_1^3 仍然是最好的算法。相较于仅考虑预留资源时算法的下界 LB$-r$，SIP_1^3 需要平均多花大约 20% 的费用。和仅仅考虑按需资源时算法的下界 LB $-\ o$ 相比，SIP_1^3 可以节省大约 90% 的费用。随着工作流的数量 g 逐渐增大，SIP_1^3 都表现出了同样的性能。这说明，SIP_1^3 适用于各种规模的 LIGO 实例。

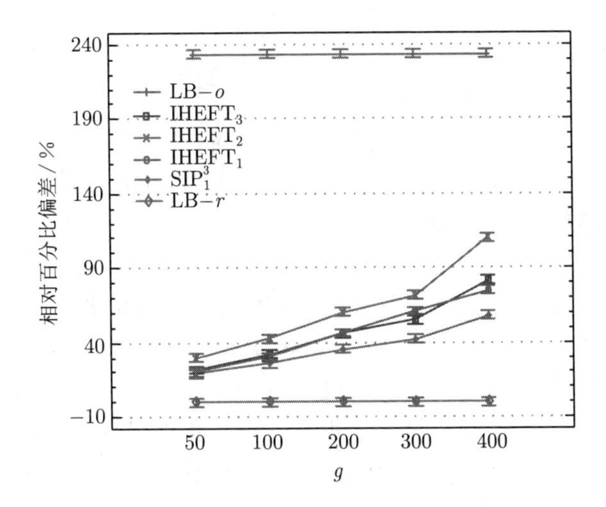

图 7.38 Montage 实例上，工作流的数量 g 不同时，不同算法比较结果

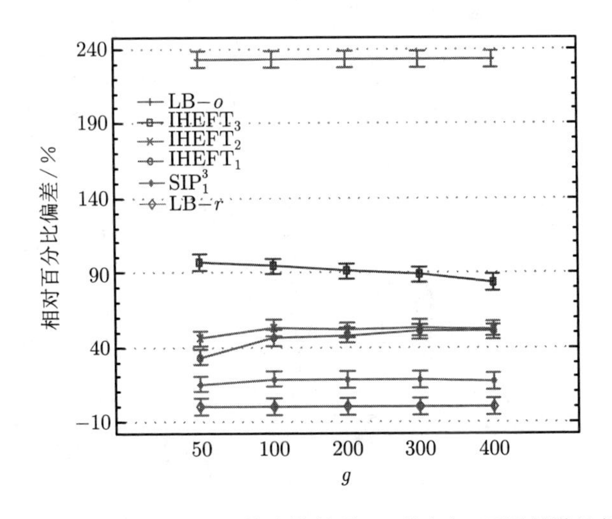

图 7.39 LIGO 实例上，工作流的数量 g 不同时，不同算法比较结果

7.5 本章小结

本章主要探讨几类典型云工作流调度问题：基于非共享服务的工作流资源供应、基于共享服务的工作流资源供应、截止期和服务区间约束的云工作流调度和资源预留模式下的周期性云工作流调度。建立这些调度问题的数学模型，依据各自特点提出有效的启发式算法，并通过对比实验进行验证。

本章内容详见

[1] CAI Z C, LI X P, JATINDER N D G. Heuristics for provisioning services to workflows in XaaS clouds. IEEE Transactions on Services Computing, 2016，9(2): 250-263. (7.1 基于非共享服务的工作流资源供应)

[2] LI X P, CAI Z C. Elastic resource provisioning for cloud workflow applications. IEEE Transactions on Automation Science and Engineering, 2017, 14(2):1195-1210. (7.2 基于共享服务的工作流资源供应)

[3] LI X P, QIAN L H, RUIZ R. Cloud workflow scheduling with deadlines and time slot availability. IEEE Transactions on Services Computing, 2018, 11(2): 329-340. (7.3 截止期和服务区间约束的云工作流调度)

[4] CHEN L, LI X P, RUIZ R. Resource renting for periodical cloud workflow applications. IEEE Transactions on Services Computing, 2020, 13(1): 130-143. (7.4 资源预留模式下的周期性工作流调度)

第 8 章　云服务系统容错调度

云数据中心 (图 8.1) 通常使用数百台网络设备 (交换机、路由器) 将大量物理机组网，构建资源池并弹性地为客户提供云服务 [504-506]。在这样复杂的系统中，物理机和网络设备是主要的物理组件。虽然单个组件的故障概率可能较低 [504,507]，但在这样复杂的系统中所有部件的故障概率是不可忽略的。而这种资源故障对已接受任务的执行性能有很大的影响。当提交到云系统的任务具有软截止期约束时，用户评价云系统的性能主要取决于任务执行结果的正确性和得到结果的时间 [508,509]。对于具有偏序关系的任务，例如工作流实例中的任务，资源故障的影响要严重得多。其原因在于，资源故障导致的任务完成或任务间数据传输的延迟可能会传播到其后续任务中。例如，当自然灾害发生时，图像分析程序通常被用来分析受灾地区的照片。该过程可以看成一个工作流实例，而图像分析的大量工作要求使其无法在单台计算机中完成，因此，通常将其提交到云系统中。对受灾区域的图像进行处理的过程一般需要在给定的软期限内完成。在这一过程中，若出现云资源故障，将无法保证该过程在期限内完成，从而延误后续的救援决策，甚至造成重大财产甚至生命损失。因此，需针对云计算系统的基本物理组件 (如物理机和网络设备) 和各种计算任务提出一种有效的容错机制。

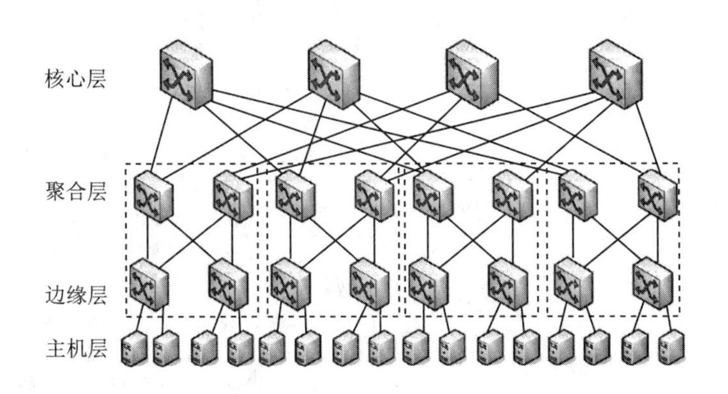

图 8.1　胖树云数据中心的拓扑

8.1 云系统中受截止期约束任务的混合容错调度

在多种容错策略中，重提交和复制是分布式计算系统中公认的基本容错策略。近年来，许多学者提出了基于复制或重提交的容错算法。但少有学者同时考虑这两种技术，尤其是在云系统中。在本书中，我们针对提交到云计算系统中具有期限约束的独立任务，提出了一种混合容错调度算法 (HFTSA)。在任务调度过程中，HFTSA 根据任务和云资源的特点，对每个接受的任务从重提交和复制两种容错策略中选择容错策略，然后预留合适的资源。在任务执行过程中，HFTSA 根据需要对部分任务的容错策略进行在线调整，同时对故障提供的在线调度方案也进行调整。此外，HFTSA 还包含了一种资源弹性供应策略，从而对所提供的资源进行动态调整，提高系统资源利用率。在真实云平台和仿真平台上验证了该算法的有效性。实验结果表明，HFTSA 能够为期限约束的任务提供一种具有高资源利用率的有效容错调度策略，且性能优于竞争对手。

8.1.1 问题模型

本节将描述本章所使用的模型，本章所使用的主要符号如表 8.1 所示。

表 8.1 本章使用的主要符号

符号	定义
H_a	活动物理机集合
h_i	第 i 台物理机 ($1 \leqslant i \leqslant M$)
$v_{i,j}$	第 i 台物理机上的第 j 个虚拟机 ($1 \leqslant j \leqslant J$)
vt_k	第 k 类虚拟机 ($1 \leqslant k \leqslant K$)
VP_k	第 k 类虚拟机的处理速度
$\mathrm{vt}\,(v_{i,j})$	$v_{i,j}$ 的虚拟机类型
T_{boot}	虚拟机初始化时间
A_q、D_q、S_q	任务 t_q 的到达时间、软截止期和工作量大小
$v\,(t_q)$	为任务 t_q 分配的虚拟机
$h\,(t_q)$	$v\,(t_q)$ 所在的物理机
$T_{k,q}$	任务 t_q 在 vt_k 类的一个虚拟机上的执行时间
reex_q	任务 t_q 重新执行所需的最少时间
PF_q、F_q	任务 t_q 的计划完成时间和完成时间
RV_s	已被预定的活动虚拟机集合
rv_k^l	RV_s 中第 l 个 k 类虚拟机
$[\mathrm{rs}, \mathrm{rf}]_k^l$	rv_k^l 的已被预定开始时间 rs 和结束时间 rf
FT_q	任务 t_q 执行过程中首次遇到资源故障的时间
FT'_q	任务 t_q 执行过程中再次遇到资源故障的时间

基于文献 [507]、[509]、[510] 提出的调度器，本书提出了一种改进的调度架构，如图 8.2 所示。该调度器由任务分析器、重提交控制器、复制控制器和资源

管理器组成。对于每个到达的任务，调度程序通过任务分析器和资源管理器的合作来决定是否接受它。如果调度程序在给定的期限内无法为任务找到可行的调度策略，则拒绝该任务。一旦该任务被接受，调度器将调用所提出的 HFTSA 算法。任务分析器根据任务和云资源的特性，从重提交和复制中选择容错策略。如果任务有足够时间再次执行，则该任务选择重提交，否则选择复制。通过这种方式，重提交和复制就可以利用它们各自的优势协同工作。在重提交控制器和复制控制器的配合下，在任务执行之前的调度阶段，调度器为每个任务构建一个初始调度方案。在任务执行过程中，当相应物理机出现故障时，调度器采用在线调度方案为分配到该物理机上的任务选择合适的资源重提交。另外，HFTSA 算法在任务执行过程中，还采用了在线调整策略。该策略根据当前任务执行情况，对一些在初始调度阶段选择重提交的任务调整其容错策略和预留资源。同时，在整个过程中，HFTSA 采用资源弹性供应机制动态调整活动资源，包括资源的伸缩。在 HFTSA 中，当一个包含部分选择重提交策略的任务的物理机出现故障时，重提交将立即执行，不需要等待。对于选择复制策略的任务，HFTSA 将该任务的主本和副本分配到两个不同的虚拟机上同时执行。

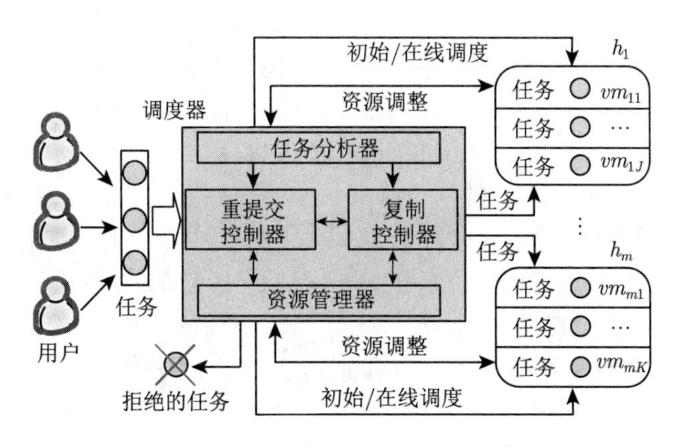

图 8.2　独立任务的调度体系结构

类似于文献 [507]、[509]～[512]，在本章假设任务和资源的相关参数是已知的。被系统接受的任务将调度在一个物理机集合上 $H=\{h_1,\cdots,h_M\}$。每个物理机 h_i $(i=1,2,\cdots,M)$ 的处理速度为 HP_i(用 MIPS 表示)。根据系统需求，物理机 h_i 可以动态地在工作与睡眠状态之间转换。本章采用 $y_i\in\{0,1\}$ 来区分物理机 h_i 的状态，$y_i=1$ 表示 h_i 处于工作状态，否则处于睡眠状态。处于工作状态的物理机表示为 $H_a=\{h_i|y_i=1\}$，$H-H_a$ 表示处于睡眠状态的物理机。通过虚拟化技术，每个物理机 h_i 可以形成一个虚拟机集合 $\{v_{i,1},\cdots,v_{i,J}\}$，$v_{i,j}$ 表示第 i 台物理机上的第 j 个虚拟机。每个虚拟机都属于一个类型 (VT)。云计算系统提

供 K 类虚拟机，$\mathrm{VT}s=\{\mathrm{vt}_1,\cdots,\mathrm{vt}_K\}$。例如，Amazon EC2 提供了 15 类计算优先型的虚拟资源①。属于同一类型 vt_k 的虚拟机具有相同的特性，如处理能力 VP_k；而属于不同类型的虚拟机具有不同的处理能力。虚拟机 $v_{i,j}$ 的类型表示为 $\mathrm{vt}(v_{i,j})$。此外，本章假设所有的虚拟机均位于同一个数据中心，虚拟机之间的平均网络带宽 (NBand) 是相同的 [507,513]。为了提高系统资源利用率，虚拟机可以在工作物理机之间迁移，从而达到资源整合的目的 [510]。虚拟机也可以根据系统的要求动态地创建或者取消。类似于 Amazon EC2 采用的资源弹性供应，用户可以根据其需求动态地调整其租用的资源，包括资源的整合与扩增。当虚拟机被租用时，本章假设所有虚拟机的初始化时间是相同的，用 T_{boot} 表示。

假设云计算系统在 ΔT 的时间内共接收到 n 个不抢占的独立任务。任务 $t_q\ (q=1,2,\cdots,n)$ 的到达时间为 A_q，软截止期为 D_q，任务工作量大小为 S_q (用百万条指令 MI 表示)。为便于表述，本章仅关注任务的 CPU 资源需求。这种模型也可以很容易扩展到具有更多资源需求的任务上。我们采用决策变量 $x_{i,j;k;q}\in\{0,1\}$ 表示为任务分配的虚拟机。$x_{i,j;k;q}=1$ 表示任务 t_q 调度到虚拟机 $v_{i,j}$(物理机 h_i 上的第 j 个虚拟机) 上，且该虚拟机是 vt_k 类虚拟机。也就是：$v(t_q)=v_{i,j}$，$\mathrm{vt}(v_{i,j})=\mathrm{vt}_k$，$h(t_q)=h_j$。任务 t_q 在 vt_k 类任一个虚拟机上的执行时间为 $T_{k,q}=S_q/\mathrm{VP}_k$。$F_q$ 是任务 t_q 的完成时间。决策变量 $z_q\in\{0,1\}$ 表示任务 t_q 所采用的容错策略。$z_q=1$ 表示任务 t_q 采用重提交作为容错策略，$z_q=0$ 表示任务 t_q 采用复制策略。我们采用 τ_q 和 $T^R_{l,q}\ (l=1,2,\cdots,\tau_q)$ 分别表示任务 t_q 的重提交次数和在重提交前任务 t_q 的执行时间。如果没有资源故障发生，那么 $T^R_{l,q}=0$。当 $z_q=0$ 时，假设任务 t_q 只有一个副本，且主本 t_q 与副本同时在不同的虚拟机上执行。v^P_q 和 v^R_q 分别表示为主本 t^P_q 与副本 t^R_q 所分配的虚拟机，vt^P_q 和 vt^R_q 分别表示 v^P_q 和 v^R_q 的虚拟机类型，h^P_q 和 h^R_q 分别表示 v^P_q 和 v^R_q 所在的物理机。已有文献 [509,510,514] 证明了任务的主本和副本不能调度到同一个物理机中，也就是，$h^P_q\neq h^R_q$。

在本章中，我们假设已接受任务 t_q 的开始时间也为 A_q。对于具有软截止期 D_q 的任务 t_q，我们定义其完成质量为 $Q_q=\max\left\{0,1-\max\{0,\dfrac{F_q-D_q}{D_q-A_q}\}\right\}$。如果 F_q 小于 D_q，Q_q 为 1；否则，Q_q 与 F_q-D_q 相关。用户对所有任务的满意度 $\mathcal{Q}$ 为 $\sum_{q=1}^{n}Q_q$。满意度 $\mathcal{Q}$ 的值越大，表明越多的任务在其截止期前或者截止期附近完成。本章所考虑的问题可以表示为

$$\max\mathcal{Q}=\sum_{q=1}^{n}Q_q \tag{8.1}$$

① 亚马逊实例：https://aws.amazon.com/ec2/instance-types/。

$$\text{s.t.} \quad Q_q = \max\left\{0, 1 - \max\left\{0, \frac{F_q - D_q}{D_q - A_q}\right\}\right\}, \quad \forall q \in \{1, 2, \cdots, n\} \tag{8.2}$$

$$F_q \geqslant A_q + z_q \sum_{l=1}^{\tau_q} T_{l,q}^R + \sum_{i=1}^{M}\sum_{j=1}^{J} \frac{x_{i,j;k;q} S_q}{VP_k}, \quad \forall k \in \{1, 2, \cdots, K\}, \quad \forall q \in \{1, 2, \cdots, n\} \tag{8.3}$$

$$\sum_{i=1}^{M}\sum_{j=1}^{J}\sum_{k=1}^{K} x_{i,j;k;q} = \begin{cases} 2, & \text{if } z_q = 0 \\ 1, & \text{if } z_q = 1 \end{cases}, \quad \forall q \in \{1, 2, \cdots, n\} \tag{8.4}$$

$$\sum_{q=1}^{n} x_{i,j;k;q} \leqslant 1, \quad \forall i \in \{1, 2, \cdots, M\}, \quad \forall j \in \{1, 2, \cdots, J\}, \quad \forall k \in \{1, 2, \cdots, K\} \tag{8.5}$$

$$x_{i,j;k;q} \in \{0, 1\}, \quad z_q \in \{0, 1\} \tag{8.6}$$

式 (8.2) 描述了具有软截止期 D_q 的任务 t_q 的完成质量。式 (8.3) 表示 t_q 的结束时间。如果 $z_q = 1$，则 t_q 选择重提交策略，否则 t_q 选择复制策略。当 $z_q = 1$ 时，$T_{l,q}^R$ 表示任务 t_q 在遇到故障前执行所用的时间。式 (8.4) 表示一个选择重提交策略的任务一次只能在一台虚拟机上执行，而一个选择复制的任务一次只能在两台相同类型的虚拟机上执行。式 (8.5) 表示每个虚拟机一次只能执行一项任务。式 (8.6) 为任务 t_q 调度的二元决策变量和任务 t_q 选择容错策略的二元决策变量。

当处理任务的处理器出现故障时，该任务将无法完成。本章研究的是物理机故障问题。当物理机出现故障时，该物理机上的所有虚拟机都会无法工作，这些虚拟机上的任务也将无法完成。本章假设系统存在一个资源故障检测机制用于收集资源的故障信息。高效的故障检测机制，如文献 [507]、[510]、[511] 中所述，可以大大减少故障检测的时间。本章忽略故障检测时间。这些故障可能是暂时的，也可能是永久的，并且假定它们是相互独立的。每个资源故障只影响单个物理机。本章还假设任意时刻只有一台物理机出现故障。在复杂系统中，类似于文献 [509]、[510]，可以将系统分成若干组，并将上述模型应用到每个组中，这样就可以很容易地扩展到容纳多台物理机故障的问题。

8.1.2 混合容错调度算法

对于每个到达的任务，调度器首先根据任务和云资源的特征来决定是否接受它。如果调度器能够发现一类虚拟机满足式 (8.7)，那么就接受该任务。否则，将拒绝该任务。

$$D_q - A_q \geqslant \min_{k \in \{1,2,\cdots,K\}} \{T_{k,q}\} \tag{8.7}$$

对于接受的任务，HFTSA 首先确定该接受任务的容错策略，然后为该任务调度相应的资源。为了提高资源利用率，HFTSA 对可用资源进行弹性分区，也就是，HFTSA 首先检查正在工作的资源是否满足调度需求。如果能够满足，则进一步在已工作资源中进行调度分配，否则将唤醒适当的睡眠资源。HFTSA 包括两个部分：任务调度和资源弹性供应。任务调度部分是在软期限和容错约束下，为每个接受的任务分配合适的资源。资源弹性供应部分是在保证容错的要求下，根据调度需求自适应地调整资源，从而提高资源利用率。任务调度部分由初始调度和在线调度与调整两个阶段组成。初始调度阶段的功能主要包括：为每个接受的任务从复制或重提交中选择合适的容错策略，为每个已接受任务 (包括选择复制策略的任务的副本) 的首次执行分配合适的资源。在线调度与调整阶段主要适用于选择重提交的任务。在任务执行过程中，当一个包含选择重提交任务的物理机出现故障时，在线调度会选择合适的虚拟机及其服务时间来重新执行这些任务。为了保证选择重提交策略的任务能够及时完成，在任务执行过程中，根据任务的当前执行情况，通过在线调整该任务的容错策略，并进一步调整其服务资源和服务时间。资源弹性供应包含在初始调度和在线调度与调整过程中。HFTSA 的框架如算法 86 所示。在下面的章节中，我们将详细介绍各个子部分。

算法 86: HFTSA()

```
1 begin
2     if (满足式 (8.7)) then
3         InitialScheduling();
4         OnlineSchedulingAdjust();
5     else
6         拒绝该任务，并提醒用户修改截止期使其大于 min_{k∈{1,2,···,K}} {T_{k,q}};
7     return.
```

1. *初始调度*

初始调度首先为每个已接受的任务从重提交和复制中选择合适的容错策略。已有研究证明，重提交是一种耗时的容错策略 [507,515]。在本书中，对于任务 t_q，如果式 (8.8) 满足，那么 t_q 选择重提交作为其容错策略；否则，t_q 选择复制作为其容错策略。

$$D_q - A_q \geqslant 2 \times (T_{\text{boot}} + \min_{k \in \{1,2,\cdots,K\}} \{T_{k,q}\}) \tag{8.8}$$

其中，T_{boot} 为虚拟机初始化时间。显然，容错策略的选择对系统的性能有很大的影响，例如，系统资源故障率越低，对于选择复制策略的容错算法，其系统资源利用率就会越低。如果 t_q 选择重提交作为其容错策略，决策变量 z_q 设置为 1，否则设置为 0。

对于每个已结束的任务，初始调度需要三个步骤来完成调度，分别为：选择对应的虚拟机类型、预留服务时间段、将预留的服务时间段分配到所选虚拟机类型的一个虚拟机上。对于选择重提交的任务，我们将资源故障前的执行过程定义为初始执行，故障后的执行过程定义为重新执行。对于选择复制策略的任务，我们将其执行过程也称为初始执行。如前所述，初始执行的资源调度是在任务执行之前完成的，而重新执行的资源调度是在任务执行过程中进行的，因此我们首先考虑初始执行。对于一个需要重新提交的任务 t_q，如果它在初始执行过程中遇到主机故障，就会触发它的重新执行，并要求该重新执行在截止日期 D_q 之前完成。t_q 重新执行的最小时间记为 reex_q，应该包含虚拟机初始化时间 T_{boot} 和任务在所有虚拟机类型上的最小执行时间。也就是

$$\text{reex}_q = T_{\text{boot}} + \min_{k \in \{1,2,\cdots,K\}} T_{k,q} \tag{8.9}$$

对于一个选择重提交的任务 t_q，其初始执行的最长时间为 $D_q - A_q - \text{reex}_q$。根据这一时间间隔和云资源的特点，对于一个选择重提交的任务 t_q，其初始执行的虚拟机类型可以通过式 (8.10) 来决定。

$$\min_{x \in \{1,2,\cdots,K\}} \{T_{x,q}\} \leqslant D_q - A_q - \text{reex}_q - T_{\text{boot}} \tag{8.10}$$

其中，$T_{x,q}$ 表示任务 t_q 在 vt_x 类虚拟机上的执行时间。为了给任务遇到故障后的重新执行预留足够的时间，式 (8.10) 选择具有最小 $T_{x,q}$ 值的虚拟机类型。如果没有虚拟机类型能够满足，则选择 $T_{x,q}$ 值最接近 $D_q - A_q - \text{reex}_q - T_{\text{boot}}$ 的虚拟机类型。

对于选择复制作为容错策略的任务 t_q，HFTSA 同时为主本 t_q^P 与副本 t_q^P 选择两个同类型的虚拟机。因此，$\text{vt}_q^P = \text{vt}_q^R$。如果 $h_q^P \neq h_q^R$，即使在出现资源故障的情况下任务 t_q 也能够得到顺利完成 [510, 516]。对于选择任务 t_q，其服务的虚拟机类型由式 (8.11) 决定：

$$\max_{x \in \{1,2,\cdots,K\}} \{T_{x,q}\} \leqslant D_q - A_q - T_{\text{boot}} \tag{8.11}$$

在云系统中，性能更高的虚拟机通常更加昂贵。为了降低用户的开销，式 (8.11) 选择具有最大 $T_{x,q}$ 值的虚拟机类型。如果没有虚拟机类型能够满足式 (8.11)，则

选择 $T_{x,q}$ 值最接近 $D_q - A_q - T_{\text{boot}}$ 的虚拟机类型。在确定了任务 t_q 的服务虚拟机类型后，t_q 的计划完成时间 PF_q 可以表示为

$$\text{PF}_q = A_q + T_{\text{boot}} + T_{x,q} \tag{8.12}$$

对于选择复制为容错策略的任务 t_q，由于 t_q^P 与 t_q^R 分别分配在两个不属于同一台物理机的虚拟机上，因此其完成时间 F_q 总是等于 PF_q。对于选择重提交的任务 t_q，如果其初始执行能够顺利完成，则其完成时间 F_q 也等于 PF_q；否则，F_q 由 t_q 的重新执行过程决定。显然，对于任务 t_q，$F_q \geqslant \text{PF}_q$。因此，在一个 vt_x 类虚拟机上，任务 t_q 在该类虚拟机上的初始执行时间段表示为 $[A_q, \text{PF}_q]$。

由于许多相同类型的虚拟机同时处于活动状态，因此需要决定将 $[A_q, \text{PF}_q]$ 分配到哪一个属于 vt_x 类的虚拟机上。我们用 RVs 表示已被预定的虚拟机集合；用 rv_k^l 表示 RVs 中第 l 个 k 类虚拟机；用 $[\text{rs}, \text{rf}]_k^l$ 表示 rv_k^l 的已被其他任务预留的时间段，其中 rs 和 rf 分别为预留的开始时间和结束时间。在容错和期限约束的前提下，将多个任务分配给同一台虚拟机可以大大提高系统资源的利用率[507]。因此，HFTSA 首先尝试在 RVs 中找到一个类型为 vt_x 的虚拟机，并将服务时间段 $[A_q, \text{PF}_q]$ 分配到该虚拟机上，也就是

$$\begin{aligned}&(\forall \text{rv}_k^l \in \text{RV}s)(\text{vt}(\text{rv}_k^l) = \text{vt}_x) \wedge ((\text{PF}_q + T_{\text{boot}}\\&\geqslant \text{rs} \geqslant \text{PF}_q) \vee (\text{rf} + T_{\text{boot}} \geqslant A_q \geqslant \text{rf}))\end{aligned} \tag{8.13}$$

对于一个选择重提交的任务 t_q，如果 RVs 中有多个虚拟机满足式 (8.13)，为了平衡虚拟机之间的工作量，HFTSA 将 t_q 分配到工作量最少的虚拟机上，并进一步更新该虚拟机已预留服务时间段。否则，HFTSA 通过资源弹性供应为 t_q 创建一个类型为 vt_x 的新虚拟机，具体请参见算法 86。对于一个选择复制的任务 t_q，由于 t_q^P 和 t_q^R 需要两个属于不同物理机的虚拟机，因此，初始调度首先尝试在 RVs 中查找两个满足式 (8.13) 的虚拟机。如果 RVs 中有多个属于不同物理机的虚拟机满足式 (8.13)，则初始调度将依次为 t_q^P 和 t_q^R 选择工作量最少的虚拟机。如果 RVs 中只有一个虚拟机满足式 (8.13)，则初始调度将 t_q^P 调度到该虚拟机上，同时通过资源弹性供应为 t_q^R 创建一个新的 vt_x 类虚拟机。否则，初始调度将通过资源弹性供应为 t_q^P 和 t_q^R 创建两个新的虚拟机。

初始调度的伪代码如算法 87 所示。通过初始调度，每个任务的初始执行都决定了虚拟机及其服务时间间隔。但是，选择重提交策略任务遇到故障后的重新执行是在任务执行过程中决定的，这将在算法 88 中介绍。

算法 87: InitialScheduling()

```
Input: 所有接受的任务; vt_k(1 ⩽ k ⩽ M); RVs; rv_k^l
Output: 每个任务的初始调度;
1  begin
2      if (公式 (8.8) 满足) then
3          z_q ← 1;
4          if (公式 (8.10) 满足) then
5              基于公式 (8.10) 为 t_q 选择虚拟机类型 vt_x;
6          else
7              选择最接近 D_q − A_q − reex_q − T_boot 的虚拟机类型;
8      else
9          z_q ← 0;
10         if (公式 (8.11) 满足) then
11             基于公式 (8.11) 为 t_q 选择虚拟机类型 vt_x;
12         else
13             选择最接近 D_q − A_q − T_boot 的虚拟机类型;
14     根据公式 (8.12) 计算 PF_q;
15     if ((在 RVs 中，存在一个虚拟机满足公式 (8.13)) 并且 (z_q == 1)) then
16         在这个虚拟机上，预留 [A_q, PF_q] 给任务 t_q;
17         更新 [rs, rf]_k^l;
18     else
19         为 t_q 调用算法 ResourceScaleUp();
20     if ((在 RVs 中，存在两个不同主机上的虚拟机满足公式 (8.13)) 并且
        (z_q == 0)) then
21         在这些虚拟机上，为任务 t_q^P 和 t_q^R 预留 [A_q, PF_q];
22         更新 [rs, rf]_k^l;
23     else
24         if ((在 RVs 中，仅有一个虚拟机满足公式 (8.13)) 并且 (z_q == 0)) then
25             为任务 t_q^P 预留 [A_q, PF_q];
26             更新 [rs, rf]_k^l;
27             调用函数 ResourceScaleUp() 计算 t_q^R;
28         else
29             调用函数 ResourceScaleUp() 计算 t_q^P 和 t_q^R;
30     return.
```

2. 在线调度与调整

初始调度后，由于将任务的主本和副本调度到不属于同一个物理机的两个虚拟机上同时运行，因此选择复制策略的任务在遇到资源故障时，在本章的故障模型下肯定能够完成。对于选择重提交的任务，如果该任务在其初始执行过程中没有遇到资源故障，则该任务也将完成。如果遇到了资源故障，系统就必须为该任务找到另一个虚拟机，并进行首次重新执行。

假设 FT_q 表示选择重提交的任务 t_q 在其初始执行过程中遇到资源故障的时间。显然，$\mathrm{FT}_q > A_q$。因此，该任务首次重新执行的可用时间为 $D_q - \mathrm{FT}_q$。因此，完成首次重新执行的虚拟机类型 vt_x 可以由式 (8.14) 决定。

$$\max_{x\in\{1,2,\cdots,K\}}\{T_{x,q}\} \leqslant D_q - \mathrm{FT}_q - T_{\mathrm{boot}} \tag{8.14}$$

为了降低任务执行成本，式 (8.14) 选择具有最大 $T_{x,q}$ 值的虚拟机类型。如果没有虚拟机类型能够满足式 (8.14)，则选择 $T(k,q)$ 值最接近 $D_q - \mathrm{FT}_q - T_{\mathrm{boot}}$ 的虚拟机类型。然后，任务 t_q 的计划完成时间 PF_q 更新为

$$\mathrm{PF}_q = \mathrm{FT}_q + T_{\mathrm{boot}} + T_{x,q} \tag{8.15}$$

因此，任务 t_q 首次重新执行的时间段为 $[\mathrm{FT}_q, \mathrm{PF}_q]$。后续选择一个 vt_x 类的虚拟机在该时间段内执行首次重新调度的过程，与初始调度中的相应过程类似。

如果 t_q 的首次重新执行能够成功，那么它的结束时间 F_q 就等于 PF_q。但是，如果 t_q 的首次重新执行在 FT'_q 时刻又遇到另一个资源错误，则 t_q 的剩余可用时间为 $D_q - \mathrm{FT}'_q$。在这种情况下，因为 t_q 的剩余可用时间可能不足以完成再次重新执行，所以需要对 t_q 的容错策略进行调整，从重提交和复制中重新选择容错策略。如果

$$D_q - \mathrm{FT}'_q \geqslant 2 \times (T_{\mathrm{boot}} + \min_{k\in\{1,2,\cdots,K\}} T_{k,q}) \tag{8.16}$$

能够满足，那么将再次为 t_q 选择重提交策略。否则，t_q 的容错策略将由重提交调整为复制。然后，使用算法 87 中所述的过程来确定 t_q 的服务资源和时间段。在这种情况下，t_q 的完成时间 F_q 由成功执行的过程决定。

在线调度与调整部分的伪代码如算法 88 所示。通过上述的初始调度以及在线调度与调整，云计算系统确保各接受任务能够在其软截止期附近完成，即使是在出现资源故障的情况下。值得注意的是，在初始调度和在线调度与调整过程中都融入了云资源的弹性供应，在保证容错的同时提高了系统的资源利用率。在下面，我们将详细介绍资源弹性供应机制。

算法 88: OnlineSchedulingAdjust()

```
  Input: t_q, vt_k (1 ⩽ k ⩽ M); RVs; rv_k^l; FT_q; FT'_q
  Output: t_q 的初始调度
1 begin
2   if (这是 t_q 的第一个故障) then
3     if (满足公式 (8.14)) then
4       由公式 (8.14) 为 t_q 选择虚拟机类型 vt_x;
5     else
6       选择值最接近 D_q − FT_q − T_boot 的虚拟机类型 vt_x;
7     根据公式 (8.15) 计算重新执行的计划完成时间 PF_q;
8     if (RVs 中存在一台虚拟机满足公式 (8.13)) then
9       在这台虚拟机上为 t_q 预留 [FT_q, PF_q];
10      更新 [rs, rf]_k^l;
11    else
12      对 t_q 调用 ResourceScaleUp();
13  else
14    由公式 (8.16) 确定容错策略;
15    调用 InitialScheduling();
16  return.
```

3. 资源弹性供应

资源弹性供应是云系统中最重要的特征之一。在本章中，我们将资源弹性供应机制,包括资源扩增 (resource scale-up, RSU) 和资源整合 (resource scale-down, RSD)，嵌入所设计的调度算法中。当活动资源不能满足调度需求时，将调用资源扩增机制来增加资源。在运行过程中，如果有资源长时间处于闲置状态，则会触发资源整合机制，提高资源利用率。

4. 资源扩增机制

如果活动资源无法满足调度的需求，则调用资源扩增机制创建新的虚拟机，并将其添加到 RVs 中。为了提高资源利用率，与文献 [14] 中的相应过程类似，HFTSA 中的资源扩增机制采用以下三步策略来创建新虚拟机。

(1) 无须迁移任何虚拟机，在一个活动物理机上创建一个新的 vt_x 类型的虚拟机。

(2) 如果在步骤 (1) 中无法创建新虚拟机，则在满足容错的要求下，从一台活动物理机中将具有最小 VP 的虚拟机迁移至另一个有足够空间容纳该虚拟机的物理机上，然后在迁出虚拟机的物理机上创建一个新的 vt_x 类虚拟机。

(3) 如果在步骤 (2) 中也无法创建新的虚拟机，则启动一个休眠物理机，然后创建一个新的 vt_x 类虚拟机。如果 $|H_a| \neq M$，那么就激活一个休眠的物理机；否则，选择首先满足 vt_x 要求的物理机。

在步骤 (1) 和 (2) 中，如果只有一个活动物理机可以容纳所需的新虚拟机并实现容错，HFTSA 选择该物理机作为候选物理机，并进一步在该物理机中创建新虚拟机。如果有多个物理机满足要求，HFTSA 选择工作最少的物理机创建新虚拟机，从而均衡各物理机的工作负载。步骤 (2) 中的在线迁移虚拟机会产生一定的延迟，可表示为 $T_{mt} = \dfrac{M_k}{\mathrm{NBand}}$，该延迟在实际中对任务的计划完成时间 PF_q 有一定的影响，但在本章中，我们暂不考虑该影响。

值得注意的是，对于选择不同容错策略的任务，其资源扩增的过程是不同的。对于一个选择重提交策略的任务，通过上述三个步骤，资源扩增机制可以找到合适的资源。对于选择复制策略的任务，需要将主本和副本调度到两台不同物理机上，以实现容错。在初始调度过程中，如果 t_q^P 已经调度到 $h(t_q^P)$ 中的一个虚拟机上，则资源扩增机制需要通过以上三步将 t_q^R 调度到另一个不属于 $h(t_q^P)$ 的虚拟机上。否则，资源扩增机制就需为 t_q^P 和 t_q^R 找到两个属于不同主机的虚拟机。此时，资源扩增机制也会尝试先在活动物理机上创建所需的虚拟机。如果在活动物理机上能够找到两个可以容纳 vt_x 类虚拟机的物理机，则在这两个物理机上创建两个 vt_x 类的虚拟机，并分别分配 t_q^P 和 t_q^R。如果只有一个物理机满足要求，则在该物理机上创建一个 vt_x 类虚拟机，并把它分配给 t_q^P。然后，打开一个处于休眠状态的物理机，并在该物理机上为 t_q^R 创建一个 vt_x 类新虚拟机。如果上述条件都无法达到，则需激活两个处于休眠状态的物理机，并在这两台物理机上分别为 t_q^P 和 t_q^R 创建一个新的 vt_x 类虚拟机。

资源扩增机制的伪代码如算法 89所示。算法 89中使用的 ActiveHost() 的伪代码在算法 90 中描述。

5. 资源整合机制

为了提高系统资源利用率，HFTSA 还引入了资源整合机制，从而关闭一些处于空闲状态的资源。当一个虚拟机上从一个任务完成时刻到其下一个等待任务开始时刻的时间间隔 $\mathrm{WT}_{i,j}$ 大于虚拟机初始化时间 T_{boot} 或该虚拟机没有等待任务时，说明有部分资源被浪费。在这种情况下，系统将触发资源整合机制来提高资源利用率。

资源整合机制的伪代码如算法 91所示。当虚拟机空闲时间超过 T_{boot}，或者

算法 89: ResourceScaleUp().

Input: t_q, vt_x, z_q,H_a,$H_a^{'}$,RVs

Output: t_q 所分配的资源

1. $H_a^{'} \leftarrow \varnothing$;
2. **for** $i = 1$ **to** $|H_a|$ **do**
3. **if** (h_i 能容纳 vt_x 类型的虚拟机) **then**
4. $H_a^{'} \leftarrow H_a^{'} + \{h_i\}$;
5. **if** ($H_a^{'} == \phi$) **then**
6. **for** $i = 1$ **to** $|H_a|$ **do**
7.   在容错环境下, 将具有最小 VP 的虚拟机迁移到另一个活动主机上;
8.   **if** (h_i 能容纳 vt_x 类型的虚拟机) **then**
9. $H_a^{'} \leftarrow H_a^{'} + \{h_i\}$;
10. **if** ($z_q == 1$) **then**
11. **if** ($H_a^{'} \neq \phi$) **then**
12.   选择 $H_a^{'}$ 中任务最少的主机 h_i;
13. **else**
14. $h_i \leftarrow$ ActiveHost();
15. 在 h_i 中创建一台 vt_x 类型的虚拟机并添加到 RVs 中;
16. 在这台虚拟机上为 t_q 预留 $[A_q, \mathrm{PF}_q]$;
17. **else**
18. **if** (t_i^P 已经被分配) **then**
19.   **if** ($H_a^{'} - h(t_q^P) \neq \phi$) **then**
20.   选择 $H_a^{'} - h(t_q^P)$ 中任务最少的主机 h_i ;
21.   **else**
22. $h_i \leftarrow$ ActiveHost();
23.   在 h_i 中创建一台 vt_x 类型的虚拟机并添加到 RVs 中;
24.   在这台虚拟机上为 t_q^R 预留 $[A_q, \mathrm{PF}_q]$;
25. **else**
26.   **if** ($\left|H_a^{'}\right| \geqslant 2$) **then**
27.   选择 $H_a^{'}$ 中任务最少的两台主机并为它们创建 vt_x 类型的虚拟机;
28.   **else**
29.   **if** ($\left|H_a^{'}\right| == 1$) **then**
30. $h_i \leftarrow$ ActiveHost();
31.   在当前主机中为 t_q^P 创建 vt_x 类型的虚拟机, 在 h_i 主机中为 t_q^R 创建 vt_x 类型的虚拟机;
32.   把它们添加到 RVs;
33.   **else**
34. $h_i \leftarrow$ ActiveHost(); $h_{i'} \leftarrow$ ActiveHost();
35.   在 h_i 和 $h_{i'}$ 中创建两台 vt_x 类型的新虚拟机并添加到 RVs 中;
36.   在这些虚拟机上为 t_q^P 和 t_q^R 预留 $[A_q, \mathrm{PF}_q]$;
37. **return**.

算法 90: ActiveHost()

```
   Input: vt_x, M, H_a, H_a'
   Output: 满足需求的主机 h_i
1  begin
2      if (|H_a| ≠ M) then
3          激活一台睡眠的主机 h_i，并加入 H_a' 中;
4      else
5          选择满足 vt_x 需求的第一台主机 h_i;
6      return.
```

算法 91: ResourceScaleDown()

```
1  for i = 1 to |H_a| do
2      for j = 1 to J do
3          if ((WT_{i,j} ⩾ T_boot) 或者 (v_{i,j}) 中没有任务) then
4              取消 v_{i,j}，并从 h_i 中删除;
5  for i = 1 to |H_a| do
6      if (h_i^{ut} ⩽ HoTH) then
7          C_i ← 0;
8          for j = 1 to J do
9              if (v_{i,j} 在满足容错情况下，可以被迁移到另一个主机上) then
10                 把 v_{i,j} 迁移到目标主机;
11                 C_i ← C_i + 1;
12         if (C_i == J) then
13             把 h_i 转为睡眠状态并从 H_a 中删除;
14 return.
```

没有任务等待时，该虚拟机将被取消并从对应物理机上删除。然后，计算每个物理机 h_i^{ut} 的资源利用率。如果该物理机的资源利用率低于预定的阈值 HoTH，资源整合机制会在满足容错的要求下，将该物理机上的所有虚拟机迁移到其他活动物理机上。若该物理机上的所有虚拟机都可以迁出时，则将该物理机切换到休眠状态，并从 H_a 中移除。

8.1.3 实验分析

1. 实验设置

为评估 HFTSA 中资源弹性供应和虚拟机迁移的有效性,我们将 HFT SA 与其两个修改后的算法进行了比较,修改后的算法分别为 NEHFTSA (non-elastic-HFTSA) 和 NMHFTSA (non-migration-HFTSA)。NEHFTSA 没有采用资源弹性供应机制,所有物理机和虚拟机均处于激活状态。而 NMHFTSA 在资源扩增和资源整合过程中都没有采用虚拟机迁移来整合资源。同时,我们还将 HFTSA 与 NMResub [517] 和 FESTAL [510] 进行了比较。与本章研究的问题相似,NMResub [517] 和 FESTAL [510] 也是针对云计算系统中的独立任务而设计的容错调度算法。NMResub 选择重提交作为容错策略,而 FESTAL 则采用复制策略。但是,NMResub 没有考虑虚拟机迁移和资源整合机制。此外,它是为虚拟机故障而非物理机故障而设计的。在实际操作中,一台物理机出现故障将会导致该物理机上的所有虚拟机均不可用。因此在实验中,我们将虚拟机故障作为主机故障的一种特殊情况,在使用 NMResub 处理物理机故障时,将该物理机上的所有任务重提交给其他合适的虚拟机。FESTAL 采用复制策略实现容错,除了主本,它为每个任务设计一个副本,此外,FESTAL 也采用虚拟机迁移和资源弹性供应机制调整活动资源,包括资源扩增与整合,从而提高云系统的资源利用率。NMResub 和 FESTAL 算法的详细信息可参考文献 [517] 和文献 [510]。

所有算法通过下面的指标进行比较:

(1) 任务完成质量 (quality of task completion, QTC),如式 (8.1) 所示,反映了比较算法在故障和软期限约束下的任务完成质量。

(2) 物理机活动时间 (host active time, HAT),即云系统中所有主机的活动时间总和,反映了故障对系统资源的消耗。

(3) 任务执行时间与主机时间之比 (RTH),即总任务执行时间与总活动主机时间之比,反映了系统资源的利用率。

(4) 每个任务的能量消耗 (ECT),即系统总消耗能量与接受的任务数量之比,反映了系统的能量效率。我们采用文献 [14] 中提出的能量模型来比较能量消耗。在物理机的多个能耗部件中,由于 CPU 通常是能耗最大的部件,因此模型只考虑 CPU 的能耗。关于能量模型可参考文献 [14]。

以上指标中,QTC 反映了任务的完成质量,而其他指标则反映了系统故障情况下的资源消耗情况。我们分别在真实云平台和仿真平台上进行实验。

2. 真实云平台中的实验评估

我们首先在真实云平台上,基于 Google Cloud tracelogs ① 数据进行实验来评估并比较算法的性能。

① 谷歌云实例集:https://github.com/google/cluster-data。

实验平台共有 18 台异构主机：13 台 Sugon I620-G10、1 台 Sugon I620-G15、2 台 Dell R720、2 台 Dell T630。主机的配置如表 8.2所示。所有主机通过一台 H3C S5100 交换机连接。每台主机都被虚拟了多个虚拟机。本实验中创建的虚拟机只有 4 种类型，各虚拟机类型的配置如表 8.3 所示。

表 8.2 主机配置

服务器型号	服务器数量	CPU	内存 (DDR3)/GB	存储容量/TB
Sugon I620-G10	13	2 × Intel Xeon E5-2630 2.3GHz	64	1.08
Sugon I620-G15	1	2 × Intel Xeon E5-2609 2.4GHz	128	2.94
Dell R720	2	2 × Intel Xeon E5-2640 2.0GHz	128	3.81
Dell T630	2	2 × Intel Xeon E5-2650 2.2GHz	64	4.47

表 8.3 虚拟机配置

类型	CPU 核数	内存/GB	存储/GB
Type 1	1	2	16
Type 2	2	4	32
Type 3	4	8	64
Type 4	8	16	128

Google Cloud tracelogs 包含了大约 2500 万个任务的信息，这些任务分组在 65 万个工作中，时间跨度为 29 天。由于任务数量庞大，而实验的资源有限，基于所有的任务进行实验是不现实的，因此我们选择了第 18 天第一个小时最后一刻钟的任务作为测试样本。在该时间段内提交的任务约 1.2 万个。

由于缺少一些详细的信息，类似于文献 [14]、[510]，我们做了如下的假设。首先，在 Google Cloud tracelogs 中共有 7 个事件来显示任务执行过程中的状态。当任务在跟踪日志中遇到驱逐 (evict) 或扼杀 (kill) 时，我们假设它被重置回初始状态。其次，任务 t_q 的执行时间 T_q 是从最后的调度事件和结束事件来计算的。最后，由于 Google Cloud tracelogs 中不包含任务大小的信息，我们采用文献 [14]、[510] 中提出的方法，根据执行时间和平均 CPU 利用率计算任务大小 S_q。

$$S_q = (T_f^q - T_s^q) \times U_a \times C_c \tag{8.17}$$

其中，T_f^q 和 T_s^q 分别表示完成结束和调度事件的时刻；U_a 表示该任务的平均 CPU 占用率；C_c 表示 CPU 在 Google 云中的平均处理能力。由于 Google Cloud tracelogs 已经对 CPU 处理能力进行了归一化处理，我们假设它类似于我们对主机的模拟设置 $C_c = 2000$ MIPS。最后，由于跟踪日志中没有提供任务的截止期，我们假设每个任务的截止期是通过响应时间与执行时间的比率来指定的。根据文

献 [14]、[510] 的分析，平均比率为 2.89。因此，假设每个任务的最后期限是其最大执行时间的 β 倍，β 在 [2.6,3.2] 范围内均匀分布。

实验结果如表 8.4所示。从表 8.4可以看出，HFTSA 算法的性能优于其他算法。在所有比较算法中，NEHFTSA 得到了最好的 QTC，这是因为在所有算法中，NEHFTSA 中所有的物理机和虚拟机都是已激活的，而其他算法所使用的资源均是通过资源弹性供应机制提供的。系统接受越多的任务，也就需要越多的物理机和虚拟机，而这些物理机和虚拟机所消耗的初始化时间也就越长，从而使得 QTC 更佳。从表 8.4可以看出，虽然 NEHFTSA 在 QTC 上的表现优于 HFTSA，但差异仅为 0.8%。HFTSA 算法采用了混合容错策略和资源弹性供应机制，在其他指标上均取得了较好的效果。在 HFTSA 中引入了一种兼具重提交和复制策略的混合容错机制，实现了资源利用和执行时间的平衡。通常，当资源的失败率越高时，任务在执行过程中因资源故障而中断的次数也就越多。为了保证更多的任务能够在截止日期前完成，HFTSA 采用在线调整方案，将部分任务的容错策略由重提交调整为复制。虽然这种调整会导致更多的任务采用复制策略，消耗了更多的资源，但 HFTSA 通过资源整合提供了更高的资源利用率。其他算法的资源利用率要低于 HFTSA，而能耗却更高，这主要是因为这些算法只使用了 HFTSA 的某些机制或策略。

表 8.4 基于 Google Cloud tracelogs 的实验结果

算法	QTC/%	HAT/10^6s	RTH	ECT
NMResub	91.6	1.55	3.05	28.32
FESTAL	94.3	1.47	3.31	25.56
NEHFTSA	**96.1**	1.62	2.81	32.36
NMHFTSA	94.1	1.42	3.38	26.65
HFTSA	95.3	**1.36**	**3.56**	**21.38**

因此，在实际云平台上的实验表明，HFTSA 算法以较小的 QTC 代价获得了很好的资源利用率并降低了系统能耗。这对绿色计算非常重要。

3. 仿真平台上的实验评估

为了更加清楚地分析算法性能，我们还在仿真平台上开展了基于随机合成工作负载的实验。我们采用 CloudSim[503] 作为仿真工具来搭建仿真实验平台。CloudSim 是一种常用的云计算模拟仿真工具，目前已得到了较为广泛的使用 [510,513]。在仿真中，我们模拟了四种不同性能的物理机，其处理性能分别为 1000 MIPS、2000 MIPS、3000 MIPS、4000 MIPS，模拟了五种不同处理能力的虚拟机，其处理能力分别为 250 MIPS、500 MIPS、750 MIPS、1000 MIPS 1250 MIPS。根据文献 [510]，我们还假设物理机开机时间和虚拟机的初始化时间 (T_{boot}) 分别设置为 90 s 和 15 s。在仿真实验中，提交的任务大小均匀分布在 $[1,2]\times10^5$MI 范围内。每个提交任务的截止时间设为 $D_q=A_q+(1+\alpha)\times\overline{T_q}$。其

中 $\overline{T_q}$ 为 t_q 在所有虚拟机类型上的平均执行时间，可计算为 $\overline{T_q}=\dfrac{\sum_{k=1}^{K}T_{k,q}}{M}$，$\alpha$ 是反映任务截止期松散程度的正实数。

不同于文献 [518] 考虑的瞬时故障模型，本章考虑的是永久故障，并采用故障率 (FR) 进行表示。在每一组实验中，我们改变一个参数而保持其他参数不变。表 8.5 给出了仿真的参数及其值。

表 8.5　仿真参数

参数	数值 (固定的)-(最小, 最大, 步长)
任务计数/10^4	(2)-(0.5,4,0.5)
任务大小/10^5MI	([1,2])
α	(1)-(0.25,2,0.25)
FR/%	(10)-(2.5,20,2.5)

4. 任务数对性能的影响

首先，我们研究任务数量对算法性能的影响。在该实验中，任务数从 5000 个增加到 40000 个，每次增加 5000 个。仿真结果如图 8.3所示。

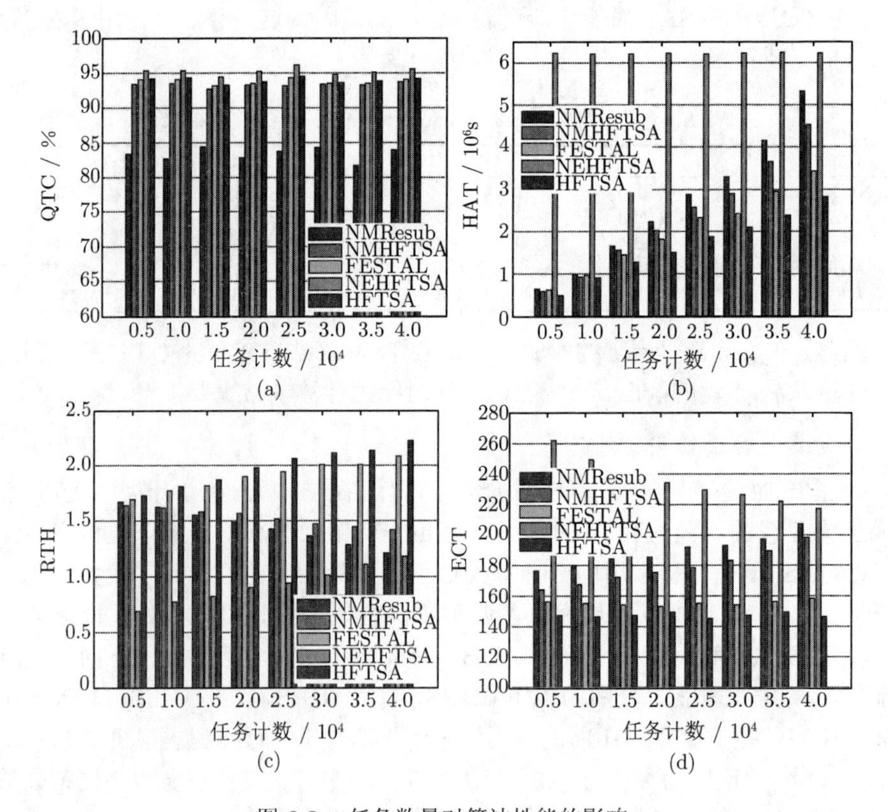

图 8.3　任务数量对算法性能的影响

图 8.3(a) 显示了任务数对 QTC 的影响。从图中可以看出，随着任务数的增加，所有比较算法都保持较高的 QTC 值，这意味着大部分任务都是在截止期附近完成的。但图 8.3(a) 同时也表明，没有任何一种算法可以获得高达 100% 的 QTC。这主要是由于各算法尽管提供了足够的资源，但这些资源的初始化还需要消耗一定的时间。从图 8.3(a) 也可以看出，FESTAL、NEHFTSA、NMHFTSA 和 HFTSA 在不同的任务数情况下，具有相似的 QTC 结果，且均优于 NMResub。这是因为 FESTAL 对所有任务都采用复制的容错策略，HFTSA 及其两个修改算法对部分任务采用复制策略，而 NMResub 对所有任务都采用重提交策略。在复制策略中，系统针对每个可能的资源故障在调度过程中均设计相应的策略。而重提交策略则需在故障发生后找到合适的资源重新调度并执行，从而花费了更多的时间。虽然 HFTSA 及修改算法中的一些任务也采用了重提交策略，但它受到这些任务的截止期的限制，并无须等待而立即执行。这与 NMResub 中的重提交过程不同。在 NMResub 中，重提交需要等待一段时间以观察故障资源是否能够修复，该等待过程会消耗大量时间，从而导致在截止期之前完成的任务大量减少，从而降低了其 QTC 值。

任务数对 HAT 的影响如图 8.3(b) 所示，从图 8.3(b) 可以看出 NEHFTSA 的 HAT 最高，且保持稳定，而其他算法的 HAT 随着任务数的增加均有上升的趋势。这是由于 NEHFTSA 中的所有物理机都处于活动状态，而其他算法中的物理机是随着任务的增加而逐渐激活的。在任务数不同的情况下，FESTAL、NMHFTSA 和 HFTSA 等算法均取得了比 NMResub 更好的结果。同时，图 8.3(b) 也表明 FESTAL 和 NMHFTSA 比 HFTSA 需要更多的物理机，虽然它们在 QTC 上具有相似的结果。这些结果表明，在调度具有期限约束的任务时，使用虚拟机迁移策略和资源弹性供应机制是有效的。一方面，当任务数增加时，可以通过迁移虚拟机来整合当前活动的虚拟机，从而在这些活动物理机上释放空间以创建新的虚拟机，避免增加新的物理机。另一方面，可以将负载较轻的物理机上的虚拟机迁移到其他物理机上，然后关闭空闲物理机，从而进一步减少物理机数量。NMResub 不包含虚拟机迁移和资源弹性供应机制，NMHFTSA 不使用虚拟机迁移策略。对于 FESTAL 和 HFTSA，尽管两者都采用虚拟机迁移和资源弹性供应机制，但 HFTSA 的调度效果要优于 FESTAL，其性能改进了 11.72%～19.86%。这是由于 HFTSA 中有些任务采用重提交实现容错，而 FESTAL 中所有任务都采用复制策略。已有研究表明重提交比复制所消耗的资源更少 [507, 515]。

图 8.3(c) 展示了任务数对 RTH 的影响，可以看出，在不同任务数的情况下，FESTAL 和 HFTSA 的 RTH 都优于其他算法，而 HFTSA 优于 FESTAL 算法。此外，随着任务数的增加，FESTAL、NEHFTSA 和 HFTSA 的 RTH 呈上升趋势，而其他算法的 RTH 呈下降趋势。这是由于这些算法采用了不同的资源弹性

供应机制。在没有资源弹性供应机制 (NEHFTSA) 的情况下，大量的资源处于空闲状态。如果没有资源整合机制 (NMResub 和 NMHFTSA)，系统就不能充分利用资源，当提交的任务增加时，系统就需要激活更多的活动主机，从而增加了资源的浪费，降低了 RTH。HFTSA 的 RTH 最高，这也进一步表明综合运用所提出的方法能够有效地提高资源的利用率。

图 8.3(d) 显示了任务数对 ECT 的影响。从图中可以看出采用虚拟机迁移和资源弹性供应机制的 FESTAL 算法和 HFTSA 算法，其 ECT 基本保持稳定。NEHFTSA 算法的 ECT 值随着任务数的增加呈下降趋势，而其他两种算法则呈上升趋势。这一结果是由以下原因引起的。当提交的任务数量增加时，这些任务需要新的资源。随着 VM 迁移，FESTAL 和 HFTSA 首先努力在活动物理机中为这些 VM 腾出空间，而这一操作可以减少活动物理机数量。此外，FESTAL 和 HFTSA 还采用资源整合机制来消除闲置资源。因此，FESTAL 和 HFTSA 的活动资源都得到了有效的利用，从而使得它们的 ECT 值保持稳定。但 HFTSA 的 ECT 优于 FESTAL，幅度在 2.68%~6.90%。这是因为 HFTSA 中有些任务采用了重提交实现容错，而在实际运行中并不是所有选择重提交的任务都需要重新执行。在没有资源弹性供应的情况下，NEHFTSA 在提交任务较少的情况下，会耗费大量的能量来保持所有主机处于活动状态，并让部分虚拟机处于空闲状态。随着任务数量的增加，一些原本闲置的资源被利用起来，从而减少了资源浪费，减少了能量消耗。在没有迁移虚拟机的情况下，NMResub 和 NMHFTSA 都需要启动更多的主机来处理不断增加的任务。在没有资源整合的情况下，NMResub 仍然让一些工作负载轻的物理机处于活动状态，从而提升了其 ECT 值。

当同时考虑任务完成质量 (QTC) 和资源成本 (HAT、RTH 和 ECT) 时，可以看出，所提出的 HFTSA 在所有算法中获得了更高的任务完成质量和更少的资源消耗。这一现象，无论对于云资源用户，还是对云资源提供者，均是有益的，因为用户可以获得满意的任务处理结果，而资源提供者则可以将同样的资源提供给更多的用户，从而增加了自身的收益 [507]。因此，无论是对用户还是资源供应商来说，HFTSA 都比其竞争对手更有价值。

5. 期限对性能的影响

任务截止期对算法性能的影响如图 8.4所示。

任务截止期因子 α 对 QTC 的影响如图 8.4(a) 所示。从图中可以看出，随着截止期因子 α 的增加，所有算法的 QTC 均呈上升趋势。这种上升趋势是由于，随着 α 的增加，任务的截止期越来越宽松，从而就有更多的任务可以在截止期之前完成。从图 8.4(a) 中可以看出，对每一个 α 而言，NMResub 的 QTC 是所有算法中最低的，且与其他算法相比有很大差异。这种现象可以通过以下原因来解释。当添加新资源时，所有算法均需要增加启动新物理机和创建新虚拟机的初始时间。然而，NMResub 除了上述时间外还需要更多的时间。首先，在出现资源故障后，NMResub 需要一定的时间来找到合适的资源并重新提交与重新执行。虽然重提交也被 HFTSA 及其修改算法所采用，但它受到任务截止期的限制，而 NMResub 中不存在这种限制。其次，NMResub 仍然需要一些时间来等待检查出现故障的虚拟机是否可以恢复。因此，随着截止期越来越宽松，除 NMResub 算法外，所有算法中越来越多的任务能够在截止期附近完成。然而，与其他方法相比，NMResub 仍然需要额外的时间，从而明显地影响了其 QTC 的值。

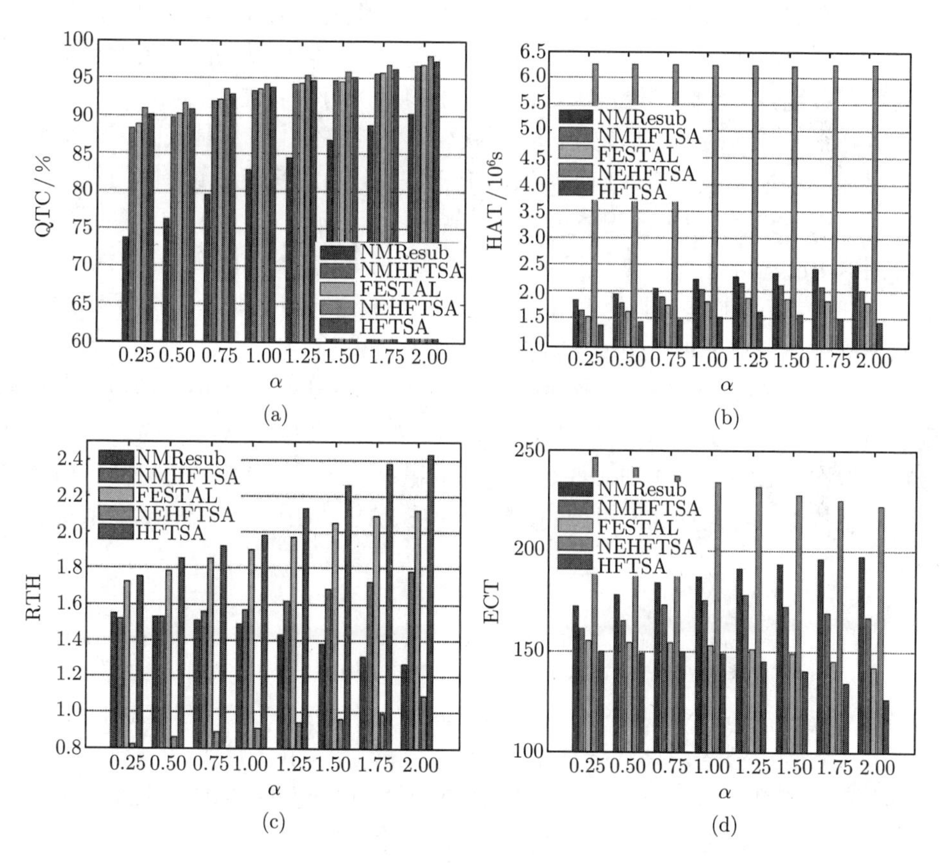

图 8.4 截止期因子 α 对算法性能的影响

任务截止期因子 α 对 HAT 的影响如图 8.4(b) 所示。从图中可以看出，NEHFTSA 的 HAT 值较为稳定且始终保持在最大值，而其他四种算法的 HAT 变化趋势各不相同。当 $\alpha < 1.25$ 时，除 NEHFTSA 外，其他算法的 HAT 值都随着 α 的增加而增加。然而，当截止期因子 $\alpha > 1.25$ 时，NMResub 的 HAT 仍在增加，而 FESTAL、NMHFTSA 和 HFTSA 的 HAT 则随着 α 的增加呈下降趋势。产生这一结果的原因可以描述如下。NEHFTSA 中物理机始终处于激活状态，没有发生任何变化，因此其状态 HAT 值始终处于最大且稳定的值。在其他算法中，随着截止期变得越来越宽松，系统可以接受越来越多的任务，因此也需要更多的物理机处于激活状态以处理这些任务，因此这些算法的 HAT 值首先会增加。当截止期因子大于 1.25 时，FESTAL、NMHFTSA 和 HFTSA 接受几乎所有的任务，而 NMResub 仍然拒绝部分任务。因此，当 $\alpha > 1.25$ 时，NMResub 的 HAT 仍在增加。其他三种算法的 HAT 值呈下降趋势主要是由于虚拟机迁移策略、资源整合机制和混合容错策略的影响。通过虚拟机迁移策略，可以有效地利用活动资源，从而避免激活更多的物理机。通过资源整合机制，可以关闭空闲物理机，减少物理机数量。在混合容错策略下，当任务的截止期越来越宽松时，部分任务的容错策略将由复制调整为重提交，从而减少了资源的使用。但是只有 HFTSA 全部采用了这些方案，而 FESTAL 和 NMHFTSA 分别没有采用混合容错策略和虚拟机迁移策略。因此，HFTSA 可以有效地利用云资源。

图 8.4(c) 显示了截止期因子对 RTH 的影响，随着 α 的增加，NMResub 算法的 RTH 呈下降趋势，其他算法均呈上升趋势。这与图 8.4(a) 和图 8.4(b) 讨论的原因相似，证实了 HFTSA 资源的有效利用。

混合容错策略、虚拟机迁移和资源弹性供应的优势在图 8.4(d) 中也进一步得到了显示。从图 8.4(d) 可以看出，虽然 FESTAL 和 HFTSA 的 HAT 值呈上升趋势，但在参数 $\alpha < 1.25$ 时，ECT 值保持稳定。当 $\alpha < 1.25$ 时，HAT 值的增加是由于接受任务的增加而引起的，因此 FESTAL 和 HFTSA 的 ECT 值最初是稳定的。

6. 资源故障率对性能的影响

为了更加清楚地观察 HFTSA 的性能，我们在模拟实验过程中增加了 HFTSA 的另一个修改算法 NrHFTSA (non-replication-HFTSA)。与 NMResub 类似，NrHFTSA 为了容错，只对所有任务采用重提交。但 NrHFTSA 也包含资源弹性供应和虚拟机迁移功能。此外， NrHFTSA 的重提交受到任务截止日期的限制，而 NMResub 则没有受到这种限制。其实验结果如图 8.5所示。

资源故障率对 QTC 的影响如图 8.5(a) 所示。从图中可以看出，FESTAL 在不同 FR 下具有稳定的 QTC 值，而其他算法随着 FR 的增加 QTC 值呈下降趋势。FESTAL 稳定的 QTC 值是因为它将复制作为所有任务的容错策略，并且在调度过程中为所有任务均设计了相应的备份副本。因此，FESTAL 的 QTC 几乎不受 FR 增加的影响。对于其他算法而言，重提交为全部或部分任务的容错策略。当系统资源故障率增加时，重提交的数量也将增加，从而降低了相应的 QTC

值。然而，随着 FR 的增加，不同算法的 QTC 呈现不同的下降趋势，NMResub 和 NrHFTSA 的 QTC 均急剧下降，而 HFTSA 和其他两种算法的 QTC 均随着 FR 的增加而略有下降。且在所有算法中，NMResub 的下降幅度最大，其原因在于 NMResub 的重提交没有截止期限制，且需要等待一段时间而不能立即进行。NEHFTSA、NMHFTSA 和 HFTSA 比 NMResub 和 NrHFTSA 获得更好的 QTC 值，这是因为这些算法采用了在线调整机制，将任务容错策略从重提交动态调整为复制。对于 NMResub 和 NrHFTSA 而言，NrHFTSA 的 QTC 要优于 NMResub，这是因为 NrHFTSA 采用了资源整合机制。

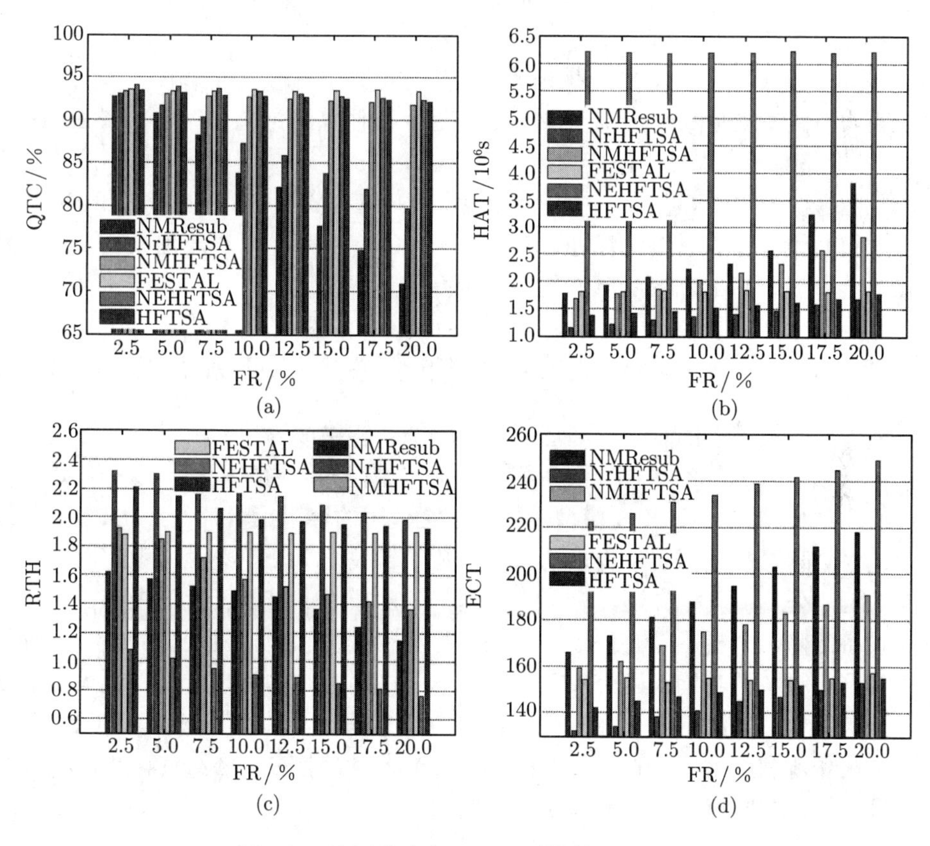

图 8.5 资源故障率 (FR) 对算法性能的影响

图 8.5(b) 描述了资源故障率对 HAT 的影响。从图中可以看出各算法随着 FR 的增加呈现出不同的趋势。HFTSA 和 NrHFTSA 的 HAT 值随着 FR 的增加有了轻微的增加，而 NMResub 和 NMHFTSA 的 HAT 值则呈现出急剧增加的趋势。同时，FESTAL 和 NEHFTSA 在不同 FR 下都表现出稳定的 HAT 值，其原

因与图 8.3(b) 和图 8.4(b) 中的原因是相同的。NMResub 和 NMHFTSA 的 HAT 值随着 FR 的增加而快速增加，这是因为重提交的数量和所需的物理机数量都随着 FR 增加而增加。但 NMHFTSA 的 HAT 增长速度比 NMResub 慢，这是由于：① NMHFTSA 中并非所有任务都采用重提交作为容错策略；② NMHFTSA 采用了资源整合机制，减少了所需的物理机数量。对 HFTSA 而言，除了上述机制，HFTSA 还采用虚拟机迁移策略来减少物理机数量，从而改进了其 HAT。由于 HFTSA 同时采用了重新交和复制两种策略，即使在 FR = 20% 的情况下，HFTSA 也比只使用复制的 FESTAL 获得更好的 HAT。在所有算法中，NrHFTSA 获得了最好的 HAT，这主要是因为它同时采用了重提交和动态资源供应，从而减少了系统资源的消耗。

系统资源故障率对 RTH 和 ECT 的影响分别如图 8.5(c) 和图 8.5(d) 所示。与 HAT 相似，NrHFTSA 和 HFTSA 要优于其他算法，NrHFTSA 在 RTH 和 ECT 上均获得了最优结果，其原因与 HAT 相同。

从图 8.5 的结果可以看出，HFTSA 和 NrHFTSA 在 HAT、RTH 和 ECT 上越来越相似，但随着 FR 的增加，它们在 QTC 上的差异则越来越显著。这一趋势意味着所提出的 HFTSA 算法更适合于高故障率系统。

8.2 云系统中故障感知的弹性云工作流调度

随着云数据中心的复杂性和功能不断增加，容错成为在云中执行任务的基本要求，特别是对于任务间具有偏序关系的工作流任务。物理机和网络设备是云数据中心的主要物理部件。PB 模型是一种广泛使用的容错策略。基于 PB 模型，已有研究对物理机故障提出了许多的云工作流容错调度算法。然而，考虑网络设备故障的云工作流调度研究还没有。本章基于 PB 模型，结合云数据中心的主机和网络设备故障，分析了具有偏序关系的任务容错调度和虚拟机迁移的特性。针对主机和网络设备的容错问题，本章设计了一种故障感知的弹性云工作流调度算法 FECW。此外，本章还提出了一种资源弹性供应机制，并将其嵌入 FECW 算法中以提高资源利用率。在随机生成和真实工作流实例上的实验表明，FECW 能够在保证容错的同时有效地提高系统资源利用率。

8.2.1 问题模型

本章研究的云数据中心采用胖树拓扑结构，如图 8.1所示。它包括核心层、聚合层、边缘层和主机层四层。前三层由交换机组成，而主机层则由一组物理机 (表示为 H) 组成。在前两层中，拓扑结构已经通过多个连接提供了相应的故障容错。因此，本章只关注边缘层和主机层的资源故障。本章所使用的主要符号如表 8.6 所示。

表 8.6 本章使用的主要符号

符号	定义
SUB	子网集合
H_a、V_a	活动主机和活动虚拟机的集合
sub_x	第 x 个子网/边缘交换机 $(1 \leqslant x \leqslant X)$
I_x	sub_x 中的主机数
h_i^x	sub_x 中第 i 个主机 $(1 \leqslant i \leqslant I_x)$
V_i^x	h_i^x 上的虚拟机集
v_{ij}^x	h_i^x 上的第 j 个虚拟机 $(1 \leqslant j \leqslant J_x)$
HP_i^x、S_{ij}^x	h_i^x 和 v_{ij}^x 的处理能力
T_{boot}	虚拟机设置时间
MI_k	任务 t_k 的大小
AT、DL	实例 W 的到达时间、软截止期
D_{kl}	从 t_k 到 t_l 传输数据的大小
$P(t_l)$	t_l 的前驱集合
$p_d(t_l)$	t_l 的直接前驱集合
t_k^P、t_k^B	t_k 的主副本和备份副本
$v(t_k^P)$、$v(t_k^B)$	为 t_k^P 和 t_k^B 分配的虚拟机
$h(t_k^P)$、$h(t_k^B)$	$v(t_k^P)$ 和 $v(t_k^B)$ 的主机
$\text{sub}(t_k^P)$、$\text{sub}(t_k^B)$	$h(t_k^P)$ 和 $h(t_k^B)$ 的子网
$s_{ij}^x(t_k^P)$、$f_{ij}^x(t_k^P)$	t_k^P 在 v_{ij}^x 上的开始时间和结束时间
et_{ij}^{kx}	t_k 在 v_{ij}^x 上的执行时间

云数据中心由一组子网构成，$\text{SUB} = \{\text{sub}_1, \cdots, \text{sub}_X\}$，其中 $\text{sub}_x(1 \leqslant x \leqslant X)$ 表示第 x 个子网，在不引起混淆的情况下，也表示第 x 个子网的边缘交换机。一个子网由连接在同一边缘交换机上的物理机组成。用 I_x 表示子网 sub_x 中的物理机数量，用 h_i^x $(1 \leqslant i \leqslant I_x)$ 表示 sub_x 中的第 i 台物理机，用 HP_i^x 表示 h_i^x 的处理速度 (用 MIPS 表示)。根据系统需要，物理机的状态在激活与睡眠之间动态切换。本章采用布尔变量 $a_i^x \in \{0,1\}$ 来区分物理机 h_i^x 的状态。$a_i^x = 1$ 表示物理机 h_i^x 处于激活状态，否则，$a_i^x = 0$。所有激活物理机表示为 $H_a = \{h_i^x | a_i^x = 1\}$。$H - H_a$ 表示处于睡眠状态的物理机。通过虚拟化技术，一台物理机可以虚拟为一组异构虚拟机 $V_i^x = \{v_{i1}^x, \cdots, v_{ij}^x, \cdots, v_{iJ_i^x}^x\}$，其中 v_{ij}^x 和 J_i^x 分别表示 h_i^x 上的第 j 个虚拟机和 h_i^x 上的虚拟机总数。因此，虚拟机是基本的处理单元，而非物理机。v_{ij}^x 的处理速度表示为 S_{ij}^x。用户可以弹性地租赁使用虚拟机。当用户需求增加时，云数据中心可以创建更多的虚拟机并租赁给用户使用；当用户需求减小时，部分虚拟机将进入休眠状态。用 V_a 表示激活的虚拟机集合。假设创建新虚拟机的初始时间是相同的，用 T_{boot} 表示。虚拟机可以在物理机之间迁移。在本

章中，我们假设所有虚拟机均位于同一个数据中心中，虚拟机之间的平均带宽是相同的，表示为 BW [513]。

工作流实例采用有向无环图 (DAG) 表示，如图 8.6所示，$W=(T,E)$。W 中的任务集表示为 $T=\{t_0,t_1,\cdots,t_n,t_{n+1}\}$。任务 $t_k(0\leqslant k\leqslant n+1)$ 的大小用百万条指令 MI_k 表示，t_0 和 t_{n+1} 表示工作流的入节点和出节点，它们的执行时间均为 0。$E=\{(t_k,t_l)|t_k\in T,t_l\in T,k<l\}$ 表示任务间的偏序关系 (如数据传输依赖)，$(t_k,t_l)\in E$ 表示任务 t_l 依赖于 t_k，t_l 只能在接收到 t_k 的输出后才可以开始执行。D_{kl} 表示从任务 t_k 到任务 t_l 的传输数量大小。$P(t_l)$ 表示任务 t_l 的前驱任务集。工作流实例 W 的到达时间和软截止期分别采用 AT 和 DL 表示。

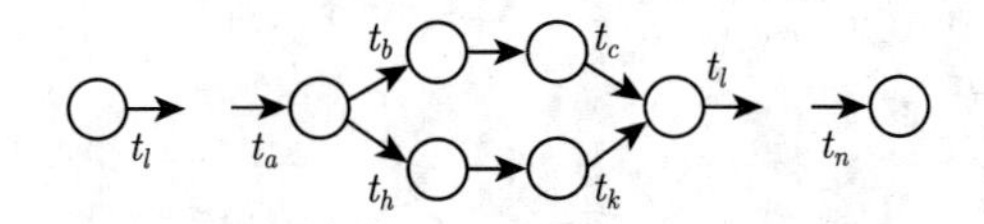

图 8.6　一个工作流实例 (DAG)

本章的研究是在物理机和网络设备出现故障时，尽量减少工作流程完工时间的延迟。针对所研究的问题，本章提出了一种新的调度器架构，如图 8.7 所示。它由一个工作流分析器、一个主本控制器、一个副本控制器和一个资源管理器组成。对于每个到达的工作流实例 W，调度器首先决定是否接受它。如果调度器无法在没有资源故障的情况下找到一个可行的调度方案满足用户的截止期要求，调度器将拒绝 W。对于每个接受的 W，工作流分析器将 W 的截止期划分为 W 中所有任务的子截止期。在调度过程中，调度器各部件协同工作。本章设计了一种资源弹性供应机制，并将其嵌入 FECW 中，对资源进行自适应调整。每台物理机在任务执行阶段向相应的边缘交换机报告相应的状态，包括系统资源利用率和任务的执行状态。每个边缘交换机将接收到的物理机状态以及自身的状态发送给调度器中的资源管理器。资源管理器根据收集到的状态监控所有物理机和边缘交换机的状态。如果任务的主本成功完成，则该任务的副本将终止，并释放相应的预留资源 [509,514]。

在 PB 模式下，每个任务 t_k 都有一个主本和一个副本，分别用 t_k^P 和 t_k^B 表示。t_k^B 在 t_k^P 之后调度，且需将它们调度到不同的物理机上以实现容错 [508,510,514]。$v(t_k^P)$ 和 $v(t_k^B)$ 分别表示为 t_k^P 和 t_k^B 分配的虚拟机；$h(t_k^P)$ 和 $h(t_k^B)$ 分别表示 $v(t_k^P)$ 和 $v(t_k^B)$ 所在的物理机；$\mathrm{sub}(t_k^P)$ 和 $\mathrm{sub}(t_k^B)$ 分别表示 $h(t_k^P)$ 和 $h(t_k^B)$ 所在的子网；$\mathrm{et}_{ij}^{kx}=\dfrac{\mathrm{MI}_k}{S_{ij}^x}$ 表示任务 t_k 在 v_{ij}^x 上的执行时间。我们采用布尔变量 $Z_{ij}^x(t_k^Y)\in\{0,1\}$ 表示为任务 $t_k^Y(Y\in\{P,B\})$ 分配的虚拟机。如果 $v\left(t_k^Y\right)=v_{ij}^x$，$h\left(t_k^Y\right)=h_i^x$，$\mathrm{sub}(t_k^Y)=\mathrm{sub}_x$，则 $Z_{ij}^x(t_k^Y)=1$；否则，$Z_{ij}^x(t_k^Y)=0$。$\mathrm{TD}_{l,Y}^{k,U}$ $(U\in\{P,B\})$

表示 D_{kl} 的传输时间。如果 $h(t_k^U) \neq h(t_l^Y)$，$\mathrm{TD}_{l,Y}^{k,U} = \dfrac{D_{kl}}{BW}$；否则，$\mathrm{TD}_{l,Y}^{k,U} = 0$。$t_k^Y$ 的开始时间和结束时间分别表示为 $s(t_k^Y)$ 和 $f(t_k^Y)$。

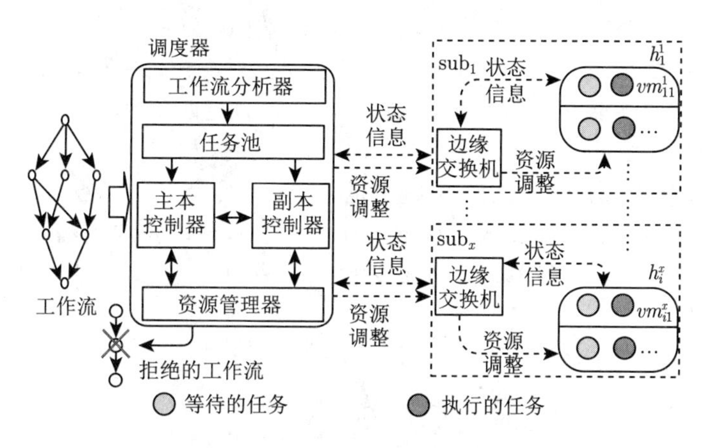

图 8.7 本章采用的调度器架构

当一个任务所在的处理器单元出现故障时，该任务也就无法完成。当物理机发生故障时，该物理机上的所有虚拟机都会中断，进一步这些虚拟机上的任务也无法完成。当边缘交换机故障时，虽然该边缘交换机所在子网内的虚拟机仍然可以正常工作。但由于这些任务的输出不能传递给用户或其他子网中的任务，因此在本章中也认为这些任务未完成。如果其中一个子网的边缘交换机故障，本章认为该子网内的所有虚拟机也出现故障。假设系统存在一种高效的故障检测机制来收集资源故障信息 [507, 509, 510]，因此，本章忽略故障检测时间。资源故障可能是暂时的，也可能是永久的。本章还假设资源故障是独立的，每个故障只影响单个节点，如物理机或边缘交换机。由于两个节点同时发生故障的概率较小，我们假设在给定时间最多只有一个节点发生故障 [514]。类似于文献 [509]、[510]，通过将云数据中心划分为几个小组，然后在每个小组中，应用本书提出的模型，本章的模型可以很容易地扩展到多个节点出现故障的情况。

8.2.2 特征分析

基于 PB 的独立任务调度，系统的容错性与每个任务的主本和副本的调度位置密切相关。基于 PB 的依赖任务调度，系统容错还与一个任务的前驱任务的调度位置有关。已有研究证明依赖任务副本之间不允许互相重叠 [508, 509, 516]。具有不同关系 (如依赖、独立) 的任务具有不同的特征。而且当分别考虑任务的直接和所有前驱任务时，其特征也是不同的。除了上述特征，本节还将讨论在胖树云数据中心中，容错对虚拟机迁移的影响。

1. 独立任务的主副本调度

在 PB 模型下，当仅考虑物理机故障时，如果一个任务的主本和副本调度在不同物理机上，系统就可以实现容错 [508,516]。然而，在胖树云数据中心中，如果同时考虑边缘交换机和物理机的故障，问题就会变得更加复杂。在图 8.8所示的示例中，t_l^P 和 t_l^B 调度在两个不同的虚拟机上，且这两个虚拟机分别属于同一子网 sub_x 中的两个不同物理机，即 h_i^x 和 $h_{i'}^x$。在 PB 模型中，如果只考虑物理机故障，即使有一台物理机故障，系统也是可以实现容错的，任务 t_l 也可以成功完成。但是，如果边缘开关 sub_x 出现故障，$v(t_l^P)$ 和 $v(t_l^B)$ 都无法将它们的结果传输给用户或其他资源，任务 t_l 也被认为是未完成的。因此，对于胖树云数据中心的容错，$\text{sub}(t_l^P) \neq \text{sub}(t_l^B)$。

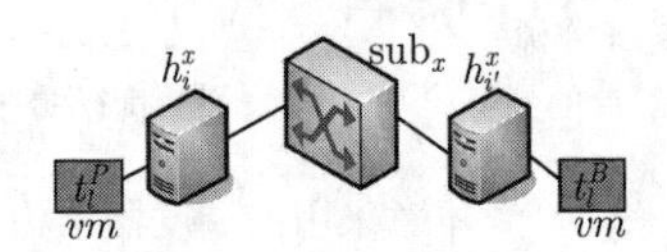

图 8.8 t_l^P 和 t_l^B 被分配到同一个子网中

定理 8.1 *在胖树云数据中心中，基于 PB 模式，对于任一任务 t_l，如果 $\text{sub}(t_l^P) \neq \text{sub}(t_l^B)$，那么系统是容错的。*

证明 采用反证法进行证明。假设 $\text{sub}(t_l^P) = \text{sub}(t_l^B) = \text{sub}_x$，如果 sub_x 出现故障，那么无论是 t_l^P 还是 t_l^B，都无法将它们的结果传输给用户或其他资源，从而使得任务 t_l 无法完成。从而出现矛盾，假设不能成立。

2. 直接依赖任务的主副本调度

采用 $p_d(t_l)$ 表示任务 t_l 的直接前驱任务集，$p_d(t_l) \subseteq P(t_l)$ 。以图 8.6 所示工作流实例为例，$p_d(t_l) = \{t_c, t_k\}$。由于 t_l 和 $t_k \in p_d(t_l)$ 之间的依赖关系，t_l^P 只能在收到 t_k^P 的输出后才可以开始，也就是

$$s(t_l^P) \geqslant \max_{t_k \in p_d(t_l)} \{f(t_k^P) + \text{TD}_{l,P}^{k,P}\} \tag{8.18}$$

t_k 的副本 t_k^B 在 t_k^P 之后调度。但如图 8.9所示，t_l^P 既可以在接收到 t_k^B 的输出之前开始，也可以在接收到 t_k^B 的输出之后开始，也就是

$$s(t_l^P) \geqslant \max_{t_k \in p_d(t_l)} \{f(t_k^B) + \text{TD}_{l,P}^{k,B}\} \tag{8.19}$$

$$s(t_l^P) < \max_{t_k \in p_d(t_l)} \{f(t_k^B) + \text{TD}_{l,P}^{k,B}\} \tag{8.20}$$

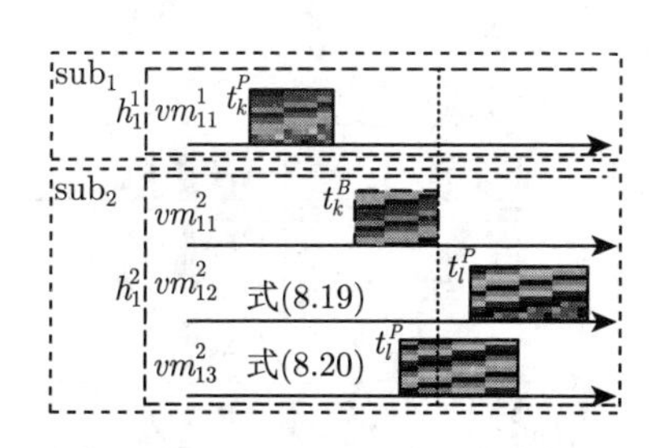

图 8.9 式 (8.19) 和式 (8.20) 的示意图

对于式 (8.19)，t_l^P 肯定能够接收到 $t_k \in p_d(t_l)$ 的输出结果，但这会延迟 $s(t_l^P)$，也会延迟整个工作流实例的完成时间。

对于式 (8.20)，t_l^P 和 t_k^B 在时间上是重叠的，如图 8.9 所示。如果因为 $\mathrm{sub}(t_k^P)$ 或者 $h(t_k^P)$ 的故障，导致 t_k^P 无法完成，分配在 $\mathrm{sub}(t_k^B)$ $(\mathrm{sub}(t_k^B) \neq \mathrm{sub}(t_k^P))$ 中的 t_k^B 就需要能够执行。但在这种情况下，t_l^P 无法在 $s(t_l^P)$ 时刻开始执行，因为 t_k^B 在 $s(t_l^P)$ 时刻还处于执行过程中。为了保证任务 t_l 能够得到顺利执行，就需要 t_l^B 能够接收 t_k^B 的输出并执行。

引理 8.1 在胖树云数据中心中，基于 PB 模式，对于任务 t_l 和 $p_d(t_l)$ 中的任一任务，如果 $s(t_l^B) \geqslant \max\limits_{t_k \in p_d(t_l)}\{f(t_k^B) + TD_{l,B}^{k,B}\}$ 且 $\mathrm{sub}(t_l^B) \notin \{\mathrm{sub}(t_k^P) | t_k \in p_d(t_l)\} \bigcup \{\mathrm{sub}(t_l^P)\}$，那么系统是容错的。

证明 假设任务 $t_k \in p_d(t_l)$ 满足采用 $f(t_k^B) + \mathrm{TD}_{l,B}^{k,B} = \max\limits_{t_k \in p_d(t_l)}\{f(t_k^B) + \mathrm{TD}_{l,B}^{k,B}\}$。如果 $\mathrm{sub}(t_k^P)$ 出现故障，分配在 $\mathrm{sub}(t_k^B)$ $(\mathrm{sub}(t_k^P) \neq \mathrm{sub}(t_k^B))$ 中的 t_k^B 就需要能够执行，并将其输出结果传输给 t_l^P 或 t_l^B。根据式 (8.20)，t_l^P 无法在 $s(t_l^P)$ 时刻开始执行，因为 t_k^B 在 $s(t_l^P)$ 时刻还处于执行过程中。为了实现容错，这就需要 t_l^B 能够执行且其开始时间要晚于 $f(t_k^B) + \mathrm{TD}_{l,B}^{k,B}$。

现在我们再来讨论哪些子网 t_l^B 不能分配。根据定理 8.1，t_l^B 不能调度到 $\mathrm{sub}(t_l^P)$ 中。此外，t_l^B 不能调度到 $\{\mathrm{sub}(t_k^P) | t_k \in p_d(t_l)\}$ 的任一子网中。如果 $\mathrm{sub}(t_l^B) = \mathrm{sub}(t_k^P)$，无论是否位于相同的物理机或虚拟机，如果在式 (8.20) 的约束下，$\mathrm{sub}(t_l^B)$ 出现资源故障，t_l^P 和 t_l^B 都将无法得到执行。因此，t_l^B 不能调度到 $\{\mathrm{sub}(t_k^P) | t_k \in p_d(t_l)\} \bigcup \{\mathrm{sub}(t_l^P)\}$ 的任一子网中。

以图 8.6中的任务 t_k 和 t_l 为例，图 8.10显示了在式 (8.20) 约束下的调度结果。$t_k^P(t_k \in p_d(t_l))$ 调度到 sub_1 中。根据定理 8.1，t_k^B 就不能调度到 sub_1 中。假设 sub_1 的边缘交换机出现故障，分配在 sub_2 中的 t_l^B 就需要能够执行。如果 t_l^P 分配在 sub_2 中，如图 8.10(a) 所示，t_l^B 就不能调度到 sub_1 和 sub_2 中。如果 t_l^P 分配在 sub_1 中，如图 8.10(b) 所示，t_l^B 就不能调度到 sub_1 中。而且 $s(t_l^B)$ 需要不小于 $\max\limits_{t_k \in p_d(t_l)}\{f(t_k^B) + \mathrm{TD}_{l,B}^{k,B}\}$。

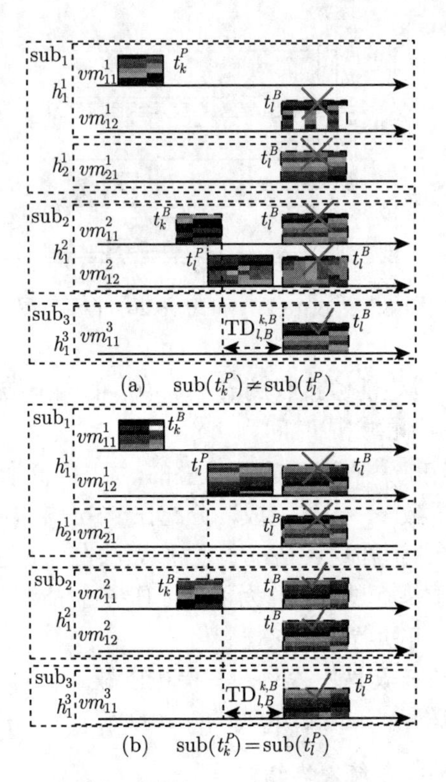

(a)　$\mathrm{sub}(t_k^P) \neq \mathrm{sub}(t_l^P)$

(b)　$\mathrm{sub}(t_k^P) = \mathrm{sub}(t_l^P)$

图 8.10　式 (8.20) 所示工作流中当考虑 t_l 的一个直接前驱任务时，式 (8.3) 约束下 t_l 的调度结果

3. 依赖任务的主副本调度

我们将考虑 $s(t_l^P) < \max\limits_{t_k \in p_d(t_l)} \{f(t_k^B) + \mathrm{TD}_{l,P}^{k,B}\}$ 的情形。

和上述分析类似，当考虑任务 t_l 的所有前驱任务的调度时，我们需要考虑两个方面，分别是：决定 t_l^B 的开始时间和 t_l^B 的调度位置。已有研究证明仅考虑任务的直接前驱任务就可确定该任务副本的最早开始时间。因此，根据引理 8.1，对于 t_l^B，我们得到 $s(t_l^B) \geqslant \max\limits_{t_k \in p_d(t_l)} \{f(t_k^B) + \mathrm{TD}_{l,B}^{k,B}\}$。

我们现在来讨论 t_l^B 的可调度位置。我们采用 $\mathcal{P}_d(t_l)$ 表示 $p_d(t_l)$ 中与 t_l 满足式 (8.20) 关系的任务集。假设 $t_k \in \mathcal{P}_d(t_l)$。采用 $\mathcal{P}(t_l)$ 表示由 $\mathcal{P}_d(t_l)$ 和 $\mathcal{P}(t_l)$ 中与任务 t_k 满足式 (8.20) 关系的任务所组成的任务集。$\mathcal{P}(t_l)$ 可以表示为

$$\mathcal{P}(t_l) = \{\mathcal{P}_d(t_l)\} \bigcup \left\{ \bigcup_{t_k \in \mathcal{P}_d(t_l)} \{\mathcal{P}(t_k)\} \right\} \tag{8.21}$$

用 sub$'$ 表示 $\{\mathcal{P}_d(t_l)\}$ 中的任务主本所在的子网集合，用 sub$''$ 表示 $\left\{\bigcup_{t_k\in\mathcal{P}_d(t_l)}\{\mathcal{P}(t_k)\}\right\}$ 中的任务主本所在的子网集合，定义 $\mathcal{O}(t_l)$ 为

$$\mathcal{O}(t_l)=\{\mathrm{sub}(t_l^P)\}\bigcup\mathrm{sub}'\bigcup\mathrm{sub}'' \tag{8.22}$$

采用 $H_{\mathcal{O}(t_l)}$ 表示 $\mathcal{O}(t_l)$ 中的物理机集合。

定理 8.2 在胖树云数据中心中，基于 PB 模式，对于任务 t_l 和 $\mathcal{P}(t_l)$ 中的任务，如果 $s(t_l^B)\geqslant\max\limits_{t_k\in p_d(t_l)}\{f(t_k^B)+\mathrm{TD}_{l,B}^{k,B}\}$ 且 $\mathrm{sub}(t_l^B)\notin\mathcal{O}(t_l)$，那么系统是容错的。

证明 根据引理 8.1，$s(t_l^B)$ 需不小于 $\max\limits_{t_k\in p_d(t_l)}\{f(t_k^B)+\mathrm{TD}_{l,B}^{k,B}\}$。

式 (8.21) 表明 $\mathcal{P}(t_l)$ 包含了 $\mathcal{P}_d(t_l)$ 中的所有任务和 $\mathcal{P}(t_k),t_k\in\mathcal{P}_d(t_l)$ 中的所有任务。t_l 与 $\mathcal{P}_d(t_l)$ 中的任务满足式 (8.20) 的关系。而且，t_k 与 $\mathcal{P}(t_k)$ 中的任务也满足式 (8.20) 的关系。

根据定理 8.1，t_l^B 不能调度到 $\mathrm{sub}(t_l^P)$ 中，也就是，$\mathrm{sub}(t_l^P)\neq\mathrm{sub}(t_l^B)$。

现在采用反证法证明 t_l^B 不能调度到 sub$'$ 中的任一子网中。假设 $\mathrm{sub}(t_l^B)=\mathrm{sub}(t_k^P)\in\mathrm{sub}'$。如果 $\mathrm{sub}(t_k^P)$ 出现故障，t_k^B 需要能够执行。而且，在式 (8.20) 的约束下，由于无法从 t_l^P 和 t_l^B 中接收到输出结果，t_l^B 也需要能够执行。但 t_l^B 已经被调度到出现故障的 $\mathrm{sub}(t_k^P)$ 中，从而使得任务 t_l 无法完成。因此，假设不成立，t_l^B 不能调度到 sub$'$ 中的任一子网中。

现在还采用反证法证明 t_l^B 不能调度到 sub$''$ 中的任一子网中。假设 $\mathrm{sub}(t_l^B)=\mathrm{sub}(t_h^P)\in\mathrm{sub}''$，$t_h\in\left\{\bigcup_{t_k\in\mathcal{P}_d(t_l)}\{\mathcal{P}(t_k)\}\right\}$。根据 $\mathcal{P}(t_k)$ 的定义可知，t_k 和 t_h 满足式 (8.20) 的关系。根据引理 8.1，如果 $\mathrm{sub}(t_h^P)$ 出现故障，$\mathcal{P}(t_l)$ 中必然存在一个任务的主本和副本都无法完成，从而导致 t_l 无法完成。因此，假设不成立，t_l^B 不能调度到 sub$''$ 中的任一子网中。

因此，t_l^B 不能调度到 $\mathcal{O}(t_l)$ 中的任一子网中。

以图 8.6 中的 t_h、t_k 和 t_l 为例，其一个调度结果如图 8.11 所示。

4. 胖树云数据中心中的虚拟机迁移

如 8.2.1节中提到的，虚拟机是云数据中心的基本处理单元，而非物理机，每台物理机都可以虚拟化为一组异构虚拟机。通过虚拟机迁移实现资源整合是一种高效的资源管理技术，可以有效地提高资源利用率 [509, 510, 514]。虽然在文献 [509]、[514] 已针对云工作流容错调度中情况下的虚拟机迁移进行了分析，但其分析结果并不适用于本章所分析的网络设备故障，即边缘交换机故障。在考虑物理机和边

缘交换机故障的情况下，本节分析了胖树云数据中心中，云工作流容错调度中的虚拟机迁移约束。我们采用 $\hbar\{t_l^B\})$ 表示 $v(t_l^B)$ 迁移的目标物理机。

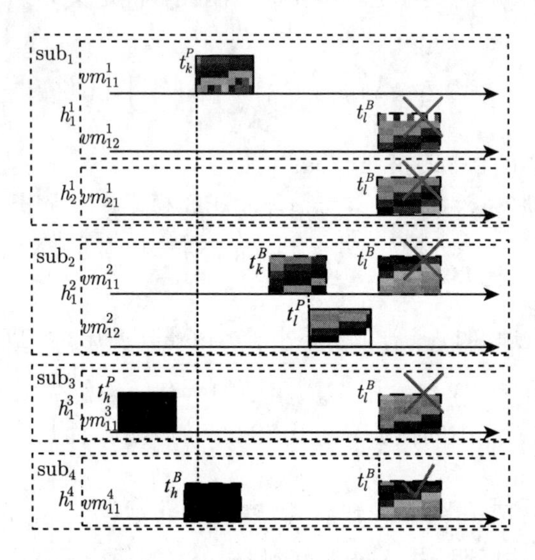

图 8.11 以图 8.6中的 t_h、t_k 和 t_l 在式 (8.20) 约束下的调度结果

定理 8.3 对于胖树云数据中心中的虚拟机迁移，如果 $\forall h_i \in H_{\mathcal{O}(t_l)}$ 且 $\hbar\{t_l^B\} \neq h_i$，那么系统是容错的。

证明 假设 $v(t_l^B)$ 迁移到 $\hbar\{t_l^B\} \in H_{\mathcal{O}(t_l)}$。根据 $H_{\mathcal{O}(t_l)}$ 的定义，$\mathcal{P}(t_l)$ 中必然存在一个任务，其主本与 t_l^B 被分配到相同的子网 sub(t_l^B) 中。如果 sub(t_l^B) 出现故障，那么该任务的主本和 t_l^B 都将无法完成。而该任务主本的无法完成也将导致 t_l^P 无法完成，这是由于在式 (8.20) 约束下，t_l^P 将无法从该任务的主本和副本中接收到相应的输出结果。最终，任务 t_l 将无法完成，系统也无法实现容错。因此，假设不成立，$v(t_l^B)$ 迁移到 $H_{\mathcal{O}(t_l)}$ 中的任一物理机上。

8.2.3 故障感知弹性调度算法

对于每个到达的工作流实例 W，在 FECW 实施之前，FECW 中的调度首先根据 HEFT 算法 [463] 计算无故障情况下其最大完工时间 ms_{HEFT}。如果 DL $-$ AT $\geqslant ms_{\text{HEFT}}$，则实例 W 被接受，否则被拒绝。对于每个接受的工作流实例 W，FECW 首先将 AT 与 DL 之间的时间间隔划分为 W 中每个任务的子截止期。近年来，学者们提出了许多截止期划分算法 [471, 473, 507]。本书采用文献 [507] 中提出的 DeadDivi(t_s, t_e) 方法，为 T 中的每个任务 t_l 划分一个子截止期 dl$_l$。然后，为 W 中的每个任务创建两个版本，即一个主本和一个副本。

HEFT 算法根据向上排列值对工作流实例中的所有任务进行排序。在后续调度中，每步具有最高优先值的任务被分配给完成时间最早的处理器。FECW 采用相同的调度策略。一个任务的副本在其主本之后进行调度。在此基础上，FECW 还设计了一种资源弹性供应机制，包括资源扩增与整合。当活动资源不能满足调度需求时，可以触发资源扩增 (RSU) 机制，对现有资源进行扩充。如果某些资源是空闲的，则调用资源整合 (RSD) 机制来关闭这些空闲资源。FECW 的调度框架如算法 92 所示。

算法 92: FECW()

```
1  begin
2  |  基于 HEFT 算法 [463] 计算 W 的 ms_HEFT;
3  |  if (DL − AT ⩾ ms_HEFT) then
4  |  |  计算 W 中所有任务的 rank_u 值;
5  |  |  把列表 SchedL 中的所有任务按照 rank_u 值非增排序;
6  |  |  调用 DeadDivi(t_s, t_e) 算法 [507] 计算 t_l ∈ T 中的 dl_l 值;
7  |  |  while SchedL ≠ φ do
8  |  |  |  从列表 SchedL 中选择第一个任务 t_l;
9  |  |  |  调用 SchedulePrimary(t_l^P);
10 |  |  |  调用 ScheduleBackup(t_l^B);
11 |  |  |_ 从列表 SchedL 中删除 t_l;
12 |  else
13 |  |_ 拒绝当前工作流应用;
14 |_ return.
```

1. 工作流调度

FECW 的调度过程包括主本调度和副本调度。

2. 主本调度

基于上述分析，如果 t_l^P 被分配到虚拟机 v_{ij}^x 上，则其开始时间 $s_{ij}^x(t_l^P)$ 可以表示为

$$s_{ij}^x(t_l^P) = \begin{cases} \max\{\mathrm{AT}, \mathrm{av}_{ij}^x\}, & t_l = t_0 \\ \max\{\mathcal{T}(t_l^P), \mathrm{av}_{ij}^x\}, & \text{其他} \end{cases} \tag{8.23}$$

其中，$\mathcal{T}(t_l^P) = \max\limits_{t_k \in p_d(t_l)} \{f(t_k^P) + \mathrm{TD}_{l,P}^{k,P}\}$，$\mathrm{av}_{ij}^x$ 表示虚拟机 v_{ij}^x 的可用时间，它由 v_{ij}^x 上已分配的任务决定。如果 v_{ij}^x 上没有任务，则 av_{ij}^x 为 0。为了在任务子截止期前完成任务，并为其备份预留足够的时间，所设计的算法将每个任务的主本

分配给完成时间最早的处理器。另外，根据定理 8.2，一个任务的副本不能调度到任一个其前驱任务主本所在的子网中。为了给任务副本保留足够的调度空间，主本将尽量集中到少数子网中。主本调度过程的伪代码如算法 93 所示。算法 93首先初始化使用的相关参数 (第 2 行)。任务 t_l^P 的候选虚拟机集 Cv_l^P 和 t_l^P 的候选物理机集 CH_l^P 被设置为 $\varnothing$。对某一虚拟机来说，如果 t_l^P 可以在 dl_l 之前完成，则该虚拟机就是 t_l^P 的候选虚拟机。同时，该候选虚拟机所在的物理机则是 t_l^P 的候选物理机。t_l^P 的所有候选虚拟机都保存在 Cv_l^P 中，对应的物理机保存在 CH_l^P (第 3~9 行)。为了给 t_l^B 预留足够的时间，调度程序将为 t_l^P 选择最小 $f(t_l^P)$ 值的候选虚拟机 (第 10~14 行)。如果有多个候选虚拟机具有相同的最小值 $f(t_l^P)$，则为 t_l^P 选择一个候选虚拟机且该虚拟机位于分配主本数量最多的子网中 (第 13、14 行)。如果在 dl_l 之前没有活动虚拟机可以完成 t_l^P，则调用 RSU 机制为 t_l^P 创建一个新的虚拟机 (第 15、16 行)。

算法 93: SchedulePrimary(t_l^P)

1 **begin**
2 　flag ← false; $\mathrm{CH}_l^P \leftarrow \varnothing$; $Cv_l^P \leftarrow \varnothing$;
3 　**for** (每个活动 VM $v_{ij}^x \in V_a$) **do**
4 　　基于公式 (8.23) 计算 $s_{ij}^x(t_l^P)$;
5 　　$f_{ij}^x(t_l^P) \leftarrow s_{ij}^x(t_l^P) + \mathrm{et}_{ij}^{lx}$;
6 　　**if** *($f_{ij}^x(t_l^P) \leqslant \mathrm{dl}_l$)* **then**
7 　　　flag ← true;
8 　　　$Cv_l^P \leftarrow Cv_l^P \bigcup \{v_{ij}^x\}$;
9 　　　$\mathrm{CH}_l^P \leftarrow \mathrm{CH}_l^P \bigcup \{h_i^x\}$;
10 　**if** (flag == true) **then**
11 　　**if** (在 Cv_l^P 中只有一个 VM 具有最小的 $\min\{f(t_l^P)\}$) **then**
12 　　　把 t_l^P 分配给这个 VM;
13 　　**else**
14 　　　把 t_l^P 分配给候选 VM，这些候选 VM 在子网中具有最大的主副本;
15 　**else**
16 　　调用 RSU(t_l^P);
17 　**return**.

3. 副本调度

根据定理 8.2，t_l^B 不能调度到 $\mathcal{O}(t_l)$ 中的任一子网中。用 SUB' 表示云数字中心中不包含 $\mathcal{O}(t_l)$ 的子网集合，$\mathrm{SUB}' = \mathrm{SUB} - \mathcal{O}(t_l) = \{\mathrm{sub}_1, \cdots, \mathrm{sub}_{X'}\}$。根据本章 8.2.1节和 8.2.2节的分析，如果 t_l^B 被分配到虚拟机 v_{ij}^x 上，则其开始时间 $s_{ij}^x(t_l^B)$ 可以表示为

$$s_{ij}^x(t_l^B) = \begin{cases} \max\{\mathrm{AT}, \mathrm{av}_{ij}^x\}, & t_l = t_0 \\ \max\{s_l^P, \mathcal{T}(t_l^B), \mathrm{av}_{ij}^x\}, & \text{其他} \end{cases} \tag{8.24}$$

其中，$\mathcal{T}(t_l^B) = \max\limits_{t_k \in p_d(t_l)} \{f(t_k^B) + \mathrm{TD}_{l,B}^{k,B}\}$。

副本调度的过程与主本调度过程类似，其伪代码如算法 94所示。与主本调度类似，任务 t_l^B 的候选虚拟机集 Cv_l^B 和 t_l^B 的候选物理机集 CH_l^B 首先被设置为 $\varnothing$ (第 2 行)。然后，从云数字中心中将 $\mathcal{O}(t_l)$ 包含的子网去除，得到 SUB'。对 SUB' 中的任一虚拟机来说，如果 t_l^B 可以在 dl_l 之前完成，则该虚拟机就是 t_l^B 的候选虚拟机。同时，该候选虚拟机所在的物理机则是 t_l^B 的候选物理机。t_l^B 的所有候选虚拟机都保存在 Cv_l^P 中，对应的物理机保存在 CH_l^P(第 4~10 行)。为了实现物理机之间的负载均衡，调度程序将为 t_l^B 选择负载最轻的物理机上的候选虚拟机 (第 11、12 行)。如果无法找到一个满足容错要求的活动虚拟机或者在 dl_l

算法 94: ScheduleBackup(t_l^B)

```
1  begin
2      flag ← false; CH_l^B ← ∅; Cv_l^B ← ∅;
3      SUB' ← SUB − O(t_l);
4      for (对于每个活动 VMv_ij^x ∈ SUB') do
5          基于公式 (8.24) 计算 s_ij^x(t_l^B);
6          f_ij^x(t_l^B) ← s_ij^x(t_l^B) + et_ij^lx;
7          if (f_ij^x(t_l^B) ⩽ dl_l) then
8              flag ← true;
9              Cv_l^B ← Cv_l^B ⋃{v_ij^x};
10             CH_l^B ← CH_l^B ⋃{h_i^x};
11     if (flag == true) then
12         把 t_l^B 分配到具有最小工作量的主机的虚拟机上;
13     else
14         调用 RSU(t_l^B);
15     return.
```

之前没有活动虚拟机可以完成 t_l^B，则调用 RSU 机制为 t_l^B 创建一个新的虚拟机 (第 13、14 行)。

值得注意的是，上述分析是在假设 $\mathcal{O}(t_l)$ 中至少发生了一个资源故障的情况下进行的。如果在任务执行过程中没有发生资源故障，则 $s_{ij}^x(t_l^B)$ 可以按照式 (8.25) 计算

$$s_{ij}^x(t_l^B) = \max\{f(t_l^P), \max_{t_k \in p_d(t_l)}\{f(t_k^P) + \mathrm{TD}_{l,B}^{k,P}\}, \mathrm{av}_{ij}^x\} \tag{8.25}$$

因此，在执行前的调度过程中，$s_{ij}^x(t_l^B)$ 由式 (8.24) 计算。在调度后的实际任务执行过程中，如果 $\mathcal{O}(t_l)$ 没有资源故障发生，则 $s_{ij}^x(t_l^B)$ 可以通过式 (8.25) 进行调整。

4. 资源弹性供应

FECW 还嵌入了资源弹性供应机制，包括 RSU 和 RSD，对活动资源进行动态调整。当活动资源不能满足调度需求时，则调用 RSU 来增加资源。当活动资源在操作期间处于空闲状态时，则会触发 RSD 以消除这些空闲资源。

5. RSU

如果没有满足调度要求的活动虚拟机，则调用 RSU 创建新的虚拟机。对于任务 t_l，其所需虚拟机的处理速度 rps_l 应满足以下表达式：

$$\mathrm{MI}_l/\mathrm{rps}_l + T_{\mathrm{boot}} \leqslant \mathrm{dl}_l - s(t_l^Y) \tag{8.26}$$

其中，$s(t_l^Y)$ 表示任务 t_l^Y $(Y \in \{P, B\})$ 的开始时间，可以通过式 (8.23)~ 式 (8.25) 计算。

与文献 [14] 中的相应过程类似，RSU 采用如下的步骤创建新虚拟机：首先尝试在不迁移虚拟机的情况下，在活动物理机上创建所需的虚拟机。如果无法创建，根据定理 8.3 的要求，RSU 在活动物理机中查找物理机，如果将这些物理机上处理能力最小的虚拟机迁移到最近的活动物理机上，这些物理机就有足够空间容纳所需要的虚拟机。如果有这样的物理机，则将处理能力最小的虚拟机迁出，并在这些物理机上创建所需的虚拟机。如果以上步骤均不行，则 RSU 启动一台 $H - H_a$ 中的物理机，在该物理机上创建所需的虚拟机。

值得注意的是，步骤 2 中的虚拟机迁移会产生一定的延迟，可表示为 $\mathrm{TM}_l = M_{ij}^x/\mathrm{BW}$，但在本章中，我们暂不考虑该影响。此外，根据定理 8.2，如果是一个任务的副本调用 RSU，在 RSU 的步骤中，$H_{\mathcal{O}(t_l)}$ 中的物理机不可以使用。

任务副本的 RSU 过程伪代码如算法 95所述。主本的过程类似于算法 95。与备份副本的过程不同的地方在于，主本调用的 RSU 过程没有算法 95 中的第 3、7 和 15 行所示的 SUB′ (或 $H_{\mathcal{O}(t_l)}$) 的限制。由于篇幅有限，对主本的 RSU 过程在这里就不再详细描述。

6. RSD

为了提高资源利用率，FECW 还嵌入了一个 RSD 机制来消除闲置资源。RSD 过程的伪代码如算法 96所述。采用 WT_{ij}^x 表示 v_{ij}^x 的空闲时隙。如果 $WT_{ij}^x > T_{\mathrm{boot}}$ 或者 v_{ij}^x 上没有等待任务，则 v_{ij}^x 被取消并从 h_i^x 中删除。然后，RSD 针对每台活动物理机 h_i^x，计算 h_i^x 所有活动虚拟机的处理能力之和 (也就是，$\sum_{j=1}^{J_i^x} S_{ij}^x$)，并进一步计算 h_i^x 的资源利用率 $U_i^x(U_i^x = \dfrac{\sum_{j=1}^{J_i^x} S_{ij}^x}{HP_i^x})$。如果 U_i^x 低于设定的阈值 HoTH，依据定理 8.3($\hbar\{v_{ij}^x\} \notin H_{\mathcal{O}(t_l)}$)，根据 RSD 尝试将 h_i^x 上的所有虚拟机移动到其他活动物理机上。如果 h_i^x 上的所有虚拟机都迁移成功，则 h_i^x 会切换到休眠状态并从 H_a 中移除。

算法 95: RSU()

1 **begin**
2 　$H_a^{'} \leftarrow \varnothing$;
3 　**for** (每个活动主机 $h_i^x \in \mathrm{SUB}'$) **do**
4 　　**if** ($\mathrm{HP}_i^x - \sum_{j=1}^{J_i^x} S_{ij}^x \geqslant \mathrm{rps}_l$) **then**
5 　　　$H_a^{'} \leftarrow H_a^{'} \bigcup \{h_i^x\}$;
6 　**if** ($H_a^{'} == \varnothing$) **then**
7 　　**for** (每个活动主机 $h_i^x \in \mathrm{SUB}'$) **do**
8 　　　在 V_i^x 中，选择具有最小 S_{ij}^x 的虚拟机 VM v_{ij}^x;
9 　　　**if** ($\mathrm{rps}_l \leqslant \mathrm{HP}_i^x - S_{ij}^x$) **then**
10 　　　　基于定理 8.3，将虚拟机 v_{ij}^x 迁移到其他活动主机上;
11 　　　　$H_a^{'} \leftarrow H_a^{'} \bigcup \{h_i^x\}$;
12 　**if** ($H_a^{'} \neq \varnothing$) **then**
13 　　在 $H_a^{'}$ 中，选择具有最小工作量的主机，基于 rps_l 创建一个虚拟机;
14 　**else**
15 　　在 $H - H_a - H_{\mathcal{O}(t_l)}$ 中，打开一个主机;
16 　　把这个主机添加到 H_a 中;
17 　　在这个主机上，基于 rps_l 创建一个虚拟机;
18 　　把新创建的虚拟机加入 V_a 中;
19 　**return**.

算法 96: RSD()

1 **begin**
2 　**for** (每个活动物理机 h_i^x) **do**
3 　　**for** (每个活动 VM $v_{ij}^x \in h_i^x$) **do**
4 　　　**if** (($WT_{ij}^x \geqslant T_{\text{boot}}$) 或者 ($v_{ij}^x$) 上没有任务) **then**
5 　　　　从 h_i^x 和 V_a 中删除 v_{ij}^x;
6 　　**if** ($U_i^x \leqslant$ HoTH) **then**
7 　　　**for** (每个活动 VM $v_{ij}^x \in h_i^x$) **do**
8 　　　　**if** ($\hbar\{v_{ij}^x\} \notin H_{\mathcal{O}(t_l)}$) **then**
9 　　　　　把任务 v_{ij}^x 迁移到 $\hbar\{v_{ij}^x\}$;
10 　　　　　$J_i^x \leftarrow J_i^x - 1$;
11 　　　**if** ($J_i^x == 0$) **then**
12 　　　　把 h_i^x 转为睡眠;
13 　　　　从 H_a 中删除 h_i^x;
14 　**return**.

8.2.4 实验分析

据我们了解，本章所研究的问题尚未有其他文献进行研究。为了验证 FECW 的性能，我们进行了一系列的实验。为了验证 FECW 中资源弹性供应和虚拟机迁移的作用，我们将 FECW 与其两个修改后的算法进行了比较，分别是：NEFECW (non-elastic FECW) 和 NVFECW (non-VM migration-FECW)。NEFECW 不采用资源弹性供应机制，NVFECW 在 RSU 和 RSD 中没有采用虚拟机迁移。当使用 NEFECW 调度时，所有物理机和虚拟机都处于激活状态。我们还比较了 FECW 和文献 [509] 中的 FTESW，因为 FTESW 也是为基于 PB 模型的云工作容错流调度算法。与本书研究类似，FTESW 中也使用了资源弹性供应和虚拟机迁移。但是，FTESW 仅针对物理机故障而设计，不考虑网络设备故障。在实际中，一个边缘交换机的故障会导致该交换机覆盖的所有虚拟机无法与其他虚拟机通信。这些虚拟机上已处理的工作流任务实例将会中止。因此，当使用 FTESW 处理网络设备的故障时，我们认为该网络设备中所有覆盖的虚拟机都发生了故障，分配给这些虚拟机的任务及这些任务的后继任务将再次采用 FTESW 进行调度。我们采用以下指标比较上述算法：

(1) 工作流任务完成率 (WTCR)。在软期限下，已完成任务与被测试工作流实例中任务总数的比值，反映了在故障和软期限的情况下，比较算法完工时间的延迟和任务完成效率。

(2) 资源处理任务时间与物理机时间之比 (RTH)。工作流实例任务总执行时间与物理机总活动时间之比，反映了容错下系统资源的利用率。

我们采用文献 [519] 中的 FTCloudSim 仿真平台来模拟一个胖树云数据中心，并在此基础上对所有算法的性能进行了评估。FTCloudSim 仿真平台是胖树云数据中心任务调度仿真工具，目前已广泛应用于相关文献中 [505,506,520,521]。在模拟的云数据中心中共部署 64 台核心交换机和 16 个 pod。每个 pod 由 8 台汇聚交换机和 8 台边缘交换机组成，即云数据中心共配置 128 台汇聚交换机和 128 台边缘交换机。根据文献 [504]、[506]，我们将核心层链路和聚合层链路分别设置为 10Gb/s 和 1Gb/s。核心交换机、汇聚交换机和边缘交换机的传输时延分别设为 1s、1s 和 2s。每个边缘交换机连接 8 台物理机，每台物理机虚拟为多个虚拟机。物理机和虚拟机都是异构的。我们模拟了 4 种异构的物理机，其处理能力分别为 1000 MIPS、2000 MIPS、3000 MIPS 和 4000 MIPS。模拟了 4 种异构的虚拟机，其处理能力分别为 250 MIPS、500 MIPS、1000 MIPS 和 2000 MIPS。根据文献 [510]、[514]，我们将物理机开机时间和虚拟机的启动时间分别设置为 90 s 和 15 s。

为了进一步观察各算法的性能，分别利用随机生成的工作流实例和真实世界的工作流实例进行了实验。对于随机生成的工作流实例，我们选择 DAG generator tool ① 来生成工作流实例。该工具基于任务数 (task number)、带宽 (width)、粒度 (regularity)、密度 (density) 和跳数 (jumps) 五个参数来定义工作流实例。关于这些参数的更多细节可以参考文献 [507]、[509]。表 8.7 给出了生成工作流实例的参数。除了随机生成的工作流外，我们还选择了一些真实世界的工作流实例，即文献 [522] 中的 Montage、CyberShake、Epigenomics 和 Inspiral 来评价算法。这些工作流程由 Pegasus 项目组发布，并被广泛用于衡量调度算法的性能 [507,509,513,514]。针对每类工作流，Pegasus 项目组分别发布了四组不同实例。表 8.8 给出了这些实例的特征。关于这些真实工作流程的更多细节请参考文献 [522]。对于每个工作流实例，其软截止期设置如下：

表 8.7　随机生成工作流的相关参数

参数	数值
task number /10^3	[2, 4, 6, 8, 10]
width	[0.2, 0.4, 0.8]
regularity	[0.2, 0.4, 0.8]
density	[0.2, 0.4, 0.8]
jumps	[1, 2, 3]

① DAG 生成工具：https://github.com/frs69wq/daggen。

表 8.8　实际工作流的相关参数

工作流	任务数	边数	平均数据大小/MB	平均任务运行时间/s
Montage	1000	4485	3.21	11.36
Epigenomic	997	3228	388.59	3858.67
CyberShake	1000	3988	102.29	22.71
Inspiral	1000	3246	8.90	227.25

$$\mathrm{DL} = \mathrm{AT} + \alpha \times ms_{\mathrm{HEFT}} \tag{8.27}$$

其中，α 是一个截止期调节因子，它反映了工作流实例截止期的松散程度。

1. 基于随机生成工作流实例的性能比较

对于随机生成的工作流，可以使用工作流实例中的任务数、截止期因子 α、物理机和边缘交换机的资源失败率 (FR) 三个参数来评价各个算法的性能。前两个参数用来反映工作流实例结构对算法性能的影响，最后一个参数反映物理机和边缘交换机的资源故障对性能的影响。

2. 任务数量的影响

我们首先研究任务数量对性能的影响。在此实验中，我们将 α 和 FR 分别设置为 1.3 和 6%，工作流实例中的任务数以步长 2000 从 2000 个增加到 10000 个。

工作流实例任务数对 WTCR 的影响如图 8.12所示，从中可以看出所有算法的 WTCR 先保持较高的值，然后随着任务数的增加呈下降趋势。然而，类似的趋势却是由不同的原因造成的。对于 NEFECW，尽管所有资源都保持在活动状态，并且不需要启动资源的初始时间，但任务数量的增加会导致可用资源越来越少，从而降低其 WTCR 值。对于其他算法，使用的资源是动态提供的。当任务数量增加时，系统就需要通过 RSU 机制激活更多的物理机和虚拟机。而更多的激活过程则会消耗更多的时间并降低它们的 WTCR 值。从图 8.12中还可以看出，NEFECW 在前两个任务数时，其 WTCR 值最好，而在其他任务数时 FECW 的结果最好。此外，这两种算法都优于其他两种算法。这种现象是由两个因素造成的：是否需要启动资源的初始时间以及是否有足够的可用资源。在任务数量较少的情况下，由于 ① 不需要启动资源的初始时间，② 所有虚拟机都处于活动状态，有足够的资源用于调度，NEFECW 在任务期限内完成的任务较多，其在 WTCR 上的效果也就最好。但当任务数量增加时，NEFECW 中的可用资源急剧减少，从而导致其 WTCR 快速下降，且在任务数大于 4000 时，其 WTCR 被 FECW 超越。对于 FECW，启动资源所需的初始时间也会导致其 WTCR 随着任务数量的增加而减少。然而 FECW 采用了资源弹性供应和虚拟机迁移等机制来降低 WTCR 的下降趋势。在使用资源弹性供应时，RSU 动态地打开物理机，RSD 立即关闭空闲物理机。通过虚拟机迁移，将部分资源进行整合以释放空间，从而在活动物理机中创建新的虚拟机而避免添加新的物理机。同时，将负载较轻的物理机上的虚拟机迁移到其他活动物理机上，然后关闭这些负载较轻的物理机，进一步减少了活动物理机的数量。通过这些机制，FECW 有效地提高了云资源的利用率，并且随着任务数量的增加，这种提高越来越明显。因此，在相同的配置下，FECW 提供了比其他方法更多的可用资源。可用的资源越多，任务等待的时间就越短。因此，FECW 中采用的机制可以有效降低 WTCR 的下降趋势，从而使得 FECW 的 WTCR 结果在最后三个任务数时是最好的。与 FECW 不同的是，NVFECW 不迁移虚拟机，而是让部分资源闲置。结果表明，NVFECW 不能有效利用资源。虽然 FTESW 采用了上述两种机制，但它仅针对物理机故障而设计，不考虑网络设备故障。当遇到边缘交换机故障时，分配给这些虚拟机的任务及这些任务的后继任务将再次采用 FTESW 进行调度。结果显示，在截止期前，FTESW 完成的任务较少。

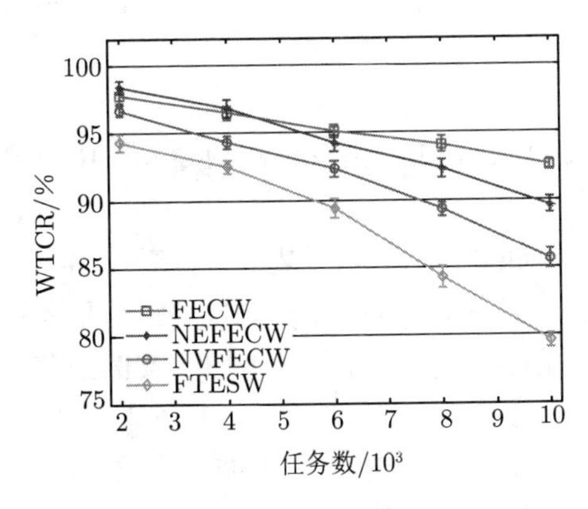

图 8.12 任务数量对 WTCR 的影响

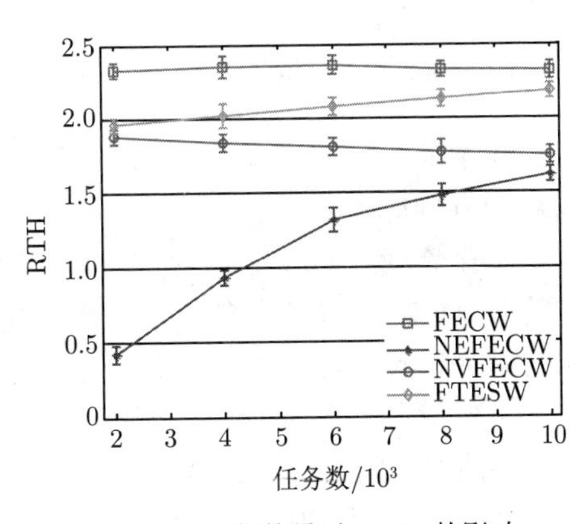

图 8.13 任务数量对 RTH 的影响

任务数对 RTH 的影响如图 8.13 所示，可以看出不同算法的 RTH 随着任务数的增加有不同的趋势。NEFECW 总是在所有算法中获得最小的 RTH，并且随着任务数的增加有增加的趋势。与 NEFECW 相比，NVFECW 的 RTH 值较大，但均小于 FECW 和 FTESW。此外，还表现出了轻微的下降趋势。FTESW 在 RTH 上有略微增加的趋势，其效果优于 NEFECW 和 NVFECW。在所有比较的算法中，FECW 算法在 RTH 上的性能最好。此外，随着任务数量的增加，它保持了稳定的 RTH。上述的不同趋势解是由不同的原因造成的。对于 NEFECW，无论提交多少工作流实例任务，所有使用的物理机和虚拟机都处于活动状态。结果，大量的活动资源被闲置，从而导致 NEFECW 的 RTH 在所有比较算法中最小。随着任务数量的增加，在保持相同数量的物理机处于活动状态的情况下，其使用的虚拟机越来越多。因此，NEFECW 的 RTH 随着任务数量的增加呈增加趋势。与 NEFECW 不同的是，NVFECW 对活动物理机通过资源弹性供应进行动态调整。因此，它在 RTH 上有了比 NEFECW 更好的结果。但由于没有通过迁移虚拟机来整合资源，仍有部分虚拟机处于空闲状态。空闲的活动虚拟机将导致 NVFECW 的 RTH 下降。随着任务数量的增加，更多的物理机和虚拟机处于激活且空闲的状态。但是，值得注意的是，NVFECW 中的空闲活动虚拟机数量仍然低于 NEFECW。因此，NVFECW 在 RTH 上的效果虽然有下降趋势，但要优于 NEFECW。对于 FECW 算法，它取得了所有算法中最佳的实验结果。这是由于 FECW 采用了资源弹性供应和虚拟机迁移机制。因此，所提出的 FECW 具有稳定的 RTH 值。对于 FTESW，虽然采用了相同的机制，但边缘交换机故障导致将重新调度那些分配给故障交换机覆盖的虚拟机上的任务。因此，除了需要处理物理机故障所需的资源，FTESW 还消耗了更多的资源用于重新调度，从而降低了它的 RTH。当任务的数量增加时，这种消耗变得更加严重，并导致了 FTESW 的 RTH 降低。

3. 截止期的影响

在本节中，α 从 1.1 增加到 1.5，步长为 0.1。工作流任务的数量和 FR 分别设置为 6000 和 6。

工作流截止期因子 α 对 WTCR 的影响如图 8.14所示，从中可以看出所有算法的 WTCR 都随着 α 的增加呈增加趋势。其原因是随着 α 的增加，每个任务可用时隙变得越来越宽松。因此，越来越多的工作流实例任务在工作流实例的截止期之前完成。从图 8.14中还可以看出，对于每个 α，FECW 和 FTESW 分别得到了 WTCR 的最佳和最差结果，而 NEFECW 和 NVFECW 的结果位于二者之间。该现象的原因与图 8.12 的原因相同，在此不再赘述。

图 8.15显示了截止期因子 α 对 RTH 的影响，从中可以看出 NEFECW 的 RTH 值是稳定的。其原因在于，无论发生多少次故障，NEFECW 中的所有物理机和虚拟机都处于活动状态。从图 8.15 还可以看出，FECW 和 FTESW 的 RTH 值都随 α 的增加而增加，而 NVFECW 的 RTH 则呈下降趋势。这是因为：随着 α 的增加，每个任务的可用时隙变得越来越松，更宽松的时隙使得工作流任务的执行模式由严格期限下的并行执行转变为串行执行。因此，随着截止期限的变宽，相同的工作流实例所需的资源也就越少。但是，不同的资源供应机制和容错模型使得这些算法中的 RTH 随 α 的增加而具有不同的变化趋势。通过虚拟机迁移、资源弹性供应和 PB 模型，本章提出的 FECW 具有较高的资源利用率，从而可以

用更少的物理机完成更多的任务。FECW 在 RTH 方面取得了最好的效果，并呈上升趋势。由于采用了相似的资源分配方案，FTESW 的 RTH 也有增加的趋势。然而，对于边缘交换机故障的重新调度方案，FTESW 除了消耗针对物理机故障的所需的资源，还需要额外重调度资源。虽然越来越宽松的截止日期也减少了重新调度的资源，但 FTESW 在重新调度时仍会消耗一些资源。因此，FTESW 的 RTH 低于 FECW。对于 NVFECW，由于没有虚拟机迁移，浪费了大量的虚拟机空闲时间间隙，随着 α 的增加，浪费的时隙也在增加，从而降低了 NVFECW 的 RTH。

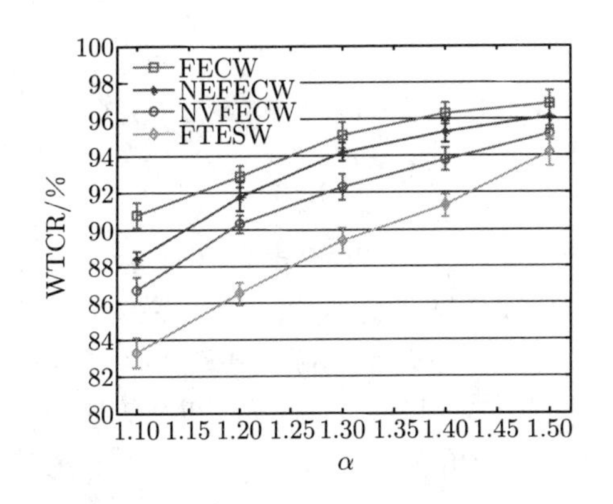

图 8.14 截止期因子 α 对 WTCR 的影响

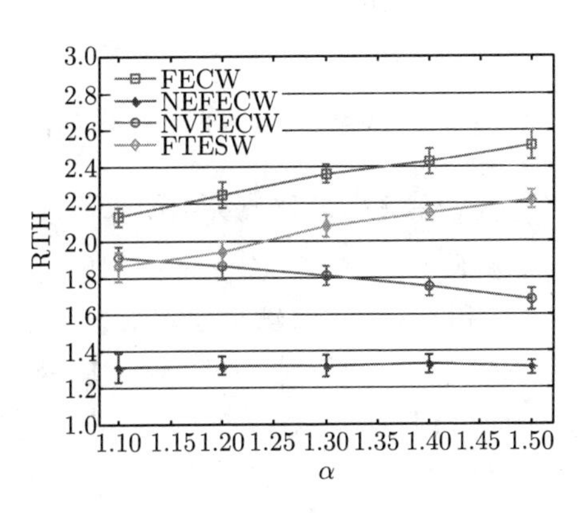

图 8.15 截止期因子 α 对 RTH 的影响

假设 FR 以 2% 的步长从 2% 增加到 10%。资源故障率 FR 对 WTCR 的影响如图 8.16所示，可以看出 FECW 及其两个修改算法都保持稳定的 WTCR 值，而 FTESW 的 WTCR 则随着 FR 的增加呈下降趋势。对于 FECW 及其两个修改算法，在调度过程中，无论发生多少次错误，都对所有可能的错误采取相应的容错策略。因此，它们的 WTCR 几乎不受 FR 增加的影响。对于 FTESW，不断增加的 FR 会导致更多的网络设备故障，从而需要更多的重调度。这导致了越来越少的任务在它们的子截止期前完成，因此降低了 FTESW 的 WTCR。

故障率 FR 对 RTH 的影响如图 8.17所示，从中可以看出 NEFECW 随着 FR 的增加，RTH 有增加的趋势，而其他三种算法都有减少的趋势。对于 NEFECW，所有资源都保持活跃状态。随着 FR 的增加，越来越多的资源被使用，从而引起 NEFECW 的 RTH 降低。对于 FECW 和 NVFECW，随着故障的增加，越来越多的任务副本被激活使用，从而降低了它们的 RTH。对于 FTESW，随着 FR 的增加，除了增加的任务副本所需资源，越来越多的边缘交换机出现故障，也就需要越来越多的重调度资源，因此其 RTH 呈下降趋势。

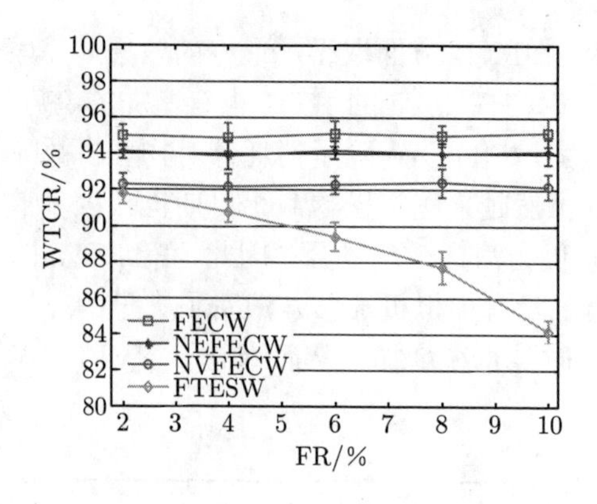

图 8.16 资源故障率 FR 对 WTCR 的影响

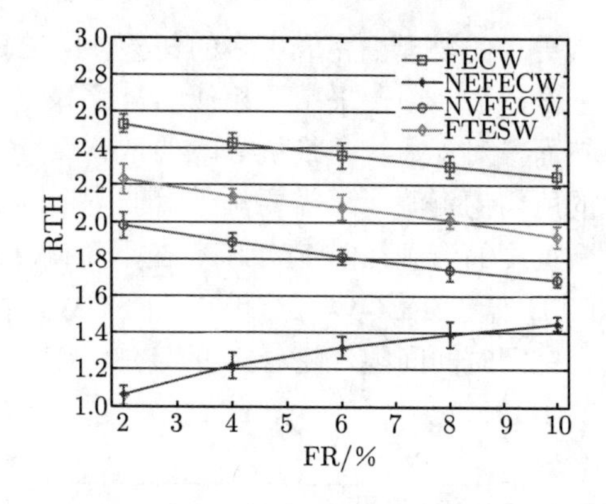

图 8.17 资源故障率 FR 对 RTH 的影响

4. 基于实际工作流实例的性能比较

在本实验中，工作流实例中的任务数是确定的，可以将 α 和 FR 分别设置为 1.3 和 6%。实验结果如表 8.9所示，从中可以看出在实际情况下 FECW 算法的性能优于其他算法。对 WTCR 来说，FECW 在两个实际工作流上的效果最好，而 NEFECW 在另外两个实际工作流上的效果最好。而且，这两个算法都要优于其他算法。NEFECW 在 Montage 和 CyberShake 上获得最好的 WTCR 结果是因为：① 所有可用的虚拟机都处于激活状态，可以有足够的资源进行调度；② 不需要初始启动资源的时间。然而表 8.9也显示，在 Montage 和 CyberShake 上，FECW 只是略低于 NEFECW，而高于其他的工作流实例获得的最好的效果。其原因在于 FECW 中使用了 8.2.4 节 1. 所述的有效的资源供应机制，对于 RTH、FECW 在所有算法中获得了最佳的结果。这一结果再次表明，FECW 可以有效地减少物理机的活动时间，可以有效避免使用资源的大幅增加。这是由于 FECW 采用了资源弹性供应和虚拟机迁移机制。结果还表明，在物理机和网络设备故障的情况下，FECW 能够充分利用现有资源，有效地提高资源利用率，从而降低资源成本。

表 8.9 实际工作流上的实验结果

工作流	指标	FECW	NEFECW	NVFECW	FTESW
Montage	WTCR/%	96.7	**97.3**	94.5	89.3
	RTH	**2.4**	1.3	2.2	1.8
Epigenomic	WTCR/%	**97.6**	94.7	92.6	90.5
	RTH	**2.2**	1.4	2.0	1.7
CyberShake	WTCR/%	95.8	**96.4**	93.2	91.3
	RTH	**2.5**	1.4	2.1	1.8
Inspiral	WTCR/%	**98.3**	96.5	92.3	88.5
	RTH	**2.4**	1.5	2.2	1.9

8.3 本 章 小 结

本章针对具有软期限的独立任务容错调度问题，提出了面向具有截止期的独立任务混合容错调度算法 HFTSA。HFTSA 根据任务和云资源的特性，在复制和重提交中为每个任务选择合适的容错策略。同时，HFTSA 还采用资源弹性供应机制以满足调度需求并提高资源利用率。对于选择重提交的任务，HFTSA 除了设计相应的在线重提交策略，还设计了一个在线调整策略来调整任务的容错策略。针对物理机故障和网络设备故障问题，本章提出了一种基于 PB 模型的容错调度 FECW 算法。首先分析了基于 PB 的任务调度和虚拟机迁移的特性。在此基础上，提出了包括主副本调度在内的 FECW 算法，为工作流中的所有任务选择合适的虚拟机。FECW 还设计了资源弹性供应机制，包括 RSU 和 RSD，可以在物理机和虚拟机两层动态调整资源，从而提高了资源利用率。本章还在随机生成和真实工作流实例上，通过一系列的实验来评估 FECW 的性能。实验结果表明，所提出的 HFTSA 和 FECW 方法能够提供有效的容错调度策略并提升系统的资源利用率。

本章内容详见

[1] YAO G S, REN Q, LI X P, et al. A hybrid fault-tolerant scheduling for deadline-constrained tasks in cloud system. IEEE Transactions on Services Computing, 2020, 99: 1. (8.1 云系统中受截止期约束任务的混合容错调度)

[2] YAO G S, DING Y S, HAO K R. Using imbalance characteristic for fault-tolerant workflow scheduling in cloud systems. IEEE Transactions on Parallel and Distributed Systems, 2017, 28(12): 3671-3683. (8.2 云系统中故障感知的弹性云工作流调度)

参考文献

[1] DREFS A G. Shop production-control and accounting systems [J]. SAE Technical Papers, 1920.

[2] ADHIKARI M, AMGOTH T, SRIRAMA S N. A survey on scheduling strategies for workflows in cloud environment and emerging trends [J]. ACM Computing Surveys, 2019, 52(4): 1-36.

[3] NORONHA S J, SARMA V V S. Knowledge-based approaches for scheduling problems: A survey [J]. IEEE Transactions on Knowledge and Data Engineering, 1991, 3(2): 160-171.

[4] BARUAH S K, LIN S S. Pfair scheduling of generalized pinwheel task systems [J]. IEEE Transactions on Computers, 1998, 47(7): 812-816.

[5] BUTTAZZO G, SENSINI F. Optimal deadline assignment for scheduling soft aperiodic tasks in hard real-time environments [J]. IEEE Transactions on Computers, 1999, 48(10): 1035-1052.

[6] BARUAH S K. Optimal utilization bounds for the fixed-priority scheduling of periodic task systems on identical multiprocessors [J]. IEEE Transactions on Computers, 2004, 53(6): 781-784.

[7] MIR H S, ABDELAZIZ F B. Cyclic task scheduling for multifunction radar [J]. IEEE Transactions on Automation Science and Engineering, 2012, 9(3): 529-537.

[8] MIR H S, GUITOUNI A. Variable dwell time task scheduling for multifunction radar [J]. IEEE Transactions on Automation Science and Engineering, 2014, 11(2): 463-472.

[9] MASHAYEKHY L, FISHER N, GROSU D. Truthful mechanisms for competitive reward-based scheduling [J]. IEEE Transactions on Computers, 2016, 65(7): 2299-2312.

[10] FENG W C, LIU W S. Algorithms for scheduling real-time tasks with input error and end-to-end deadlines [J]. IEEE Transactions on Software Engineering, 2002, 23(2): 93-106.

[11] WANG J J, ZHU X M, QIU D S, et al. Dynamic scheduling for emergency tasks on distributed imaging satellites with task merging [J]. IEEE Transactions on Parallel and Distributed Systems, 2014, 25(9): 2275-2285.

[12] HU M, VEERAVALLI B. Dynamic scheduling of hybrid real-time tasks on clusters [J]. IEEE Transactions on Computers, 2014, 63(12): 2988-2997.

[13] LI K L, TANG X Y, LI K Q. Energy-efficient stochastic task scheduling on heterogeneous computing systems [J]. IEEE Transactions on Parallel and Distributed Systems, 2014, 25(11): 2867-2876.

[14] ZHU X M, YANG L T, CHEN H K, et al. Real-time tasks oriented energy-aware scheduling in virtualized clouds [J]. IEEE Transactions on Cloud Computing, 2014, 2(2): 168-180.

[15] YUAN H T, BI J, TAN W, et al. Temporal task scheduling with constrained service delay for profit maximization in hybrid clouds [J]. IEEE Transactions on Automation Science and Engineering, 2017, 14(1): 337-348.

[16] RIPOLL I, CRESPO A, GARCIA-FORNES A. An optimal algorithm for scheduling soft aperiodic tasks in dynamic-priority preemptive systems [J]. IEEE Transactions on Software Engineering, 1997, 23(6): 388-400.

[17] LI Y, CHENG A M K. Transparent real-time task scheduling on temporal resource partitions [J]. IEEE Transactions on Computers, 2016, 65(5): 1646-1655.

[18] SAHA S, SARKAR A, CHAKRABARTI A, et al. Co-scheduling persistent periodic and dynamic aperiodic real-time tasks on reconfigurable platforms [J]. IEEE Transactions on Multi-Scale Computing Systems, 2018, 4(1): 41-54.

[19] QIN X, XIE T. An availability-aware task scheduling strategy for heterogeneous systems [J]. IEEE Transactions on Computers, 2008, 57(2): 188-199.

[20] WEI T Q, CHEN X D, HU S Y. Reliability-driven energy-efficient task scheduling for multiprocessor real-time systems [J]. IEEE Transactions on Computer-Aided Design of Integrated Circuits and Systems, 2011, 30(10): 1569-1573.

[21] ZHU J, LI X P, RUIZ R, et al. Scheduling stochastic multi-stage jobs to elastic hybrid cloud resources [J]. IEEE Transactions on Parallel and Distributed Systems, 2018, 29(6): 1401-1415.

[22] ZHU J, LI X P, RUIZ R, et al. Scheduling periodical multi-stage jobs with fuzziness to elastic cloud resources [J]. IEEE Transactions on Parallel and Distributed Systems, 2020, 31(12): 2819-2833.

[23] LILJA D J, HAMIDZADEH B. Dynamic task scheduling using online optimization [J]. IEEE Transactions on Parallel and Distributed Systems, 2000, 11(11): 1151-1163.

[24] HE Y, HSU W J, LEISERSON C E. Provably efficient online nonclairvoyant adaptive scheduling [J]. IEEE Transactions on Parallel and Distributed Systems, 2008, 19(9): 1263-1279.

[25] BLAZEWICZ J, DRABOWSKI M, WEGLARZ J. Scheduling multiprocessor tasks to minimize schedule length [J]. IEEE Transactions on Computers, 1986, C-35(5): 389-393.

[26] CAI X Q, LEE C, WONG T. Multiprocessor task scheduling to minimize the maximum tardiness and the total completion time [J]. IEEE Transactions on Robotics and Automation, 2000, 16(6): 824-830.

[27] DERTOUZOS M L, MOK A. Multiprocessor online scheduling of hard-real-time tasks [J]. IEEE Transactions on Software Engineering, 1990, 15(12): 1497-1506.

[28] RADULESCU A, VAN GEMUND A J C. Low-cost task scheduling for distributed-memory machines [J]. IEEE Transactions on Parallel and Distributed Systems, 2002, 13(6): 648-658.

[29] LEE Y C, ZOMAYA A. A novel state transition method for metaheuristic-based scheduling in heterogeneous computing systems [J]. IEEE Transactions on Parallel and Distributed Systems, 2008, 19(9): 1215-1223.

[30] YAO J N, GUO J N, BHUYAN L N. Ordered round-robin: An efficient sequence preserving packet scheduler [J]. IEEE Transactions on Computers, 2008, 57(12): 1690-1703.

[31] ZHANG P Y, ZHOU M C. Dynamic cloud task scheduling based on a two-stage strategy [J]. IEEE Transactions on Automation Science and Engineering, 2018, 15(2): 772-783.

[32] YANG Y, WANG K L, ZHANG G W, et al. MEETS: Maximal energy efficient task scheduling in homogeneous fog networks [J]. IEEE Internet of Things Journal, 2018, 5(5): 4076-4087.

[33] YUAN H T, BI J, ZHOU M C. Profit-sensitive spatial scheduling of multi-application tasks in distributed green clouds [J]. IEEE Transactions on Automation Science and Engineering, 2019, PP(99) : 1-10.

[34] ZHANG D M, LIU Y P, Li J Y, et al. Solar Power Prediction Assisted Intra-task Scheduling for Nonvolatile Sensor Nodes [J]. IEEE Transactions on Computer-Aided Design of Integrated Circuits and Systems, 2016, 35(5): 724-737.

[35] LI J Y, LIU Y P, LI H H, et al. PATH: Performance-aware task scheduling for energy-harvesting nonvolatile processors [J]. IEEE Transactions on Very Large Scale Integration(VLSI) Systems, 2018, 26(9): 1671-1684.

[36] FONG N T, ZHOU X Y. Optimal feedback controls in deterministic two-machine flowshops with finite buffers [J]. IEEE Transactions on Automatic Control, 2000, 45(6): 1198-1203.

[37] MAO K, PAN Q K, CHAI T, et al. An effective subgradient method for scheduling a steelmaking-continuous casting process [J]. IEEE Transactions on Automation Science and Engineering, 2015, 12(3): 1140-1152.

[38] CHOI T, YEUNG W, CHENG T C E, et al. Optimal scheduling, coordination, and the value of RFID technology in garment manufacturing supply chains [J]. IEEE Transactions on Engineering Management, 2018, 65(1): 72-84.

[39] CEBERIO J, IRUROZKI E, MENDIBURU A, et al. A distance-based ranking model estimation of distribution algorithm for the flowshop scheduling problem [J]. IEEE Transactions on Evolutionary Computation, 2014, 18(2): 286-300.

[40] LIU F, WANG S B, HONG Y, et al. On the robust and stable flowshop scheduling under stochastic and dynamic disruptions [J]. IEEE Transactions on Engineering Management, 2017, 64(4): 539-553.

[41] SANTUCCI V, BAIOLETTI M, MILANI A. Algebraic differential evolution algorithm for the permutation flowshop scheduling problem with total flowtime criterion [J]. IEEE Transactions on Evolutionary Computation, 2016, 20(5): 682-694.

[42] ZHAO Z J, LAU H C, GE S S. Integrated resource allocation and scheduling in a bidirectional flowshop with multimachine and COS constraints [J]. IEEE Transactions on Systems, Man, and Cybernetics, Part C(Applications and Reviews), 2009, 39(2): 190-200.

[43] TANG L X, WANG X P. An improved particle swarm optimization algorithm for the hybrid flowshop scheduling to minimize total weighted completion time in process industry [J]. IEEE Transactions on Control Systems Technology, 2010, 18(6): 1303-1314.

[44] MARICHELVAM M K, PRABAHARAN T, YANG X S. A discrete firefly algorithm for the multi-objective hybrid flowshop scheduling problems [J]. IEEE Transactions on Evolutionary Computation, 2014, 18(2): 301-305.

[45] LI J Q, PAN Q K, DUAN P Y. An improved artificial bee colony algorithm for solving hybrid flexible flowshop with dynamic operation skipping [J]. IEEE Transactions on Cybernetics, 2016, 46(6): 1311-1324.

[46] LI J Q, PAN Q K, MAO K. A hybrid fruit fly optimization algorithm for the realistic hybrid flowshop rescheduling problem in steelmaking systems [J]. IEEE Transactions on Automation Science and Engineering, 2016, 13(2): 932-949.

[47] PAN Q K, WANG L, SANG H Y, et al. A high performing memetic algorithm for the flowshop scheduling problem with blocking [J]. IEEE Transactions on Automation Science and Engineering, 2013, 10(3): 741-756.

[48] PAN Q K, WANG L, MAO K, et al. An effective artificial bee colony algorithm for a real-world hybrid flowshop problem in steelmaking process [J]. IEEE Transactions on Automation Science and Engineering, 2013, 10(2): 307-322.

[49] YU T S, KIM H J, LEE T E. Minimization of waiting time variation in a generalized two-machine flowshop with waiting time constraints and skipping jobs [J]. IEEE Transactions on Semiconductor Manufacturing, 2017, 30(2): 155-165.

[50] WANG Y M, LI X P, RUIZ R, et al. An iterated greedy heuristic for mixed no-wait flowshop problems [J]. IEEE Transactions on Cybernetics, 2018, 48(5): 1553-1566.

[51] ZHENG Y J, LING H F, XUE J Y. Disaster rescue task scheduling: An evolutionary multiobjective optimization approach [J]. IEEE Transactions on Emerging Topics in Computing, 2018, 6(2): 288-300.

[52] GRANZ A, GAO Y. SS/TDMA scheduling for satellite clusters [J]. IEEE Transactions on Communications, 1992, 40(3): 597-603.

[53] ABDELZAHER T F, SHIN K G. Combined task and message scheduling in distributed real-time systems [J]. IEEE Transactions on Parallel and Distributed Systems, 1999, 10(11): 1179-1191.

[54] LI K, PAN Y. Probabilistic analysis of scheduling precedence constrained parallel tasks on multicomputers with contiguous processor allocation [J]. IEEE Transactions on Computers, 2000, 49(10): 1021-1030.

[55] VYDYANATHAN N, KRISHNAMOORTHY S, SABIN G M, et al. An integrated approach to locality-conscious processor allocation and scheduling of mixed-parallel applications [J]. IEEE Transactions on Parallel and Distributed Systems, 2009, 20(8): 1158-1172.

[56] GIRAULT A, KALLA H. A novel bicriteria scheduling heuristics providing a guaranteed global system failure rate [J]. IEEE Transactions on Dependable and Secure Computing, 2009, 6(4): 241-254.

[57] TANG X Y, LI K L, ZENG Z, et al. A novel security-driven scheduling algorithm for precedence-constrained tasks in heterogeneous distributed systems [J]. IEEE Transactions on Computers, 2011, 60(7): 1017-1029.

[58] VENUGOPALAN S, SINNEN O. ILP formulations for optimal task scheduling with communication delays on parallel systems [J]. IEEE Transactions on Parallel and Distributed Systems, 2014, 26(1): 142-151.

[59] SHEIKH H F, AHMAD I, FAN D. An evolutionary technique for performance- energy-temperature optimized scheduling of parallel tasks on multi-core processors [J]. IEEE Transactions on Parallel and Distributed Systems, 2016, 27(3): 668-681.

[60] KANEMITSU H, HANADA M, NAKAZATO H. Clustering-based task scheduling in a large number of heterogeneous processors [J]. IEEE Transactions on Parallel and Distributed Systems, 2016, 27(11): 3144-3157.

[61] MARCHAL L, SIMON B, SINNEN O, et al. Malleable task-graph scheduling with a practical speed-up model [J]. IEEE Transactions on Parallel and Distributed Systems, 2018, 29(6): 1357-1370.

[62] CHEN C Y. An improved approximation for scheduling malleable tasks with precedence constraints via iterative method [J]. IEEE Transactions on Parallel and Distributed Systems, 2018, 29(9): 1937-1946.

[63] PENG D T, KANG G S, ABDELZAHER T F. Assignment and scheduling communicating periodic tasks in distributed real-time systems [J]. IEEE Transactions on Software Engineering, 2002, 23(12): 745-758.

[64] KAO C C. Performance-oriented partitioning for task scheduling of parallel reconfigurable architectures [J]. IEEE Transactions on Parallel and Distributed Systems, 2015, 26(3): 858-867.

[65] LIN X, WANG Y Z, XIE Q, et al. Task scheduling with dynamic voltage and frequency scaling for energy minimization in the mobile cloud computing environment [J]. IEEE Transactions on Services Computing, 2015, 8(2): 175-186.

[66] PATHAN R, VOUDOURIS P, STENSTROM P. Scheduling parallel real-time recurrent tasks on multicore platforms [J]. IEEE Transactions on Parallel and Distributed Systems, 2018, 29(4): 915-928.

[67] BERTOGNA M, CIRINEI M, LIPARI G. Schedulability analysis of global scheduling algorithms on multiprocessor platforms [J]. IEEE Transactions on Parallel and Distributed Systems, 2009, 20(4): 553-566.

[68] WANG H J, SINNEN O. List-scheduling versus cluster-scheduling [J]. IEEE Transactions on Parallel and Distributed Systems, 2018, 29(8): 1736-1749.

[69] DENG B, JIANG C X, KUANG L L, et al. Two-phase task scheduling in data relay satellite systems [J]. IEEE Transactions on Vehicular Technology, 2018, 67(2): 1782-1793.

[70] ROSENBERG A L. Optimal schedules for cycle-stealing in a network of work- stations with a bag-of-tasks workload [J]. IEEE Transactions on Parallel and Distributed Systems, 2002, 13(2): 179-191.

[71] HU M L, VEERAVALLI B. Requirement-aware scheduling of bag-of-tasks applications on grids with dynamic resilience [J]. IEEE Transactions on Computers, 2013, 62(10): 2108-2114.

[72] HU M L, LUO J, WANG Y, et al. Adaptive scheduling of task graphs with dynamic resilience [J]. IEEE Transactions on Computers, 2017, 66(1): 17-23.

[73] FORTEMPS P. Jobshop scheduling with imprecise durations: A fuzzy approach [J]. IEEE Transactions on Fuzzy Systems, 1997, 5(4): 557-569.

[74] LI X P, JIANG Y L, RUIZ R. Methods for scheduling problems considering experience, learning, and forgetting effects [J]. IEEE Transactions on Systems, Man, and Cybernetics: Systems, 2018, 48(5): 743-754.

[75] LI K Q. Performance analysis of power-aware task scheduling algorithms on multiprocessor computers with dynamic voltage and speed [J]. IEEE Transactions on Parallel and Distributed Systems, 2008, 19(11): 1484-1497.

[76] BLAZEWICZ J, KOVALYOV M Y, MACHOWIAK M, et al. Preemptable malleable task scheduling problem [J]. IEEE Transactions on Computers, 2006, 55(4): 486-490.

[77] YUAN H T, BI J, TAN W, et al. TTSA: An effective scheduling approach for delay bounded tasks in hybrid clouds [J]. IEEE Transactions on Cybernetics, 2017, 47(11): 3658-3668.

[78] WU T D, LIU Y P, ZHANG D M, et al. DVFS-based long-term task scheduling for dual-channel solar-powered sensor nodes [J]. IEEE Transactions on Very Large Scale Integration(VLSI) Systems, 2017, 25(11): 2981-2994.

[79] CHERNYKH I, KONONOV A, SEVASTYANOV S. Efficient approximation algorithms for the routing open shop problem [J]. Computer & Operations Research, 2013, 40(3): 841-847.

[80] KOULAMAS C, KYPARISIS G J. The three-machine proportionate open shop and mixed shop minimum makespan problems [J]. European Journal of Operational Research, 2015, 243(1): 70-74.

[81] BAI D Y, ZHANG Z H, ZHANG Q. Flexible open shop scheduling problem to minimize makespan [J]. Computer & Operations Research, 2016, 67(2016): 207-215.

[82] PEMPERA J, SMUTNICKI C. Open shop cyclic scheduling [J]. European Journal of Operational Research, 2018, 269(2): 773-781.

[83] MEJIA G, YURASZECK F. A self-tuning variable neighborhood search algorithm and an effective decoding scheme for open shop scheduling problems with travel/setup times [J]. European Journal of Operational Research, 2020, 285(2): 484-496.

[84] ABREU L R, CUNHA J O, PRATA B A, et al. A genetic algorithm for scheduling open shops with sequence-dependent setup times [J]. Computers & Operations Research, 2020, 113: 104793. 1-12.

[85] ZHU J, LI X P, WANG Q. Complete local search with limited memory algorithm for no-wait job shops to minimize makespan [J]. European Journal of Operational Research, 2009, 198(2): 378-386.

[86] ABDELJAOUAD M A, BAHROUN Z, OMRANE A, et al. Job-shop production scheduling with reverse flows [J]. European Journal of Operational Research, 2013, 244(1): 829-834.

[87] BIRGIN E, FERREIRA J, RONCONI D. List scheduling and beam search methods for the flexible job shop scheduling problem with sequencing flexibility [J]. European Journal of Operational Research, 2015, 247(2): 421-440.

[88] KOULAMAS C, PANWALKAR S. The proportionate two-machine no-wait job shop scheduling problem [J]. European Journal of Operational Research, 2016, 252(1): 131-135.

[89] KNOPP S, DAUZERE-PERES S, YUGMA C. A batch-oblivious approach for complex job-shop scheduling problems [J]. European Journal of Operational Research, 2017, 263(1): 50-61.

[90] SHEN L J, DAUZERE-PERES S, NEUFELD J S. Solving the flexible job shop scheduling problem with sequence-dependent setup times [J]. European Journal of Operational Research, 2017, 265(2): 503-516.

[91] BÜRGY R, BÜLBÜL K. The job shop scheduling problem with convex costs [J]. European Journal of Operational Research, 2018, 268(1): 82-100.

[92] ZHANG S C, LI X, ZHANG B W, et al. Multi-objective optimisation in flexible assembly job shop scheduling using a distributed ant colony system [J]. European Journal of Operational Research, 2020, 283(2): 441-460.

[93] AHMADIAN M M, SALEHIPOUR A, CHENG T C E. A meta-heuristic to solve the just-in-time job-shop scheduling problem [J]. European Journal of Operational Research, 2020, 288(1): 14-29.

[94] MAXWELL W L. The scheduling of single machine systems: A review [J]. The International Journal of Production Research, 1964, 3(3): 177-199.

[95] ABDULLAH S, ABDOLRAZZAGH-NEZHAD M. Fuzzy job-shop scheduling problems: A review [J]. Information Sciences, 2014, 278: 380-407.

[96] TOMAZELLA C P, NAGANO M S. A comprehensive review of branch-and-bound algorithms: Guidelines and directions for further research on the flowshop scheduling problem [J]. Expert Systems with Applications, 2020, 158: 113556.

[97] ANAND E, PANNEERSELVAM R. Literature review of open shop scheduling problems [J]. Intelligent Information Management, 2015, 7(1): 33-52.

[98] PELLERIN R, PERRIER N, BERTHAUT F. A survey of hybrid metaheuristics for the resource-constrained project scheduling problem [J]. European Journal of Operational Research, 2020, 280(2): 395-416.

[99] FAGERHOLT K. A computer-based decision support system for vessel fleet scheduling: Experience and future research [J]. Decision Support Systems, 2004, 37(1): 35-47.

[100] DOS SANTOS P T G, KRETSCHMANN E, BORENSTEIN D, et al. Cargo routing and scheduling problem in deep-sea transportation: Case study from a fertilizer company [J]. Computers & Operations Research, 2020, 119: 104934.

[101] CHRISTIANSEN M, FAGERHOLT K, RONEN D. Ship routing and scheduling: Status and perspectives [J]. Transportation Science, 2004, 38(1): 1-18.

[102] WANG K, WANG S, ZHEN L, et al. Cruise shipping review: Operations planning and research opportunities [J]. Maritime Business Review, 2016, 1: 133-148.

[103] NOTTEBOOM T E. Container shipping and ports: An overview [J]. Review of Network Economics, 2004, 3(2): 1-21.

[104] BIERWIRTH C, MEISEL F. A follow-up survey of berth allocation and quay crane scheduling problems in container terminals [J]. European Journal of Operational Research, 2015, 244(3): 675-689.

[105] FIALA TIMLIN M T, PULLEYBLANK W R. Precedence constrained routing and helicopter scheduling: Heuristic design and helicopter [J]. Interfaces, 1992, 22(3): 100-111.

[106] XU B. An efficient ant colony algorithm based on wake-vortex modeling method for aircraft scheduling problem [J]. Journal of Computational and Applied Mathematics, 2017, 317: 157-170.

[107] AVELLA P, BOCCIA M, MANNINO C, et al. Time-indexed formulations for the runway scheduling problem [J]. Transportation Science, 2017, 51(4): 1196-1209.

[108] PARK J, KIM B I. The school bus routing problem: A review [J]. European Journal of Operational Research, 2010, 202(2): 311-319.

[109] CORDEAU J F, TOTH P, VIGO D. A survey of optimization models for train routing and scheduling [J]. Transportation Science, 1998, 32(4): 380-404.

[110] WANG Y, TIAN C H, YAN J C, et al. A survey on oil/gas pipeline optimization: Problems, methods and challenges [C]//Proceedings of 2012 IEEE International Conference on Service Operations and Logistics, and Informatics, Suzhou, 2012: 150-155.

[111] JEBALI A, ALOUANE A B H, LADET P. Operating rooms scheduling [J]. International Journal of Production Economics, 2006, 99(1-2): 52-62.

[112] JOSEPH J, MADHUKUMAR S. A novel approach to data driven preventive maintenance scheduling of medical instruments [C]//2010 International Conference on Systems in Medicine and Biology, Kharagpur, 2010: 193-197.

[113] SINGH H, PALLAGANI V, KHANDELWAL V, et al. IoT based smart home automation system using sensor node [C]//2018 4th International Conference on Recent Advances in Information Technology(RAIT), Dhanbad, 2018: 1-5.

[114] TOSCHI G M, CAMPOS L B, CUGNASCA C E. Home automation networks: A survey [J]. Computer Standards & Interfaces, 2017, 50: 42-54.

[115] ASADULLAH M, RAZA A. An overview of home automation systems [C]//2016 2nd International Conference on Robotics and Artificial Intelligence(ICRAI), Rawalpindi, 2016: 27-31.

[116] MERIGÓ J M, YANG J B. A bibliometric analysis of operations research and management science [J]. Omega, 2017, 73: 37-48.

[117] LAGO D G, MADEIRA E R, MEDHI D. Energy-aware virtual machine scheduling on data centers with heterogeneous bandwidths [J]. IEEE Transactions on Parallel and Distributed Systems, 2017, 29(1): 83-98.

[118] CHEN L, LI X P. Cloud workflow scheduling with hybrid resource provisioning [J]. The Journal of Supercomputing, 2018, 74(12): 6529-6553.

[119] MEDEL V, TOLOSANA-CALASANZ R, BAÑARES J Á, et al. Characterising resource management performance in Kubernetes [J]. Computers & Electrical Engineering, 2018, 68: 286-297.

[120] LI X, WAN J, DAI H N, et al. A hybrid computing solution and resource scheduling strategy for edge computing in smart manufacturing [J]. IEEE Transactions on Industrial Informatics, 2019, 15(7): 4225-4234.

[121] ALEEM S, AHMED F, BATOOL R, et al. Empirical investigation of key factors for SaaS architecture dimension [J]. IEEE Transactions on Cloud Computing, 2019, PP(99): 1.

[122] WANG B L, SONG Y T. Reinvestment strategy-based project portfolio selection and scheduling with time-dependent budget limit considering time value of capital [C]//Proceedings of the 2015 International Conference on Electrical and Information Technologies for Rail Transportation, Birmingham, UK, 2016: 373-381.

[123] ARABNEJAD V, BUBENDORFER K, NG B. Budget and deadline aware e-science workflow scheduling in clouds [J]. IEEE Transactions on Parallel and Distributed Systems, 2018, 30(1): 29-44.

[124] LEYMAN P, VAN DRIESSCHE N, VANHOUCKE M, et al. The impact of solution representations on heuristic net present value optimization in discrete time/cost tradeoff project scheduling with multiple cash flow and payment models [J]. Computers & Operations Research, 2019, 103: 184-197.

[125] LIU S S, WANG C J. Two-stage profit optimization model for linear scheduling problems considering cash flow [J]. Construction Management and Economics, 2009, 27(11): 1023-1037.

[126] LASZCZYK M, MYSZKOWSKI P B. Improved selection in evolutionary multi–objective optimization of multi–skill resource–constrained project scheduling problem [J]. Information Sciences, 2019, 481: 412-431.

[127] ARABEYRE J, FEARNLEY J, STEIGER F, et al. The airline crew scheduling problem: A survey [J]. Transportation Science, 1969, 3(2): 140-163.

[128] MARYNISSEN J, DEMEULEMEESTER E. Literature review on multi-appointment scheduling problems in hospitals [J]. European Journal of Operational Research, 2019, 272(2): 407-419.

[129] LEGRAIN A, OMER J, ROSAT S. An online stochastic algorithm for a dynamic nurse scheduling problem [J]. European Journal of Operational Research, 2020, 285(1): 196-210.

[130] TIWARI N, SARKAR S, BELLUR U, et al. Classification framework of MapReduce scheduling algorithms [J]. ACM Computing Surveys(CSUR), 2015, 47(3): 1-38.

[131] PENG B, HOSSEINI M, HONG Z, et al. R-storm: Resource-aware scheduling in storm [C]//Proceedings of the 16th Annual Middleware Conference, Vancouver, 2015: 149-161.

[132] CHENG D Z, ZHOU X B, LAMA P, et al. Cross-platform resource scheduling for spark and MapReduce on YARN [J]. IEEE Transactions on Computers, 2017, 66(8): 1341-1353.

[133] CHENG D Z, ZHOU X B, WANG Y, et al. Adaptive scheduling parallel jobs with dynamic batching in spark streaming [J]. IEEE Transactions on Parallel and Distributed Systems, 2018, 29(12): 2672-2685.

[134] ROBINSON I, WEBBER J, EIFREM E. Graph Databases: New Opportunities for Connected Data [M]. 2nd ed. Sebastopol, CA: ÓReilly Media, Inc., 2015.

[135] BYUN E K, KEE Y S, KIM J S, et al. Cost optimized provisioning of elastic resources for application workflows [J]. Future Generation Computer Systems, 2011, 27(8): 1011-1026.

[136] PÉREZ A, MOLTÓ G, CABALLER M, et al. Serverless computing for container-based architectures [J]. Future Generation Computer Systems, 2018, 83: 50-59.

[137] PAHL C, BROGI A, SOLDANI J, et al. Cloud container technologies: A state-of-the-art review [J]. IEEE Transactions on Cloud Computing, 2019, 7(3): 677-692.

[138] SHEN W M, WANG L H, HAO Q. Agent-based distributed manufacturing process planning and scheduling: A state-of-the-art survey [J]. IEEE Transactions on Systems, Man and Cybernetics Part C: Applications and Reviews, 2006, 36(4): 563-577.

[139] GANSTERER M, HARTL R F. Collaborative vehicle routing: A survey [J]. European Journal of Operational Research, 2018, 268(1): 1-12.

[140] ZHU S W, FAN W J, YANG S L, et al. Operating room planning and surgical case scheduling: A review of literature [J]. Journal of Combinatorial Optimization, 2019, 37(3): 757-805.

[141] DU N, HU H S, ZHOU M C. A survey on robust deadlock control policies for automated manufacturing systems with unreliable resources [J]. IEEE Transactions on Automation Science and Engineering, 2019, 17(1): 389-406.

[142] HARTMANN S, BRISKORN D. A survey of variants and extensions of the resource-constrained project scheduling problem [J]. European Journal of Operational Research, 2010, 207(1): 1-14.

[143] ÇALIS B, BULKAN S. A research survey: Review of AI solution strategies of job shop scheduling problem [J]. Journal of Intelligent Manufacturing, 2015, 26(5): 961-973.

[144] MIYATA H, NAGANO M. The blocking flow shop scheduling problem: A comprehensive and conceptual review [J]. Expert Systems with Applications, 2019, 137: 130-156.

[145] GONZALEZ T, SAHNI S. Open shop scheduling to minimize finish time [J]. Journal of the ACM(JACM), 1976, 23(4): 665-679.

[146] FAGERHOLT K. Ship scheduling with soft time windows: An optimisation based approach [J]. European Journal of Operational Research, 2001, 131(3): 559-571.

[147] FILAR J A, MANYEM P, WHITE K. How airlines and airports recover from schedule perturbations: A survey [J]. Annals of Operations Research, 2001, 108(1-4): 315-333.

[148] LIN C, CHOY K L, HO G T, et al. Survey of green vehicle routing problem: Past and future trends [J]. Expert Systems with Applications, 2014, 41(4): 1118-1138.

[149] SITEPU S, MAWENGKANG H, HUSEIN I. Optimization model for capacity management and bed scheduling for hospital [J]. IOP Conference Series Materials Science and Engineering, 2018, 300(1): 1-7.

[150] BESIKCI U, BILGE Ü, ULUSOY G. Multi-mode resource constrained multi-project scheduling and resource portfolio problem [J]. European Journal of Operational Research, 2015, 240(1): 22-31.

[151] ZHANG Y, ZHOU J L, SUN L L, et al. A novel firefly algorithm for scheduling bag-of-tasks applications under budget constraints on hybrid clouds [J]. IEEE Access, 2019, 7: 151888-151901.

[152] CHEN W H, XIE G Q, LI R F, et al. Efficient task scheduling for budget constrained parallel applications on heterogeneous cloud computing systems [J]. Future Generation Computer Systems, 2017, 74: 1-11.

[153] ASEERI A, GORMAN P, BAGAJEWICZ M J. Financial risk management in offshore oil infrastructure planning and scheduling [J]. Industrial & Engineering Chemistry Research, 2004, 43(12): 3063-3072.

[154] DROR M, TRUDEAU P. Cash flow optimization in delivery scheduling [J]. European Journal of Operational Research, 1996, 88(3): 504-515.

[155] KING K G. Data analytics in human resources: A case study and critical review [J]. Human Resource Development Review, 2016, 15(4): 487-495.

[156] BUDDHAKULSOMSIRI J, KIM D S. Priority rule-based heuristic for multi-mode resource-constrained project scheduling problems with resource vacations and activity splitting [J]. European Journal of Operational Research, 2007, 178(2): 374-390.

[157] CHEN W N, ZHANG J. Ant colony optimization for software project scheduling and staffing with an event-based scheduler [J]. IEEE Transactions on Software Engineering, 2012, 39(1): 1-17.

[158] VAN DEN BERGH J, BELIËN J, DE BRUECKER P, et al. Personnel scheduling: A literature review [J]. European Journal of Operational Research, 2013, 226(3): 367-385.

[159] GOPALAKRISHNAN B, JOHNSON E L. Airline crew scheduling: State-of-the-art [J]. Annals of Operations Research, 2005, 140(1): 305-337.

[160] DE LEONE R, FESTA P, MARCHITTO E. A bus driver scheduling problem: A new mathematical model and a GRASP approximate solution [J]. Journal of Heuristics, 2011, 17(4): 441-466.

[161] BRUNNER J O, BARD J F, KOLISCH R. Flexible shift scheduling of physicians [J]. Health Care Management Science, 2009, 12(3): 285-305.

[162] DOULKERIDIS C, NØRVÅG K. A survey of large-scale analytical query processing in MapReduce [J]. The VLDB Journal, 2014, 23(3): 355-380.

[163] HASHEM I A T, ANUAR N B, MARJANI M, et al. MapReduce scheduling algorithms: A review [J]. The Journal of Supercomputing, 2020, 76(7): 4915-4945.

[164] ZAHARIA M, CHOWDHURY M, FRANKLIN M J, et al. Spark: Cluster computing with working sets [J]. HotCloud, 2010, 10(10-10): 95.

[165] NEWTON E M, SWEENEY L, MALIN B. Preserving privacy by de-identifying face images [J]. IEEE Transactions on Knowledge and Data Engineering, 2005, 17(2): 232-243.

[166] MEENA J, KUMAR M, VARDHAN M. Cost effective genetic algorithm for workflow scheduling in cloud under deadline constraint [J]. IEEE Access, 2016, 4: 5065-5082.

[167] VERMA A, KAUSHAL S. Deadline constraint heuristic-based genetic algorithm for workflow scheduling in cloud [J]. International Journal of Grid and Utility Computing, 2014, 5(2): 96-106.

[168] XU L, QIAO J Z, LIN S K, et al. Dynamic task scheduling algorithm with deadline constraint in heterogeneous volunteer computing platforms [J]. Future Internet, 2019, 11(6): 121.

[169] HOU A Q, WU C Q, FANG D Y, et al. Bandwidth scheduling for big data transfer with deadline constraint between data centers [C]//2018 IEEE/ACM Innovating the Network for Data-Intensive Science(INDIS), Dalla, 2018: 55-63.

[170] BALIN S. Parallel machine scheduling with fuzzy processing times using a robust genetic algorithm and simulation [J]. Information Sciences, 2011, 181(17): 3551-3569.

[171] JUAN A A, BARRIOS B B, VALLADA E, et al. A simheuristic algorithm for solving the permutation flow shop problem with stochastic processing times [J]. Simulation Modelling Practice and Theory, 2014, 46: 101-117.

[172] RUDEK R. Computational complexity and solution algorithms for flowshop scheduling problems with the learning effect [J]. Computers & Industrial Engineering, 2011, 61(1): 20-31.

[173] XU H, LI X P, RUIZ R, et al. Group scheduling with nonperiodical maintenance and deteriorating effects [J]. IEEE Transactions on Systems, Man, and Cybernetics: Systems, 2021, 51(5): 2860-2872.

[174] WANG Y M, LI X P, RUIZ R. An exact algorithm for the shortest path problem with position-based learning effects [J]. IEEE Transactions on Systems, Man, and Cybernetics: Systems, 2016, 47(11): 3037-3049.

[175] XU X L, FU S C, LI W M, et al. Multi-objective data placement for workflow management in cloud infrastructure using NSGA-Ⅱ [J]. IEEE Transactions on Emerging Topics in Computational Intelligence, 2020, 4(5): 605-615.

[176] WANG S, LI X P, RUIZ R. Performance analysis for heterogeneous cloud servers using queueing theory [J]. IEEE Transactions on Computers, 2020, 69(4): 563-576.

[177] ANSARI A H, JACOB G K, SAMET B. An optimization problem under partial order constraints on a metric space [J]. Journal of Fixed Point Theory and Applications, 2018, 20(1): 26.

[178] CODISH M, LAGOON V, STUCKEY P J. Telecommunications feature subscription as a partial order constraint problem [C]//International Conference on Logic Programming, Pasadena, 2008: 749-753.

[179] HE P, ZHANG W Y, GUAN H T, et al. Partial order theory for fast TCAM updates [J]. IEEE/ACM Transactions on Networking, 2017, 26(1): 217-230.

[180] NORKIN V I. B&B method for discrete partial order optimization [J]. Computational Management Science, 2019, 16(4): 577-592.

[181] FREY B J, DUECK D. Clustering by passing messages between data points [J]. Science, 2007, 315(5814): 972-976.

[182] WANG K J, ZHANG J Y, LI D, et al. Adaptive affinity propagation clustering [J]. ACTA Automatica Sinica, 2007, 33(12): 1242-1246.

[183] WANG C D, LAI J H, SUEN C Y, et al. Multi-exemplar affinity propagation [J]. IEEE Transactions on Pattern Analysis and Machine Intelligence, 2013, 35(9): 2223-2237.

[184] KIM S, BOBROWSKI P. Impact of sequence-dependent setup time on job shop scheduling performance [J]. International Journal of Production Research, 1994, 32(7): 1503-1520.

[185] NADERI B, ZANDIEH M, GHOMI S F. Scheduling sequence-dependent setup time job shops with preventive maintenance [J]. The International Journal of Advanced Manufacturing Technology, 2009, 43(1-2): 170.

[186] YAURIMA V, BURTSEVA L, TCHERNYKH A. Hybrid flowshop with un-related machines, sequence-dependent setup time, availability constraints and limited buffers [J]. Computers & Industrial Engineering, 2009, 56(4): 1452-1463.

[187] LI X, YU W, RUIZ R, et al. Energy-aware cloud workflow applications scheduling with geo-distributed data [J]. IEEE Transactions on Services Computing, 2020, 99: 1-14.

[188] JANIAK A, KOVALYOV M Y, PORTMANN M-C. Single machine group scheduling with resource dependent setup and processing times [J]. European Journal of Operational Research, 2005, 162(1): 112-121.

[189] AL-QAWASMEH A M, MACIEJEWSKI A A, ROBERTS R G, et al. Characterizing task-machine affinity in heterogeneous computing environments [C]//2011 IEEE International Symposium on Parallel and Distributed Processing Workshops and Phd Forum, Anchorage, 2011: 34-44.

[190] TAO D, WANG B X, LIN Z W, et al. Resource scheduling and data locality for virtualized Hadoop on IaaS cloud platform [C]//International Conference on Big Data Computing and Communications, Shenyang, 2016: 332-341.

[191] JIN J H, LUO J Z, SONG A B, et al. Bar: An efficient data locality driven task scheduling algorithm for cloud computing [C]//2011 11th IEEE/ACM International Symposium on Cluster, Cloud and Grid Computing, Newport Beach, 2011: 295-304.

[192] ZHANG P, LI C, ZHAO Y. An improved task scheduling algorithm based on cache locality and data locality in Hadoop [C]//2016 17th International Conference on Parallel and Distributed Computing, Applications and Technologies(PDCAT), Guangzhou, 2016: 244-249.

[193] HSU C Y, KAO B R, LI L, et al. An agent-based fuzzy constraint-directed negotiation model for solving supply chain planning and scheduling problems [J]. Applied Soft Computing, 2016, 48: 703-715.

[194] LI L, YEO C S, HSU C Y, et al. Agent-based fuzzy constraint-directed negotiation for service level agreements in cloud computing [J]. Cluster Computing, 2018, 21(2): 1349-1363.

[195] MA Y, ZHOU J L, CHANTEM T, et al. Improving reliability of soft real-time embedded systems on integrated CPU and GPU platforms [J]. IEEE Transactions on Computer Aided Design of Integrated Circuits and Systems, 2020, 39(10): 2218-2229.

[196] GONG G L, CHIONG R, DENG Q W, et al. Energy-efficient flexible flow shop scheduling with worker flexibility [J]. Expert Systems with Applications, 2020, 141: 112902.

[197] LIAN J, LIU C, LI W, et al. A multi-skilled worker assignment problem in seru production systems considering the worker heterogeneity [J]. Computers & Industrial Engineering, 2018, 118: 366-382.

[198] XU J, HE R. Expert recommendation for trouble ticket routing [J]. Data & Knowledge Engineering, 2018, 116: 205-218.

[199] SHIKATA Y, HANAYAMA N. Performance evaluation of a prioritized, limited multi-server processor-sharing system that includes servers with various capacities [J]. International Journal of Computer and Information Engineering, 2016, 10(7): 1301-1307.

[200] FATEMI A, DEMERDASH N A, NEHL T W, et al. Large-scale design optimization of PM machines over a target operating cycle [J]. IEEE Transactions on Industry Applications, 2016, 52(5): 3772-3782.

[201] TAMSSAOUET K, DAUZÈ RE-PÉ RÈ S S, YUGMA C. Metaheuristics for the job-shop scheduling problem with machine availability constraints [J]. Computers & Industrial Engineering, 2018, 125: 1-8.

[202] NATTAF M, DAUZÈRE-PÈRÈS S, YUGMA C, et al. Parallel machine scheduling with time constraints on machine qualifications [J]. Computers & Operations Research, 2019, 107: 61-76.

[203] LIAKOPOULOS N, DESTOUNIS A, PASCHOS G, et al. Cautious regret minimization: Online optimization with long-term budget constraints [C]//International Conference on Machine Learning, Montreal, 2019: 3944-3952.

[204] GO Y, KWON O C, SONG H. An energy-efficient HTTP adaptive video streaming with networking cost constraint over heterogeneous wireless networks [J]. IEEE Transactions on Multimedia, 2015, 17(9): 1646-1657.

[205] LI Z J, GE J D, YANG H J, et al. A security and cost aware scheduling algorithm for heterogeneous tasks of scientific workflow in clouds [J]. Future Generation Computer Systems, 2016, 65: 140-152.

[206] CHAISIRI S, LEE B S, NIYATO D. Optimization of resource provisioning cost in cloud computing [J]. IEEE Transactions on Services Computing, 2011, 5(2): 164-177.

[207] TANG X Y, LI X C, FU Z J. Budget-constraint stochastic task scheduling on heterogeneous cloud systems [J]. Concurrency and Computation: Practice and Experience, 2017, 29(19): e4210.

[208] CHEN X, LI W Z, LU S L, et al. Efficient resource allocation for on-demand mobile-edge cloud computing [J]. IEEE Transactions on Vehicular Technology, 2018, 67(9): 8769-8780.

[209] JIANG Y X, HUANG Z, TSANG D H K. Towards max-min fair resource allocation for stream big data analytics in shared clouds [J]. IEEE Transactions on Big Data, 2016, 4(1): 130-137.

[210] KACEM I, CHU C, SOUISSI A. Single-machine scheduling with an availability constraint to minimize the weighted sum of the completion times [J]. Computers & Operations Research, 2008, 35(3): 827-844.

[211] WANG J B, LIANG X X. Group scheduling with deteriorating jobs and allotted resource under limited resource availability constraint [J]. Engineering Optimization, 2019, 51(2): 231-246.

[212] OUYANG L Y, HO C H, SU C H, et al. An integrated inventory model with capacity constraint and order-size dependent trade credit [J]. Computers & Industrial Engineering, 2015, 84: 133-143.

[213] HUANG H, CHEW E P, GOH K. A two-echelon inventory system with transportation capacity constraint [J]. European Journal of Operational Research, 2005, 167(1): 129-143.

[214] PINEDO M. Scheduling: Theory, Algorithms, and Systems [M]. New York: Springer, 2012.

[215] WU Z J, LIU X, NI Z W, et al. A market-oriented hierarchical scheduling strategy in cloud workflow systems [J]. The Journal of Supercomputing, 2013, 63(1): 256-293.

[216] RANI R, GARG R. Power and temperature-aware workflow scheduling considering deadline constraint in cloud [J]. Arabian Journal for Science and Engineering, 2020, 45(1): 1-17.

[217] WADHWA B, VERMA A. Carbon efficient VM placement and migration technique for green federated cloud datacenters [C]//2014 International Conference on Advances in Computing, Communications and Informatics(ICACCI), Delhi, 2014: 2297-2302.

[218] LI K, XU G C, ZHAO G Y, et al. Cloud task scheduling based on load balancing ant colony optimization [C]//2011 Sixth Annual ChinaGrid Conference, Dalian, 2011: 3-9.

[219] CHEN H K, WANG F, HELIAN N, et al. User-priority guided min-min scheduling algorithm for load balancing in cloud computing [C]//2013 National Conference on Parallel Computing Technologies(PARCOMPTECH), Bangalore, 2013: 1-8.

[220] FRINCU M E, CRACIUN C. Multi-objective meta-heuristics for scheduling applications with high availability requirements and cost constraints in multi-cloud environments [C]//2011 Fourth IEEE International Conference on Utility and Cloud Computing, Melbourne, 2011: 267-274.

[221] FARAGARDI H R, RAJABI A, SHOJAEE R, et al. Towards energy-aware resource scheduling to maximize reliability in cloud computing systems [C]//2013 IEEE 10th International Conference on High Performance Computing and Communications & 2013 IEEE International Conference on Embedded and Ubiquitous Computing, Zhangjiajie, 2013: 1469-1479.

[222] SOFIA A S, GANESHKUMAR P. Multi-objective task scheduling to minimize energy consumption and makespan of cloud computing using NSGA-II [J]. Journal of Network and Systems Management, 2018, 26(2): 463-485.

[223] LAKRA A V, YADAV D K. Multi-objective tasks scheduling algorithm for cloud computing throughput optimization [J]. Procedia Computer Science, 2015, 48: 107-113.

[224] GAO Y Q, GUAN H B, QI Z W, et al. A multi-objective ant colony system algorithm for virtual machine placement in cloud computing [J]. Journal of Computer and System Sciences, 2013, 79(8): 1230-1242.

[225] TONG Z, CHEN H J, DENG X M, et al. A scheduling scheme in the cloud computing environment using deep Q-learning [J]. Information Sciences, 2020, 512: 1170-1191.

[226] TRIVEDI A, SRINIVASAN D, SANYAL K, et al. A survey of multiobjective evolutionary algorithms based on decomposition [J]. IEEE Transactions on Evolutionary Computation, 2016, 21(3): 440-462.

[227] XIANG Y, ZHOU Y R, YANG X W, et al. A Many-objective evolutionary algorithm with Pareto-adaptive reference points [J]. IEEE Transactions on Evolutionary Computation, 2019, 24(1): 99-113.

[228] PRAJAPATI A, CHHABRA J K. MaDHS: Many-objective discrete harmony search to improve existing package design [J]. Computational Intelligence, 2019, 35(1): 98-123.

[229] ZHOU J J, GAO L, YAO X F, et al. Evolutionary algorithms for many-objective cloud service composition: Performance assessments and comparisons [J]. Swarm and Evolutionary Computation, 2019, 51: 100605.

[230] ZHAO H T, ZHANG C S, ZHANG B. A decomposition-based many-objective ant colony optimization algorithm with adaptive reference points [J]. Information Sciences, 2020, 540: 435-448.

[231] HOU Y, WU N Q, LI Z W, et al. Many-objective optimization for scheduling of crude oil operations based on NSGA-Ⅲ with consideration of energy efficiency [J]. Swarm and Evolutionary Computation, 2020, 57: 100714.

[232] MASOOD A, MEI Y, CHEN G, et al. Many-objective genetic programming for job-shop scheduling [C]//2016 IEEE Congress on Evolutionary Computation(CEC), Vancouver, 2016: 209-216.

[233] YE X, LIU S H, YIN Y L, et al. User-oriented many-objective cloud workflow scheduling based on an improved knee point driven evolutionary algorithm [J]. Knowledge-Based Systems, 2017, 135: 113-124.

[234] 唐恒永, 赵传立. 排序引论 [M]. 北京: 科学出版社, 2002.

[235] GRAHAM R L, LAWLER E L, LENSTRA J K, et al. Optimization and approximation in deterministic sequencing and scheduling: A survey [J]. Annals of Discrete Mathematics, 1979, 5(1): 287-326.

[236] BADIRU A B. Computational survey of univariate and multivariate learning curve models [J]. IEEE Transactions on Engineering Management, 1992, 39(2): 176-188.

[237] WRIGHT T P. Factors affecting the cost of airplanes [J]. Journal of Aeronautical Sciences, 1936, 3(4): 122-128.

[238] TEYARACHAKUL S, CHAND S, WARD J. Effect of learning and forgetting on batch sizes [J]. Production and Operations Management, 2011, 20(1): 116-128.

[239] BISKUP D. Single-machine scheduling with learning considerations [J]. European Journal of Operational Research, 1999, 115(1): 173-178.

[240] CHENG T E, WANG G. Single machine scheduling with learning effect considerations [J]. Annals of Operations Research, 2000, 98(1-4): 273-290.

[241] BISKUP D. A state-of-the-art review on scheduling with learning effects [J]. European Journal of Operational Research, 2008, 188(2): 315-329.

[242] MOSHEIOV G. Scheduling problems with a learning effect [J]. European Journal of Operational Research, 2001, 132(3): 687-693.

[243] ZHAO C L, ZHANG Q L, TANG H Y. Machine scheduling problems with a learning effects [J]. Dynamics of Continuous, Discrete and Impulsive Systems, Series A: Mathematical Analysis, 2004, 11(5-6): 741-750.

[244] MOSHEIOV G. Parallel machine scheduling with a learning effect [J]. Journal of the Operational Research Society, 2001, 52(10): 1165-1169.

[245] WU C C, LEE W C. A note on the total completion time problem in a per-mutation flowshop with a learning effect [J]. European Journal of Operational Research, 2009, 192(1): 343-347.

[246] WANG J B, XIA Z Q. Flow-shop scheduling with a learning effect [J]. Journal of the Operational Research Society, 2005, 56(11): 1325-1330.

[247] BACHMAN A, JANIAK A. Scheduling jobs with position-dependent processing times [J]. Journal of the Operational Research Society, 2004, 55(3): 257-264.

[248] KUO W H, YANG D L. Single machine scheduling with past-sequence-dependent setup times and learning effects [J]. Information Processing Letters, 2007, 102(1): 22-26.

[249] KUO W H, YANG D L. Minimizing the total completion time in a single-machine scheduling problem with a time-dependent learning effect [J]. European Journal of Operational Research, 2006, 174(2): 1184-1190.

[250] YANG D L, KUO W H. Single-machine scheduling with an actual time-dependent learning effect [J]. Journal of the Operational Research Society, 2007, 58(10): 1348-1353.

[251] KOULAMAS C, KYPARISIS G J. Single-machine and two-machine flowshop scheduling with general learning functions [J]. European Journal of Operational Research, 2007, 178(2): 402-407.

[252] WU C C, LEE W C. Single-machine and flowshop scheduling with a general learning effect model [J]. Computers & Industrial Engineering, 2009, 56(4): 1553-1558.

[253] CHENG T, WU C C, LEE W C. Some scheduling problems with sum-of- processing-times-based and job-position-based learning effects [J]. Information Sciences, 2008, 178(11): 2476-2487.

[254] YIN Y Q, XU D H, SUN K B, et al. Some scheduling problems with general position-dependent and time-dependent learning effects [J]. Information Sciences, 2009, 179(14): 2416-2425.

[255] ZHANG X G, YAN G L. Machine scheduling problems with a general learning effect [J]. Mathematical and Computer Modelling, 2010, 51(1): 84-90.

[256] JANIAK A, RUDEK R. A new approach to the learning effect: Beyond the learning curve restrictions [J]. Computers & Operations Research, 2008, 35(11): 3727-3736.

[257] JANIAK A, RUDEK R. Experience-based approach to scheduling problems with the learning effect [J]. IEEE Transactions on Systems, Man and Cybernetics, Part A: Systems and Humans, 2009, 39(2): 344-357.

[258] JANIAK A, RUDEK R. A note on a makespan minimization problem with a multi-ability learning effect [J]. Omega, 2010, 38(3): 213-217.

[259] KUO W H, YANG D L. A note on due-date assignment and single-machine scheduling with deteriorating jobs and learning effects [J]. Journal of the Operational Research Society, 2011, 62(1): 206-210.

[260] WANG J B, WANG D, WANG L Y, et al. Single machine scheduling with exponential time-dependent learning effect and past-sequence-dependent setup times [J]. Computers & Mathematics with Applications, 2009, 57(1): 9-16.

[261] LEE W C, WU C C, HSU P H. A single-machine learning effect scheduling problem with release times [J]. Omega, 2010, 38(1): 3-11.

[262] YANG D L, CHENG T, KUO W H. Scheduling with a general learning effect [J]. The International Journal of Advanced Manufacturing Technology, 2013, 67(1-4): 217-229.

[263] WU C C, WU W H, HSU P H, et al. A two-machine flowshop scheduling problem with a truncated sum of processing-times-based learning function [J]. Applied Mathematical Modelling, 2012, 36(10): 5001-5014.

[264] CHENG T, WU C C, CHEN J C, et al. Two-machine flowshop scheduling with a truncated learning function to minimize the makespan [J]. International Journal of Production Economics, 2013, 141(1): 79-86.

[265] LAI P J, LEE W C. Single-machine scheduling with general sum-of-processing-time-based and position-based learning effects [J]. Omega, 2011, 39(5): 467-471.

[266] WANG J B, WANG J J. Scheduling jobs with a general learning effect model [J]. Applied Mathematical Modelling, 2013, 37(4): 2364-2373.

[267] LAI P J, LEE W C. Single-machine scheduling with learning and forgetting effects [J]. Applied Mathematical Modelling, 2012, 37(4): 4509-4516.

[268] YANG W H, CHAND S. Learning and forgetting effects on a group scheduling problem [J]. European Journal of Operational Research, 2008, 187(3): 1033-1044.

[269] WANG J B, LIU L L. Two-machine flow shop problem with effects of deterioration and learning [J]. Computers & Industrial Engineering, 2009, 57(3): 1114-1121.

[270] RESNICK L B. Mathematics and science learning: A new conception [J]. Science, 1983, 220(4596): 477-478.

[271] NEUENHAUS N, ARTELT C, SCHNEIDER W. The impact of cross-curricular competences and prior knowledge on learning outcomes [J]. International Journal of Higher Education, 2013, 2(4): 214-227.

[272] SCHNEIDER W, KÖRKEL J, WEINERT F E. Domain-specific knowledge and memory performance: A comparison of high-and low-aptitude children [J]. Journal of Educational Psychology, 1989, 81(3): 306.

[273] WU C C, HSU P H, CHEN J C, et al. Genetic algorithm for minimizing the total weighted completion time scheduling problem with learning and release times [J]. Computers & Operations Research, 2011, 38(7): 1025-1034.

[274] MOSHEIOV G. A note on scheduling deteriorating jobs [J]. Mathematical & Computer Modelling An International Journal, 2005, 41(8-9): 883-886.

[275] LEE W C, WU C C. A note on single-machine group scheduling problems with position-based learning effect [J]. Applied Mathematical Modelling, 2009, 33(4): 2159-2163.

[276] PAN E, WANG G, XI L, et al. Single-machine group scheduling problem considering learning, forgetting effects and preventive maintenance [J]. International Journal of Production Research, 2014, 52(19): 5690-5704.

[277] ZHU Z G, SUN L Y, CHU F, et al. Single-machine group scheduling with resource allocation and learning effect [J]. Computers & Industrial Engineering, 2011, 60(1): 148-157.

[278] RUSTOGI K, STRUSEVICH V A. Single machine scheduling with general positional deterioration and rate-modifying maintenance [J]. Omega, 2012, 40(6): 791-804.

[279] LIU H C, LEE W C, WU C C. A note on single-machine group scheduling problem with a general learning function [J]. Journal of Statistics & Management Systems, 2008, 11(4): 645-652.

[280] ZHANG X G. Single-machine group scheduling problems with the sum-of-processing-time based on learning effect [J]. Operations Research Transactions, 2013, 17(1): 1-9.

[281] YAN Y, WANG D Z, WANG D W, et al. Single machine group scheduling problems with the effects of deterioration and learning [J]. Acta Automatica Sinica, 2009, 35(10): 1290-1295.

[282] YANG S J. Group scheduling problems with simultaneous considerations of learning and deterioration effects on a single-machine [J]. Applied Mathematical Modelling, 2011, 35(8): 4008-4016.

[283] LOW C, LIN W Y. Single machine group scheduling with learning effects and past-sequence-dependent setup times [J]. International Journal of Systems Science, 2012, 43(1): 1-8.

[284] ZHANG X G, WANG Y, BAI S K. Single-machine group scheduling problems with deteriorating and learning effect [J]. Applied Mathematics & Computation, 2016, 47(10): 2402-2410.

[285] HUANG X, WANG M Z, WANG J B. Single-machine group scheduling with both learning effects and deteriorating jobs [J]. Computers & Industrial Engineering, 2011, 60(4): 750-754.

[286] BAI J, LI Z R, HUANG X. Single-machine group scheduling with general deterioration and learning effects [J]. Applied Mathematical Modelling, 2012, 36(3): 1267-1274.

[287] RUSTOGI K, STRUSEVICH V A. Combining time and position dependent effects on a single machine subject to rate-modifying activities [J]. Omega, 2014, 42(1): 166-178.

[288] LIU H T, GONG A H, HU M M. An optimal control method for fuzzy supplier switching problem [J]. International Journal of Machine Learning and Cybernetics, 2015, 6(4): 651-654.

[289] YANG S J, YANG D L, CHANG T R. Single-machine scheduling with joint deteriorating and learning effects under group technology and group availability assumptions [J]. Journal of the Chinese Institute of Industrial Engineers, 2011, 28(8): 597-605.

[290] YANG S J, YANG D L. Single-machine scheduling simultaneous with position-based and sum-of-processing-times-based learning considerations under group technology assumption [J]. Applied Mathematical Modelling, 2011, 35(5): 2068-2074.

[291] KUO W H. Single-machine group scheduling with time-dependent learning effect and position-based setup time learning effect [J]. Annals of Operations Research, 2012, 196(1): 349-359.

[292] YIN Y, WU W H, CHENG T, et al. Single-machine scheduling with time-dependent and position-dependent deteriorating jobs [J]. International Journal of Computer Integrated Manufacturing, 2015, 28(7): 781-790.

[293] HE Y, SUN L. One-machine scheduling problems with deteriorating jobs and position-dependent learning effects under group technology considerations [J]. International Journal of Systems Science, 2015, 46(7): 1319-1326.

[294] HUANG X, WANG M Z. Single machine group scheduling with time and position dependent processing times [J]. Optimization Letters, 2014, 8(4): 1475-1485.

[295] HARDY G H, WRIGHT E M. An Introduction to the Theory of Numbers [M]. London: Oxford University Press, 1979.

[296] LI X P, WU C. Heuristic for no-wait flow shops with makespan minimization based on total idle-time increments [J]. Science in China Series F: Information Sciences, 2008, 51(7): 896-909.

[297] RIBAS I, COMPANYS R, TORT-MARTORELL X. An iterated greedy algorithm for the flowshop scheduling problem with blocking [J]. Omega, 2011, 39(3): 293-301.

[298] RUIZ R, STÜTZLE T. A simple and effective iterated greedy algorithm for the permutation flowshop scheduling problem [J]. European Journal of Operational Research, 2007, 177(3): 2033-2049.

[299] RUIZ R, STÜTZLE T. An iterated greedy heuristic for the sequence dependent setup times flowshop problem with makespan and weighted tardiness objectives [J]. European Journal of Operational Research, 2008, 187(3): 1143-1159.

[300] 陈容秋. 排序的理论与方法 [M]. 武汉: 华中科技大学出版社, 1987.

[301] LI X P, WANG Q, WU C. Heuristic for no-wait flow shops with makespan minimization [J]. International Journal of Production Research, 2008, 46(9): 2519-2530.

[302] LI X P, WANG Q, WU C. Efficient composite heuristics for total flowtime minimization in permutation flow shops [J]. Omega, 2009, 37(1): 155-164.

[303] PAN Q K, WANG L, ZHAO B H. An improved iterated greedy algorithm for the no-wait flow shop scheduling problem with makespan criterion [J]. The International Journal of Advanced Manufacturing Technology, 2008, 38(7-8): 778-786.

[304] DING J Y, SONG S J, GUPTA J N D, et al. An improved iterated greedy algorithm with a Tabu-based reconstruction strategy for the no-wait flowshop scheduling problem [J]. Applied Soft Computing, 2015, 30: 604-613.

[305] GRABOWSKI J, PEMPERA J. Some local search algorithms for no-wait flow-shop problem with makespan criterion [J]. Computers & Operations Research, 2005, 32(8): 2197-2212.

[306] NAWAZ M, ENSCORE E E, HAM I. A heuristic algorithm for the m-machine n-job flow-shop sequencing problem [J]. Omega, 1983, 11(1): 91-95.

[307] PAN Q K, RUIZ R. An effective iterated greedy algorithm for the mixed no-idle permutation flowshop scheduling problem [J]. Omega, 2014, 44: 41-50.

[308] RUIZ R, MAROTO C. A comprehensive review and evaluation of permutation flowshop heuristics [J]. European Journal of Operational Research, 2005, 165(2): 479-494.

[309] PAN Q K, RUIZ R. A comprehensive review and evaluation of permutation flow-shop heuristics to minimize flowtime [J]. Computers & Operations Research, 2013, 40(1): 117-128.

[310] DING J Y, SONG S J, ZHANG R, et al. Accelerated methods for total tardiness minimisation in no-wait flowshops [J]. International Journal of Production Research, 2015, 53(4): 1002-1018.

[311] WANG C Y, LI X P, WANG Q. Accelerated tabu search for no-wait flowshop scheduling problem with maximum lateness criterion [J]. European Journal of Operational Research, 2010, 206(1): 64-72.

[312] LAHA D, SARIN S C. A heuristic to minimize total flow time in permutation flow shop [J]. Omega, 2009, 37(3): 734-739.

[313] RAD S F, RUIZ R, BOROOJERDIAN N. New high performing heuristics for minimizing makespan in permutation flowshops [J]. Omega, 2009, 37(2): 331-345.

[314] PAN Q K, RUIZ R. An estimation of distribution algorithm for lot-streaming flow shop problems with setup times [J]. Omega, 2012, 40(2): 166-180.

[315] VALLADA E, RUIZ R. Cooperative metaheuristics for the permutation flow-shop scheduling problem [J]. European Journal of Operational Research, 2009, 193(2): 365-376.

[316] MLADENOVIC N, HANSEN P. Variable neighborhood search [J]. Computers & Operations Research, 1997, 24(11): 1097-1100.

[317] BLUM C, ROLI A. Metaheuristics in combinatorial optimization: Overview and conceptual comparison [J]. ACM Computing Surveys, 2003, 35(3): 268-308.

[318] HATAMI S, RUIZ R, ROMANO C A. Heuristics and metaheuristics for the distributed assembly permutation flowshop scheduling problem with sequence dependent setup times [J]. International Journal of Production Economics, 2015, 169: 76-88.

[319] JOHNSON S M. Optimal two-and three-stage production schedules with setup times included [J]. Naval Research Logistics Quarterly, 1954, 1(1): 61-68.

[320] WANG J B, JI P, CHENG T, et al. Minimizing makespan in a two-machine flow shop with effects of deterioration and learning [J]. Optimization Letters, 2012, 6(7): 1393-1409.

[321] DEAN J, GHEMAWAT S. MapReduce: Simplified data processing on large clusters [J]. Communications of the ACM, 2008, 51(1): 107-113.

[322] WHITE T. Hadoop: The Definitive Guide [M]. Beijing: O'Reilly Media, 2009.

[323] 董西成. Hadoop 技术内幕: 深入解析 MapReduce 架构设计与实现原理 [M]. 北京: 机械工业出版社, 2013.

[324] ZAHARIA M, BORTHAKUR D, SARMA J S, et al. Job scheduling for multi-user mapreduce clusters [R]. Berkeley: University of California, 2009.

[325] PHAN L T X, ZHANG Z Y, LOO B T, et al. Real-time MapReduce scheduling [R]. Philadelphia, PA: University of Pennsylvania, 2010.

[326] MOSELEY B, DASGUPTA A, KUMAR R, et al. On scheduling in map-reduce and flow-shops [C]//Proceedings of the 23rd ACM Symposium on Parallelism in Algorithms and Architectures, San Jose, 2011: 289-298.

[327] TANG S J, LEE B S, HE B S. MROrder: Flexible job ordering optimization for online mapreduce workloads [C]//Proceedings of the 19th International Conference on Parallel Processing, Aachen, 2013: 291-304.

[328] CHANG H, KODIALAM M S, KOMPELLA R, et al. Scheduling in mapreduce-like systems for fast completion time [C]//Proceedings IEEE INFOCOM, Shanghai, 2011: 3074-3082.

[329] THUSOO A, SHAO Z, ANTHONY S, et al. Data warehousing and analytics infrastructure at facebook [C]//Proceedings of the 2010 ACM SIGMOD International Conference on Management of Data, Indianapolis, 2010: 1013-1020.

[330] POLO J, CARRERA D, BECERRA Y, et al. Performance-driven task co-scheduling for mapreduce environments [C]//Proceedings of the IEEE Network Operations and Management Symposium(NOMS), Osaka, 2010: 373-380.

[331] POLO J, CASTILLO C, CARRERA D, et al. Resource-aware adaptive scheduling for mapreduce clusters [C]//Proceedings of the 12th International Middleware Conference, Lisbon, 2011: 187-207.

[332] VERMA A, CHERKASOVA L, CAMPBELL R H. Resource provisioning framework for mapreduce jobs with performance goals [C]//Middleware 2011-ACM/IFIP/USENIX 12th International Middleware Conference, Lisbon, 2011: 165-186.

[333] WOLF J, RAJAN D, HILDRUM K, et al. FLEX: A slot allocation scheduling optimizer for MapReduce workloads [C]//Proceedings of the ACM/IFIP/USENIX 11th International Conference on Middleware, Bangalore, 2010: 1-20.

[334] TIAN C, ZHOU H J, HE Y Q, et al. A dynamic mapreduce scheduler for heterogeneous workloads [C]//Proceedings of the 2009 Eighth International Conference on Grid and Cooperative Computing, Washington, 2009: 218-224.

[335] LU P, LEE Y C, WANG C, et al. Workload characteristic oriented scheduler for mapreduce [C]//Proceedings of the 2012 IEEE 18th International Conference on Parallel and Distributed Systems, Singapore, 2012: 156-163.

[336] SHIH H Y, HUANG J J, LEU J S. Dynamic slot-based task scheduling based on node workload in a mapreduce computation model [C]//2012 International Conference on Anti-Counterfeiting, Security and Identification(ASID), Taipei, 2012: 1-5.

[337] LEVERICH J, KOZYRAKIS C. On the energy(in) efficiency of Hadoop clusters [J]. ACM SIGOPS Operating Systems Review, 2010, 44(1): 61-65.

[338] LANG W, PATEL J M. Energy management for MapReduce clusters [J]. Proceedings of the VLDB Endowment, 2010, 3(1): 129-139.

[339] CHENG D Z, LAMA P, JIANG C J, et al. Towards energy efficiency in heterogeneous Hadoop clusters by adaptive task assignment [C]//IEEE 35th International Conference on Distributed Computing Systems Workshops, Columbus, 2015: 359-368.

[340] BAMPIS E, CHAU V, LETSIOS D, et al. Energy efficient scheduling of MapReduce jobs [C]//Proceedings of the European Conference on Parallel Processing, Porto, 2014: 198-209.

[341] MASHAYEKHY L, NEJAD M, GROSU D, et al. Energy-aware scheduling of MapReduce jobs for big data applications [J]. IEEE Transactions on Parallel and Distributed Systems, 2015, 26(10): 2720-2733.

[342] CARDOSA M, SINGH A, PUCHA H, et al. Exploiting spatio-temporal tradeoffs for energy-aware MapReduce in the cloud [J]. IEEE Transactions on Computers, 2012, 61(12): 1737-1751.

[343] WANG X L, WANG Y P, CUI Y. Energy and locality aware load balancing in cloud computing [J]. Integrated Computer-Aided Engineering, 2013, 20(4): 361-374.

[344] PATIL V, CHAUDHARY V. Rack aware scheduling in HPC data centers: An energy conservation strategy [J]. Cluster Computing, 2013, 16(3): 559-573.

[345] SONG J, LIU X B, ZHU Z L, et al. A novel task scheduling approach for reducing energy consumption of mapreduce cluster [J]. IETE Technical Review(Institution of Electronics and Telecommunication Engineers, India), 2014, 31(1): 65-74.

[346] HARTOG J, DEDE E, GOVINDARAJU M. MapReduce framework energy adaptation via temperature awareness [J]. Cluster Computing, 2014, 17(1): 111-127.

[347] GUO Y F, RAO J, JIANG C J, et al. FlexSlot: Moving Hadoop into the cloud with flexible slot management [C]//Proceedings of the International Conference for High Performance Computing, Networking, Storage and Analysis, New Orleans, 2014: 959-969.

[348] TANG S J, LEE B S, HE B S. DynamicMR: A dynamic slot allocation optimization framework for MapReduce clusters [J]. IEEE Transactions on Cloud Computing, 2014, 2(3): 333-347.

[349] ZAHARIA M, KONWINSKI A, JOSEPH A D, et al. Improving MapReduce performance in heterogeneous environments [C]//Proceedings of the 8th USENIX Conference on Operating Systems Design and Implementation, San Diego, 2008: 7.

[350] YANG S J, CHEN Y R, HSIEH Y M. Design dynamic data allocation scheduler to improve MapReduce performance in heterogeneous clouds [J]. Journal of Network and Computer Applications, 2012, 57: 265-270.

[351] CHEN Q, ZHANG D Q, GUO M Y, et al. SAMR: A self-adaptive MapReduce scheduling algorithm in heterogeneous environment [C]//Proceedings of the 2010 IEEE 10th International Conference on Computer and Information Technology(CIT), Los Alamitos, 2010: 2736-2743.

[352] CHEN Q, GUO M Y, DENG Q N, et al. HAT: History-based auto-tuning MapReduce in heterogeneous environments [J]. The Journal of Supercomputing, 2013, 64(3): 1038-1054.

[353] MIKA M, WALIGORA G, WKEGLARZ J. Tabu search for multi-mode resource-constrained project scheduling with schedule-dependent setup times [J]. European Journal of Operational Research, 2008, 187(3): 1238-1250.

[354] GUPTA J N. Two-stage, hybrid flowshop scheduling problem [J]. Journal of the Operational Research Society, 1988, 39(4): 359-364.

[355] HAOUARI M, M'HALLAH R. Heuristic algorithms for the two-stage hybrid flowshop problem [J]. Operations Research Letters, 1997, 21(1): 43-53.

[356] BRUCKER P. Scheduling Algorithms [M]. Germany: Springer, 2007.

[357] VERMA A, CHERKASOVA L, CAMPBELL R H. Orchestrating an ensemble of MapReduce jobs for minimizing their makespan [J]. IEEE Transactions on Dependable and Secure Computing, 2013, 10(5): 314-327.

[358] KURZ M E, ASKIN R G. Scheduling flexible flow lines with sequence-dependent setup times [J]. European Journal of Operational Research, 2004, 159(1): 66-82.

[359] HUANG W, LI S. A two-stage hybrid flowshop with uniform machines and setup times [J]. Mathematical and Computer Modelling, 1998, 27(2): 27-45.

[360] OGUZ C, ERCAN M F, CHENG T C E, et al. Heuristic algorithms for multiprocessor task scheduling in a two-stage hybrid flow-shop [J]. European Journal of Operational Research, 2003, 149(2): 390-403.

[361] JUNGWATTANAKIT J, REODECHA M, CHAOVALITWONGSE P, et al. Algorithms for flexible flow shop problems with unrelated parallel machines, setup times, and dual criteria [J]. The International Journal of Advanced Manufacturing Technology, 2008, 37(3-4): 354-370.

[362] PANG L, CHAWLA S, LIU W, et al. On detection of emerging anomalous traffic patterns using GPS data [J]. Data and Knowledge Engineering, 2013, 87: 357-373.

[363] SONG X, ZHANG Q S, SEKIMOTO Y, et al. Modeling and probabilistic reasoning of population evacuation during large-scale disaster [C]//Proceedings of the 19th ACM SIGKDD International Conference on Knowledge Discovery and Data Mining, Chicago, 2013: 1231-1239.

[364] YANG J, LI X P, WANG D D, et al. A group mining method for big data on distributed vehicle trajectories in WAN [J]. International Journal of Distributed Sensor Networks, 2015, 2014(10): 13.

[365] WIRTZ T, GE R N. Improving MapReduce energy efficiency for computation intensive workloads [C]//Proceedings of the 2011 International Green Computing Conference and Workshops, Orlando, 2011: 1-8.

[366] XUN Y L, ZHANG J F, QIN X. FiDoop: Parallel mining of frequent itemsets using MapReduce [J]. IEEE Transactions on Systems, Man, and Cybernetics: Systems, 2016, 46(3): 313-325.

[367] KAVULYA S, TANY J, GANDHI R, et al. An analysis of traces from a production MapReduce cluster [C]//Proceedings of the 2010 10th IEEE/ACM International Conference on Cluster, Cloud and Grid Computing, Melbourne, 2010: 94-103.

[368] ZHU Y Q, JIANG Y W, WU W L, et al. Minimizing makespan and total completion time in MapReduce-like systems [C]//IEEE INFOCOM 2014-IEEE Conference on Computer Communications, Toronto, 2014: 2166-2174.

[369] LIM N, MAJUMDAR S, ASHWOOD-SMITH P. A constraint programming based Hadoop scheduler for handling MapReduce jobs with deadlines on clouds [C]//Proceedings of the 6th ACM/SPEC International Conference on Performance Engineering, Austin , 2015: 111-122.

[370] WANG J, LI X P. Task scheduling for MapReduce in heterogeneous networks [J]. Cluster Computing, 2016, 19(1): 197-210.

[371] POLO J, BECERRA Y, CARRERA D, et al. Deadline-based MapReduce workload management [J]. IEEE Transactions on Network and Service Management, 2013, 10(2): 231-244.

[372] HUANG L K, WANG M J. Image thresholding by minimizing the measures of fuzziness [J]. Pattern Recognition, 1995, 28(1): 41-51.

[373] LI X Q, ZHAO Z W, CHENG H D. Fuzzy entropy threshold approach to breast cancer detection [J]. Information Sciences, 1995, 4(1): 49-56.

[374] GONZALEZ-DOMINGUEZ E, CAFFI T, BODINI A, et al. A fuzzy control system for decision-making about fungicide applications against grape downy mildew [J]. European Journal of Plant Pathology, 2016, 144(4): 763-772.

[375] WANG L, LASZEWSKI G V, YOUNGE A, et al. Cloud computing: A perspective study [J]. New Generation Computing, 2010, 28(2): 137-146.

[376] BERMBACH D, WITTERN E, TAI S. Cloud Service Benchmarking [M]. Berlin: Springer, 2017.

[377] GHOSH R, TRIVEDI K S, NAIK V K, et al. End-to-end performability analysis for infrastructure-as-a-service cloud: An interacting stochastic models approach [C]//IEEE Pacific Rim International Symposium on Dependable Computing, Tokyo, 2010: 125-132.

[378] KHAZAEI H, MISIC J, MISIC V B. Performance analysis of cloud computing centers using M/G/m/m+r queuing systems [J]. IEEE Transactions on Parallel and Distributed Systems, 2011, 23(5): 936-943.

[379] LI K Q. Optimal power allocation among multiple heterogeneous servers in a data center [J]. Sustainable Computing: Informatics and Systems, 2012, 2: 13-22.

[380] KHAZAEI H, MISIC J, MISIC V B, et al. Analysis of a pool management scheme for cloud computing centers [J]. IEEE Transactions on Parallel and Distributed Systems, 2013, 24(5): 849-861.

[381] CAO J W, HWANG K, LI K Q, et al. Optimal multiserver configuration for profit maximization in cloud computing [J]. IEEE Transactions on Parallel and Distributed Systems, 2014, 24(6): 1087-1096.

[382] YANG Z X, LIU W, XU D. Study of cloud service queuing model based on imbedding Markov chain perspective [J]. Cluster Computing, 2017, 21: 837-844.

[383] XIA Y N, ZHOU M C, LUO X, et al. Stochastic modeling and quality evaluation of infrastructure-as-a-service clouds [J]. IEEE Transactions on Automation Science and Engineering, 2015, 12(1): 162-170.

[384] TIAN Y, LIN C, LI K Q. Managing performance and power consumption tradeoff for multiple heterogeneous servers in cloud computing [J]. Cluster Computing, 2014, 17(3): 943-955.

[385] AMINIZADEH L, YOUSEFI S. Cost minimization scheduling for deadline constrained applications on vehicular cloud infrastructure [C]//2014 4th International Conference on Computer and Knowledge Engineering, Mashhad, 2014: 358-363.

[386] CHEN L, LI X P, RUIZ R. Resource renting for periodical cloud workflow applications [J]. IEEE Transactions on Services Computing, 2020, 13(1): 130-143.

[387] MEI J, LI K L, LI K Q. Customer-satisfaction-aware optimal multiserver configuration for profit maximization in cloud computing [J]. IEEE Transactions on Sustainable Computing, 2017, 2(1): 17-29.

[388] ZHAI B, BLAAUW D, SYLVESTER D, et al. Theoretical and practical limits of dynamic voltage scaling [C]//Proceedings of the 41th Design Automation Conference, San Diego, 2004: 868-873.

[389] KLEINROCK L. Queueing Systems, Volume 2: Computer Applications [M]. New York: Wiley, 1976.

[390] BENEDICT S. Performance issues and performance analysis tools for HPC cloud applications: A survey [J]. Computing, 2013, 95(2): 89-108.

[391] WARD A R. Asymptotic analysis of queueing systems with reneging: A survey of results for FIFO, single class models [J]. Surveys in Operations Research and Management Science, 2012, 17(1): 1-14.

[392] BALSAMO S, PERSON V D N. A survey of product form queueing networks with blocking and their equivalences [J]. Annals of Operations Research, 1994, 48(1): 31-61.

[393] SCHWARZ J A, SELINKA G, STOLLETZ R. Performance analysis of time-dependent queueing systems: Survey and classification [J]. Omega, 2016, 63: 170-189.

[394] ZHANGAB Z. Analysis of job assignment with batch arrivals among heterogeneous servers [J]. European Journal of Operational Research, 2012, 217(1): 149-161.

[395] GHOSH R, LONGO F, NAIK V K, et al. Modeling and performance analysis of large scale IaaS clouds [J]. Future Generation Computer Systems, 2013, 29(5): 1216-1234.

[396] KAUR P D, CHANA I. A resource elasticity framework for QoS-aware execution of cloud applications [J]. Future Generation Computer Systems, 2014, 37(7): 14-25.

[397] LONGO F, GHOSH R, NAIK V K, et al. A scalable availability model for Infrastructure-as-a-Service cloud [C]//Proceedings of the 2011 IEEE/IFIP 41st International Conference on Dependable Systems and Networks, Hong Kong, 2011.

[398] MEI J, LI K L, OUYANG A, et al. A profit maximization scheme with guaranteed quality of service in cloud computing [J]. IEEE Transactions on Computers, 2015, 64(11): 3064-3078.

[399] LI K Q. Improving multicore server performance and reducing energy consumption by workload dependent dynamic power management [J]. IEEE Transactions on Cloud Computing, 2016, 4(2): 122-137.

[400] LEGROS B. Waiting time based routing policies to parallel queues with percentiles objectives [J]. Operations Research Letters, 2018, 46(3): 356-361.

[401] FERRAGUT A, RODRIGUEZ I, PAGANINI F, et al. Optimal timer-based caching policies for general arrival processes [J]. Queueing Systems, 2018, 88: 207-241.

[402] ABHAYA V G, TARI Z, ZEEPHONGSEKUL P, et al. Performance analysis of EDF scheduling in a multi-priority preemptive M/G/1 queue [J]. IEEE Transactions on Parallel and Distributed Systems, 2014, 25(8): 2149-2158.

[403] QIAN H Y, MEDHI D, TRIVEDI K S. A hierarchical model to evaluate quality of experience of online services hosted by cloud computing [C]//Proceedings of the 12th IFIP/IEEE International Symposium on Integrated Network Management, Dublin, 2011.

[404] SHEN C, TONG W Q, HWANG J N, et al. Performance modeling of big data applications in the cloud centers [J]. The Journal of Supercomputing, 2017, 73(1): 2258-2283.

[405] SALAH K, SHELTAMI T R. Performance modeling of cloud apps using message queueing as a service(MaaS) [C]//2017 20th Conference on Innovations in Clouds, Internet and Networks, Paris, 2017.

[406] MOVAGHAR A. Analysis of a dynamic assignment of impatient customers to parallel queues [J]. Queueing Systems, 2011, 67(3): 251-273.

[407] DELASAY M. Maximizing throughput in finite-source parallel queue systems [J]. European Journal of Operational Research, 2012, 217(3): 554-559.

[408] KNESSL C, MATKOWSKY B, SCHUSS Z, et al. Two parallel queues with dynamic routing [J]. IEEE Transactions on Communications, 1986, 34(12): 1170-1175.

[409] RAEI H, YAZDANI N, SHOJAEE R. Modeling and performance analysis of cloudlet in mobile cloud computing [J]. Performance Evaluation, 2017, 107: 34-53.

[410] PENG Z P, CUI D L, ZUO J L, et al. Random task scheduling scheme based on reinforcement learning in cloud computing [J]. Cluster Computing, 2015, 18: 1595-1607.

[411] MALAWSKI M, FIGIELA K, NABRZYSKI J. Cost minimization for computational applications on hybrid cloud infrastructures [J]. Future Generation Computer Systems, 2013, 29(7): 1786-1794.

[412] LI K L, LIU C B, LI K Q, et al. A framework of price bidding configurations for resource usage in cloud computing [J]. IEEE Transactions on Parallel and Distributed Systems, 2016, 27(8): 2168-2181.

[413] MITRANI I. Managing performance and power consumption in a server farm [J]. Annals of Operations Research, 2013, 202(1): 121-134.

[414] KOWSIGAN M, BALASUBRAMANIE P. An efficient performance evaluation model for the resource clusters in cloud environment using continuous time Markov chain and Poisson process [J]. Cluster Computing, 2018, 5: 1-9.

[415] ATMACA T, BEGIN T, BRANDWAJN A, et al. Performance evaluation of cloud computing centers with general arrivals and service [J]. IEEE Transactions on Parallel and Distributed Systems, 2016, 27(8): 2341-2348.

[416] BRUNEEL H, MAERTENS T. A discrete-time queue with customers with geometric deadlines [J]. Performance Evaluation, 2015, 85-86: 52-70.

[417] HENDERSON W, TAYLOR P G. Product form in networks of queues with batch arrivals and batch services [J]. Queueing Systems, 1990, 6(1): 71-87.

[418] KHAZAEI H, MISIC J, MISIC V B. Performance of cloud centers with high degree of virtualization under batch task arrivals [J]. IEEE Transactions on Parallel and Distributed Systems, 2013, 24(12): 2429-2438.

[419] LI W, FRETWELL R J, KOUVATSOS D D. Performance analysis of queues with batch poisson arrival and service [C]//2011 IEEE 13th International Conference on Communication Technology, Jinan, 2011.

[420] SHORGIN S, PECHINKIN A, SAMOUYLOV K, et al. Queuing systems with multiple queues and batch arrivals for cloud computing system performance analysis [C]//2014 International Science and Technology Conference(Modern Networking Technologies), Moscow, 2015.

[421] KHAZAEI H, MISIC J, MISIC V B. A fine-grained performance model of cloud computing centers [J]. IEEE Transactions on Parallel and Distributed Systems, 2013, 24(11): 2138-2147.

[422] BOOTS N K, TIJMS H. An M/M/c queue with impatient customers [J]. An Official Journal of the Spanish Society of Statistics and Operations Research, 1999, 7(2): 213-220.

[423] BRUNEO D. A stochastic model to investigate data center performance and QoS in IaaS cloud computing systems [J]. IEEE Transactions on Parallel and Distributed Systems, 2014, 25(3): 560-569.

[424] QIU X W, DAI Y S, XIANG Y P, et al. A hierarchical correlation model for evaluating reliability, performance, and power consumption of a cloud service [J]. IEEE Transactions on Systems Man and Cybernetics Systems, 2016, 46(3): 401-412.

[425] KHAZAEI H, IC J, IC V B, et al. Modeling the performance of heterogeneous IaaS cloud centers [C]//Proceedings of the 2013 IEEE 33rd International Conference on Distributed Computing Systems Workshops, Philadelphia, 2013: 232-237.

[426] MISRA C, SWAIN P K. Performance analysis of finite buffer queueing system with multiple heterogeneous servers [C]//Proceedings of the 6th International Conference on Distributed Computing and Internet Technology, Bhubaneswar, 2010: 180-183.

[427] ALVES F, YEHIA H C, PEDROSA L. Upper bounds on performance measures of heterogeneous M/M/c queues [J]. Mathematical Problems in Engineering, 2011, 4: 18.

[428] TIRDAD A, GRASSMANN W K, TAVAKOLI J. Optimal policies of M(t)/M/c/c queues with two different levels of servers [J]. European Journal of Operational Research, 2016, 249(3): 1124-1130.

[429] DOROUDI S, GOPALAKRISHNAN R, WIERMAN A. Dispatching to incentivize fast service in multi-server queues [J]. ACM SIGMETRICS Performance Evaluation Review, 2011, 39(3): 43-45.

[430] NA L, STANFORD D A. Multi-server accumulating priority queues with heterogeneous servers [J]. European Journal of Operational Research, 2016, 252(3): 866-878.

[431] RYKOV V, EFROSININ D. Optimal control of queueing systems with heterogeneous servers [J]. Queueing Systems, 2004, 46: 389-407.

[432] RYKOV V V. Monotone control of queueing systems with heterogeneous servers [J]. Queueing Systems, 2001, 37(4): 391-403.

[433] CAO J W, LI K Q, STOJMENOVIC I. Optimal power allocation and load distribution for multiple heterogeneous multicore server processors across clouds and data centers [J]. IEEE Transactions on Computers, 2013, 63(1): 45-58.

[434] LUENBERGER D G. Optimization by Vector Space Methods [M]. New York: John Wiley & Sons, Inc., 1969.

[435] BOLCH G, GREINER S, MEER H D, et al. Queueing Networks and Markov Chains: Modeling and Performance Evaluation with Computer Science Applications [M]. 2nd ed. Hoboken: John Wiley & Sons, Inc., 2006.

[436] TIJMS H C. A First Course in Stochastic Models [M]. Chichester: John Wiley & Sons, Ltd, 2004.

[437] ADAN I, RESING J. Queueing Theory [M]. Eindhoven: Eindhoven University of Technology, 2002.

[438] GANDHI A, HARCHOL-BALTER M, ADAN I. Server farms with setup costs [J]. Performance Evaluation, 2010, 67(11): 1123-1138.

[439] CHANDRAKASAN A P, SHENG S, BRODERSEN R W. Low-power CMOS digital design [J]. IEEE Journal of Solid-State Circuits, 1992, 27(4): 473-484.

[440] GANDHI A, DOROUDI S, HARCHOL-BALTER M, et al. Exact analysis of the M/M/k/setup class of Markov chains via recursive renewal reward [J]. Queueing Systems Theory & Applications, 2014, 77(2): 177-209.

[441] ZHANG Z G, TIAN N S. Analysis of queueing systems with synchronous single vacation for some servers [J]. Queueing Systems, 2003, 45(2): 161-175.

[442] GROSS D, SHORTIE J F, THOMPSON J M, et al. Fundamentals of Queueing Theory [M]. 4th ed. Hoboken: John Wiley & Sons, Inc., 2008.

[443] BILAL K, FAYYAZ A, KHAN S U, et al. Power-aware resource allocation in computer clusters using dynamic threshold voltage scaling and dynamic voltage scaling: Comparison and analysis [J]. Cluster Computing, 2015, 18(2): 865-888.

[444] ZHENG X Y, CAI Y. Markov model based power management in server clusters [C]//Proceedings of the 2010 IEEE/ACM International Conference on Green Computing and Communications & International Conference on Cyber, Physical and Social Computing, Hangzhou, 2010.

[445] QIU X W, DAI Y S, XIANG Y P, et al. Correlation modeling and resource optimization for cloud service with fault recovery [J]. IEEE Transactions on Cloud Computing, 2019, 7(3): 693-704.

[446] ENTEZARI-MALEKI R, SOUSA L, MOVAGHAR A. Performance and power modeling and evaluation of virtualized servers in IaaS clouds [J]. Information Sciences, 2017, 394-395: 106-122.

[447] ZHOU Z, ABAWAJY J, CHOWDHURY M, et al. Minimizing SLA violation and power consumption in cloud data centers using adaptive energy-aware algorithms [J]. Future Generation Computer Systems, 2018, 86: 836-850.

[448] SAYADNAVARD M H, HAGHIGHAT A T, RAHMANI A M. Correction to: A reliable energy-aware approach for dynamic virtual machine consolidation in cloud data centers [J]. The Journal of Supercomputing, 2019, 75(4): 2126-2147.

[449] XU M X, BUYYA R. Energy efficient scheduling of application components via brownout and approximate Markov decision process [C]//International Conference on Service-Oriented Computing, Malaga, 2017: 206-220.

[450] WU T Y, CHEN C Y, KUO L S, et al. Cloud-based image processing system with priority-based data distribution mechanism [J]. Computer Communications, 201, 35(15): 1809-1818.

[451] ASSUNCAO M, CARDONHA C, NETTO M, et al. Impact of user patience on auto-scaling resource capacity for cloud services [J]. Future Generation Computer Systems, 2015, 55: 41-50.

[452] VIEIRA G, HERRMANN J, LIN E. Rescheduling manufacturing systems: A framework of strategies, policies, and methods [J]. Journal of Scheduling, 2003, 6(1): 39-62.

[453] LIU X, NI Z W, YUAN D, et al. A novel statistical time-series pattern based interval forecasting strategy for activity durations in workflow systems [J]. Journal of Systems and Software, 2011, 84(3): 354-376.

[454] DE ASSUNCAO M D, DI COSTANZO A, BUYYA R. Evaluating the cost-benefit of using cloud computing to extend the capacity of clusters [C]//Proceedings of the 18th ACM International Symposium on High Performance Distributed Computing, New York, 2009: 141-150.

[455] LU C T, CHANG C W, LI J S. VM scaling based on hurst exponent and Markov transition with empirical cloud data [J]. Journal of Systems and Software, 2015, 99(C): 199-207.

[456] OUELHADJ D, PETROVIC S. A survey of dynamic scheduling in manufacturing systems [J]. Journal of Scheduling, 2009, 12: 417-431.

[457] GOLDBERG H. Analysis of the earliest due date scheduling rule in queueing systems [J]. Mathematics of Operations Research, 1977, 2(2): 145-154.

[458] FIGIELSKA E. A heuristic for scheduling in a two-stage hybrid flowshop with renewable resources shared among the stages [J]. European Journal of Operational Research, 2014, 236(2): 433-444.

[459] NADERI B, GOHARI S, YAZDANI M. Hybrid flexible flowshop problems: Models and solution methods [J]. Applied Mathematical Modelling, 2014, 38(24): 5767-5780.

[460] BRIMBERG J, HANSEN P, MLADENOVIC N, et al. Improvements and comparison of heuristics for solving the uncapacitated multisource weber problem [J]. Operations Research, 2000, 48(3): 444-460.

[461] WANG Z Y, HAYAT M M, GHANI N, et al. Optimizing cloud-service performance: Efficient resource provisioning via optimal workload allocation [J]. IEEE Transactions on Parallel and Distributed Systems, 2017, 28(6): 1689-1702.

[462] WANG L, BRUN O, GELENBE E. Adaptive workload distribution for local and remote clouds [C]//2016 IEEE International Conference on Systems, Man, and Cybernetics(SMC), Budapest, Hungary, 2016: 3984-3988.

[463] TOPCUOGLU H, HARIRI S, WU M Y. Performance-effective and low-complexity task scheduling for heterogeneous computing [J]. IEEE Transactions on Parallel and Distributed Systems, 2002, 13(3): 260-274.

[464] ZHU J, LI X P. Scheduling for multi-stage applications with scalable virtual resources in cloud computing [J]. International Journal of Machine Learning and Cybernetics, 2017, 8(5): 1633-1641.

[465] WANG S Q, AORIGELE G, LIU G J, et al. A hybrid discrete imperialist competition algorithm for fuzzy job-shop scheduling problems [J]. IEEE Access, 2016, 4: 9320-9331.

[466] BHARATHI S, CHERVENAK A, DEELMAN E, et al. Characterization of scientific workflows [C]//2008 3rd Workshop on Workflows in Support of Large-Scale Science, Austin, 2008: 1-10.

[467] DEELMAN E, SINGH G, LIVNY M, et al. The cost of doing science on the cloud: The montage example [C]//ACM/IEEE Conference on High Performance Computing, Austin, 2008: 50.

[468] VÖCKLER J S, JUVE G, DEELMAN E, et al. Experiences using cloud computing for a scientific workflow application [C]//Proceedings of the 2nd International Workshop on Scientific Cloud Computing, New York, 2011: 15-24.

[469] CALLAGHAN S, MAECHLING P, SMALL P, et al. Metrics for heterogeneous scientific workflows: A case study of an earthquake science application [J]. International Journal of High Performance Computing Applications, 2011, 25(3): 274-285.

[470] DEELMAN E, SINGH G, SU M H, et al. Pegasus: A framework for mapping complex scientific workflows onto distributed systems [J]. Scientific Programming, 2005, 13(3): 219-237.

[471] ABRISHAMI S, NAGHIBZADEH M, EPEMA D H J. Deadline-constrained workflow scheduling algorithms for infrastructure as a service clouds [J]. Future Generation Computer Systems, 2013, 29(1): 158-169.

[472] MALAWSKI M, JUVE G, DEELMAN E, et al. Cost-and deadline-constrained provisioning for scientific workflow ensembles in IaaS clouds [C]//Proceedings of the International Conference on High Performance Computing, Networking, Storage and Analysis, Salt Lake City Utah, 2012: 1-18.

[473] YUAN Y C, LI X P, WANG Q, et al. Deadline division-based heuristic for cost optimization in workflow scheduling [J]. Information Science, 2009, 179(15): 2562-2575.

[474] ABRISHAMI S, NAGHIBZADEH M, EPEMA D H J. Cost-driven scheduling of grid workflows using partial critical paths [J]. IEEE Transactions on Parallel and Distributed Systems, 2012, 23(8): 1400-1414.

[475] DEMEULEMEESTER E, VANHOUCKE M, HERROELEN W. RanGen: A random network generator for activity-on-the-node networks [J]. Journal of Scheduling, 2003, 6(1): 17-38.

[476] AKKAN C, DREXL A, KIMMS A. Network decomposition-based benchmark results for the discrete time-cost tradeoff problem [J]. European Journal of Operation Research, 2005, 165: 339-358.

[477] KOLISCH R, SPRECHER A, DREXL A. Characterization and generation of a general class of resource-constrained project scheduling problems [J]. Management Science, 1995, 41(10): 1693-1703.

[478] YU J, BUYYA R, THAM C K. Cost-based scheduling of scientific workflow applications on utility grids [C]//Proceedings of the First International Conference on E-Science and Grid Computing, Pittsburg, 2005: 8.

[479] DE P, GHOSH J B, WELLS C E, et al. Complexity of the discrete time-cost tradeoff problem for project networks [J]. Operations Research, 1997, 45(2): 302-306.

[480] DURILLO J, PRODAN R. Multi-objective workflow scheduling in Amazon EC2 [J]. Cluster Computing, 2014, 17(2): 169-189.

[481] LIU H, XU D, MIAO H K. Ant colony optimization based service flow scheduling with various QoS requirements in cloud computing [C]//Proceedings of the 2011 First ACIS International Symposium on Software and Network Engineering(SSNE), Seoul, 2011: 53-58.

[482] YU J, BUYYA R. Scheduling scientific workflow applications with deadline and budget constraints using genetic algorithms [J]. Scientific Programming, 2006, 14(3): 217-230.

[483] DEMEULEMEESTER E, HERROELEN W S, ELMAGHRABY S E. Optimal procedures for the discrete time/cost trade-off problem in project networks [J]. European Journal of Operational Research, 1996, 88(1): 50-68.

[484] DEMEULEMEESTER E, DE REYCK B, FOUBERT B, et al. New computational results on the discrete time/cost trade-off problem in project networks [J]. Journal of the Operational Research Society, 1998, 49(11): 1153-1163.

[485] HAZIR Ö, HAOUARI M, EREL E. Discrete time/cost trade-off problem: A decomposition-based solution algorithm for the budget version [J]. Computers & Operations Research, 2010, 37(4): 649-655.

[486] RADULESCU A, VAN GEMUND A J. A low-cost approach towards mixed task and data parallel scheduling [C]//Proceedings of the 2001 International Conference on Parallel Processing(ICPP2001), Valencia, 2001: 69-76.

[487] BLYTHE J, JAIN S, DEELMAN E, et al. Task scheduling strategies for workflow-based applications in grids [C]//Proceedings of the Fifth IEEE International Symposium on Cluster Computing and the Grid(CCGrid 2005), Cardiff, 2005: 759-767.

[488] CHEN W N, ZHANG J. An ant colony optimization approach to a grid workflow scheduling problem with various QoS requirements [J]. IEEE Transactions on Systems, Man, and Cybernetics, Part C: Applications and Reviews, 2009, 39(1): 29-43.

[489] CAI Z C, LI X P, GUPTA J N D. Critical path-based iterative heuristic for workflow scheduling in utility and cloud computing [C]//Proceedings of the 11th International Conference on Service-Oriented Computing, Berlin, 2013: 207-221.

[490] KLUSÁCEK D, RUDOVÁH. Improving QoS in computational grids through schedule-based approach [C]//Scheduling and Planning Applications Workshop at the

Eighteenth International Conference on Automated Planning and Scheduling(ICAPS 2008), Sydney, 2008.

[491] LIU H, ABRAHAM A, SNASEL V, et al. Swarm scheduling approaches for workflow applications with security constraints in distributed data-intensive computing environments [J]. Information Sciences, 2012, 192: 228-243.

[492] PRODAN R, WIECZOREK M, FARD H M. Double auction-based scheduling of scientific applications in distributed grid and cloud environments [J]. Journal of Grid Computing, 2011, 9(4): 531-548.

[493] LEE Y C, SUBRATA R, ZOMAYA A Y. On the performance of a dual-objective optimization model for workflow applications on grid platforms [J]. IEEE Transactions on Parallel and Distributed Systems, 2009, 20(9): 1273-1284.

[494] FARD H M, PRODAN R, FAHRINGER T. Multi-objective list scheduling of workflow applications in distributed computing infrastructures [J]. Journal of Parallel and Distributed Computing, 2014, 74(3): 2152-2165.

[495] IOSUP A, OSTERMANN S, YIGITBASI M N, et al. Performance analysis of cloud computing services for many-tasks scientific computing [J]. IEEE Transactions on Parallel and Distributed systems, 2011, 22(6): 931-945.

[496] BYUN E K, KEE Y S, KIM J S, et al. BTS: Resource capacity estimate for time-targeted science workflows [J]. Journal of Parallel and Distributed Computing, 2011, 71(6): 848-862.

[497] CAI Z C, LI X P, GUPTA J N D. Heuristics for provisioning services to workflows in XaaS clouds [J]. IEEE Transactions on Services Computing, 2014, 9(2): 1.

[498] ZUO X Q, ZHANG G X, TAN W. Self-adaptive learning PSO-based deadline constrained task scheduling for hybrid IaaS cloud [J]. IEEE Transactions on Automation Science and Engineering, 2014, 11(2): 564-573.

[499] XU M, CUI L Z, WANG H Y, et al. A multiple QoS constrained scheduling strategy of multiple workflows for cloud computing [C]//2009 IEEE International Symposium on Parallel and Distributed Processing with Applications(ISPA 2009), Chengdu, 2009: 629-634.

[500] BITTENCOURT L F, MADEIRA E R. Towards the scheduling of multiple workflows on computational grids [J]. Journal of Grid Computing, 2010, 8(3): 419-441.

[501] DEMEULEMEESTER E L, HERROELEN W S. Project Scheduling: A Research Handbook [M]. Boston: Kluwer Academic Publishers, 2002.

[502] YAMASHITA D S, ARMENTANO V C A, LAGUNA M. Scatter search for project scheduling with resource availability cost [J]. European Journal of Operational Research, 2006, 169(2): 623-637.

[503] CALHEIROS R N, RANJAN R, BELOGLAZOV A, et al. CloudSim: A toolkit for modeling and simulation of cloud computing environments and evaluation of resource provisioning algorithms [J]. Software: Practice and Experience, 2010, 41(1): 23-50.

[504] LIU J L, WANG S G, ZHOU A, et al. Using proactive fault-tolerance approach to enhance cloud service reliability [J]. IEEE Transactions on Cloud Computing, 2016, 6(4): 1191-1202.

[505] ZHOU A, WANG S G, ZHENG Z B, et al. On cloud service reliability enhancement with optimal resource usage [J]. IEEE Transactions on Cloud Computing, 2014, 4(4): 452-466.

[506] ZHOU A, WANG S G, CHENG B, et al. Cloud service reliability enhancement via virtual machine placement optimization [J]. IEEE Transactions on Services Computing, 2016, 10(6): 902-913.

[507] YAO G S, DING Y S, HAO K R. Using imbalance characteristic for fault-tolerant workflow scheduling in cloud systems [J]. IEEE Transactions on Parallel and Distributed Systems, 2017, 28(12): 3671-3683.

[508] QIN X, JIANG H. A novel fault-tolerant scheduling algorithm for precedence constrained tasks in real-time heterogeneous systems [J]. Parallel Computing, 2006, 32(5): 39-50.

[509] DING Y S, YAO G S, HAO K R. Fault-tolerant elastic scheduling algorithm for workflow in cloud systems [J]. Information Sciences, 2017, 393: 47-65.

[510] WANG J, BAO W D, ZHU X M, et al. FESTAL: Fault-tolerant elastic scheduling algorithm for real-time tasks in virtualized clouds [J]. IEEE Transactions on Computing, 2015, 64(9): 2545-2558.

[511] YAO G S, DING Y S, REN L H, et al. An immune system-inspired rescheduling algorithm for workflow in cloud systems [J]. Knowledge-Based Systems, 2016, 99: 39-50.

[512] ZHU X M, QIN X, QIU M K. QoS-aware fault-tolerant scheduling for real-time tasks on heterogeneous clusters [J]. IEEE Transactions on Computer, 2011, 60(6): 800-812.

[513] LI Z J, GE J D, HU H Y, et al. Cost and energy aware scheduling algorithm for scientific workflows with deadline constraint in clouds [J]. IEEE Transactions on Services Computing, 2015, 11(4): 713-726.

[514] ZHU X M, WANG J, GUO H, et al. Fault-tolerant scheduling for real-time scientific workflows with elastic resource provisioning in virtualized clouds [J]. IEEE Transactions on Parallel and Distributed Systems, 2016, 27(12): 3501-3517.

[515] PLANKENSTEINER K, PRODAN R. Meeting soft deadlines in scientific workflows using resubmission impact [J]. IEEE Transactions on Parallel and Distributed Systems, 2011, 23(5): 890-901.

[516] ZHENG Q, VEERAVALLI B, THAM C K. On the design of fault-tolerant scheduling strategies using primary-backup approach for computational grids with low replication costs [J]. IEEE Transactions on Computers, 2009, 58(3): 380-393.

[517] CAO Y, RO C W, YIN J W. Scheduling analysis of failure-aware VM in cloud system[J]. International Journal of Control and Automation, 2014, 7(1): 243-250.

[518] SAKELLARIOU R, ZHAO H N. A low-cost rescheduling policy for efficient mapping of workflows on grid systems [J]. Scientific Programming, 2004, 12(4): 253-262.

[519] ZHOU A, WANG S G, YANG C C, et al. FTCloudSim: Support for cloud service reliability enhancement simulation [J]. International Journal of Web and Grid Services, 2015, 11(4): 347-361.

[520] ZHOU A, WANG S G, HSU C H, et al. Network failure-aware redundant virtual machine placement in a cloud data center [J]. Concurrency and Computation Practice and Experience, 2017, 29(5): e4290.

[521] ZHOU A, WANG S G, HSU C H, et al. Virtual machine placement with(m, n)-fault tolerance in cloud data center [J]. Cluster Computing, 2019, 22(4): 1-13.

[522] DEELMAN E, VAHI K, JUVE G, et al. Pegasus, a workflow management system for science automation [J]. Future Generation Computer Systems, 2014, 46: 17-35.